膜翅目广腰蜂类系统学研究

中国钩瓣叶蜂属志

李泽建　魏美才　刘萌萌　陈明利　著

国家自然科学基金资助项目

（Nos. 29391800，39500020，39870609，30070627，30371166，30571504，30771741，31172142，31672344，31501885）

浙江省自然科学基金资助项目

（No. LY18C040001）

中国农业科学技术出版社

图书在版编目（CIP）数据

中国钩瓣叶蜂属志 / 李泽建等著 . —北京：中国农业科学技术出版社，2018.4

ISBN 978-7-5116-3500-6

Ⅰ . ①中… Ⅱ . ①李… Ⅲ . ①叶蜂科—昆虫志—中国 Ⅳ . ① Q969.54

中国版本图书馆 CIP 数据核字（2018）第 020176 号

责任编辑 张志花
责任校对 马广洋

出 版 者 中国农业科学技术出版社
北京市中关村南大街 12 号 邮编：100081
电 话 （010）82106636（编辑室）（010）82109702（发行部）
（010）82109709（读者服务部）
传 真 （010）82106631
网 址 http://www.castp.cn
经 销 者 各地新华书店
印 刷 者 北京科信印刷有限公司
开 本 787 毫米 ×1092 毫米 1 /16
印 张 20.5 **彩插** 148 面
字 数 650 千字
版 次 2018 年 4 月第 1 版 2018 年 4 月第 1 次印刷
定 价 360.00 元

The Monographic Series of Systematics of Symphyta, Hymenoptera

Macrophya Dahlbom in China

Li Zejian, Wei Meicai, Liu Mengmeng, Chen Mingli

National Natural Science Foundation of China
（Nos. 29391800, 39500020, 39870609, 30070627, 30371166, 30571504, 30771741, 31172142, 31672344, 31501885）
Natural Science Foundation of Zhejiang Province
（No. LY18C040001）

China Agricultural Science and Technology Press

内容简介

钩瓣叶蜂属 *Macrophya* Dahlbom, 1835 是膜翅目 Hymenoptera 叶蜂总科 Tehthredinoidea 叶蜂科 Tenthredinidae 叶蜂亚科 Tenthredininae 内第三大属。目前，本属在全世界已记载 289 种，中国已记载 150 种。钩瓣叶蜂属种类主要分布在北半球，属于全北界分布类型，但在东洋界的北部也有分布。迄今，钩瓣叶蜂属在其南界未见分布。钩瓣叶蜂属种类适应多种气候类型，从偏干燥的中亚 - 地中海地区到温暖湿润的东亚季风区，从海拔几十米的低地到海拔 3 000 多米的高山都能见到此属种类的分布，但在沙漠地区以及寒冷的极地还没有关于此属的报道。本属全部种类均为植食性，属内物种种团分化较复杂，生物多样性高。

本书是对中国钩瓣叶蜂属昆虫区系分类的系统性总结，分为总论和各论两大部分。总论包括研究简史、研究方法、形态特征等。各论部分记述世界钩瓣叶蜂属 27 个种团，编制了世界钩瓣叶蜂属分种团检索表与各种团分种检索表。提供了钩瓣叶蜂属世界已知种类分布名录 289 种，详细记述了中国已知种类 147 种并提供图版；另记述中国分布的 1 个科学上尚未记载的新物种；提供现有种团种类分种检索表；新种还提供了形态描述。除个别种类外，中国分布大部种类和新种模式标本均保存于中南林业科技大学昆虫模式标本室（CSCS）。

本书可供从事昆虫教学和研究、森林保护学、森林生物多样性研究和保护、森林有害生物防控等领域工作者参考使用。

总　序

膜翅目广腰蜂类系统分类研究系列

我和昆虫的缘分其实只是一个意外。一九八零年的夏初，我初中毕业。那时，报考中专是一种优选志向。填报志愿的时候，我选了东海卫校。原因很简单，我喜欢大海却从未见过，如果学校在海边，就可以经常去看看大海，这该是很美的事情。但我的班主任对我说，报考农校吧，我就考了农校。在那之后的四年里，我在江苏徐州农业学校读书，专业是植物保护。在学习农业昆虫学和植物病理学等专业课的同时，我也获悉东海卫校的东海是个地名，它离海虽然不算很远，但也不近。

大概在徐州农校读书的第三年，我很偶然地被选为昆虫课代表。当时，病理的课代表十分爱钻研，竟然和我们的老师一起在国家级的学术刊物上发表了微生物方面的研究论文。这件事情好像刺激了我，从那之后我就下了决心要把昆虫学学好。一九八四年的夏天，我和四位同学一起留校工作，我被留在昆虫实验室做实验员。一九八五年夏季的某一天，我非常冒昧地写了一封信，寄给了当年的北京农业大学教授杨集昆先生。杨先生是昆虫学界自学成才的著名前辈，是我十分敬仰的昆虫学家。隔了几天我就收到了杨先生的回信，先生的字十分工整，非常漂亮。在信里，杨先生鼓励我好好学习昆虫学。后来我又写了两封信，都得到了先生及时的回信。这三封信对于十九岁的我来说，意义非凡。杨先生是我从事昆虫分类学研究的启蒙恩师。

一九八八年的秋季是一个非常美丽的季节，天空很蓝。在天津西站下火车的时候，人很多，偶尔抬头看看天空会觉得不那么拥挤。我提着一个手提包来到南开大学。当年的南开大学校园非常美，没有现在那么多的人和那么多的楼。在这之后的三年，我在著名昆虫学家郑乐怡先生门下攻读研究生，学习半翅目昆虫分类。我没有去后来的中国农业大学，却来到南开大学读研，原因很简单：那年南开大学昆虫学专业硕士研究生入学考试不考数学，而中国农业大学是考数学的。

一九九一年夏，我从南开大学硕士毕业，想师从郑先生继续攻读博士学位。因为英语听力只考了 6 分，而门槛是 7 分，我就没能考上郑先生的博士研究生。但随后我幸运地考入中国科学院动物研究所，得以师从朱弘复先生学习昆虫分类学。那个时候，动物所的办公室资源极其紧张。朱先生给我安排的房间里，已经有两位师兄、一位师姐在那里工作，而这个房间的面积大概只有十几平方米，里面还放了好几个书架。最后，我选择位于当时还叫作饲养场的博士生宿舍做我的论文研究，因为那里更宽敞一些。记得宿舍的后面几米外就是一条繁忙的铁路，每天夜里都很吵。我喜欢夜里工作，大概就是那个时候形成的习惯。很多年后，我曾想回去重游故地，却发现那里只有一栋很高的大楼。

读博期间，朱先生交代给我的第一项工作是选题，其实就是挑选要研究的昆虫类群。最初我选的是盲蝽科，被郑先生否了。再选的是长足虻科，被朱先生否了。我模糊记得当时鞘翅目专家杨星科先生负责动物所昆虫这块的研究工作。见我有些迷惘，杨先生建议我选红萤科，后来也被朱先生否了。那时，按照朱先生的吩咐，我每周的周五下午三点要去先生家里汇报工作。所谓汇报工作，大抵是简单讲一下我的学习和工作情况，然后就陪先生聊天，看先生作画。记得有一个下午，朱先生一边画画，一边说，你就做叶蜂吧。我就做了叶蜂，虽然后来因此而生出了一些是是非非。几年之后我才知道，朱先生年轻时在美国曾师从著名叶蜂分类学者 H. H. Ross 教授，但回国之后因应国家需求，改行研究了其他昆虫类群。想来继续研究叶蜂分类该是恩师的未了心愿。如今，恩师仙逝已十六载，我做叶蜂分类研究也已二十八年了。

在朱先生仙逝的二零零二年夏，我申报了教育部跨世纪优秀人才计划。在入选后的工作设想中，我粗略规划了中国叶蜂分类研究工作框架，期望在未来三十年里初步完成中国广腰蜂类系统分类研究，并计划出版二十卷本的中国叶蜂志系列图书。如今十五年已匆匆逝去，所谓的叶蜂志系列却都还在路上，愧甚。不过，我依然坚信我和我的学生们会一起完成这个工作计划。

谨以此文献给我的三位恩师，并纪念那一段岁月。

魏美才

二零一八年三月，长沙

前　言

膜翅目 Hymenoptera 是昆虫纲 Insecta 中一个十分多样化的昆虫类群，与其他昆虫类群相比形态变化很大。该目共有两大类群，即广腰亚目 Symphyta 和细腰亚目 Apocrita。广腰亚目在膜翅目当中属低等植食性类群，主要鉴别特征是：腹部基部不缢缩，第 1 节不与后胸合并；前翅至少具有 1 个封闭的臀室，后翅至少具有 3 个闭室，通常具 5 个以上的闭室；除茎蜂科 Cephidae 以外其他类群均具有淡膜区。

叶蜂总科 Tenthredinoidea 是广腰亚目中最大的一个总科，种类繁多、类型多样，分布于各动物地理区。叶蜂是植食性昆虫，偶见叶蜂成虫可食小型同类昆虫。在幼虫期间，大多数种类取食植物叶片，部分类群蛀食植物果实与茎秆，少数种类可使植物不同部位形成大小不等虫瘿，进而使植物发育畸形，给林木和经济作物造成严重的损失。该类群分布范围宽广，中国有大多数省份已经开展对叶蜂昆虫的资源调查、生物多样性与区系以及昆虫生物地理学的研究。

钩瓣叶蜂属 *Macrophya* Dahlbom, 1835 是膜翅目叶蜂总科叶蜂科 Tenthredinidae 叶蜂亚科 Tenthredininae 第三大属。自北美学者 Dahlbom 于 1835 年建属以来，不少学者陆续发表了该属新种。目前，本属在全世界已记载 289 种，中国已记载 150 种。在钩瓣叶蜂族 Macrophyini 内，钩瓣叶蜂属与其近缘属 - 方颜叶蜂属 *Pachyprotasis* Hartig, 1837 的主要区别特征是：前者体多粗壮；触角通常粗短丝状，无侧脊；复眼内缘向下显著收敛；前翅臀室中柄不长或无柄式，具短直横脉（后者体多修长；触角细长丝状；雌虫触角约等长于头胸部之和，雄虫触角明显长于体长，触角具尖锐侧脊；雌虫复眼内缘向下平行或略微收敛，雄虫复眼内缘向下明显分歧；前翅臀室中柄长）。钩瓣叶蜂属种类主要分布在北半球，属于全北界分布类型，但在东洋界的北部也有分布。迄今为止，钩瓣叶蜂属在其南界未见分布。钩瓣叶蜂属种类适应多种气候类型，从偏干燥的中亚 - 地中海地区到温暖湿润的东亚季风区，从海拔几十米的低地到海拔 3 000 多米的高山都能见到此属种类的分布，但在沙漠地区以及寒冷的极地还没有关于此属的报道。作为叶蜂亚科内的第三大属，钩瓣叶蜂属种类多，种间关系复杂，研究空白较多，特别是钩瓣叶蜂属种团分化、性状演化趋势、生物地理学和分子系统发育关系研究均十分薄弱。因此，重点研究钩瓣叶蜂属的种团分化、性状演化趋势、分子系统发育关系和生物地理学特征，这不仅在叶蜂科系统学研究领域具有重要意义，而且在物种分化和生物地理研究领域也具有比较重要的学术价值。有关钩瓣叶蜂属的研究得到国家自然科学基金项目（29391800，39500020，39870609，30070627，30371166，30571504，30771741，31172142，31672344，31501885）、浙江省自然科学基金（LY18C040001）、浙江省企业博士后项目 [92 (2016)]、丽水市高层次人才培养项目（2015RC06）等资助，保证了研究工作的正常进行。

本书是对中国钩瓣叶蜂属昆虫区系分类的系统性总结，分为总论和各论两大部分。总论包括研究简史、研究方法、形态特征等。各论部分经过查阅文献资料与核对模式标本，根据钩瓣叶蜂属形态学和生殖器特征，初步将世界钩瓣叶蜂属种类划分为 27 个种团，编制了世界钩瓣叶蜂属分种团检索表与各种团分种检索表。本书提供了钩瓣叶蜂属世界已知种类分布名录 289 种，详细记述了中国已知种类 147 种并提供图版，另外 3 个中国已知种无图版；另记述中国分布的 1 个科学上尚未记载的新物种：拟白端钩瓣叶蜂 *M. pseudoapicalis* Li, Liu & Wei, sp. nov.；建立 1 个新异名关系：缨鞘钩瓣叶蜂 *M. pilotheca* Wei & Ma, 1997 = *M. brevitheca* Wei & Nie, 2003, syn. nov.；其中，中国现有种类均具有完备的引征、图版（成虫背面观、头部背面观、头部前面观、胸部侧板、锯鞘侧面观、触角、雌虫锯腹片与中部锯刃、雄虫生殖铗与阳茎瓣）、观察标本记录、个体变异、分布范围和鉴别特征；提供现有种团种类分种检索表；新种还提供了形态描述。除个别种类外，中国分布大部种类和新种模式标本均保存于中南林业科技大学昆虫模式标本室（CSCS）。

在对中国叶蜂类昆虫考察过程中，得到国家林业局森林病虫害防治总站盛茂领教授级高工和李涛高工惠赠部分钩瓣叶蜂属昆虫的标本，深表感谢！另外，对日本国立科学博物馆叶蜂研究学者 Akihiko Shinohara、中南林业科技大学牛耕耘副教授、沈阳农业大学刘广纯教授、沈阳师范大学张春田教授等科研院所的同仁志士热心提供部分钩瓣叶蜂属昆虫的标本以供研究，一同表示诚挚的谢意！

本书所涉及类群种类繁多，由于作者水平有限，书中可能会存在一些不足之处，请读者给予指正。

李泽建

2018 年 1 月，丽水

目　录

总 论

1 研究简史

1.1 国外钩瓣叶蜂属研究简史

1.1.1 属的建立与内涵

Linnaeus（1758）在《自然系统》第十版中的 *Tenthredo* 下描述了 40 种叶蜂类昆虫，但该书的 *Ichneumon* 下还包括 3 种树蜂和 1 种长颈树蜂。Linnaeus 根据触角的不同构造，将 *Tenthredo* 下的 40 种叶蜂分为 5 组。其中有 2 种，即 *T. rufipes* L. 和 *T. 12-punctata* L. = *M. duodecimpunctata* (L.) 是现代的 *Macrophya* 成员。Linnaeus（1758）的工作是涉及本属种类的最早期的研究文献。

Panzer（1805）在 *Tenthredo* 属下设立 *Allantus* 亚属，亚属的模式种是 *Tenthredo*（*Allantus*）*togatus* Panzer。该亚属的种类触角较短，身体较粗壮。所包括的种类仍比较复杂，包括了现代 *Tenthredo*、*Macrophya*、*Allantus*、*Emphytus* 等属的部分种类。但是，*T.*（*A.*）*togatus* Panzer 现在隶属于 Allantinae 亚科，与 Tenthredininae 关系稍远。

Klug（1814）将 *Tenthredo*（*Allantus*）亚属下的种类又分成了几个组，他称之为“familie”，其中 familie 中的Ⅲ和Ⅳ所包括的种类是现代 *Macrophya* 和 *Pachyprotasis* 的种类。他描述了北美洲现今 *Macrophya* 的两个种类：*Tenthredo (Allantus) formosa* 和 *T.*（*A.*）*pulchella*。

Macrophya 是由 Dahlbom 于 1835 年首次建立的，当时是作为 *Tenthredo* L. 的亚属，亚属模式种是 *T. rustica* L. ，其下包括：*T. rustica* L. , 1758，*T. duodecimpunctata* L. , 1758，*T. blanda* Fabricius, 1775，*T. albicincta* Schrank, 1776，*T. albipuncta* Fallen, 1804，*T. ribis* Schrank, 1781，*T. neglecta* Klug, 1814=*M. annulata* (Geoffroy, 1785)，*T. strigosa* Fabricius, 1798=*M. rufipes* (L. , 1758)，*T. punctum* Fabricius, 1781=*M. sanguinolenta* (Gmelin, 1790)，*T. rapae* L. , 1767=*Pachyprotasis rapae* (L. , 1767)，*T. variegata* Fabricius, 1808=*Pachyprotasis variegate* (Fabricius, 1808) 等种类。该亚属的主要特征是身体粗壮，后足基节大。Dahlbom

的 *T.*（*Macrophya*）相当于 Klug（1814）的 *T.*（*Allantus*）的第 3“科”和第 4“科”。

根据触角及体形特征，Dahlbom（1835）将 *Macrophya* 亚属下包括的这些种类又分为 A、B 两组。B 组则分别对应于 Klug 的 *T.*（*Allantus*）的“科Ⅳ”和“科Ⅲ”。Hartig（1837）采用 Dahlbom 的系统，但提出 *T.*（*Macrophya*）（*Pachyprotasis*）和 *T.*（*Macrophya*）（*Macrophya*）两个名称指称其“A 组”和“B 组”。B 组的特征是触角比腹部短，在中部稍加粗；A 组的特征是触角细长，长于腹部。从此后触角的特征就成为区分 *Macrophya* 和 *Pachyprotasis* 的主要依据之一。

Westwood（1867）将 *Macrophya* 和 *Pachyprotasis* 从 *Tenthredo* 中独立出来，提升为 *Macrophya* 和 *Pachyprotasis* 属级地位，并分别为其指定了模式种，但对于 *Macrophya* 的属模 *T.*（*M.*）*rustica* L. 没有作详细的说明。此后，*Macrophya* 作为有效属名沿用至今。

1.1.2 属的地位及亚属分类

触角的特征最初是区分 *Macrophya* 和 *Pachyprotasis* 两个属的主要依据。

Malaise（1945）在界定此属时除采用传统的鉴别特征如：后足胫节约等长于后足股节（包括第 2 转节）；复眼高度等于或大于两眼下缘距离；侧面观后足基节与中胸前侧片等大之外，他还进一步提出了如下特征来界定此属：头部平滑程度（*Macrophya* 头部较平坦）、后足基跗节的相对长度（后足基跗节长于胫节的一半，等于或长于其余的 4 个跗分节之和）。

Gibson（1980）成立 *Deda* Gibson，他认为此属与 *Macrophya* 的主要区别在于复眼下缘距离大于复眼高，后足胫节比腿节长，后足基跗节比其余 4 节之和短。

Smith & Gibson（1984）成立 *Filacus* Smith & Gibson，此属具有的某些特征如：头部较平坦，缺触角沟与触角突，有后胸后侧片附片，后足基节大等表明它与 Macrophyini 有些近缘，但 *Filacus* 后足胫节长于后足股节，后足胫节距不长于后足胫节端宽，上唇前缘平截或具浅凹缘且呈扁平状，后头脊仅侧面可见与 *Macrophya* 相区别。

另外还有一些作者提出了如下特征：本属的触角第三节长于第四节，复眼内缘向下收敛，颚眼距不大于单眼直径，雄虫的触角鞭节沿内背面无中脊等特征与 *Pachyprotasis* 相区别。

Rohwer（1912）建议成立 *Zalagium*，属模是 *Z. clpeatum* Rohwer, 1912，其下包括 *Z. clpeatum* Rohwer 和 *Z. cinctulum*（Norton），他认为此属处于 *Macrophya* Dahlbom 和 *Lagium* Konow 之间，其特征为：触角扁平，无后头脊。Ross（1937）认为它是 *Macrophya* 的次异名。Malaise（1945）把它作为 *Macrophya* 的亚属，认为它与 *M. s. str* 的区别在于：*M.*（*Zalagium*）的触角长，有些鞭节相当扁平，鞭节基部呈收缩状。Gibson（1980）在他的博士论文中把 *Zalagium* 作为 *Macrophya* 的异名，他提出虽然 *Z. clpeatum* 和 *Z. cinctulum* 在体型大小、色型及刻纹上在新北界 *Macrophya* 种类中相当独特，但 Rohwer 建属的两个

主要特征在整个 *Macrophya* 属内非常常见。

Enslin（1913）针对 *M. punctumalbu*（L.，1767）建立了 *M.*（*Pseudomacrophya*），其主要依据是：*M.*（*Pseudomacrophya*）Enslin 的内眶只轻微向下内聚，而 *M. s. str.* 的内眶则强烈向下内聚。Malaise（1945）不同意 Enslin 的看法，把它作为 *M. s. str.* 的异名，Lorenz 和 Kraus（1957）研究了 *M. punctumalbum* 幼虫，发现唇基每边具 3 根刚毛，左右上颚各具 1 根刚毛，而 *Macrophya* 内其他已知种的幼虫唇基每边具 2 根刚毛，左右上颚也各具 2 根刚毛，因此他们建议把 *Pseudomacrophya* 看作一个有效属。Gibson（1980）接受 Enslin（1913）的观点，但进一步提出了以下特征用于界定此亚属：*M.*（*Pseudomacrophya*）上鄂左右不对称，具 2 齿，如果是 4 齿则多少呈四方形；唇基前缘平浅，侧叶小；颚眼距明显。他还提出如果有更多的幼虫来证明 Lorenz 和 Kraus 的观点，也不妨把此亚属看作一个有效属。

Forsius（1918）在 *Macrophya* 下成立 *M.*（*Paramacrophya*）亚属，包含 *M. blanda* (Fabricius)，*M. annulata* (Geoffroy)，*M. duodecimpunctata* (L.)，其主要特征是后胸后侧片附片上有一碟形凹陷，Takeuchi（1937）在 *Macrophya* 的检索表中提到了这一特征，并在这一特征下包含了以下 7 种：*M. tattakana*，*M. annulicornis*，*M. infumata*，*M. apicalis*，*M. duodecimpunctata* var. *sodalitia*，*M. coxalis*，*M. fascipennis*。Malaise（1945）同意此观点，但 Benson（1968）把它们放在 *blanda-duodecimpunctata* group 下。Gibson（1980）在他的博士论文中观点与 Benson 一致，他认为 *Macrophya* 内后胸后侧片附片的形态多样，以此为依据来建属并不合适，因此把 *Paramacrophya* 确立为 *Macrophya* 的异名。

自此后对本属有重大意义变动的是 Benson（1952）的文章，在这之前仍有一些研究者不承认 *Pachyprotasis* 属，把它作为 *Macrophya* 的异名，Benson（1946）提出叶蜂科的分族时，在 Macrophyini 下提到这两者之间存在许多中间类型，因此难以把两者分开，他把 *Pachyprotasis* 当作 *Macrophya* 的异名，但他在 1952 年论文中改变了某些族的分类特征，并且认为两者都是有效属，但没有给出原因。Takeuchi（1952）同意 Benson 的观点，把两者放在 Macrophyini 下。至此后，所有的研究者都承认了 *Pachyprotasis*。

由此可知，目前在 *Macrophya* 内被广泛接受的分类单元是 *M. s. str.* 和 *M. (Pseudomacrophya)*。

1.1.3 模式种的确定

Westwood（1867）在指定 *Macrophya* 模式种为 *T.*（*M.*）*rustica* L. 时，没有对模式种作详细的说明，这导致了 *Macrophya* 的模式种在命名法上产生了混乱。这个问题直到 2000 年通过国际动物命名委员会执委会的会议裁定才予以解决。

Dahlbom（1835）在 *Tenthredo* 下建立 *Macrophya* 亚属时，没有为其指定模式种，但

在此亚属中，包括 *T. rustica*，不过 Dahlbom 对 *T. rustica* 没有任何说明。

Westwood（1839）指定 *T. rusticus* L. 作为 *Macrophya* 的属模，他指定模式时的表述为 *T. rusticus* L. Pz.. 64. 10。动物命名委员会在 1922 年第 71 号决议上接受了 Westwood 所指定的 *Macrophya* 的属模。

Westwood 指定模式时的"Pz. 64. 10"是指 Panzer 于 1799 年发表的采自澳地利的新种 *Tenthredo notata*，而此种其实是 Malaise & Benson（1934）的论文《The Linnean types of sawflies (Hymenoptera, Symphyta)》发表之前大多数作者认为的 *Macrophya rustica* [目前的名称是 *Macrophya montana* (Scopoli, 1763)] 的雌虫。

根据 Malaise & Benson（1934）对 Linnaeus（1758）所描述的叶蜂种类的模式研究，指出 *T. rustica* L. , 1758 并不是长期以来被大多数作者认为的 *M. rustica*，而是 *Arge atrata* (Forster, 1771)。因而，*Arge atrata* (Forster, 1771) 应是 *Arge rustica* (Linnaeus, 1758)；*M. rustica* auct. nec Linnaeus 应是 *M. montana* (Scopoli, 1763)。

由于以上的变动，将导致 *rustic* 和 *montana* 这两种欧洲广布种在种名使用上的混淆，实际上 *M. rustica* 仍被某些研究者当作有效名称（Much, 1968, p.14; Scobiola-Palade, 1978, p.222）。

Dahlbom（1835）在其 *T.*（*Macrophya*）下列出了 12 种叶蜂，其中 *T.*（*Macrophya*）*rustica* 应当是真正的 *Macrophya* 种类。因为另外 9 个种是真正的 *Macrophya*，还有 2 个种是 *Pachyprotasis*，而 *Pachyprotasis* 是与 *Macrophya* 非常近似的近缘属，而且，在他编制的检索表中，*Macrophya* 的检出特征之一是后足基节大型（coxis posticus maximis）；同时，他还认为 *Macrophya*（包括 *rustica*）与 *Hylotoma* Latreille, 1803（= *Arge* Shrank, 1802）的重要区别是"*Macrophya* 触角丝状…9 节（...antennae subsetaceae...articulis 9）"，而 *Hylotoma* 则是"亚圆柱形，中等粗细，3 节（antennae subcylindricae, mediocres, articulis 3）"。

根据动物命名法规有关规定，从以上的分析结果可知，*Macrophya* 属的原模式种，现在应当是 *Arge rustica*，因此，叶蜂亚科内的第二大属 *Macrophya* 则成为 *Arge* 的主观次异名，必须废弃，大量的种名必须变动，从而导致相当的混乱。另外，目前的学术界和生产实践方面，*Macrophya* 这一属名仍在广泛使用。因此，保留并继续使用 *Macrophya* 这一属名，是十分必要的。

Blank 和 Taeger（1999）讨论了本属属模 *M. rustica* 的有效性问题。他们向命名委员会提议重新指定 *Macrophya* 的属模，把 *M. rustica* 的次异名 *M. montata* (Scopoli, 1763) 作为本属的新属模。这一提议在动物命名委员会 1958 号决议上获得通过。至此，*Macrophya* 的模式种问题才得以最终解决。

1.1.4 国外钩瓣叶蜂属种类记述简史

从 19 世纪 20 年代至 21 世纪初期，在世界范围内对于 *Macrophya* 的研究经历了将近两个世纪的漫长时期，但是对于本属的研究学者主要集中在欧洲、北美、日本和印度，包 括：Say、Motschulsky、Norton、Enslin、Forsius、Malaise、Takeuchi、Ross、Benson、Muche、Vasilev、Fritzsche、Gibson、Smith、Cresson、Provancher、Harrington、Kirby、Konow、Lacourt、Schedl、Magis、Zhelochovtsev、Taeger、Liston、Bharti、Kriechbaumer、Dalla Torre、MacGillivray、Marlatt、Nakagawa、Mocsáry、Rohwer、Matsumura、Ermolenko、Harris、Singh、Singh、Dhillon、Saini、Vasu 等。那么，他们对于 *Macrophya* 属的分类区系研究状况具体如下。

Say（1823，1836）首次描述了北美的 *Macrophya* 种类，当时是放在 *Allantus* Jurine 内，他定了许多新种名称，这都是基于 Harris 于 1833 年采集的标本研究的结果。但是，Say 从来没有公开发表这些新种种名，Harris（1835）在《马萨诸塞州昆虫名录》一文中予以发表。后来，Norton（1860）检查了 Harris 采集的标本，并使用了 Say 的最初种名公开发表使其种名生效。

Say 和 Norton 最初描述的种类放在 *Allantus* 下，但后来 Harris 采取了 Dahlbom（1835）分类系统，在 Hartig（1837）的倡导下，于 1862 年把北美的所有种类转移到 *Tenthredo* 下的亚属 *Macrophya* 内，除了 *A. externus* Say 移入 *Tenthredo s. str.* 内。这些北美种类几乎都被 Norton（1867）所描述。

Motschulsky（1866）描述了采自日本的 1 个种类：*Dolerus coxalis*，但是该种现在已经移入 *Macrophya*，为 *M. coxalis* (Motschulsky, 1866)。

Norton（1867）研究了北美的叶蜂及树蜂区系，编制了第一份关于北美 *Macrophya* 种类检索表，其下包含了 30 种（*M. excavatus*、*M. pluricinctus*、*M. epinotus*、*M. pulchella*、*M. lineate*、*M. flavicoxae*、*M. incertus*、*M. pannosus*、*M. proximata*、*M. externus*、*M. tibiator*、*M. albomaculatus*、*M. pmnilus*、*M. fuligineus*、*M. dejectus*、*M. niger*、*M. trisyllabus*、*M. zonalis*、*M. californicus*、*M. varius*、*M. eurythmia*、*M. fascialis*、*M. bifasciatus*、*M. formosus*、*M. cestus*、*M. intermedius*、*M. goniphorus*、*M. trosulus*、*M. fumator*、*M. (Pachyprotasis) omega*），但其中有 4 种目前已移入其他属。

Smith（1874）描述了采自日本境内的 11 个新种（*M. nigropicta*、*M.vexator*、*M. apicalis*、*M. pacifica*、*M. ferox*、*M. ignava*、*M. irritans*、*M. carbonaria*、*M. timida*、*M. luctifera*、*M. flavipes*），但是有 7 种已经发生了属间转移，并且 *M. ignava* 成为 *Dolerus coxalis* Motschulsky, 1866 的次异名。其中，*M. nigropicta* 已经移入 *Tenthredena*；*M. vexator* 已经移入 *Macroemphytus*；*M. pacifica* 和 *M. ferox* 已经移入 *Siobla*；*M. irritans* 已经移入 *Tenthredopsis*；*M. luctifera* 已经移入 *Allantus*；*M. flavipes* 已经移入 *Conaspidea*。

Cresson（1880a）描述了北美西部地区的第 1 个种类，并且在（1880b，1887）重新修订了 Norton（1867）的编制目录。

Kirby（1882）发表了他的论文，发表了大英博物馆内大量的新种，重新描述了 Smith（1874）论文中提到的种类，并提到 *M. pacifica*、*M. ferox*、*M. irritans* 和 *M. flavipes* 被转移到另外的属内。

Konow（1887）发表了 1 个新种：*M. ruhlii*，但后来降为 *M. formosa* 的次异名。

Provancher（1878，1883，1888）和 Harrington（1889，1893）描述了采自加拿大的第 1 个新种，并且 Provancher（1878，1883）已记载名录中有 16 种，并且提供了这些种类的分种检索表。

Kriechbaumer（1891）发表了 2 个新种：*M. laticarpus* 和 *M. flavipennis*，但后来 *M. flavipennis* 降为 *M. superba* Tischbein, 1852 的次异名。

Dalla Torre（1894）出版了膜翅目目录，详细地介绍了有关 *Macrophya* 现有种类的研究进展状况。

Marlatt（1898）描述了采自日本的 3 个新种：*M. japonica*、*M. nigra* 和 *M. femorata*，但后来 *M. japonica* 和 *M. marlatti* 是同一种，当时可能是因为这两个种的标本为雌雄个体。

Nakagawa（1899）发表了日本叶蜂已知种类名录，这是第一次对日本叶蜂的系统学研究，并采用了下列 *Macrophya* 种名：*M. ignava* Smith、*M. luctifera* Smith、*M. carbonaria* Smith、*M. timida* Smith、*M. vexator* Smith、*M. apicalis* Smith、*M. nigropicta* Smith、*M. japonica* Marlatt、*M. nigra* Marlatt 和 *M. femorata* Marlatt。

Konow（1904）描述了采自库页岛的 1 个叶蜂新种：*M. annulicornis*。

Konow（1905）在他发表的论文中采用下列种名：*M. apicalis* Smith、*M. carbonaria* Smith、*M. femorata* Marlatt、*M. ignava* Smith、*M. japonica* Marlatt、*M. nigra* Marlatt、*M. timida* Smith 和 *M. volatilis* Smith。但显然 *M. volatilis* Smith 已经转移到 *Pachyprotasis* 内。

Brues（1908）描述了唯一的 1 个化石种类：*M. pervetusta*。

Mocsáry（1909）描述了采自日本的 1 个新种：*M. falsifica*。

Rohwer（1909a）描述了 2 个新种：*M. sambuci* 和 *M. pulchelliformis*，但后来 *M. sambuci* 降为 *M. pulchelliformis* 的次异名。

Rohwer（1909b）编制了北美西部地区已知种类检索表，但后来 Ross（1951）中的 *M. pluricincta* Norton 被定为异名，后来又被 Besson（1959）转入 *Zaschizonyx* Ashmead 属内。

Rohwer（1910）描述了采自日本的 1 个新种：*M. fukaii*，但是该种后来转入 *Tenthredo*，而不属于 *Macrophya*。

Enslin（1910）对古北界，主要是对欧洲和西亚地区的 *Macrophya* 进行了研究，编制了一份较详尽的检索表，采用的标本采自日本和库页岛的 *Macrophya* 种名：*M. nigrita* nom. (for *nigra* Marlatt)、*M. femorata* Marlatt、*M. apicalis* Smith、*M. annulicornis* Konow、*M. falsifica* Mocsáry、*M. volatilis* Smith、*M. timida* Smith、*M. japonica* Marlatt、*M. ignava* Smith、*M. carbonaria* Smith，并记述了 68 种，包括 2 个新种：*M. rufopicta* 和 *M. vitta*。其中一些种类的有效性或分类地位现在有所变化：*M. nebulosa* 移入 *Macrophyopsis* Enslin, 1913，*M. radoskowskii* 移入 *Blankia* Lacourt, 1998，*M. laticarpa* 被移入 *Aglaostigma* Kirby,（1882），*M. rufipes* var. *orientalis* 被提升为种，除 *M. bimaculata* 被降为 *T.*（*Eurogaster*）*nigrita* 的次异名外，另有 22 个名称降为本属的另一些种类的次异名。

Rohwer（1911）发表了美国国家博物馆 *Macrophya* 内的 3 个新种：*M. fuscoterminata* Rohwer, 1911、*M. errans* Rohwer, 1911 和 *M. dyari* Rohwer, 1911。但后来，*M. fuscoterminata* Rohwer, 1911 和 *M. errans* Rohwer, 1911 降为 *M. albomaculata* (Norton, 1860) 的次异名；而 *M. fuscoterminata* Rohwer, 1911 降为 *M. pulchella* (Klug, 1817) 的次异名。

Rohwer（1912）发表了一系列的 *Macrophya* 新种：*M. externiformis*、*M. lineatana*、*M. melanota*、*M. nebraskensis*、*M. nigristigma*、*M. tenuicornis*、*M. xanthonota* 和 *M. zabriskiei*。但是，后来 *M. zabriskiei* 降为 *Macrophya bifasciata* (Say, 1823) 的次异名；*M. externiformis* 降为 *M. cassandra* W. F. Kirby, 1882；*M. tenuicornis* 降为 *M. planata* (Mocsáry, 1909) 的次异名；*M. nebraskensis* 降为 *M. pulchelliformis* Rohwer, 1909 的次异名；*M. xanthonota* 降为 *M. succincta* Cresson, 1880 的次异名。

Matsumura（1912）描述了采自日本的 5 个新种，但后来每个种均发生了属间变动，分别为：*M. nigrolineata* 移入 *Pachyprotasis*；*M. sapporonis* 移入 *Laurentia*；*M. mitsuhashii* 移入 *Tenthredella*；*M. flavoventralis* 移入 *Pachyprotasis*；*M. fujisana* 移入 *Corymbas*。

Enslin（1913）又重新厘定了分布于欧洲地区的 *Macrophya* 种类，在 *Macrophya* 检索表下共描述和记录了 26 种：*M. punctumalbum* L.、*M. superba* Tischbein、*M. postica* Brullé、*M. rufipes* L.、*M. diversipes* Schrank、*M. sanguinolenta* Gmelin、*M. albimacula* Mocsáry、*M. pallidilabris* A. Costa、*M. chrysura* Klug、*M. erythrocnema* A. Costa、*M.teutona* Panzer、*M. rufopicta* Enslin、*M. militaris* Klug、*M. blanda* Fabricius、*M. annulata* Geoffroy、*M. duodecimpunctata* L.、*M. tenella* Mocsáry、*M. albipuncta* Fallen、*M. crassula* Klug、*M. vitta* Enslin、*M. tibialis* Mocsáry、*M. albicincta* Schrank、*M. rustica* L.、*M. ribis* Schrank、*M. carinthiaca* Klug、*M. carinthiaca* Klug，并成立了 *Pseudomacrophya* 亚属，其下包含 *M. punctumalbum* L.。另有以下 4 种的分类地位后来发生了变动：*M. albimacula* Mocsáry 和 *M. pallidilabris* A. Costa 降为 *M. chrysura* 的次异名，*M. tibialis* Mocsáry 降为 *M. alboannulata* Costa 的次异名，*M. rustica* L. 转入 *Arge*，成为 *Arge rustica* L.。

MacGillivray（1895a, b, c，1914，1916，1920，1923a, b）发表了一系列的研究论文，发表了大量的新种。在他 1916 年的研究论文中，编制了（美国）康涅狄格 *Macrophya*

已知种类检索表，共提到35个种：*M. nidonea* MacGillivray、*M. ornata* MacGillivray、*M. epinota* (Say)、*M. texana* Cresson、*M. trosula* (Say)、*M. alba* MacGillivray、*M. pulchella* (Klug).、*M. confusa* MacGillivray、*M. dejecta* (Norton).、*M. lineata* Norton.、*M. punctata* MacGillivray.、*M. mixta* MacGillivray、*M. pannosa* (Say)、*M. proximata* Norton、*M. flavicoxa* (Norton)、*M. incerta* (Norton)、*M. externa* (Say)、*M. tibiator* Norton、*M. bilineata* MacGillivray、*M. fuliginea* Norton、*M. propinqua* Harrington、*M. contaminata* Provancher、*M. albomaculata* (Norton)、*M. minuta* MacGillivray、*M. nigra* (Norton)、*M. zonalis* Norton、*M. trisyllaba* (Norton)、*M. goniphora* (Say)、*M. intermedia* (Norton)、*M. formosa* (Klug)、*M. cesta* (Say)、*M. succincta* Cresson、*M. melanopleura* MacGillivray、*M. fascialis* Norton、*M. varia* (Norton)。但是，只有20个种至今有效，其他种类由于模式标本未被核查而解译错误，但这仍是自1980年以来最为全面的检索表。

Rohwer（1917）描述了1个叶蜂新种：*M. simillima*。

Takeuchi（1923）描述了采自库页岛的1个新种：*Pachyprotasis esakii*，但是后来已经转移到*Macrophya*内，该种被Takeuchi重新描述。

Forsius（1925）对东亚及印度的7种*Macrophya*下种进行了检索，其中包含分布于日本的5新种：*M. enslini*、*M. rohweri*、*M. crassuliformis*、*M. trivialis*、*M. discreta*。但是，后来*M. trivialis*降为本属*M. falcifica*的次异名；*M. discreta*降为*M. coxalis*的次异名。

Takeuchi（1926）描述了采自日本琉球的1个新种：*M. liukiuana*。

Ross（1931）出版了他的研究论文，涉及种类（含5个新变种）：*M. fumator* var. *maura* Cresson、*M. subviolacea* Cresson、*M. oregona* Cresson、*M. oregona* var. *dukiae*、*M. fascialis* Norton、*M. fascialis* var. *puella*、*M. varius* (Norton)、*M. varius* var. *festana*、*M. varius* var. *eurythmia* Norton、*M. varius* var. *nordicola*、*M. trisyllabus* (Norton)、*M. atrisyllabus* var. *sinannula*，并编写了北美地区*Macrophya*触角环白组已知种类检索表。

Takeuchi（1933）描述了5个新种：*M. fascipennis*、*M. obesa*、*M. annulitibia*、*M. exilis*和*M. maculitibia*。但是，*M. exilis*和*M. marlatti* Zhelochovtsev（= *M. japonica* Marlatt）是同一种。

Zhelochovtsev（1935）讨论了日本境内的2个种类，并建立1个新异名关系：*M. marlatti* Zhelochovtsev = *M. japonica* Marlatt。

Forsius（1935）发表了1个新种：*M. karakorumensis*。

Takeuchi（1936）记录了采自库页岛的种类（含变种）：*M. carbonaria*、*M. annulicornis*、*M.apicalis* var. *infumata*、*M. duodecimpunctata* var. *sodalitia* Mocsáry、*M. annulitibia*和*M. maculitibia*，并且*M. esakii*被重新描述。

Takeuchi（1937）在厘定日本及附近地区的*Macrophya*种时，描述了35个种（含5个变种），其中包括7个新种（含1个新变种），种类如下：*M. tattakana* Takeuchi、*M.*

annulicornis Konow、*M. infumata* Rohwer、*M. apicalis* (Smith)、*M. duodecimpunctata* (var. *sodalitia* Mocsáry)、*M. coxalis* Motschulsky、*M. fascipennis* Takeuchi、*M. rohweri* Forsius、*M. enslini* Forsius、*M. sanguinolenta* Gmelin、*M. sanguinolenta* var. *poecilopus* Aichinger、*M. vacillans* Malaise、*M. kongosana*、*M. esakii* Takeuchi、*M. esakii* var. *exilis* Takeuchi、*M. marlatti* Zhelochovtsev、*M. liukiuana* Takeuchi、*M. falsifica* Mocsáry、*M. formosana* Rohwer、*M. sibirica* Forsius、*M. carbonaria* Smith、*M. timida* Smith、*M. timida* var. *femorata* Marlatt、*M. annulitibia* Takeuchi、*M. maculitibia* Takeuchi、*M. imitator* Takeuchi、*M. koreana* Takeuchi、*M. forsiusi* Takeuchi、*M. malaisei* Takeuchi、*M. malaisei* var. *kibunensis* Takeuchi、*M. obesa* Takeuchi、*M. crassuliformis* Forsius、*M. albitarsis* Mocsáry、*M. minutissima* Takeuchi；还编制了日本现有 *Macrophya* 种类分种检索表。后来，*M. sanguinolenta* var. *poecilopus* Aichinger 被确定为异名，*M. esakii* var. *exilis* Takeuchi、*M. timida* var. *femorata* Marlatt 和 *M. malaise* var. *kibunensis* Takeuchi 被提升为独立种。

Malaise (1945) 在发表的论文中对东南亚的 *Macrophya* 种进行了初步研究，共记录和描述了 28 种 (含 5 个亚种)，其中有 6 个新种，后来 *M. pendleburyi* Forsius, 1933 被移入 *Flagellaria* Saini，*M. lucida* Rohwer, 1921 移入 *Tenthredo*，*M. verticalis* var. *tonkinensis*, Malaise 于 1997 年被提升为独立种，*M. duodecimpunctata* L. var. *sodalitia* Mocsáry 升格为 *M. duodecimpunctata sodalitia* Mocsáry、*M. scutellata* Kuzn-Ugamski 降为 *M. infumata* Rohwer 的次异名。共描述了 17 种 (含 1 个亚种)，6 个新种 (含 1 个新亚种)，种类如下：*M. tattakana* Takeuchi, 1927、*M. maculicornis* Cameron, 1899、*M. pendleburyi* Forsius, 1933、*M. flavomaculata* Cameron, 1876、*M. planata* (Mocsáry, 1909)、*M. transcarinata* Malaise、*M. pompilina* Malaise、*M. regia* Forsius, 1930、*M. hastulata* Konow, 1898、*M. verticalis* Konow, 1898、*M. verticalis tonkinensis* Malaise、*M. histrio* Malaise、*M. lucida* Rohwer, 1921、*M. formosana* Rohwer, 1916、*M. soror* Jakovlev, 1891、*M. postscutellaris* Malaise、*M. potanini* Jakovlev, 1891。

Ross (1951) 发表了对于北美种类最有价值的一篇文献，在此文中他提出了大量的新异名，并提供了新北区 *Macrophya* 种类目录，共 53 种。

Benson (1952) 对不列颠群岛的 *Macrophya* 编制了一份检索表，其下包含 9 种成虫和它们的幼虫的生物学习性，并且 *M. rapae* L. 移入 *Tenthredo*。

Benson (1954) 厘定了塞浦路斯及地中海附近区域的一些叶蜂种类，并简略描写了 *M. orientalis* Mocsáry 和 *M. rufipes* (L.) 的区别，又描述了 2 个新种：*M. aphrodite* 和 *M. cyrus*。

Benson (1968) 对土耳其的叶蜂进行研究时，在 *Macrophya* 下记录了 24 种：*M. punctumalbum* (L.)、*M. albicincta* (Schrank)、*M. crassula* (Klug)、*M. consobrina* Mocsáry、

M. pallidilabris A. Costa、*M. erythrocnema* A. Costa、*M. rufipes orientalis* Moscáry、*M. sanguinolenta* (Gmelin)、*M. duodecimpunctata* (L.)、*M. longitarsus* Konow、*M. annulata* (Geoffroy)、*M. blanda* (Fabricius)、*M. oedipus* Benson、*M. hamata* Benson、*M. diversipes* Schrank、*M. diaphenia* Benson、*M. montana montana* (Scopoli)、*M. cyrus* Benson, 1954、*M. ottomana* Mocsáry、*M. postica* (Brullé)、*M. aphrodite* Benson, 1954、*M. superba* Tischbein、*M. prasinipes* Konow、*M. minerva* Benson，这些种类主要分布在欧洲及西亚地区，其中描述了 4 个新种。后来，*M. pallidilabris* A.Costa 被降为异名。除此之外，Benson 把其中 20 种归入以下两组：*Blanda-duodecimpunctata* group（含 12 种），其特征为：后胸后侧片后有一个明显的小附片，他认为北美种 *M. fumata* Norton 也应放在其中，但 Gibson（1980）不同意此观点；*Postica* group（含 8 种），其特征为：复眼向下强烈收敛，腹部至少在第一背板处具白色色带。

Muche（1969）发表了德国的 3 个新种：*M. convexiscutellaris*、*M. hamata caucasicola*、*M. nemesis*，并把 *M. rufipes orientalis* 提升为种，而且对以上 4 种进行了检索。

Ermolenko（1977）描述了 1 个叶蜂新种：*M. nizamii*，但后来该种已经放入 *Pseudomacrophya*。

Vasilev（1978）对保加利亚的 *Macrophya* 种进行了检索。同年，Scobiola-Palade 又对罗马利亚的 *Macrophya* 种类进行了检索。

Fritsch（1978）对 *Macrophya* 在欧洲的种类编制了一份包括幼虫和成虫在内的检索表。

Gibson（1980a）对北美的 *Macrophya* 种类作了全面厘定。在 *Macrophya s. str.* 及 *M.*（*Pseudomacrophya*）下，共讨论了 46 种：*Macrophya (M.) festana* Ross、*Macrophya (M.) varia* (Norton)、*Macrophya (M.) trisyllaba* (Norton)、*Macrophya (M.) oregona* Cresson、*Macrophya (M.) nigra* (Norton)、*Macrophya (M.) formosa* (Klug)、*Macrophya (M.) nigristigma* Rohwer、*Macrophya (M.) alba* MacGillivray、*Macrophya (M.) bifasciata* (Say)、*Macrophya (M.) succincta* Cresson、*Macrophya (M.) intermedia* (Norton)、*Macrophya (M.) goniphora* (Say)、*Macrophya (M.) pulchella* (Klug)、*Macrophya (M.) simillima* Rohwer、*Macrophya (M.) senacca*、*Macrophya (M.) serratalineata*、*Macrophya (M.) amediata*、*Macrophya (M.) zoe* Kirby、*Macrophya (M.) lineatana* Rohwer、*Macrophya (M.) flavolineata* (Norton)、*Macrophya (M.) flavicoxae* (Norton)、*Macrophya (M.) melanota* Rohwer、*Macrophya (M.) smithi*、*Macrophya (M.) nirvana*、*Macrophya (M.) macgillivrayi*、*Macrophya (M.) phylacida*、*Macrophya (M.) cassandra* Kirby、*Macrophya (M.) tibiator* Norton、*Macrophya (M.) fuliginea* Norton、*Macrophya (M.) externa* (Say)、*Macrophya (M.) fumator* Norton、*Macrophya (M.) cinctula* (Norton)、*Macrophya (M.) pulchelliformis* Rohwer、*Macrophya (M.) epinolineata*、*Macrophya (M.) masoni*、*Macrophya (M.) mensa* n.

sp.、*Macrophya (M.) mixta* MacGillivray、*Macrophya (M.) flicta* MacGillivray、*Macrophya (M.) flicta* MacGillivray、*Macrophya (M.) masneri*、*Macrophya (M.) propinqua* Harrington、*Macrophya (M.) epinota* (Say)、*Macrophya (M.) pannosa* (Say)、*Macrophya (M.) albomaculata* (Norton)、*Macrophya (M.) maculilabris* Konow、*Macrophya (Pseudomacrophya) punctumalbum* (Linnaeus) 和 *Macrophya (M.) dejecta* (Norton)。他把 *Paramacrophya* 确立为 *Macrophya s. str.* 的次异名，并发表了 11 个新种，提出 14 个新异名。此文中除了采用 Malaise（1945）所提出的形态鉴别特征外，Gibson 还考虑到了后胸后侧片附片在分类上的重要性，并且提出上鄂、上唇及唇基的形状不适用于界定此属，但有助于区分两亚属。他主要根据阳茎瓣、唇基及后胸后侧片附片的形状在北美 *Macrophya* 属下分为以下四组进行讨论：*trisyllaba* group（含 5 种）、*epinota* group（含 12 种）、*tibiator* group（含 4 种）、*flavolineata* group（含 8 种）；还编制了北美地区 *Macrophya* 雌虫分种检索表和雄虫分种检索表。

Gibson（1980b）以 *M. annulipes* Cresson, 1880 为属模，成立 *Deda* Gibson，他认为此属与 *Macrophya* 的主要区别在于复眼下缘距离大于复眼高，后足胫节比股节长，后足基跗节比其余 4 节之和短。

Gibson 和 Smith（1984）对北美种 *M. pluricincta* 作进一步的研究，他们根据锯腹片、后足胫节距及相对稳定的色型等特征，认为原来的 *M. pluricinta* 应包括 4 个种。并且不同意 Benson（1959）的观点，即把 *M. pluricincta* Norton 转到 *Zaschizonyx* Ashmead，Gibson 和 Smith 认为它们不适合放在 *Macrophya* 及其他已知任何属下，因此以 *M. pluricincta* Norton 为属模建立 *Filacus* Smith & Gibson。

Singh、Singh 和 Dhillon（1984）发表了 1 个新种：*M. metepimerata* Singh, Singh & Dhillon, 1984，但后来该种降为 *M. brancuccii* 的次异名。

Lacourt（1985）讨论了北非的 4 个种：*M. ruficincta*，*M. duodecimpunctata*，*M. montana*，并提出 *M. punctumalbum maroccana* 是 *M. hispana africana* 的新异名，其后一种后来被提升为种。

Schedl（1985）对 Enslin 在 1910 年编制的古北区 *Macrophya* 种类检索表进行了修改。

Magis（1984，1985）对比利时和卢森堡的 *M. blanda duodecimpunctata* group、*M. epinota* group、*M. chrysura* group 的种类进行了研究，并对它们进行了检索。

Saini、Bharti 和 Singh（1986）描述了采自印度的 2 个新种：*M. gopeshwari* 和 *M. concolor*，但后来 *M. concolor* Saini, Singh, Singh & Singh, 1986 降为 *M. brancuccii* 的次异名。

Liston（1987）对不列颠群岛的 *M. epinota* group 的种类提供了一份检索表。

Zhelochovtsev（1988）以检索表的形式对分布于俄罗斯地区的 *Macrophya* 的 19 个种进行了检索。

Singh 和 Saini（1989）基于正模标本的研究，将 *M. lucide* Rohwer 转移到 *Tenthredo*。

Taeger（1989）厘定了分布于德国东部的 *Macrophya* 种类，包括 12 种，如下：*M. annulata*、*M. teutona*、*M. militaris*、*M. montana*、*M. tenella*、*M. sanguinolenta*、*M. erythrocnema*、*M. chrysura*、*M. recognata*、*M. alboannulata*、*M.crassula* 和 *M. parvula*；并编制了分种检索表。

Lacourt（1991）厘定了西古北区的 *M. (Pseudomacrophya)*，种类如下 *M. punctumalbum* (L. , 1767)（欧洲）、*M. hispana* Konow, 1904（西班牙）、*M. africana* Forsius, 1919 sp. rev.（阿尔及利亚，摩洛哥）、*M. maroccana* Muche, 1979（摩洛哥）。并且，发表了 1 个新亚种：*M. africana megatlantica*，还编制了已知种类分种检索表。

Smith（1991）厘定了维吉尼亚的 *Macrophya* 的 28 种，含 6 个新纪录，并指出 *M. epinota* 的标本非常珍贵，种类如下：*M. alba* MacGillivray、*M. albomaculata* (Norton)、*M. bifasciata* (Say)、*M. cassandra* Kirby、*M. cinctula* (Norton)、*M. epinota* (Say)、*M. externa* (Say)、*M. tlavicoxae* (Norton)、*M. flavolineata* (Norton)、*M. flicta* MacGillivray、*M. formosa* (Klug)、*M. fuliginea* Norton、*M. goniphora* (Say)、*M. lineatana* Rohwer、*M. macgillivrayi* Gibson、*M. maculilabris* Konow、*M. masonl* Gibson、*M. mensa* Gibson、*M. mixta* MacGillivray、*M. nigra* (Norton)、*M. nigristigma* Rohwer、*M. pannosa* (Say)、*M. pulchella* (Klug)、*M. senacca* Gibson、*M. tibiator* Norton、*M. trisyllaba* (Norton)、*M. varia* (Norton)、*M. zoe* Kirby。

Saini、Bharti 和 Singh（1996）厘定了分布在印度次大陆的 *Macrophya*，包括 13 种，其中含 6 个新种和 2 个新纪录种，新种如下：*M. khasiana*、*M. manganensis*、*M. pseudoplanata*、*M. rufipodus*、*M. punctata* 和 *M. ukhrulensis*；另有 *M. metepimerata* Singh *et* al 和 *M. concolor* Saini *et* al. 在本文中被确立为 *M. brancuccii* 的新异名，*M. punctata* 成为 *M. andreasi* 的次异名，*M. ukhrulensis* 成为 *M. formosana* 的次异名。

Saini 和 Vasu（1997）发表了采自印度境内 *Macrophya* 的 2 个新种：*M. andreasi* 和 *M. naga*。

Haris（2000）报道了采自老挝境内 *Macrophya* 的 3 个新种：*M. kathmanduensis*、*M. langtangiensis*、*M. nigronepalensis*。

Chevin, Henri; Guinet, Jean-Michel & Schneider, Nico（2003）报道了卢森堡广腰蜂类第 9 次分布名录，其中提到钩瓣叶蜂属 2 个种类：*M. carinthiaca* 和 *M. crassula*。

Drees 和 Michael（2004）报道了德国北莱茵河 – 威斯特法利亚地区的叶蜂新纪录，其中提到钩瓣叶蜂属 2 个种类：*M. rufipes* 和 *M. recognata*。

Lacourt（2005）报道采自巴黎境内的 1 个新种：*M. aguadoi*。

Togashi（2005）报道了采自日本境内的 1 个叶蜂新种：*M. mikagei*。

Pschorn-Walcher, H. 和 Altenhofer, E.（2006）报道，对于 1957—1999 年期间对中欧地区的叶蜂幼虫种类进行了采集和饲养，论文研究发现首次确定钩瓣叶蜂属 1 个种类 *M.*

erythrocnema 的寄主植物：*Knautia arvensis*。

Haris 和 Roller（2007）发表了采自老挝的 1 个新种：*M. hergovitsi*。

Paukkunen, Juho 等人（2009）重新提供了芬兰分布的叶蜂名录，涉及钩瓣叶蜂属 1 个种类：*M. teutona* (Panzer, 1799)。

Vikberg 和 Veli（2010）对采自于芬兰亚纳卡拉地区的钩瓣叶蜂属 1 个种类 *M. teutona* (Panzer, 1799) 的幼虫进行了研究，并通过饲养，确定该种类的幼虫寄主为大戟科大戟属的 2 种植物。

Schwarz, M.（2011）对奥地利（奥地利州）的叶蜂类群进行了研究，其中提到钩瓣叶蜂属 3 个种类 *M. albipuncta*，*M. clrrysura* 和 *M. teutona* 在该地区首次记载。

Macek 和 Jan（2012）对在欧洲分布的 *M. parvula* (Konow, 1884) 成虫进行了描述和说明，该种雄虫首次进行记载；另外，对 *M. blanda* (Fabricius, 1775), *M. rufipes* (Linne, 1758), *M. diversipes* (Schrank, 1782), *M. parvula*, *M. recognata* Zombori, 1979 和 *M. erythrocnema* Costa, 1859 的幼虫进行的研究；还对 *M. annulata* (Geoffroy, 1785), *M. militaris* (Klug, 1817) 和 *M. montana* (Scopoli, 1763) 的幼虫进行了描述和说明。并且，对上述所有种类的生物学特征（含寄主）予以提出。

Liston, Andrew D. 和 Jacobs, Hans-Joachim（2012）对塞浦路斯的叶蜂区系进行了回顾和评论，其中在文中提到了该分布地内钩瓣叶蜂属 1 个种类：*M. aphrodite* Benson, 1954。

日本的叶蜂研究学者 Akihiko Shinohara 和中国的叶蜂研究学者李泽建博士（2015）联合发表了 2 个日本新种：*M. satoi* Shinohara & Li, 2015 和 *M. harai* Shinohara & Li, 2015。同年，日本的两位学者 Akihiko Shinohara 和 Hiroshi Yoshida 联合发表了 1 篇研究文献，描述了 1 个日本种类，即 *M. togashii* Yoshida & Shinohara, 2015；同年不久，Akihiko Shinohara 又陆续发表了第 3 篇研究文献，提供了现有日本境内钩瓣叶蜂属种类名录，共计 27 种。

1.2 中国钩瓣叶蜂属研究简史

1.2.1 国外学者对中国标本的研究现状

在国外，对于中国境内 *Macrophya* 叶蜂标本进行研究是在 19 世纪 70 年代。最早的记录是采自中国北部，实际是上海，标本采集人是 Fortune，现在该种种名为 *M. flavomaculata* (Cameron, 1876)，但它最初放在 *Allantus* 内，后来由 Kirby（1882）把该种转入 *Macrophya*。

Jakovlev（1891）在发表的文章中，记述了采自中国甘肃的 1 个新种：*M. potanini* Jakovlev，但描述比较简略。

Rohwer（1916）发表了采集中国台湾的 1 个叶蜂新种：*M. formosana* Rohwer，该种是

德国的 Sauter 于 1910—1912 年 3 次赴中国台湾采集中的种类。

Takeuchi（1927）发表了中国台湾叶蜂研究论文，记述了 1 个新种：*M. tattakana* Takeuchi。

Forsius（1930）描述了采自中国福建的 1 个新种：*M. regia* Forsius。

Forsius（1931）描述了分布于中国四川的 1 个新种：*M. emdeni* Forsius，现在该种已经转移到 *Pachyprotasis*。

Malaise（1934）研究了中国西北地区叶蜂区系（主要是甘肃地区），报道了 2 个新种：*M. supracoxalis* Malaise 和 *M. pusilloides* Malaise。如今，*M. supracoxalis* Malaise 已经转移到 *Pachyprotasis*，*M. pusilloides* Malaise 已经转移到 *Tenthredo*。

Mallach（1936）在他的第 3 篇中国叶蜂研究论文中，报道了 2 个新种：*M. canescens* Mallach 和 *M. vittata* Mallach，并报道了该属 1 个中国新纪录种：*M. infumata* Rohwer, 1925。

Malaise（1937）描述了收藏于巴黎博物馆的中国钩瓣叶蜂属 1 个新种：*M. pusilloides* Malaise。

根据上海震旦博物馆收藏的和 O. Piel 神父采自江西牯岭、浙江天目山、舟山一带的两批叶蜂标本，Takeuchi（1938）记述了中国大陆的 1 个新种：*M. abbreviata* Takeuchi（现为 *M. vittata* Mallach 的异名）。

Takeuchi（1940）发表了上海震旦博物馆收藏的叶蜂种类研究的后续部分，描述了 3 个分布于中国的种类：*M. carbonaria* Smith, 1874，*M. koreana* Takeuchi, 1937 和 *M. malaisei* Takeuchi, 1937。

Takeuchi（1948）研究了一批采自中国山西的叶蜂标本，报道了 1 个中国新纪录种：*M. sanguinolenta* (Gmelin, 1790)。

1.2.2　国内学者对中国标本的研究现状

在中国，对于 *Macrophya* 的系统学研究开展得较晚，20 世纪 90 年代以后才有中国的研究者对本属进行初步研究。中国科学院动物研究所的两位叶蜂研究专家袁德成博士和魏美才博士对本属作了初步的研究；在 2003—2005 年间，中南林业科技大学昆虫系统与进化生物学实验室的陈明利对中国钩瓣叶蜂属种系统学做过初步的研究，但对于该属的种团分化、形态性状演化趋势、生物地理学和分子系统学关系方面的工作并没有开展，只是对部分种类进行了较简单的描述，对成虫局部特征并没有予以提供，但对雌雄外生殖器特征进行了初步研究。在这之前有关本属的研究工作都是由外国科学工作者进行的。国内科学工作者对 *Macrophya* 相关研究工作进程如下。

周淑芷和黄孝运（1980）描述了 1 个新种：白蜡钩瓣叶蜂 *M. fraxina* Zhou & Huang，该新种模式产地为四川峨眉县。

黄孝运和周淑芷（1982）在《西藏昆虫》一书中，记载采自中国西藏的1个中国新纪录种：尖唇钩瓣叶蜂 *M. verticalis* Konow, 1898。

袁德成（1991）在他的博士学位论文《中国叶蜂亚科系统分类研究》中，对中国境内分布的 *Macrophya* 的30种进行检查记录，但有4种未见标本（*M. tattakana* Takeuchi, 1927、*M. coxalis* (Motschulsky, 1866)、*M. soror* Jakovlev, 1891、*M. fraxina* Zhou & Huang, 1980），并对另外26种（含1个亚种）编制了分种检索表，即 *M. regia* Forsius, 1930、*M. hastulata* Konow, 1898、*M. vacillans* Malaise, 1931、*M. sanguinolenta* (Gmelin, 1790)、*M. erythocnema* Costa, 1859、*M. canescens* Mallach, 1936、*M. koreana* Takeuchi, 1937、*M. flavomaculata* (Cameron, 1876)、*M. planate* (Mocsáry, 1909)、*M. annulicornis* Konow, 1904、*M. infumator* Rohwer, 1925、*M. duodecimpunctata sodlitia* Mocsáry, 1909、*M. maculitibia* Takeuchi, 1933、*M. albitarsis* Mocsáry, 1909、*M. verticalis* Konow, 1898、*M. postscutellaris* Malaise, 1945、*M. potanini* Jakovlev, 1891、*M. malaisei* Takeuchi, 1937、*M. formosana* Rohwer, 1916、*M. carbonari*a Smith, 1874、*M. sibirica* Forsius, 1918、*M. abbreviate* Takeuchi, 1938、*M. vittata* Mallach, 1936、*M. pompilina* Malaise, 1945、*M. crassuliformis* Forsius, 1925、*M. obesa* Takeuchi, 1933。其中，新纪录有12种和1个亚种。袁德成认为根据 Mallach（1936）的描述，*M. vittata* 应与 *M. abbreviata* 近似，但检查了 *M. vittata* 的模式标本后，发现 *M. vittata* 的模式标本头部和腹部残缺，无法深入比较，仍把它当作独立种看待。

魏美才等（1997）在《江西叶蜂一新属八新种》一文中报道了2个新种：女贞钩瓣叶蜂 *M. ligustri* Wei & Huang，该种分布于江西和湖南；洼颜钩瓣叶蜂 *M. planatoides* Wei，该种分布于江西、湖南和广东，这也是对中国叶蜂分类区系研究的首次报道。

魏美才和马丽（1997）再次报道了采自中国湖南、浙江、四川和云南的5个新种，分别是：长腹钩瓣叶蜂 *M. dolichogaster* Wei & Ma, 缨鞘钩瓣叶蜂 *M. pilotheca* Wei & Ma, 童氏钩瓣叶蜂 *M. tongi* Wei & Ma, 赵氏钩瓣叶蜂 *M. zhaoae* Wei 和郑氏钩瓣叶蜂 *M. zhengi* Wei。

魏美才和聂海燕（1998a）报道了采自河南省西部伏牛山区的10个新种：刻盾钩瓣叶蜂 *M. tattakonoides* Wei，黑唇钩瓣叶蜂 *M. melanolabria* Wei，红唇钩瓣叶蜂 *M. rufoclypeata* Wei，伏牛钩瓣叶蜂 *M. funiushana* Wei，申氏钩瓣叶蜂 *M. sheni* Wei，远环钩瓣叶蜂 *M. farannulata* Wei，反刻钩瓣叶蜂 *M. revertana* Wei，文氏钩瓣叶蜂 *M. weni* Wei，密纹钩瓣叶蜂 *M. histrioides* Wei 和长鞘钩瓣叶蜂 *M. parimitator* Wei。

魏美才和聂海燕（1998b）在浙江《龙王山昆虫》一书中报道了1个新种：白环钩瓣叶蜂 *M. albannulata* Wei & Nie，并记载了1个中国新纪录种：黄唇钩瓣叶蜂 *M. abbreviata* Takeuchi, 1938，目前后者现为 *M. vittata* Mallach 的异名。

魏美才和聂海燕（1999a）在《河南伏牛山南坡叶蜂亚科新类群》一文中报道了1个

新种：拟烟带钩瓣叶蜂 *M. parapompilina* Wei & Nie。

魏美才和聂海燕（1999b）再次报道了采自河南的 1 个新种：烟翅钩瓣叶蜂 *M. typhanoptera* Wei & Nie。

魏美才和陈明利（2002）报道了采自河南省西部伏牛山区的 5 个新种，分别是：肿跗钩瓣叶蜂 *M. crassitarsalina* Wei & Chen，平刃钩瓣叶蜂 *M. flactoserrula* Wei & Chen，暗唇钩瓣叶蜂 *M. melanoclypea* Wei，点斑钩瓣叶蜂 *M. minutiluna* Wei & Chen，横脊钩瓣叶蜂 *M. tripidona* Wei & Chen；并首次报道了申氏钩瓣叶蜂 *M. sheni* Wei, 1998 和黑唇钩瓣叶蜂 *M. melanolabria* Wei, 1998 的雄虫。

陈明利和魏美才（2002）再次对采自河南省西部伏牛山区的另外 6 个新种作了报道，分别是：缩臀钩瓣叶蜂 *M. constrictila* Wei & Chen，淡痣钩瓣叶蜂 *M. fulvostigmata* Wei & Chen，白跗钩瓣叶蜂 *M. leucotarsalina* Wei & Chen，五斑钩瓣叶蜂 *M. pentanalia* Wei & Chen，红胫钩瓣叶蜂 *M. rubitibia* Wei & Chen 与钟氏钩瓣叶蜂 *M. zhongi* Wei & Chen。

魏美才和聂海燕（2002）报道了采自贵州茂兰自然保护区的 5 个新种，分别是：混斑钩瓣叶蜂 *M. commixta* Wei & Nie，小斑钩瓣叶蜂 *M. micromacula* Wei & Nie，小鞘钩瓣叶蜂 *M. minutitheca* Wei & Nie，方凹钩瓣叶蜂 *M. quadriclypeata* Wei & Nie，黄痣钩瓣叶蜂 *M. stigmaticalis* Wei & Nie；并报道了 1 个中国新纪录种：平盾钩瓣叶蜂 *M. planata* Mocsáry, 1909。

魏美才和聂海燕（2002）在《海南森林昆虫》书中报道了 1 个新种：海南钩瓣叶蜂 *M. hainanensis* Wei & Nie。

魏美才和聂海燕（2003）在《福建昆虫志》中报道了 8 个新种：短鞘钩瓣叶蜂 *M. brevitheca* Wei & Nie，肖蓝钩瓣叶蜂 *M. xiaoi* Wei & Nie，斑蓝钩瓣叶蜂 *M. maculoclypeatina* Wei & Nie，小碟钩瓣叶蜂 *M. minutifossa* Wei & Nie，副碟钩瓣叶蜂 *M. paraminutifossa* Wei & Nie，浅碟钩瓣叶蜂 *M. hyaloptera* Wei & Nie，红头钩瓣叶蜂 *M. erythrocephalica* Wei & Nie，光唇钩瓣叶蜂 *M. glaboclypea* Wei & Nie；并对另外 5 个已知种类进行了描述，分别是：长腹钩瓣叶蜂 *M. dolichogaster* Wei & Ma, 1997，丽蓝钩瓣叶蜂 *M. regia* Forsius, 1930，黄斑钩瓣叶蜂 *M. flavomaculata* (Cameron, 1876)，深碟钩瓣叶蜂 *M. coxalis* (Motschulsky, 1866) 和台湾钩瓣叶蜂 *M. formosana* Rohwer, 1916。

魏美才和石福明（2004）报道了采自四川和甘肃的 1 个新种：石氏钩瓣叶蜂 *M. shii* Wei。

陈明利、黄宁廷和钟义海（2005）报道了采自四川境内的 3 个新种：九寨钩瓣叶蜂 *M. jiuzhaina* Chen & Wei，乐怡钩瓣叶蜂 *M. leyii* Chen & Wei 和细瓣钩瓣叶蜂 *M. parviserrula* Chen & Wei。

刘守柱和魏美才（2005）报道了采自山东的 1 个新种：斑跗钩瓣叶蜂 *M. maculotarsalina* Wei & Liu，还报道了 1 个中国新纪录种：斑股钩瓣叶蜂 *M. femorata* Marlatt, 1898，该种原记载分布于日本。

魏美才和林杨（2005）在《贵州大沙河昆虫》中报道了 1 个新种：林氏钩瓣叶蜂 *M. linyangi* Wei；另外，还描述了 2 个已知种类：白环钩瓣叶蜂 *M. albannulata* Wei, 1998 和凹颜钩瓣叶蜂 *M. depressina* Wei, 2005。

魏美才（2005）在《贵州习水景观昆虫》中报道了该属的 2 个新种：黑距钩瓣叶蜂 *M. nigrispuralina* Wei 和宝石钩瓣叶蜂 *M. xanthosoma* Wei；并报道了 4 个贵州新纪录种：糙板钩瓣叶蜂 *M. vittata* Mallach, 1936，浅碟钩瓣叶蜂 *M. hyalopera* Wei & Nie, 2003，副碟钩瓣叶蜂 *M. paraminutifossa* Wei & Nie, 2003 和凹颜钩瓣叶蜂 *M. depressina* Wei, 2005；还描述了 2 个贵州已知种类：黄斑钩瓣叶蜂 *M. flavomaculata* (Cameron, 1876) 和白环钩瓣叶蜂 *M. albannulata* Wei, 1998。

张少冰和魏美才（2006）报道了采自江西、湖南和福建的 1 个新种：尖唇钩瓣叶蜂 *M. acuminiclypeus* Zhang & Wei。

魏美才（2006）在贵州《梵净山景观昆虫》中报道了 1 个新种：三斑钩瓣叶蜂 *M. trimicralba* Wei；并报道了 1 个贵州新纪录种：小碟钩瓣叶蜂：*M. minutifossa* Wei & Nie, 2003；还记载 2 个贵州已有种类：白环钩瓣叶蜂 *M. albannulata* Wei, 1998 和黄斑钩瓣叶蜂 *M. flavomaculata* (Cameron, 1876)。

魏美才、廖芳均和梁旻雯（2007）在贵州《雷公山景观昆虫》中报道了 1 个新种：白边钩瓣叶蜂 *M. imitatoide*s Wei，还记载了 3 个已知种类：浅碟钩瓣叶蜂 *M. hyaloptera* Wei & Nie, 2003，小碟钩瓣叶蜂 *M. minutifossa* Wei & Nie, 2003 和白环钩瓣叶蜂 *M. albannulata* Wei, 1998。

魏美才和李泽建（2009）报道了中国京津地区钩瓣叶蜂属 1 新种：宽斑钩瓣叶蜂 *M. maculipennis* Wei & Li, 2009，还编制了直脉钩瓣叶蜂种团 *M. sibirica* group 中国已知种类分种检索表。

朱小妮和魏美才（2009）报道了中国湖南与广东钩瓣叶蜂属 1 新种：寡斑钩瓣叶蜂 *M. oligomaculella* Wei & Zhu, 2009，并简要讨论了深碟钩瓣叶蜂种团 *M. coxalis* group 的主要鉴别特征，还编制了 *M. coxalis* 种团中国已知种类分种检索表。

赵赴、李泽建和魏美才（2010a）报道了采自甘肃、宁夏（宁夏回族自治区的简称，全书同）、陕西、湖北一带的钩瓣叶蜂 2 新种：斑转钩瓣叶蜂 *M. nigromaculata* Wei & Li, 2010 和武氏钩瓣叶蜂 *M. wui* Wei & Zhao, 2010；前者属于密鞘钩瓣叶蜂种团 *M. imitator* group，后者属于密纹钩瓣叶蜂种团 *M. histrio* group。

赵赴、李泽建和魏美才（2010b）报道了中国甘肃、宁夏、陕西和湖北一带的钩瓣叶蜂属 2 个新种：焦氏钩瓣叶蜂 *M. jiaozhaoae* Wei & Zhao, 2010 和弯毛钩瓣叶蜂 *M. curvatisaeta* Wei & Li, 2010，该新种均属于密鞘钩瓣叶蜂种团 *M. imitator* group，并编制了该种团中国已知种类分种检索表。

赵赴和魏美才（2011）报道了中国湖北神农架钩瓣叶蜂属 2 个新种：江氏钩瓣叶蜂

M. jiangi Wei & Zhao, 2011 和神农钩瓣叶蜂 *M. shennongjiana* Wei & Zhao, 2011；该新种均属于血红钩瓣叶蜂种团 *M. sanguinolenta* group。

朱巽、李泽建和魏美才（2012）报道了中国陕甘南部地区钩瓣叶蜂属 2 个新种：晕翅钩瓣叶蜂 *M. infuscipennis* Wei & Li, 2012 和杨氏钩瓣叶蜂 *M. yangi* Wei & Zhu, 2012；前者属于白端钩瓣叶蜂种团 *M. apicalis* group，后者属于血红钩瓣叶蜂种团 *M. sanguinolenta* group。

李泽建、衡雪梅和魏美才（2012）报道了中国西藏大峡谷钩瓣叶蜂属平盾钩瓣叶蜂种团 *M. planata* group 1 个新种，并记述该种团已知种类的分种检索表：尖盾钩瓣叶蜂 *M. acutiscutellaris* Wei, Li & Heng, 2012；包括本文记述的新种在内，平盾种团种类世界已记载 6 种，中国已记载 3 种。

李泽建和魏美才（2012）报道了中国吉林和四川钩瓣叶蜂属密鞘钩瓣叶蜂种团 *M. imitator* group 2 个新种：康定钩瓣叶蜂 *M. kangdingensis* Wei & Li, 2012 和卜氏钩瓣叶蜂 *M. bui* Wei & Li, 2012；包括本文的新种在内，密鞘钩瓣叶蜂种团在世界已记载 12 种，中国已记载 12 种。

武星煜、辛恒和李泽建等（2012）在研究甘肃叶蜂区系过程中，报道了中国甘肃境内血红钩瓣叶蜂种团 *M. sanguinolenta* group3 新种：肿跗钩瓣叶蜂 *M. incrassitarsalia* Wei & Wu, 2012、黑体钩瓣叶蜂 *M. melanosomata* Wei & Xin, 2012 和白转钩瓣叶蜂 *M. leucotrochanterata* Wei & Li, 2012。

魏美才、徐翊和李泽建（2013）对中国钩瓣叶蜂属血红钩瓣叶蜂种团 *M. sanguinolenta* group 内的黑股红胫亚种团 *M. koreana* subgroup 进行了系统整理，报道了该亚种团 2 个新种：大别山钩瓣叶蜂 *M. dabieshanica* Wei & Xu, 2013 和刘氏钩瓣叶蜂 *M. liui* Wei & Li, 2013，提到该亚种团在世界范围内以记载 7 种，并编制该亚种团已知种类检索表。

李泽建、钟义海和魏美才（2013b）报道了中国钩瓣叶蜂属血红钩瓣叶蜂种团 *M. sanguinolenta* group 内的 2 个新种：花跗钩瓣叶蜂 *M. coloritarsalina* Wei & Li, 2013（属于中环白亚种团 *M. depressina* subgroup）和长柄钩瓣叶蜂 *M. longipetiolata* Wei & Zhong, 2013（属于红股红胫亚种团 *M. sanguinolenta* subgroup），包括本研究论文的 2 个新种在内，血红钩瓣叶蜂种团在世界范围内已记载种类 35 种，中国已记载 31 种。

李泽建、黄宁廷和魏美才（2013a）报道了中国钩瓣叶蜂属直脉钩瓣叶蜂种团 *M. sibirica* group 的 3 个新种：鼓胸钩瓣叶蜂 *M. convexina* Wei & Li, 2013、下斑钩瓣叶蜂 *M. maculoepimera* Wei & Li, 2013 和黑胫钩瓣叶蜂 *M. nigrotibia* Wei & Huang, 2013；包括本文记述的种类，直脉钩瓣叶蜂种团在世界已记载 21 种，中国已记载 15 种。同年，李泽建、戴海英和魏美才（2013）报道了中国深碟钩瓣叶蜂种团 *M. coxalis* group1 个新种：侧斑钩瓣叶蜂 *M. latimaculana* Li, Dai & Wei, 2013，深碟钩瓣叶蜂种团中国已记载 11 种。

李泽建、雷珍、王军峰和魏美才（2014a）报道了中国钩瓣叶蜂属血红钩瓣叶蜂种团 *M. sanguinolenta* group 3 个新种：糙额钩瓣叶蜂 *M. opacifrontalis* Li, Lei & Wei, 2014、拟

斑股钩瓣叶蜂 *M. pseudofemorata* Li, Wang & Wei, 2014 和 *M. huangi* Li & Wei, 2014，前两者属于童氏钩瓣叶蜂亚种团 *M. tongi* subgroup，后者属于凹颜钩瓣叶蜂亚种团 *M. deressina* subgroup，目前该种团共记载种类 35 种。

同年，李泽建、刘萌萌和魏美才（2014b）发表了第 2 篇关于中国钩瓣叶蜂属血红钩瓣叶蜂种团 *M. sanguinolenta* group 的研究论文，记述 4 个新种：陈氏钩瓣叶蜂 *M. cheni* Li, Liu & Wei, 2014，宜昌钩瓣叶蜂 *M. yichangensis* Li, Liu & Wei, 2014，纤体钩瓣叶蜂 *M. elegansoma* Li, Liu & Wei, 2014 和任氏钩瓣叶蜂 *M. reni* Li, Liu & Wei, 2014，前两者属于朝鲜钩瓣叶蜂亚种团 *M. koreana* subgroup，后两者属于血红钩瓣叶蜂亚种团 *M. sanguinolenta* subgroup；目前，该种团共记载 39 种。

刘萌萌、褚彪、肖炜和李泽建（2015a）报道了中国钩瓣叶蜂属斑胫钩瓣叶蜂 *M. annulitibia* group 2 个新种：盛氏钩瓣叶蜂 *M.shengi* Li & Chu, 2015 和西南钩瓣叶蜂 *M. xinan* Li & Liu, 2015，目前该种团世界已记载 7 种，中国分布 5 种。

同年，刘萌萌、衡雪梅、梁香媚、钟义海和李泽建（2015b）联合报道了中国钩瓣叶蜂属密鞘钩瓣叶蜂 *M. imitator* group 3 个新种：环胫钩瓣叶蜂 *M. circulotibialis* Li, Liu & Heng, 2015，长白钩瓣叶蜂 *M. changbaina* Li, Liu & Heng, 2015 和弯鞘钩瓣叶蜂 *M. curvatitheca* Li, Liu & Heng, 2015；目前该种团世界已记载 15 种，中国均有分布。

李泽建、刘萌萌和魏美才（2016）报道了中国钩瓣叶蜂属直脉钩瓣叶蜂种团 *M. sibirica* group 1 个新种：哈尔滨钩瓣叶蜂 *M. harbina* Li, Liu & Wei, 2016，目前该种团世界已记载 22 种，中国分布 15 种。同年，李泽建、刘萌萌、何小勇和魏美才（2016）报道了中国钩瓣叶蜂属密纹钩瓣叶蜂 *M. histrio* group 1 个新种：宽齿钩瓣叶蜂 *M. latidentata* Li, Liu & Wei, 2016，目前该种团世界已记载 8 种，中国分布 5 种。

刘萌萌、李泽建、尚健和魏美才（2016a）报道了中国钩瓣叶蜂属斑胫钩瓣叶蜂种团 *M. annulitibia* group 3 个新种，这是近几年第 2 篇报道斑胫钩瓣叶蜂种团的研究文献，即短环钩瓣叶蜂 *M. brevicinctata* Li, Liu & Wei, 2016，秦岭钩瓣叶蜂 *M. qinlingium* Li, Liu & Wei, 2016 和糙碟钩瓣叶蜂 *M. rugosifossa* Li, Liu & Wei, 2016；目前该种团世界已记载 10 种，中国分布 8 种。

同年，刘萌萌、李泽建和魏美才（2016b）报道了中国钩瓣叶蜂属黄斑钩瓣叶蜂种团 *M. flavomaculata* group 2 个新种：花胫钩瓣叶蜂 *M. coloritibialis* Li, Liu & Wei, 2016 和朱氏钩瓣叶蜂 *M. zhui* Li, Liu & Wei, 2016；目前该种团世界已记载 12 种 2 亚种，中国分布 9 种 1 亚种。

李泽建、刘萌萌、高凯文、肖炜和魏美才（2017a）发表了中国钩瓣叶蜂属斑胫钩瓣叶蜂种团 *M. annulitibia* group 的第 3 篇文献，记载了 5 个新种：多彩钩瓣叶蜂 *M. cloudae* Li, Liu & Wei, 2017，贡山钩瓣叶蜂 *M. gongshana* Li, Liu & Wei, 2017，牛氏钩瓣叶蜂 *M. niuae* Li, Liu & Wei, 2017，刺刃钩瓣叶蜂 *M. spinoserrula* Li, Liu & Wei, 2017 和细体钩瓣叶

蜂 *M. tenuisoma* Li, Liu & Wei, 2017；目前该种团世界已记载 15 种，中国分布 13 种。

同年，刘萌萌、李泽建、徐真旺和魏美才（2017a）报道了中国钩瓣叶蜂属玛氏钩瓣叶蜂种团 *M. malaisei* group 2 个新种：迪庆钩瓣叶蜂 *Macrophya diqingensis* Li, Liu & Wei, 2017 和细跗钩瓣叶蜂 *M.tenuitarsalina* Li, Liu & Wei, 2017；目前该种团世界已记载 6 种，中国分布 5 种。

同年，刘萌萌、姬婷婷、李泽建、魏美才联合发表了第 2 篇研究文献（2017b）报道了中国钩瓣叶蜂属女贞钩瓣叶蜂种团 *M. ligustri* group 2 个新种：南方钩瓣叶蜂 *M. southa* Li, Ji & Wei, 2017 和大刻钩瓣叶蜂 *M. megapunctata* Li, Liu & Wei, 2017；目前该种团世界已记载 4 种，中国分布 4 种。

2017 年，以李泽建博士为首的叶蜂研究团队报道了第 4 篇研究文献（2017b），报道了深碟钩瓣叶蜂种团 *M. coxalis* group 1 个新种：尚氏钩瓣叶蜂 *M. shangae* Li, Liu & Wei, 2017，目前该种团世界已记载 17 种，中国分布 12 种；还报道了玛氏钩瓣叶蜂种团 *M. malaisei* group1 个新种：光额钩瓣叶蜂 *M. glabrifrons* Li, Liu & Wei, 2017，目前该种团世界已记载 7 种，中国分布 6 种。

2018 年，李泽建、刘萌萌、于家策和魏美才（2018）报道了关于钩瓣叶蜂属的第 1 篇研究文献。记载了采自中国西藏昌都地区的黄斑钩瓣叶蜂种团 *M. flavomaculata* group 1 个新种：横斑钩瓣叶蜂 *M. transmaculata* Li, Liu & Wei, 2018，目前该种团世界已记载 13 种 2 亚种，中国分布 10 种 1 亚种。

综上所述，我们可知对于 *Macrophya* 的研究已经延续了一个半世纪，研究基础较好。在 Electronic World Catalog of Symphyta（ECatSym）系统中，对于 *Macrophya* 属下种类共涉及 780 个名称组合。到目前为止，世界范围内 *Macrophya* 种类已记载 289 种，中国已记载 150 种，该属种类在中国分布十分丰富。可以预计，随着对钩瓣叶蜂属 *Macrophya* 科学研究的不断深入与细化，根据现有标本（含科学上尚未记载的新物种）推测该属在我国的种类不少于 220 种，在世界范围内不少于 360 种。

2　形态特征

体型中等大小，体长一般在 5.0~15.0mm。体型较粗壮；头部约与胸部齐宽；复眼中大型，较突出，两侧内缘向下明显收敛；触角通常粗短丝状，无侧脊；中胸前侧片不同程度隆起，后胸后侧片附片无或类型多样；后足基节显著膨大；种类体色大多黑色，少数种类为金属蓝色个体，虫体具不同程度的色斑，即白色、黄白色、亮黄色、浅褐色、黄褐色、橘褐色或红褐色，但白斑和红褐色斑纹最为常见。举例：平盾钩瓣叶蜂 *Macrophya planata* (Mocsáry, 1909) 雌成虫背面观如图 2-1 所示。

图 2-1 平盾钩瓣叶蜂 *Macrophya planata* (Mocsáry, 1909)
雌虫背面观（female adult in dorsal view）

2.1 头部

钩瓣叶蜂的头部属下口式，和它的身体长轴垂直，口器朝向下方，因此头部的背面通常朝向前方，头部的腹面朝向后方。描述头部时，以虫子停息时（或死虫）的方位为准。

前面观（图 2-2）：头部最明显的标志有复眼、上唇及唇基、触角等。复眼占据头部两侧大部分，向外突出，高度大致为宽的 2 倍，复眼内缘向下强烈会聚，下缘与唇基基外角很近。复眼后头部有不同程度的收缩。头部背缘稍向上隆起，头部两侧向下变窄。头部常具刻点，尤其是额区刻点通常较头部其他地方粗密。根据其他类群及有关本属的形态研究，头部划分为以下几个部分：前面观复眼之间区域叫颜部（face），其中中单眼至触角窝之间的区域称作额（frons），在叶蜂科其他有些属内有发育较好的额脊，在本属内不多见，额区一般较平坦，与复眼顶面大致齐平，但也有些种类额区向下沉，低于复眼面。额唇基沟以下为唇基（clypea）。背面观（图 2-3），侧单眼之上与后头脊之间的区域是头顶（vertex），头顶沿头的后方有两条纵沟，延伸至单眼的外侧直达触角窝，此沟在侧单眼后较明显，常略向后分歧，叫侧沟（lateral furrow），有时延伸至后头区。沿侧单眼后有一条横走的沟，叫单眼后沟（postocellar furrow），一般较细弱；侧沟、单眼后沟及后头脊围成的区域叫单眼后区（postocellar area）。头部后面观，有一后头孔（occipital foramen），头部的许多器官通过后头孔进入胸部，头部与胸部以颈膜相连。后头脊（occipital carina）一般极少消失，后头脊的下方称作颊脊，复眼与后头脊之间的区域叫作颊（gena），颊的上方叫作上眶（temple），后头脊与次后头脊之间的区域叫作后头（occiput），后头下部称后颊。

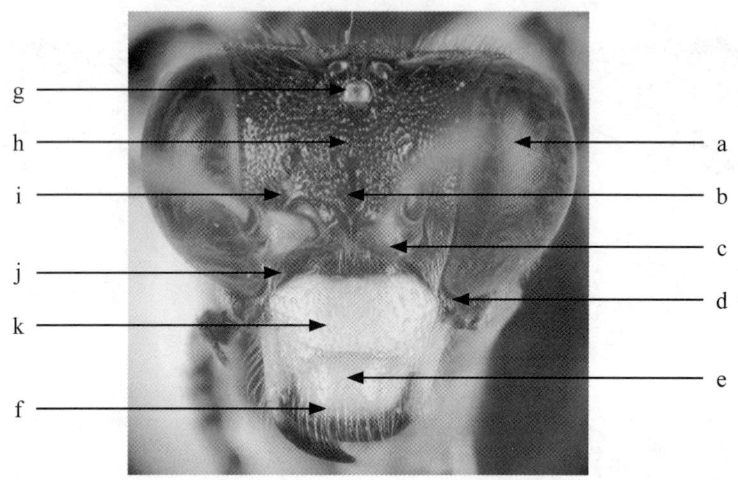

图 2-2　平盾钩瓣叶蜂 *Macrophya planata* (Mocsáry, 1909)
头部前面观（head in front view）
a. 复眼（eye）; b. 中窝（middle fovea）; c. 触角窝（antennal fovea）; d. 颚眼距（malar space）; e. 上颚（malar）; f. 上唇（labrum）; g. 中单眼（interocellar）; h. 额（fronts）; i. 侧窝（lateral fovea）; j. 前幕骨陷（anterior tentorial pit）; k. 唇基（clypea）

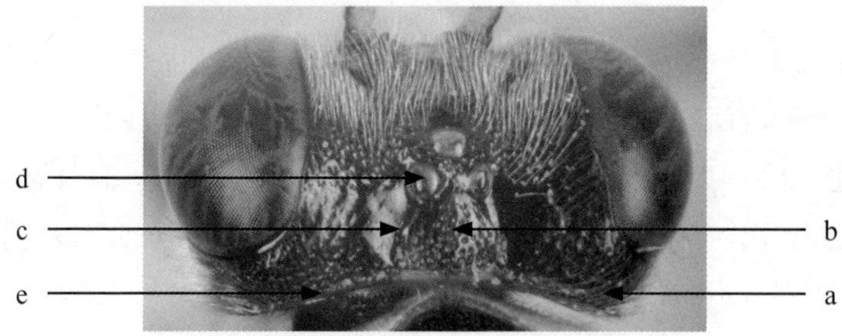

图 2-3　平盾钩瓣叶蜂 *Macrophya planata* (Mocsáry, 1909)
头部背面观（head in dorsal view）
a. 上眶（temple）; b. 单眼后区（postocellar area）; c. 侧沟（lateral postocellar furrow）; d. 侧单眼（ocellar）; e. 后头脊（accipital carina）

复眼下方与上颚关节之间的部位叫颚眼距（malar space）。本属内的大部分种类颚眼距窄，呈线状，小于单眼直径，但在 *Pseudomacrophya* 亚属颚眼距大于单眼直径。

钩瓣叶蜂属种类的口器为咀嚼式，上颚较粗壮，向内弯，停息时两个上颚的末端交叉，它的内侧有 4 齿，前面两齿比后两齿大，左右上颚基本对称。但在 *Macrophya (Pseudomacrophya)* 中，左右上颚不一定对称，齿数为 2~4 齿。唇基较大，有不少变化，宽大于或等于长，两侧稍向前收缩或平行，前缘大多有缺口，缺口深浅不一，但一般不超过唇基长的 1/3，缺口形状呈圆弧形或方形，缺口两侧突出部分称作侧叶，侧叶一般呈三角形，缺口深，则侧叶明显，有时侧叶十分的窄长。上唇悬挂在唇基腹缘之上，前缘平截，一般不大于唇基。唇基的两侧稍向上的地方，各有一个小凹陷，叫作前幕骨陷（anterior tentorial pit），它标志着头部内骨骼的前幕骨臂向内方凹陷的地方。触角窝之上具一小形凹陷，叫作侧窝（lateral fovea），两侧窝之间有一中窝（middle fovea），它们的形状有圆窝形、刻点状、短沟状、长沟状等。单眼的位置靠近颜部的上端，此属为 3 个，它们的位置多少有些变化。由侧单眼外缘至复眼之间的距离叫作复眼单眼距（OOL），两个侧单眼内缘之间的距离叫作后单眼距（POL），侧单眼与后头边缘之间的距离叫作单眼后头距（OCL），这三个数字之间的比值是区分种类的特征之一。

与整个膜翅目相比钩瓣叶蜂属的触角（antenna），较简单，如图 2-4 所示。第 1 节叫柄节（scapus），较短，它的基部稍缢缩着生于触角窝上，中端部扩大呈球状。第 2 节叫梗节（pedicel），很小，稍短于柄节，它与柄节之间形成球窝关节，便利触角的端部转动。鞭节（flagellum）7 节，构造上较相似，中等粗细，长度不超过腹部，第 3 节通常显著长于第 4 节；鞭节有时稍为侧扁，或中部稍加粗或端部 4 节短缩。

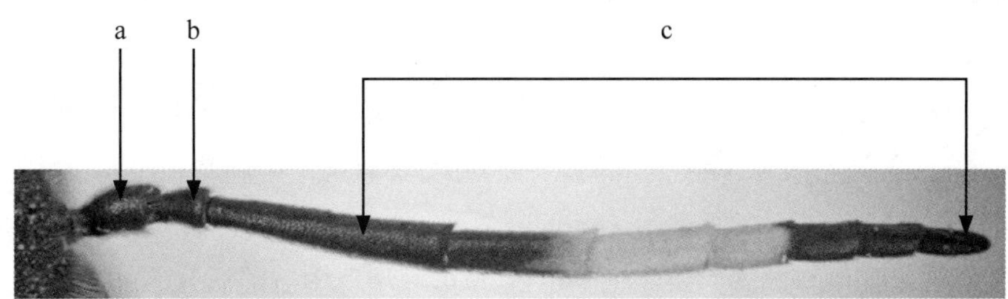

图 2-4 晕翅钩瓣叶蜂 *Macropphya infuscipennis* Wei & Li, 2012
触角（antenna）
a. 柄节（scapus）; b. 梗节（pedicel）; c. 鞭节（flagellum）

2.2 胸部

胸部分为 3 节，由前胸（prothorax）、中胸（mesothorax）、后胸（metathorax）3 部分构成，中后胸具翅，中胸最发达。胸部背面观如图 2-5 所示。

前胸：前胸背板领状，中部窄，两侧宽三角形，向后延伸。前胸背板后角附近有 1 个小型骨片，称翅基片（tegula），翅基片亚圆形，覆盖于肩组合之上。

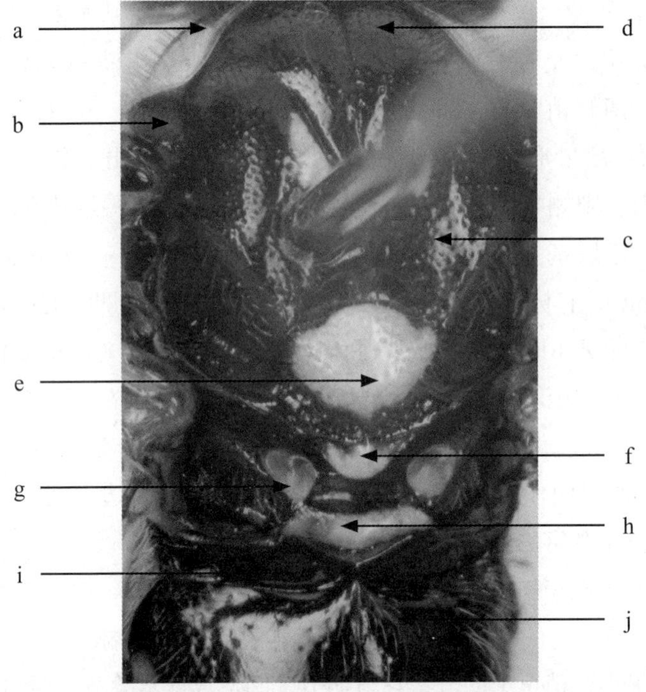

图 2-5　黄斑钩瓣叶蜂 *Macrophya flavomaculata* (Cameron, 1876)
胸部背面观（thorax in dorsal view）

a. 前胸背板（pronotum）; b. 翅基片（tegula）; c. 中胸背板侧叶（scutum）; d. 中胸前盾片（prescutum）; e. 中胸小盾片（mesoscutellum）; f. 中胸小盾片附片（post tergite）; g. 淡膜叶（cenchrus）; h. 后胸小盾片（metascutellum）; i. 后胸后背板（metapostnotum）; j. 腹部第 1 背板（abdominal tergum 1）

中胸：中胸发达，中胸背板（mesonotum）以盾间沟为界分为两块主要的骨片，即中胸盾片（scutum）及小盾片（scutellum）。有的分类学家常把中胸背板单指中胸盾片。中胸盾片前缘生有两条沟，叫盾纵沟（nautalis），此沟在本属内较深，且向后方收敛，约在胸部中央处相遇，呈“V”字形，此间的三角形区域称中胸前盾片（prescutal area，或 prescutum），盾纵沟两侧盾片呈翼状隆起，称中胸盾片侧叶。前盾区上有一条盾片中线，把中胸前盾区纵向分为两半。小盾片五角形，前缘尖，以盾间沟与盾片分离，小盾片较平坦，或稍隆起，少数种类强烈隆起并形成尖顶或具横脊。小盾片后方有一块骨片，称作小盾片附片（post tergite），一般呈扁三角形，中间有一锐利的中脊。中胸侧板与腹板相连接。中胸侧面观，即中胸侧板，由侧板沟（pleural suture）分为两部分，此沟向前上方斜生，连接于中足基节侧关节与前翅下方的翅突之间，此沟前部为前侧片（mesepisternum）。本属的种类前侧片甚大，向外隆起，有时甚至形成尖突。中胸前侧片的上角像是切掉一样，此处有一块三角形的小骨片，临近中胸前气门后侧，称前气门后片。侧板沟的后侧部分为中胸后侧片（mesepimeron），后侧片上部为较小的后上侧片，下部为后下侧片。胸部侧面观如 图 2-6 所示。

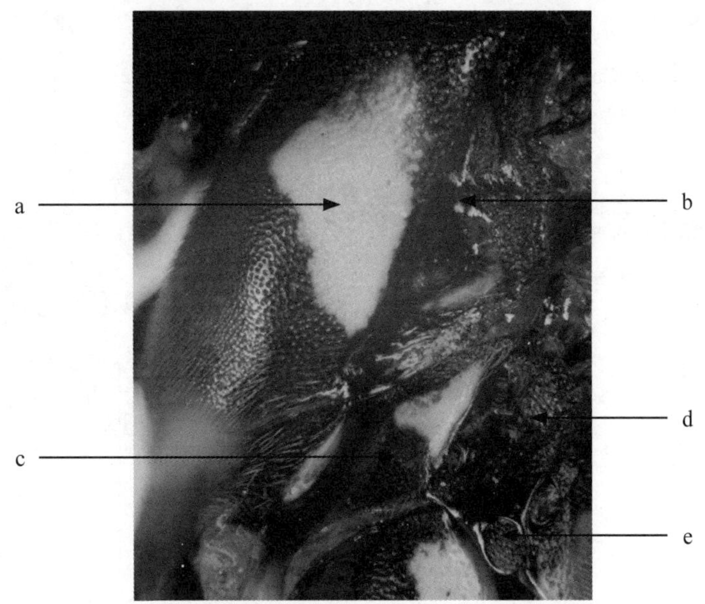

图 2-6　刻盾钩瓣叶蜂 *Macrophya tattakonoides* Wei, 1998
胸部侧面观（thorax in lateral view）
a. 中胸前侧片（mesepisternum）; b. 中胸后侧片（mesepimeron）; c. 后胸前侧片（metepisternum）;
d. 后胸后侧片（metepimeron）; e. 后胸后侧片附片（metepimeral appendage）

后胸：后胸发达程度不及中胸。后胸盾片（metascutum）中部十分狭窄，两侧稍扩大，在盾片隆起部分两侧各具一椭圆形的淡膜区（cenchrus）；后胸小盾片（metascutellum）横条状，前部向下凹陷，后半部稍隆起；后胸后背板（postnotum）横脊状，中部有纵脊。后胸侧板侧沟近水平，将侧板分成上后侧的后侧片和下前侧的前侧片，有不少种类的后胸后侧片向后延长，或具一向后延伸的附片（appendage），附片的形状多样，可作为鉴别的依据。

翅（wing）：有 2 对，膜质透明或淡褐色，有时在翅端部有烟色的横斑，翅面分布微刺。前后翅由一排翅钩相连，翅钩集中生在后翅 R_1 的中部，约有 10 根，勾在前翅的后缘卷边上。前翅长三角形，前后缘较直，端缘圆且稍加宽。前翅 C 脉端部稍膨大，翅痣长椭圆形。翅脉在本属内变化不大，前翅 Sc 脉与 R 脉合并，Sc 脉痕状，在翅痣前与 R 脉分离。臀室横脉成短柄状或缩合成线状或具短横脉。前翅翅脉如图 2-7 所示，后翅翅脉如图 2-8 所示。

足（leg）：每个胸节有足 1 对，3 对足大小及形态稍有差异，由 5 部分组成，即基节（coxa）、转节（trochanter）、股节（femur）、胫节（tibia）和跗节（tarsus）。胫节的端部腹面有可活动的距（spur），3 对足的距为 2-2-2。后足基节大，侧面观与中胸前侧片几乎等大。转节小，细筒形，腹面稍微长于背面，近末端处具一浅环沟；腿节长筒形，中部稍膨

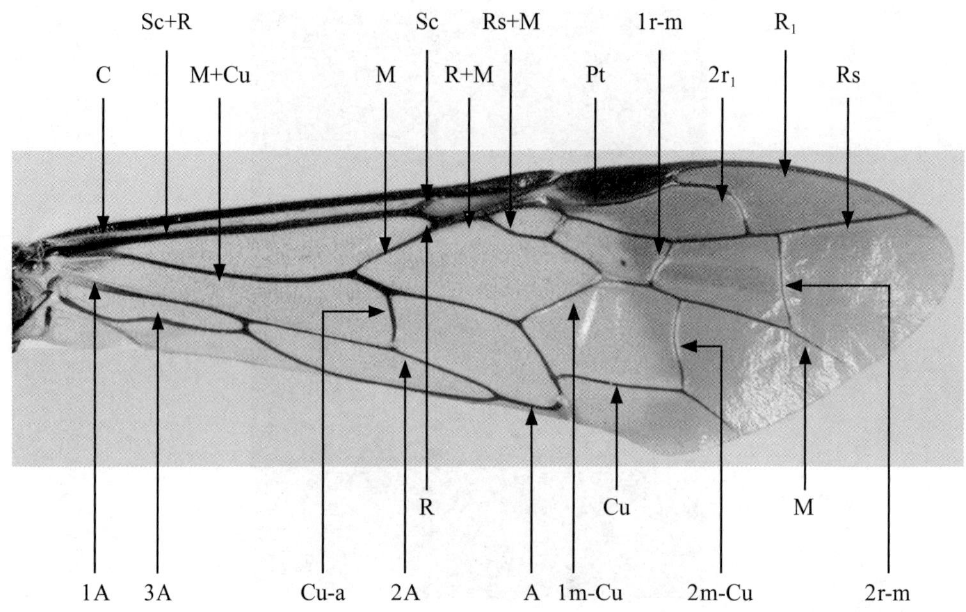

图 2-7 平盾钩瓣叶蜂 *Macrophya planata* (Mocsáry, 1909)
前翅翅脉（veins of fore wing）

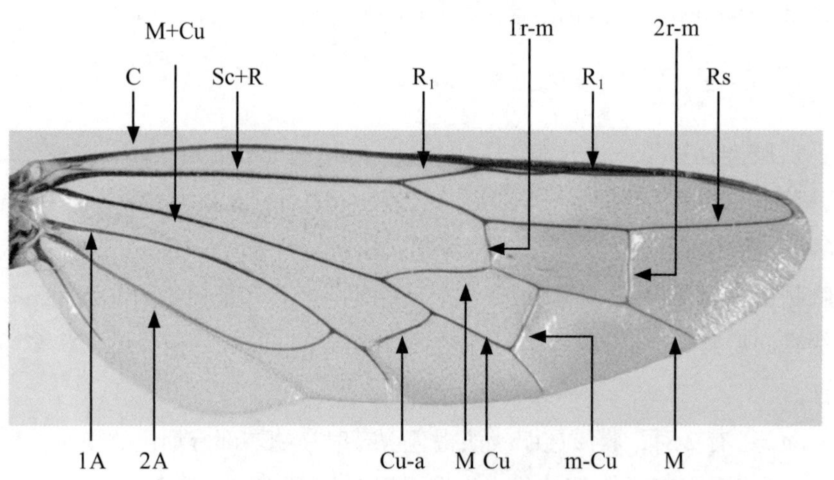

图 2-8 平盾钩瓣叶蜂 *Macrophya planata* (Mocsáry, 1909)
后翅翅脉（veins of hind wing）

大，基部具环沟将腿节基部分离出一小形骨片，形似第 2 转节；胫节细，通常等长于腿节，偶尔约等长于股节与第 2 转节之和，近端部稍弯曲，末端缘角状膨大，具 2 个端距，后足内胫距稍长于外胫距，稍弯曲，末端不分叉；附节细，稍短于胫节；跗节分 5 节，后足基附节长于其余附分节之和，各跗节均在末端稍微膨大，1~4 跗节腹面端部具显著的跗垫（pulvillus）。跗节的末端生有一对爪（claw）及其他附属构造，爪弯曲，具发达的内齿，爪基片（basal lobe）通常缺如。后足侧面观如图 2-9 所示。

图 2-9 老挝钩瓣叶蜂 *Macrophya hergovitsi* Harris & Roller, 2007
后足（hind leg）
a. 基节（coxa）; b. 转节（trochanter）; c. 股节（femur）; d. 胫节（tibia）; e. 距（spur）;
f. 基跗节（basitarsus）; g. 跗垫（tarsal pulvillus）; h. 爪（claw）

2.3 腹部

2.3.1 雌成虫

腹部（abdomen）圆筒形，10 节，基部与胸部宽阔连接，第 1 背板（tergum 1）中部深度凹入直达该节背板基部，将背板分割成两块扁心形的侧叶。背板 2~8 完整，气门见于第 1~8 节背板两侧，第 9 背板极窄，与第 10 背板愈合，侧面部分膨大；第 10 背板仅背部可见，侧缘生有尾须（cercus）。第 1 腹板完全膜质；可见的腹板为第 2~7 节，它们形状相似，方形；背腹板在两侧部分叠合；第 8 腹板退化呈膜质，但它的两侧各有 1 三角形的骨片，称为第 1 负瓣片，第 1 产卵瓣与它相连，负瓣片的性质可能是一个附肢的基部，第 1 产卵瓣是产卵管可活动的部分，在广腰亚目中形成 1 个锯，因此第 1 产卵瓣又称锯腹片（lancet）；第 9 腹板退化呈膜质，两侧有 1 长形骨片，称为第 2 负瓣片，第 2 产卵瓣即锯背片（lance）与它的前端相连。锯鞘侧面观如图 2-10 所示。

锯腹片细长，基部骨化较弱，端部骨化强，上缘具骨化的锯杆，锯端被线缝（suture）分为19~30环节（annulus）；齿节腹缘，或称锯刃（serrula），具细齿，腹缘有孔，称纹孔（pore），纹孔两侧有纹孔线。锯刃的形状在本属内有不少变化，是种类鉴别的重要依据之一。锯背片细长，从基部向端部变细，被线缝分为许多环节。锯腹片上缘与锯背片腹缘的杆状连锁沟相扣锁。锯腹片可前后移动。第3产卵瓣或称生殖板与第2负瓣片以膜相连，相对的2片第3产卵瓣在基部背侧缘膜质连接成锯鞘（sheath），锯鞘侧面被毛。锯腹片如图2-11所示，中部锯刃如图2-12所示。

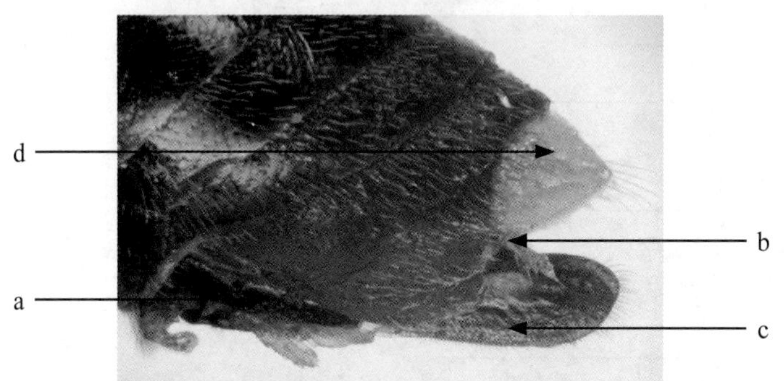

图2-10　平盾钩瓣叶蜂 *Macrophya planata* (Mocsáry, 1909)

锯鞘侧面观（ovipositor sheath in lateral view）

a. 锯鞘基（basal sheath）; b. 尾须（cercus）; c. 锯鞘端（apical sheath）d. 第10背板（the 10th tergite）

图2-11　密纹钩瓣叶蜂 *Macrophya histrioides* Wei, 1998

锯腹片（lancet）

2.3.2　雄成虫

除腹部端节及外生殖器外，构造与雌虫几乎相同，个体比雌性成虫小，仅有些细微差异。

腹部背板可见1~9节，但第9节仅在背板8的两侧可见，是一块微小的三角形骨片，为9背板的末侧角，其上生有尾须。腹面观可见第2~7腹板常形，第8腹板位于第7腹板两侧后缘，小三角形。第9腹板大形，形成下生殖板，腹面稍鼓，端缘呈钝三角形。

外生殖器属扭茎型（strophandria），生殖轴节（gonocardo）环形，生殖铗抱器外缘及

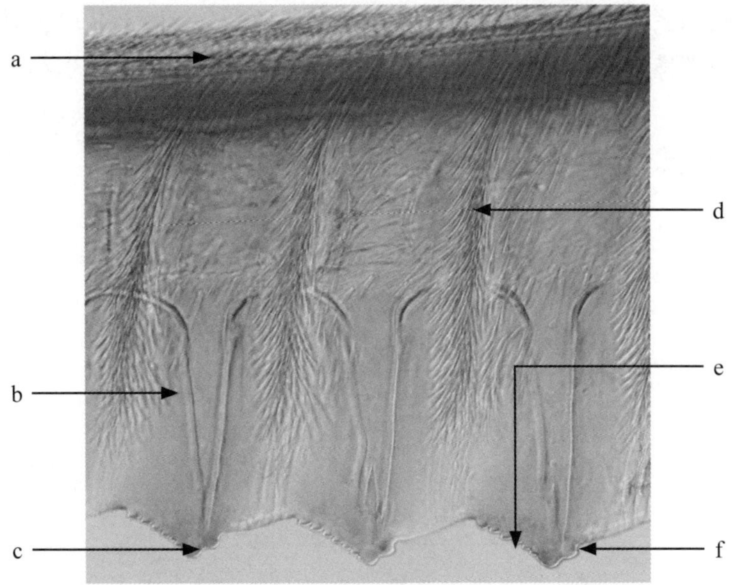

图 2-12 密纹钩瓣叶蜂 *Macrophya histrioides* Wei, 1998
中部锯刃（the middle serrulae）
a. 连杆（virga）; b. 纹孔线（marginal sensillum）; c. 纹孔（pore）; d. 节缝刺毛（suture spinules）;
e. 锯刃外侧亚基齿（proximal subbasal tooth）; f. 锯刃内侧亚基齿（distal subbasal tooth）

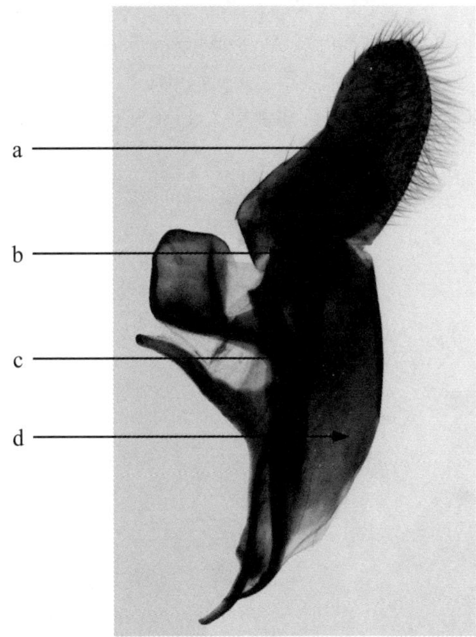

图 2-13 异角钩瓣叶蜂 *Macrophya infumata* Rohwer, 1925
生殖铗（gonoforceps）
a. 抱器（harpe）; b. 阳基腹铗内叶（gonolacinia）; c. 阳基腹铗（volsella）; d. 副阳茎（parapenis）

顶端被疏毛。副阳茎（parapenis）1 对，近方形。阳茎瓣（penis valve）1 对，长片状，在腹端部连接。瓣端呈方形、圆形、椭圆形、三角形等，瓣尾（valvula）细长柄状，阳茎瓣尾侧突（ergot）呈一小钩状，此属的中文名称便是因此而来。生殖铗如图 2-13 所示，阳茎瓣如图 2-14 所示。

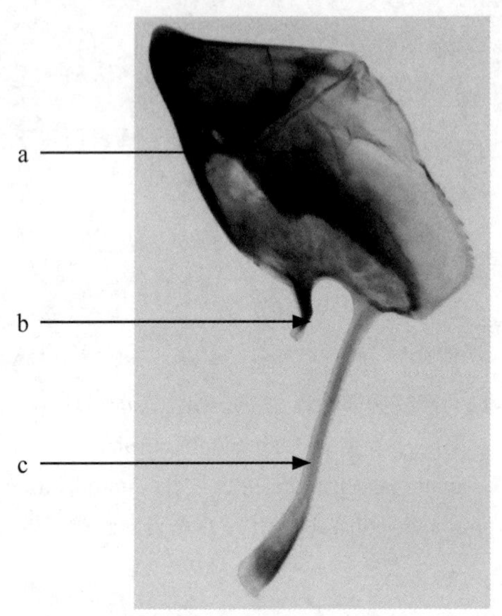

图 2-14　异角钩瓣叶蜂 *Macrophya infumata* Rohwer, 1925
阳茎瓣（penis valve）
a. 头叶（valviceps）; b. 尾侧突（ergot）; c. 瓣尾（valvula）

各 论

1 钩瓣叶蜂属世界种类分布名录

根据文献记载和现有积累标本研究发现，钩瓣叶蜂属世界已记载种类 289 种；中国已记载 150 种。世界钩瓣叶蜂属种类地理分布名录如下（* 据文献记载）。

1. *Macrophya acuminiclypeus* Zhang & Wei, 2006

分布：湖南（大围山、都庞岭、黄桑），江西（芦溪县），福建（武夷山）。

2. *Macrophya acutiscutellaris* Wei, Li & Heng, 2012

分布：西藏（西藏自治区的简称，全书同）（大峡谷）。

3. *Macrophya adventitia* Lewis, 1969

分布：北美洲*（美国）。

4. *Macrophya (Pseudomacrophya) africana* Forsius, 1918

分布：非洲*（阿尔及利亚）。

5. *Macrophya (Pseudomacrophya) africana africana* Forsius, 1918

分布：非洲*（阿尔及利亚）。

6. *Macrophya (Pseudomacrophya) africana megatlantica* Lacourt, 1991

分布：非洲*（摩洛哥）。

7. *Macrophya aguadoi* Lacourt, 2005

分布：欧洲*（西班牙）。

8. *Macrophya alba* MacGillivray, 1895

分布：北美洲*（加拿大、美国）。

9. *Macrophya albannulata* Wei & Nie, 1998

分布：陕西（秦岭），重庆（缙云山），四川（丰都县、万县），安徽（天柱山、大别山），浙江（松阳县、四明山、天目山、龙王山、凤阳山、清凉峰），湖北（龟峰山），福建（武夷山、梅花山），湖南（大围山、资兴、桃源洞、幕阜山、莽山、舜皇山、南山、阳明山、云山、黄桑、都庞岭、壶瓶山、大义山、福寿山、齐云山），江西（萍乡、万龙山、武功山、修水县、马头山），贵州（雷公山、梵净山、蔺江、大沙河、雷山县），广东

（车八岭），广西（广西壮族自治区的简称，全书同）（猫儿山、岑王老山）。

10. *Macrophya albicincta* (Schrank, 1776)

分布：欧洲★（阿尔巴尼亚、安道尔、奥地利、比利时、波斯尼亚、黑塞哥维那、保加利亚、克罗地亚、捷克、丹麦、爱沙尼亚、芬兰、法国、德国、英国、希腊、匈牙利、意大利、拉脱维亚、马其顿、摩尔多瓦、荷兰、挪威、波兰、罗马尼亚、俄罗斯、斯洛伐克、西班牙、瑞典、瑞士、乌克兰、南斯拉夫）。

11. *Macrophya albipuncta* (Fallén, 1808)

分布：欧洲★（奥地利、保加利亚、克罗地亚、捷克、爱沙尼亚、芬兰、法国、德国、英国、意大利、拉脱维亚、马其顿、挪威、波兰、罗马尼亚、俄罗斯、斯洛伐克、瑞典、瑞士、南斯拉夫）。

12. *Macrophya (Pseudomacrophya) albitarsis* Mocsáry, 1909

分布：吉林（蛟河）；朝鲜★（Tonai、Hakugan、Nansetsurei），东西伯利亚★。

13. *Macrophya alboannulata* A. Costa, 1859

分布：欧洲★（奥地利、比利时、保加利亚、克罗地亚、捷克、法国、德国、英国、希腊、意大利、荷兰、斯洛伐克、瑞士、南斯拉夫）。

14. *Macrophya albomaculata* (Norton, 1860)

分布：北美洲★（加拿大、美国）。

15. *Macrophya allominutifossa* Wei & Li, 2013

分布：云南（丽江、永平、昆明），台湾（南投县）。

16. *Macrophya andreasi* Saini & Vasu, 1997

分布：墨脱★（阿鲁纳恰尔邦）。

17. *Macrophya annulata* (Geoffroy, 1785)

分布：新疆（新疆维吾尔自治区的简称，全书同）（阿勒泰）；欧洲★（阿尔巴尼亚、奥地利、比利时、波斯尼亚、黑塞哥维那、保加利亚、克罗地亚、捷克、丹麦、爱沙尼亚、芬兰、法国、德国、英国、希腊、匈牙利、意大利、拉脱维亚、卢森堡、马其顿、摩尔多瓦、荷兰、挪威、波兰、葡萄牙、罗马尼亚、俄罗斯、斯洛伐克、西班牙、瑞典、瑞士、乌克兰、南斯拉夫），土耳其★，西伯利亚★，伊朗★。

18. *Macrophya annulicornis* Konow, 1904

分布：黑龙江（伊春），吉林（长白山），辽宁（海城、新宾、本溪、宽甸、海城、桓仁、大石湖、千山、老秃顶子）；朝鲜★（Tonai、Nansetsurei、Hakugan），东西伯利亚★。

19. *Macrophya annulitibia* Takeuchi, 1933

分布：黑龙江（五营），吉林（长白山），吉林（大兴沟），宁夏（宁夏回族自治区的简称，全书同）（六盘山），甘肃（小陇山），河南（伏牛山），四川（九寨沟）；朝鲜★（Tonai、Hakugan），日本★（北海道、本州、长野县），东西伯利亚★。

20. *Macrophya amediata* Gibson, 1980

分布：北美洲★（加拿大、美国）。

21. *Macrophya aphrodite* Benson, 1954

分布：塞浦路斯★。

22. *Macrophya apicalis* F. Smith, 1874

分布：日本★（北海道、本州、四国、九州），东北亚★。

23. *Macrophya bifasciata* (Say, 1823)

分布：北美洲★（加拿大、美国）。

24. *Macrophya blanda* (Fabricius, 1775)

分布：欧洲★（阿尔巴尼亚、奥地利、白俄罗斯、比利时、波斯尼亚、黑塞哥维那、保加利亚、克罗地亚、捷克、丹麦、法国、德国、英国、希腊、匈牙利、意大利、卢森堡、马其顿、摩尔多瓦、荷兰、波兰、罗马尼亚、俄罗斯、斯洛伐克、西班牙、瑞典、瑞士、乌克兰、南斯拉夫），土耳其★，伊朗★，西伯利亚★，高加索★。

25. *Macrophya brancuccii* Muche, 1983

分布：不丹★，印度★（北方邦、喜马偕尔邦），锡金★。

26. *Macrophya brevicinctata* Li, Liu & Wei, 2016

分布：陕西（宁陕县），湖北（神农架）。

27. *Macrophya bui* Wei & Li, 2012

分布：吉林（长白山），陕西（太白山）。

28. *Macrophya brunnipes* Ed. André, 1881

分布：欧洲★（？ ）。

29. *Macrophya carbonaria* F. Smith, 1874

分布：辽宁（海城市），浙江（天目山）；日本★（北海道、本州、四国、九州），库页岛★，东西伯利亚★。

30. *Macrophya canescens* Mallach, 1936

分布：河北★（东陵）。

31. *Macrophya carinthiaca* (Klug, 1817)

分布：欧洲★（奥地利、比利时、保加利亚、克罗地亚、捷克、爱沙尼亚、芬兰、法国、德国、希腊、意大利、马其顿、荷兰、罗马尼亚、俄罗斯、斯洛伐克、斯洛文尼亚、西班牙、瑞士）。

32. *Macrophya cassandra* W. F. Kirby, 1882

分布：北美洲★（加拿大、美国）。

33. *Macrophya cesta* (Say, 1836)

分布：北美洲★（美国）。

34. *Macrophya changbaina* Li, Liu & Heng, 2015

分布：吉林（长白山）。

35. *Macrophya chrysura* (Klug, 1817)

分布：欧洲★（阿尔巴尼亚、奥地利、波斯尼亚、黑塞哥维那、保加利亚、克罗地亚、捷克、德国、希腊、匈牙利、荷兰、波兰、罗马尼亚、俄罗斯、斯洛伐克、乌克兰、南斯拉夫）。

36. *Macrophya cinctula* (Norton, 1869)

分布：北美洲★（美国）。

37. *Macrophya cheni* Li, Liu & Wei, 2014

分布：湖北（神农架），贵州（梵净山）。

38. *Macrophya circulotibialis* Li, Liu & Heng, 2015

分布：陕西（鸡窝子、太白山）。

39. *Macrophya cloudae* Li, Liu & Wei, 2017

分布：西藏（墨脱县）。

40. *Macrophya coloritarsalina* Wei & Li, 2013

分布：湖南（黄桑）。

41. *Macrphya coloritibialis* Li, Liu & Wei, 2016

分布：甘肃（正宁县）。

42. *Macrophya commixta* Wei & Nie, 2002

分布：湖北（神农架），贵州（茂兰）。

43. *Macrophya consobrina* Mocsáry, 1881

分布：以色列★，叙利亚★，土耳其★。

44. *Macrophya constrictila* Wei & Chen, 2002

分布：陕西（凤县、太白山），河南（济源市）。

45. *Macrophya convexina* Wei & Li, 2013

分布：陕西（太白山、青峰峡），浙江（天目山），湖南（云山、龙山、舜皇山）。

46. *Macrophya convexiscutellaris* Muche, 1969

分布：欧洲★（俄罗斯）。

47. *Macrophya coxalis* (Motschulsky, 1866)

分布：黑龙江（玉泉），吉林（长白山），辽宁（白石砬子、抚顺市、本溪市、新宾县），安徽（天堂寨），湖北（秭归县、龟峰山），浙江（仙霞岭、凤阳山、杭州、溪口），江西（芦溪县、马头山），湖南（株洲市、新宁县、桃源洞、大围山），福建（武夷山）；朝鲜★（Zokurisan），日本★（北海道、本州、四国、九州）。

48. *Macrophya crassula* (Klug, 1817)

分布：欧洲★（阿尔巴尼亚、安道尔、奥地利、波斯尼亚、黑塞哥维那、保加利亚、克罗地亚、捷克、法国、德国、希腊、匈牙利、意大利、马其顿、摩尔多瓦、罗马尼亚、斯洛伐克、西班牙、瑞士、乌克兰、南斯拉夫）。

49. *Macrophya*（*Pseudomacrophya*）*crassuliformis* Forsius, 1925

分布：黑龙江（虎林），宁夏（固原），陕西（甘泉、马兰），河北（雾灵山），北京（延庆），湖南（壶瓶山）；日本★（本州），西伯利亚★。

50. *Macrophya crassitarsalina* Wei & Chen, 2002

分布：山西（Cheumen），河南（白云山），湖南（壶瓶山）。

51. *Macrophya curvatisaeta* Wei & Li, 2010

分布：甘肃（小陇山），宁夏（六盘山），陕西（镇安县），湖北（神农架），四川（青城后山）。

52. *Macrophya curvatitheca* Li, Liu & Heng, 2015

分布：吉林（长白山），宁夏（六盘山）。

53. *Macrophya cyrus* Benson, 1954

分布：土耳其★。

54. *Macrophya dabieshanica* Wei & Xu, 2013

分布：安徽（大别山），浙江（凤阳山）。

55. *Macrophya depressina* Wei, 2005

分布：福建（武夷山），江西（九连山、武功山、万龙山、官山、马头山、修水县），湖南（大围山、壶瓶山、莽山、幕阜山、桃源洞、舜皇山、连云山、阳明山、云山、都庞岭、滁口），贵州（大沙河、蔺江）。

56. *Macrophya diaphenia* Benson, 1968

分布：伊朗★。

57. *Macrophya diqingensis* Li, Liu & Wei, 2017

分布：云南（梅里雪山、贡山）。

58. *Macrophya (Pseudomacrophya) dibowskii* Ed. André, 1881

分布：欧洲★（俄罗斯）。

59. *Macrophya diversipes* (Schrank, 1782)

分布：欧洲★（阿尔巴尼亚、奥地利、比利时、保加利亚、克罗地亚、捷克、法国、乔治亚州、德国、希腊、匈牙利、意大利、哈萨克斯坦、卢森堡、马其顿、荷兰、葡萄牙、罗马尼亚、俄罗斯、斯洛伐克、西班牙、瑞士、乌克兰、南斯拉夫），土耳其★，伊朗★，土库曼斯坦★，日本★；中国（新疆）。

60. *Macrophya dolichogaster* Wei & Ma, 1997

分布：陕西（佛坪县、留坝县、太白山），安徽（九华山），重庆（缙云山），四川（峨眉山、二郎山、青城山），浙江（丽水市、杭州市、清凉峰），江苏（宝华山），福建（武夷山），湖北（神农架），湖南（株洲、壶瓶山、越城岭、雪峰山、龙山、莽山、衡山、大围山、紫云山、舜皇山、南山、阳明山、云山、黄桑、都庞岭），江西（庐山、万龙山），贵州（金沙县），云南（昆明市、元阳县、贡山、西山、腾冲县），广东（车八岭），广西（猫儿山、弄岗、岑王老山），海南（五指山），台湾（南投县）。

61. *Macrophya duodecimpunctata* (Linné, 1758)

分布：欧洲★（奥地利、爱沙尼亚、意大利、挪威、瑞士、法国、拉脱维亚、波兰、乌克兰、比利时、德国、立陶宛、罗马尼亚、南斯拉夫、保加利亚、英国、卢森堡、俄罗斯、克罗地亚、希腊、马其顿、斯洛伐克、捷克、匈牙利、摩尔多瓦、西班牙、丹麦、爱尔兰、荷兰、瑞典）。

62. *Macrophya duodecimpunctata duodecimpunctata* (Linné, 1758)

分布：欧洲★（奥地利、法国、德国、希腊、斯洛伐克、瑞士），土耳其★。

63. *Macrophya duodecimpunctata sodalitia* Mocsáry, 1909

分布：黑龙江（五营），吉林（长白山、蛟河、漫江、辉南县），辽宁（凤城市），内蒙古（内蒙古自治区的简称，全书同）（东部），青海（民和县）；朝鲜★（Tonai），西伯利亚★。

64. *Macrophya elegansoma* Li, Liu & Wei, 2014

分布：四川（峨眉山）。

65. *Macrophya enslini* Forsius, 1925

分布：日本★（本州）。

66. *Macrophya epinolineata* Gibson, 1980

分布：北美洲★（美国）。

67. *Macrophya epinota* (Say, 1836)

分布：北美洲★（加拿大、美国）。

68. *Macrophya erythrocephalica* Wei & Nie, 2003

分布：福建（光泽县、武夷山），湖南（云山、衡山、张家界），广西（兴安县、猫儿山）。

69. *Macrophya erythrocnema* A. Costa, 1859

分布：河北★（小五台山）；高加索★，欧洲★（奥地利、比利时、克罗地亚、捷克、爱沙尼亚、法国、德国、希腊、意大利、马其顿、荷兰、罗马尼亚、俄罗斯、斯洛伐克），土耳其★。

70. *Macrophya erythrogaster* (Spinola, 1843)

分布：欧洲★（法国、葡萄牙、西班牙）。

71. *Macrophya esakii* (Takeuchi, 1923)

分布：日本★（北海道、本州、四国、九州）。

72. *Macrophya externa* (Say, 1823)

分布：北美洲★（美国）。

73. *Macrophya falsifica* Mocsáry, 1909

分布：日本★（本州、四国）。

74. *Macrophya farannulata* Wei, 1998

分布：山西（历山、绵山），河南（伏牛山、卢氏县、龙峪湾、嵩县、白云山）。

75. *Macrophya fascipennis* Takeuchi, 1933

分布：日本★（本州、四国、九州）。

76. *Macrophya femorata* Marlatt, 1898

分布：山东（昆嵛山）；日本★（本州、四国、九州）。

77. *Macrophya festana* Ross, 1931

分布：北美洲★（加拿大、美国）。

78. *Macrophya flactoserrula* Wei & Chen, 2002

分布：陕西（太白山），河南（伏牛山、白云山、宝天曼），湖北（神农架），湖南（黄桑）。

79. *Macrophya flavicoxae* (Norton, 1860)

分布：北美洲★（加拿大、美国）。

80. *Macrophya flavolineata* (Norton, 1860)

分布：北美洲★（加拿大、美国）。

81. *Macrophya flavomaculata* (Cameron, 1876)

分布：陕西（周至县、佛坪县），河南（龙峪湾、卢氏县、西峡、大别山、伏牛山、黄柏山、天池山），安徽（九华山），湖北（神农架），浙江（天目山、清凉峰、大盘山），福建（武夷山、大安、光泽县、太宁、邵武市、宁正、太坪），江西（井冈山、全南县、修水县），湖南（桃源洞、衡山、八面山、壶瓶山、大围山、幕阜山、崀山、都庞岭、资兴市），贵州（茂兰、梵净山、三岔河、长坡岭），广西（花坪、兴安县、金秀县）。

82. *Macrophya flicta* MacGillivray, 1920

分布：北美洲★（加拿大、美国）。

83. *Macrophya formosa* (Klug, 1817)

分布：北美洲★（加拿大、美国）。

84. *Macrophya formosana* Rohwer, 1916

分布：湖北（秭归县），福建（龙栖山），湖南（桃源洞），四川（峨眉山），台湾（南投县）；不丹★，印度★（喜马拉雅山东部）。

85. *Macrophya forsiusi* Takeuchi, 1937

分布：日本★（本州）。

86. *Macrophya fraxina* Zhou & Huang, 1980

分布：四川（峨眉山）。

87. *Macrophya fuliginea* Norton, 1867

分布：北美洲★（加拿大、美国）。

88. *Macrophya fulvostigmata* Wei & Chen, 2002

分布：陕西（周至县），河北（紫金山、武安），河南（济源、三门峡）。

89. *Macrophya fumator* Norton, 1867

分布：北美洲★（加拿大、美国）。

90. *Macrophya funiushana* Wei, 1998

分布：甘肃（小陇山），陕西（太白山），河南（伏牛山、宝天曼、嵩县、龙峪湾、卢氏县），湖北（神农架）。

91. *Macrophya (Pseudomacrophya) glaboclypea* Wei & Nie, 2003

分布：福建（武夷山）。

92. *Macrophya glabrifrons* Li, Liu & Wei, 2017

分布：湖北（神农架），浙江（天目山）。

93. *Macrophya gongshana* Li, Liu & Wei, 2017

分布：四川（盐源县），云南（贡山）。

94. *Macrophya gonyphora* (Say, 1836)

分布：北美洲★（加拿大、美国）。

95. *Macrophya gopeshwari* Saini, Singh, Singh & Singh, 1986

分布：印度★（北方邦）。

96. *Macrophya harai* Shinohara & Li, 2015

分布：日本（北海道，本州）。

97. *Macrophya hainanensis* Wei & Nie, 2002

分布：海南（尖峰岭）。

98. *Macrophya hamata* Benson, 1968

分布：土耳其★。

99. *Macrophya hamata hamata* Benson, 1968

分布：土耳其★。

100. *Macrophya hamata caucasicola* Muche, 1969

分布：欧洲★（俄罗斯）。

101. *Macrophya harbina* Li, Liu & Wei, 2016

分布：黑龙江（哈尔滨），辽宁（沈阳）。

102. *Macrophya hastulata* Konow, 1898

分布：云南（瑞丽市、绿春县、西双版纳、哀牢山、高黎贡山），广西（龙洲县、岑王老山）；缅甸★（北部），老挝★，越南★（北部 Tonkin）。

103. *Macrophya hergovitsi* Haris & Roller, 2007

分布：老挝★（博利坎赛省）。

104. *Macrophya (Pseudomacrophya) hispana* Konow, 1904

分布：欧洲★（西班牙）。

105. *Macrophya histrio* Malaise, 1945

分布：云南（中甸县、贡山、玉龙雪山）；缅甸★（北部）。

106. *Macrophya histrioides* Wei, 1998

分布：陕西（周至县、太白山），山西（龙泉、历山），河南（伏牛山、白云山、宝天曼、甘山公园、嵩县），湖北（神农架），浙江（天目山）。

107. *Macrophya huangi* Li & Wei, 2014

分布：湖北（龙门河），湖南（张家界）。

108. *Macrophya hyaloptera* Wei & Nie, 2003

分布：甘肃（小陇山、太阳山），陕西（周至县），河南（伏牛山、白云山、天池山），浙江（天目山），福建（武夷山），江西（庐山），湖北（神农架），湖南（壶瓶山），贵州（蔺江、雷公山），云南（苍山、贡山）。

109. *Macrophya imitator* Takeuchi, 1937

分布：黑龙江（五营），吉林（长白山、蛟河市），辽宁（新宾县）；朝鲜★（Kongosan、Shuotsu、Hakugan、Tonai、Nanyo），东西伯利亚★，日本★（北海道、本州）。

110. *Macrophya imitatoides* Wei, 2007

分布：甘肃（白水江），陕西（佛坪县、镇安县、太白山），湖北（神农架），湖南（壶瓶山、黄桑），贵州（雷公山），四川（鞍子河）。

111. *Macrophya incrassitarsalia* Wei & Wu, 2012

分布：甘肃（小陇山、庄浪县、正宁县），陕西（太白山），河北（紫金山），湖北（神农架）。

112. *Macrophya infumata* Rohwer, 1925

分布：新疆（喀纳斯），黑龙江（伊春、哈尔滨、大兴安岭、五营丰林、高岭子），吉林（长白山、漫江、蛟河、大兴沟），辽宁（白石砬子、棋盘山、老秃顶、千山、新宾县、本溪市、沈阳市、海城市），山西（恒山、五老峰），河北（百里峡、小五台山、祖山），北京（小龙门、雾灵山、松山、怀柔），天津（八仙山）、广东（南岭）；东西伯利亚★，朝鲜★（Tonai、Shuotsu、Kongosan），日本★（北海道、本州）。

113. *Macrophya infuscipennis* Wei & Li, 2012

分布：甘肃（小陇山），陕西（终南山）。

114. *Macrophya intermedia* (Norton, 1860)

分布：北美洲★（加拿大、美国）。

115. *Macrophya jiangi* Wei & Zhao, 2011

分布：湖北（神农架）。

116. *Macrophya jiaozhaoae* Wei & Zhao, 2010

分布：吉林（长白山），陕西（太白山），湖北（神农架）。

117. *Macrophya jiuzhaina* Chen & Wei, 2005

分布：甘肃（太子山），宁夏（六盘山），陕西（太白山），四川（九寨沟、峨眉山、稻城县、海螺沟、石棉县），湖北（神农架）。

118. *Macrophya kangdingensis* Wei & Li, 2012

分布：四川（跑马山、海螺沟）。

119. *Macrophya karakorumensis* Forsius, 1935

分布：印度★。

120. *Macrophya kathmanduensis* Haris, 2000

分布：尼泊尔★（加德满都）。

121. *Macrophya khasiana* Saini, Bharti & Singh, 1996

分布：印度★（梅加拉亚邦）。

122. *Macrophya kisuji* Togashi, 1974

分布：日本★（本州）。

123. *Macrophya kongosana* Takeuchi, 1937

分布：西伯利亚★，朝鲜★（Mosanrei）。

124. *Macrophya koreana* Takeuchi, 1937

分布：内蒙古（兴安），甘肃（清水县），陕西（桐峪镇、华山），北京（妙峰山、香山、百花山），山西（恒山），河南（宝天曼、灵山、伏牛山）；朝鲜★（Mosanrei、Tonai、Hakugan、Fusenko），欧洲★（俄罗斯）。

125. *Macrophya langtangiensis* Haris, 2000

分布：尼泊尔★（郎唐）。

126. *Macrophya latidentata* Li, Liu & Wei, 2016

分布：广东（车八岭）。

127. *Macrophya latimaculana* Li, Dai & Wei, 2013

分布：江西（资溪县、马头山），贵州（金沙县），福建（武夷山）。

128. *Macrophya leucotarsalina* Wei & Chen, 2002

分布：甘肃（小陇山），宁夏（六盘山、泾源县），河南（济源市）。

129. *Macrophya leucotrochanterata* Wei & Li, 2012

分布：宁夏（泾源县），甘肃（小陇山），河北（长寿村），山西（左权县）。

130. *Macrophya leyii* Chen & Wei, 2005

分布：四川（峨眉山）。

131. *Macrophya ligustri* Wei & Huang, 1997

分布：江西（萍乡市、修水县、武功山），湖南（株洲市），贵州（茂兰）。

132. *Macrophya limbata* Ed. André, 1881

分布：欧洲*（？）。

133. *Macrophya lineatana* Rohwer, 1912

分布：北美洲*（加拿大、美国）。

134. *Macrophya linyangi* Wei, 2005

分布：贵州（大沙河）。

135. *Macrophya linzhiensis* Wei & Li, 2013

分布：西藏（大峡谷、排龙乡、通麦东部、林芝地区）。

136. *Macrophya liui* Wei & Li, 2013

分布：河南（白云山、天池山），湖北（神农架）。

137. *Macrophya liukiuana* Takeuchi, 1926

分布：日本*（冲绳群岛）。

138. *Macrophya longipetiolata* Wei & Zhong, 2013

分布：吉林（长白山），河北（小五台山），河南（龙峪湾），湖北（神农架），重庆（金佛山）。

139. *Macrophya longitarsis* Konow, 1898

分布：阿塞拜疆*。

140. *Macrophya macgillivrayi* Gibson, 1980

分布：北美洲*（加拿大、美国）。

141. *Macrophya maculicornis* Cameron, 1899

分布：印度（梅加拉亚邦、阿萨姆邦）*，尼泊尔*。

142. *Macrophya maculilabris* Konow, 1899

分布：北美洲*（美国、加拿大）。

143. *Macrophya maculipennis* Wei & Li, 2009

分布：山西（龙泉、五老峰），河北（小五台山），北京（小龙门），天津（八仙山）。

144. *Macrophya maculitibia* Takeuchi, 1933

分布：吉林（长白山），黑龙江（高岭子）；西伯利亚★，朝鲜★（Hakugan、Tonai），日本★（北海道、本州、四国）。

145. *Macrophya maculoclypeatina* Wei & Nie, 2003

分布：福建（武夷山）。

146. *Macrophya maculoepimera* Wei & Li, 2013

分布：陕西（留坝县、嘉陵江），河北（长寿村），山西（绵山、龙泉）。

147. *Macrophya maculotarsalina* Wei & Liu, 2005

分布：山东（泰山）。

148. *Macrophya malaisei* Takeuchi, 1937

分布：安徽（九华山），浙江（天目山），湖北（神农架）；日本（本州、四国、九州）★。

149. *Macrophya malaisei kibunensis* Takeuchi, 1937

分布：日本★（本州）。

150. *Macrophya malaisei malaisei* Takeuchi, 1937

分布：日本★（本州、四国、九州）。

151. *Macrophya manganensis* Saini, Bharti & Singh, 1996

分布：印度★，锡金★。

152. *Macrophya marlatti* Zhelochovtsev, 1935

分布：日本★（本州）。

153. *Macrophya maroccana* Muche, 1979

分布：非洲★（摩洛哥）。

154. *Macrophya masneri* Gibson, 1980

分布：北美洲★（美国）。

155. *Macrophya masoni* Gibson, 1980

分布：北美洲★（美国）。

156. *Macrophya megapunctata* Li, Liu & Wei, 2017

分布：湖北（神农架），贵州（贵阳市），四川（青城山）。

157. *Macrophya melanoclypea* Wei, 2002

分布：山西（历山、五老峰），河南（济源市、桐柏山、少室山、鸡公山、灵山、伏牛山、辉县、卢氏县）。

158. *Macrophya melanolabria* Wei, 1998

分布：甘肃（小陇山），陕西（华山、太白山、留坝县、凤县、周至县、华阳县），河北（长寿村），河南（伏牛山、白云山、天池山、西峡、宝天曼、栾川县、嵩县、卢氏县），湖北（神农架）。

159. *Macrophya melanosomata* Wei & Xin, 2012

分布：甘肃（小陇山），山西（历山、五台山），北京（门头沟）。

160. *Macrophya melanota* Rohwer, 1912

分布：北美洲★（美国）。

161. *Macrophya mensa* Gibson, 1980

分布：北美洲★（加拿大、美国）。

162. *Macrophya micromaculata* Wei & Nie, 2002

分布：贵州（茂兰）。

163. *Macrophya mikagei* Togashi, 2005

分布：日本（九州、长崎、对马岛）★。

164. *Macrophya militaris* (Klug, 1817)

分布：欧洲★（阿尔巴尼亚、安道尔、奥地利、比利时、保加利亚、克罗地亚、捷克、法国、德国、希腊、匈牙利、意大利、马其顿、摩尔多瓦、荷兰、罗马尼亚、俄罗斯、斯洛伐克、西班牙、瑞士、乌克兰）。

165. *Macrophya minerva* Benson, 1968

分布：欧洲★（保加利亚、希腊、马其顿、乌克兰）。

166. *Macrophya minutifossa* Wei & Nie, 2003

分布：甘肃（麦积山、白水江），四川（峨眉山、万县），浙江（天目山），福建（武夷山），江西（井冈山、马头山、全南县），湖南（桃源洞、幕阜山、大围山、舜皇山、黄桑、都庞岭、齐云山、张家界），贵州（梵净山、雷山县），云南（瑞丽市），广东（车八岭），广西（猫儿山、田林县），台湾（南投县）。

167. *Macrophya minutiluna* Wei & Chen, 2002

分布：陕西（太白山），河南（白云山），湖北（神农架）。

168. *Macrophya minutissima* Takeuchi, 1937

分布：朝鲜★（Hakugan）。

169. *Macrophya minutitheca* Wei & Nie, 2002

分布：贵州（茂兰）。

170. *Macrophya mixta* MacGillivray, 1895

分布：北美洲★（加拿大、美国）。

171. *Macrophya monastirensis* Pic, 1918

分布：欧洲★（希腊）。

172. *Macrophya montana* (Scopoli, 1763)

分布：欧洲★（阿尔巴尼亚、安道尔、奥地利、比利时、保加利亚、克罗地亚、捷克、法国、德国、英国、希腊、匈牙利、意大利、拉脱维亚、卢森堡、马其顿、摩尔多瓦、荷兰、挪威、波兰、葡萄牙、罗马尼亚、俄罗斯、斯洛伐克、西班牙、瑞典、瑞士、乌克兰、南斯拉夫），非洲★（突尼斯）。

173. *Macrophya montana arpaklena* Ushinskij, 1936

分布：伊朗★，土库曼斯坦★。

174. *Macrophya montana montana* (Scopoli, 1763)

分布：欧洲★（奥地利、保加利亚、法国、德国、希腊、意大利、马其顿、斯洛伐克、瑞士），土耳其★。

175. *Macrophya montana tegularis* Konow, 1894

分布：非洲★（阿尔及利亚）。

176. *Macrophya naga* Saini & Vasu, 1997

分布：印度★（那加兰邦）。

177. *Macrophya nemesis* Muche, 1969

分布：欧洲★（俄罗斯）。

178. *Macrophya nigra* (Norton, 1860)

分布：北美洲★（加拿大、美国）。

179. *Macrophya nigrispuralina* Wei, 2005

分布：湖北（神农架），贵州（习水）。

180. *Macrophya nigristigma* Rohwer, 1912

分布：北美洲★（美国）。

181. *Macrophya nigromaculata* Wei & Li, 2010

分布：宁夏（六盘山），甘肃（小陇山、太子山、白云山、太阳山、麦积山、嘉陵江、礼县、夏河县），陕西（周至县、宁陕县、青峰峡、平河梁、太白山、朱雀），四川（卧龙）。

182. *Macrophya nigronepalensis* Haris, 2000

分布：尼泊尔★（郎唐）。

183. *Macrophya nigrotibia* Wei & Huang, 2013

分布：辽宁（海城市），云南（梅里雪山）。

184. *Macrophya niuae* Li, Liu & Wei, 2017

分布：四川（雀儿山）。

185. *Macrophya nirvana* Gibson, 1980

分布：北美洲★（美国）。

186. *Macrophya (Pseudomacrophya) nizamii* Ermolenko, 1977

分布：阿塞拜疆★。

187. *Macrophya (Pseudomacrophya) obesa* Takeuchi, 1933

分布：吉林（长白山、高岭寨、蛟河市），辽宁（新宾县）；日本★（北海道、本州），朝鲜★（Hakugan）。

188. *Macrophya oedipus* Benson, 1968

分布：土耳其★。

189. *Macrophya oligomaculella* Wei & Zhu, 2009

分布：浙江（凤阳山、天目山），福建（武夷山），湖南（大围山、齐云山、莽山、幕阜山、舜皇山、壶瓶山、黄桑），江西（九连山、马头山），广西（岑王老山）。

190. *Macrophya opacifrontalis* Li, Lei & Wei, 2014

分布：浙江（天目山），江苏（宝华山、老山），湖南（八大公山、壶瓶山），江西（官山、武功山），贵州（梵净山）。

191. *Macrophya oregona* Cresson, 1880

分布：北美洲★（加拿大、美国）。

192. *Macrophya ottomana* Mocsáry, 1881

分布：伊朗★，以色列★，约旦★，黎巴嫩★，叙利亚★；欧洲★（俄罗斯）。

193. *Macrophya paraminutifossa* Wei & Nie, 2003

分布：浙江（丽水市、天目山、凤阳山），湖南（幕阜山、舜皇山、云山），江西（马头山）、福建（武夷山），贵州（习水），广东（韶关）。

194. *Macrophya parapompilina* Wei & Nie, 1999

分布：甘肃（小陇山），陕西（太白山），山西（五老峰），河南（伏牛山、宝天曼、老界岭、白云山、龙峪湾、卢氏县、栾川县、嵩县），重庆（金佛山），四川（鞍子河、喇叭河），湖北（神农架），云南（贡山、泸水县）。

195. *Macrophya parimitator* Wei, 1998

分布：吉林（长白山、帽儿山），辽宁（本溪市、新宾县），甘肃（小陇山），陕西（太白山）、宁夏（六盘山），河北（小五台山），山西（五老峰），河南（伏牛山、宝天曼、龙峪湾、栾川县、嵩县）。

196. *Macrophya pannosa* (Say, 1836)

分布：北美洲★（美国）。

197. *Macrophya parviserrula* Chen & Wei, 2005

分布：四川（峨眉山、青城山）。

198. *Macrophya parvula* Konow, 1884

分布：欧洲★（法国、德国）；叙利亚★。

199. *Macrophya pentanalia* Wei & Chen, 2002

分布：甘肃（小陇山），陕西（宝鸡），山西（五老峰、历山、龙泉），北京（玉渡山），天津（蓟县），河北（小五台山），河南（济源市）。

200. *Macrophya pervetusta* Brues, 1908（化石种）

分布：地点不知★。

201. *Macrophya phylacida* Gibson, 1980

分布：北美洲★（美国）。

202. *Macrophya pilotheca* Wei & Ma, 1997

分布：安徽（九华山），浙江（丽水市），福建（武夷山），江西（萍乡、全南县），湖南（株洲、都庞岭、大围山、桃源洞），广西（猫儿山）。

203. *Macrophya planata* (Mocsáry, 1909)

分布：贵州（茂兰），云南（西双版纳、高黎贡山、勐腊），西藏（墨脱）；缅甸（北部）★，老挝★，越南★（北部 Tonkin），印度★（锡金、大吉岭、北方邦、孟加拉邦、喜马偕尔邦）。

204. *Macrophya planatoides* Wei, 1997

分布：四川（峨眉山），福建（武夷山），江西（井冈山），湖南（张家界、壶瓶山、大围山、都庞岭），广东（车八岭），广西（猫儿山）。

205. *Macrophya pompilina* Malaise, 1945

分布：河南（卢氏县），四川（峨眉山），云南（贡山）；缅甸（北部）★，锡金★，印度★（北方邦、喜马偕尔邦、孟加拉邦）。

206. *Macrophya postscutellaris* Malaise, 1945

分布：西藏（札木、林芝地区），陕西（秦岭），重庆，四川（卧龙），湖北（神农架），贵州（雷公山）；缅甸（北部）★。

207. *Macrophya postica* (Brullé, 1832)

分布：欧洲★（阿尔巴尼亚、黎巴嫩、南斯拉夫、保加利亚、马其顿、克罗地亚、罗马尼亚、俄罗斯、希腊、斯洛伐克、匈牙利、意大利、乌克兰、乔治亚州），土耳其★。

208. *Macrophya potanini* Jakovlev, 1891

分布：辽宁★（清原），甘肃★（南部）；东西伯利亚★。

209. *Macrophya prasinipes* Konow, 1891

分布：亚美尼亚★；欧洲★（俄罗斯）。

210. *Macrophya propinqua* Harrington, 1889

分布：北美洲★（加拿大、美国）。

211. *Macrophya pseudofemorata* Li, Wang & Wei, 2014

分布：湖北（神农架）。

212. *Macrophya pseudoplanata* Saini, Bharti & Singh, 1996

分布：印度★（那加兰邦）；墨脱（阿鲁纳恰尔邦）。

213. *Macrophya pulchella* (Klug, 1817)

分布：北美洲★（加拿大、美国）。

214. *Macrophya pulchelliformis* Rohwer, 1909

分布：北美洲★（美国）。

215. *Macrophya punctata* MacGillivray, 1895

分布：北美洲★（加拿大、美国）。

216. *Macrophya (Pseudomacrophya) punctumalbum* (Linné, 1767)

分布：欧洲★（奥地利、比利时、保加利亚、克罗地亚、捷克、丹麦、爱沙尼亚、芬兰、法国、德国、英国、希腊、匈牙利、爱尔兰、意大利、拉脱维亚、卢森堡、马其顿、摩尔多瓦、荷兰、挪威、波兰、葡萄牙、罗马尼亚、俄罗斯、斯洛伐克、西班牙、瑞典、瑞士、乌克兰、南斯拉夫），北美洲（美国、加拿大）。

217. *Macrophya qinlingium* Li, Liu & Wei, 2016

分布：吉林（大兴沟），宁夏（六盘山、泾源县），甘肃（小陇山、太子山），陕西（太白山、大巴山），河南（伏牛山、龙峪湾、宝天曼、白云山），湖北（神农架），四川（九寨沟），云南（小中甸）。

218. *Macrophya quadriclypeata* Wei & Nie, 2002

分布：湖南（黄桑、舜皇山），贵州（茂兰）。

219. *Macrophya recognata* Zombori, 1979

分布：欧洲★（奥地利、比利时、克罗地亚、捷克、法国、德国、匈牙利、意大利、罗马尼亚、斯洛伐克、瑞士、乌克兰）。

220. *Macrophya regia* Forsius, 1930

分布：湖北（鹤峰、神农架），湖南（八大公山、桃源洞），浙江（天目山），福建（武夷山），贵州（雷州、茂兰），广西（田林县、龙胜县、岑王老山）；锡金★，印度★（孟加拉邦），缅甸★（北部）。

221. *Macrophya reni* Li, Liu & Wei, 2014

分布：宁夏（六盘山）。

222. *Macrophya revertana* Wei, 1998

分布：甘肃（小陇山、麦积山、礼县），陕西（桐峪镇、佛坪县、终南山、太白山），山西（历山、绵山），河南（白云山、龙峪湾、嵩县、栾川县、卢氏县、济源市），安徽（天堂寨、霍山），浙江（天目山），湖北（神农架），湖南（壶瓶山）。

223. *Macrophya ribis* (Schrank, 1781)

分布：欧洲★（奥地利、比利时、波斯尼亚、黑塞哥维那、保加利亚、克罗地亚、捷克、丹麦、爱沙尼亚、法国、德国、英国、匈牙利、意大利、卢森堡、马其顿、荷兰、挪威、波兰、罗马尼亚、俄罗斯、斯洛伐克、西班牙、瑞典、瑞士、乌克兰、南斯拉夫）。

224. *Macrophya rohweri* Forsius, 1925

分布：日本★（本州、九州）。

225. *Macrophya rubitibia* Wei & Chen, 2002

分布：甘肃（小陇山），山西（绵山、历山、中条山），天津（八仙山），河南（济源市），湖北（神农架），浙江（天目山、清凉峰、四明山）。

226. *Macrophya ruficincta* Konow, 1894

分布：非洲★（摩洛哥）。

227. *Macrophya rufipes* (Linné, 1758)

分布：欧洲★（阿尔巴尼亚、比利时、保加利亚、克罗地亚、捷克、爱沙尼亚、芬兰、法国、德国、英国、希腊、匈牙利、意大利、拉脱维亚、卢森堡、马其顿、荷兰、罗马尼亚、俄罗斯、斯洛伐克、西班牙、瑞典、瑞士、乌克兰、南斯拉夫）。

228. *Macrophya rufipodus* Saini, Bharti & Singh, 1996

分布：印度★。

229. *Macrophya rufoclypeata* Wei, 1998

分布：山西（龙泉），河南（伏牛山）。

230. *Macrophya rufopicta* Enslin, 1910

分布：欧洲★（克罗地亚、希腊、意大利）。

231. *Macrophya rugosifossa* Li, Liu & Wei, 2016

分布：甘肃（小陇山），陕西（周至县）。

232. *Macrophya sanguinolenta* (Gmelin, 1790)

分布：黑龙江（嘉荫），吉林（漫江），内蒙古（呼伦贝尔），山西（太行山）；朝鲜★（Tonai），日本★（本州），蒙古★，土耳其★；欧洲★（安道尔、奥地利、白俄罗斯、比利时、保加利亚、克罗地亚、捷克、丹麦、爱沙尼亚、芬兰、法国、德国、希腊、匈牙利、意大利、拉脱维亚、立陶宛、卢森堡、马其顿、摩尔多瓦、挪威、波兰、罗马尼亚、俄罗斯、斯洛伐克、瑞典、瑞士、乌克兰）。

233. *Macrophya satoi* Shinohara & Li, 2015

分布：日本（本州）。

234. *Macrophya senacca* Gibson, 1980

分布：北美洲★（加拿大、美国）。

235. *Macrophya shangae* Li, Liu & Wei, 2017

分布：广西（岑王老山）。

236. *Macrophya shengi* Li & Chu, 2015

分布：四川（喇叭河）。

237. *Macrophya sheni* Wei, 1998

分布：甘肃（小陇山），陕西（太白山、终南山、嘉陵江），山西（绵山、龙泉），河北（长寿村、小五台山），河南（伏牛山、白云山、宝天曼、济源市、栾川县、嵩县、卢氏县）。

238. *Macrophya shennongjiana* Wei & Zhao, 2011

分布：湖北（神农架）。

239. *Macrophya serratalineata* Gibson, 1980

分布：北美洲★（加拿大、美国）。

240. *Macrophya shii* Wei, 2004

分布：青海（北山），甘肃（兴隆山、小陇山、渭源县、夏河县、礼县），宁夏（六盘山、泾源县），陕西（太白山），四川（九寨沟）。

241. *Macrophya sibirica* Forsius, 1918

分布：黑龙江（五营、伊春、尚志、小岭、高岭子），吉林（长白山、大兴沟、辉南县），辽宁（本溪市、彰武县、硼海镇、清原县、沈阳市、新宾县、宽甸县、海城市、棋盘山、白石砬子），河北（百里峡），天津（八仙山）；西伯利亚★，朝鲜★（Tonai、Hakugan）。

242. *Macrophya slossonia* MacGillivray, 1895

分布：北美洲★（美国）。

243. *Macrophya simillima* Rohwer, 1917

分布：北美洲★（美国）。

244. *Macrophya smithi* Gibson, 1980

分布：北美洲★（美国）。

245. *Macrophya soror* Jakovlev, 1891

分布：甘肃★（南部）。

246. *Macrophya southa* Li, Ji & Wei, 2017

分布：湖南（莽山），江西（马头山），广东（南昆山），广西（岑王老山）。

247. *Macrophya spinoserrula* Li, Liu & Wei, 2017

分布：陕西（太白山），湖北（神农架）。

248. *Macrophya stigmaticalis* Wei & Nie, 2002

分布：陕西（太白山、终南山），河南（伏牛山、白云山、天池山、卢氏县、宝天曼），湖北（神农架），贵州（茂兰）。

249. *Macrophya succincta* Cresson, 1880

分布：北美洲*（加拿大、美国）。

250. *Macrophya superba* Tischbein, 1852

分布：欧洲*（阿尔巴尼亚、波斯尼亚、黑塞哥维那、保加利亚、克罗地亚、希腊、意大利、马其顿、波兰、罗马尼亚、南斯拉夫），土耳其*。

251. *Macrophya tattakana* Takeuchi, 1927

分布：台湾（南投县）。

252. *Macrophya tattakonoides* Wei, 1998

分布：甘肃（小陇山），河南（伏牛山、龙峪湾、宝天曼、卢氏县、嵩县），湖北（神农架）。

253. *Macrophya tenella* Mocsáry, 1881

分布：欧洲*（保加利亚、克罗地亚、捷克、法国、德国、匈牙利、意大利、马其顿、罗马尼亚、斯洛伐克、西班牙）。

254. *Macrophya tenuisoma* Li, Liu & Wei, 2017

分布：四川（峨眉山），云南（香格里拉）。

255. *Macrophya tenuitarsalina* Li, Liu & Wei, 2017

分布：四川（峨眉山）。

256. *Macrophya teutona* (Panzer, 1799)

分布：欧洲*（奥地利、比利时、保加利亚、克罗地亚、捷克、法国、德国、希腊、意大利、卢森堡、马其顿、荷兰、挪威、罗马尼亚、俄罗斯、斯洛伐克、西班牙、瑞士、乌克兰）。

257. *Macrophya tibiator* Norton, 1864

分布：北美洲*（美国、加拿大）。

258. *Macrophya tibialis* Mocsáry, 1881

分布：欧洲*（匈牙利、罗马尼亚）。

259. *Macrophya timida* F. Smith, 1874

分布：日本*（本州、四国、九州）。

260. *Macrophya togashii* Yoshida & Shinohara, 2015

分布：日本（本州）。

261. *Macrophya tongi* Wei & Ma, 1997

分布：陕西（佛坪县），安徽（大别山），浙江（丽水市、天目山），湖南（株洲市、桃源洞、幕阜山、大围山），江西（马头山），广西（猫儿山）。

262. *Macrophya transcarinata* Malaise, 1945

分布：缅甸*。

263. *Macrophya transmaculata* Li, Liu & Wei, 2018

分布：西藏（察隅县）。

264. *Macrophya tricoloripes* Mocsáry, 1881

分布：欧洲★（西班牙）。

265. *Macrophya trimicralba* Wei, 2006

分布：湖南（八面山、南山、舜皇山、大围山、齐云山），贵州（梵净山），广东（车八岭），广西（岑王老山）。

266. *Macrophya tripidona* Wei & Chen, 2002

分布：甘肃（小陇山），河南（白云山），湖北（神农架）。

267. *Macrophya tristis* Ed. André, 1881

分布：欧洲★（俄罗斯）。

268. *Macrophya trisyllaba* (Norton, 1860)

分布：北美洲★（加拿大、美国）。

269. *Macrophya typhanoptera* Wei & Nie, 1999

分布：河南（灵山）。

270. *Macrophya vacillans* Malaise, 1931

分布：黑龙江（帽儿山），吉林（蛟河市、辉南县），辽宁（本溪市、宽甸），甘肃（小陇山），宁夏（六盘山），陕西（太白山、嘉陵江），山西（霍县、龙泉），河南（济源市、白云山）；朝鲜★（Mosanrei），东西伯利亚★。

271. *Macrophya varia* (Norton, 1860)

分布：北美洲★（加拿大、美国）。

272. *Macrophya verticalis* Konow, 1898

分布：云南（腾冲县、镇康县），西藏（察隅县）；缅甸★（北部），锡金★，印度★（阿萨姆邦、梅加拉邦、婆罗洲）。

273. *Macrophya verticalis tonkinensis* Malaise, 1945

分布：云南（西双版纳、安宁县、石屏县、弥勒县）；越南★（Tonkin）。

274. *Macrophya verticalis verticalis* Konow, 1898

分布：印度★。

275. *Macrophya vitta* Enslin, 1910

分布：欧洲★（克罗地亚）。

276. *Macrophya vittata* Mallach, 1936

分布：甘肃（小陇山、康县），陕西（桐峪镇、佛坪县），河北★（东陵），河南（嵩县、白云山、宝天曼、伏牛山、辉县、卢氏县），湖北（鹤峰县、房县、神农架），湖南（张家界、壶瓶山），四川（卧龙、青城山、峨眉山、鞍子河），浙江（天目山、龙王山），贵州（习水、水坪河、蔺江）；日本★。

277. *Macrophya weni* Wei, 1998

分布：青海（玛可河），宁夏（六盘山），甘肃（文县、小陇山、太子山、麦积山），陕西（华山、太白山、化龙山），山西（历山、龙泉），河北（小五台山、紫金山、长寿村），北京（小龙门、门头沟），河南（白云山、龙峪湾、宝天曼、天池山、济源市、嵩县），湖北（神农架），四川（卧龙、鞍子河、王朗）。

278. *Macrophya wui* Wei & Zhao, 2010

分布：甘肃（天水市、辉县），陕西（青峰峡、留坝县），湖北（神农架）。

279. *Macrophya xanthosoma* Wei, 2005

分布：福建（武夷山），湖南（桃源洞、舜皇山、张家界），江西（官山、马头山、修水县），贵州（习水、梵净山），广西（岑王老山）。

280. *Macrophya xiaoi* Wei & Nie, 2003

分布：重庆（四面山），浙江（龙王山），福建（武夷山、梅花山），湖北（神农架、宜昌县、后河），湖南（桃源洞、资兴市、阳明山、云山、都庞岭），广西（猫儿山、岑王老山）。

281. *Macrophya xinan* Li & Liu, 2015

分布：西藏（米林县、墨脱县），四川（石棉县、峨眉山）。

282. *Macrophya yangi* Wei & Zhu, 2012

分布：陕西（留坝县、周至县、桐峪镇、终南山），甘肃（太阳山、麦积山）。

283. *Macrophya yichangensis* Li, Liu & Wei, 2014

分布：陕西（太白山），湖北（神农架）。

284. *Macrophya zhaoae* Wei, 1997

分布：浙江（天目山），湖北（宜昌县）。

285. *Macrophya zhengi* Wei, 1997

分布：四川（喇叭河），云南（中甸县）。

286. *Macrophya zhongi* Wei & Chen, 2002

分布：甘肃（小陇山），陕西（桐峪镇、寺坪镇），河北（长寿村），河南（济源市、白云山、甘山、桐柏山、伏牛山）。

287. *Macrophya zhoui* Wei & Li, 2013

分布：安徽（天堂寨），湖南（幕阜山、云山）。

288. *Macrophya zhui* Li, Liu & Wei, 2016

分布：湖南（壶瓶山）。

289. *Macrophya zoe* W. F. Kirby, 1882

分布：北美洲★（加拿大、美国）。

2 世界钩瓣叶蜂属系统分类

2.1 钩瓣叶蜂属鉴别特征

钩瓣叶蜂属 Genus *Macrophya* Dahlbom, 1835

Tenthredo subgenus *Allantus* family Ⅲ; Klug, 1814, P. 130.

Tenthredo subgenus *Macrophya* Dahlbom, 1835, P. 11; Norton, 1862, P, 116(N. Amer. Catalog).

Tenthredo subgenus *Macrophya s. str.*; Hartig, 1837, P.291.

Macrophya Dahlbom; Westwood, 1840: 53.

Type species: *Macrophya montana* (Scopoli, 1763), M. Blank and Andress Taeger, Bulletin of Zoological Nomenclature, 52(2)：1999.

属征：体中型，粗壮；体多黑色，具白色、黄色、红褐色斑纹，但少数种类体具蓝色金属光泽；上唇与唇基常隆起，唇基端缘常截形；复眼中大型，内缘向下显著收敛，下内角位于唇基外侧；颚眼距狭于中单眼直径；触角窝上突不发育；中窝常窝状，侧窝常沟状；额区一般不同程度下沉；单眼中沟细浅，单眼后沟模糊细弱；单眼后区多隆起；背面观后头较短，后颊脊多发达。触角 9 节，多粗丝状，无侧脊，第 2 节长通常大于宽，第 3 节稍长于第 4 节，中端部鞭节一般不膨大。中胸小盾片多隆起，顶面圆钝，一般无顶点和脊，后缘横脊常无；小盾片附片具中纵脊；中胸前侧片中部不同程度鼓起，刻点多粗糙密集；中胸后上侧片皱纹粗密；中胸后下侧片前缘区域光滑，无刻点与刻纹，其他区域刻点稀疏粗大，刻纹细密；后胸前侧片刻点细小浅弱，光泽暗淡；后胸后侧片刻点多光亮；后侧片附片缺失或发达，若具附片，多具碟型陷窝（碟型），但少数种类附片大延展型或小平台型。前翅臀室中柄呈线状或长点状，或具短直横脉，后翅有 2 个闭合中室，无缘脉。后足基节发达，后胫节内端距多为后足基跗节的 2/3 长，后基跗节多稍长于其后 4 跗分节之和，爪内齿通常短于外齿。

本属与叶蜂亚科 Tenthredininae 钩瓣叶蜂族 Macrophyini 内的近缘属 - 方颜叶蜂属 *Pachyprotasis* Hartig, 1837 的主要区别特征：前者体多粗壮；触角通常粗短丝状，无侧脊；复眼内缘向下显著收敛；前翅臀室中柄不长或无柄式，具短直横脉（后者体多修长；触角细长丝状；雌虫触角约等长于头胸部之和，雄虫触角明显长于体长，触角具尖锐侧脊；雌虫复眼内缘向下平行或略微收敛，雄虫复眼内缘向下明显分歧；前翅臀室中柄长）。

本属所涉及研究标本除少数标本出自中国科学院动物研究所标本馆（在文中进行标

记）馆藏外，其余标本均保存在中南林业科技大学昆虫系统与进化生物学实验室昆虫模式标本室（CSCS）。

1. 钩瓣叶蜂亚属 Subgenus *Macrophya s. str.*

属征：体型较匀称；唇基大型，横宽，侧角通常不尖锐；复眼内缘向下显著收敛，下内角位于唇基之上；颚眼距通常狭于单眼直径；后胸后侧片无附片或附片类型多样；雌虫锯腹片通常倾斜；雄虫阳茎瓣类型多样。

2. 短唇钩瓣叶蜂亚属 Subgenus *Pseudomacrophya* Enslin, 1913

Macrophya subgenus *Pseudomacrophya* Enslin, 1913: 135.

Type species: *Macrophya punctumalbum* (Linnaeus, 1767)

属征：体型粗短；唇基小，横形，前缘中央缺口浅，侧齿短尖，唇基通常黑色；复眼内缘向下稍微收敛，内缘端距显著长于唇基宽，通常不短于复眼高，上唇很短；颚眼距长于中单眼直径；触角常黑色；后胸后侧片无附片；后足跗节简单；前翅臀室具显著中柄；雌虫锯腹片锯刃低平，具多枚细齿；雄虫阳茎瓣常形，具侧突。

2.2 钩瓣叶蜂属世界记载种类分种团检索表

目前，经查阅研究文献与现已积累标本研究发现，初步将世界钩瓣叶蜂属 *Macrophya* Dahlbom, 1835 现有种类划分为 27 个种团。对于每个种团已有标本种类编制了分种团检索表。

分种团检索表

1. 体形粗短；唇基小型，复眼内缘向下稍微收敛，下内角位于唇基外侧；颚眼距通常不狭于中单眼直径；或唇基长宽相似，端缘半圆形凹入，侧角很尖；后胸后侧片无附片；雌虫锯腹片锯刃低平，具多枚细齿……………… **2**
   体形较匀称；唇基大型，横宽，侧角通常不尖锐；复眼内缘向下显著收敛，下内角位于唇基之上；颚眼距狭于中单眼直径；雌虫锯腹片锯刃通常倾斜 ……………… **4**
2. 唇基横形，前缘中央缺口浅，侧齿通常短尖；复眼内缘端距显著长于唇基宽，通常不短于复眼高，上唇很短；颚眼距长于中单眼直径；后足跗节简单；前翅臀室具显著中柄；唇基通常黑色；触角通常黑色，无黄斑；雄虫阳茎瓣头叶纵向椭圆形，长明显大于宽，具明显侧突（*Pseudomacrophya* subgenus）……………… **3**
   唇基亚方形，前缘缺口深，侧齿尖长；复眼内缘下端距等长于唇基宽，显著短于眼高；上唇长形，颚眼距短于中单眼直径；触角通常基部黄色；雄虫阳茎瓣通常细长，无侧突
   ……………… ***M. flavomaculata*** **group（中国）**
3. 体小型；唇基前缘缺口较深，通常三角形凹入，侧齿端缘圆钝；锯腹片锯刃刃齿中等大小
   ……………… ***M. punctumalbum*** **group（中国）**
   体中型；唇基前缘缺口浅显，侧齿短尖；锯腹片中部锯刃通常小型
   ……………… ***M. crassuliformis*** **group（中国）**

4. 阳茎瓣头叶通常方形或亚方形（北美种）…………………………………………………………… 5

阳茎瓣头叶非方形结构，通常椭圆形或亚三角形或横型（亚洲种和欧洲种）…………………… 8

5. 翅面完全浓烟黑色；除腹部第2~3背板及第4背板侧缘红褐色外，虫体几乎全部显著烟黑色，光泽强烈；触角鞭节不明显膨大，明显侧扁；后胸后侧片附片小型，中部具浅显凹坑，无长毛；阳茎瓣头叶亚方形，具侧突……………………………………………………**M. cinctula** group（北美）

翅面通常淡烟色透明；触角鞭节弱度侧扁或不侧扁；其余特征不完全同于上述 ……………… 6

6. 后足胫节通常背侧具白色斑纹，如中部具白环，则白环宽度不超过后足胫节1/2长；后胸后侧片附片浅碟形，内具稍密集的细小刻点，无长毛…………………………… **M. tibiator** group（北美）

后足胫节中部具白色宽环或后足胫节大部白色；后胸后侧片通常无附片。……………………… 7

7. 中胸前侧片中部通常具1大方型黄白斑；后足胫节白斑长度明显长于后足胫节的1/2长；腹部第1背板完全白色 ……………………………………………………………… **M. alba** group（北美）

中胸前侧片中央通常具1字横型黄白斑；后足胫节中部白环不超过后足胫节的1/2长；腹部第1背板通常完全黑色………………………………………………………… **M. flavolineata** group（北美）

8. 体通常多处具橘黄色斑纹或体少部具红褐色斑纹；触角完全黑色，鞭节中部明显膨大，端部4节明显短缩；后胸后侧片无附片或具小型的垂直型附片；雌虫锯腹片锯刃常台状隆起突出；雄虫阳茎瓣头叶常横型，无侧突……………………………………………… **M. montana** group（欧洲）

以上特征不同时具有……………………………………………………………………………………… 9

9. 后胸后侧片后角延伸，具明显附片（碟型、大延伸型、平台型）……………………………10

后胸后侧片后角不延伸，无附片；如后角稍延伸，则附片十分狭窄…………………………………18

10. 虫体具强烈金属蓝色光泽；后胸后侧片附片大延展型或碟形，内具长毛；体中大型
……………………………………………………………………………… **M. regia** group（中国）

虫体无金属蓝色光泽；其余特征不完全同于上述…………………………………………………11

11. 后翅臀室无柄式；触角通常细长丝状；后胸后侧片附片通常平台型（少数种类后胸后侧片附片碟形），中部常具凹痕或小型凹坑，无长毛；阳茎瓣头叶顶部通常具1平台，宽度不等，无侧突
…………………………………………………………………… **M. annulitibia** group（中国）

后翅臀室具柄式；触角通常粗短丝状；其他性状不完全同于上述 ……………………………12

12. 触角不完全黑色，鞭节数节具白环；后胸后侧片附片大延展型，内具长毛；阳茎瓣头叶前缘有角度突出，通常亚三角形，具侧突………………………………………… **M. apicalis** group（中国）

触角鞭节完全黑色，无白斑……………………………………………………………………………13

13. 腹部各节背板具细密刻纹，十分显著………………………………………………………………14

腹部各节背板无细密刻纹或刻纹微弱…………………………………………………………………16

14. 雌虫锯腹片锯刃节缝刺毛带较狭窄，刺毛稀疏；腹部第2~5节红褐色
……………………………………………………………………… **M. blanda** group（中国）

雌虫锯腹片锯刃节缝刺毛带似羽毛状，十分密集…………………………………………………15

15. 触角柄节常白色；后胸后侧片附片碟形或大延伸型，具长毛；各足转节均白色；腹部第7背板两侧通常具长白斑……………………………………………………… **M. histrio** group（中国）

触角柄节黑色，无白斑；后胸后侧片附片大延展型，具长毛；各足转节均黑色；腹部第5~6背板侧白斑显著…………………………………………… **M. duodecimpunctata** group（中国）

16. 触角鞭节中端部显著膨大，端部4节明显短缩；后胸后侧片附片碟形，内具长毛
……………………………………………………………………… ***M. coxalis* group**（中国）

触角鞭节中端部不膨大或略显膨大，端部4节不明显短缩；后胸后侧片附片非碟形………17

17. 后胸后侧片后角稍延伸，附片小平台型，细毛均匀，内具细小刻点…… **M. imitator** group（中国）

后胸后侧片后角强烈延长，附片延展型且光亮，无长毛……………… ***M. maculitibia* group（中国）**
18. 后足股节或胫节多少具红褐色斑纹……………………………… ***M. sanguinolenta* group（中国）**
后足股胫节通常大部黑色，绝无红斑部分………………………………………………………………**19**
19. 中胸小盾片顶面十分平坦，后缘侧横脊显著；腹部第1背板刻纹粗糙呈网状……………………**20**
中胸小盾片顶面略显平坦或不平坦，后缘侧横脊低弱或无；腹部第1背板无网状刻纹…………**21**
20. 触角不完全黑色，鞭节数节具白色斑纹…………………………………… ***M. planata* group（中国）**
触角完全黑色，无白色斑纹………………………………………………… ***M. vittata* group（中国）**
21. 触角不完全黑色，仅鞭节端部数节亮黄色；前中足黄褐色，后足黄褐色至橘褐色；颜面与额区明显下沉，单眼顶面低于复眼顶面；单眼后区低平，宽长比明显小于2；基跗节粗壮，内齿长于外齿……………………………………………………………………… ***M. zhaoae* group（中国）**
触角通常完全黑色；其余特征不同于上述………………………………………………………………**22**
22. 体形较狭长；颜面与额区明显下沉；中胸小盾片不隆起，顶面较平坦；后足胫跗节大部黑色，背侧具显著白斑；锯腹片锯刃具明显乳突状突起；雄虫阳茎瓣亚方形，头叶纵向长稍大于宽，具侧突……………………………………………………………………… ***M. sheni* group（中国）**
体形较粗短；锯腹片锯刃非乳突状突起；其余特征不完全同于上述 ……………………………**23**
23. 中胸前侧片中上部具1或2个黄斑，十分显著；中胸小盾片具2个小型黄斑；唇基通常弓形，侧角较短钝…………………………………………………………… ***M. formosana* group（中国）**
中胸前侧片完全黑色，或中胸前侧片后缘中部具小型黄斑；中胸小盾片通体一色，无其他色斑；唇基不同于上述……………………………………………………………………………………**24**
24. 唇基前缘缺口通常弓形，侧角较宽短；腹部仅第9背板完全黑色，其余各节背板均具黄斑
…………………………………………………………………………… ***M. ligustri* group（中国）**
唇基前缘缺口非弓型；腹部第1背板通常具白斑……………………………………………………**25**
25. 头部背侧刻点通常粗糙密集，刻点间无光滑间隙或较狭窄；唇基前缘缺口深，不短于唇基1/3长；上唇、唇基、前胸背板后缘窄边及翅基片基少部通常白色；中胸小盾片、附片、后胸小盾片及中胸侧板均完全黑色；后胸后侧片后角稍延伸，附片十分狭窄……… ***M. epinota* group（北美）**
头部背侧刻点通常不粗糙，刻点不是很密集，刻点间光滑间隙明显；后胸后侧片后角不延伸，无附片；其余特征不同于上述……………………………………………………………………………**26**
26. 体形较粗短；唇基前缘缺口普通型，侧角较短宽；前翅臀室通常具短直横脉，少数种类具明显收缩柄；雌虫锯腹片锯刃通常明显突出…………………………………… ***M. sibirica* group（中国）**
体形较修长；唇基前缘缺口常深弧形，侧角较窄长；前翅臀室具明显中柄，无横脉；雌虫锯腹片锯刃通常平直…………………………………………………………… ***M. malaisei* group（中国）**

2.3 钩瓣叶蜂属种类记述

I 钩瓣叶蜂亚属 Subgenus *Macrophya s. str.*

目前，本亚属包括世界分布种团25个，共计284种。

（1）中国分布的种团共19个，如下：环胫钩瓣叶蜂种团 *M. annulitibia* group；白端钩瓣叶蜂种团 *M. apicalis* group；黑转钩瓣叶蜂种团 *M. blanda* group；深碟钩瓣叶蜂

种团 *M. coxalis* group；多斑钩瓣叶蜂种团 *M. duodecimpunctata* group；台湾钩瓣叶蜂种团 *M. formosana* group；黄斑钩瓣叶蜂种团 *M. flavomaculata* group；密纹钩瓣叶蜂种团 *M. histrio* group；密鞘钩瓣叶蜂种团 *M. imitator* group；斑胫钩瓣叶蜂种团 *M. maculitibia* group；女贞钩瓣叶蜂种团 *M. ligustri* group；玛氏钩瓣叶蜂种团 *M. malaisei* group；平盾钩瓣叶蜂种团 *M. planata* group；丽蓝钩瓣叶蜂种团 *M. regia* group；血红钩瓣叶蜂种团 *M. sanguinolenta* group；直脉钩瓣叶蜂种团 *M. sibirica* group；申氏钩瓣叶蜂种团 *M. sheni* group；糙板钩瓣叶蜂种团 *M. vittata* group 和赵氏钩瓣叶蜂种团 *M. zhaoae* group。另外，本书记述中国 1 新种：拟白端钩瓣叶蜂 *M. pseudoapicalis* Li, Liu & Wei, sp. nov.，该新种属于白端钩瓣叶蜂种团 *M. apicalis* group。

（2）北美分布的种团 5 个，如下：白板钩瓣叶蜂种团 *M. alba* group；烟翅钩瓣叶蜂种团 *M. cinctula* group；圆瓣钩瓣叶蜂种团 *M. epinota* group；黄条钩瓣叶蜂种团 *M. flavolineta* group；白胫钩瓣叶蜂种团 *M. tibiator* group。

（3）欧洲分布的种团 1 个，如下：狭片钩瓣叶蜂种团 *M. montana* group。

2.3.1 白板钩瓣叶蜂种团 *M. alba* group

种团鉴别特征：头部背侧额区刻点粗糙密集，光泽暗淡，刻点间无光滑间隙；触角鞭节完全黑色，中部中度膨大，弱度侧扁，鞭节端部稍微短缩；唇基、上唇、前胸背板后缘及侧角大斑、翅基片、中胸小盾片、腹部第 1 背板全部白色；后胸后侧片后角不延伸，无附片；后足股节基大部白色，端部具黑斑；后足胫节白色宽环明显长于后足胫节 1/2 长；锯腹片中部锯刃亚台状隆起，刃齿通常细弱且不多于 7 枚；阳茎瓣头叶亚方形，尾侧突明显。

目前，本种团世界已记载 4 种，中国无分布种类，分别是：*M. alba* MacGillivray, 1895、*M. bifasciata* (Say, 1823)、*M. formosa* (Klug, 1817) 和 *M. nigristigma* Rohwer, 1912。

该种团种类均属于北美洲类群，分布于美国和加拿大。

1. 白板钩瓣叶蜂 *Macrophya alba* MacGillivray, 1895

Macrophya pulchella var. *alba* MacGillivray, 1895. *The Canadian Entomologist*, 27(10): 285.

Macrophya zonata Konow, 1899. *Wiener Entomologische Zeitung*, 18(2-3): 44-45.

观察标本：非模式标本：1♀1♂, VIRGINIA: Clarke Co. U. Va. Blandy Exp. Farm, 2 mi. S Boyce, 10-21-Ⅴ-1991, Malaise trap, D.R. Smith, Malaise trap #5.

分布：北美洲★（加拿大、美国）。

鉴别特征：本种与白肩钩瓣叶蜂 *M. bifasciata* (Say, 1823) 十分近似，但前者体长 10mm；上唇和唇基均白色；唇基前缘缺口亚方形；小盾片附片和后胸小盾片黑色；中胸前侧片中央近方形大白斑十分显著；腹部第 4 背板完全黑色；各足基节大部白色，仅基缘黑色；后足跗节完全黑色；后胸后侧片后角方钝，稍延伸，具小型附片。

2. 白肩钩瓣叶蜂 *Macrophya bifasciata* (Say, 1823)

Allantus bifasciatus Say, 1823. *Western quarterly reporter of medical, surgical and natural science*, 2: 72.

Tenthredo (*Allantus*) *media* T.W. Harris, 1835. Press of J.S. and C. Adams, Amherst, pp. 583.

Macrophya Medius [sic!] Norton, 1862. *Proceedings of the Boston Sciety of Natural History*, 9[1862-1863], 118.

Macrophya texana Cresson, 1880. *Transactions of the American Entomological Society*, 8: 52.

Macrophya pulcherrima W.F. Kirby, 1882. By order of the Trustees, London, pp. 275-276.

Macrophya zabriskiei Rohwer, 1912. *Proceedings of the United States National Museum*, 43: 218.

观察标本：非模式标本：1♀, VIRGINIA, Essex Co. 1 mi. SE Dunnsville, 37°52′ N, 76°48′ W, 30. Ⅳ-12. Ⅴ-1992, Malaise trap, D. R. Smith; 1♂, VIRGINIA, Essex Co. 1 mi. SE Dunnsville, 37°52′ N, 76°48′ W, 22. Ⅳ-3. Ⅴ-1994, Malaise trap, D. R. Smith.

分布：北美洲★（加拿大、美国）。

鉴别特征：本种与白板钩瓣叶蜂 *M. alba* MacGillivray, 1895 十分近似，但前者体长 9mm；上唇大部及唇基侧角端部具明显黑斑，不完全白色；唇基前缘缺口深弧形；小盾片附片和后胸小盾片黑色；中胸前侧片完全黑色；腹部第 4 背板背侧具红褐色斑纹；各足基节大部黑色，仅端部白色；后足跗节几乎全部白色；后胸后侧片后角圆钝，不延伸，无附片。

3. 美丽钩瓣叶蜂 *Macrophya formosa* (Klug, 1817)

Tenthredo (*Allantus*) *formosa* Klug, 1817. *Der Gesellschaft Naturforschender Freunde zu Berlin Magazin für die neuesten Entdeckungen in der gesamten Naturkunde*, 8[1814](2) : 115-116.

Allantus bicinctus Norton, 1860. *Boston Journal of Natural History*, 7[1859-1863](2) : 241-242.

Macrophya Ruhli [sic!] Konow, 1887. *Societas entomologica*, 2(15) : 113.

观察标本：非模式标本：1♀, VIRGINIA, Louisa Co. 4 mi. S Cuckoo, 8-18- Ⅵ -1988, J. Kloke & D.R. Smith, Malaise trap; 1♂, VIRGINIA, Louisa Co. 4 mi. S Cuckoo, 27.V-7. Ⅵ -1988, J. Kloke & D.R. Smith, Malaise trap.

分布：北美洲★（加拿大、美国）。

鉴别特征：本种体长 11mm；雌虫腹部第 4~6 节背板背侧黄褐色（雄虫腹部各节背

板均黑色）；虫体多处具明显白斑；足大部白色，少部具黑斑；阳茎瓣头叶亚方形，前缘稍突出等，易与其他种类鉴别。

4. 黑痣钩瓣叶蜂 *Macrophya nigristigma* Rohwer, 1912

Macrophya nigristigma Rohwer, 1912. *Proceedings of the United States National Museum*, 43: 219-220.

Macrophya melanopleura MacGillivray, 1914. *The Canadian Entomologist*, 46(4) : 139.

未见标本。

分布：北美洲★（美国）。

2.3.2 环胫钩瓣叶蜂种团 *M. annulitibia* group

种团鉴别特征：触角细长丝状，通常黑色；后胸后侧片附片平台型，中部具凹痕或不同程度的凹坑，无长毛；后翅臀室无柄式；锯腹片锯刃不同程度突出；阳茎瓣头叶通常横型，顶部具一平台，宽度不等，无尾侧突。

目前，本种团世界已记载 15 种，中国分布 13 种，分别是：*M. annulitibia* Takeuchi, 1933、*M. brevicinctata* Li, Liu & Wei, 2016、*M. cloudae* Li, Liu & Wei, 2017、*M. gopeshwari* Saini, Singh, Singh & Singh, 1986、*M. gongshana* Li, Liu & Wei, 2017、*M. naga* Saini & Vasu, 1997、*M. niuae* Li, Liu & Wei, 2017、*M. parapompilina* Wei & Nie, 1999、*M. pompilina* Malaise, 1945、*M. qinlingium* Li, Liu & Wei, 2016、*M. rugosifossa* Li, Liu & Wei, 2016、*M. shengi* Li & Chu, 2015、*M. spinoserrula* Li, Liu & Wei, 2017、*M. tenuisoma* Li, Liu & Wei, 2017、*M. xinan* Li & Liu, 2015。

该种团多数种类在中国均有分布，国外向南延伸到缅甸、印度，向东延伸到朝鲜、日本，向东北延伸到东西伯利亚。

分种检索表

1.	后足胫节完全黑色……	2
	后足胫节不完全黑色，具明显红褐色或黄褐色斑纹……	6
2.	前翅翅痣下具烟褐色横带，后翅淡烟色透明……	3
	前后翅均淡烟色透明，前翅翅痣下无色斑……	5
3.	前翅翅痣下具明显烟褐色横带，边界清晰；后胸后侧片附片大部光滑，刻点稀疏细浅，刻纹细弱……	4
	前翅翅痣下烟褐色横带较浅弱，边界不清晰；后胸后侧片附片具粗糙刻点，较密集，刻纹显著。中国（甘肃、陕西）……	***M. rugosifossa* Li, Liu & Wei, 2016** ♀♂
4.	触角不完全黑色，至少前 3 节端缘白色，第 3 节约 1.13 倍于第 4 节长；后胸后侧片附片光泽较强，稍内凹小型；后足股节不完全黑色，背侧具白色条斑；前翅翅痣下烟褐色横带稍宽于翅痣。缅甸（北部）、印度（锡金、北方邦、喜马偕尔邦、孟加拉邦）；中国（河南、四川、云南）……	***M. pompilina* Malaise, 1945** ♀♂

触角完全黑色，第 3 节 1.37 倍于第 4 节长；后胸后侧片附片光泽强烈，宽大且显著凹陷；后足股节完全黑色，背侧无条状白斑；前翅翅痣下烟褐色横带等宽于翅痣。中国（甘肃、陕西、山西、河南、重庆、湖北、四川、云南）……………………**M. parapompilina Wei & Nie, 1999** ♀♂

5. 头部内眶与后眶均具白斑；触角腹侧具白色斑纹，背侧黑色；唇基不完全白色，端部具明显黑斑，前缘缺口圆弧形，深达唇基约 1/5 长，侧角短钝，端缘不尖；单眼后区宽长比约为 1.8；内眶前部及外眶少部白色；头部背侧光泽暗淡，刻点十分密集，略显粗糙，刻点间无光滑间隙；前胸背板前缘具白斑，后缘白边较窄；中胸小盾片完全黑色；中胸前侧片具显著大白斑，近三角形；后足胫节外侧上半部基部 2/3 具白带；前翅臀室中柄约 0.67 倍于 cu-a 脉长；下生殖板端缘稍尖圆，中部鼓出。印度（那加兰邦）……………………………**M. naga Saini & Vasu, 1997** ♂

头部完全黑色，内眶和后眶绝无白斑；上唇和唇基均黑色；前胸背板黑色，后缘及侧缘无白边；前中足大部黑色，少部具白斑；各足转节均黑色；后足基节大部黑色，外侧基部具卵形长白斑；后足股胫节均黑色；后足第 1 跗分节端半部、第 2~4 跗分节及第 5 跗分节基部白色；前翅臀室中柄近等长于 cu-a 脉长。中国（四川）…………………………………**M. niuae Li, Liu & Wei, 2017** ♀

6. 后足胫跗节均具红褐色斑纹………………………………………………………………………… **7**

后足胫跗节均具黄褐色斑纹………………………………………………………………………… **9**

7. 后足胫节基部红褐色斑不长于后足胫节 1/2 长；中窝和侧窝均浅弱；单眼后区宽长比约为 2.5；前胸背板侧缘完全黑色，无黄斑；各足基节大部黑色，仅端缘浅黄褐色；后足基跗节稍长于其后 4 跗分节之和；雌虫锯腹片中部锯刃齿式 2/3~5，锯刃乳突状突起稍尖。中国（四川、云南）……………………………………………………………………**M. tenuisoma Li, Liu & Wei, 2017** ♀♂

后足胫节基部红褐色斑明显长于后足胫节 1/2 长；其余特征不同于上述………………………… **8**

8. 上唇和唇基大部黑色，仅上唇端部三角形小斑及边缘和唇基基部两侧亚圆形小斑白色；单眼后区宽长比约为 2.4；中胸后下侧片大部和后胸后侧片大部光泽微弱，具粗糙刻点，刻纹显著；前中足转节大部黑色，后足转节白色；后足股节基缘及背侧基部 1/3 弱斑纹白色，端部约 2/3 黑色；后足胫节端部黑斑宽于后者。中国（四川、云南）………… **M. gongshana Li, Liu & Wei, 2017** ♀

上唇和唇基具完全白色；单眼后区宽长比约为 2；中胸后下侧片大部和后胸后侧片大部光亮，刻点稀疏浅弱；各足转节均白色；后足股节基部 1/5 白色，端部 4/5 黑色；后足胫节端缘具模糊黑斑。中国（陕西、湖北）…………………………………… **M. brevicinctata Li, Liu & Wei, 2016** ♀

9. 前胸背板黑色，或后缘狭边黄白色，侧角无黄斑………………………………………………… **10**

前胸背板侧角具显著黄斑………………………………………………………………………… **11**

10. 唇基亚深弧形，侧角亚直角形；单眼后区宽长比约为 2.5；后足基跗节完全黑色；雄虫前胸背板后缘狭边及外缘小斑黄白色。朝鲜（Tonai、Hakugan），日本（北海道、本州、长野县），东西伯利亚，中国（黑龙江、吉林、辽宁、宁夏、甘肃、河南、四川）

………………………………………………………………………… **M. annulitibia Takeuchi, 1933** ♀♂

唇基深弧形，侧角亚三角形；单眼后区宽长比约为 2；后足基跗节端大部浅黄褐色，基部具黑斑（雌虫个别标本前胸背板后缘具黄边）；雄虫前胸背板后缘狭边及外缘黄白色。中国（辽宁、宁夏、甘肃、陕西、河南、湖北、四川、云南）…………… **M. qinlingium Li, Liu & Wei, 2016** ♀♂

11. 触角不完全黑色，鞭节第 5~6 节具黄环；胸部侧板具显著大黄斑；腹部大部具明显黄斑。中国（西藏）………………………………………………………………… **M. cloudae Li, Liu & Wei, 2017** ♀

触角和胸部侧板均完全黑色；腹部几乎完全黑色…………………………………………………… **12**

12. 雌虫锯腹片锯刃具明显乳突状突起。中国（陕西、湖北）

………………………………………………………………… **M. spinoserrula Li, Liu & Wei, 2017** ♀♂

雌虫锯腹片锯刃亚长三角形突出，中部无乳突状突起…………………………………………… **13**

13. 前胸背板侧角大斑、翅基片前半部、中胸小盾片和后胸小盾片前方凹陷亮黄色；后胸后侧片中部具长形凹坑；前足基节大部亮黄色，仅基缘具黑斑；中足股节基半部亮黄色，端半部黑色；后足股节基部 4/7 亮黄色，端部 3/7 黑色；后足基跗节基部具黑斑，端大部及第 2~5 跗分节亮黄色；前翅端部 1/7 具亚圆形烟褐色斑，大部浅烟色透明。中国（西藏、四川）
…………………………………………………………………………… ***M. xinan*** **Li & Liu, 2015** ♀
前胸背板侧角较小型斑亮黄色；翅基片前缘、中胸小盾片和后胸小盾片前方凹陷黑色；后胸后侧片附片中部具小型凹痕；前足基节大部黑色，腹侧端部和外侧条斑亮黄色；中足股节基部 1/3 弱亮黄色，端部 2/3 强黑色；后足股节基部 1/3 亮黄色，端部 2/3 黑色；后足跗节完全亮黄色；翅面淡烟色透明，前翅端部无烟斑。中国（四川）……………………… ***M. shengi*** **Li & Chu, 2015** ♀

5. 环胫钩瓣叶蜂 *Macrophya annulitibia* Takeuchi, 1933（图版 2-1）

Macrophya annulitibia Takeuchi, 1933. *The Transactions of the Kansai Entomological Society*, 4: 24-25.

观察标本：非模式标本：1♂，黑龙江五营丰林，400~600m，2002-Ⅵ-26~30，肖炜；1♀，吉林长白山，1 100m，1999-Ⅶ-2，魏美才，聂海燕；4♀♀，吉林长白山，1 300m，1999-Ⅶ-2，魏美才，聂海燕；2♀♀，吉林长白山黄松浦林场，N. 42°10.979′，E. 128°10.278′，1 145m，2008-Ⅶ-24，魏美才，张媛；1♀，吉林长白山地下森林，N. 42°05.264′，E. 128°04.489′，1 600m，2008-Ⅶ-26，魏美才；1♀，吉林长白山温泉瀑布，N. 42°02.673′，E. 128°03.540′，1 866m，2008-Ⅶ-23，魏美才；1♀，JAPAN，Yarisawa，Kamikochi，Nagano，1 600-1 900m，18-20-22-Ⅶ-1989，A. Shinohara；1♂，Nakayama-toge，Shiribeshi，Hokaido，800m，26-Ⅵ-1991，A. Shinohara；6♀♀，CSCS12126，吉林白河长白山黄松蒲林场，N. 42°14.107′，E. 128°10.704′，1 030m，2012-Ⅶ-20，李泽建，刘萌萌；1♀，CSCS12130，吉林白河长白山长白瀑布，N. 42°02.962′，E. 128°03.372′，1 850m，2012-Ⅶ-22，李泽建，刘萌萌；2♀♀，CSCS12139，吉林白河长白山大戏台河，N. 42°13.796′，E. 128°11.808′，1 035m，2012-Ⅶ-24，姜吉刚，邓兰兰；1♀，CSCS12135，吉林白河长白山黄松蒲林场，N. 42°14.107′，E. 128°10.704′，1 030m，2012-Ⅶ-23，姜吉刚，邓兰兰；1♀，CSCS12134，吉林白河长白山黄松蒲林场，N. 42°14.107′，E. 128°10.704′，1 030m，2012-Ⅶ-23，李泽建，刘萌萌；1♀，CSCS12142，吉林白河长白山黄松蒲林场，N. 42°14.107′，E. 128°10.704′，1 030m，2012-Ⅶ-27，李泽建，刘萌萌；1♀，CSCS12140，吉林白河长白山长白瀑布，N. 42°02.962′，E. 128°03.372′，1 850m，2012-Ⅶ-25，李泽建，姜吉刚；1♀，CSCS12130，吉林白河长白山长白瀑布，N. 42°02.962′，E. 128°03.372′，1 850m，2012-Ⅶ-22，姜吉刚，邓兰兰；1♀，CSCS14182，吉林省松江河镇前川林场，N. 42°13′45″，E. 127°46′32″，890m，2014-Ⅵ-27，褚彪采，$CH_3COOC_2H_5$；4♀♀，CSCS14194，吉林省长白山防火瞭望塔，N. 42°04′58″，E. 128°13′43″，1 400 m，2014-Ⅶ-9，褚彪采，

$CH_3COOC_2H_5$；1♂，吉林长白山温泉瀑布，N. 42°02.673′，E. 128°03.540′，1 866m，2008-Ⅶ-23，魏美才采；1♂，CSCS14168，N. 42°02′55″，E. 127°46′15″，994m，2014-Ⅵ-10，褚彪采，$CH_3COOC_2H_5$；1♂，宁夏六盘山，2005-Ⅵ-16，黑白网；2♀♀，CSCS14196，吉林省长白山防火瞭望塔，N. 42°04′58″，E. 128°13′43″，1 400m，2014-Ⅶ-11，褚彪采，$CH_3COOC_2H_5$；1♂，CSCS14195，吉林省长白山地下森林，N. 42°05′10″，E. 128°04′26″，1 600m，2014-Ⅶ-10，褚彪采，$CH_3COOC_2H_5$；1♂，LSAF16160，吉林松江河镇前川林场，N. 40.621°，E. 123.092°，690m，2016-Ⅵ-12~14，李泽建 & 王汉男采，$CH_3COOC_2H_5$。

个体变异：后足股节基部和后胫节中部浅黄褐色宽环有长短变化。

分布：黑龙江（五营），吉林（长白山），吉林（大兴沟），宁夏（六盘山），甘肃（小陇山），河南（伏牛山），四川（九寨沟）；朝鲜★（Tonai、Hakugan），日本★（北海道、本州、长野县），东西伯利亚★。

鉴别特征：本种与秦岭钩瓣叶蜂 *M. qinlingium* Li, Liu & Wei, 2016 较近似，但前者体长 8.5~9mm；单眼后区宽长比约为 2.5；后足基跗节完全黑色。

6. 小环钩瓣叶蜂 *Macrophya brevicinctata* Li, Liu & Wei, 2016（图版 2-2）

Macrophya brevicinctata Li, Liu & Wei, 2016. *Zoological Systematics*, 41(2): 216-226.

观察标本：正模：♀，湖北神农架红花朵，N. 31°15′，E. 109°56′，1 200m，2007-Ⅶ-3，魏美才；副模：1♀，陕西安康火地塘，1 539m，2010-Ⅶ-11，李涛；1♀，CSCS11136，湖北宜昌神农架阴峪河，N.31°34.005′，E.110°20.370′，2 100m，2011-Ⅶ-21，魏美才，牛耕耘。

分布：陕西（安康市），湖北（神农架）。

鉴别特征：本种与贡山钩瓣叶蜂 *M. gongshana* Li, Liu & Wei, 2017 十分近似，但前者体长 8~8.5mm；上唇和唇基大部黑色，仅上唇端部三角形小斑及边缘和唇基基部两侧亚圆形小斑白色；单眼后区宽长比约为 2.4；中胸后下侧片大部和后胸后侧片大部光泽微弱，具粗糙刻点，刻纹显著；前中足转节大部黑色，后足转节白色；后足股节基缘及背侧基部 1/3 弱斑纹白色，端部约 2/3 黑色；后足胫节端部黑斑宽于后者。

7. 多彩钩瓣叶蜂 *Macrophya cloudae* Li, Liu & Wei, 2017（图版 2-3）

Macrophya cloudae Li, Liu & Wei, 2017. *Entomotaxonomia*, 39(3): 197-216.

观察标本：正模：♀，西藏墨脱县 60k，N. 29°42.905′，E. 95°36.269′，2 937m，2009-Ⅵ-18，牛耕耘。

分布：西藏（墨脱县）。

鉴别特征：本种是该种团内触角具黄环的唯一种类，体长 9mm；触角第 5~6 节、头部背侧除额区、单眼区、单眼后区前部和上眶内侧外、前胸背板后缘及侧角大斑、中胸前侧片中央大型近方斑、中胸前盾片底部 1 对三角形斑、中胸盾侧片内侧 1 对三角形小斑、中胸小盾片、附片、后胸小盾片、腹部第 1 背板、第 2 背板后缘、第 3~8 背板中央列宽斑、第 10 背板、各节腹板、锯鞘大部、前中足基节、后足基节腹侧基大部及端缘及外侧基部卵形斑、各足转节、前足股节前侧及基部 1/3、中足股节基部 1/3 及前侧端部 1/3、后足股节基半部、前中足胫节除端缘模糊黑斑外、后足胫节基半部、前中足跗节除外侧模糊黑斑外和后足跗节浅黄褐色，与该种团内其他种类易于鉴别。

8. 贡山钩瓣叶蜂 *Macrophya gongshana* Li, Liu & Wei, 2017（图版 2-4）

Macrophya gongshana Li, Liu & Wei, 2017. *Entomotaxonomia*, 39(3): 197-216.

观察标本：正模：♀，云南贡山黑洼底，N. 27°45.30′，E. 98°36.13′，2 455m，2008-Ⅶ-15，钟义海；副模：1♀，云南贡山黑洼底，N. 27°800′，E. 98°590′，2 000m，2009-Ⅵ-6，肖炜；1♀，四川盐源县县城，2004-Ⅶ-17，毛本勇。

分布：云南（贡山），四川（盐源县）。

个体变异：四川盐城雌虫标本后足股节基缘白色，背侧基部 1/3 无白带；后足胫节端部黑斑长度变窄。

鉴别特征：本种与小环钩瓣叶蜂 *M. brevicinctata* Li, Liu & Wei, 2016 十分近似，但前者体长 8.5~9mm；上唇和唇基具完全白色；单眼后区宽长比约为 2；中胸后下侧片大部和后胸后侧片大部光亮，刻点稀疏浅弱；各足转节均白色；后足股节基部 1/5 白色，端部 4/5 黑色；后足胫节端缘具模糊黑斑。

9. 高帕钩瓣叶蜂 *Macrophya gopeshwari* Saini, Singh, Singh & Singh, 1986

Macrophya gopeshwari Saini, Singh, Singh & Singh, 1986. *Journal of the New York Entomological Society*, 94(1): 64-65.

未见标本。

分布：印度（北方邦）。

10. 那加钩瓣叶蜂 *Macrophya naga* Saini & Vasu, 1997

Macrophya naga Saini & Vasu, 1997. *Journal of Entomological Research*, 21(3)：237-238.

观察标本：Paratype: 1♂, India, Nagaland, Pfutsero, 2 100m, 20-Ⅴ-1993.

分布：印度（那加兰邦）。

鉴别特征：本种与烟带钩瓣叶蜂 *M. pompilina* Malaise, 1945 的雄虫较为近似，但前者体长 7mm；前翅翅痣下无烟褐色横带；触角柄节腹侧端半部、梗节腹侧基半部及端缘和鞭节腹侧具明显白斑；复眼内眶底部和外眶底部连成区域具明显白斑；颚眼距约 1.5 倍于中单眼直径宽；中胸前侧片上半部具明显白色大方斑；后胸后侧片光泽微弱；后足股节背侧基部 2/3 具明显白带；后足跗节大部黑色，仅各跗分节基缘具白斑。

11. 牛氏钩瓣叶蜂 *Macrophya niuae* Li, Liu & Wei, 2017（图版 2-5）

Macrophya niuae Li, Liu & Wei, 2017. *Entomotaxonomia*, 39(3): 197-216.

观察标本：正模：♀，四川石渠县雀儿山，N. 32°13.920′，E. 98°48.697′，3 804m，2009-Ⅵ-29，牛耕耘。

分布：四川（雀儿山）。

鉴别特征：本种与缅甸和中国分布的烟带钩瓣叶蜂 *M. pompilina* Malaise, 1945 较近似，但前者体长 8.5mm；单眼后区宽长比约为 2；触角粗短丝状，第 2 节长近等于宽；前胸背板完全黑色；翅基片完全黑色；后胸后侧片附片小平台型，中部具凹痕；前中足基节完全黑色，后足基节外侧基部卵形白斑不贯穿后足基节外侧全部；各足转节均完全黑色；后足股节完全黑色，背侧无白带；后足跗节不完全黑色，第 2 跗分节端半部、第 3~4 跗分节全部及第 5 跗分节基部白色；前翅淡烟色透明，翅痣下无烟褐色横带；雌虫锯腹片较短小，中部锯刃齿式通常为 1~2/4~6，亚基齿小型，锯刃中部明显乳突状突起。

12. 拟烟带钩瓣叶蜂 *Macrophya parapompilina* Wei & Nie, 1999（图版 2-6）

Macrophya parapompilina Wei & Nie, 1999. *Insects of the mountains Funiu and Dabie regions*, 4: 104-106.

观察标本：正模：♀，河南内乡宝天曼，1 600m，1998-Ⅶ-15，魏美才；副模：18♀♀，河南西峡老界岭，1 500m，1998-Ⅶ-17，魏美才，肖炜，孙淑萍；2♀♀，CHINA，Henan，Songxian，16-17-Ⅶ-1996，Wei Meicai；2♀♀1♂，CHINA，Henan，Luanchuan，13-14-Ⅶ-1996，Wei Meicai；非模式标本：5♀♀，河南卢氏大块地，1 700m，2001-Ⅶ-21，钟义海；1♀，河南嵩县白云山，1 800m，2002-Ⅶ-24，姜吉刚；1♀，河南栾川龙峪湾；1 600m，2003-Ⅶ-29，梁旻雯；5♀♀，河南内乡宝天曼，1 300~1 700m，2004-Ⅶ-22~24，张少冰，刘卫星；1♀，河南栾川龙峪湾，1 600~1 800m，2004-Ⅶ-20，刘卫星；1♀，河南嵩县白云山，1 650m，2002-Ⅶ-19，姜吉刚；7♀♀，河南嵩县白云山，1 500~1 600m，2004-Ⅶ-17，刘卫星；1♀，四川天全喇叭河，2003-Ⅶ-13，1 900~2 200m，肖炜；2♀♀，云南贡山黑洼底，N. 27°800′，E. 98°590′，2 100m，2009-Ⅵ-12，肖炜，钟义海；2♀♀，云南贡山黑洼底，N. 27°800′，E. 98°590′，2 000m，2009-Ⅵ-6，肖炜；1♀，甘肃小陇山党川林场水泉沟，N. 34°18.301′，E. 106°08.031′，1 480m，2009-Ⅷ-4，范慧；1♀，山西五老峰莲花台，N. 34°48.258′，E. 110°35.453′，1 500m，2008-Ⅶ-3，费汉榄；1♀，湖北神农架千家坪，N. 31°24.356′，E. 110°24.023′，1 789m，2009-Ⅶ-7，焦塁；1♀，湖北神农架红坪镇，N. 31°40.056′，E. 110°25.223′，1 867m，2009-Ⅶ-16，赵赴；1♀，CSCS11124，湖北宜昌神农架阴峪河，N. 31°34.005′，E. 110°20.370′，2 100m，2011-Ⅶ-18，魏美才，牛耕耘；1♀，云南泸水片马，N. 25°976′，E. 98°717′，2 550m，2009-Ⅵ-4，肖炜 2♀♀5♂♂，重庆南川金佛山南坡原始森林，N. 29°00′21″，E. 107°11′11″，2 010m，2012-Ⅶ-2，魏美才，牛耕耘；1♀，CSCS14128，陕西佛坪县三官庙，N. 33°39.000′，E. 107°48.000′，1 529m，2014-Ⅵ-20，魏美才采，KCN；1♀，CSCS16145，四川鞍子河保护区巴栗坪，N. 30°46′50″，E. 103°13′10″，1 750m，2016-Ⅶ-15，高凯文采，$CH_3COOC_2H_5$；1♀，CSCS16148，四川鞍子河保护区巴栗坪，N. 30°46′50″，E.

103°13′10″，1 750m，2016-Ⅶ-19，高凯文采，$CH_3COOC_2H_5$；1♀，CSCS17104，甘肃省天水市牛家坟，N. 34°11′23″，E. 105°52′37″，1 672m，2017-Ⅵ-22，魏美才 & 王汉男 & 武星煜采，$CH_3COOC_2H_5$。

分布：甘肃（小陇山），陕西（太白山），山西（五老峰），河南（伏牛山、宝天曼、老界岭、白云山、龙峪湾、卢氏县、栾川县、嵩县），重庆（金佛山），四川（鞍子河、喇叭河），湖北（神农架），云南（贡山、泸水县）。

鉴别特征：本种与烟带钩瓣叶蜂 *M. pompilina* Malaise, 1945 十分近似，但前者体长 9.5~10mm；触角完全黑色，第 3 节 1.37 倍于第 4 节长；后胸后侧片附片光泽强烈，宽大且显著凹陷；后足股节完全黑色，背侧无条状白斑；前翅翅痣下烟褐色横带等宽于翅痣。

13. 烟带钩瓣叶蜂 *Macrophya pompilina* Malaise, 1945（图版 2-7）

Macrophya pompilina Malaise, 1945. *Opuscula Entomologica*, Lund Suppl. 4: 132.

观察标本：非模式标本：15♀♀2♂♂，云南贡山黑洼底，N. 27°800′，E. 98°590′，2 000~2 100m，2009-Ⅵ-6~12，钟义海，肖炜；4♀♀，云南贡山黑洼底，N. 27°47.39′，E. 98°35.22′，1 990m，2008-Ⅶ-14，钟义海，肖炜；1♂，CSCS17140，河南卢氏淇河林场，N. 33°44′2″，E. 110°50′45″，1 431m，2017-Ⅵ-13，魏美才 & 牛耕耘采，$CH_3COOC_2H_5$。

分布：河南（卢氏县），四川（峨眉山），云南（贡山）；缅甸（北部）*，锡金，印度*（北方邦、喜马偕尔邦、孟加拉邦）。

鉴别特征：本种与烟带钩瓣叶蜂 *M. parapompilina* Wei & Nie, 1999 较近似，但前者体长 9.5~10mm；触角不完全黑色，至少前 3 节端缘白色，第 3 节约 1.13 倍于第 4 节长；后胸后侧片附片光泽较强，稍内凹小型；后足股节不完全黑色，背侧具白色条斑；前翅翅痣下烟褐色横带稍宽于翅痣。

14. 秦岭钩瓣叶蜂 *Macrophya qinlingium* Li, Liu & Wei, 2016（图版 2-8）

Macrophya qinlingium Li, Liu &Wei, 2016. *Zoological Systematics*, 41(2): 216-226.

观察标本：正模：♀，湖北神农架大龙潭，N. 31°29.112′，E. 110°16.231′，2 312m，2008-Ⅶ-31，赵赴；副模：1♀，河南栾川，1996-Ⅶ-13；35♀♀2♂♂，河南嵩县白云山，1 500m，2001-Ⅴ-31，钟义海；1♀1♂，河南白云山，1 500m，1999-Ⅴ-20，盛茂领；1♀4♂♂，河南嵩县白云山，1 800m，2001-Ⅵ-2，钟义海；4♀♀1♂，河南栾川龙峪湾，1 800m，2001-Ⅵ-5，钟义海；1♀，河南嵩县白云山，1 500m，2003-Ⅶ-18，梁旻雯；1♀，河南宝天曼保护站，N. 33°30.136′，E. 111°56.829′，1 300m，2006-Ⅵ-23，杨青；1♀，河南宝天曼曼顶，N. 33°30.136′，E. 111°56.829′，1 854m，2006-Ⅵ-25，钟义海；1♀，河南栾川龙峪湾，1 600m，2003-Ⅶ-29，贺应科；1♀，四川九寨沟，2 500m，2001-Ⅶ-16，魏美才；1♂，吉林大兴沟，470m，2005-Ⅵ-17，盛茂领；1♂，甘肃天水小

陇山，1 900m，2005-Ⅴ-30，肖炜；2♂♂，甘肃清水小陇山，1 360m，2005-Ⅴ-30，盛茂领；1♀，甘肃小陇山滩歌林场卧牛山，N. 34°29.225′，E. 104°47.463′，2 200~2 250m，2009-Ⅶ-2，马海燕；1♀，湖北神农架大龙潭，2 200m，2002-Ⅵ-10，钟义海；1♀，湖北神农架鸭子口，N. 31°31.633′，E. 110°20.275′，1 241m，2008-Ⅶ-19，赵赴；3♀♀，湖北神农架大龙潭，N. 31°29.495′，E. 110°18.513′，2 110m，2009-Ⅶ-1，赵赴；1♀，湖北神农架，1 900m，2003-Ⅶ-21，姜吉刚；2♀♀，湖北神农架红花朵，N. 31°15′，E. 109°56′，1 200m，2007-Ⅶ-3，魏美才，钟义海，肖炜；1♀，湖北神农架板壁岩，2 500m，2002-Ⅵ-29，钟义海；1♀，云南香格里拉小中甸，2004-Ⅶ-18，3 000m，肖炜；4♀♀13♂♂，湖北神农架，2010-Ⅶ-5~15，盛茂领；2♀♀，湖北神农架，2010-Ⅷ-2，盛茂领；22♂♂，湖北神农架，2010-Ⅵ-7，盛茂领；3♀♀，宁夏六盘山苏台，N. 35°26.764′，E. 106°11.867′，2 133m，2008-Ⅵ-28，刘飞；1♀，宁夏六盘山二龙河，N. 35°23.380′，E. 106°20.701′，1 945m，2008-Ⅶ-6，刘飞；1♀2♂♂，甘肃临夏太子山刁祈林场，N. 35°14.202′，E. 103°25.314′，2 500m，2010-Ⅶ-10，李泽建，王晓华；1♀，CSCS11022，湖北宜昌神农架鬼头湾，N. 31°28.439′，E. 110°08.872′，2 150m，2011-Ⅴ-25~28，李泽建；1♀，CSCS11128，湖北宜昌神农架太子垭，N.31°27.129′，E.110°11.551′，2 600m，2011-Ⅶ-20，魏美才，牛耕耘；1♀，CHINA, Shaanxi, Kaitianguan, Mt. Taibaishan, Qinling Mts, 34°00′ N, 107°51′ E, 2 000m, 1-Ⅵ-2005, A. Shinohara; 1♀, CHINA, Shaanxi, Kaitianguan, Mt. Taibaishan, Qinling Mts, 34°00′ N, 107°51′ E, 2 000m, 2006-Ⅵ-6, A. Shinohara; 1♀, CHINA, Shaanxi, Kaitianguan, Mt. Taibaishan, Qinling Mts, 34°00′ N, 107°51′ E, 2 000m, 10-Ⅵ-2007, A. Shinohara; 1♀, CHINA, Shaanxi, Kaitianguan, Mt. Taibaishan, Qinling Mts, 34°00′ N, 107°51′ E, 2 000m, 31.Ⅴ-2.Ⅵ.2004, A. Shinohara ; 1♂, CHINA, Shaanxi, Kaitianguan, Mt. Taibaishan, Qinling Mts, N.34°00′ , E.107°51′, 2 000m, 2004 - Ⅵ -5~7, A. Shinohara; 1♀, CHINA, Shaanxi, Kaitianguan, Mt. Taibaishan, Qinling Mts, 34°00′ N, 107°51′ E, 2 000m, 2004-Ⅵ-5~7, A. Shinohara ; 2♀♀，甘肃太子山刁祁林场，N. 35°14′202″，E. 103°25′313″，2 505m，2010-Ⅶ-10，辛恒；1♀，CSCS12092，陕西安康市岚皋县大巴山，N. 32°02′27″，E. 108°50′35″，2 370m，2012-Ⅶ-6，李泽建，刘萌萌；1♀，CSCS12090，陕西安康市岚皋县大巴山，N. 32°02′27″，E. 108°50′35″，2 370m，2012-Ⅶ-6，魏美才，牛耕耘；1♀，湖北神农架阴峪河，1 号网，2011-Ⅵ-20，陈晓光；1♀，湖北神农架阴峪河，2 号网，2011-Ⅵ-20，李源秦；8♀♀，CSCS14124，陕西佛坪县凉风垭顶，N. 33°41.117′，E. 107°51.250′，2 128m，2014-Ⅵ-18，刘萌萌 & 刘婷采，$CH_3COOC_2H_5$；1♀，CSCS14127，陕西佛坪县凉风垭顶，N. 33°41.117′，E. 107°51.250′，2 128m，2014-Ⅵ-18，祁立威 & 康玮楠采，$CH_3COOC_2H_5$；2♀♀，CSCS14101，陕西太白山青峰峡生肖园，N. 34°1.445′，E. 107°26.137′，1 652m，2014-Ⅵ-11，魏美才采，KCN；1♀，CSCS14081，陕西眉县太

白山开天关，N. 34°00.572′，E. 107°51.477′，1 852m，2014-Ⅵ-7，祁立威 & 康玮楠采，$CH_3COOC_2H_5$；2♀♀，CSCS14134，陕西佛坪县三官庙，N. 33°39.000′，E. 107°48.000′，1 529m，2014-Ⅵ-20，祁立威 & 康玮楠采，$CH_3COOC_2H_5$；1♀，CSCS14126，陕西佛坪县凉风垭顶，N. 33°41.117′，E. 107°51.250′，2 128m，2014-Ⅵ-18，魏美才采，KCN；3♀♀1♂，宁夏固原市泾源县野河谷外沟，N. 35°29′53″，E. 106°13′22″，2 281m，2017-Ⅶ-1，魏美才 & 王汉男采，$CH_3COOC_2H_5$；1♂，宁夏固原市泾源县二龙涧，N. 35°18′59″，E. 106°21′3″，2 176m，2017-Ⅵ-30，魏美才 & 王汉男采，$CH_3COOC_2H_5$；1♂，宁夏固原市泾源县苏台林场，N. 35°27′23″，E. 106°12′2″，2 188m，2017-Ⅵ-28，魏美才 & 王汉男采，$CH_3COOC_2H_5$；1♀，CSCS14124，陕西佛坪县凉风垭顶，N. 33°41.117′，E. 107°51.250′，2 128m，2014-Ⅵ-18，刘萌萌 & 刘婷采，$CH_3COOC_2H_5$；1♀，CSCS14126，陕西佛坪县凉风垭顶，N. 33°41.117′，E. 107°51.250′，2 128m，2014-Ⅵ-18，魏美才采，KCN。

个体变异：雌虫后足胫节中部浅黄褐色环和后基跗节基部黑斑的长度有变化；雌虫前胸背板后缘具黄白色狭边；雄虫后足胫节中部黄环变窄。

分布：吉林（大兴沟），宁夏（六盘山、泾源县），甘肃（小陇山、太子山），陕西（太白山、大巴山），河南（伏牛山、龙峪湾、宝天曼、白云山），湖北（神农架），四川（九寨沟），云南（小中甸）。

鉴别特征：本种与日本和中国吉林分布的环胫钩瓣叶蜂 *M. annulitibia* Takeuchi, 1933 十分近似，但体长 8.5~9mm；前者单眼后区宽长比约为 2；后足基跗节端大部浅黄褐色，基少部黑色。

15. 糙碟钩瓣叶蜂 *Macrophya rugosifossa* Li, Liu & Wei, 2016（图版 2-9）

Macrophya rugosifossa Li, Liu & Wei, 2016. *Zoological Systematics*, 41(2): 216-226.

观察标本：正模：♀，甘肃小陇山党川林场榆林沟，N. 34°22.179′，E. 106°07.254′，1 580~1 680m，2009-Ⅷ-4，唐铭军；副模：3♀♀1♂，陕西周至厚畛子，N. 33°50.507′，E. 107°49.694′，1 309m，2006-Ⅶ-9，朱巽。

分布：甘肃（小陇山），陕西（周至县）。

鉴别特征：本种与缅甸和中国云南与四川分布的烟带钩瓣叶蜂 *M. pompilina* Malaise, 1945 十分近似，但前者体长 10.5~11mm；前翅翅痣下具等宽于翅痣的浅烟褐色横带，边界不清晰；唇基不完全黑色，基部两侧具圆形小白斑；前胸背板后缘白边明显；中胸小盾片明显隆起，顶点和后缘横脊较明显，顶面高于中胸背板平面；后胸后侧片侧片大型，明显凹陷，内具较粗糙刻点和刻纹；各足转节均黑色；后足股节完全黑色，背侧无白斑；后足跗节完全黑色；前翅臀室中部呈宽点状收缩，短于 1r-m 脉长；雌虫锯腹片中部锯刃齿式通常为 2/22~29，亚基齿十分细小。

16. 盛氏钩瓣叶蜂 *Macrophya shengi* Li & Chu, 2015（图版 2-10）

Macrophya shengi Li & Chu, 2015. *Entomotaxonomia*, 37(1): 72-80.

观察标本：正模：1♀，四川天全喇叭河，1 800~2 000m，2003-Ⅶ-12，肖炜；副模：7♀♀，四川天全喇叭河，1 800~2 000m，2003-Ⅶ-12，肖炜，刘卫星。

分布：四川（喇叭河）。

鉴别特征：本种与环胫钩瓣叶蜂 *M. annulitibia* Takeuchi, 1933 十分近似，但前者体长 8~8.5mm；前胸背板后缘侧角具显著黄白斑；单眼后区宽长比约为 3；后足股节基部黄白斑约占后足胫节 1/3 长；后足胫节中部黄白环约占后足胫节 3/7 长；后足基跗节完全黄白色；前翅 2Rs 室几乎等长于 1Rs 室。

17. 刺刃钩瓣叶蜂 *Macrophya spinoserrula* Li, Liu & Wei, 2017（图版 2-11）

Macrophya spinoserrula Li, Liu & Wei, 2017. *Entomotaxonomia*, 39(3): 197-216.

观察标本：正模：♀，湖北神农架鬼头湾，N. 31°28.439′，E. 110°08.872′，2 150m，2010-Ⅴ-25，李泽建；副模：4♀♀2♂♂，湖北神农架鬼头湾，N. 31°28.439′，E. 110°08.872′，2 150m，2010-Ⅴ-24~25，李泽建；7♀♀3♂♂，CSCS11021，湖北宜昌神农架鬼头湾，N. 31°28.439′，E. 110°08.872′，2 150m，2011-Ⅴ-19，李泽建；4♀♀，CSCS11022，湖北宜昌神农架鬼头湾，N. 31°28.439′，E. 110°08.872′，2 150m，2011-Ⅴ-25~28，李泽建；1♀, CHINA, Hubei, Mt. Shennongjia, Guitouwan, 31°28′ N，110°09′ E, 2 150m，24-Ⅴ-2010, A. Shinohara；1♂，CSCS12056，湖北宜昌神农架大龙潭，N. 31°29.112′，E. 110°16.231′，2 312m，2012-Ⅴ-19，黄俊浩，杨露菁；1♂，CSCS12062，湖北宜昌神农架大龙潭，N. 31°29.112′，E. 110°16.231′，2 312m，2012-Ⅴ-21，李泽建；1♂，CSCS12054，湖北宜昌神农架鬼头湾，N. 31°28.439′，E. 110°08.872′，2 150m，2012-Ⅴ-19，李泽建；非模式标本：1♀1♂，CSCS14124，陕西佛坪县凉风垭顶，N. 33°41.117′，E. 107°51.250′，2 128m，2014-Ⅵ-18，刘萌萌和刘婷采，$CH_3COOC_2H_5$；1♀，CSCS14126，陕西佛坪县凉风垭顶，N. 33°41.117′，E. 107°51.250′，2 128m，2014-Ⅵ-18，魏美才采，KCN；1♀，CSCS14124，陕西佛坪县凉风垭顶，N. 33°41.117′，E. 107°51.250′，2 128m，2014-Ⅵ-18，刘萌萌和刘婷采，$CH_3COOC_2H_5$。

分布：陕西（太白山），湖北（神农架）。

鉴别特征：本种与环胫钩瓣叶蜂 *M. annulitibia* Takeuchi, 1933 十分近似，但前者体长 7.5~8mm；头部背侧刻点细小密集，不粗糙；单眼后区宽长比约为 3；额区明显隆起，顶面近等高于复眼平面；前胸背板侧角大斑黄白色；后足基跗节大部黄白色，基部具模糊黑斑；淡膜区间距约 2.5 倍于淡膜区宽；前翅 2Rs 室稍长于 1Rs 室；锯腹片中部锯刃齿式 2/4~5，中部亚基齿明显乳突状突出。

18. 细体钩瓣叶蜂 *Macrophya tenuisoma* Li, Liu & Wei, 2017（图版 2-12）

Macrophya tenuisoma Li, Liu & Wei, 2017. *Entomotaxonomia*, 39(3): 197-216.

观察标本：正模：♀，四川峨眉山雷洞坪，N. 29°546′，E. 103°327′，2 350m，2009-Ⅶ-7，牛耕耘；副模：5♀♀1♂，四川峨眉山雷洞坪，N. 29°546′，E. 103°327′，2 350m，2009-Ⅶ-7，魏美才，牛耕耘；1♀，四川峨眉山洗象池，2001-Ⅶ-19，魏美才；1♂，云南香格里拉中甸，N. 27°49′，E. 99°44′，3 300m，2009-Ⅵ-7，魏美才。

分布：四川（峨眉山），云南（中甸）。

鉴别特征：本种是该种团内红胫红跗组种类之一，分别与小环钩瓣叶蜂 *M. brevicinctata* Li, Liu & Wei, 2016 和贡山钩瓣叶蜂 *M. gongshana* Li, Liu & Wei, 2017 较为近似，但本种体长 7.5~8mm；后足胫节基部红褐色斑不长于后足胫节 1/2 长；中窝和侧窝均浅弱；单眼后区宽长比约为 2.5；前胸背板侧缘完全黑色，无黄斑；各足基节大部黑色，仅端缘浅黄褐色；后足基跗节稍长于其后 4 跗分节之和；雌虫锯腹片中部锯刃齿式 2/3~5，锯刃乳突状突起稍尖等，与后两种易于鉴别。

19. 西南钩瓣叶蜂 *Macrophya xinan* Li & Liu, 2015（图版 2-13）

Macrophya xinan Li & Liu, 2015. *Entomotaxonomia*, 37(1): 72-80.

观察标本：正模：1♀，西藏米林县工布，N. 29°14.047′，E. 94°14.610′，2 948m，2009-Ⅵ-13，李泽建；副模：1♀，四川峨眉山洗象池，N. 29°32.788′，E. 103°20.327′，2 000m，2006-Ⅶ-2，周虎；1♀，西藏墨脱县 60K，N. 29°42.905′，E. 95°36.269′，2 937m，2009-Ⅵ-18，牛耕耘；1♀，西藏墨脱县 60K，N. 29°42.945′，E. 95°36.631′，2 998m，2009-Ⅵ-20，牛耕耘；1♀，四川峨眉山雷洞坪，N. 29°546′，E. 103°327′，2 350m，2009-Ⅶ-5，钟义海；1♀，CSCS11109，四川峨眉山雷洞坪，N. 29°32.8′，E. 103°20.09′，2 425m，2011-Ⅵ-28，朱朝阳，姜吉刚；非模式标本：1♀，CSCS16201，四川省石棉孟获城，N. 28°53′23″，E. 102°21′17″，2 591m，2016-Ⅶ-25，王汉男采，$CH_3COOC_2H_5$；1♀，CSCS142261，西藏林芝地区墨脱 44K，N. 29°42.1′，E. 95°33.967′，2 730m，2014-Ⅶ-20，祁立威采，$CH_3COOC_2H_5$；1♀，CSCS1422651，西藏林芝地区墨脱 46K，N. 29°41.783′，E. 95°32.233′，2 662m，2014-Ⅶ-20，肖炜 & 肖祎璘采，$CH_3COOC_2H_5$。

个体变异：西藏墨脱雌性标本（共 3 头）有所变异，即后足股节基半部黄色，端半部黑色；后足胫节亚基部黄环变窄；后足基跗节基半部黑色，端半部黄色。

分布：西藏（米林县、墨脱县），四川（峨眉山、石棉县）。

鉴别特征：本种与环胫钩瓣叶蜂 *M. annulitibia* Takeuchi, 1933 十分近似，但前者体长 9.5~10mm；前胸背板侧角大斑、翅基片基半部、中胸小盾片和后胸小盾片前凹亮黄色；单眼后区宽长比约为 2.5；中胸小盾片明显隆起，顶部呈锥状，具明显顶点，中脊和后缘横脊低度，小盾片顶面明显高于中胸背板平面；后足股节基部 4/7 亮黄色，端部 3/7

黑色；后足胫节亚中部亮黄色宽环约占后足胫节 2/5 长；后足基跗节端大部亮黄色，基部具黑斑；前翅端部约 1/7 具亚圆形烟斑，臀室收缩中柄约 2.4 倍于 1r-m 脉长，约 2 倍于 cu-a 脉长，2Rs 室长于 1Rs 室。

2.3.3 白端钩瓣叶蜂种团 *M. apicalis* group

种团鉴别特征：触角基部 2 节黑色，鞭节数节具白环；后胸后侧片附片大延展型，毛窝内具长毛；雌虫锯腹片多于 20 锯刃，锯刃台状突出，刃齿较细弱；雄虫阳茎瓣头叶前缘通常亚三角形突出，具侧突。

目前，本种团共 13 种，含 1 新种，中国分布 8 种，其种类分别是：*M. annulicornis* Konow, 1904、*M. apicalis* (F. Smith, 1874)、*M. farannulata* Wei, 1998、*M. festana* Ross, 1931、*M. infumata* Rohwer, 1925、*M. infuscipennis* Wei & Li, 2012、*M. nigra* (Norton, 1860)、*M. oregona* Cresson, 1880、*M. pseudoapicalis* Liu，& Wei, sp.nov.、*M. tattakana* Takeuchi, 1927、*M. tattakanoides* Wei, 1998、*M. trisyllaba* (Norton, 1860) 和 *M. varia* (Norton, 1860)。

该种团种类主要分布在中国北部地区，向国外延伸到日本、朝鲜、东西伯利亚和东北亚。

分种检索表

1. 触角完全黑色；上唇中央白色，边缘具黑斑；唇基完全黑色；前胸背板、翅基片、中胸小盾片、胸部侧板、腹部、后足胫跗节完全黑色无白斑；前中足转节黑色，后足转节完全白色；头部和胸部侧板刻点常粗糙密集。日本（北海道、四国、本州），东北亚 …… ***M. apicalis* (F. Smith, 1874)** ♂
   触角鞭节数节具白环；其余特征不同于以上描述 …… **2**
2. 触角端部第 5~9 节具白环 …… **3**
   触角中部第 4~6 节具白环 …… **9**
3. 头胸部大部白色，少部黑色；触角柄节与梗节基部白色；腹部第 3~9 背板背侧全部及各节腹板大部浅黄褐色，侧缘白斑显著；足大部白色，后足股胫节少部具浅黄褐色斑纹。美国，加拿大 …… ***M. varia* (Norton, 1860)** ♀♂
   头胸部大部黑色，少部白色；触角柄节与梗节完全黑色；腹部各节背板大部黑色，绝无黄褐色斑纹；足大部黑色，绝无浅黄褐色斑纹 …… **4**
4. 腹部数节背板后缘或侧角具显著黄（白）斑；上唇和唇基均黄（白）色 …… **5**
   腹部背板完全黑色；唇基完全黑色，上唇通常中部具白斑 …… **7**
5. 中胸前侧片完全黑色；中胸前盾片大部黑色，中下部具 2 个长形白斑；翅基片完全黑色；腹部第 1~7 背板后缘宽边及各节腹板后缘白色，背侧后缘白边中部稍宽于两侧；后足股节大部黑色，腹侧及外侧具显著白带；后足胫节完全黑色；后足跗节几乎完全黑色，仅第 5 跗分节背侧具白斑。美国，加拿大 …… ***M. trisyllaba* (Norton, 1860)** ♀♂
   中胸前侧片大部黑色，中央具显著大型黄白斑；中胸前盾片完全黑色；翅基片完全黄白色；腹部第 1~6 背板侧角黄白斑显著；后足股节具明显黄白斑，腹侧及外侧无白带；后足胫跗节黄白斑显著 …… **6**

6. 单眼后区宽长比约为 2.0；触角仅第 6~9 节全部黄白色；翅基片完全黄白色，无黑斑；后胸小盾片完全黑色；各足转节均白色；腹部第 2~6 背板中央黑色，两侧缘端半部具显著黄白横斑，侧角小斑黄白色；中胸前侧片中央黄斑较前者小，中胸后下侧片完全黑色，后胸前侧片上角具模糊淡斑；后胸后侧片附片毛窝稍小于中单眼直径宽；前翅臀室具柄式，收缩中柄长点状。中国（台湾）………………………………………………………… ***M. tattakana*** **Takeuchi, 1927** ♀♂

单眼后区宽长比约为 1.5；触角第 5 节端大部及第 6~9 节全部黄白色；翅基片大部黄白色，中部具黑斑；后胸小盾片中脊黑色，两侧区域黄白色；前中足转节大部白色，腹侧具黑斑，后足转节白色；腹部第 2~6 背板中央后缘窄边黄白色，侧角具明显大黄斑，向后依次变小；中胸前侧片中央大斑、中胸后下侧片中央细横斑、后胸前侧片上角斑黄白色；后胸后侧片附片毛窝约 2 倍于中单眼直径宽；前翅臀室无柄式，具短直横脉。中国（甘肃、河南、湖北）

………………………………………………………………… ***M. tattakanoides*** **Wei, 1998** ♀♂

7. 后足转节完全黑色；后足基节外侧基部卵形白斑大型。（北京的标本：1♀ 上唇仅两侧边缘黑色；河北的标本：1♂ 中胸小盾片具白斑，3♂♂ 后足基节外侧无卵形白斑。）东西伯利亚，朝鲜（Tonai、Shuotsu、Kongosan），日本（北海道、本州）；中国（新疆、黑龙江、吉林、辽宁、北京、河北、山西、天津）……………………………… ***M. infumata*** **Rohwer, 1925** ♀♂

后足转节大部或完全白色；后足基节外侧基部卵形白斑较小型……………………………… **8**

8. 雌虫后胸后侧片光泽较前者微弱，刻点十分细弱稀疏，刻纹细弱；后足转节完全白色无黑斑；雄虫阳茎瓣小型，头叶端缘较圆滑，尾侧突稍短。日本（北海道、四国、本州），东北亚

………………………………………………………………… ***M. apicalis*** **(F. Smith, 1874)** ♀

雌虫后胸后侧片大部区域十分光亮，无明显刻点和刻纹；后足大部白色，第 1 转节腹侧具模糊黑斑；雄虫阳茎瓣大型，头叶端缘亚三角形突出，边缘较平直，尾侧突较长。中国（吉林、甘肃、陕西、山西、河北、河南、湖北、四川）……………***M. pseudoapicalis*** **Li, Liu & Wei, sp. nov.** ♀♂

9. 前足胫跗节浅黄褐色；中后足胫跗节全部和后足股节端部红褐色；翅面烟褐色中国（陕西、甘肃）……………………………………………………… ***M. infuscipennis*** **Wei & Li, 2012** ♀

前足胫跗节背侧全部、中足胫跗节全部、后足股节和胫跗节全部黑色，无红褐色斑纹；翅面透明，非烟褐色……………………………………………………………………………………… **10**

10. 触角第 4 节仅端部内侧具小白斑；前中足转节黑色，后足转节白色；前翅臀室收缩中柄稍长于 1r-m 脉；雌虫锯腹片中部锯刃齿式 2/8~11。中国（山西、河南）…… ***M. farannulata*** **Wei, 1998** ♀

触角第 4 节端半部白色，基半部黑色；各足转节均黑色；前翅臀室收缩中柄约 2 倍于 1r-m 脉长；雌虫锯腹片中部锯刃齿式 2/6~7。朝鲜（Tonai、Nansetsurei、Hakugan），东西伯利亚；中国（黑龙江、吉林、辽宁）……………………………………… ***M. annulicornis*** **Konow, 1904** ♀♂

20. 端环钩瓣叶蜂 *Macrophya annulicornis* Konow, 1904（图版 2-14）

Macrophya annulicornis Konow, 1904. *Zeitschrift für systematische Hymenopterologie und Dipterologie*, 4(5): 266.

观察标本：非模式标本：5♀♀4♂♂，吉林长白山，1 300m，1999-Ⅶ-2，魏美才，聂海燕；5♀♀，辽宁宽甸白石砬子，400~500m，2001-Ⅵ-1，肖炜；2♀♀，辽宁新宾猴石，500~700m，2002-Ⅶ-5~6，肖炜；1♀，黑龙江五营丰林，400~600m，2002-Ⅵ-26~30，肖炜；1♀，辽宁海城，2004-Ⅶ-2，陈天林；2♀♀，吉林长白山黄松浦林场，N. 42°10.979′，E. 128°10.278′，1 145m，2008-Ⅶ-24，魏美才，张媛；1♂，吉林

长白山温泉瀑布，N. 42°02.673′，E. 128°03.540′，1 866m，2008-Ⅶ-23，魏美才；1♀，辽宁新宾，2005-Ⅵ-9，孙淑萍；2♂♂，2011-5-26，盛茂领；2♀♀，CSCS12128，吉林白河长白山黄松蒲林场，N. 42°14.107′，E. 128°10.704′，1 030m，2012-Ⅶ-21，李泽建，刘萌萌；1♀，辽宁本溪大石湖，450~600m，2008-Ⅴ-31，沈阳师范大学，张春田；1♀，辽宁千山，2006-Ⅵ-21~23，沈阳师范大学，范会苹；1♂，LSAF15005，辽宁桓仁老秃顶子暖盒子，网捕，2014-Ⅴ-27，徐骏和秦枚采，浙江农林大学借阅；1♀，吉林省松江河镇前川林场，N. 42°13′45″N，E. 127°46′32″，890m，2014-Ⅴ-20，褚彪；3♀♀，吉林省抚松县露水河镇，N. 42°30′40″，E. 127°47′13″，758m，2014-Ⅴ-24，褚彪；1♀，吉林抚松老岭长松护林站，N. 41°54′03″N，E. 127°39′49″，920m，2014-Ⅵ-1，褚彪；1♀，吉林抚松老岭长松护林站，N. 41°54′03″，E. 127°39′49″，920m，2014-Ⅵ-2，褚彪；1♀，吉林省松江河镇前川林场，N. 42°13′45″，E. 127°46′32″，890m，2014-Ⅵ-4，褚彪；3♀♀，吉林省松江河镇前川林场，N. 42°13′45″，E. 127°46′32″，890m，2014-Ⅵ-5，褚彪；3♀♀，吉林省松江河镇前川林场，N. 42°13′45″，E. 127°46′32″，890m，2014-Ⅵ-6，褚彪；1♀，吉林省松江河镇前川林场，N. 42°13′45″，E. 127°46′32″，890m，2014-Ⅵ-7，褚彪；1♀，吉林省松江河镇前川林场，N. 42°13′45″，E. 127°46′32″，890m，2014-Ⅵ-8，褚彪；1♀，吉林省抚松县露水河镇，N. 42°30′40″，E.127°47′13″，758m，2014-Ⅵ-11，褚彪；2♀♀，吉林省抚松县露水河镇，N. 42°30′40″，E. 127°47′13″，758m，2014-Ⅵ-13，褚彪；1♀，吉林省抚松县露水河镇，N. 42°30′40″，E. 127°47′13″，758m，2014-Ⅵ-15，褚彪；2♀♀，吉林抚松老岭长松护林站，N. 41°54′03″，E. 127°39′49″，920m，2014-Ⅵ-24，褚彪；1♀，吉林省长白山防火瞭望塔，N. 42°04′58″，E. 128°13′43″E，1 400m，2014-Ⅶ-9，褚彪；5♂♂，CSCS14151，吉林省松江河镇前川林场，N. 42°13′45″，E. 127°46′32″，890m，2014-Ⅴ-22，褚彪采，$CH_3COOC_2H_5$；3♂♂，CSCS14149，吉林省松江河镇前川林场，N. 42°13′45″，E. 127°46′32″，890m，2014-Ⅴ-20，褚彪采，$CH_3COOC_2H_5$；1♀1♂，CSCS14163，吉林省松江河镇前川林场，N. 42°13′45″，E. 127°46′32″，890m，2014-Ⅵ-5，褚彪采，$CH_3COOC_2H_5$；1♂，CSCS14158，吉林抚松县老岭长松护林站，N. 41°54′03″，E. 127°39′49″，920m，2014-Ⅴ-30，褚彪采，$CH_3COOC_2H_5$；2♂♂，CSCS14153，吉林省抚松县露水河镇，N. 42°30′40″，E. 127°47′13″，758m，2014-Ⅴ-24，褚彪采，$CH_3COOC_2H_5$；1♂，CSCS14154，吉林省抚松县露水河镇，N. 42°30′40″，E. 127°47′13″，758m，2014-Ⅴ-25，褚彪采，$CH_3COOC_2H_5$；1♂，CSCS14150，吉林省松江河镇前川林场，N. 42°13′43″，E. 127°46′59″，930m，2014-Ⅴ-21，褚彪采，$CH_3COOC_2H_5$；1♂，CSCS14167，吉林省松江河镇前川林场，N. 42°13′45″，E. 127°46′32″，890m，2014-Ⅵ-9，褚彪采，$CH_3COOC_2H_5$；1♂，CSCS14161，吉林抚松县老岭长松护林站，N. 41°54′03″，E. 127°39′49″，920m，2014-Ⅵ-2，褚彪采，$CH_3COOC_2H_5$；1♂，CSCS14157，吉林二道白河和平滑雪场，N. 42°16′20″，

E. 128°11′08″，997m，2014-Ⅴ-29，褚彪采，$CH_3COOC_2H_5$；1♀，LSAF14022，辽宁桓仁老秃顶子保护区，N. 41.32°，E. 124.89°，1 330m，2014-Ⅴ-26，徐骏 & 秦枚采，酒精浸泡；1♀，CSCS14174，吉林省抚松县露水河镇，N. 42°30′40″，E. 127°47′13″，758m，2014-Ⅵ-15，褚彪采，$CH_3COOC_2H_5$；1♂，CSCS14167，吉林省松江河镇前川林场，N. 42°13′45″，E. 127°46′32″，890m，2014-Ⅵ-9，褚彪采，$CH_3COOC_2H_5$；1♂，LSAF15005，辽宁桓仁老秃顶子暖河子，网捕，2014-Ⅴ-27，徐骏和秦枚采，浙江农林大学借阅；5♀♀1♂，辽宁海城岔沟九龙川，2015-Ⅴ-14，李涛采；2♀♀，LSAF16159，辽宁海城市三家堡九龙川，N. 40.628°，E. 123.099°，620m，2016-Ⅵ-6~9，李泽建采，$CH_3COOC_2H_5$；3♀♀3♂♂，LSAF16160，吉林松江河镇前川林场，N. 40.621°，E. 123.092°，690m，2016-Ⅵ-12~14，李泽建 & 王汉男采，$CH_3COOC_2H_5$；2♀♀，LSAF16182，辽宁本溪，酒精，2015-Ⅵ-4~8，李涛；1♀，LSAF16179，辽宁本溪，酒精，2015-Ⅵ，李涛。2♀♀，LSAF17093，辽宁海城市接文镇九龙川，N. 40.624°，650m，E. 123.096°，2017-Ⅴ-9~10，李泽建采，$CH_3COOC_2H_5$。

分布：黑龙江（伊春），吉林（长白山），辽宁（海城、新宾、本溪、宽甸、海城、桓仁、大石湖、千山、老秃顶子）；朝鲜★（Tonai、Nansetsurei、Hakugan），东西伯利亚★。

鉴别特征：本种与异角钩瓣叶蜂 *M. infumata* Rohwer, 1925 较近似，但前者体长 12.5~13mm；触角第 4 节端部及第 5~6 节白色；上唇全部黑色；中胸小盾片完全黑色；雄虫阳茎瓣头叶前缘圆滑，无尖顶。

21. 白端钩瓣叶蜂 *Macrophya apicalis* (F. Smith, 1874)（图版 2-15）

Macrophya apicalis Smith, 1874. *Transactions of the Entomological Society of London*, London 1874: 378.

观察标本：非模式标本：1♀, JAPAN: Hokkaido, Tokachi-mitsumata, Daisetsuzan Mts., 600m, 21-Ⅵ-2001, Tokachi, A. Shinohara; 1♀, JAPAN: Shikoku, Nanokawagoe, 1 450m, 33°45′ N, 133°09′ E, Ishizuchiyama Mts. , Ehime Pref. , 8-10-Ⅵ-2005, A. Shinohara; 1♂, JAPAN: Honshu, Yokotemichi, 1 000m, w. slope of Mt. , Daisen Tottori Pref. , 25-29-Ⅴ-2001, A. Shinohara.

分布：日本（北海道、四国、本州），东北亚。

鉴别特征：本种与异角钩瓣叶蜂 *M. infumata* Rohwer, 1925 较近似，但前者体长 11.5~12mm；后足转节完全白色；后足基节外侧卵形白斑小型；雌虫锯腹片中部锯刃齿式 2/4~5；雄虫触角完全黑色；阳茎瓣头叶前缘不明显窄尖。

22. 远环钩瓣叶蜂 *Macrophya farannulata* Wei, 1998（图版 2-16）

Macrophya farannulata Wei, 1998. *Insect Fauna of Henan Province*, 2: 156-157, 161.

观察标本：正模：♀，河南嵩县，1996-Ⅶ-19，魏美才；副模：1♀，河南卢氏县大块地，1 400m，2000-Ⅴ-29，魏美才；6♀♀，河南嵩县白云山，1 500m，2001-Ⅴ-31，钟义海；2♀♀，河南济源黄楝树，1 700m，2000-Ⅵ-7，陈明利，钟义海；9♀♀，河南栾川龙峪湾，1 800m，2001-Ⅵ-5，申效诚，钟义海；非模式标本：2♀♀，山西历山皇姑幔，N. 35°21.525′，E. 1 11°56.310′，2 090m，2009-Ⅵ-12，王晓华；2♀♀，山西绵山西水沟，N. 36°51.664′，E. 111°59.027′，1 550m，2008-Ⅶ-1，费汉榄；1♀，山西绵山琼玉瀑布，N. 36°51.508′，E. 111°58.976′，1 647m，2008-Ⅶ-1，费汉榄；1♀，CSCS17143，河南卢氏淇河林场，E. 110°50′14″，N. 33°44′25″，1 636m，2017-Ⅵ-14，张宁 & 吴肖彤采，$CH_3COOC_2H_5$。

分布：山西（历山、绵山），河南（伏牛山、卢氏县、龙峪湾、嵩县、白云山）。

鉴别特征：本种与朝鲜和东西伯利亚分布的端环钩瓣叶蜂 *M. annulicornis* Konow, 1904 较近似，但前者体长 12.5~13mm；触角第 4 节仅端部内侧具小白斑；前中足转节黑色，后足转节白色；前翅臀室收缩中柄稍长于 1r-m 脉；雌虫锯腹片中部锯刃齿式 2/8~11。

23. 拟花头钩瓣叶蜂 *Macrophya festana* Ross, 1931

Macrophya varius var. *festana* Ross, 1931. *Annals of the Entomological Society of America*, 24: 124.

未见标本。

分布：北美洲★（加拿大、美国）。

24. 异角钩瓣叶蜂 *Macrophya infumata* Rohwer, 1925（图版 2-17）

Macrophya apicalis var. *infumata* Rohwer, 1925. *Proceedings of the United States National Museum*, Washington, 68: 7.

Macrophya scutellata Kuznetzov-Ugamskij, 1927. *Zoologischer Anzeiger*, 71(9-10)：231.

观察标本：非模式标本：18♀♀4♂♂，吉林二道长白山，750~1 300m，1999-Ⅶ-1~2，魏美才，聂海燕；1♀，吉林长白山，1977-Ⅷ-8，何俊华；1♀，辽宁新宾，1999-Ⅵ-10，盛茂领；1♀，辽宁东陵，2000-Ⅴ-31，盛茂领；1♀2♂♂，辽宁沈阳东陵，2001-Ⅴ-31，肖炜；1♂，桓仁镇，1985-Ⅵ-2；2♂♂，吉林长白山保护区，1 100m，1986-Ⅶ-21，卜文俊；1♀，吉林长白山白山站，1 200m，1986-Ⅶ-2，陈萍；2♀♀，黑龙江伊春五营，1980-Ⅶ-17，天津南开大学，郑乐怡；1♀，北京小龙门，1 200m，1982-Ⅵ-21；5♂♂，辽宁宽甸白石砬子，400~500m，2001-Ⅵ-1，肖炜；65♀♀64♂♂，黑龙江五营丰林，400~600m，2002-Ⅵ-26~30，肖炜；5♀♀1♂，黑龙江丰林，2002-Ⅶ-17，郝德君；1♂，辽宁新宾，2005-Ⅵ-10，盛茂领；1♂，沈阳，2003-Ⅴ-18，盛茂领；2♂♂，辽宁本溪，2006-Ⅵ-15，盛茂领；1♀1♂，河北秦皇岛祖山五人岭，N. 40°07.831′，E. 119°25.456′，1 266m，2007-Ⅶ-11~12，李泽建；3♀♀，河北小五台山东沟门，N. 39°59.266′，E. 115°02.039′，1 325m，2007-Ⅶ-17，李泽建；1♂，天津八仙山聚仙峰，N. 40°12.203′，E. 117°33.128′，1 052m，2007-Ⅵ-20，李泽建；1♂，天津八仙山松

林浴场，N. 40°42.152′，E. 117°33.654′，709m，2007-Ⅵ-20，李泽建；1♀，河北雾灵山雾灵苑，N. 40°36.239′，E. 117°25.813′，826m，2007-Ⅵ-14，李泽建；1♀，天津八仙山黑水河，N. 40°11.499′，E. 117°33.541′，542m，2007-Ⅵ-20，李泽建；3♀♀，河北雾灵山云岫谷，N. 40°37.330′，E. 117°22.584′，485m，2007-Ⅵ-15，李泽建；9♀♀8♂♂，河北涞水县百里峡，N. 39°39.383′，E. 115°29.421′，472m，2008-Ⅵ-23，李泽建；1♀，河北小五台山西沟门，N. 39°59.172′，E. 115°01.415′，1 607m，2008-Ⅶ-23，李泽建；1♀，山西恒山苦甜井，N. 39°40.094′，E. 113°43.571′，1 735m，2009-Ⅶ-6，姚明灿；1♀，山西五老峰月坪梁，N. 34°47.953′，E . 110°35.460′，1 730m，2009-Ⅵ-9，王晓华；2♀♀，河北小五台山山涧口，N. 40°00.208′，E. 115°03.631′，1 400m，2009-Ⅵ-22，王晓华；42♀♀1♂，吉林长白山黄松浦林场，N. 42°10.979′，E. 128°10.278′，1 145m，2008-Ⅶ-24，魏美才，张媛，牛耕耘；1♀，吉林大兴沟，2005-Ⅶ-15，盛茂领；1♀，吉林大兴沟，2005-Ⅶ-20，黄网；1♀，吉林长白山白河，1 020m，2008-Ⅶ-24，盛茂领；3♀♀，新疆阿勒泰喀纳斯，N. 48°40.056′，E. 87°02.150′，1 386m，2007-Ⅶ-15，魏美才，牛耕耘；1♀，辽宁新宾，2005-Ⅷ-25，盛茂领；1♂，北京延庆松山保护区，黄网，2011-6-3，宗世祥；9♀♀，CSCS12129，吉林白河长白山黄松蒲林场，N. 42°14.107′，E. 128°10.704′，1 030m，2012-Ⅶ-21，姜吉刚，邓兰兰；5♀♀12♂♂，CSCS12126，吉林白河长白山黄松蒲林场，N. 42°14.107′，E. 128°10.704′，1 030m，2012-Ⅶ-20，李泽建，刘萌萌；29♀♀6♂♂，CSCS12134，吉林白河长白山黄松蒲林场，N. 42°14.107′，E. 128°10.704′，1 030m，2012-Ⅶ-23，李泽建，刘萌萌；17♀♀4♂♂，CSCS12128，吉林白河长白山黄松蒲林场，N. 42°14.107′，E. 128°10.704′，1 030m，2012-Ⅶ-21，李泽建，刘萌萌；11♀♀3♂♂，CSCS12142，吉林白河长白山黄松蒲林场，N. 42°14.107′，E. 128°10.704′，1 030m，2012-Ⅶ-27，李泽建，刘萌萌；11♀♀，CSCS12139，吉林白河长白山大戏台河，N. 42°13.796′，E. 128°11.808′，1 035m，2012-Ⅶ-24，姜吉刚，邓兰兰；10♀♀2♂♂，CSCS12135，吉林白河长白山黄松蒲林场，N. 42°14.107′，E. 128°10.704′，1 030m，2012-Ⅶ-23，姜吉刚，邓兰兰；26♀♀4♂♂，CSCS12138，吉林白河长白山大戏台河，N. 42°13.796′，E. 128°11.808′，1 035m，2012-Ⅶ-24，李泽建，刘萌萌；1♀3♂♂，CSCS12127，吉林白河长白山黄松蒲林场，N. 42°14.107′，E. 128°10.704′，1 030m，2012-Ⅶ-20，姜吉刚，邓兰兰；16♀♀2♂♂，CSCS12141，吉林白河长白山黄松蒲林场，N. 42°14.107′，E. 128°10.704′，1 030m，2012-Ⅶ-25，姜吉刚，邓兰兰；1♂，辽宁桓仁老秃顶，700~850m，2009-Ⅵ-24，沈阳师范大学，张春田；1♂，辽宁千山，2006-Ⅵ-21~23，沈阳师范大学，张艳季；1♂，辽宁千山，2006-Ⅵ-21~23，沈阳师范大学，王影；1♂，辽宁千山，2006-Ⅵ-21~23，沈阳师范大学，徐城城；2♂♂，辽宁千山，2006-Ⅵ-21~23，沈阳师范大学，柏秀艳；1♂，辽宁千山，2006-Ⅵ-21~23，沈阳师范大学，王海燕；1♀，辽宁本溪温泉寺，350~400m，2008-Ⅵ-1，沈阳师

范大学，张春田；1♂，辽宁千山，2006-Ⅵ-21~23，沈阳师范大学，徐姣；1♂，辽宁千山，2006-Ⅵ-21~23，沈阳师范大学，张荣佳；1♂，辽宁千山，2006-Ⅵ-21~23，沈阳师范大学，倪水庆；1♂，辽宁千山，2006-Ⅵ-21~23，沈阳师范大学，朱丽岩；1♂，辽宁千山，2006-Ⅵ-21~23，沈阳师范大学，孟令剑；1♂，辽宁千山，2006-Ⅵ-21~23，沈阳师范大学，谷城；1♀，广东连州大东闪南岭自然保护区，650~650m，2004-Ⅸ-21~25，沈阳师范大学，张春田；1♂，辽宁新宾，2009-Ⅶ-1，1号白网；1♂，辽宁新宾，2009-Ⅵ-17，1号绿网；1♀，沈阳棋盘山，2012-Ⅶ-3，李涛；1♀2♂♂，沈阳棋盘山，2012-Ⅴ-29，李涛；1♀，辽宁新宾，2009-Ⅶ-1，1号绿网；1♀，辽宁新宾，2009-Ⅶ-1，1号红网；1♀，辽宁新宾，2009-Ⅶ-8，2号黄网；1♀，吉林长白山，2008-Ⅶ-29，盛茂领；1♂，辽宁宽甸白石砬子，2011-Ⅵ-23，1号黄网；3♂♂，吉林省抚松县露水河镇，N. 42°30′40″，E. 127°47′13″，758m，2014-Ⅵ-11，褚彪；3♂♂，吉林省松江河镇前川林场，N. 42°13′45″，E. 127°46′32″，890m，2014-Ⅵ-9，褚彪；1♂，吉林省松江河镇前川林场，N. 42°13′45″，E. 127°46′32″，890m，2014-Ⅵ-30，褚彪；2♂♂，吉林抚松老岭长松护林站，N. 41°54′03″，E. 127°39′49″，920m，2014-Ⅵ-23，褚彪；2♂♂，吉林省抚松县露水河镇，N. 42°30′40″，E. 127°47′13″，758m，2014-Ⅵ-15，褚彪；1♂，吉林省松江河镇前川林场，N. 42°13′45″，E. 127°46′32″，890m，2014-Ⅵ-10，褚彪；83♀♀6♂♂，LSAF15130，辽宁海城市三家堡-九龙川，N. 40.628°，E. 123.099°，620m，2015-Ⅶ-12，李泽建采，乙酸乙酯；15♀♀6♂♂，LSAF15129，辽宁海城市三家堡-九龙川，N. 40.628°，E. 123.099°，620m，2015-Ⅶ-11，李泽建采，乙酸乙酯；39♀♀20♂♂，LSAF15126，辽宁海城市三家堡-九龙川，N. 40.628°，E. 123.099°，620m，2015-Ⅶ-8，李泽建采，乙酸乙酯；19♀♀2♂♂，LSAF15125，辽宁海城市三家堡-九龙川，N. 40.628°，E. 123.099°，620m，2015-Ⅶ-7，李泽建采，乙酸乙酯；41♀♀16♂♂，LSAF15127，辽宁海城市三家堡-九龙川，N.40.628°，E. 123.099°，620m，2015-Ⅶ-9，李泽建采，乙酸乙酯；1♂，LSAF14023，辽宁海城三家堡保护区，N. 40.63°，E. 123.11°，410m，2014-Ⅴ-23~24，徐骏 & 秦枚采，酒精；13♀♀，LSAF14043，吉林抚松县松江河镇-前川林场，N. 42.23°，E. 127.78°，890m，2014-Ⅷ-10~12，李泽建采，乙酸乙酯；1♀，LSAF14045，吉林抚松县松江河镇-前川林场，N. 42.23°，E.127.78°，890m，2014-Ⅷ-14~15，李泽建采，乙酸乙酯；1♀，北京，2013-Ⅶ-6~12，宗世祥，天然林；1♀，辽宁本溪，6号绿网，2013-Ⅵ-27，盛茂领采；1♂，辽宁本溪，5号黄网，2013-Ⅵ-27，盛茂领采；1♂，辽宁宽甸，2006-Ⅵ-13，盛茂领采；1♂，辽宁新宾，2005-Ⅵ-23，黑网；1♂，辽宁新宾，2005-Ⅶ-7，黑网；1♀，辽宁本溪，2013-Ⅷ，盛茂领；1♀，CSCS12141，吉林白河长白山黄松浦林场，N. 42°14.107′，E. 128°10.704′，1 030m，2012-Ⅶ-25，刘萌萌 & 邓兰兰采；1♂，CSCS14156，吉林省抚松县露水河镇，N. 42°30′40″，E. 127°47′13″，758m，2014-Ⅴ-27，褚彪采，$CH_3COOC_2H_5$；

28♂♂，CSCS14162，吉林省松江河镇前川林场，N. 42°13′45″，E. 127°46′32″，890m，2014-Ⅵ-4，褚彪采，$CH_3COOC_2H_5$；8♂♂，CSCS14163，吉林省松江河镇前川林场，N. 42°13′45″，E. 127°46′32″，890m，2014-Ⅵ-5，褚彪采，$CH_3COOC_2H_5$；22♂♂，CSCS14164，吉林省松江河镇前川林场，N. 42°13′45″，E. 127°46′32″，890 m，2014-Ⅵ-6，褚彪采，$CH_3COOC_2H_5$；1♂，CSCS14165，吉林省松江河镇前川林场，N. 42°13′45″，E. 127°46′32″，890m，2014-Ⅵ-7，褚彪采，$CH_3COOC_2H_5$；10♀♀7♂♂，CSCS14167，吉林省松江河镇前川林场，N. 42°13′45″，E. 127°46′32″，890m，2014-Ⅵ-9，褚彪采，$CH_3COOC_2H_5$；8♂♂，CSCS14169，吉林省松江河镇前川林场，N. 42°13′45″，E. 127°46′32″，890 m，2014-Ⅵ-10，褚彪采，$CH_3COOC_2H_5$；2♂♂，CSCS14170，吉林省抚松县露水河镇，N. 42°30′40″，E. 127°47′13″，758m，2014-Ⅵ-11，褚彪采，$CH_3COOC_2H_5$；8♂♂，CSCS14171，吉林省抚松县露水河镇，N. 42°30′40″，E. 127°47′13″，758m，2014-Ⅵ-12，褚彪采，$CH_3COOC_2H_5$；9♀♀7♂♂，CSCS14172，吉林省抚松县露水河镇，N. 42°30′40″，E. 127°47′13″，758m，2014-Ⅵ-13，褚彪采，$CH_3COOC_2H_5$；12♀♀21♂♂，CSCS14173，吉林省抚松县露水河镇，N. 42°30′40″，E. 127°47′13″，758m，2014-Ⅵ-14，褚彪采，$CH_3COOC_2H_5$；12♀♀13♂♂，CSCS14175，吉林省抚松县露水河镇，N. 42°30′40″，E.127°47′13″，758m，2014-Ⅵ-16，褚彪采，$CH_3COOC_2H_5$；1♀2♂♂，CSCS14176，吉林二道白河黄松浦林场，N. 42°14′14″，E. 128°10′33″，1 063m，2014-Ⅵ-20，褚彪采，$CH_3COOC_2H_5$；6♀♀，CSCS14177，吉林二道白河黄松浦林场，N. 42°14′14″，E. 128°10′33″，1 063m，2014-Ⅵ-21，褚彪采，$CH_3COOC_2H_5$；29♀♀2♂♂，CSCS14178，吉林抚松老岭长松护林站，N. 41°54′03″，E. 127°39′49″，920m，2014-Ⅵ-23，褚彪采，$CH_3COOC_2H_5$；13♀♀2♂♂，CSCS14179，吉林抚松老岭长松护林站，N. 41°54′03″，E. 127°39′49″，920m，2014-Ⅵ-24，褚彪采，$CH_3COOC_2H_5$；8♂♂，CSCS14180，吉林抚松老岭长松护林站，N. 41°54′03″，E. 127°39′49″，920m，2014-Ⅵ-25，褚彪采，$CH_3COOC_2H_5$；16♂♂，CSCS14181，吉林抚松老岭长松护林站，N. 41°54′03″，E. 127°39′49″，920m，2014-Ⅵ-26，褚彪采，$CH_3COOC_2H_5$；3♂♂，CSCS14182，吉林省松江河镇前川林场，N. 42°13′45″，E. 127°46′32″，890m，2014-Ⅵ-27，褚彪采，$CH_3COOC_2H_5$；23♀♀5♂♂，CSCS14185，吉林省松江河镇前川林场，N. 42°13′45″，E. 127°46′32″，890m，2014-Ⅵ-30，褚彪采，$CH_3COOC_2H_5$；5♀♀，CSCS14186，吉林省抚松县露水河镇，N.42°30′40″，E. 127°47′13″，758m，2014-Ⅶ-1，褚彪采，$CH_3COOC_2H_5$；6♀♀，CSCS14187，吉林省抚松县露水河镇，N. 42°30′40″，E.127°47′13″，758m，2014-Ⅶ-2，褚彪采，$CH_3COOC_2H_5$；3♀♀7♂♂，CSCS14188，吉林省抚松县露水河镇，N.42°30′40″，E. 127°47′13″，758m，2014-Ⅶ-3，褚彪采，$CH_3COOC_2H_5$；1♂，CSCS14191，吉林省长白山地下森林，N. 42°05′10″，E. 128°04′26″，1 600m，

2014-Ⅶ-5，褚彪采，$CH_3COOC_2H_5$；2♂♂，CSCS14194，吉林省长白山防火瞭望塔，N. 42°04′58″，E.128°13′43″，1 400m，2014-Ⅶ-9，褚彪采，$CH_3COOC_2H_5$；20♀♀54♂♂，LSAF16159，辽宁海城市三家堡九龙川，N. 40.628°，E. 123.099°，620m，2016-Ⅵ-6~9，李泽建采，$CH_3COOC_2H_5$；57♀♀125♂♂，LSAF16160，吉林松江河镇前川林场，N. 40.621°，E. 123.092°，690m，2016-Ⅵ-12~14，李泽建 & 王汉男采，$CH_3COOC_2H_5$；2♀♀25♂♂，LSAF16182，辽宁本溪，2015-Ⅵ-4~8，酒精，李涛；2♀♀6♂♂，LSAF16178，辽宁本溪，2015-Ⅴ，酒精，李涛；1♀1♂，LSAF16181，辽宁本溪，2015-Ⅶ-15，酒精，李涛；1♂，LSAF17002，北京怀柔，2016-Ⅵ-19，马氏网；1♂，LSAF17004，北京门头沟区小龙门林场，2016-Ⅵ-10，马氏网，落叶松林；1♀，2008-Ⅶ-9，露水河红松林（73 号）；1♂，2011-Ⅵ-9，臭松针阔混交林（46 号）；1♂，2011-Ⅵ-10，金川泥炭湿地（45 号）；1♂，2011-Ⅶ-7，五道江口（19 号）；1♂，2016-Ⅵ-20，龙眼（29 号）；24♀♀14♂♂，LSAF17092，辽宁海城市岔沟镇红旗岭，N. 40.532°，E. 122.860°，210m，2017-Ⅵ-8，李泽建采，$CH_3COOC_2H_5$；13♀♀76♂♂，LSAF17093，辽宁海城市接文镇九龙川，N.40.624°，E. 123.096°，650m，2017-Ⅴ-9~10，李泽建采，$CH_3COOC_2H_5$。

分布：新疆（喀纳斯），黑龙江（伊春、哈尔滨、大兴安岭、五营丰林、高岭子），吉林（长白山、漫江、蛟河、大兴沟），辽宁（白石砬子、棋盘山、老秃顶、千山、新宾县、本溪市、沈阳市、海城市），山西（恒山、五老峰），河北（百里峡、小五台山、祖山），北京（小龙门、雾灵山、松山、怀柔），天津（八仙山）、广东（南岭）；东西伯利亚★，朝鲜★（Tonai、Shuotsu、Kongosan），日本★（北海道、本州）。

个体变异：雄虫中胸小盾片具白斑；雄虫后足胫节外侧无卵形白斑。

鉴别特征：本种与白端钩瓣叶蜂 *M. apicalis* (F. Smith, 1874) 较近似，但前者体长 11.5~12mm；后足转节大部黑色，少部白色；后足基节外侧卵形白斑大型；雌虫锯腹片中部锯刃齿式 2/6~7；雄虫触角不完全黑色，端部 4 节具白环；阳茎瓣头叶前缘具明显尖顶。

25. 晕翅钩瓣叶蜂 *Macrophya infuscipennis* Wei & Li, 2012（图版 2-18）

Macrophya infuscipennis Wei & Li, 2012. *Acta Zootaxonomica Sinica*, 37(1): 165-170.

观察标本：正模：♀，甘肃天水小陇山，N. 34°16.275′，E. 106°08.201′，1 409m，2007-Ⅶ-7，魏美才；副模：4♀♀，陕西终南山，N. 33°59.506′，E. 108°58.356′，1 555m，2006-Ⅴ-27，朱巽，杨青；非模式标本：1♀，CSCS12097，甘肃小陇山实验林场，2011-Ⅵ-15，武星煜，辛恒，李永刚。

分布：陕西（终南山），甘肃（小陇山）。

鉴别特征：本种与远环钩瓣叶蜂 *M. farannulata* Wei, 1998 近似，但体长 13.5~14mm；前足胫跗节浅黄褐色；中后足胫跗节全部和后足股节端部红褐色；翅面烟褐色。在 *M.*

apicalis 种团中，本种是唯一的红足型种类。本种后胸后侧片附片十分发达，也可以与红足种团 *M. sanguinolenta* 种团各种相区别。

26. 黑质钩瓣叶蜂 *Macrophya nigra* (Norton, 1860)

Allantus niger Norton, 1860. *Boston Journal of Natural History*, 7[1859-1863](2)：239.

Macrophya minuta MacGillivray, 1895. *The Canadian Entomologist*, 27(10)：286.

未见标本。

分布：北美洲★（加拿大、美国）。

27. 俄勒冈钩瓣叶蜂 *Macrophya oregona* Cresson, 1880

Macrophya oregona Cresson, 1880. *Transactions of the American Entomological Society*, 8: 19.

Macrophya Obaerata [sic!] MacGillivray, 1923. *University of Illinois Bulletin*, 20(50)：21-22.

Macrophya oregona var. *dukiae* Ross, 1931. *Annals of the Entomological Society of America*, 24: 122.

未见标本。

分布：北美洲★（加拿大、美国）。

28. 拟白端钩瓣叶蜂 *Macrophya pseudoapicalis* Li, Liu & Wei sp. nov.（图版 2-19）

雌虫：体长 11~11.5mm（图 a）。体和足黑色；上唇端缘长三角形小斑浅褐色；上颚基半部、上唇、触角第 5 节端缘、第 6~8 节全部、第 9 节除端部黑斑外、中胸小盾片、前足股节前侧端大部条斑、胫节前侧、第 1~3 及 5 跗分节腹侧中部、后足基节外侧卵形大斑白色；后足转节大部白色，第 1 转节腹侧具模糊黑斑。体毛短密，银色；鞘毛稍细长，浅黑褐色。翅透明，无色斑，翅痣和翅脉大部黑褐色。

头部背侧（图 c）稍具光泽，额区刻点较粗糙密集，光滑间隙十分狭窄；后眶内侧具小型光滑区域，刻点稀疏，刻纹模糊；上唇和唇基较光亮，上唇无明显刻点，刻纹模糊，唇基具稀疏浅弱大刻点，刻纹细弱但明显。中胸背板光泽微弱，刻点细弱密集，刻点间无光滑间隙，具模糊刻纹；中胸小盾片较光亮，顶面具少许浅大刻点，刻纹细弱；小盾片附片光泽暗淡，刻点粗糙，刻纹粗密。中胸前侧片稍具光泽，刻点较粗糙密集，上半部刻点较大，下半部刻点稍细小，具细弱刻纹；中胸后上侧片光泽暗淡，皱纹粗密；中胸前侧片后缘与中胸后下侧片连成区域光滑，无明显刻点和刻纹，中部区域具明显刻纹，后部具明显粗大刻点，背缘刻点较粗糙；后胸前侧片光泽暗淡，刻点十分细弱浅平，刻纹模糊；后胸后侧片背缘上角刻点较粗糙，刻纹粗密，其余区域高度光滑，无明显刻点和刻纹，光泽强烈；后侧片附片毛窝具十分细弱刻点，刻纹模糊细弱（图 f）。腹部第 1 背板光泽强烈，两侧区域具少许刻点，刻纹细弱但显著；其余各节背板较光亮，具稀疏细小刻点，刻纹细弱。后足基节和股节外侧稍具光泽，刻点较细弱密集，刻点间隙具细弱刻纹。锯鞘端缘具细弱刻点，刻纹模糊。

上唇中部鼓起，端缘截形，稍下折；唇基微弱隆起，基部宽于复眼内缘下端间距，两侧向前明显收敛，唇基缺口浅，圆弧形，侧叶十分宽短，侧角圆钝（图 d）；颚眼距约 0.5 倍于中单眼直径；颜面与额区下沉，单眼顶面稍低于复眼顶面；前单眼围沟发育；中窝较宽浅，底部平坦，侧窝较深，短纵沟状；单眼中沟细弱，后沟模糊；POL：OOL：OCL=4：11：9；单眼后区较平坦，宽长比为 2，侧沟深直，向后明显分歧；背面观后头较发达，全缘式。触角粗丝状，稍长于头胸部之和，但稍短于腹部之长；第 2 节长约 1.3 倍于宽，第 3 节约 1.65 倍于第 4 节长，稍短于第 4~5 节之和（33：38），鞭节亚端部膨大，末端 4 节短缩，端缘侧扁变细（图 e）。中胸小盾片低度隆起，顶面平坦，无中脊与顶点，后缘横脊低弱，顶面与中胸背板顶面近齐平；小盾片附片具中纵脊，较锐利；中胸前侧片中部稍隆起，无顶角；中胸后上侧片背缘平台约 1 倍于中单眼直径宽；后胸后侧片附片发达，附片具宽大浅平毛窝，毛窝约 2 倍于中单眼直径宽；淡膜区间距 2.2 倍于淡膜区宽；中胸侧板和后胸侧板如图（图 f）。后足胫节内端距约 0.67 倍于后足基跗节长（2：3），后足基跗节细长，不加粗，稍长于其后 4 跗分节之和（6：5），爪内齿稍短于外齿。锯鞘短于后足基跗节（7：10），鞘端稍长于鞘基（25：17），侧面观锯鞘端部稍圆钝（图 g）。前翅 cu-a 脉位于 1M 室基部 1/6，2r 脉交于 2Rs 室端部 1/3 偏外侧，2Rs 室稍短于 1Rs 室，外下角稍尖出，臀室收缩中柄稍短于 1r-m 脉；后翅臀室具柄式，臀室柄稍短于 1r-m 脉，近等于 1/3 倍 cu-a 脉长。雌虫锯腹片共 22 锯刃（图 h），锯刃台状突出，中部锯刃具 2 个内侧亚基齿和 6~8 个外侧亚基齿，刃齿较细弱，节缝刺毛带较狭窄，刺毛稀疏，基部起第 8~10 锯刃如图 i 所示。

雄虫：体长 9.5~10mm（图 b）。体色和构造类似于雌虫，但触角鞭节较粗短；下生殖板圆钝鼓突起，长稍大于宽，端缘圆弧形；阳茎瓣头叶端缘亚三角形突出，尾侧突稍长，如图 j 所示；生殖铗如图 k 所示。

观察标本：正模：♀，山西绵山岩沟，N. 36°52.004′，E. 111°58.637′，1 200m，2008-Ⅵ-30，费汉榄；副模：12♀♀2♂♂，河南嵩县，1996-Ⅶ-11~13~15，文军，魏美才；34♀♀4♂♂，河南内乡宝天曼，1 388m，1998-Ⅶ-12~14，魏美才，盛茂领，肖炜，孙淑萍；4♀♀2♂♂，河南卢氏淇河林场，1 100m，2000-Ⅴ-29，魏美才；3♀♀5♂♂，河南陕县甘山公园，1 100m，2000-Ⅵ-1，魏美才；3♀♀，河南济源愚公林场，900m，2000-Ⅵ-4，魏美才；2♀♀1♂，河南济源黄楝树，1 400m，2000-Ⅵ-6，钟义海；1♂，河南卢氏大块地，1 400m，2000-Ⅴ-29，魏美才；4♀♀5♂♂，河南嵩县白云山，1 500m，2001-Ⅵ-3，钟义海；1♀3♂♂，河南栾川龙峪湾，1 800m，2001-Ⅵ-5，钟义海；8♀♀，河南卢氏大块地，2001-Ⅶ-21，1 700m，2001-Ⅶ-20~21，钟义海；5♀♀，河南嵩县白云山，1 500m，2001-Ⅶ-23，钟义海；1♀，河南老界岭，1 550m，1998-Ⅶ-18，孙素萍；7♀♀，河南栾川龙峪湾，1 300m，2002-Ⅶ-23，姜吉刚；18♀♀，河南嵩县白

云山，1 650~1 800m，2002-Ⅶ-24~29，姜吉刚；8♀♀，河南嵩山三皇寨，1 200m，2002-Ⅶ-17，姜吉刚；12♀♀2♂♂，甘肃天水小陇山，N. 34°16.275′，E. 106°08.201′，1 409m，2007-Ⅶ-7，牛耕耘，钟义海，魏美才；5♂♂，河北武安长寿村连翘泉，N. 36°59.439′，E. 113°48.557′，1 175m，2008-Ⅴ-28~30，李泽建；1♂，河北紫金山鸣琴谷，N. 37°01.400′，E. 113°47.303′，825m，2008-Ⅴ-21，李泽建；1♂，河北紫金山黑龙潭，N. 37°01.148′，E. 113°47.126′，911m，2008-Ⅴ-22，李泽建；1♂，河北紫金山快活二里，N. 37°00.846′，E. 113°47.121′，1 036m，2008-Ⅴ-25，李泽建；16♀♀1♂，河南嵩县天池山，1 300~1 400m，2004-Ⅶ-13，刘卫星；22♀♀，河南栾川龙峪湾，1 600~1 800m，2004-Ⅶ-21，刘卫星，张少冰；1♀，河南嵩县白云山，1 500~1 600m，2004-Ⅶ-17，刘卫星；2♀♀，河南辉县八里沟，800~1 000m，2004-Ⅶ-11，刘卫星；12♀♀，河南内乡宝天曼，1 300~1 400m，2004-Ⅶ-25，刘卫星，张少冰；2♀♀，河南嵩县白云山，1 500m，2003-Ⅷ-22~24，贺应科；6♀♀1♂，河南嵩县白云山，1 500~1 600m，2004-Ⅶ-15~17，刘卫星，张少冰；2♀♀，河南宝天曼保护站，N. 33°30.136′，E. 111°56.829′，1 300m，2006-Ⅵ-20，聂梅，钟义海；1♀，河南宝天曼曼顶，N. 33°30.136′，E. 111°56.829′，1 854m，2006-Ⅵ-25，杨青；25♀♀10♂♂，陕西终南山，N. 33°54.634′，E. 108°58.142′，1 292m，2006-Ⅴ-28，朱巽，杨青；1♂，陕西宝鸡天台山，N. 34°17.800′，E. 107°08.347′，802m，2006-Ⅴ-23，朱巽；1♂，四川青城后山白云寺，N. 30°56.033′，E. 103°28.428′，1 600m，2006-Ⅵ-29，周虎；6♀♀2♂♂，陕西潼关桐峪镇，N. 34°27.261′，E. 110°21.961′，1 052m，2006-Ⅴ-30，杨青，朱巽；2♀♀，陕西华山，1 300~1 600m，2005-Ⅶ-12，朱巽，杨青；2♂♂，陕西佛坪，1 000~1 450m，2005-Ⅴ-17，刘守柱；1♀，陕西镇安，1 300~1 600m，2005-Ⅶ-10，朱巽；1♀，甘肃白水江上丹堡，1 300~1 600m，2005-Ⅵ-30，杨青；2♀♀，甘肃小陇山党川林场榆林沟，N. 34°22.179′，E. 106°07.254′，1 580~1 680m，2009-Ⅵ-15，马海燕；2♀♀，甘肃麦积东岔林场，2007-Ⅶ-13，马海燕，范慧；1♀，甘肃小陇山东岔林场桃花沟，N. 34°18.593′，E. 106°34.226′，1 180m，2009-Ⅵ-11，辛恒；7♀♀25♂♂，山西龙泉密林峡谷，N. 36°58.684′，E. 113°24.677′，1 500m，2008-Ⅵ-25，王晓华，费汉榄；47♀♀4♂♂，山西绵山岩沟，N. 36°52.004′，E. 111°58.637′，1 200m，2008-Ⅵ-29~30，王晓华，费汉榄；1♀1♂，山西五老峰东锦屏峰，N. 34°47.953′，E. 110°35.460′，1 730 m，2009-Ⅵ-9，王晓华；25♀♀23♂♂，山西绵山西水沟，N. 36°51.664′，E. 111°59.027′，1 550m，2008-Ⅶ-1，王晓华，费汉榄；4♀♀7♂♂，山西龙泉龙泉瀑布，N. 36°58.790′，E. 113°24.619′，1 434m，2008-Ⅵ-24，王晓华，费汉榄；7♀♀1♂，山西五老峰滑道，N. 34°48.296′，E. 110°35.391′，1 332m，2009-Ⅵ-7，王晓华；9♀♀1♂，山西历山西峡，N. 35°25.767′，E. 112°00.640′，1 513m，2008-Ⅶ-9~10，王晓华，费汉榄；2♀♀，山西五老峰红沙峪，N. 34°48.575′，E. 110°35.736′，1 400m，2008-Ⅶ-4，王晓华，费汉榄；

5♀♀5♂♂，山西五老峰茶树台，N. 34°48.449′，E. 110°35.105′，1 200m，2009-Ⅵ-8，王晓华；11♀♀1♂，山西五老峰灵峰观，N. 34°48.552′，E. 110°35.290′，1 300m，2008-Ⅶ-6，王晓华，费汉榄；1♀1♂，山西五老峰月坪梁，N. 34°47.992′，E. 110°35.449′，1 739m，2008-Ⅶ-3，费汉榄；9♀♀5♂♂，山西五老峰莲花台，N. 34°48.258′，E. 110°35.453′，1 500m，2008-Ⅶ-3，王晓华，费汉榄；1♀5♂♂，山西绵山琼玉瀑布，N. 36°51.508′，E. 111°58.976′，1 647m，2008-Ⅶ-1，费汉榄；1♂，山西五台山佛母洞，N. 38°56.071′，E. 113°34.106′，1 630m，2009-Ⅶ-2，姚明灿；1♀1♂，山西历山皇姑幔，N. 35°21.525′，E. 111°56.310′，2 090m，2009-Ⅵ-12，王晓华；1♀1♂，山西五老峰明眼洞，N. 34°48.146′，E. 110°35.400′，1 603m，2008-Ⅶ-3，费汉榄；2♀♀7♂♂，山西五老峰明眼洞，N. 34°48.159′，E. 110°35.406′，1 650m，2009-Ⅵ-7~9，王晓华；13♀♀，山西五老峰漆树台，N. 34°48.462′，E. 110°35.081′，1 650m，2009-Ⅵ-5，王晓华；2♀♀，山西绵山水涛沟，N. 36°51.696′，E. 112°00.108′，1 439 m，2008-Ⅵ-30，王晓华；3♀♀，山西五老峰锦绣谷，N. 34°48.435′，E. 110°34.717′，1 077m，2008-Ⅶ-5，费汉榄；1♂，山西龙泉龙泉瀑布，N. 36°58.790′，E. 113°24.619′，1 434m，2008-Ⅵ-24，费汉榄；1♀，湖北神农架摇篮沟，N. 31°29.104′，E. 110°22.878′，1 430 m，2009-Ⅶ-19，赵赴；1♀，CSCS11020，湖北宜昌神农架摇篮沟，N. 31°29.815′，E. 110°23.260′，1 360m，2011-Ⅴ-18，李泽建；2♀♀，CSCS12093，陕西华阴县华山中峰，N. 34°28.868′，E. 110°04.857′，2 030m，2012-Ⅶ-11，姜吉刚；2♀♀1♂，CSCS12094，陕西华阴县华山中峰，N. 34°28.868′，E. 110°04.857′，2 030m，2012-Ⅶ-11，魏美才，牛耕耘；1♀，湖北神农架阴峪河，2 号网，2011-Ⅵ-20，李源秦；6♂♂，CSCS14072，陕西眉县太白山碓窝坪，N. 33°01.800′，E. 107°52.033′，1 601m，2014-Ⅵ-6，刘萌萌 & 刘婷采，$CH_3COOC_2H_5$；1♀3♂♂，CSCS14078，陕西眉县太白山碓窝坪，N. 33°01.800′，E. 107°52.033′，1 601m，2014-Ⅵ-6，祁立威 & 康玮楠采，$CH_3COOC_2H_5$；2♀♀1♂，CSCS14079，陕西眉县太白山碓窝坪，N. 33°01.800′，E. 107°52.033′，1 601m，2014-Ⅵ-6，魏美才采，KCN；1♀1♂，CSCS14098，陕西太白山青蜂峡生肖园，N. 34°1.445′，E. 107°26.137′，1 652m，2014-Ⅵ-11，刘萌萌和刘婷采，$CH_3COOC_2H_5$；1♂，CSCS14073，陕西眉县太白山碓窝坪，N. 33°01.800′，E. 107°52.033′，1 601m，2014-Ⅵ-4，祁立威 & 康玮楠采，$CH_3COOC_2H_5$；1♀，CSCS14101，陕西太白山青蜂峡生肖园，N. 34°1.445′，E. 107°26.137′，1 652m，2014-Ⅵ-11，魏美才采，KCN；1♂，陕西留坝县桑园范条峪，N. 33°42.733′，E. 107°12.733′，1 303m，2014-Ⅵ-14，祁立威 & 康玮楠采，$CH_3COOC_2H_5$；5♀♀3♂♂，甘肃省天水市牛家坟，N. 34°115′ 23″，E. 105°52′ 37″，1 672m，2017-Ⅵ-22，魏美才 & 王汉男 & 武星煜采，$CH_3COOC_2H_5$；4♀♀3♂♂，河南卢氏淇河林场，N. 33°44′ 25″，E. 110°50′ 14″，1 636m，2017-Ⅵ-14，张宁 & 吴肖彤采，$CH_3COOC_2H_5$；3♀3♂♂，河南卢氏淇河林场，N. 33°44′ 2″，E. 110°50′ 45″，

1 431m，2017-Ⅵ-13，魏美才 & 牛耕耘采，$CH_3COOC_2H_5$；3♂♂，河南卢氏淇河林场，N. 33°44′ 57″，E. 110°49′ 19″，1 650m，2017-Ⅵ-12，张宁 & 吴肖彤采，$CH_3COOC_2H_5$；1♂，河南卢氏淇河林场，N. 33°44′ 57″，E. 110°49′ 19″，1 650m，2017-Ⅵ-12，魏美才 & 牛耕耘 & 卢绍辉采，$CH_3COOC_2H_5$；1♂，太白山开天关，N. 34°0′ 33.79″，E. 107°51′ 33.72″，1 815m，2017-Ⅵ-20，魏美才 & 王汉男采，$CH_3COOC_2H_5$；1♀，太白山开天关，N. 34°0′ 33.79″，E. 107°51′ 33.72″，1 815m，2017-Ⅵ-21，魏美才 & 王汉男采，$CH_3COOC_2H_5$；1♂，河南卢氏淇河林场，N. 33°44′ 2″，E. 110°50′ 45″，1 431m，2017-Ⅵ-13，张宁 & 吴肖彤采，$CH_3COOC_2H_5$。

分布：吉林（蛟河），甘肃（麦积山、白水江、天水、小陇山），陕西（太白山、天台山、潼关、佛坪、镇安、华山、终南山），山西（龙泉、绵山、五老峰、五台山、历山），河北（紫金山、武安），河南（龙峪湾、八里沟、宝天曼、卢氏县、白云山、天池山、伏牛山），湖北（神农架），四川（青城后山）。

个体变异：雌虫唇基不完全白色，两侧中部稍具模糊黑斑；雄虫中胸小盾片完全黑色无白斑。

鉴别特征：本种与白端钩瓣叶蜂 *M. apicalis* (F. Smith, 1874) 十分近似，但前者体长 11~11.5mm；后胸后侧片大部区域十分光亮，无明显刻点和刻纹；后足大部白色，第 1 转节腹侧具模糊黑斑；雄虫阳茎瓣大型，头叶端缘亚三角形突出，边缘较平直，尾侧突较长。

29. 斑角钩瓣叶蜂 *Macrophya tattakana* Takeuchi, 1927（图版 2-20）

Macrophya tattakana Takeuchi, 1927. *Transactions of the Natural History Society of Formosa*, 27(90): 206-207.

观察标本：1♀，CHINA, Taiwan, Howangshan, Nantou, 1-Ⅵ-1986, K. Ra Pref. leg.；1♂, CHINA, Taiwan, Sungkang, Nantou Pref., 11-Ⅴ-1988., K. Ra leg.

分布：台湾（南投）。

鉴别特征：本种与刻盾钩瓣叶蜂 *M. tattakanoides* Wei, 1998 较近似，但前者体长 12~13mm；单眼后区宽长比约为 2；触角仅第 6~9 节全部黄白色；翅基片完全黄白色，无黑斑；后胸小盾片完全黑色；各足转节均白色；腹部第 2~6 背板中央黑色，两侧缘端半部具显著黄白横斑，侧角小斑黄白色；中胸前侧片中央黄斑较前者小，中胸后下侧片完全黑色，后胸前侧片上角具模糊淡斑；后胸后侧片附片毛窝稍小于中单眼直径宽；前翅臀室具柄式，收缩中柄长点状。

30. 刻盾钩瓣叶蜂 *Macrophya tattakonoides* Wei, 1998（图版 2-21）

Macrophya tattakanoides Wei, 1998. *Insect Fauna of Henan Province*, 2: 152-153, 160.

观察标本：正模：♂，河南嵩县，1996-Ⅶ-19，魏美才；副模：1♀，湖北神农架，1985-Ⅵ-29，茅晓渊；1♂，河南内乡宝天曼，1 600m，1998-Ⅶ-15，魏美才；3♀♀，河南卢氏大块地，1 700m，2001-Ⅶ-20，钟义海；非模式标本：1♀，河南栾川龙峪湾，1 600~ 1 800m，2004-Ⅶ-21，刘卫星；1♀，河南内乡宝天曼，1 300~1 700m，2004-Ⅶ-22，刘卫星；1♀，湖北神农架关门山，N. 31°26.201′，E. 110°23.991′，1 296m，2008-Ⅶ-17，赵赴；2♀♀5♂♂，湖北神农架漳宝河，N. 31°26.765′，E. 110°24.570′，1 156m，2009-Ⅵ-13，赵赴；1♀，湖北神农架摇篮沟，N. 31°29.104′，E. 110°22.878′，1 430m，2009-Ⅶ-19，赵赴；6♀♀1♂，湖北神农架千家坪，N. 31°24.356′，E. 110°24.023′，1 789m，2009-Ⅶ-3~7，焦璺，赵赴；1♀，甘肃康县梅园沟，N. 33º02.643′，E.105º40.767′，980m，2009-Ⅶ-13，朱巽；1♀，湖北神农架红坪镇，1 200m，2004-Ⅷ-11，谭晓玲。

分布：甘肃（康县），河南（龙峪湾、大块地、宝天曼、嵩县），湖北（神农架）。

个体变异：雌虫翅基片前缘黄白色，大部黑色。

鉴别特征：本种与台湾分布的环角钩瓣叶蜂 *M. tattakana* Takeuchi, 1927 较近似，但前者体长 14~15mm；单眼后区宽长比约为 1.5；触角第 5 节端大部及第 6~9 节全部黄白色；翅基片大部黄白色，中部具黑斑；后胸小盾片中脊黑色，两侧区域黄白色；前中足转节大部白色，腹侧具黑斑，后足转节白色；腹部第 2~6 背板中央后缘窄边黄白色，侧角具明显大黄斑，向后依次变小；中胸前侧片中央大斑、中胸后下侧片中央细横斑、后胸前侧片上角斑黄白色；后胸后侧片附片毛窝约 2 倍于中单眼直径宽；前翅臀室无柄式，具短直横脉。

31. 环腹钩瓣叶蜂 *Macrophya trisyllaba* (Norton, 1860)

Tenthredo (Allantus) trisyllabus T.W. Harris, 1835. Press of J.S. and C. Adams, Amherst, pp. 583.

Allantus trisyllabus Norton, 1860. *Boston Journal of Natural History*, 7[1859-1863](2) : 238-239.

Macrophya zonalis Norton, 1864. *Proceedings of the Entomological Society of Philadelphia*, 3: 11.

Macrophya trisyllabus var. *sinannula* Ross, 1931. *Annals of the Entomological Society of America*, 24: 127.

观察标本：非模式标本：1♀, VIRGINIA : Essex Co. 1 mi. SE Dunnsville, 37°52′ N, 76°48′ W, 7-17- Ⅶ -1992, Malaise trap, D.R. Smith, Malaise trap #12; 1♂, VIRGINIA : Essex Co. 1 mi. SE Dunnsville, 37°52′ N, 76°48′ W, 12-24- Ⅶ -1992, Malaise trap, D.R. Smith, Malaise trap #1。

分布：北美洲*（加拿大、美国）。

寄主：忍冬科，接骨木属，*Sambucus pubens* Michaux 和 *Sambucus canadensis* L.。

个体变异：雌虫中胸小盾片完全黑色。

鉴别特征：本种与白端钩瓣叶蜂 *M. apicalis* (F. Smith, 1874) 比较近似，但前者体长

10.5mm；唇基完全白色；前胸背板后缘两侧宽边及前缘白色；中胸前盾片近“V”形斑白色；前中足转节黑色，后足转节白色；后足股节腹侧及外侧大部白色；单眼后区宽长比约为 1.85；两性标本腹部各节背板后缘通常具显著白斑（雄虫触角端部 4 节具显著白斑；中胸小盾片白色）。

32. 花头钩瓣叶蜂 *Macrophya varia* (Norton, 1860)

Allantus varius Norton, 1860. *Boston Journal of Natural History*, 7[1859-1863](2)：240.

Macrophya eurythmia Norton, 1867. *Transactions of the American Entomological Society*, 1(3)：276.

Macrophya fascialis Norton, 1867. *Transactions of the American Entomological Society*, 1(3)：276.

Macrophya nidonea MacGillivray, 1895. *The Canadian Entomologist*, 27(3): 77.

Macrophya fascialis var. *puella* Ross, 1931. *Annals of the Entomological Society of America*, 24: 123.

Macrophya varius var. *nordicola* Ross, 1931. *Annals of the Entomological Society of America*, 24: 125.

观察标本：非模式标本：1♀, MARYLAN: Prince Georges Co., BARC, 4-16-Ⅶ-1991, C. Allen & C. Lowe, Beltsville Agric. Research Center, Malaise trap #1; 1♂, MARYLAN: Prince Georges Co., BARC, 14-24-Ⅶ-1991, C. Allen & C. Lowe, Beltsville Agric. Research Center, Malaise trap #3。

分布：北美洲*（加拿大、美国）。

鉴别特征：本种与拟花头钩瓣叶蜂 *M. festana* Ross, 1931 最为近似，但本种体长 10.5mm；体多处具白色斑纹；腹部第 2~9 背板背侧具浅黄褐色斑纹，两侧缘具明显白斑；中胸前侧片中上部具显著大型白斑；足大部白色，后足股胫节少部具浅黄褐色斑纹等，与其他种类易于区别。

2.3.4 黑转钩瓣叶蜂种团 *M. blanda* group

种团鉴别特征：头胸部背侧刻点细小密集，刻点间无光滑间隙，额区常下沉；触角完全黑色；后胸后侧片附片发达，具宽浅碟形毛窝；腹部数节背板具红褐色斑，刻纹细密；各足转节均黑色；雌虫锯腹片类乳突状突出，刃齿不超过 20 枚；雄虫阳茎瓣头叶大型，前缘具明显尖突。

目前，该种团包括 7 种，中国分布 2 种，分别是：*M. annulata* (Geoffroy, 1785)、*M. blanda* (Fabricius, 1775)、*M. hamata* Benson, 1968、*M. hamata caucasicola* Muche, 1969、*M. hamata hamata* Benson, 1968、*M. longitarsis* Konow, 1898 和 *M. oedipus* Benson, 1968。

该种团种类主要分布于古北区：欧洲、西亚和中国（西北部）。

分种检索表

1.	雌虫	2
	雄虫	3
2.	上唇大部黑色，仅端缘具较窄白斑；唇基完全黑色；额区稍微下沉，单眼顶面近等高于复眼顶面；各足基节均黑色，外侧无白斑。欧洲，土耳其，西伯利亚，伊朗；中国（新疆）	***M. annulata*** **(Geoffroy, 1785)** ♀
	上唇和唇基不完全黑色，上唇中央和唇基中央端部具白斑；额区明显下沉，单眼顶面稍低于复眼顶面；各足基节大部黑色，前中足基节外侧基部具明显白色斑纹，后足基节外侧基部具卵形白斑。欧洲，土耳其，伊朗，西伯利亚，高加索	***M. blanda*** **(Fabricius, 1775)** ♀
3.	上唇大部黑色，端缘具三角形小白斑；腹部第2~4背板、第5背板侧角红褐色，但第4背板中央端部具黑斑；各足基节外侧均黑色，无白斑；后足第2转节和胫节完全黑色；抱器端部稍窄于中部，基部约2倍于端部宽；阳茎瓣头叶菌盖形，前缘中部具明显突起，中央前半部具小型刺突，尾侧突宽短。欧洲，土耳其，西伯利亚，伊朗；中国（新疆）	***M. annulata*** **(Geoffroy, 1785)** ♂
	上唇完全白色，无黑斑；腹部第2~4背板侧角具明显红褐色斑，背板中央大部黑色；各足基节腹侧端部具明显白斑；后足第2转节腹侧小斑和后足胫节腹侧基半部条斑白色；抱器端部略微宽于中部，基部约1.4倍于端部宽；阳茎瓣头叶十分宽大，前缘具明显尖突，中央前半部小型刺突较明显，尾侧突宽大且稍短。欧洲，土耳其，伊朗，西伯利亚，高加索	***M. blanda*** **(Fabricius, 1775)** ♂

33. 方碟钩瓣叶蜂 *Macrophya annulata* (Geoffroy, 1785)（图版 2-22）

Tenthredo annulata Geoffroy, 1785. *Entomologia Parisiensis, sive catalogus Insectorum quae in agro parisiensi reperiuntus*. Paris 2: 373.

Tenthredo dorsigera Rossi, 1790. Typis Thomae Masi & Sociorum, Liburni, 2: 32.

Tenthredo similis Spinola, 1808. Symptibus Auctoris, Typis Yves Gravier, Genuae, pp. 15-16.

Tenthredo neglecta Klug, 1817. *Der Gesellschaft Naturforschender Freunde zu Berlin Magazin für die neuesten Entdeckungen in der gesamten Naturkunde*, 8[1814](2)：112-113.

Allantus dejectus Norton, 1860. *Boston Journal of Natural History*, 7[1859-1863](2)：249-250.

Macrophya neglecta var. *nigra* Konow, 1894. *Wiener Entomologische Zeitung*, 13: 96.

Macrophya annulata theresae Pic, 1918. *L' Échange. Revue Linnéenne*, 34(388): 4.

观察标本：非模式标本：4♀♀，新疆阿勒泰喀纳斯，N. 48°40.056′，E. 87°02.150′，1 386m，2007-Ⅶ-16，魏美才，聂梅，肖炜，牛耕耘；4♀♀4♂♂, F, Dep. Puy de Dome, Sapchat, 45°34′33.60″ N，2°58′08.46″ E，798m, 24-Ⅴ-2008, Leg. Wei M C；2♂♂, F, Dep. Puy de Dome, 45.470° N- 45.573° N, 2.923° E- 2.983° E, 857-1 176m, 20-Ⅴ-2008, Leg. Wei M C & Niu G Y; 5♀♀4♂♂, Slovak Rep.: Lower Tatras, Liptovsky Mikulas, SW 5km, Demanova SSW 2 km, Demanovska wetland, 49°02.05′ N, 19°34.75′ E, 670m, 18-Ⅵ-2005, Leg. Wei & Nie；2♀♀3♂♂, GREECE, Nnmos loannina, Konitsa SW 2 km, Aoos river banks,

40°02.04′ N, 20°42.67′ E, 420m, 12-Ⅴ-2007, Leg. Mei cai Wei, GR 23/07 ; 1♂, GREECE, Nnmos loannina, Konitsa E 9 km, Elefthero SE 1 km, Exoklisi Profiti Elia, 40°02.96′ N, 20°51.45′ E, 950m, 15-Ⅴ-2007, Leg. Mei cai Wei, GR 33/07 ; 1♀, GREECE, Nnmos loannina, Konitsa E 24 km, Distrato NE 3 km, 40°02.60′ N, 21°02.46′ E, 1 360m, 11-Ⅴ-2007, Leg. Mei cai Wei, GR 18/07 ; DEI exchange collections: 1♀, D: BW: Hochschwarzwald, Umg. Bernau ; 950-1 100m, (Innerlehen- Rotes Kreuz), ca. 47°46′45″ N, 8°01′30″ E, 25-Ⅵ-1996, Leg. A. TAEGER; 1♀1♂, Bulgarien: Dragoman, 21-26-Ⅵ-1989, Leg. Leidenfrost; 1♂, D: Thuringen: Unterharz, llfeld: Netzkater: NSG, Brandecbachtal, 24~26-Ⅴ-1995, leg. A. Taeger; 1♀, D: Eifel: Daun: Gonnersdorf: Mauerchenberg Malaisefalle, 26.Ⅶ-2.Ⅷ-1991, leg. Colln; 1♂, D: Eifel: Daun: Gonnersdorf: Streuobstwiese Malaisefalle, 28.Ⅴ-4.Ⅵ-1994, leg. Colln.

分布：新疆（阿勒泰）；欧洲★（阿尔巴尼亚、奥地利、比利时、波斯尼亚、黑塞哥维那、保加利亚、克罗地亚、捷克、丹麦、爱沙尼亚、芬兰、法国、德国、英国、希腊、匈牙利、意大利、拉脱维亚、卢森堡、马其顿、摩尔多瓦、荷兰、挪威、波兰、葡萄牙、罗马尼亚、俄罗斯、斯洛伐克、西班牙、瑞典、瑞士、乌克兰、南斯拉夫），土耳其★，西伯利亚★，伊朗★。

个体变异：雌虫前翅 $2r_1$ 脉与 2r-m 脉顶接；腹部第节背板基部具红褐色斑纹。

鉴别特征：本种与黑转钩瓣叶蜂 *M. blanda* (Fabricius, 1775) 十分近似，但前者体长 10.5~11mm ；上唇大部黑色，仅端缘具较窄白斑；唇基完全黑色；额区稍微下沉，单眼顶面近等高于复眼顶面；各足基节均黑色，外侧无白斑；雄虫上唇大部黑色，端缘具三角形小白斑；腹部第 2~4 背板、第 5 背板侧角红褐色，但第 4 背板中央端部具黑斑；各足基节外侧均黑色，无白斑；后足第 2 转节和胫节完全黑色；抱器端部稍窄于中部，基部约 2 倍于端部宽；阳茎瓣头叶菌盖形，前缘中部具明显突起，中央前半部具小型刺突，尾侧突宽短。

34. 黑转钩瓣叶蜂 *Macrophya blanda* (Fabricius, 1775)

Tenthredo blanda Fabricius, 1775. Korte, Flensburgi et Lipsiae, 323.

Tenthredo ligustrina Geoffroy in Fourcroy, 1785. Fourcroy, A. F. de Entomologia Parisiensis, sive catalogus Insectorum quae in agro parisiensi reperiuntus.Vol.1-2. Paris, 371.

Tenthredo cylindrical Panzer, 1799. *Faunae Insectorum Germanicae initia oder Deutschlands Insecten*. Felssecker, Nürnberg, 6 (71): 7.

Tenthredo albilabris Klug, 1817. *Der Gesellschaft Naturforschender Freunde zu Berlin Magazin für die neuesten Entdeckungen in der gesamten Naturkunde*, 8[1814](2):112.

Tenthredo lacrymosa Lepeletier, 1823. *Monographia Tenthredinetarum synonymia extricata. Apud Auctorem* [etc.], Parisiis, pp. 101.

Tenthredo lacrymosa Serville, 1823. *Faune Française, ou histoire naturelle, générale et particuliére, des animaux qui se trouvent en France* (...), Livr. 7 & 8, Chez Rapet, Paris, pp. 43.

Tenthredo cognata Fallen, 1829. *Monographia Tenthredinidum Sveciae. Gothorum*, Berling, Londini, pp. 48.

Tenthredo nyctea Fischer von Waldheim, 1843. *Magasin de Zoologie, d' anatomie comparée et de Palaeontologie. Deuxième Serie. Troisième section. Annélides, Crustacés, Arachnides et Insectes*, 5 (13): 2.

Macrophya blanda var. *brevicornis* Gradl, 1878. *Entomologische Nachrichten*, 4: 239.

Macrophya blanda var. *Jacqueti* Pic, 1918. *Revue Linnéenne*, 34 (388): 3-4.

Macrophya albolapidaria Kuznetzov-Ugamskij, 1927. *Zoologischer Anzeiger*, 71(9-10): 277-278.

Tenthredo reductenotata Pic, 1928. *Revue Linnéenne*, 34(432):6.

观察标本：非模式标本：1♀, Budapest, 14- Ⅵ -2006, Coll. Konow, Received on exchange ex coll., Deutsches Entomolog. Institut, Eberswaldae, Germany, 2001; 1♂, Received on exchange ex coll., Deutsches Entomolog. Institut, Eberswaldae, Germany, 2001; 1♀, Schlesion Letxner, Received on exchange ex coll., Deutsches Entomolog. Institut, Eberswaldae, Germany, 2001; 3♂♂, GREECE, Nomos Magnisia, Volos SE 38 km, Platanias, 39°09.00′ N, 23°16.40′ E, 0-100m altitude, 8- Ⅴ -2007, Leg. Meicai Wei, GR 49/07; 2♂♂, F, Dep. Puy de Dome Sapchat, 798m, 45°34′33.60″ N, 2°58′08.46″ E, 24- Ⅴ -2008, Wei M C; 1♂, F, Dep. Puy de Dome Sapchat~St. Nectaire, 45.587° N, 2.979° E, 21- Ⅴ -2008, Wei M C; 1♀1♂, FRANCE, Lorraine, Meuse Woinville 55300, 2 Mal. tr., at edge dec. froest, 23. Ⅴ -14. Ⅵ -2011, Tripotin rec., Exchange, NMNHS, Ⅷ -2012.

个体变异：雄虫腹部第 2~4 节红褐色斑纹有大小变化。

分布：欧洲*（阿尔巴尼亚、奥地利、白俄罗斯、比利时、波斯尼亚、黑塞哥维那、保加利亚、克罗地亚、捷克、丹麦、法国、德国、英国、希腊、匈牙利、意大利、卢森堡、马其顿、摩尔多瓦、荷兰、波兰、罗马尼亚、俄罗斯、斯洛伐克、西班牙、瑞典、瑞士、乌克兰、南斯拉夫），土耳其*，伊朗*，西伯利亚*，高加索*。

鉴别特征：本种与方碟钩瓣叶蜂 *M. annulata* (Geoffroy, 1785) 十分近似，但前者体长 11.5~12mm；上唇和唇基不完全黑色，上唇中央大部和唇基中央端部具白斑；额区明显下沉，单眼顶面低于复眼顶面；各足基节大部黑色，前中足基节外侧基部具明显白色斑纹，后足基节外侧基部具卵形大白斑；雄虫上唇完全白色，唇基完全黑色；腹部第 2~4 背板侧缘及腹板少部具红褐色斑，背板中央大部黑色；各足基节腹侧端部具明显白斑；后足第 2 转节腹侧小斑和后足胫节腹侧基半部条斑白色；抱器端部略微宽于中部，基部约 1.4 倍于端部宽；阳茎瓣头叶十分宽大，前缘具明显尖突，中央前半部小型刺突较明显，尾侧突宽大且稍短。

35. 镰瓣钩瓣叶蜂 *Macrophya hamata* Benson, 1968

Macrophya hamata Benson, 1968. *Bulletin of the British Museum (Natural History).*

Entomology series, 22(4):190, 194-195.

未见标本。

分布：土耳其*。

36. 镰瓣钩瓣叶蜂 *Macrophya hamata caucasicola* Muche, 1969

Macrophya hamata caucasicola Muche, 1969. *Faunistische Abhandlungen Staatliches Museum für Tierkunde Dresden*, 2(22): 165.

未见标本。

分布：俄罗斯*。

37. 镰瓣钩瓣叶蜂 *Macrophya hamata hamata* Benson, 1968

Macrophya hamata hamata Benson, 1968. *Bulletin of the British Museum (Natural History). Entomology series*, 22(4):190, 194-195.

未见标本。

分布：土耳其*。

38. 长跗钩瓣叶蜂 *Macrophya longitarsis* Konow, 1898

Macrophya longitarsis Konow, 1898. *Wiener Entomologische Zeitung*, 17(7-8):237.

未见标本。

分布：阿塞拜疆*。

39. 肿跗钩瓣叶蜂 *Macrophya oedipus* Benson, 1968

Macrophya oedipus Benson, 1968. *Bulletin of the British Museum (Natural History). Entomology series*, 22(4):190, 194.

未见标本。

分布：土耳其*。

2.3.5 烟翅钩瓣叶蜂种团 *M.cinctula* group

种团鉴别特征：前后翅浓烟黑色；体大部烟黑色，无明显白斑；腹部第 3~4 节背板全部及第 5 背板侧缘具红褐色斑纹；触角完全黑色，鞭节中部膨大，显著侧扁；单眼后区宽长比约为 1.5；后胸后侧片后角稍延伸，附片小型，中部内凹；足完全黑色，无其他色斑；雌虫锯腹片中部锯刃突出，亚基齿细弱，中部锯刃齿式 1~2/5~7；雄虫阳茎瓣头叶亚方形，尾侧突明显等，与其他种类容易鉴别。

目前，本种团共 1 种，中国无分布，即 *M. cinctula* (Norton, 1869)，属于北美洲特有种类，分布于美国和加拿大。

40. 烟翅钩瓣叶蜂 *Macrophya cinctula* (Norton, 1869)

Tenthredo atroviolaceus var. *cinctulus* Norton, 1869. *Transactions of the American Entomological Society*, 2(3):240.

Macrophya abbotii W.F. Kirby, 1882. By order of the Trustees, London, pp. 269-270.

Zalagium clypeatum Rohwer, 1912. *Proceedings of the United States National Museum*, 43: 217.

观察标本：非模式标本：1♀, MARYLAND: Prince Georges Co., Beltsville Agric. Res. Center, 39°02′ N, 76°52′ W, Malaise trap, N. Schiff, 8-20- Ⅶ -1992, bog., trap #4; 1♂, MARYLAND: Prince Georges Co., Beltsville Agric. Res. Center, 39°02′ N, 76°52′ W, Malaise trap, N. Schiff, 24. Ⅵ -7. Ⅶ -1992, bog., trap #4.

分布：北美洲★（美国）。

鉴别特征：本种在该属所有种类中，是唯一翅面弄烟黑色的种类，其他特征如：体长 11.5mm；体大部烟黑色，无明显白斑；腹部第 3~4 节背板全部及第 5 背板侧缘具红褐色斑纹；触角完全黑色，鞭节中部膨大，显著侧扁；单眼后区宽长比约为 1.5；足完全黑色，无其他色斑；雌虫锯腹片中部锯刃突出，亚基齿细弱，中部锯刃齿式 1~2/5~7；雄虫阳茎瓣头叶亚方形，具明显侧突等，与其他种类容易鉴别。

2.3.6 深碟钩瓣叶蜂种团 *M. coxalis* group

种团鉴别特征：触角完全黑色，鞭节中端部明显膨大，端部 4 节明显短缩；后胸后侧片附片发达，具碟形附片；后足胫节背侧亚端部通常具白斑，后足跗节通常完全黑色；阳茎瓣头叶纵向通常椭圆形，长大于宽，侧突窄长，与头叶基部明显分开。

目前，该种团共有 17 种，中国分布 12 种，其种类分别是：*M. albannulata* Wei & Nie, 1998、*M. albipuncta* (Fallén, 1808)、*M. allominutifossa* Wei & Li, 2013、*M. andreasi* Saini & Vasu, 1997、*M. brancuccii* Muche, 1983、*M. coxalis* (Motschulsky, 1866)、*M. fascipennis* Takeuchi, 1933、*M. hyaloptera* Wei & Nie, 2003、*M. latimaculana* Li, Dai & Wei, 2013 *M. linzhiensis* Wei & Li, 2013、*M. minutifossa* Wei & Nie, 2003、*M. oligomaculella* Wei & Zhu, 2009、*M. paraminutifossa* Wei & Nie, 2003、*M. shangae* Li, Liu & Wei, 2017、*M. teutona* (Panzer, 1799)、*M. trimicralba* Wei, 2006 和 *M. zhoui* Wei & Li, 2013。

该种团种类在中国南部地区有所分布，但在中国西北和东北地区也有所分布，向国外延伸到朝鲜、日本与欧洲。

分种检索表

1.	中胸背板和中胸小盾片完全暗红褐色；足大部白色，少部具黑斑；翅痣基缘具黄褐色斑；中窝和侧窝深，额区明显隆起，中部明显凹陷，额脊宽钝；单眼后区明显隆起，宽长比约为 1.5。欧洲 …………	**_M. teutona_ (Panzer, 1799)** ♀
	中胸背板和中胸小盾片绝无红斑；翅痣无黄褐色斑，完全黑褐色；其余特征不同于上述 ……	**2**
2.	后足胫跗节完全黑色…………	**3**
	后足胫节不完全黑色，背侧具显著白斑…………	**6**

3. 唇基完全黑色；前中足转节几乎全部黑色，后足转节完全白色；头部额区刻点稍密集，刻点间隙明显宽于刻点直径；后胸后侧片大部光滑，附片稍窄于后胸后侧片平台；前翅翅痣下方具等宽于翅痣的烟褐色横带明显，边界清晰；腹部仅第 2 背板具侧白斑，且十分显著等。日本（本州、四国、九州）……………………………………………………… ***M. fascipennis*** **Takeuchi, 1933** ♀

唇基多少具白斑；各足转节完全白色；头部额区刻点密集，刻点间隙几乎等宽于刻点直径；后胸后侧片大部区域具明显刻点；前翅翅痣下方无烟褐色横带或具浅烟褐色斑纹；其余特征不同于上述……………………………………………………………………………………………… **4**

4. 前翅翅痣下方具浅烟褐色斑纹，边界不清晰；腹部第 1 背板中央后缘 2/5 具宽横白斑，第 2~4 背板侧角具大型白斑。中国（广西）……………………………… ***M. shangae*** **Li, Liu & Wei, 2017**

前翅翅痣下方无烟褐色横带或斑纹，翅面几乎透明；腹部第 1 背板中央后缘无白边或白边狭窄；第 2~3（4）背板侧角白斑较前者小型 ………………………………………………………… **5**

5. 唇基完全白色，无黑斑；腹部第 2~4 背板侧缘具明显白斑，各节腹板后缘白色；各足基节大部白色，仅前中足基节基部和后足基节基大部黑色；前翅 2Rs 室等长于 1Rs 室长；雌虫锯腹片中部锯刃齿式 2/16~17。中国（甘肃、四川、浙江、福建、江西、湖南、贵州、云南、广东、广西、台湾）…………………………………………………… ***M. minutifossa*** **Wei & Nie, 2003** ♀♂

唇基不完全黑色，中央具横白斑；腹部第 2~3 背板侧缘具小型白斑，第 10 腹板后缘白色，其余各节腹板完全黑色；各足基节大部黑色，仅前中足基节端部和后足基节端缘白色；前翅 2Rs 室明显长于 1Rs 室；雌虫锯腹片中部锯刃齿式 2/9~11。中国（云南、台湾）

……………………………………………………………… ***M. allominutifossa*** **Wei & Li, 2013** ♀♂

6. 后胸后侧片附片几乎不延伸，后角具浅碟形凹陷；后足跗节大部白色；后足胫节中部 1/2 宽环白色；后足股节背侧具明显白带；上唇、唇基、前胸背板后缘宽边及翅基片全部白色。欧洲

……………………………………………………………………… ***M. albipuncta*** **(Fallén, 1808)** ♀♂

后胸后侧片后角延伸，附片碟形；后足跗节完全黑色；其余特征不完全同于上述 …………… **7**

7. 后足胫节背侧多少具红褐色斑纹……………………………………………………………… **8**

后足胫节背侧绝无红斑………………………………………………………………………… **9**

8. 唇基不完全白色，仅基缘具黑斑，前缘缺口弓型；中胸小盾片隆起，顶面稍高于中胸背板平面，无明显顶点；后胸后侧片洼部具少许浅弱刻点，附片具小型前缘碟形凹陷，淡膜区间距约 3 倍于淡膜区宽；后足基节外侧基部具大型白斑，卵圆形；后足股节完全黑色，背侧端部无白斑；后足胫节背侧亚端部白斑 1/3 弱，背侧基部约 3/4 具红褐色斑纹；后足跗节几乎全部黑褐色，微带隐红色（雄虫：后胸后侧片具明显的碟形附片；后足胫节亚端部 1/3 弱宽斑白色，中部约 2/3 具暗红褐色斑，基部及端部具黑斑；后足股节腹侧黑色，无白带）。中国（安徽、湖南）

………………………………………………………………………… ***M. zhoui*** **Wei & Li, 2013** ♀♂

唇基不完全黑色，中央具横白斑，前缘缺口较深弧形，底部稍平直；中胸小盾片显著隆起，顶面明显高于中胸背板平面，顶部具锥形顶点；后胸后侧片洼部具明显刻点，附片具较深的碟形凹陷，淡膜区间距约 2.5 倍于淡膜区宽；后足基节外侧基部具宽长白斑，非卵圆形；后足股节背侧端部具显著白斑；后足胫节背侧亚端部具亚三角形小型白斑，其余黑褐色，略带隐红色；后足跗节大部黑褐色，背侧部分具小型白斑。中国（西藏）…………… ***M. linzhiensis*** **Wei & Li, 2013** ♀

9. 腹部各节背板完全黑色，无侧白斑；后足转节完全白色；后胸后侧片附片碟形毛窝约 1.6 倍于中单眼直径宽；淡膜区间距约 2.5 倍于淡膜区宽；前翅臀室中柄约等于 1r-m 脉长。朝鲜（Zokurisan），日本（北海道、本州、四国、九州）；中国（黑龙江、吉林、辽宁、安徽、湖北、浙江、福建、江西、湖南）…………………………………………………… ***M. coxalis*** **(Motschulsky, 1866)** ♀♂

腹部至少有 1 节背板侧白斑显著；其余特征不同于上述……………………………………… **10**

10. 后足胫节背侧具细长白斑，白斑等于或长于后足胫节 1/2 长 ……………………………………… **11**
后足胫节背侧亚端部具宽短白斑，白斑长度短于后足胫节 1/2 长 ………………………………… **14**
11. 中胸前侧片中部和中胸小盾片中央各具 1 个小型白斑。中国（湖南、贵州、广东、广西）
…………………………………………………………………… ***M. trimicralba* Wei, 2006** ♀
中胸侧板和中胸小盾片均完全黑色 ……………………………………………………………… **12**
12. 腹部仅第 2~5（6）背板具侧白斑，第 2 背板侧白斑最大；腹部第 6~9 背板完全黑色。中国（浙江、福建、湖南、江西、广西）………………………… ***M. oligomaculella* Wei & Zhu, 2009** ♀♂
腹部至少有 9 节背板具显著白斑 ………………………………………………………………… **13**
13. 腹部各节背板侧白斑很宽，约等于背板 3/4 宽。中国（江西、贵州、福建）
……………………………………………………………… ***M. latimaculana* Li, Dai & Wei, 2013** ♀
腹部各节背板侧白斑窄长，明显窄于背板 1/2 长。中国（陕西、重庆、四川、安徽、浙江、福建、湖北、江西、湖南、贵州、广东、广西）……………… ***M. albannulata* Wei & Nie, 1998** ♀♂
14. 前中足转节腹侧具黑斑，后足转节白色；头部背侧光泽强烈，额区与单眼后区刻点较稀疏浅弱，刻点间光滑间隙明显；前胸背板后缘白边较宽；腹部第 2~4 背板具侧白斑，向后依次渐小（雄虫：后足股节不完全黑色，腹侧具白色条斑）。中国（甘肃、陕西、河南、浙江、福建、江西、湖北、湖南、贵州、云南）……………………………… ***M. hyaloptera* Wei & Nie, 2003** ♀♂
各足转节均白色；第 2~4 背板侧白斑显著（雄虫：前胸背板后缘和翅基片外缘白色；头部背侧光泽稍强，光滑间隙明显；后足股节腹侧基部约 2/3 具白斑；阳茎瓣头叶前缘无明显尖突，尾侧突细长）。中国（浙江、福建、湖南、贵州、广东）………… ***M. paraminutifossa* Wei & Nie, 2003** ♀♂

41. 白环钩瓣叶蜂 *Macrophya albannulata* Wei & Nie, 1998（图版 2-23）

Macrophya albannulata Wei & Nie, 1998. *Insects of Longwangshan Nature Reserve*, 373-374, 388-389.

观察标本：正模：♀，浙江松阳安岔后，1989-Ⅶ-15~17，浙江农业大学，何俊华；副模：1♀，浙江安吉龙王山，1995-Ⅶ-20，吴鸿；1♂，浙江西天目山仙人顶，1990-Ⅵ-2，浙江农业大学，汪僵庚；1♀，湖南炎陵桃源洞，1995-Ⅴ-25，郑波益；1♀，四川丰都世坪，610m，中国科学院；非模式标本：3♀♀3♂♂，湖南炎陵桃源洞，1999-Ⅳ-24，900~1 000m，魏美才，肖炜，刘纯良；1♂，湖南武冈云山，1 300m，1999-Ⅴ-3，肖炜；1♀，四川万县王二包，1 200m，1994-Ⅴ-27，中国科学院，杨星科；1♀，浙江天目山，1988-Ⅶ-6，何俊华；1♀，浙江凤阳山，1984-Ⅶ-19，浙江农业大学，沈立来；1♀，浙江天目山，1983-Ⅵ-8，马云；2♂♂，浙江西天目山仙人顶，1990-Ⅵ-2~4，浙江农业大学，何俊华，汪僵庚，胡海军；1♂，浙江西天目山，1994-Ⅵ-4，张大羽；1♂，浙江西天目山老殿-仙人顶，1 250~1 547m，1989-Ⅵ-5，陈学新；3♀♀，贵州梵净山，350m，1999-Ⅴ-16，魏美才；4♀♀10♂♂，湖南平江幕阜山，1 400m，2001-Ⅴ-8，魏美才，钟义海；1♂，湖南宜章莽山，1 260m，2001-Ⅳ-20，魏美才；1♀，贵州习水蔺江，950m，2000-Ⅵ-4，肖炜；1♀，贵州遵义大沙河，1 100m，2004-Ⅴ-22，林杨；1♀，福建武夷山磨石坑，900~1 100m，2004-Ⅴ-11，周虎；1♂，江西萍乡芦溪，2004-Ⅳ-3，魏美才；1♀，湖南宜章莽山，2003-Ⅳ-15，1 000m，肖炜；3♀♀，湖南浏阳大围山，600~1 500m，2005-Ⅴ-5，王德明；1♀，贵州雷山小丹江，650m，2005-Ⅵ-4，梁旻雯；1♀，湖南浏阳大围山，960~1 200m，2003-Ⅵ-5，肖炜；1♀，贵州遵义大沙河，1 300m，2004-Ⅴ-24，林杨；1♀，广西猫儿山九牛塘，N. 25°53.089′，E. 110°29.287′，1 064m，2006-Ⅴ-17，游群；2♀♀，安徽天柱山炼丹湖，N. 30°44.544′，E. 116°27.423′，1 117m，2006-Ⅵ-22，肖炜，牛耕耘；1♀，湖南幕阜山燕子崖，N.28°58.728′，E.113°49.422′，1 330m，2007-Ⅴ-29，李泽建；1♂，湖南幕阜山沟里，N. 28°57.939′，E. 113°49.711′，860m，2007-Ⅳ-26，李泽建；1♀，广东始兴车八岭，N. 24°43.382′，E. 114°15.383′，400m，2007-Ⅴ-18，李泽建；1♀，湖南资兴滁口，N. 25°95′，E. 113°39′，2004-Ⅴ-25，黄建华；1♀，湖南幕阜山燕子坪，N. 28°58.728′，E. 113°49.422′，1 330m，2008-Ⅵ-20，钟义海；3♀♀2♂♂，湖南幕阜山一峰尖，N. 28°59.297′，E. 113°49.547′，1 604m，2008-Ⅴ-22，张媛，刘飞；1♀，湖南幕阜山天门寺，N. 28°58.780′，E. 113°49.745′，1 350m，2008-Ⅴ-23，张媛；1♂，湖南幕阜山天门寺，N. 28°58.780′，E. 113°49.745′，1 350m，2008-Ⅴ-6，肖炜；4♂♂，湖南幕阜山沟里，N. 28°57.939′，E. 113°49.711′，860m，2008-Ⅳ-24，李泽建；1♂，湖南幕阜山老朋沟，N. 28°58.524′，E. 113°49.638′，1 220m，2008-Ⅳ-25，李泽建；1♀，湖南幕阜山云腾山庄，N. 28°58.236′，E. 113°49.129′，1 100m，2008-Ⅳ-26，李泽建；1♀，湖南幕阜山一峰尖，N. 28°59.297′，E. 113°49.547′，1 604m，2008-Ⅶ-13，魏美才；2♀♀，湖南幕阜山沸沙池，N. 28°59.423′，E. 113°50.168′，1 455m，2008-Ⅶ-14，魏美才，李泽建；4♀♀，湖南幕阜山天门寺，N. 28°58.780′，E. 113°49.745′，1 350m，2008-Ⅵ-20~22，钟义海，张媛；2♀♀，湖南幕阜山一峰尖，N. 28°59.297′，E. 113°49.547′，1 604m，2008-Ⅵ-22，钟义海，张媛；1♀，重庆缙云山，600m，2003-Ⅴ-31，黄建华；1♀，陕西周至楼观台，N. 34°02.939′，E. 108°19.303′，899m，2006-Ⅴ-25，朱巽；2♀♀3♂♂，湖南平江幕阜山天门寺，N. 28°58.780′，E. 113°49.745′，1 350m，2009-Ⅴ-11~12~13，李泽建；1♀1♂，浙江龙泉凤阳山官埔垟，N. 27°55.153′，E. 119°11.252′，838m，2009-Ⅳ-21，李泽建；2♀♀，重庆缙云山，N. 29°50.12′，E.106°23.03′，750~800m，2006-Ⅴ-16，张少冰，朱小妮；1♀，福建武夷山桂敦，N. 27°44.037′，E. 117°38.699′，1 137m，2007-Ⅴ-1，钟义海；1♂，福建上杭县梅花山，N. 25°17.631′，E. 116°52.978′，1 177m，2007-Ⅳ-25，钟义海；1♀，江西萍乡万龙山，1 000~1 200m，2006-Ⅴ-2，魏美才；8♀♀2♂♂，湖南永州舜皇山，900~1 200m，2004-Ⅳ-27~28，刘卫星，刘守柱，贺应科，林杨；4♀♀，湖南省林业学校标本；7♂♂，湖南城步南山，1 000m，2005-Ⅳ-24，肖炜；1♂，湖南永州阳明山，900~1 000m，2004-Ⅳ-25，周虎；3♂♂，湖南武冈云山电视塔，N. 26°38.754′，E. 110°37.310′，1 320m，2009-Ⅴ-3~5，王晓华；1♂，湖南武冈云山云峰阁，N. 26°38.983′，E. 110°37.169′，1 170m，2009-Ⅴ-1，王晓华；2♀♀3♂♂，湖南绥

宁黄桑，600~900m，2005-Ⅳ-21~22，朱巽，肖炜，张少冰，周虎，梁旻雯；2♀♀1♂，湖南高泽源山脚，N. 25°22.418′，E.111°16.219′，454m，2008-Ⅳ-26，费汉榄；3♀♀，湖南道县庆里源站，N. 25°29.540′，E.111°23.158′，370m，2008-Ⅳ-24，王德明，赵赴，苏天明；2♀♀，湖南高泽源双峰山，N. 25°23.009′，E. 111°15.438′，664m，2008-Ⅳ-26，赵赴，游群；1♀，湖南大围山栗木桥，N.28°25.520′，E. 114°05.198′，980m，2010-Ⅴ-2，李泽建；1♂，湖南大围山栗木桥，N. 28°25.520′，E. 114°05.198′，980m，2010-Ⅴ-7，朱朝阳；1♀，CSCS11040，湖南石门壶瓶山石碾子沟，N. 30°00.59′，E. 110°33.18′，710m，2011-Ⅵ-1~3，李泽建，朱朝阳；1♀，CSCS11053，浙江临安清凉峰龙塘山，N. 30°07.04′，E. 118°52.41′，1 380m，2011-Ⅵ-8，李泽建；1♀，CSCS11054，浙江临安清凉峰龙塘山，N. 30°07.04′，E. 118°52.41′，1 380m，2011-Ⅵ-8，魏力，胡平；3♀♀，CSCS11060，浙江临安西天目山，N. 30°20.64′，E. 119°26.41′，1 100m，2011-Ⅵ-12~16，魏美才，牛耕耘；2♀♀，CSCS11061，浙江临安西天目山老殿，N. 30°20.31′，E. 119°25.59′，1 100m，2011-Ⅵ-12~16，李泽建；2♀♀，CSCS11062，浙江临安西天目山老殿，N. 30°20.31′，E. 119°25.59′，1 100m，2011-Ⅵ-12~16，魏力，胡平；3♀♀，CSCS11063，浙江临安西天目山仙人顶，N. 30°20.59′，E. 119°25.26′，1 506m，2011-Ⅵ-13，李泽建；6♀♀，CSCS11064，浙江临安西天目山仙人顶，N. 30°20.59′，E. 119°25.26′，1 506m，2011-Ⅵ-13，魏力，胡平；1♀，湖北五峰县后河，2002-Ⅶ-16，余守和；1♀, CHINA, Hunan, nr. Wugang, Mt. Yunshan, 1 200m, 3-Ⅴ-2009, A.Shinohara；1♀1♂，CSCS12074，湖南平江南江桥镇幕阜山云腾寺-知青亭，2012-Ⅴ-11，黄俊浩，施凯，杨露菁；1♀，CSCS12151，浙江临安清凉峰龙塘山，黄盘诱，2012-Ⅴ，浙江农林大学；2♂♂，CSCS13017，湖南邵阳武冈云山云峰阁，N.26º38.983′，E. 110º37.169′，海拔 1 170m，2013-Ⅳ-16，祁立威，褚彪；1♂，湖南邵阳武冈云山云峰阁，N. 26º38.983′，E. 110º37.169′，1 170m，2013-Ⅳ-14，祁立威，褚彪；1♀，CSCS13021，湖南浏阳大围山栗木桥，N. 28º25.520′，E. 114º05.198′，980m，2013-Ⅳ-27~28，李泽建，祁立威；1♂，CSCS13035，广西田林岑王老山奄家坪，N. 24º26.42′，E. 106º22.20′，1 407m，2013-Ⅴ-5，魏美才，牛耕耘；1♂，CSCS14022，浙江临安天目山禅源寺，N. 30°19′26″，E. 119°26′21″，481m，2014-Ⅳ-15，刘婷&余欣杰采，乙酸乙酯；2♂♂，LSAF14015，湖北麻城龟山镇龟峰山，N. 31.09°，E. 115.22°，900m，2014-Ⅳ-22，李泽建采，乙醇浸泡；1♀，CSCS14035，湖南浏阳大围山栗木桥，N. 28°25.520′，E. 114°05.198′，980m，2014-Ⅳ-28，肖炜采，乙酸乙酯；1♂，CSCS14034，湖南浏阳大围山栗木桥，N. 28°25.520′，E. 114°05.198′，980m，2014-Ⅳ-27，肖炜采，乙酸乙酯；1♂，CSCS14030，湖南浏阳大围山栗木桥，N. 28°25.520′，E. 114°05.198′，980m，2014-Ⅳ-18，祁立威采，乙酸乙酯；1♂，CSCS14038，湖南浏阳大围山栗木桥，N. 28°25.520′，E. 114°05.198′，980m，2014-Ⅳ-28，褚彪采，乙酸乙酯；1♂，

CSCS14039，湖南浏阳大围山栗木桥，N. 28°25.520′，E. 114°05.198′，980m，2014-Ⅳ-29，褚彪采，乙酸乙酯；1♂，CSCS14103，陕西太白县青蜂峡第二停车场，N. 34°0.713′，E. 107°26.167′，1 792m，2014-Ⅵ-11，褚祁立威 & 康玮楠采，$CH_3COOC_2H_5$；1♀，CSCS15012，湖南桂东齐云山水电站沟，N. 25°45.361′，E. 113°55.598′，752m，2015-Ⅳ-5，魏美才 & 牛耕耘采，$CH_3COOC_2H_5$；1♀，CSCS15013，湖南桂东齐云山水电站沟，N. 25°45.361′，E. 113°55.598′，752m，2015-Ⅳ-5，晏毓晨 & 刘婷采，$CH_3COOC_2H_5$；1♂，CSCS16009，湖南省常宁市大义山，N. 26°18′44″，E. 112°31′6″，314m，20164-Ⅳ-18，肖炜采，乙酸乙酯；2♀♀1♂，CSCS16146，浙江临安西天目山禅源寺，N. 30.322°，E. 119.443°，362m，2016-Ⅳ-17，李泽建 & 刘萌萌 & 陈志伟采，乙酸乙酯；1♂，CSCS16141，浙江临安西天目山禅源寺，N. 30.322°，E. 119.443°，362m，2016-Ⅳ-13，李泽建 & 刘萌萌 & 陈志伟采，乙酸乙酯；1♂，CSCS16142，浙江临安西天目山禅源寺，N. 30.322°，E. 119.443°，362m，2016-Ⅳ-14，李泽建 & 刘萌萌 & 陈志伟采，乙酸乙酯；3♀♀9♂♂，CSCS16047，湖南平江县福寿山，N. 28°28.300′，E. 113°46.000′，1 104m，2016-Ⅴ-11~13，肖炜采，乙酸乙酯；3♂♂，CSCS16049，湖南平江县福寿山，N.28°28.300′，E. 113°46.000′，1 104 m，2016-Ⅴ-11~13，黄维竣采，乙酸乙酯；8♂♂，CSCS16048，湖南平江县福寿山，N. 28°28.300′，E. 113°46.000′，1 104m，2016-Ⅴ-11~13，颜华采，乙酸乙酯；1♀，CSCS16043，浙江余姚四明山黎白线 8km，N. 29°44′33″，E. 121°04′46″，900m，2016-Ⅴ-4，刘萌萌 & 刘琳采，乙酸乙酯；2♀♀，LSAF16174，江西武功山红岩谷，580m，2016-Ⅳ-3，盛茂领 & 李涛采，马氏网 1 号网；2♀♀，LSAF17015，江西修水县黄沙港林场五梅山，2016-7，马氏网，500 米，冷先平采；2♀♀2♂♂，LSAF17046，浙江临安西天目山禅源寺，N.30.323°，E. 119.442°，405m，2017-Ⅳ-19~20，姬婷婷采，乙酸乙酯；16♂♂，LSAF17053，浙江临安西天目山开山老殿，N. 30.343°，E. 119.433°，1 106m，2017-Ⅳ-28~29，李泽建 & 刘萌萌 & 高凯文 & 姬婷婷采，乙酸乙酯；2♂♂，LSAF17049，浙江临安西天目山开山老殿，N. 30.343°，E. 119.433°，1 106m，2017-Ⅳ-23~24，姬婷婷采，乙酸乙酯；1♀，LSAF17037，浙江临安西天目山禅源寺，N. 30.323°，E. 119.442°，405m，2017-Ⅳ-16，刘萌萌 & 高凯文 & 姬婷婷采，乙酸乙酯；1♀4♂♂，LSAF17038，浙江临安西天目山禅源寺，N. 30.323°，E. 119.442°，405m，2017-Ⅳ-17，刘萌萌 & 高凯文 & 姬婷婷采，乙酸乙酯；1♀，LSAF17036，浙江临安西天目山禅源寺，N. 30.323°，E. 119.442°，405m，2017-Ⅳ-15，刘萌萌 & 高凯文 & 姬婷婷采，乙酸乙酯；1♂，LSAF17040，浙江临安西天目山禅源寺，N. 30.323°，E. 119.442°，405m，2017-Ⅳ-18，刘萌萌 & 高凯文 & 姬婷婷采，乙酸乙酯；1♂，LSAF17058，浙江临安西天目山开山老殿，N. 30.343°，E. 119.433°，1 106m，2017-Ⅴ-6，刘萌萌 & 高凯文 & 姬婷婷采，乙酸乙酯；1♂，LSAF17064，浙江临安西天目山禅源寺，N. 30.323°，E. 119.442°，405m，2017-Ⅴ-13，高凯文 & 姬婷婷

采，乙酸乙酯；1♂，LSAF17060，浙江临安西天目山禅源寺，N. 30.323°，E. 119.442°，405m，2017-Ⅴ-9，姬婷婷采，乙酸乙酯；2♀♀1♂，LSAF17087，浙江临安西天目山开山老殿，N. 30.343°，E. 119.433°，1 106m，2017-Ⅴ-28，李泽建 & 刘萌萌 & 高凯文 & 姬婷婷采，乙酸乙酯；8♂♂，LSAF17084，浙江临安西天目山开山老殿，N.30.343°，E. 119.433°，1 106m，2017-Ⅴ-27，李泽建 & 刘萌萌 & 高凯文 & 姬婷婷采，乙酸乙酯；1♂，LSAF17081，浙江临安西天目山开山老殿，N. 30.343°，E. 119.433°，1 106m，2017-Ⅴ-25，姬婷婷采，乙酸乙酯；2♀♀，LSAF17094，江西省抚州市资溪县马头山国家级自然保护区，2017-Ⅳ-25，马氏网；1♀，LSAF17097，江西省抚州市资溪县马头山国家级自然保护区，2017-Ⅳ-16，马氏网；1♀，LSAF17089，浙江临安西天目山开山老殿，N. 30.343°，E.119.433°，1 106m，2017-Ⅵ-7，刘萌萌 & 高凯文 & 姬婷婷采，乙酸乙酯；1♀，LSAF17090，浙江临安西天目山开山老殿，N. 30.343°，E. 119.433°，1 106m，2017-Ⅵ-18，刘萌萌 & 高凯文 & 姬婷婷采，乙酸乙酯；1♀，LSAF17102，浙江临安天目山开山老殿，N. 30.343°，E. 119.433°，1 106m，2017-Ⅶ-10~16，高凯文采，乙酸乙酯。

个体变异：雌虫基节外侧卵形白斑与后足胫节背侧白斑长度有长短变化，雌虫中胸前侧片中央具小型白斑；雄虫后足胫节背侧白斑短于后足胫节 1/2 长。

分布：陕西（秦岭），重庆（缙云山），四川（丰都县、万县），安徽（天柱山、大别山），浙江（松阳县、四明山、天目山、龙王山、凤阳山、清凉峰），湖北（龟峰山），福建（武夷山、梅花山），湖南（大围山、资兴、桃源洞、幕阜山、莽山、舜皇山、南山、阳明山、云山、黄桑、都庞岭、壶瓶山、大义山、福寿山、齐云山），江西（萍乡、万龙山、武功山、修水县、马头山），贵州（雷公山、梵净山、蔺江、大沙河、雷山县），广东（车八岭），广西（猫儿山、岑王老山）。

鉴别特征：本种与小碟钩瓣叶蜂 *M. minutifossa* Wei & Nie, 2003 较近似，但前者体长 10~10.5mm；后足胫节背侧亚端部狭长白色条斑显著长于胫节 1/2 长；腹部第 1 背板后缘狭边、第 2~9 背板后缘两侧 1/3 左右长斑、第 10 背板后缘白色；后胸后侧片附片碟形凹陷稍大于淡膜区；锯腹片中部锯刃齿式 2/10~11；阳茎瓣头叶前缘较圆滑，无尖突。

42. 浅刻钩瓣叶蜂 *Macrophya albipuncta* (Fallén, 1808)

Tenthredo arbustorum Pollich, 1781. *Bemerkungen der Kuhrpfälzischen physikalisch-ökonomischen Gesellschaft vom Jahre* 1779, 275-278.

Tenthredo albipuncta Fallén, 1808. *Vetenskaps Academiens nya Handlingar*, 29(2): 104-105.

Tenthredo (*Macrophya*) *liciata* Eversmann, 1847. *Bulletin de la Société Impériale des Naturalistes de Moscou*, 20(1):40.

Macrophya nivosa Costa, 1894. *Atti della Reale Accademia delle Scienze Fisiche e Matematiche*, 3: 191.

观察标本：非模式标本：1♀, coll. Konow, Received on exchange ex coll., Deutsches Entomolog. Institut, Eberswaldae, Germany, 2001；1♂, DDR: Suhl, NSG Vessertal, 25-27-Ⅴ-1987, A. Taeger leg., Received on exchange ex coll., Deutsches Entomolog. Institut, Eberswaldae, Germany, 2001.

分布：欧洲*（奥地利、保加利亚、克罗地亚、捷克、爱沙尼亚、芬兰、法国、德国、英国、意大利、拉脱维亚、马其顿、挪威、波兰、罗马尼亚、俄罗斯、斯洛伐克、瑞典、瑞士、南斯拉夫）。

寄主：拢牛儿苗科，天竺葵属，天竺葵 *Pelargonium hortorum* 和拢牛儿苗科，老鹳草属，老鹳草 *Geranium pratense*。

鉴别特征：本种与 *M. albicincta* (Schrank, 1776) 较近似，但前者体长 8mm；上唇和唇基均白色；翅基片完全白色；中胸小盾片完全黑色；腹部第 2~9 背板后缘及侧缘具白斑；后足股节大部白色，仅外侧中部和内侧具黑色斑纹，背侧具白带；后足胫节中部白环约占后足胫节 2/3 长；雌虫锯腹片锯刃具乳突状突起。

43. 异碟钩瓣叶蜂 *Macrophya allominutifossa* Wei & Li, 2013（图版 2-24）

Macrophya allominutifossa Wei & Li, 2013. *Acta Zootaxonomia Sinica*, 38(4): 831-840.

观察标本：正模：♀，云南丽江玉龙雪山，2 500m，1996-Ⅵ-15，卜文俊；副模：1♀，云南丽江玉龙雪山，2 500m，1996-Ⅵ-15，卜文俊；1♂，云南永平，1983-Ⅴ-27，中国科学院，吴建毅；3♀♀1♂，云南昆明西南林学院，N. 25°04′，E. 102°45′，1 950m，2009-Ⅴ-27，李泽建；1♂，温泉，Ⅴ-30，1 000m，和佳凤；1♂, TAIWAN, Nan-tou-Hsien, nr. Puli, Kuan-tao-shan, 6~12-Ⅴ-1987, C. C. Lo.。

分布：云南（玉龙雪山、永平县、昆明市），台湾（南投县）。

鉴别特征：本种与小碟钩瓣叶蜂 *M. minutifossa* Wei & Nie, 2003 十分近似，但前者体长 10~10.5mm；唇基不完全黑色，中央具横白斑；腹部第 2~3 背板侧缘具小型白斑，第 7 腹板后缘白色，其余各节腹板完全黑色；各足基节大部黑色，仅前中足基节端部和后足基节端缘白色；前翅 2Rs 室明显长于 1Rs 室；锯腹片中部锯刃齿式 2/9~11，亚基齿小型。

44. 安氏钩瓣叶蜂 *Macrophya andreasi* Saini & Vasu, 1997

Macrophya punctata Saini, Bharti & Singh, 1996. *Deutsche Entomologische Zeitschrift,* 43(1):147-148.

Macrophya andreasi Saini & Vasu, 1997. *Journal of entomological Research*, 21(2): 201.

未见标本。

分布：墨脱（阿鲁纳恰尔邦）。

45. 布兰库钩瓣叶蜂 *Macrophya brancuccii* Muche, 1983

Macrophya brancuccii Muche, 1983. *Reichenbachia*, 21(29):178.

Macrophya metepimerata B. Singh, T. Singh & Dhillon, 1984. *Journal of Entomological Research*, 8(2):159-161.

Macrophya concolor M.S. Saini, D. Singh, M. Singh & T. Singh. *Journal of the New York Entomological Society*, 94(1):65-67.

未见标本。

分布：不丹*，印度*（北方邦、喜马偕尔邦），锡金*。

46. 深碟钩瓣叶蜂 *Macrophya coxalis* (Motschulsky, 1866)（图版 2-25）

Dolerus coxalis Motschulsky, 1866. *Bulletin de la Société Impériale des Naturalistes de Moscou*, Moscou, 39 (1): 182.

Macrophya ignava F. Smith, 1874. *Transactions of the Entomological Society of London for the Year*, 379.

Emphytus japonicus W.F. Kirby, 1882. *By order of the Trustees*, London, pp. 203.

Macrophya discreta Forsius, 1925. *Acta Societatis pro Fauna et Flora Fennica*, 4: 9.

观察标本：非模式标本：10♀♀7♂♂，湖南株洲，1996-Ⅳ-18~20~23，魏美才，文军；6♀♀，湖南炎陵桃源洞，900~1 000m，1999-Ⅳ-23，魏美才，邓铁军；1♀，浙江江山仙霞岭，1984-Ⅴ-11，中国科学院，刘，郑；1♀，浙江杭州植物园，1981-Ⅴ-1，中国科学院，严衡元；1♀，浙江溪口，1982-Ⅳ-11，胡美芳；1♀，湖南桃源洞，1995-Ⅴ-25，郑波益；1♂，湖北秭归茅坪，80m，1994-Ⅳ-28，中国科学院，姚建；3♀♀1♂，福建光泽，200m，1960-Ⅲ-23，中国科学院，金根桃，林扬明；1♂，福建光泽，200~300m，1960-Ⅳ-2，中国科学院，金根桃，林扬明；1♀，福建陇面山，1987-Ⅳ-5，杨立中；1♀，福建光泽司前，450~600m，1960-Ⅳ-25，中国科学院，金根桃，林扬明；1♀，福建武夷山庙湾，800~1 000m，2004-Ⅴ-17，梁旻雯；4♀♀1♂，江西萍乡芦溪，2004-Ⅳ-3，魏美才；1♀，辽宁宽甸硼海镇，500~600m，2001-Ⅵ-4，肖炜；1♀，辽宁宽甸白石砬子，400~500m，2001-Ⅵ-1，肖炜；1♂，辽宁抚顺，2001-Ⅴ-15，盛茂领；2♀♀，安徽金寨天堂寨，N. 31°09.770′，E. 115°45.854′，596m，2006-Ⅴ-6，朱小妮；9♀♀3♂♂，浙江龙泉凤阳山官埔垟，N. 27°55.153′，E. 119°11.252′，838m，2009-Ⅳ-21，李泽建，刘飞，聂帅国；2♀♀4♂♂，湖南新宁一渡水，2005-Ⅳ-6，肖炜；3♀♀，湖南大围山栗木桥，N. 28°25.520′，E. 114°05.198′，980m，2010-Ⅴ-2，李泽建，姚明灿；3♀♀，湖南大围山栗木桥，N. 28°25.520′，E. 114°05.198′，980m，2010-Ⅳ-30，李泽建，姚明灿；1♀，湖南大围山马尾漕，N. 28°25.649′，E. 114°10.912′，1 100m，2010-Ⅴ-1，李泽建；2♀♀，湖南大围山栗木桥，N. 28°25.520′，E. 114°05.198′，980m，2010-Ⅴ-5，李泽建；1♀，N. China, Pinchiang, Yu-chuan (玉泉), 17-Ⅵ-1941, Syoziro Asahina, S. Asahina collection,

National Sciense Museum, Tokyo, NSMT-I-Hym, No. 22751; 1♂, N. China, Pinchiang, Yu-chuan（玉泉）, 26-Ⅴ-1940, Syoziro Asahina, S. Asahina collection, National Sciense Museum, Tokyo, NSMT-I-Hym, No. 22761；1♀，辽宁本溪大石湖，450~600m，2008-Ⅴ-31，沈阳师范大学，张春田；1♂，LSAF14015，湖北麻城龟山镇龟峰山，N. 31.09°，E. 115.22°，900m，2014-Ⅳ-22，李泽建采，乙醇浸泡；1♀，CSCS14172，吉林省抚松县露水河镇，N. 42°30′40″，E. 127°47′13″，758m，2014-Ⅵ-13，褚彪采，$CH_3COOC_2H_5$；1♀，CSCS14163，吉林省松江河镇前川林场，N. 42°13′45″，E. 127°46′32″，890m，2014-Ⅵ-5，褚彪采，$CH_3COOC_2H_5$；1♀，CSCS14164，吉林省松江河镇前川林场，N. 42°13′45″，E. 127°46′32″，890m，2014-Ⅵ-6，褚彪采，$CH_3COOC_2H_5$；1♀，辽宁新宾，2013-8，盛茂领采；1♀，LSAF17096，江西省抚州市资溪县马头山国家级自然保护区，2017-Ⅳ-18，马氏网。

分布：黑龙江（玉泉），吉林（长白山），辽宁（白石砬子、抚顺市、本溪市、新宾县），安徽（天堂寨），湖北（秭归县、龟峰山），浙江（仙霞岭、凤阳山、杭州、溪口），江西（芦溪县、马头山），湖南（株洲市、新宁县、桃源洞、大围山），福建（武夷山）；朝鲜*（Zokurisan），日本*（北海道、本州、四国、九州）。

个体变异：雌虫上唇中央和唇基中央具白斑；后足转节大部白色，腹侧具模糊黑斑。

鉴别特征：本种在中国及周边地区（日本、朝鲜）均有分布，本种体长 9~9.5mm；其他鉴别特征参照检索表。

47. 斑带钩瓣叶蜂 *Macrophya fascipennis* Takeuchi, 1933

Macrophya fascipennis Takeuchi, 1933. *The Transactions of the Kansai Entomological Society*, 4: 22-23.

观察标本：正模。

分布：日本。

鉴别特征：本种与异碟钩瓣叶蜂 *M. allominutifossa* Wei & Li, 2013 十分近似，但前者体长 9.5mm；唇基完全黑色；前中足转节几乎全部黑色，后足转节完全白色；头部额区刻点稍密集，刻点间隙明显宽于刻点直径；后胸后侧片大部光滑，附片稍窄于后胸后侧片平台；腹部仅第 2 背板具侧白斑，且十分显著；前翅翅痣下方具等宽于翅痣的烟褐色横带明显，边界清晰等。

48. 浅碟钩瓣叶蜂 *Macrophya hyaloptera* Wei & Nie, 2003（图版 2-26）

Macrophya hyaloptera Wei & Nie, 2003. *Fauna of Insects in Fujian Province of China*, 97, 202.

观察标本：正模：♀，江西庐山，1988-Ⅶ-8；副模：1♀，江西庐山，1988-Ⅶ-8；1♀，江西庐山，1993-Ⅶ-13；1♂，江西庐山，1981-Ⅴ-24，中国科学院，施达三；1♀，江西庐山，1981-Ⅵ-4，中国科学院，施达三；1♀，江西庐山，1987-Ⅵ-29；1♀，福建林学院，1986-Ⅴ-12；1♀，浙江西天目山，1994-Ⅵ-4，陈学新；1♀1♂，浙江西天目山老殿-仙人顶，1 250~1 547m，1989-Ⅵ-6，浙江农业大学，陈辽明等；非模式标本：1♂，河南嵩县白云山，1 300m，2001-Ⅵ-4，钟义海；1♀，河南嵩县白云山，1 500m，2003-Ⅶ-25，贺应科；1♀，河南嵩县天池山，1 300~1 400m，2004-Ⅶ-13，张少冰；3♀♀，贵州习水坪河-蔺江，1 500~1 800m，2000-Ⅵ-2，肖炜；1♀，贵州雷公山林场，1 600m，2005-Ⅴ-31，梁旻雯；2♀♀，甘肃小陇山，东岔林场桃花沟，N. 34°18.593′，E. 106°34.226′，1 180m，2009-Ⅵ-11，秦绍辉，沈艳丽；1♀，湖南石门壶瓶山，900m，2003-Ⅵ-1，刘守柱；1♀，贵州雷公山方样，1 000m，2005-Ⅵ-2，廖芳均；1♀，福建武夷山挂墩，1 000~1 500m，2004-Ⅴ-18，周虎；1♀，湖北神农架关门山，N. 31°26.201′，E. 110°23.991′，1 296m，2008-Ⅶ-17，赵赴；4♀♀，湖北神农架千家坪，N. 31°24.356′，E. 110°24.023′，1 789m，2009-Ⅶ-3~7，赵赴；2♀♀，湖北神农架摇篮沟，N. 31°29.104′，E. 110°22.878′，1 430m，2009-Ⅶ-29，赵赴；1♀，甘肃康县白云山，N. 33°19.604′，E. 105°36.173′，1 240m，2009-Ⅶ-12，朱巽；1♀，甘肃天水市太阳山，N. 34°25.196′，E. 105°46.523′，1 560m，2009-Ⅶ-7，朱巽；1♀，江西庐山大明水库，N. 29°33.873′，E. 115°59.076′，1 247m，2006-Ⅵ-20，肖炜；1♀，云南贡山黑洼底，N. 27°800′，E. 98°590′，2 100m，2009-Ⅵ-12，肖炜；2♀♀，云南贡山黑洼底，N. 27°800′，E. 98°590′，2 000m，2009-Ⅵ-16，肖炜，钟义海；1♀，云南贡山黑洼底，N. 27°800′，E. 98°590′，2 000m，2009-Ⅵ-6，钟义海；1♀，滇苍山东陂，2 200m，2008-Ⅵ-18；2♀♀，陕西周至，2009-Ⅵ-9~30，王培新；1♀，CSCS11060，浙江临安西天目山，N. 30°20.64′，E. 119°26.41′，1 100m，2011-Ⅵ-12~16，魏美才，牛耕耘；2♀♀，CSCS11061，浙江临安西天目山老殿，N. 30°20.31′，E. 119°25.59′，1 100m，2011-Ⅵ-12~16，李泽建；3♀♀，CSCS11062，浙江临安西天目山老殿，N. 30°20.31′，E. 119°25.59′，1 100m，2011-Ⅵ-12~16，魏力，胡平；1♀，CSCS14133，陕西佛坪县三官庙，N. 33°39.000′，E. 107°48.000′，1 529m，2014-Ⅵ-20，魏美才采，KCN；1♀，CSCS14131，陕西佛坪县三官庙，N. 33°39.000′，E. 107°48.000′，1 529m，2014-Ⅵ-20，刘萌萌 & 刘婷采，$CH_3COOC_2H_5$；2♂♂，CSCS14101，陕西太白山青蜂峡生肖园，N. 34°1.445′，E. 107°26.137′，1 652m，2014-Ⅵ-11，魏美才采，KCN；1♂，CSCS14126，陕西佛坪县凉风垭顶，N. 33°41.117′，E. 107°51.250′，2 128m，2014-Ⅵ-18，魏美才采，KCN；1♂，CSCS14134，陕西佛坪县三官庙，N. 33°39.000′，E. 107°48.000′，1 529m，2014-Ⅵ-20，祁立威 & 康玮楠采，$CH_3COOC_2H_5$；3♀♀，LSAF17089，浙江临安西天目山开山老殿，N. 30.343°，E. 119.433°，1 106m，2017-Ⅵ-7，刘萌萌 & 高凯文 & 姬婷婷采，乙酸乙酯；1♀，LSAF17090，浙江临安西天目山开山老殿，N. 30.343°，E. 119.433°，1 106m，2017-Ⅵ-8，刘萌萌 & 高凯文 & 姬婷婷采，乙酸乙酯。

分布：甘肃（小陇山、太阳山），陕西（周至县），河南（伏牛山、白云山、天池山），浙江（天目山），福建（武夷山），江西（庐山），湖北（神农架），湖南（壶瓶山），贵州（蔺江、雷公山），云南（苍山、贡山）。

鉴别特征：本种与小碟钩瓣叶蜂 *M. minutifossa* Wei & Nie, 2003 较近似，但前者体长10~10.5mm；各足基节除外侧具白色条斑外，全部黑色；前中足转节黑色，后足转节白色；后足胫节背侧亚端部具小白斑；头部背侧光泽强烈，刻点稀疏浅弱，表面光滑；上唇与唇基不完全白色，具黑斑；后胸侧板附片碟形凹陷稍小于淡膜区；雌虫锯腹片中部锯刃齿式 2/6~10；雄虫阳茎瓣头叶前缘无尖突。

49. 侧斑钩瓣叶蜂 *Macrophya latimaculana* Li, Dai & Wei, 2013（图版 2-27）

Macrophya latimaculana Li, Dai & Wei, 2013. *Entomotaxonomia*, 35(3): 211-217.

观察标本：正模：♀，贵州赤水金沙，950m，2000-Ⅴ-30，肖炜；副模：1♀，福建武夷山磨石坑，900~1 100m，2004-Ⅴ-11，张少冰；2♀♀，江西资溪，2009-Ⅳ-10，楼枚娟；1♀，福建邵武兰花谷，2 号黄网，2011-4-19，盛茂领；非模式标本：1♀，LSAF17094，江西省抚州市资溪县马头山国家级自然保护区，2017-Ⅳ-25，马氏网；2♀♀，LSAF17096，江西省抚州市资溪县马头山国家级自然保护区，2017-Ⅳ-18，马氏网。

个体变异：副模标本雌虫胸部侧板和中胸小盾片完全黑色；后足胫节腹侧无白带。

分布：江西（资溪县、马头山），贵州（金沙县），福建（武夷山）。

鉴别特征：本种与寡斑钩瓣叶蜂 *M. oligomaculella* Wei & Zhu, 2009 十分近似，但前者体长 10~10.5mm；唇基与上唇均完全白色；腹部第 1 背板端部 1/3 宽白边，第 2~8 背板两侧具显著宽横斑；各足基节大部白色，前中足基节基缘和后足基节腹侧仅基部外侧三角形大斑黑色；后足股节大部黑色，腹侧具明显白带。

50. 林芝钩瓣叶蜂 *Macrophya linzhiensis* Wei & Li, 2013（图版 2-28）

Macrophya linzhiensis Wei & Li, 2013. *Acta Zootaxonomia Sinica*, 38(4): 831-840.

观察标本：正模：♀，西藏林芝地区，N. 30°00.546′，E. 95°58.243′，2 030m，2009-Ⅵ-12，李泽建；副模：27♀♀，西藏排龙乡大峡谷，N. 30°01.176′，E. 94°59.832′，2 054m，2009-Ⅵ-15，魏美才，牛耕耘；7♀♀，西藏通麦东，N. 30°02.772′，E. 95°13.286′，2 062m，2009-Ⅵ-16，魏美才，牛耕耘；12♀♀，西藏林芝地区，N. 30°00.546′，E. 95°58.243′，2 030m，2009-Ⅵ-12，魏美才，牛耕耘，李泽建。

分布：西藏（排龙、通麦、林芝）。

个体变异：雌虫前翅臀室中柄与 1r-m 脉近等长。

鉴别特征：本种与浅碟钩瓣叶蜂 *M. hyaloptera* Wei & Nie, 2003 十分近似，但前者体长 9~9.5mm；头部背侧光泽较弱，额区刻点较粗糙密集，刻点间光滑间隙狭窄；上唇完全白色；后胸后侧片洼部具密集刻点，附片具较深碟形凹陷，几乎等宽于淡膜区，淡膜区间距约 2.5 倍于淡膜区宽；腹部第 10 背板完全白色；前中足基节端大部白色，基部黑色；各足转节均白色；后足股节大部黑色，背侧端部具显著白斑；后足胫跗节大部黑褐色，微带隐红色，但后足胫节背侧亚端部亚三角形小斑和后足跗节背侧小斑白色。

51. 小碟钩瓣叶蜂 *Macrophya minutifossa* Wei & Nie, 2003（图版 2-29）

Macrophya minutifossa Wei & Nie, 2003. *Fauna of Insects in Fujian Province of China*: 95-96, 201-202.

观察标本：正模：♀，江西井冈山茨坪，1981-Ⅴ-15，中国科学院，刘姚；副模：1♀，福建光泽华桥，350~400m，1960-Ⅵ-12，中国科学院，金根桃，林扬明；1♀，四川万县王二包，1 200m，1994-Ⅴ-27，中国科学院，姚建；1♂，云南瑞丽，1981-Ⅴ-2，何俊华；1♂，广西田林浪平，1982-Ⅴ-30，浙江农业大学，何俊华；1♀，浙江西天目山仙人顶，1990-Ⅵ-2~4，浙江农业大学，娄永根；非模式标本：1♀，贵州雷山小丹江，650m，2005-Ⅵ-4，梁旻雯；1♂，湖南浏阳大围山，600~1 500m，2005-Ⅴ-5，王德明；2♀♀1♂，湖南炎陵桃源洞，900~1 000m，1999-Ⅳ-24，魏美才；1♀，贵州梵净山，600m，2002-Ⅵ-6，游章强；1♀，福建武夷山挂墩，1 000~1 500m，2004-Ⅴ-18，周虎；1♀，甘肃白水江上丹堡，1 300~1 600m，2005-Ⅵ-30，朱巽；1♂，湖南幕阜山沟里，N. 28°57.939′，E. 113°49.711′，860m，2007-Ⅳ-26，刘飞；1♀，广东乳源亲水谷，N. 24°54.990′，E. 113°02.093′，824m，2007-Ⅴ-16，李泽建；1♀，浙江龙泉凤阳山官埔垟，N. 27°55.153′，E. 119°11.252′，838m，2007-Ⅳ-27，李泽建；1♀7♂♂，甘肃天水麦积山，N. 34°23.367′，E. 105°59.802′，1 347m，2006-Ⅴ-22，朱巽；1♀，甘肃林院实验林场，N. 34°20.286′，E. 106°00.591′，1 590m，2009-Ⅶ-9，辛恒；7♀♀8♂♂，湖南永州舜皇山，800~1 000m，2004-Ⅳ-27，肖炜，刘卫星，刘守柱，周虎，林杨；1♀1♂，湖南永州舜皇山，900~1 200m，2004-Ⅳ-28，肖炜，刘守柱；3♀♀7♂♂，湖南绥宁黄桑，600~900m，2005-Ⅳ-21~22，魏美才，贺应科，周虎；1♀，湖南高泽源山脚，N. 25°22.418′，E. 111°16.219′，454m，2008-Ⅳ-26，游群；1♀，湖南道县庆里源站，N. 25°29.540′，E. 111°23.158′，370m，2008-Ⅳ-24，苏天明；1♀，湖南高泽源稻古源，N. 2 5°22.418′，E. 111°16.219′，580m，2008-Ⅴ-23，苏天明；1♀，湖南大围山栗木桥，N. 28°25.520′，E. 114°05.198′，980m，2010-Ⅴ-5，李泽建；1♀，湖南大围山栗木桥，N. 28°25.520′，E. 114°05.198′，980m，2010-Ⅴ-7，李泽建；1♂，TAIWAN, Nantou, Howangshan, 17-Ⅳ-1988, K. Ra leg.；1♀，CSCS14049，四川峨眉山万年寺，N. 29°34.92′，E. 103°22.59′，1 123m，2014-Ⅴ-22，胡平 & 刘婷采，$CH_3COOC_2H_5$；1♀，江西全南，2008-4-29，李石昌采；3♀♀，CSCS15052，四川峨眉山万年寺停车场，N. 29°35.678′，E. 103°22.533′，891m，2015-Ⅴ-13，祁立威 & 刘琳采，乙酸乙酯；1♀，CSCS15007，湖南桂东齐云山水电站沟，N. 25°45.361′，E. 113°55.598′，752m，2015-Ⅳ-4，魏美才 & 牛耕耘采，$CH_3COOC_2H_5$；1♀，CSCS15017，湖南桂东齐云山中泥坑，N. 25°45.361′，

E. 113°55.598′，577m，2015-Ⅳ-6，魏美才 & 牛耕耘采，$CH_3COOC_2H_5$；1♂，LSAF16148，浙江临安西天目山禅源寺，N. 30.322°，E. 119.443°，362m，2016-Ⅴ-4，李泽建 & 陈志伟采，乙酸乙酯；1♀，CSCS16085，湖南省张家界市鹤子寨，N. 29°19′7″，E. 110°25′49″，1 105m，2016-Ⅵ-3，肖炜采，$CH_3COOC_2H_5$；1♀，LSAF17097，江西省抚州市资溪县马头山国家级自然保护区，2017-Ⅳ-16，马氏网。

个体变异：雌虫腹部第 5 背板完全黑色，两侧无小白斑；雄虫后足胫节背侧端部具白斑。

分布：甘肃（麦积山、白水江），四川（峨眉山、万县），浙江（天目山），福建（武夷山），江西（井冈山、马头山、全南县），湖南（桃源洞、幕阜山、大围山、舜皇山、黄桑、都庞岭、齐云山、张家界），贵州（梵净山、雷山县），云南（瑞丽市），广东（车八岭），广西（猫儿山、田林县），台湾（南投县）。

鉴别特征：本种与副碟钩瓣叶蜂 *M. paraminutifossa* Wei & Nie, 2003 十分近似，但前者体长 10~10.5mm；后足胫节完全黑色，背侧无白斑；后足基节外侧条形斑白色；雌虫锯腹片中部锯刃齿式 2/16~17，亚基齿细小且多枚；阳茎瓣头叶前缘具明显尖突，尾侧突部十分细长。

52. 寡斑钩瓣叶蜂 *Macrophya oligomaculella* Wei & Zhu, 2009（图版 2-30）

Macrophya oligomaculella Wei & Zhu, 2009. *Acta Zootaxonomica Sinica*, 34(2): 253-256.

观察标本：正模：♀，福建武夷山大竹岚，1 000~1 300m，2004-Ⅴ-19，周虎；副模：1♀，湖南宜章莽山，1 000m，2003-Ⅳ-15，肖炜；1♀，湖南宜章莽山鬼子寨，N. 24°57.413′，E. 112°48.138′，1 090m，2006-Ⅳ-23，成振飞；1♀，湖南宜章莽山大塘坑，N. 24°59.015′，E. 112°48.138′，1 090m，2007-Ⅳ-11，肖炜；1♀，湖南幕阜山天门寺，N. 28°58.780′，E. 113°49.745′，1 350m，2008-Ⅴ-6，赵赴；4♂♂，湖南幕阜山老朋沟，N. 28°58.524′，E. 113°49.638′，1 220m，2008-Ⅳ-25，李泽建；非模式标本：1♀，浙江龙泉凤阳山官埔垟，N. 27°55.153′，E. 119°11.252′，838m，2009-Ⅳ-27，聂帅国；1♀，湖南永州舜皇山，900~1 200m，2004-Ⅳ-28，肖炜；1♀，湖南绥宁黄桑，600~900m，2005-Ⅳ-22，梁旻雯；1♀，CSCS11040，湖南石门壶瓶山石碾子沟，N. 30°00.59′，E. 110°33.18′，710m，2011-Ⅵ-1~3，李泽建，朱朝阳；1♀，CSCS11042，湖南石门壶瓶山石碾子沟，N. 30°00.59′，E. 110°33.18′，710m，2011-Ⅵ-1~3，姜吉刚；1♀，江西九连山，6 号绿网，2011-Ⅳ-20，盛茂领；1♀，CSCS12046，广西田林岑王老山气象站，N. 24°25′17″，E. 106°23′0″，1 333m，2012-Ⅴ-3，尚亚飞，李泽建；1♀，CSCS13026，广西田林岑王老山天皇庙，N. 24º27.18′，E. 106º20.96′，海拔 1 417m，2013-Ⅴ-5，尚亚飞，刘萌萌，祁立威；1♀，CSCS14038，湖南浏阳大围山栗木桥，N. 28°25.520′，E. 114°05.198′，980m，2014-Ⅳ-28，褚彪采，乙酸乙酯；1♀，CSCS14037，湖南浏阳大围山栗木桥，N. 28°25.520′，E. 114°05.198′，980m，2014-

Ⅳ-27，褚彪采，乙酸乙酯；2♂♂，LSAF15029，浙江临安西天目山禅院寺，N. 30.322°，E. 119.443°，362m，2015-Ⅳ-12，李泽建采，乙酸乙酯；1♂，LSAF15034，浙江临安西天目山禅院寺，N. 30°19.30′，E. 119°26.58′，362m，2015-Ⅳ-9，刘萌萌 & 刘琳采，乙酸乙酯；1♀，CSCS15012，湖南桂东齐云山水电站沟，N. 25°45.361′，E. 113°55.598′，752m，2015-Ⅳ-5，魏美才 & 牛耕耘采，$CH_3COOC_2H_5$；1♀，LSAF17057，浙江临安西天目山禅源寺，N. 30.323°，E. 119.442°，405m，2017-Ⅴ-6，刘萌萌 & 高凯文 & 姬婷婷采，乙酸乙酯；1♀，LSAF17094，江西省抚州市资溪县马头山国家级自然保护区，2017-Ⅳ-25，马氏网。

个体变异：雌虫前翅臀室收缩中柄有长短变化，或呈长点状收缩。

分布：浙江（凤阳山、天目山），福建（武夷山），湖南（大围山、齐云山、莽山、幕阜山、舜皇山、壶瓶山、黄桑），江西（九连山、马头山），广西（岑王老山）。

鉴别特征：本种与副碟钩瓣叶蜂 *M. paraminutifossa* Wei & Nie, 2003 较近似，但前者体长 10~10.5mm；唇基大部白色，基部具黑斑；单眼后区宽长比约为 1.5；中胸小盾片明显锥形隆起，顶部具尖顶，明显高出中胸背板平面；前中足转节腹侧具模糊黑斑；后足胫节背侧中部约 3/5 细长斑白色；腹部第 2~4 背板侧缘白斑逐渐变窄；后胸后侧片附片碟形毛窝约 1.2 倍于中单眼直径。

53. 副碟钩瓣叶蜂 *Macrophya paraminutifossa* Wei & Nie, 2003（图版 2-31）

Macrophya paraminutifossa Wei & Nie, 2003. *Fauna of Insects in Fujian Province of China*, 96-97, 202.

个体变异：雌虫腹部第 5 背板两侧具白斑。

观察标本：正模：♀，福建光泽，200~300m，1960-Ⅳ-2，中国科学院，金根桃，林扬明；副模：1♀，广东韶关，1992-Ⅴ-11，何俊华；1♀，贵州习水蔺江-坪河，800~1 200，2000-Ⅵ-1，肖炜；非模式标本：1♀，湖南幕阜山云腾山庄，N. 28°58.236′，E. 113°49.129′，1 100m，2008-Ⅴ-6，赵赴；2♀♀，浙江龙泉凤阳山官埔垟，N. 27°55.153′，E. 119°11.252′，838m，2009-Ⅳ-27，李泽建，刘飞，聂帅国；1♂，浙江龙泉凤阳山官埔垟，N. 27°55.153′，E. 119°11.252′，838m，2009-Ⅳ-21，聂帅国；2♀♀，湖南永州舜皇山，800~1 000m，2004-Ⅳ-27，梁旻雯；1♀，湖南武冈云山，1 100m，2005-Ⅳ-25，周虎；1♀，湖南武冈云山电视塔，N. 26°38.754′，E. 110°37.310′，1 320m，2009-Ⅴ-9，游群；1♀，LSAF15035，浙江丽水莲都区白云山太山，N. 28.536°，E. 119.931°，956m，2015-IV.27~V.4，李泽建采，马氏网诱；1♀，LSAF16148，浙江临安西天目山禅源寺，N. 30.322°，E. 119.443°，362m，2016-Ⅴ-4，李泽建 & 陈志伟采，乙酸乙酯；1♀，LSAF17096，江西省抚州市资溪县马头山国家级自然保护区，2017-Ⅳ-18，马氏网；2♀♀，LSAF17095，江西省抚州市资溪县马头山国家级自然保护区，2017-Ⅳ-12，马氏网。

分布：浙江（丽水市、天目山、凤阳山），湖南（幕阜山、舜皇山、云山），江西（马头山）、福建（武夷山），贵州（习水），广东（韶关）。

鉴别特征：本种与小碟钩瓣叶蜂 *M. minutifossa* Wei & Nie, 2003 十分近似，但前者体长 10~10.5mm；后足胫节背侧亚端部具显著白斑；后足基节外侧卵形大白斑显著；锯腹片中部锯刃齿式为 2/10~11，亚基齿较细小；阳茎瓣头叶前缘无尖突，尾侧突细长。

54. 尚氏钩瓣叶蜂 *Macrophya shangae* Li, Liu & Wei, 2017（图版 2-32）

Macrophya shangae Li, Liu & Wei, 2017. *Entomotaxonomia*，39（4）：300-308.

观察标本：正模：♀，CSCS13029，广西田林岑王老山弄阳路口，N. 24º27.75′，E. 106º21.53′，1 523m，2013-Ⅴ-7，尚亚飞，刘萌萌，祁立威；副模：2♂♂，CSCS13029，广西田林岑王老山弄阳路口，N. 24º27.75′，E. 106º21.53′，1 523m，2013-Ⅴ-7，尚亚飞，刘萌萌，祁立威；1♂，CSCS12034，广西田林岑王老山马滚坡，N. 24°24′54″，E. 106°23′25″，1 150m，2012-Ⅳ-28，李泽建，尚亚飞；1♂，CSCS12035，广西田林岑王老山马滚坡，N. 24°24′54″，E. 106°23′25″，1 150m，2012-Ⅳ-28，钟义海。

分布：广西（岑王老山）。

鉴别特征：本种与小碟钩瓣叶蜂 *M. minutifossa* Wei & Nie, 2003 十分近似，但前者体长 9mm；腹部第 1 背板中央端部 2/5 具宽横斑；第 2~4 背板侧角大型白斑显著；后胸后侧片碟形附片约 0.5 倍于淡膜区宽；前翅翅痣下方具浅烟褐色斑纹，边界不清晰。

55. 红背钩瓣叶蜂 *Macrophya teutona* (Panzer, 1799)

Tenthredo teutona Panzer, 1799. Felssecker, Nürnberg, 71: 6.

Tenthredo aureatensis Schrank, 1802. *Zweiter Band. Zweite Abtheilung.* Bey Johann Wilhelm Krüll, Ingolstadt, 243-244.

Macrophya marginata Mocsáry, 1881. *Természetrajzi Füzetek*, 5(1): 32-33.

Macrophya klugi Konow, 1894. *Wiener Entomologische Zeitung*, 13: 95-96.

Macrophya flaviventer Taeger, Blank & Liston, 2006. *Recent Sawfly Research -Synthesis and Prospects.* Goecke & Evers, Keltern, pp. 430.

观察标本：1♀, Kyffhauser, Sudhange, K.Ermisch.(Received on exchange ex coll. Deutsches Entomolog. Institute, Eberswalde, Germany, 2001); 1♀, D: Mark Brandbg. Ebersw. Broowin: kl. Rummelsberg N, 18-Ⅴ-1994, 1M, leg. DEI.

分布：欧洲（奥地利、比利时、保加利亚、克罗地亚、捷克、法国、德国、希腊、意大利、卢森堡、马其顿、荷兰、挪威、罗马尼亚、俄罗斯、斯洛伐克、西班牙、瑞士、乌克兰）。

寄主：大戟科，大戟属，乳浆大戟 *Euphorbia esula*。

鉴别特征：本种体长 8.5mm；中胸前侧片上半部中央具一大型斑、中胸背板和中胸小盾片红褐色；足大部白色，少部具黑斑；翅痣基缘具黄褐色斑；中窝和侧窝深，额区

明显隆起，中部明显凹陷，额脊宽钝；单眼后区明显隆起，宽长比约为 1.5；雌虫锯腹片中部锯刃具明显乳突状突起等，在本种团中属于唯一的红背型种类，易与其他种类相互区别。

56. 三斑钩瓣叶蜂 *Macrophya trimicralba* Wei, 2006（图版 2-33）

Macrophya trimicralba Wei, 2006. *Insects of Fanjing mountain Landscape*, 626-627, 653.

观察标本：正模：♀，贵州梵净山，350m，1999-Ⅴ-16，魏美才；副模：1♀，湖南八面山小屋汢，1982-Ⅳ-24，中南林学院；1♀，广东始兴车八岭，500m，1991-Ⅳ-25，北京农业大学植物保护系，李法圣；非模式标本：1♀，湖南城步南山，1 000m，2005-Ⅳ-24，肖炜；1♀，湖南永州舜皇山，900～1 200m，2004-Ⅳ-28，刘守柱；1♀，CSCS12043，广西田林岑王老山气象站，N. 24°25′17″，E. 106°23′0″，1 333m，2012-Ⅴ-1，李泽建，尚亚飞；1♀，CSCS13030，广西田林岑王老山浪平保护站，N. 24º28.42′，E. 106º22.97′，海拔 1 543m，2013-Ⅴ-7，尚亚飞，刘萌萌，祁立威；1♀，CSCS13035，广西田林岑王老山奄家坪，N. 24º26.42′，E. 106º22.20′，海拔 1 407m，2013-Ⅴ-5，魏美才，牛耕耘；1♀，CSCS14040，湖南浏阳大围山栗木桥，N. 28°25.520′，E. 114°05.198′，980m，2014-Ⅳ-30，褚彪采，乙酸乙酯；1♀，CSCS15018，湖南桂东齐云山水电站沟，N. 25°45.361′，E. 113°55.598′，752m，2015-Ⅳ-6，晏毓晨 & 刘婷采，$CH_3COOC_2H_5$。

分布：湖南（八面山、南山、舜皇山、大围山、齐云山），贵州（梵净山），广东（车八岭），广西（岑王老山）。

个体变异：中胸小盾片完全黑色，中央无白斑。

鉴别特征：本种与白环钩瓣叶蜂 *M. albannulata* Wei, 1998 较近似，但前者体长 11~11.5mm；头部背侧光泽强烈，额区附近刻点较浅弱稀疏，刻点间光滑间隙显著；中胸小盾片中央白色，中胸前侧片中央具横白斑，小盾片附片完全黑色；中胸小盾片稍隆起，顶面圆钝平坦，无顶点和脊，顶面与中胸背板顶面近齐平；前中足基节大部白色，仅基部黑色，后足基节端部约 1/3 白色；后足基节外侧卵形白斑大型。

57. 周氏钩瓣叶蜂 *Macrophya zhoui* Wei & Li, 2013（图版 2-34）

Macrophya zhoui Wei &Li, 2013. *Acta Zootaxonomia Sinica*, 38(4): 831-840.

观察标本：正模：♀，湖南武冈云山，1 100m，2005-Ⅳ-25，贺应科；1♀，安徽金寨天堂寨，N. 31°08.335′，E. 115°47.335′，1 220m，2006-Ⅵ-2，周虎；副模：1♂，湖南幕阜山天门寺，N. 28°58.780′，E. 113°49.745′，1 350m，2008-Ⅳ-25，李泽建 。

分布：安徽（天堂寨），湖南（幕阜山、云山）。

鉴别特征：本种与林芝钩瓣叶蜂 *M. linzhiensis* Wei & Li, 2013 较近似，但本种体长 9~9.5mm；唇基不完全白色，仅基缘具黑斑，前缘缺口弓型；中胸小盾片隆起，顶面稍高于中胸背板平面，无明显顶点；后胸后侧片洼部具少许浅弱刻点，附片具小型前缘碟形凹陷，淡膜区间距约 3 倍于淡膜区宽；后足基节外侧基部具大型白斑，卵圆形；后足股节完全黑色，背侧端部无白斑；后足胫节背侧亚端部白斑 1/3 弱，背侧基部约 3/4 具红褐色斑纹；后足跗节几乎全部黑褐色，微带隐红色。

2.3.7 多斑钩瓣叶蜂种团 *M. duodecimpunctata* group

种团鉴别特征：触角完全黑色；头胸部背侧刻点细小密集，刻点间无光滑间隙，刻纹明显；后胸后侧片附片具宽圆碟形毛窝，具毛丛；腹部第 5~6 背板侧角和第 10 背板中央具白斑，背板上具细密刻纹；各足转节均黑色，后足跗节完全黑色；雌虫锯腹片锯刃亚三角形突出，刃齿较小型且稍多枚；雄虫阳茎瓣头叶宽大，尾侧突明显。

目前，该种团包括 5 种，中国仅分布 1 种：*M. aguadoi* Lacourt, 2005、*M. duodecimpunctata* (Linné, 1758)、*M. duodecimpunctata duodecimpunctata* (Linné, 1758) 和 *M. duodecimpunctata sodalitia* Mocsáry, 1909、*M. nemesis* Muche, 1969。

该种团种类主要分布于古北区：欧洲、西伯利亚、朝鲜、中国（西北部和东北部地区）。

分种检索表

1. 雌虫……………………………………………………………………………………………… 2
   雄虫……………………………………………………………………………………………… 4
2. 上唇和唇基均黑色，仅上唇端缘具浅褐色三角形小斑；前胸背板后缘侧角小斑、中胸小盾片后大部、腹部第 5~6 背板侧角小型斑白色；中足胫节完全黑色；后足胫节完全黑色，背侧无白斑。中国（黑龙江、吉林、辽宁、内蒙古、青海）；朝鲜，西伯利亚
   ………………………………………… ***M. duodecimpunctata sodalitia* Mocsáry, 1909** ♀
   上唇不完全黑色，中央具横白斑；唇基端大部白色，仅基缘具黑斑；前胸背板后缘侧角宽斑、中胸小盾片、腹部第 4~6 背板侧角宽横斑白色；中足胫节大部白色，仅基部、端部和腹侧条斑黑色；后足胫节不完全黑色，背侧亚端部具 1/2 长白斑………………………………………… 3
3. 锯腹片中部锯刃齿式 1/8~11。欧洲 ………………………… ***M. duodecimpunctata* (Linné, 1758)** ♀
   锯腹片中部锯刃齿式 1/6~9。欧洲，土耳其
   ………………………………… ***M. duodecimpunctata duodecimpunctata* (Linné, 1758)** ♀
4. 上唇和唇基均不完全黑色，二者两侧均具模糊小白斑；后足股节完全黑色，背侧无白斑；后足胫节大部黑色，背侧亚端部具模糊长白斑；阳茎瓣头叶较前者稍小，尾侧突较窄长。欧洲
   ……………………………………………………… ***M. duodecimpunctata* (Linné, 1758)** ♂
   上唇几乎全部黑色，端缘具浅褐色三角形小斑；唇基完全黑色；后足股节不完全黑色，背侧基部 1/3 白色；后足胫节完全黑色，背侧无白斑；阳茎瓣头叶显著宽大，尾侧突较宽长。欧洲，土耳其……………………………… ***M. duodecimpunctata duodecimpunctata* (Linné, 1758)** ♂

58. 阿瓜达钩瓣叶蜂 *Macrophya aguadoi* Lacourt, 2005

Macrophya aguadoi Lacourt, 2005. *Revue française d'Entomologie*, (N. S.), 27(2)：59.

未见标本。

分布：欧洲★（西班牙），摩洛哥★。

59. 多斑钩瓣叶蜂 *Macrophya duodecimpunctata* (Linné, 1758)

Tenthredo 12-*punctata* Linné, 1758. *Systema Naturae,* (10th ed.) Vol. 1. Laurentius Salvius, Holmiae, 558.

观察标本：非模式标本：1♀2♂♂, DDR: Suhl, NSG Vessertal 22-29-Ⅴ-1989, A. Taeger leg., Received on exchange ex coll., Deutsches Entomolog. Institut, Eberswalde, Germany, 2001; 1♀, Harz: llfeld, Brandesbachtal, 30-Ⅴ-1989, A. Taeger leg., Received on exchange ex coll., Deutsches Entomolog. Institut, Eberswalde, Germany, 2001; 1♂, F, Dep. Puy de Dome, Sapchat, 798m, 45°34′33.60″ N, 2°58′08.46″ E, 24-Ⅴ-2008, Wei M C coll.; 1♂, F, Dep. Puy de Dome, 45.470° N~45.573° N, 2.923° E~2.983° E, 20-Ⅴ-2008, 851-1 176m, Wei M C and Niu G Y coll; 1♀1♂, FRANCE, Lorraine, Meuse Woinville 55300, 2 Mal. tr., at edge dec. froest, 23.Ⅴ-14.Ⅵ-2011, Tripotin rec., Exchange, NMNHS, Ⅷ-2012.; 1♀, France, Drome, Bouraeaux, 6-Ⅵ-1965, J.v.d.Vecht., Exchange, NMNHS, Ⅷ-2012.

分布：欧洲★（奥地利、爱沙尼亚、意大利、挪威、瑞士、法国、拉脱维亚、波兰、乌克兰、比利时、德国、立陶宛、罗马尼亚、南斯拉夫、保加利亚、英国、卢森堡、俄罗斯、克罗地亚、希腊、马其顿、斯洛伐克、捷克、匈牙利、摩尔多瓦、西班牙、丹麦、爱尔兰、荷兰、瑞典）。

个体变异：雄虫唇基完全黑色，两侧无模糊白斑；后足胫节背侧亚端距白斑显著。

鉴别特征：本种与多斑钩瓣叶蜂 *M. duodecimpunctata duodecimpunctata* (Linné, 1758) 十分近似，但前者体长 10.5~11mm；锯腹片中部锯刃齿式 1/8~11；雄虫上唇和唇基均不完全黑色，二者两侧缘均具模糊小白斑；后足股节完全黑色，背侧无白斑；后足胫节大部黑色，背侧亚端部具模糊长白斑；阳茎瓣头叶较前者稍小，尾侧突较窄长。

60. 多斑钩瓣叶蜂 *Macrophya duodecimpunctata duodecimpunctata* (Linné, 1758)

Tenthredo 12-punctata Linné, 1758. *Systema Naturae,* (10th ed.) Vol. 1. Laurentius Salvius, Holmiae, 558.

Tenthredo signata Scopoli, 1763. *Methodo Linnaeana.* I.T. Trattner, Vindobonae, [36] pp.279.

Tenthredo labiata Geoffroy, 1785. *In*: Fourcroy, A. F. de *Entomologia Parisiensis, sive catalogus Insectorum quae in agro parisiensi reperiuntus.Vol.*1-2. Paris, pp.369.

Tenthredo fera Scopoli, 1786. Monasterium S. Salvatoris, Ticini, 115 pp. 67-68.

Tenthredo melanoleuca Gmelin, 1790. *Caroli a Linné Systema Naturae. 13. ed., Vol.* 1(5). Beer, Leipzig, pp. 2666.

Tenthredo lugubris Drapiez, 1820. *Annales générales des sciences physiques* (*Bruxelles*), 5: 330.

Tenthredo idriensis Lepeletier, 1823. *Monographia Tenthredinetarum synonymia extricata.* Apud Auctorem [etc.], Parisiis, pp. 128.

Tenthredo alba-macula Lepeletier, 1823. *Monographia Tenthredinetarum synonymia extricata.* Apud Auctorem [etc.], Parisiis, pp. 102.

Tenthredo albamacula Serville, 1823. *In*: Vieillot, P. Desmarest, A.G. De Blainiville, Prévost, C., Serville, A. & Lepelletier Saint-Fargeau (eds), *Faune Française, ou histoire naturelle, générale et particuliére, des animaux qui se trouvent en France (. . ..), Livr.* 7 & 8, Chez Rapet, Paris, pp. 44.

Tenthredo dolens Eversmenn, 1847. *Bulletin de la Société Impériale des Naturalistes de Moscou*, 20(1): 42.

Tehthredo curvipes Gimmerthal, 1847. *Arbeiten des Naturforschenden Vereins zu Riga*, 1[1847-1848](1): 56.

Macrophya novemguttata Costa, 1859. *Fauna del Regno di Napoli. Imenotteri. Parte III. - Trivellanti Sessiliventri. [Tentredinidei].* Antonio Cons, Napoli, [1859-1860], pp.83-84.

Macrophya luridicarpa Costa, 1894. *Atti della Reale Accademia delle Scienze Fisiche e Matematiche*, 3: 190-191.

Macrophya duodecimpunctata var. *nigrina* Konow, 1898. *Wiener Entomologische Zeitung*, 17(7-8): 237.

Macrophya punctata var. *obscurata* Dusmet, 1949. *Publicaciones de la Real Academia de Ciencias Exactas, Físicas y Naturales (Centenario)*, 1(10): 482.

观察标本：非模式标本：10♀♀9♂♂, GREECE, Nomos Magnisia, Volos, SE 38 km, Platanias, N.39°09.00′, E.23°16.40′, 0-100m alt. 8-Ⅴ-2007 leg. Meicai Wei, GR 49/07; 10♂♂, Nomos Fokida, Amfissa NE, 18 km, Ano Polidrosos S 1km, N.38°36.10′, E.22°33.55′, 1 050m alt. 18-Ⅴ-2007, leg. Meicai Wei, GR 40/07; 5♀♀, Slovak Rep.: Lower Tatras, Liptovsky Mikulas SW 5 km, Demanova SSW 2 km, Demanovska wetland, N.49°02.05′, E.19°34.75′, 670m alt., 18-Ⅵ-2005, leg. Wei & Nie.

分布：欧洲*（奥地利、法国、德国、希腊、斯洛伐克、瑞士），土耳其*。

鉴别特征：本种与多斑钩瓣叶蜂 *M. duodecimpunctata* (Linné, 1758)，但前者体长 11~11.5mm；锯腹片中部锯刃齿式 1/6~9；雄虫上唇几乎全部黑色，端缘具浅褐色三角形小斑；唇基完全黑色；后足股节不完全黑色，背侧基部 1/3 白色；后足胫节完全黑色，背侧无白斑；阳茎瓣头叶显著宽大，尾侧突较宽长。

61. 大碟钩瓣叶蜂 *Macrophya duodecimpunctata sodalitia* Mocsáry, 1909（图版 2-35）

Macrophya duodecimpunctata sodalitia Mocsáry, 1909. *Annales historico-naturales Musei Nationalis Hungarici*, Budapest 7: 16.

观察标本：非模式标本：1♀，辽宁辉南，1992-Ⅵ，榆；1♀，吉林蛟河，1987-Ⅶ，北京林业大学；1♀，吉林长白山保护区，1 100m，1986-Ⅶ-3，卜文俊；4♀♀，1986-Ⅵ-15，李永奈；1♀，1986-Ⅵ-15；1♀，黑龙江五营丰林，400~600m，2002-Ⅵ-26~30，肖炜；1♀，CSCS14173，吉林省抚松县露水河镇，N. 42°30′40″，E. 127°47′13″，758m，2014-Ⅵ-14，褚彪采，$CH_3COOC_2H_5$；1♀，CSCS14194，吉林省长白山防火瞭望塔，N. 42°04′58″，E. 128°13′43″，1 400m，2014-Ⅶ-9，褚彪采，$CH_3COOC_2H_5$；1♀，辽宁宽甸，2007-Ⅵ-7，孙淑萍采；1♀，CSCS17113，青海省东市民和县罐罐峡，N. 36°7′7″，E. 102°40′54″，2 722m，2017-Ⅶ-6，魏美才 & 王汉男采，$CH_3COOC_2H_5$。

分布：黑龙江（五营），吉林（长白山、蛟河、漫江、辉南县），辽宁（凤城市），内蒙古（东部），青海（民和县）；朝鲜⋆（Tonai），西伯利亚⋆。

鉴别特征：本种与多斑钩瓣叶蜂 *M. duodecimpunctata* (Linné, 1758) 较近似，但前者体长 9.5~10mm；上唇和唇基均黑色，仅上唇端缘具浅褐色三角形小斑；前胸背板后缘侧角小斑、中胸小盾片后大部、腹部第 5~6 背板侧角小型斑和第 10 背板中央白色；中足胫节完全黑色；后足胫节完全黑色，背侧无白斑；雌虫锯腹片中部锯刃齿式 1/7~8。

62. 内姆钩瓣叶蜂 *Macrophya nemesis* Muche, 1969

Macrophya nemesis Muche, 1969. *Faunistische Abhandlungen Staatliches Museum für Tierkunde Dresden*, 2(22) : 165.

未见标本。

分布：欧洲⋆（俄罗斯）。

2.3.8 圆瓣钩瓣叶蜂种团 *M. epinota* group

种团鉴别特征：触角完全黑色；唇基前缘缺口较深，不短于唇基 1/3 长；上唇、唇基、前胸背板后缘窄边及翅基片基少部通常白色；中胸小盾片、附片、后胸小盾片及中胸侧板均完全黑色；后胸后侧片后角稍延伸，具十分狭窄的附片；腹部第 1 背板后缘通常具白斑；雌虫锯腹片锯刃通常台状突出，刃齿较细弱；雄虫阳茎瓣头叶通常亚圆形，具侧突。

目前，本种团包括 15 种，中国无分布，其种类分别是：*M. albomaculata* (Norton, 1860)、*M. cesta* (Say, 1836)、*M. epinolineata* Gibson, 1980、*M. epinota* (Say, 1836)、*M. flicta* MacGillivray, 1920、*M. macgillivrayi* Gibson, 1980、*M.maculilabris* Konow, 1899、*M.masneri* Gibson, 1980、*M. masoni* Gibson, 1980、*M. mensa* Gibson, 1980、*M.mixta* MacGillivray, 1895、*M. pannosa* (Say, 1836)、*M. propinqua* Harrington, 1889、*M. punctata* MacGillivray, 1895、*M. slossonia* MacGillivray, 1895。

该种团种类属于北美洲分布类群，分布于美国和加拿大地区。

63. 白斑钩瓣叶蜂 *Macrophya albomaculata* (Norton, 1860)

Allantus albomaculatus Norton, 1860. *Boston Journal of Natural History*, 7[1859-1863](2): 256.

Macrophya contaminate Provancher, 1878. *Le Naturaliste Canadien*, 10: 105.

Macrophya fuscoterminata Rohwer, 1911. *Proceedings of the United States National Museum*, 41: 410-411.

Macrophya errans Rohwer, 1911. *Proceedings of the United States National Museum*, 41: 411.

观察标本：非模式标本：1♀1♂, VIRGINIA, Louisa Co. 4 mi. S Cuckoo,19-29-Ⅵ-1988, Malaise trap, J. Kloke & D. R. Smith.

分布：北美洲★（加拿大、美国）。

鉴别特征：本种与粗刻钩瓣叶蜂 *Macrophya pannosa* (Say, 1836) 十分近似，但前者体长 11mm；头部背侧光泽强烈，额区刻点较稀疏细浅，刻点间光滑间隙显著；唇基前缘缺口较大，侧角稍宽钝；后胸后侧片后角光泽较强，刻点少许；前足基节基部黑色，腹侧端大部及外侧白色；后足转节不完全白色，腹侧具明显黑斑；后足胫节几乎全部黑色，仅中部具模糊小白斑；后足基跗节完全黑色；雄虫抱器由端部向基部明显变窄。

64. 钩瓣叶蜂 1 种 *Macrophya cesta* (Say, 1836)

Allantus cesta Say, 1836. *Boston Journal of Natural History*, 1[1834-1837](3)：216-217.

未见标本。

分布：北美洲★（美国）。

65. 拟圆瓣钩瓣叶蜂 *Macrophya epinolineata* Gibson, 1980

Macrophya (*Macrophya*) *epinolineata* Gibson, 1980. *Memoirs of the Entomological Society of Canada*, 114: 103-104.

未见标本。

分布：北美洲★（美国）。

鉴别特征：本种的雄虫（单眼后区和后足基节色型、后胸后侧片附片小型、阳茎瓣头叶亚圆形）支持该种属于 *M. epinota* 种团；但本种的雌虫（中胸前侧片中部具 1 条黄色宽带、中胸小盾片大部黄色）支持在 *M. epinota* 种团内与其他种类很容易区分，而与 *M. flavolineata* 种团内的 *M. pulchelliformis* 更为近似。

66. 圆瓣钩瓣叶蜂 *Macrophya epinota* (Say, 1836)

Tenthredo (*Allantus*) *sambuci* T.W. Harris, 1833. E.W. Metcalf and Company, Cambridge: pp. 586.

Allantus epinotus Say, 1836. *Boston Journal of Natural History*, 1[1834-1837](3): 215.

Allantus sambuci Scudder, 1869. *Boston Society of Natural History*, 1, XLVII pp. 269-270.

未见标本。

分布：北美洲*（加拿大、美国）。

67. 黑盾钩瓣叶蜂 *Macrophya flicta* MacGillivray, 1920

Macrophya flicta MacGillivray, 1920. *Bulletin of the Brooklyn Entomological Society*, 15: 114.

Macrophya fistula MacGillivray, 1920. *Bulletin of the Brooklyn Entomological Society*, 15: 114-115.

观察标本：非模式标本：1♀, VIRGINIA: Louisa Co. 4 mi, S Cuckoo, 27. Ⅴ-7. Ⅵ-1989, Malaise trap, J. Kloke & D. R. Smith.

分布：北美洲*（加拿大、美国）。

鉴别特征：本种与粗刻钩瓣叶蜂 *Macrophya pannosa* (Say, 1836) 十分近似，但前者体长 9mm；头部背侧稍具光泽，额区刻点较细浅密集，不粗糙，刻点间光滑间隙狭窄；唇基前缘缺口稍大，侧角端缘较圆钝；中胸小盾片低钝隆起，顶部较圆钝，稍低于中胸背板平面；后胸后侧片后角光亮，刻点少许细浅；各足转节均白色，腹侧无黑斑。

68. 麦氏钩瓣叶蜂 *Macrophya macgillivrayi* Gibson, 1980

Macrophya (*Macrophya*) *macgillivrayi* Gibson, 1980. *Memoirs of the Entomological Society of Canada*, 114: 83-87.

观察标本：非模式标本：1♀, USA: VA: Montgomery Co., Plummers island, 38°58′ N, 77°10′ W, 19. Ⅵ-8. Ⅷ-2006, Malaise trap (upper), D. Smith & J. Brown; 1♂, USA: WV: Hardy Co. 3 mi NE Mathias, 38°55′ N, 78°49′ W, 22. Ⅴ-7. Ⅵ-2007, MT, D. R. Smith.

分布：北美洲*（加拿大、美国）。

鉴别特征：本种与门萨钩瓣叶蜂 *M. mensa* Gibson, 1980 十分近似，但前者体长 9mm；唇基前缘缺口亚方形，底部平直，深达唇基约 1/3 长；头部背侧无光泽，刻点粗糙密集，刻点间无光滑间隙；后足股节黑色，端缘无白斑；后足胫节黑色，背侧中部具模糊长白斑；后足跗节完全黑色；前翅臀室中柄较短，近等长于 2r-m 脉；雌虫锯腹片锯刃亚台状突出，中部锯刃齿式 2~3/12~15，亚基齿细弱且多枚；雄虫阳茎瓣头叶近方形。

69. 斑唇钩瓣叶蜂 *Macrophya maculilabris* Konow, 1899

Macrophya maculilabris Konow, 1899. *Memoirs and proceedings of the Manchester Literary and Philosophical Society*, 43(3): 24-25.

未见标本。

分布：北美洲*（美国、加拿大）。

70. 马斯内里钩瓣叶蜂 *Macrophya masneri* Gibson, 1980

Macrophya masneri Gibson, 1980. *Memoirs of the Entomological Society of Canada*, 114: 115-116.

未见标本。

分布：北美洲★（美国）。

71. 梅森钩瓣叶蜂 *Macrophya masoni* Gibson, 1980

Macrophya masoni Gibson, 1980. *Memoirs of the Entomological Society of Canada*, 114: 104-105.

未见标本。

分布：北美洲★（美国）。

72. 门萨钩瓣叶蜂 *Macrophya mensa* Gibson, 1980

Macrophya mensa Gibson, 1980. *Memoirs of the Entomological Society of Canada*, 114：105-108.

观察标本：非模式标本：1♀, VIRGINIA: Clarke Co. U. Va. Blandy Exp. Farm, 2 mi. S Boyce, 21. Ⅵ -1. Ⅶ -1991, Malaise trap, D.R. Smith, Malaise trap #1; 1♂, VIRGINIA: Clarke Co. U. Va. Blandy Exp. Farm, 2 mi. S Boyce, 39°05′ N, 78°10′ W, 15-29- Ⅵ -1995, Malaise trap, D. R. Smith, Malaise trap #3.

分布：北美洲★（加拿大、美国）。

鉴别特征：本种与麦氏钩瓣叶蜂 *M. macgillivrayi* Gibson, 1980 十分近似，但前者体长 8.5mm；唇基前缘缺口亚深弧形，底部较圆钝，深达唇基约 2/5 长；头部背侧光泽较强烈，刻点不密集粗糙，刻点间光滑间隙明显；后足股节黑色，基缘和端部具白斑；后足胫节大部黑色，基缘和背侧中部约 1/2 长斑白色；后足跗分节大部白色，仅端缘具黑斑；后翅臀室中柄收缩呈宽点状；雌虫锯腹片锯刃平直，不突出，中部锯刃齿式 2/17~18，亚基齿细小且多枚；阳茎瓣头叶亚圆形。

73. 细点钩瓣叶蜂 *Macrophya mixta* MacGillivray, 1895

Macrophya mixta MacGillivray, 1895. *The Canadian Entomologist*, 27(3): 77.

Macrophya bilineata Dyar, 1897. *Journal of the New York Entomological Society*, 5: 19.

Macrophya bilineata MacGillivray, 1916. *Bulletin 22 / State Geological and Natural History Survey of Connecticut*, pp. 96.

未见标本：

分布：北美洲★（加拿大、美国）。

74. 粗刻钩瓣叶蜂 *Macrophya pannosa* (Say, 1836)

Allantus pannosus Say, 1836. *Boston Journal of Natural History*, 1[1834-1837](3)：217.

Macrophya raui Rohwer, 1917. *Entomological News and Proceedings of the Entomological Section of the Academy of Natural Sciences of Philadelphia*, 28: 264-265.

Macrophya flaccida MacGillivray, 1920. *Bulletin of the Brooklyn Entomological Society*, 15: 113-114.

观察标本：非模式标本：1♀1♂, VIRGINIA: Clarke Co. U. Va. Blandy Exp. Farm, 2 mi. S Boyce, 39°05′N, 78°10′W, 28. Ⅳ-10. Ⅴ-1993, Malaise trap, D. R. Smith, Malaise trap #3.

分布：北美洲★（美国）。

鉴别特征：本种与白斑钩瓣叶蜂 *M. albomaculata* (Norton, 1860) 较近似，但前者体长 9mm；头部背侧稍具光泽，额区刻点粗糙密集，刻点间几乎无光滑间隙；唇基前缘缺口小型，侧角宽短；后胸后侧片后角光泽微弱，刻点密集；前足基节基大部黑色，仅端缘和外侧白色；后足转节完全白色，腹侧无黑斑；后足胫节黑色，背侧中部长斑约占后足胫节 2/5 长；后足基跗节约基半部黑色，端半部白色；雄虫抱器由基部向端部弱度变窄。

75. 五味子钩瓣叶蜂 *Macrophya propinqua* Harrington, 1889

Macrophya propinqua Harrington, 1889. *The Canadian Entomologist*, 21(5)：97.

未见标本。

分布：北美洲★（加拿大、美国）。

76. 点刻钩瓣叶蜂 *Macrophya punctata* MacGillivray, 1895

Macrophya punctata MacGillivray, 1895. *The Canadian Entomologist*, 27(10)：285.

未见标本。

分布：北美洲★（加拿大、美国）。

77. 斯洛森钩瓣叶蜂 *Macrophya slossonia* MacGillivray, 1895

Macrophya Slossonia [sic !] MacGillivray, 1895. *The Canadian Entomologist*, 27(3)：78.

未见标本。

分布：北美洲★（美国）。

2.3.9 黄条钩瓣叶蜂种团 *M. flavolineata* group

种团鉴别特征：触角鞭节完全黑色；上唇、唇基、前胸背板后缘两侧宽边和翅基片白色；中胸前侧片中央通常具一字型横型（黄）白斑；后胸后侧片后角无明显附片或具浅碟形附片；前中足大部白色，少部具黑斑；后足胫节黑色，中部白环最长不超过后足胫节 1/2 长；腹部第 1 背板通常完全黑色；雌虫锯腹片锯刃亚台状突出，刃齿较细弱；雄虫阳茎瓣头叶亚方形，尾侧突明显。

目前：本种团 16 种，中国无分布，其种类分别是：*M. amediata* Gibson, 1980、*M. flavicoxae* (Norton, 1860)、*M.flavolineata* (Norton, 1860)、*M. goniphora* (Say, 1836)、*M. intermedia* (Norton, 1860)、*M. lineatana* Rohwer, 1912、*M. melanota* Rohwer, 1912、*M. nirvana* Gibson, 1980、*M. pulchella* (Klug, 1817)、*M.pulchelliformis* Rohwer, 1909、*M. senacca* Gibson, 1980、*M. serratalineata* Gibson, 1980、*M. simillima* Rohwer, 1917、*M. smithi* Gibson, 1980、*M. succincta* Cresson, 1880 和 *M. zoe* W. F. Kirby, 1882。

该种团种类属于北美洲分布类群，分布于美国和加拿大。

78. 钩瓣叶蜂 2 种 *Macrophya amediata* Gibson, 1980

Macrophya amediata Gibson, 1980. *Memoirs of the Entomological Society of Canada*, 114, 69-70.

未见标本。

分布：北美洲★（加拿大、美国）。

79. 黄基钩瓣叶蜂 *Macrophya flavicoxae* (Norton, 1860)

Allantus flavicoxae Norton, 1860. *Boston Journal of Natural History*, 7[1859-1863](2)：258.

Allantus incertus Norton, 1860. *Boston Journal of Natural History*, 7[1859-1863](2)：258-259.

Selandria Canadensis Provancher, 1885. C. Daeveau, Québec, [1885-1889]：7-8.

Macrophya flavicoxis Dalla Torre, 1894. Sumptibus Guilelmi Engelmann, Lipsiae, [6 pp.] + pp. I-Ⅷ + 389.

观察标本：非模式标本：1♀, VIRGINIA: Essex Co. 1 mi. SE Dunnsville, 37°52′ N, 76°48′ W, 23.Ⅶ-5.Ⅷ-1997, MAL. Trap #12, D.R. Smithi; 1♂, VIRGINIA: Essex Co. 1 mi. SE Dunnsville, 37°52′ N, 76°48′ W, 10-23-Ⅶ-1997, MAL. Trap #12, D.R. Smithi.

分布：北美洲★（加拿大、美国）。

鉴别特征：本种与黄条钩瓣叶蜂 *M. flavolineata* (Norton, 1860) 十分近似，但前者体长 8.5mm；中胸小盾片完全黑色，中央无白斑；腹部第 1 背板后缘窄边白色；中胸前侧片和后胸后侧片完全黑色；后胸后侧片后角圆钝，不延伸，无附片。

80. 黄条钩瓣叶蜂 *Macrophya flavolineata* (Norton, 1860)

Allantus flavolineatus Norton, 1860. *Boston Journal of Natural History*, 7[1859-1863](2): 236-260.

Macrophya lineate Norton, 1867. *Transactions of the American Entomological Society*, 1(3): 269.

Macrophya proximate Norton, 1867. *Transactions of the American Entomological Society*, 1(3): 270-271.

Macrophya crassicornis Provancher, 1888. C. Daeveau, Québec, [1885-1889], 352.

Macrophya confuse MacGillivray, 1914. *The Canadian Entomologist*, 46(4): 139.

观察标本：非模式标本：1♀, VIRGINIA: Klarke Co. U. Va. Blandy Exp. Farm, 2 mi S Boyce, 39°05′ N, 78°10′ W, 5-19-Ⅴ-1995, Malaise trap, D.R. Smith, Malaise trap #5; 1♂, USA: Virginia, Fairfax Co., Turkey Run, 38°57.9′ N, 77°09.4′ W, 26.Ⅳ-2.Ⅴ-2007, D. Smith, Malaise trap.

分布：北美洲★（加拿大、美国）。

鉴别特征：本种与条斑钩瓣叶蜂 *M. lineatana* Rohwer, 1912 十分近似，但前者体长 8.5mm；唇基前缘缺口近半圆形，深达唇基约 1/2 长；触角柄节完全黑色；中胸小盾片不完全黑色，中央具 1 小型白斑；后足跗节大部白色，仅各跗分节端缘具黑斑；中胸前侧片中央横斑较窄；后胸后侧片外侧面下部约 1/3 及腹侧面端部窄边白色；后胸后侧片后角延伸，附片浅碟形，无长毛；雄虫阳茎瓣头叶前缘稍圆钝突出。

81. 褐腹钩瓣叶蜂 *Macrophya goniphora* (Say, 1836)

Allantus goniphora Say, 1836. Boston Journal of Natural History , 1[1834-1837](3): 215-216.

观察标本：非模式标本：1♀, VIRGINIA: Lousia Co. 4 mi. S Cuckoo, 8-18- Ⅵ -1988, J. Kloke & D. R. Smith, Malaise trap; 1♂, VIRGINIA: Lousia Co. 4 mi. S Cuckoo, 14-26- Ⅴ -1988, J. Kloke & D. R. Smith, Malaise trap.

分布：北美洲*（加拿大、美国）。

鉴别特征：本种与双色钩瓣叶蜂 *M. pulchella* (Klug, 1817) 十分近似，但前者体长 8.5mm；触角柄节、梗节腹侧及背侧端半部黑斑外白色；中胸前盾片内侧底部 1 对长三角形小斑、中胸小盾片附片和中胸后下侧片后部约 2/5 白色；后胸后侧片黄褐色，无黑斑；腹部各节背板及腹板完全黄褐色；锯鞘鞘基白色，鞘端具黑色斑纹；后足股节基部约 3/7 白色，端部约 4/7 黄褐色；后足胫节大部黄褐色，背侧中部具白斑；后足基跗节基部约 3/7 黄褐色，端部约 4/7 白色。

82. 钩瓣叶蜂 3 种 *Macrophya intermedia* (Norton, 1860)

Allantus intermedius Norton, 1860. *Boston Journal of Natural History*, 7[1859-1863](2): 242-243.

未见标本。

分布：北美洲*（加拿大、美国）。

83. 条斑钩瓣叶蜂 *Macrophya lineatana* Rohwer, 1912

Macrophya lineatana Rohwer, 1912. *Proceedings of the United States National Museum*, 43: 220-221.

观察标本：非模式标本：1♀, VIRGINIA: Fairfax Co. near Annandale, 38°50′ N, 77°12′ W, 11~19- Ⅵ -1995, Malaise trap, David R. Smith; 1♂, USA: VA: Loudoun Co. 12969, Tavior-stown Rd., Malaise trap 10, 17-31- Ⅴ -2000, Cathy J. Anderson.

分布：北美洲*（加拿大、美国）。

鉴别特征：本种与黄条钩瓣叶蜂 *M. flavolineata* (Norton, 1860) 十分近似，但前者体长 8.5mm；唇基前缺口亚深弧形，深达唇基约 1/3 长；触角柄节腹侧白色，背侧黑色；中胸小盾片黑色，中央无白斑；后胸后侧片外侧面下部约 1/2 及腹侧面端半部白色；后足跗节完全黑色；中胸前侧片中央横斑稍宽；后胸后侧片后角圆钝，不延伸，无附片；雄虫阳茎瓣头叶前缘不突出。

84. 钩瓣叶蜂 4 种 *Macrophya melanota* Rohwer, 1912

Macrophya melanota Rohwer, 1912. *Proceedings of the United States National Museum*, 43: 219.

未见标本。

分布：北美洲★（美国）。

85. 钩瓣叶蜂 5 种 *Macrophya nirvana* Gibson, 1980

Macrophya nirvana Gibson, 1980. *Memoirs of the Entomological Society of Canada*, 114: 82-83.

未见标本。

分布：北美洲★（美国）。

86. 双色钩瓣叶蜂 *Macrophya pulchella* (Klug, 1817)

Tenthredo (Allantus) pulchella Klug, 1817. Der Gesellschaft Naturforschender Freunde zu Berlin Magazin für die neuesten Entdeckungen in der gesamten Naturkunde, 8[1814](2): 121-122.

Tenthredo (Allantus) trosula T.W. Harris, 1835. Press of J.S. and C. Adams, Amherst, pp. 593.

Allantus trosulus Norton, 1860. *Boston Journal of Natural History*, 7[1859-1863](2): 244-245.

Macrophya albifacies W.F. Kirby, 1882. By order of the Trustees, London, pp. 271.

Macrophya dyari Rohwer, 1911. *Proceedings of the United States National Museum*, 41: 410.

Macrophya ornata MacGillivray, 1914. *The Canadian Entomologist*, 46(4): 139-140.

观察标本：非模式标本：1♀, VIRGINIA: Essex Co., 1 mi. SE Dunnsville, 37°52′N, 76°48′W, 23. Ⅵ-5. Ⅶ-1997, MAL. Trap #1, D.R. Smith.

分布：北美洲★（加拿大、美国）。

鉴别特征：本种与 *Macrophya goniphora* (Say, 1836) 十分近似，但前者体长 7.5mm；触角柄节和梗节黑色，仅柄节端缘具白色窄环；中胸前盾片、中胸小盾片附片和中胸后下侧片完全黑色；后胸后侧片黑色，无黄褐色斑；腹部第 1~2 背板及腹板、第 3 背板两侧黑色，第 3 背板背侧及第 4~10 背板及腹板黄褐色；锯鞘大部黑色，仅端缘略带黄褐色斑纹；后足股节基部约 3/7 白色，端部约 4/7 黑色；后足胫节大部黑色，中部具白环；后足基跗节基部约 2/5 黑色，端部约 3/5 白色。

87. 钩瓣叶蜂 6 种 *Macrophya pulchelliformis* Rohwer, 1909

Macrophya pulchelliformis Rohwer, 1909. *The Canadian Entomologist*, 41(1): 15.

Macrophya sambuci Rohwer, 1909. *The Canadian Entomologist*, 41(1): 15-16.

Macrophya nebraskensis Rohwer, 1912. *Proceedings of the United States National Museum*, 43, 220.

分布：北美洲★（美国）。

88. 钩瓣叶蜂 7 种 *Macrophya senacca* Gibson, 1980

Macrophya senacca Gibson, 1980. *Memoirs of the Entomological Society of Canada*, 114: 65-67.

未见标本。

分布：北美洲*（加拿大、美国）。

89. 钩瓣叶蜂 8 种 *Macrophya serratalineata* Gibson, 1980

Macrophya serratalineata Gibson, 1980. *Memoirs of the Entomological Society of Canada*, 114: 67-68.

未见标本。

分布：北美洲*（加拿大、美国）。

90. 钩瓣叶蜂 9 种 *Macrophya simillima* Rohwer, 1917

Macrophya simillima Rohwer, 1917. *Entomological News and Proceedings of the Entomological Section of the Academy of Natural Sciences of Philadelphia*, 28: 265-266.

未见标本。

分布：北美洲*（美国）。

91. 史氏钩瓣叶蜂 *Macrophya smithi* Gibson, 1980

Macrophya smithi Gibson, 1980. *Memoirs of the Entomological Society of Canada*, 114: 81-82.

未见标本。

分布：北美洲*（美国）。

92. 接环钩瓣叶蜂 *Macrophya succincta* Cresson, 1880

Macrophya succincta Cresson, 1880. *Transactions of the American Entomological Society*, 8: 19.

Macrophya xanthonota Rohwer, 1912. *Proceedings of the United States National Museum*, 43: 218-219.

未见标本。

分布：北美洲*（加拿大、美国）。

93. 佐伊钩瓣叶蜂 *Macrophya zoe* W. F. Kirby, 1882

Macrophya zoe W. F. Kirby, 1882. By order of the Trustees, London, pp. 270.

未见标本。

分布：北美洲*（加拿大、美国）。

2.3.10 黄斑钩瓣叶蜂种团 *M. flavomaculata* group

种团鉴别特征：体型常粗大；上唇长形，颚眼距短于中单眼直径；唇基亚方形，前缘缺口深，侧齿尖长；复眼内缘下端间距等长于唇基宽，显著短于眼高；触角通常基部黄色；后足胫节背侧常具黄白斑；雄虫阳茎瓣头叶通常细长，无尾侧突。

目前，本种团共 13 种 2 亚种，中国分布 10 种 1 亚种，分别是：*M. acuminiclypeus*

Zhang & Wei, 2006、*M. coloritibialis* Li, Liu & Wei, 2016、*M. falsifica* Mocsáry, 1909、*M. flavomaculata* (Cameron, 1876)、*M. fraxina* Zhou & Huang, 1980、*M. khasiana* Saini, Bharti & Singh, 1996、*M. manganensis* Saini, Bharti & Singh, 1996、*M. parviserrula* Chen & Wei, 2005、*M. quadriclypeata* Wei & Nie, 2002、*M. transmaculata* Li, Liu & Wei, 2018、*M. verticalis* Konow, 1898、*M. verticalis verticalis* Konow, 1898、*M. verticalis tonkinensis* Malaise, 1945、*M. zhengi* Wei, 1997、*M. zhui* Li, Liu & Wei, 2016。

该种团大多种类分布于中国中南部地区，尤其在西南区种类丰富，但西北部也有所分布，向国外延伸到缅甸、印度。

分（亚）种检索表

1. 后足跗节完全黑色…………………………………………………………………………………… 2
   后足跗节大部浅黄褐色至亮黄褐色，少部具黑斑……………………………………………… 3
2. 雌虫：中胸小盾片完全黄白色；中胸前侧片完全黑色；头部背侧光泽微弱，额区及附近区域刻点粗糙密集，刻点间几乎无光滑间隙；唇基前缘缺口深圆形，侧齿尖长；后足股节基部约 1/3 黄褐色，端部 2/3 黑色。中国（福建、江西、湖南）……… ***M. acuminiclypeus* Zhang & Wei, 2006** ♀
   雄虫：中胸小盾片完全黑色；唇基亚方形，宽长比明显小于 2，侧角宽长，端缘尖锐；前中足几乎全部黄褐色，仅基节基缘具黑斑；后足基节大部黑色，仅端缘黄褐色，外侧基部具卵形黄斑；后足股节基部 1/3 黄褐色，端部 2/3 黑色；后足胫节背侧中部具模糊黄斑；雄虫阳茎瓣十分细长，尾侧突微弱。中国（云南、西藏）；缅甸（北部），印度（锡金、阿萨姆邦、梅加拉邦、婆罗洲）…………………………………………………………………… ***M. verticalis* Konow, 1898** ♂
3. 触角完全黑色…………………………………………………………………………………………… 4
   触角至少柄节黄褐色或柄节少部具褐斑………………………………………………………… 6
4. 中胸前侧片完全黑色；唇基缺口深圆弧形，侧角稍长，端缘尖锐；腹部第 1 背板中央后缘黄边极狭，侧角无黄白斑；第 2~4 背板侧角具明显黄白斑，第 5~6 背板完全黑色，第 7~10 背板中央黄白色；各足基节大部黑色，仅端缘黄褐色；后足股节基部 1/3 黄褐色，端部 2/3 黑色；后足胫节背侧中部 1/2 长斑黄白色。中国（湖南）……………………… ***M. zhui* Li, Liu & Wei, 2016** ♀
   中胸前侧片中央具一显著横型黄斑；其余特征不完全同于上述………………………………… 5
5. 中胸前侧片中央横型黄斑小型；唇基缺口浅三角形凹陷，侧角较宽，端缘不明显尖锐；单眼后区不完全黑色，后缘细横斑黄色；后足胫节中部 1/2 宽环黄褐色；中部锯刃齿式 1/4~5 型。中国（贵州、湖南）………………………………………………… ***M. quadriclypeata* Wei & Nie, 2002** ♀
   中胸前侧片中央横型黄斑大型；唇基前缘缺口深弓形，侧角细长，端缘尖锐；单眼后区完全亮黄色；后足胫节中央亮黄色宽环约占后足胫节 2/3 长；中部锯刃齿式为 1/4~6 型。中国（西藏）
   ……………………………………………………………… ***M. transmaculata* Li, Liu & Wei, 2018** ♀
6. 后足跗节完全黄褐色…………………………………………………………………………………… 7
   后足跗节大部黄褐色，多少具黑斑………………………………………………………………… 8
7. 触角柄节及梗节基半部黄色，其余黑色；单眼后区及两侧横斑黄色，上眶 1 对小圆斑黄色；中胸背板盾侧片内侧具 1 对长三角形黄斑；前胸背板后缘侧角大斑、中胸小盾片、附片和后胸小盾片黄色；中胸前侧片大部黄色，后胸前侧片后角具黄斑；前中足股节黄褐色，后足股节基部 3/5 黄褐色，端部 2/5 黑色；后足胫节中央约 2/3 宽环黄褐色，两侧具黑斑；雌虫锯腹片中部锯刃齿式 1/6，刃齿较大且少数。中国（四川、云南）………………………… ***M. zhengi* Wei, 1997** ♀

触角柄节少部褐色，其余黑色；单眼后区后缘细横斑黄色，上眶完全黑色；中胸背板完全黑色，盾侧叶无黄斑；前胸背板后缘侧角小斑和中胸小盾片中央黄色，附片和后胸小盾片黑色；中胸前侧片后缘中部具 1 个小黄斑，后胸前侧片完全黑色；前中足股节大部黑色，少部具黄斑；后足股节基部约 1/3 黄褐色，端部 2/3 黑色；后足胫节中部 1/2 宽环淡黄色，两侧黄褐色；雌虫锯腹片中部锯刃齿式 1/8~9，刃齿较小且多枚。中国（甘肃）… **M. coloritibialis Li, Liu & Wei, 2016** ♀

8. 触角仅柄节黄色…………………………………………………………………………………………… **9**

触角仅柄节和梗节完全黄色（雄虫：胸部腹板黄色）。中胸（陕西、河南、安徽、湖北、浙江、福建、江西、湖南、贵州、广西）…………………………… ***M. flavomaculata* (Cameron, 1876)** ♀♂

9. 中胸前侧片中央具 1 对小黄斑；单眼后区后缘及两侧细横斑黄色；后眶完全黑色；后足股节基半部黄褐色，端半部黑色；后足跗节大部黑色，背侧少部具黄褐斑（雄虫胸部腹板黄褐色，后足跗节完全黑色）。中国（四川）……………………………… ***M. parviserrula* Chen & Wei, 2005** ♀♂

中胸前侧片中央具 1 个黄色宽横斑；单眼后区及两侧横斑黄色；后眶大部黄褐色；后足股节基部 3/5 黄褐色，端部 2/5 黑色；后足基跗节基部 3/4 黑色，端部 1/4 及其后 4 跗分节完全黄褐色（雄虫胸部腹侧黄褐色，后足基跗节端缘与其后 4 跗分节大部黄褐色，其余黑色）。越南（Tonkin）；中国（云南）…………………………… ***M. verticalis tonkinensis* Malaise, 1945** ♀♂

94. 尖唇钩瓣叶蜂 *Macrophya acuminiclypeus* Zhang & Wei, 2006（图版 2-36）

Macrophya acuminiclypeus Zhang & Wei, 2006. *Acta Zootaxonomica Sinica*, 31 (3): 624-626.

观察标本：正模：♀，江西萍乡芦溪，2004-Ⅳ-3，魏美才；非模式标本：1♀，福建武夷山磨石坑，900~1 100m，2004-Ⅴ-11，周虎；1♀，湖南浏阳大围山，1985-Ⅳ-8，童新旺；1♀，湖南道县都庞玲庆里源，N. 25°29.540′，E. 111°23.158′，370m，2009-Ⅳ-27，牛耕耘；1♀，湖南绥宁黄桑，600~900m，2005-Ⅳ-21，刘卫星。

分布：福建（武夷山），江西（芦溪县），湖南（大围山、都庞岭、黄桑）。

鉴别特征：本种与女贞钩瓣叶蜂 *M. ligustri* Wei & Huang, 1997 较近似，但前者体长 9~9.5mm；唇基缺口深，侧角狭长，端部尖锐；头部额区和中胸侧板刻点粗密；中胸背板前叶中沟模糊，几乎消失；后足股节基部 1/4 黄白色；雌虫锯腹片 22 刃，中部第 8~10 锯刃具 7~10 个内侧亚基齿，易于鉴别。

95. 花胫钩瓣叶蜂 *Macrphya coloritibialis* Li, Liu & Wei, 2016（图版 2-37）

Macrphya coloritibialis Li, Liu & Wei, 2016. *Zoological Systematics*, 41(3): 300-306.

观察标本：正模：♀，甘肃庆阳正宁中湾林场，N. 35°26.354′，E. 108°34.182′，1 590m，2009-Ⅴ-1，唐铭军；副模：1♀，甘肃庆阳正宁中湾林场，N. 35°26.354′，E. 108°34.182′，1 590m，2009-Ⅴ-1，唐铭军。

分布：甘肃（正宁县）。

鉴别特征：本种体长 8.5~9mm；前胸背板后角大斑、中胸小盾片、翅基片、腹部第 2~8 背板侧角后缘长斑、第 1 背板中央及两侧、各足转节均淡黄色；上唇大部、唇基端部约 1/3、足大部黄褐色，后足胫节中部 1/2 宽环淡黄色等，与该种团内已知种类均不同，易于识别。

96. 拟黄斑钩瓣叶蜂 *Macrophya falsifica* Mocsáry, 1909

Macrophya falsifica Mocsáry, 1909. *Annales historico-naturales Musei Nationalis Hungarici*, 7: 17.

Macrophya trivialis Forsius, 1925. *Acta Societatis pro Fauna et Flora Fennica*, 4: 7-9.

未见标本。

分布：日本*（本州、四国）。

97. 黄斑钩瓣叶蜂 *Macrophya flavomaculata* (Cameron, 1876)（图版 2-38）

Macrophya flavomaculata Cameron, 1876. *Transactions of the Entomological Society of London for the Year,* 1876, (3) : 464.

观察标本：非模式标本：3♀♀2♂♂，陕西周至楼观台，N. 34°02.939′, E.108°19.303′，899m，2006-Ⅴ-25，朱巽；4♀♀1♂，陕西佛坪，1 000-1 450m，2005-Ⅴ-17，刘守柱；1♀，福建太宁料坊，1981-Ⅵ-29，陈得顺；1♀，福建宁正，1980-Ⅵ-5；1♀，福建邵武，1965-Ⅴ-28；1♀，福建三明，1974-Ⅴ-30，林永辉；1♀1♂，福建太坪木寮，1988-Ⅵ-9~10，李友莽，许时杰；1♀，广西花坪粗江，1963-Ⅵ-8，杨集昆；1♀，贵州茂兰三岔河，750m，1999-Ⅴ-11，魏美才；1♀，贵州茂兰，1995-Ⅶ-13，魏美才；1♀，河南西峡桦树盘，1 388m，1998-Ⅶ-17，胡健；3♀♀，河南栾川，1996-Ⅶ-10~11~13，魏美才；4♀♀，河南卢氏淇河林场，1 100m，2000-Ⅴ-29，魏美才，钟义海；1♀，福建光泽司前，450~600m，1960-Ⅴ-1，金林；1♀，福建光泽司前，450~600m，1960-Ⅳ-29，金根桃，林扬明；1♀，福建大安，1959-Ⅵ-25，金根桃，林扬明；1♀，福建武夷山魔石坑，900~1 100m，2004-Ⅴ-11，周虎；3♀♀，河南商城黄柏山，700 m，1999-Ⅶ-12~13，魏美才；1♀，湖南桃源洞，1995-Ⅶ-19，B Zheng；1♀，湖南衡山，1965-Ⅶ，中南林学院；1♀，湖南八面山江恼里，1982-Ⅴ-17；1♀，浙江天目山老殿，1951-Ⅷ-6；1♀2♂♂，贵州贵阳长坡岭，2004-Ⅵ-20，罗庆怀；1♀，安徽青阳九华山，N. 30°64′, E. 117°84′，700m，2007-Ⅴ-9，徐翊；1♀，河南嵩县天池山，1 300~ 1 400m，2004-Ⅶ-14，张少冰；4♀♀5♂♂，浙江天目山，1985-Ⅵ，吴鸿；1♀，浙江天目山老殿，1 100m，1962-Ⅷ-4，金根桃；1♀，贵州习水三岔河，2000-Ⅵ-1，汪廉敏；4♀♀，贵州梵净山，1 300m，2001~2002-Ⅵ-10，游章强，钟义海；1♀，湖南石门壶瓶山，1 600m，2003-Ⅶ-16，贺应科；2♀♀1♂，湖南壶瓶山江坪，1 200~1 600m，2004-Ⅵ-9，周虎；1♀1♂，湖南资兴滁口，N. 25°95′, E. 113°39′，2004-Ⅴ-27，黄建华；5♀♀1♂，湖南浏阳大围山，960~1 200m，2003-Ⅵ-5，肖炜；3♀♀，湖南幕阜山沟里，N. 28°57.939′, E. 113°49.711′，860m，2007-Ⅴ-27，李泽建，聂帅国；6♀♀1♂，湖南幕阜山沟里，N. 28°57.939′, E. 113°49.711′，860m，2008-Ⅴ-21，张媛，刘飞；

1♀，湖北神农架三河，N. 31°34.329′，E. 110°09.803′，835m，2008-Ⅴ-26，赵赴；1♀1♂，湖北神农架摇篮沟，N. 31°29.104′，E. 110°22.878′，1 430m，2009-Ⅶ-19，赵赴；1♀，福建武夷山桐木，N. 27°44.220′，E. 117°40.149′，778m，2007-Ⅴ-3，钟义海；1♀，江西全南，2008-Ⅳ-26，李石昌；1♀1♂，湖南新宁崀山，600m，2003-Ⅵ-12，姜吉刚，贺应科；4♀♀1♂，湖南高泽源双峰山，N. 25°23.009′，E. 111°15.438′，664m，2008-Ⅳ-26，王德明，费汉榄，王晓华，苏天明，游群；5♀♀1♂，湖南高泽源稻古源，N. 25°22.418′，E. 111°16.219′，580m，2008-Ⅴ-23，苏天明，游群；1♀，湖南道县庆里源站，N. 25°29.540′，E. 111°23.158′，370m，2008-Ⅳ-24，王德明；1♀，湖南道县庆里源站，N. 25°29.540′，E. 111°23.158′，370m，2008-Ⅴ-21，游群；1♀，湖南道县庆里源溪边，N. 25°29.200′，E. 111°21.564′，500m，2008-Ⅵ-23，侯远瑞；1♀，湖南道县庆里源溪边，N. 25°29.200′，E. 111°21.564′，500m，2008-Ⅴ-21，费汉榄；4♀♀2♂♂，湖南高泽源山脚，N. 25°22.418′，E. 111°16.219′，454m，2008-Ⅳ-26，费汉榄，赵赴；1♀，湖南道县都庞玲庆里源，N. 25°29.540′，E. 111°23.158′，370m，2009-Ⅳ-27，姚明灿；2♀♀，江西井冈山，1981-Ⅴ-26~28，刘金，刘姚；1♀，江西井冈山飞机大炮，950m，1983-Ⅵ-12，竹（寄主）；15♀♀24♂♂，CSCS11003，湖南浏阳大围山栗木桥，N. 28°25.520′，E. 114°05.198′，980m，2011-Ⅴ-8~9，李泽建；1♂，CSCS11054，浙江临安清凉峰龙塘山，N. 30°07.04′，E. 118°52.41′，1 380m，2011-Ⅵ-8，魏力，胡平；1♀1♂，CSCS11064，浙江临安西天目山仙人顶，N. 30°20.59′，E. 119°25.26′，1 506m，2011-Ⅵ-13，魏力，胡平；1♀，CSCS11162，湖南浏阳大围山七星岭，N. 28°25′，E. 114°05′，1 300m，2011-Ⅶ-14，肖炜；1♀，CSCS11150，浙江天目山高桥坞，N. 30°36.7′，E. 119°43.3′，706m，2011-Ⅶ-25，刘艳霞；2♀♀，CSCS11060，浙江临安西天目山，N. 30°20.64′，E. 119°26.41′，1 100m，2011-Ⅵ-12~16，魏美才，牛耕耘；1♀，CSCS11057，浙江临安清凉峰千倾塘，N. 30°18.03′，E. 119°07.05′，1 200m，2011-Ⅵ-9，魏美才，牛耕耘；6♀♀1♂，广西兴安高寨，2011-Ⅶ；3♀♀，广西金秀林上屯，2012-Ⅴ-12，700m，黄建华；1♂，CSCS13021，湖南浏阳大围山栗木桥，N.28º25.520′，E. 114º05.198′，海拔 980m，2013-Ⅳ-27~28，李泽建，祁立威；1♀，CSCS15109，浙江磐安县大盘山花溪风景区，N. 28°58.617′，E. 120°29.950′，491m，20145-Ⅶ-27，刘萌萌，$CH_3COOC_2H_5$。

个体变异：雌虫部分标本中胸前侧片完全黑色（或中胸前侧片具 2 个黄斑，黄斑大小有变化），触角完全或基部前 5 节黄褐色，外眶中部具显著黄斑，黄斑有大小变化，前翅臀室收缩中柄短，长点状；两性标本后足基跗节基缘至 2/3 黑色。根据实验室所积累标本来看，大部分标本雌虫触角第 1~2 节黄色，3~9 节全黑；部分标本雌虫触角第 1~5 节黄色，6~9 节黑色。

分布：陕西（周至、佛坪县），河南（栾川县、卢氏县、西峡、伏牛山、黄柏山、天池山），安徽（九华山），湖北（神农架），浙江（西天目山、清凉峰），福建（武夷山、大安、光泽县、太宁、邵武市、宁正、太坪），江西（井冈山、全南县），湖南（桃源洞、衡山、八面山、壶瓶山、大围山、幕阜山、崀山、都庞岭、资兴市），贵州（茂兰、梵净山、三岔河、长坡岭），广西（花坪、兴安县、金秀县）。

寄主：马鞭草科，大青属，大青 *Clerodendrum cyrtophyllum* Turcz.。

鉴别特征：本种与细瓣钩瓣叶蜂 *M. parviserrula* Chen & Wei, 2005 十分近似，但前者体长 10~11mm；触角柄节与梗节黄色，鞭节黑色；单眼后区后大部黄色；中胸前侧片具 1 个黄斑；后足大部黄色，少部具黑斑；后足胫节中部具宽黄斑；雌虫锯腹片锯刃短叶状突出，中部锯刃刃齿十分细弱，数目不清晰，节缝刺毛带较宽，刺毛稀疏。

98. 白蜡钩瓣叶蜂 *Macrophya fraxina* Zhou & Huang, 1980

Macrophya fraxina Zhou & Huang, 1980. *Scientia silvae sinicae*, 16(2): 124-126.

未见标本（根据文献记载：正模：♀，四川省峨眉县，1979-Ⅳ，吴次彬采；副模：9♀♀，同正模信息。以上标本保存于中国林业科学研究院林业科学研究所昆虫标本室）。

雄虫：不知。

寄主：木犀科，梣属，白蜡树 *Fraxinus chinensis* Roxb。

分布：四川（峨眉县）。

为害：幼虫为害白蜡树叶，大发生时可将顶叶蜡虫一起吃光，降低白蜡的产量。一年发生一代。

鉴别特征：参照检索表。

99. 卡西钩瓣叶蜂 *Macrophya khasiana* Saini, Bharti & Singh, 1996

Macrophya khasiana Saini, Bharti & Singh, 1996. *Deutsche Entomologische Zeitschrift, Neue Folge*, 43(1): 145-146.

未见标本。

分布：印度*（梅加拉亚邦）。

100. 曼甘钩瓣叶蜂 *Macrophya manganensis* Saini, Bharti & Singh, 1996

Macrophya manganensis Saini, Bharti & Singh, 1996. *Deutsche Entomologische Zeitschrift, Neue Folge*, 43(1): 150-151.

未见标本。

分布：印度（锡金）*。

101. 细瓣钩瓣叶蜂 *Macrophya parviserrula* Chen & Wei, 2005（图版 2-39）

Macrophya parviserrula Chen & Wei, 2005. *Journal of Central South Forestry University*, 25 (2): 87.

观察标本：正模：♀，四川峨眉山清音阁，900m，1957-Ⅵ-26，郑乐怡，程汉华；非模式标本：1♀1♂，CSCS11105，四川青城山祖师殿，N. 30°54.28′，E. 103°33.28′，

1 116m，2011-Ⅵ-23，朱朝阳，姜吉刚。

分布：四川（峨眉山、青城山）。

鉴别特征：本种与黄斑钩瓣叶蜂 *M. flavomaculata* (Cameron, 1876) 较近似，但前者体长 11.5~12mm；触角柄节黄色，其余各节黑色；单眼后区后缘横斑黄色；中胸前侧片具 2 个黄斑；后足大部黑色，少部具黄斑；后足胫节中部仅背侧具黄斑，腹侧完全黑色；雌虫锯腹片锯刃稍倾斜内凹，节间膜稍突出，中部锯刃刃齿较大型且少，节缝刺毛带十分宽阔，刺毛密集。

102. 方凹钩瓣叶蜂 *Macrophya quadriclypeata* Wei & Nie, 2002（图版 2-40）

Macrophya quadriclypeata Wei & Nie, 2002. *Insects from Maolan Landscape*: 456-457, 480.

观察标本：正模：1♀，贵州茂兰，750m，1999-Ⅴ-11，魏美才；非模式标本：1♀，湖南绥宁黄桑，600~900m，2005-Ⅳ-22，魏美才；1♀，湖南永州舜皇山，900~1 200m，2004-Ⅳ-28，梁旻雯。

分布：湖南（黄桑、舜皇山），贵州（茂兰）。

鉴别特征：本种与白蜡钩瓣叶蜂 *M. fraxina* Chou & Huang, 1980 较近似，但前者体长 11~11.5mm；上唇端缘截形；头部背侧刻点微弱，后头两侧几乎不收缩；中胸前盾片后角具 1 对小黄斑，中胸背板盾侧叶完全黑色无白斑。

103. 横斑钩瓣叶蜂 *Macrophya transmaculata* Li, Liu & Wei, 2018（图版 2-41）

Macrophya transmaculata Li, Liu & Wei, 2018. *Entomotaxonomia*, 40(1): 7-13.

观察标本：正模：♀，CSCS13124，西藏昌都地区察隅县 N. 28.6234°，E. 97.3345°，2 028m，2013-Ⅶ-7，胡平 & 钟义海采，乙酸乙酯；副模：2♀♀，CSCS13124，西藏昌都地区察隅县，N. 28.6234°，E. 97.3345°，2 028m，2013-Ⅶ-7，胡平 & 钟义海采，乙酸乙酯。

分布：西藏（察隅县）。

个体变异：雌虫触角柄节内侧少部黑褐色。

鉴别特征：在该种团内，本种体型小，体长 8~8.5mm；中胸前侧片中央具一显著横型黄斑；后足股节基部 2/3 亮黄色，端部 1/3 黑色；后足胫节中央亮黄色宽环约占后足胫节 2/3 长；后足跗节大部亮黄色，基跗节基部具黑斑；锯腹片锯刃近平直，中部锯刃齿式为 1/4~6 型等，易于鉴别。

104. 角唇钩瓣叶蜂 *Macrophya verticalis* Konow, 1898（图版 2-42）

Macrophya verticalis Konow, 1898. *Entomologische Nachrichten*, 24(6): 87-88.

观察标本：非模式标本：1♂，云南腾冲，1983-Ⅴ-23，胡春林。

分布：云南（腾冲县、镇康县），西藏（察隅县）；缅甸（北部），印度（阿萨姆）。

鉴别特征：参照检索表。

105. 黄柄钩瓣叶蜂 *Macrphya verticalis tonkinensis* Malaise, 1945（图版 2-43）

Macrphya verticalis tonkinensis Malaise, 1945. *Opuscula Entomologica*, Lund Suppl. 4: 134.

观察标本：非模式标本：1♀，云南弥勒，1 450m，1982-Ⅵ-29，金根桃；1♀，云南石屏，1 750m，1980-Ⅵ-26，金根桃；1♂，云南安宁温泉，1958-Ⅸ-1，程汉华。

分布：云南（西双版纳、安宁、石屏、弥勒）；越南（北部）。

鉴别特征：本种与郑氏钩瓣叶蜂 *M. zhengi* Wei, 1997 较近似，但前者体长 10.5~11mm；头部背侧较微弱，刻点稍多，略显密集，刻点间光滑间隙较狭窄；后眶完全黑色无黄斑；额区隆起，中部明显凹陷；单眼后区宽近等于长，呈正方形；中胸前侧片中部黄斑较前者小型；后足基跗节基部 2/3 黑色，端部 1/3 黄褐色；腹部第 3~4 背板两侧具横黄斑，中部不连接；雌虫锯腹片锯刃明显突出，刃齿十分细弱，数目不清晰。

106. 直立钩瓣叶蜂 *Macrophya verticalis verticalis* Konow, 1898

Macrophya verticalis verticalis Konow, 1898. *Entomologische Nachrichten*, 24(6): 87-88.

未见标本。

分布：印度*。

本种可能为角唇钩瓣叶蜂 *M. verticalis* Konow, 1898 的指名亚种，应为同种，需要借阅模式标本核对。

鉴别特征：参照检索表。

107. 郑氏钩瓣叶蜂 *Macrophya zhengi* Wei, 1997（图版 2-44）

Macrophya zhengi Wei, 1997. *Entomotaxonomia*, 19, Suppl., 82-83.

观察标本：正模：♀，云南中甸，2 600m，1996-Ⅵ-9，郑乐怡；非模式标本：1♀，四川天全喇叭河，1 800~2 000m，2003-Ⅶ-12，刘卫星。

分布：四川（喇叭河）、云南（中甸）。

鉴别特征：本种与黄柄钩瓣叶蜂 *M. verticalis tonkinensis* Malaise, 1945 较近似，但前者体长 10.5~11mm；头部背侧较光亮，具十分细弱刻点，大部几乎光滑；后眶内侧具 1 对圆形小黄斑；额区稍隆起，中部稍凹陷；单眼后区宽长比约为 1.4；中胸前侧片中部具显著大型黄斑；后足基跗节完全黄褐色；腹部第 3~4 背板端部约 3/4 黄斑在中部几乎连接；雌虫锯腹片中部锯刃稍突出，刃齿较大且少数，中部锯刃齿式为 1/5~6。

108. 朱氏钩瓣叶蜂 *Macrophya zhui* Li, Liu & Wei, 2016（图版 2-45）

Macrophya zhui Li, Liu & Wei, 2016. *Zoological Systematics*, 41(3): 300-306.

观察标本：正模：1♀，CSCS11040，湖南石门壶瓶山石碾子沟，N. 30°00.59′，E. 110°33.18′，710m，2011-Ⅵ-1~3，李泽建，朱朝阳。

分布：湖南（壶瓶山）。

鉴别特征：本种与尖唇钩瓣叶蜂 *M. acuminiclypeus* Zhang & Wei, 2006 近似，但前者体长 10mm；头部背侧光泽强烈，额区刻点十分稀疏浅弱，大部光滑；唇基宽大，前缘缺口深半圆形，侧角较宽长，亚三角形，端缘不明显尖锐；单眼后区两侧后缘细横斑黄白色；前胸背板前角黑色无黄斑；中胸背板前盾片底部具 1 对长三角形黄白斑；后胸小盾片不完全黄白色，中部具黑斑；腹部第 1 背板中央后缘狭边黄白色，第 2~4 背板两侧具明显黄白斑，第 5~6 背板完全黑色；后足胫节背侧中部黄白斑占后足胫节 1/2 长；后足跗节大部黄白色，仅基跗节基部具黑斑；前翅臀室中柄长，约 2 倍于 1r-m 脉长，几乎等长于 cu-a 脉长；雌虫锯腹片中部锯刃齿式 1~2/4~5，锯刃较平直。

2.3.11 中国台湾钩瓣叶蜂种团 *M. formosana* group

种团鉴别特征：中胸前侧片具 1~2 个显著黄斑；后足胫节背侧具显著黄斑；后足跗节完全黑色；唇基前缘缺口较深，底部似弓型，侧角亚三角形，短钝突出；头部单眼后区宽长比明显小于 2；前胸背板后缘宽边和中胸小盾片 2 个小斑黄白色；中胸小盾片顶面高于中胸背板平面；锯腹片通常多于 20 锯刃，锯刃突出，中部锯刃具外侧亚基齿常 10 枚左右，节缝刺毛带狭窄，刺毛稀疏。

目前，本种团包括 4 种，中国分布 2 种，分别是：*M. crassula* (Klug, 1817)、*M. dolichogaster* Wei & Ma, 1997、*M. formosana* Rohwer, 1916、*M. liukiuana* Takeuchi, 1926。

该种团种类主要分布于中国中南部，西北地区也有分布，向国外分布于印度、不丹；1 种分布于欧洲。

分种检索表

1.	中胸前侧片中部具 2 个小黄白斑；前翅完全透明，无明显色斑；腹部各节腹板黑色。不丹、印度（喜马拉雅山）；中国（福建、台湾、湖北）························· ***M. formosana* Rohwer, 1916** ♀♂
	中胸前侧片中部具 1 个黄白斑；前翅亚透明，具淡烟褐色斑；腹部各节腹板后缘具白斑 ······ **2**
2.	腹部约 1.5 倍于头胸部之和；后足股节基部 1/3 黄白色，端部 2/3 黑色（中胸小盾片具 2 个小白斑；中胸前侧片中部具 1 个白斑；后足股节基半部黄白色，胫节仅背侧具白斑）。中国（陕西、安徽、重庆、四川、浙江、福建、湖北、湖南、江西、贵州、云南、广东、广西、海南）··· ***M. dolichogaster* Wei & Ma, 1997** ♀♂
	腹部稍长于头胸部之和；后足胫节腹侧黑色，背侧具白斑，后足胫节端距黄褐色；前翅端半部烟色。日本（琉球岛）··· ***M. liukiuana* Takeuchi, 1926** ♀♂

109. 景天钩瓣叶蜂 *Macrophya crassula* (Klug, 1817)

Tenthredo (*Allantus*) *crassula* Klug, 1817. *Der Gesellschaft Naturforschender reunde zu Berlin Magazin für die neuesten Entdeckungen in der gesamten Naturkunde*, 8[1814](2): 124-125.

Tenthredo maculosa Lepeletier, 1823. Apud uctorem [etc.], Parisiis, pp. 101.

Tenthredo maculosa Serville, 1823. *Faune Française, ou histoire naturelle, générale et particuliére, des animaux qui se trouvent en France (. ..), Livr. 7 & 8*, Chez Rapet, Paris, pp. 42.

Macrophya Klugii [sic!] Snellen van Vollenhoven, 1869. *Tijdschrift voor Entomologie*, 12 ser. 2(4)：124.

Macrophya cora W.F. Kirby, 1886. *The Annals and Magazine of Natural History, including Zoology, Botany, and Geology; Fifth Series*, 18：497.

观察标本：非模式标本：1♀, F: Bouches-du-Rhone, Barbentane, 2-5 km S, 10-21-Ⅴ-1999, leg. R. Gaedike, Received on exchange ex coll., Deutsches Entomolog. Institut, Eberswaldae, Germany, 2001；1♀, Ulm., Received on exchange ex coll., Deutsches Entomolog. Institut, Eberswaldae, Germany, 2001；1♂, Bulgarien, Dragomau, 11-20-Ⅵ-1989, Received on exchange ex coll., Deutsches Entomolog. Institut, Eberswaldae, Germany, 2001.

分布：欧洲*（阿尔巴尼亚、安道尔、奥地利、波斯尼亚、黑塞哥维那、保加利亚、克罗地亚、捷克、法国、德国、希腊、匈牙利、意大利、马其顿、摩尔多瓦、罗马尼亚、斯洛伐克、西班牙、瑞士、乌克兰、南斯拉夫）。

鉴别特征：本种与长腹钩瓣叶蜂 *M. dolichogaster* Wei & Ma, 1997 较近似，但前者体长 9mm；中胸侧板中部具 1 显著横黄白斑；中胸小盾片黄色；后足胫节基大部黄色，端部黑色；雌虫锯腹片锯刃明显台状突出，中部锯刃齿式 2/4~6，刃齿稍大且少数；雄虫唇基完全黑色。

110. 长腹钩瓣叶蜂 *Macrophya dolichogaster* Wei & Ma, 1997（图版 2-46）

Macrophya dolichogaster Wei & Ma, 1997. *Entomotaxonomia*, 19, Suppl.: 77-78.

观察标本：正模：1♀，湖南株洲，1996-Ⅳ-20，魏美才；副模：1♀，四川二郎山，1982-Ⅵ-22，中国科学院；5♀♀5♂♂，湖南株洲，1996-Ⅳ-20~23~24，魏美才，聂海燕，文军；非模式标本：2♀♀3♂♂，湖南株洲东郊，1999-Ⅳ-12~19，魏美才，肖炜，邓铁军；1♀，湖南涟源龙山，1999-Ⅴ-11，肖炜；2♀♀，福建林学院，1982-Ⅴ，苏韩；1♀，福建，1982-Ⅳ-2，王志玉；4♀♀，贵州赤水金沙，950m，2000-Ⅴ-28~29，肖炜；2♂♂，湖南武冈云山，1 300m，1999-Ⅴ-2，邓铁军；1♂，湖南炎陵桃源洞，900~1 000m，1999-Ⅳ-23，魏美才；1♂，湖南株洲东郊，1997-Ⅳ-10，魏美才；1♂，浙江杭州植物园，1981-Ⅳ-25，中国科学院，严衡元；1♂，云南昆明，1983-Ⅴ-6，中国科学院，吴建毅；1♀1♂，云南昆明西山，1983-Ⅵ-26；2♂♂，云南元阳，1 700m，1982-Ⅴ-2，金根桃；1♀2♂♂，广东始兴车八岭，N. 24°40′，E. 114°09′，400m，2007-Ⅳ-13，徐翊，钟义海；5♀♀1♂，安徽青阳九华山，N. 30°64′，E. 117°84′，700m，2008-Ⅴ-21，杨青，聂梅，徐翊；1♂，湖南新宁县紫云山，N. 26°30.200′，E. 110°20.500′，800m，2009-Ⅳ-6，肖炜；3♀♀8♂♂，重庆缙云山，600m，2003-Ⅳ-25，黄建华；252♀♀242♂♂，湖南衡山半山亭，600~700m，2004-Ⅴ-10~11，刘卫星；1♀，湖北神农架三河，N. 31°34.329′，E. 110°09.803′，835m，2008-Ⅴ-26，焦塁；1♀，重庆缙云山，N. 29°50.12′，E. 106°23.03′，750~800m，2006-Ⅴ-16，朱小妮；31♀♀41♂♂，重

庆缙云山，N. 29°50.18′，E. 106°23.30′，700~800m，2006-Ⅴ-15~18，张少冰，朱小妮；6♀♀17♂♂，重庆缙云山，600m，2003-Ⅴ-2，黄建华；2♀♀9♂♂，福建武夷山桐木，N.27°44.220′，E. 117°40.149′，778m，2007-Ⅴ-3，肖炜；26♂♂，福建武夷山桂敦，N.27°44.037′，E. 117°38.699′，1 137m，2007-Ⅴ-1，钟义海，肖炜；2♀♀2♂♂，江西庐山花径，N. 29°34.075′，E. 115°58.076′，1 000m，2007-Ⅴ-18，钟义海；1♀1♂，江西萍乡万龙山，1 000~1 200m，2006-Ⅴ-2，魏美才；3♀♀，云南贡山黑洼底，N. 27°800′，E. 98°590′，2 100m，2009-Ⅵ-10~12，钟义海；1♀，云南腾冲猴桥镇，N. 25°390′，E.98°210′，1 800m，2009-Ⅵ-1，肖炜；13♀♀10♂♂，湖南永州舜皇山，900~1 200m，2004-Ⅳ-28，魏美才，刘卫星，刘守柱，贺应科，林杨，周虎；4♀♀，湖南永州舜皇山，800~1 000m，2004-Ⅳ-27，魏美才，刘卫星，林杨；2♀♀1♂，湖南城步南山，1 500m，2005-Ⅳ-24，朱巽，贺应科；2♀♀1♂，湖南城步南山，1 000m，2005-Ⅳ-24，肖炜；11♀♀1♂，湖南永州阳明山，900~1 000m，2004-Ⅳ-25，张少冰，刘守柱，刘卫星，周虎，梁旻雯；13♀♀7♂♂，湖南武冈云山，1 100m，2005-Ⅳ-25~26，张少冰，刘守柱，林杨，朱巽，周虎；1♂，湖南武冈云山，800~1 100m，2005-Ⅳ-26，肖炜；140♀♀170♂♂，湖南绥宁黄桑，600~900m，2005-Ⅳ-21~22，魏美才，张少冰，肖炜，刘卫星，梁旻雯，刘守柱，周虎，贺应科，林杨，朱巽，朱小妮；1♀，湖南道县都庞玲庆里源，N. 25°29.540′，E. 111°23.158′，370m，2009-Ⅳ-27，魏美才；3♀♀3♂♂，湖南武冈法相岩，300m，2002-Ⅳ-4，姜吉刚；2♀♀1♂，湖南大围山栗木桥，N. 28°25.520′，E. 114°05.198′，980m，2010-Ⅴ-3，李泽建；1♀，湖南大围山栗木桥，N. 28°25.520′，E. 114°05.198′，980m，2010-Ⅴ-5，李泽建；1♀，CSCS11105，四川青城山祖师殿，E. 103°33.28′，N. 30°54.28′，1 116m，2011-Ⅵ-23，朱朝阳，姜吉刚；1♀28♂♂, CHINA, TAIWAN, Nantou, Tsuifeng, 2 300m, 23-Ⅲ-1979, A.Shinohara; 11♂♂, TAIWAN, Nantou-Hsien, Howangshan, nrPuli, 6.Ⅲ.1987, C.C.Lo; 1♀2♂♂, TAIWAN, Nantou-Hsien, Sungkang, 2 000m, 11-Ⅳ-1987, C.C.Lo; 1♀3♂♂, TAIWAN, Nantou Pref., Sungkang, 4-Ⅴ-1984, K. Ra leg; 1♂, Taiwan, Jenai., Nantou-Hsien, Mt.Kantoushan, 19-Ⅲ-1991, A.Shinohara; 2♂♂, TAIWAN, Nantou Pref., Howangshan, 30-Ⅳ-1989, K.Lo leg; 2♀♀16♂♂, TAIWAN, Nantou Pref., Howangshan, 6-7-Ⅴ-1989, K.Lo leg; 1♂, TAIWAN, Nantou Pref., Mt. Howangshan, 10-13-Ⅳ-1973, K.Ra leg; 2♀♀1♂, TAIWAN, Nantou Pref., Sungkang, 10~12-Ⅳ-1973, K.Ra leg; 1♂, Hualien Hsien, Pilu, 7-Ⅴ-1988, C.C.Lo.；5♀♀，CSCS12018，广西龙州弄岗保护站，N. 22°28′27″，E. 106°57′27″，180m，2012-Ⅵ-24，魏美才，牛耕耘；1♀1♂，CSCS12015，广西龙州弄岗保护区陇防，N. 22°27′37″，E. 106°56′46″，240m，2012-Ⅵ-23，钟义海；3♀♀，CSCS12016，广西龙州弄岗保护区陇防，N. 22°27′37″，E. 106°56′46″，240m，2012-Ⅵ-23，魏美才，牛耕耘；1♀，CSCS12010，广西龙州弄岗保护站，N. 22°28′27″，E. 106°57′27″，180m，2012-Ⅳ-22，李泽建，尚亚飞；

1♀，CSCS12047，广西田林岑王老山气象站，N. 24°25′17″，E. 106°23′0″，1 333m，2012-Ⅴ-3，钟义海；4♂♂，CSCS12071，江苏省句容市宝华山，2012-Ⅳ-14~15；2♀♀5♂♂，CSCS13012，湖南邵阳武冈云山云峰阁，N. 26°38.983′，E. 110°37.169′，1 170m，2013-Ⅳ-14，李泽建；2♂♂，CSCS13010，湖南邵阳武冈云山电视塔，N. 26°38.630′，E. 110°37.299′，1 380m，2013-Ⅳ-13，李泽建；1♂，CSCS13017，湖南邵阳武冈云山云峰阁，N. 26°38.983′，E. 110°37.169′，1 170m，2013-Ⅳ-16，祁立威，褚彪；1♂，CSCS13015，湖南邵阳武冈云山云峰阁，N. 26°38.983′，E. 110°37.169′，1 170m，2013-Ⅳ-15，祁立威，褚彪；4♂♂，CSCS13014，湖南邵阳武冈云山云峰阁，N. 26°38.983′，E. 110°37.169′，1 170m，2013-Ⅳ-15，李泽建；1♂，CSCS13013，湖南邵阳武冈云山云峰阁，N. 26°38.983′，E. 110°37.169′；1 170m，2013-Ⅳ-14，祁立威，褚彪；1♀，重庆大学城杨家沟，2012-Ⅳ-15，昆虫爱好者学会，重庆师范大学标本馆存；3♀♀，CSCS14049，四川峨眉万年寺，N. 29°34.92′，E. 103°22.59′，1 123m，2014-Ⅴ-22，胡平 & 刘婷采，$CH_3COOC_2H_5$；2♀♀1♂，CSCS14051，四川峨眉32km，N. 29°33.858′，E. 103°17.422′，1 516m，2014-Ⅴ-23，胡平 & 刘婷采，$CH_3COOC_2H_5$；1♀，CSCS14116，陕西留坝县桑园梨子坝，N. 33°43.412′，E. 107°13.171′，1 223m，2014-Ⅵ-16，刘萌萌 & 刘婷采，$CH_3COOC_2H_5$；1♀1♂，CSCS14118，陕西留坝县桑园梨子坝，N. 33°43.412′，E. 107°13.171′，1 223m，2014-Ⅵ-16，魏美才采，KCN；1♀，CSCS14119，陕西留坝县桑园梨子坝，N. 33°43.412′，E. 107°13.171′，1 223m，2014-Ⅵ-16，祁立威 & 康玮楠采，$CH_3COOC_2H_5$；2♀♀，CSCS15062，四川乐山市峨眉山清音阁，N. 29°34.705′，E. 103°24.365′，714m，2015-Ⅴ-17，祁立威 & 刘琳采，乙酸乙酯；1♀1♂，CSCS15052，四川峨眉山万年寺停车场，N. 29°35.678′，E. 103°22.533′，891m，2015-Ⅴ-13，祁立威 & 刘琳采，乙酸乙酯；3♀♀，CSCS15051，四川乐山市峨眉山报国寺，N. 29.60°，E. 103.48°，551m，2015-Ⅴ-13，祁立威 & 刘琳采，乙酸乙酯；2♂♂，CSCS15059，四川峨眉山万年寺停车场，N. 29°35.678′，E. 103°22.533′，891m，2015-Ⅴ-16，祁立威 & 刘琳采，乙酸乙酯；♀，CSCS14040，湖南浏阳大围山栗木桥，N. 28°25.52′，E. 114°05.198′，980m，2014-Ⅳ-30，褚彪采，$CH_3COOC_2H_5$；1♀，CSCS15051，四川乐山市峨眉山报国寺，N. 29.60°，E. 103.48°，551m，2015-Ⅴ-13，祁立威 & 刘琳采，乙酸乙酯；1♀，CSCS15052，四川峨眉山万年寺停车场，N. 29°35.678′，E. 103°22.533′，891m，2015-Ⅴ-13，祁立威 & 刘琳采，乙酸乙酯；3♀♀3♂♂，LSAF16011，浙江丽水九龙湿地新亭村，N. 28.41°，E. 119.83°，105m，2016-Ⅳ-2，李泽建 & 刘萌萌采，酒精浸泡；1♀，CSCS16146，浙江临安西天目山禅源寺，N. 30.322°，E. 119.443°，362m，2016-Ⅳ-17，李泽建 & 刘萌萌 & 陈志伟采，乙酸乙酯；1♀2♂♂，LSAF17017，浙江丽水九龙湿地新亭村，N. 28.402°，E. 119.828°，50m，2017-Ⅲ-27，高凯文 & 姬婷婷采，乙酸乙酯；1♂，LSAF17016，浙江丽水九龙

湿地新亭村，N. 28.402°，E. 119.828°，50m，2017-Ⅲ-26，李泽建 & 刘萌萌采，乙酸乙酯；1♀，CSCS16152，浙江临安西天目山禅源寺，N. 30.322°，E. 119.443°，362m，2016-Ⅴ-25，李泽建 & 刘萌萌采，乙酸乙酯；2♀♀，LSAF17019，浙江丽水九龙湿地新亭村，N. 28.402°，E. 119.828°，50m，2017-Ⅳ-2，高凯文 & 姬婷婷采，乙酸乙酯；1♂，LSAF17021，浙江丽水九龙湿地新亭村，N. 28.402°，E. 119.828°，50m，2017-Ⅳ-3，李泽建 & 刘萌萌采，乙酸乙酯；1♀，LSAF17022，浙江丽水九龙湿地新亭村，N. 28.402°，E. 119.828°，50m，2017-Ⅳ-4，李泽建 & 刘萌萌采，乙酸乙酯；2♀♀，LSAF17046，浙江临安西天目山禅源寺，N. 30.323°，E. 119.442°，405m，2017-Ⅳ-19~20，姬婷婷采，乙酸乙酯；1♀，LSAF17038，浙江临安西天目山禅源寺，N. 30.323°，E. 119.442°，405m，2017-Ⅳ-17，刘萌萌 & 高凯文 & 姬婷婷采，乙酸乙酯；1♂，LSAF17039，浙江临安西天目山禅源寺，N. 30.323°，E. 119.442°，405m，2017-Ⅳ-18，刘萌萌 & 高凯文 & 姬婷婷采，乙酸乙酯；1♂，LSAF17032，浙江临安西天目山禅源寺，N. 30.323°，E. 119.442°，405m，2017-Ⅳ-13，刘萌萌 & 高凯文 & 姬婷婷采，乙酸乙酯；3♀♀3♂♂，LSAF17059，浙江临安西天目山禅源寺，N. 30.323°，E. 119.442°，405m，2017-Ⅴ-7，刘萌萌 & 高凯文 & 姬婷婷采，乙酸乙酯；2♀♀4♂♂，LSAF17057，浙江临安西天目山禅源寺，N. 30.323°，E. 119.442°，405m，2017-Ⅴ-6，刘萌萌 & 高凯文 & 姬婷婷采，乙酸乙酯；1♂，LSAF17032，浙江临安西天目山禅源寺，N. 30.323°，E. 119.442°，405m，2017-Ⅳ-13，姬婷婷采，乙酸乙酯；2♀♀10♂♂，LSAF17064，浙江临安西天目山禅源寺，N. 30.323°，E. 119.442°，405m，2017-Ⅴ-13，高凯文 & 姬婷婷采，乙酸乙酯；1♂，LSAF17062，浙江临安西天目山禅源寺，N. 30.323°，E. 119.442°，405m，2017-Ⅴ-11，姬婷婷采，乙酸乙酯；1♂，LSAF17068，浙江临安西天目山禅源寺，N. 30.323°，E. 119.442°，405m，2017-Ⅴ-15，姬婷婷采，乙酸乙酯；12♀♀3♂♂，LSAF17083，浙江临安西天目山禅源寺，N. 30.323°，E. 119.442°，405m，2017-Ⅴ-26，李泽建 & 刘萌萌 & 高凯文 & 姬婷婷采，乙酸乙酯；3♀♀11♂♂，浙江临安西天目山禅源寺，N. 30.323°，E. 119.442°，405m，2017-Ⅴ-20，姬婷婷采，乙酸乙酯；2♀♀，LSAF17094，江西省抚州市资溪县马头山国家级自然保护区，2017-Ⅳ-25，马氏网；1♀1♂，LSAF17096，江西省抚州市资溪县马头山国家级自然保护区，2017-Ⅳ-18，马氏网。

分布：陕西（佛坪县、留坝县、太白山），安徽（九华山），重庆（缙云山），四川（峨眉山、二郎山、青城山），浙江（丽水市、杭州市、清凉峰），江苏（宝华山），福建（武夷山），湖北（神农架），湖南（株洲、壶瓶山、越城岭、雪峰山、龙山、莽山、衡山、大围山、紫云山、舜皇山、南山、阳明山、云山、黄桑、都庞岭），江西（庐山、万龙山），贵州（金沙县），云南（昆明市、元阳县、贡山、西山、腾冲县），广东（车八岭），广西（猫儿山、弄岗、岑王老山），海南（五指山），台湾（南投县）。

个体变异：雌虫标本中胸前侧片具 2 个黄斑，中胸前侧片若具 1 个黄斑，有大小变化；雄虫后足胫节完全黑色，腹部第 1 背板后缘中央黄斑有大小变化，中胸小盾片两侧具模糊小黄斑。

鉴别特征：本种与台湾钩瓣叶蜂 *M. formosana* Rohwer, 1916 较近似，但前者体长 10~10.5mm；中胸前侧片中央具 1 个显著黄白斑；前翅臀室无柄式，具短直横脉；雌虫锯腹片中部锯刃齿式为 2/7~10。

111. 中国台湾钩瓣叶蜂 *Macrophya formosana* Rohwer, 1916（图版 2-47）

Macrophya formosana Rohwer, 1916. *Supplementa Entomologica*, Berlin-Dahlem 5: 90-91. Type locality: China: Taiwan.

Macrophya ukhrulensis Saini, Bharti & Singh, 1996. *Deutsche Entomologische Zeitschrift, Neue Folge*, 43(1): 149-150.

观察标本：非模式标本：5♀♀3♂♂, TAIWAN, Nantou Pref., Howangshan, 2-6-7-Ⅴ-1989, K.Lo leg; 2♀♀4♂♂, CHINA, TAIWAN, Nantou, Tsuifeng, 2 300m, 23-Ⅲ-1979, A.Shinohara; 1♂, Taiwan, Chiai-Hsien, Tatachia, 1 800~2 100m, 6-Ⅲ-1991, A.Shinohara; 2♂♂, Taiwan, Taoyuan-Hsien, Palin, 21-23-Ⅳ-1989, C.-C.Lo; 1♂, TAIWAN, Nantou Hsien, Jenai, Shihtyutou, 20-24-Ⅲ-1994, Y.ARITA legit; 1♂, TAIWAN, Nantou Pref., Sungkang, 13-Ⅳ-1973, K.Ra leg; 4♀♀，福建将乐龙栖，1991-Ⅴ-16，史永善；7♀♀1♂，湖北秭归茅坪，1994-IV-28，杨星科采（以上标本保存于中国科学院动物研究所标本馆）；2♀♀13♂♂，1910-Ⅳ~Ⅴ，H. Sauter 采（此批标本存放于 Deutsches Entomologisches Museum）。

分布：湖北（茅坪），福建（将乐县），中国台湾（南投县）；不丹，印度（喜马拉雅山东部）。

鉴别特征：本种与长腹钩瓣叶蜂 *M. dolichogaster* Wei & Ma, 1997 十分近似，但前者体长 10~10.5mm；中胸前侧片具两个小黄斑；前翅臀室具柄式，中柄极短，长点状；雌虫锯腹片中部锯刃齿式为 2/12~13。

112. 琉球钩瓣叶蜂 *Macrophya liukiuana* Takeuchi, 1926

Macrophya liukiuana Takeuchi, 1926. *Transactions of the Natural History Society of Formosa*, 16(87): 228-229.

未见标本。

分布：日本*（冲绳群岛）。

2.3.12 密纹钩瓣叶蜂种团 *M. histrio* group

种团鉴别特征：上唇和前胸背板后缘黄白色；胸部侧板常具显著黄白斑；腹部第 7 背板通常具长黄白斑；第 10 背板完全黄白色；腹部各节背板具细密刻纹；各足转节均黄白色；爪内齿宽且长于外齿；雌虫锯腹片较宽长，锯刃亚三角形突出，亚基齿较大且少数，节缝刺毛带簇状，刺毛十分密集。

目前，本种团包括 8 种，中国分布 5 种，其种类分别是：*M. hergovitsi* Haris & Roller, 2007、*M. histrio* Malaise, 1945、*M. histrioides* Wei, 1998、*M. kisuji* Togashi, 1974、*M. kathmanduensis* Haris, 2000、*M. latidentata* Li, Liu & Wei, 2016、*M. xanthosoma* Wei, 2005、*M. wui* Wei & Zhao, 2010。

该种团种类主要分布于中国西北部、中部和西南部，向外延伸到缅甸北部、老挝。

分种检索表

1\. 胸部侧板完全黑色；腹部第 2~3 背板侧角具模糊白斑；后胸后侧片附片碟形毛窝稍小于后胸淡膜区，约 1.5 倍于中单眼直径宽；前翅端部 2/3 具明显烟褐色斑，基部 1/3 透明；后翅端半部浅烟灰色，基半部透明；雌虫锯腹片共 27 刃。中国（广东）…… ***M. latidentata* Li, Liu & Wei, 2016** ♀

胸部侧板具明显黄白斑，白斑形式多样；其余特征不完全同于上述………………………………… **2**

2\. 中胸前侧片具小型白斑；单眼后区完全黑色；中胸背板前盾片底部具 1 对三角形小斑；中胸前侧片后缘上角及下角各具 1 个小斑；后胸前侧片完全黑色；后足股节基部 1/4 弱黄白色；后足胫节中部 1/2 宽环黄白色；后足基跗节完全黑色；腹部第 2~3 及 8 背板气门附近方斑、第 4 背板两侧模糊小斑和第 7 背板两侧长斑黄白色。老挝（博利坎赛省）……… ***M. hergovitsi* Haris & Roller, 2007** ♀

中胸前侧片中央具显著白斑；其余特征不同于上述……………………………………………………… **3**

3\. 中胸前侧片中央黄白斑横型；后胸后侧片附片浅平毛窝约 2.5 倍于中单眼直径宽，显著大于后胸淡膜区；后足基节外侧基部具明显长白斑。中国（陕西、山西、河南、湖北、浙江）……………………………………………………………………………………… ***M. histrioides* Wei, 1998** ♀♂

中胸前侧片黄白斑“Z”形；其余特征不同于上述 ………………………………………………………… **4**

4\. 上眶细横斑和两侧模糊小斑黄白色；后足股节基部 3/4 黄白色，端部 1/4 黑色；后足胫节中部 3/5 宽环黄白色；前胸背板大部、中胸前侧片大部和腹部各节背板侧角带状列白斑十分显著；后胸后侧片附片大部黄白色，少部黑色。中国（湖南、江西、贵州、福建、广西）……………………………………………………………………………………… ***M. xanthosoma* Wei, 2005** ♀

上眶完全黑色；后足股节基部黄白斑不超过后足股节 1/2 长；后足胫节中部黄白斑短于后足胫节 1/2 长；前胸背板大部、中胸前侧片大部和腹部各节背板侧角带状列白斑较前者不明显；后胸后侧片附片完全黑色……………………………………………………………………………………… **5**

5\. 单眼后区“山”字型黄白色，宽长比约为 2.3；后胸后侧片附片碟形毛窝显著大于后胸淡膜区；触角柄节大部黑色，少部黄白色；腹部第 9 背板完全黑色。中国（甘肃、陕西、湖北）……………………………………………………………………………………… ***M. wui* Wei & Zhao, 2010** ♀

单眼后区完全黄白色，宽长比约为 1.8；后胸后侧片附片碟形毛窝稍小于后胸淡膜区；触角柄节大部黄白色，少部黑色；腹部第 9 背板不完全黑色，侧角黄白斑明显。缅甸（北部）；中国（云南）……………………………………………………………… ***M. histrio* Malaise, 1945** ♀

113. 老挝钩瓣叶蜂 *Macrophya hergovitsi* Haris & Roller, 2007

Macrophya hergovitsi Haris & Roller, 2007. *Natura Somogyiensis*, 10: 183.

观察标本：正模：♀，LAOS centr. , Bolikhamsai pr, BAN NAPE-Kaew Nua Pas, 18. Ⅳ - 1. Ⅴ -1998, Alt. 600 ± 100, 18°22.3′ N, 105°09.1′ E (GPS), R. Hergovits leg.

分布：老挝（博利钦赛省）。

鉴别特征：本种与宽齿钩瓣叶蜂 *M. latidentata* Li, Liu & Wei, 2016 较近似，但前者体长 10.5mm；前胸背板后缘白斑狭窄；中胸前盾片底部具 1 对三角形小白斑；中胸小盾片中央大部、后胸小盾片大部白色；中胸前侧片后缘上角及下角具小白斑；腹部第 2~3 及第 8 背板两侧具显著方白斑，第 4 节背板具模糊淡斑，第 5~6 节背板完全黑色无白斑，第 7 背板具长白斑，第 10 背板完全白色；前翅端部 1/3 具烟褐色斑，其余翅面淡烟色透明。

114. 斑带钩瓣叶蜂 *Macrophya histrio* Malaise, 1945（图版 2-48）

Macrophya histrio Malaise, 1945. *Opuscula Entomologica*, Lund Suppl. 4: 134.

观察标本：2♀♀，云南中甸，3 400m，1996-Ⅵ-11，卜文俊，郑乐怡；1♀，云南丽江玉龙雪山，2 700m，1998-Ⅵ-14，郑乐怡；1♀，云南贡山黑娃底，N. 27°47.39′，E. 98°35.22′，1 990m，2008-Ⅶ-16，聂帅国。

分布：云南（中甸县、贡山、玉龙雪山）；缅甸（北部）。

个体变异：雌虫中胸背板盾侧叶内侧中上部具 1 对黄白色小斑。

鉴别特征：本种与武氏钩瓣叶蜂 *M. wui* Wei & Zhao, 2010 较近似，但前者体长 9.5~10mm；单眼后区完全黄白色，宽长比约为 1.8；后胸后侧片附片碟形毛窝稍小于淡膜区；触角柄节大部和腹部第 9 背板侧角大斑黄白色。

115. 密纹钩瓣叶蜂 *Macrophya histrioides* Wei, 1998（图版 2-49）

Macrophya histrioides Wei, 1998. *Insect Fauna of Henan Province*. Press 2: 158-159, 161.

观察标本：正模：♀，河南嵩县，1996-Ⅶ-16，魏美才；副模：7♀♀，河南嵩县，1996-Ⅶ-16~19，魏美才，文军；1♀，河南陕县甘山公园，1 100m，2000-Ⅵ-1，陈明利；2♀♀，河南宝天曼，2006-Ⅶ-20，申效诚；非模式标本：1♀，河南嵩县白云山，1 500m，2003-Ⅶ-24，贺应科；2♀♀，山西龙泉密林峡谷，N. 36°58.684′，E. 113°24.677′，1 500m，2008-Ⅵ-25，费汉榄；1♀，山西历山西峡，N. 35°25.767′，E. 112°00.640′，1 513m，2008-Ⅶ-9，费汉榄；1♀，陕西周至，2009-Ⅵ-30，王培新；1♀，陕西周至，2009-Ⅴ-19，王培新；1♀，CSCS11020，湖北宜昌神农架摇篮沟，N. 31°29.815′，E. 110°23.260′，1 360m，2011-Ⅴ-18，李泽建；1♀, CHINA, Shaanxi, Kaitianguan, Mt. Taibaishan, Qinling Mts, 34°00′ N, 107°51′ E, 2 000m, 2-Ⅵ-2006, A. Shinohara; 1♀, CHINA, Shaanxi, Kaitianguan, Mt. Taibaishan, Qinling Mts, 34°00′ N, 107°51′ E, 2 000m, 10-Ⅵ-2007, A. Shinohara；1♀，湖北神农架阴峪河，1 号网，2011-Ⅵ-20，陈晓光；1♀，LSAF16156，浙江临安西天目山仙人顶，N. 30.350°，E. 119.424°，1 506m，2016-Ⅴ-29，李泽建 & 刘萌萌采，乙酸乙酯；4♀♀，LSAF16155，浙江临安西天目山仙人顶，N. 30.350°，E. 119.424°，1 506m，2016-Ⅴ-27，李泽建 & 刘萌萌采，乙酸乙酯；7♀♀7♂♂，LSAF17086，浙江临安西天目山仙人顶，N. 30.349°，E. 119.424°，1 506m，2017-Ⅴ-28，李泽建 & 刘萌萌 & 高凯文 & 姬婷婷采，乙酸乙酯；1♀，LSAF17085，浙江临安西天目山仙人顶，N. 30.349°，E. 119.424°，1 506m，2017-Ⅴ-27，李泽建 & 刘

萌萌 & 高凯文 & 姬婷婷采，乙酸乙酯；2♀♀2♂♂，LSAF17087，浙江临安西天目山开山老殿，N. 30.343°，E. 119.433°，1 106m，2017-Ⅴ-28，李泽建 & 刘萌萌 & 高凯文 & 姬婷婷采，乙酸乙酯；1♀1♂，LSAF17084，浙江临安西天目山开山老殿，N. 30.343°，E. 119.433°，1 106m，2017-Ⅴ-27，李泽建 & 刘萌萌 & 高凯文 & 姬婷婷采，乙酸乙酯；2♂♂，LSAF17085，浙江临安西天目山仙人顶，N. 30.349°，E. 119.424°，1 506m，2017-Ⅴ-27，李泽建 & 刘萌萌 & 高凯文 & 姬婷婷采，乙酸乙酯。

分布：陕西（周至县、太白山），山西（龙泉、历山），河南（伏牛山、白云山、宝天曼、甘山公园、嵩县），湖北（神农架），浙江（天目山）。

个体变异：雌虫单眼后区具山字形白斑或中央具黄白斑；中胸侧板完全黑色无白斑，后胸前侧片后角具小白斑；中胸背板前盾片具模糊黄白斑；中胸小盾片附片完全黑色；后足胫节中部黄白环变窄。

鉴别特征：本种体色与缅甸和中国云南分布的斑带钩瓣叶蜂 *M. histrio* Malaise,1945 很近似，但前者体长 9~9.5mm；触角全部、单眼后区、前胸背板除后缘、中胸小盾片附片前半部、后胸小盾片、中胸后下侧片、后胸后侧片和前中足基节几乎全部黑色；单眼后区宽长比为 2.2；中胸背板完全黑色；中胸前侧片中部具明显黄白色横斑；后胸后侧片附片毛窝明显大于淡膜区；后足基节外侧具小型长白斑；后足股节基部 1/3 黄白色，端部 2/3 黑色；腹部第 1~6 背板两侧完全黑色，无带状列白斑，各节背板刻纹较粗密。

116. 加德钩瓣叶蜂 *Macrophya kathmanduensis* Haris, 2000

Macrophya kathmanduensis Haris, 2000. *Somogyi Múseumok Közleményei*, 14: 302.

未见标本。

分布：尼泊尔（加德满都）。

117. 本州钩瓣叶蜂 *Macrophya kisuji* Togashi, 1974

Macrophya kisuji Togashi, 1974. *Transactions of the Shikoku Entomological Society*, 12(1~2): 10-11.

未见标本。

分布：日本（本州）*。

118. 宽齿钩瓣叶蜂 *Macrophya latidentata* Li, Liu & Wei, 2016（图版 2-50）

Macrophya latidentata Li, Liu & Wei, 2016. *Entomotaxonomia*, 38(2): 156-162.

观察标本：正模：♀，广东始兴车八岭，N. 24°40′，E. 114°09′，400m，2007-Ⅳ-13，朱小妮。

分布：广东（车八岭）。

鉴别特征：本种与密纹钩瓣叶蜂 *M. histrioides* Wei, 1998 较近似，但前者体长 11mm；前胸背板除后缘侧角小斑外、中胸小盾片和后胸小盾片均黑色；胸部侧板完全黑色，中央无白斑；腹部第 2~3 背板侧缘具小型白斑；各足基节大部黄白色，少部具黑斑，后足基节外侧黄白色条斑显著；单眼后区宽长比约为 1.6；后胸后侧片附片稍小于淡膜区；前翅端部 2/3 浅烟褐色，基部 1/3 透明；后翅端半部浅烟灰色，基半部透明；后足爪内齿显著宽且长于外齿。

119. 武氏钩瓣叶蜂 *Macrophya wui* Wei & Zhao, 2010（图版 2-51）

Macrophya wui Wei & Zhao, 2010. *Entomotaxonomia*, 32, Suppl. 84-85.

观察标本：正模：♀，甘肃辉县麻沿林场，2007-Ⅵ-5，李琳娜；副模：2♀♀，甘肃辉县麻沿林场，2007-Ⅵ-5，李琳娜；1♀，湖南神农架坪堑干沟，N. 31°27.793′，E. 110°07.836′，1 604m，2008-Ⅵ-11，赵赴；1♀，陕西太白县青峰峡，N. 34°02.619′，E. 109°26.421′，1 473m，2008-Ⅶ-3，蒋晓宇；1♀，陕西留坝营盘乡，N. 33°37.269′，E. 106°49.388′，1 390m，2007-Ⅴ-21，朱巽；1♀，陕西留坝大坝沟，N. 33°40.196′，E. 106°49.210′，1 320m，2007-Ⅴ-20，朱巽；1♀，甘肃天水秦州娘娘坝大河，N. 34°08.316′，E. 105°46.276′，1 790m，2009-Ⅶ-6，武星煜；1♀，湖北神农架坪堑干沟，N. 31°27.793′，E. 110°07.836′，1 604m，2008-Ⅵ-12，赵赴；1♀，CSCS11026，湖北宜昌神农架千家坪，N. 31°25.373′，E. 110°24.125′，1 530m，2011-Ⅴ-22~23，李泽建；非模式标本：1♀, CHINA, Shaanxi, Kaitianguan, Mt. Taibaishan, Qinling Mts, 34°00′ N, 107°51′ E, 2 000m, 4-Ⅵ-2007, A. Shinohara.；1♀,CSCS17103,甘肃省天水市李子园，N. 34°14′45″，E. 105°52′59″，1 463m，2017-Ⅵ-22，魏美才 & 王汉男 & 武星煜采，$CH_3COOC_2H_5$。

分布：甘肃（娘娘坝、辉县、天水市），陕西（太白山、留坝县），湖北（神农架）。

个体变异：雌虫中胸背板前盾片和侧叶完全黑色，无黄白色斑；单眼后区完全亮黄白色；单眼后区完全黑色。

鉴别特征：本种体色与缅甸和中国云南分布的斑带钩瓣叶蜂 *M. histrio* Malaise, 1945 很近似，但前者体长 9~9.5mm；单眼后区“山”字形黄白色，宽长比约为 2.3；后胸后侧片附片碟形毛窝显著大于后胸淡膜区；触角柄节基大部和腹部第 9 背板完全黑色，无黄白斑。

120. 宝石钩瓣叶蜂 *Macrophya xanthosoma* Wei, 2005（图版 2-52）

Macrophya xanthosoma Wei, 2005. *Insects from Xishui Landscape*, 483-484, 513.

观察标本：正模：♀，湖南炎陵桃源洞，900~1 000m，1999-Ⅳ-24，魏美才；副模：1♀，湖南炎陵桃源洞，1995-Ⅴ-25，B Zheng；1♀，贵州习水三岔河，2000-Ⅵ-1，汪廉敏；1♀，贵州梵净山，350m，1999-Ⅴ-16，魏美才；非模式标本：1♀，福建武夷山大竹岚，1 000~1 300m，2004-Ⅴ-19，周虎；1♀，湖南永州舜皇山，800~1 000m，2004-Ⅳ-27，周虎；1♀，江西官山，450~470m，2010-Ⅴ-9，易伶俐；1♀，江西官山，2010-Ⅴ-7，孙淑萍；2♀♀，CSCS12043，广西田林岑王老山气象站，N. 24°25′17″，E. 106°23′0″，1 333m，2012-Ⅴ-1，李泽建，尚亚飞；2♀♀，CSCS12046，广西田林岑王老山气象站，N. 24°25′17″，E. 106°23′0″，1 333m，2012-Ⅴ-3，尚亚飞，李泽建；2♀♀，CSCS13026，

广西田林岑王老山天皇庙，N. 24°27.18′，E. 106°20.96′，海拔 1 417m，2013-Ⅴ-5，尚亚飞，刘萌萌，祁立威；1♀，CSCS13027，广西田林岑王老山气象站，N. 24°24.84′，E. 106°22.81′，海拔 1 232m，2013-Ⅴ-6，尚亚飞，刘萌萌，祁立威；1♀，CSCS13035，广西田林岑王老山奄家坪，N. 24°26.42′，E. 106°22.20′，海拔 1 407m，2013-Ⅴ-5，魏美才，牛耕耘；1♀，CSCS16076，湖南张家界武陵源区乱窜坡，N. 29°20′46″，E. 110°26′15″，810m，2016-Ⅴ-21，肖炜采，乙酸乙酯；1♀，LSAF17011，江西官山保护区东河站，2016-Ⅳ，马氏网，方平福采；1♀，LSAF17015，江西修水县黄沙港林场五梅山，2016-Ⅶ，马氏网，500m，冷先平采；1♀，LSAF17096，江西省抚州市资溪县马头山国家级自然保护区，2017-Ⅳ-18，马氏网。

分布：福建（武夷山），湖南（桃源洞、舜皇山、张家界），江西（官山、马头山、修水县），贵州（习水、梵净山），广西（岑王老山）。

个体变异：雌虫上眶完全黑色，无黄白斑。

鉴别特征：本种与斑带钩瓣叶蜂 *M. histrio* Malaise, 1945 较近似，但前者体长 9~9.5mm；前胸侧板大部、中胸前侧片上半几乎全部黄白色；后胸后侧片附片大部黄白色，少部具黑斑；后足股节基部 3/4 黄白色；后足胫节中部约 3/5 宽环黄白色，基部和端部黑色；腹部第 2~8 背板侧角连成宽带状黄白斑显著。

2.3.13 密鞘钩瓣叶蜂种团 *M. imitator* group

种团鉴别特征：体中小型，6~8mm；上唇和唇基通常黑色；中胸小盾片黑色；后胸后侧片后角稍延伸，附片小平台型，无碟形陷窝，但多具短细毛；后足基节外侧完全黑色，基部无卵形白斑，阳茎瓣头叶纵向椭圆形，长明显大于宽，尾侧突明显。

目前，本种团共有 15 种，中国均有分布，其种类分别是：*M. bui* Wei & Li, 2012、*M. changbaina* Li, Liu & Heng, 2015、*M. curvatisaeta* Wei & Li, 2010、*M. curvatitheca* Li, Liu & Heng, 2015、*M. circulotibialis* Li, Liu & Heng, 2015、*M. flactoserrula* Chen & Wei, 2002、*M. funiushana* Wei, 1998、*M. imitatoides* Wei, 2007、*M. imitator* Takeuchi, 1937、*M. jiaozhaoae* Wei & Zhao, 2010、*M. kangdingensis* Wei & Li, 2012、*M. nigromaculata* Wei & Li, 2010、*M. parimitator* Wei, 1998、*M. postscutellaris* Malaise, 1945、*M. weni* Wei, 1998。

该种团种类分布在中国大部分省份，国外向北延伸到东西伯利亚，向东延伸到日本、朝鲜，向南延伸到缅甸。

分种检索表

1. 雌虫锯鞘明显长于中足胫节；雄虫腹部背板体毛直立，等长于中单眼直径；前胸背板后缘具白色狭边。中国（青海、甘肃、宁夏、陕西、山西、河北、北京、河南、湖北、四川）
………………………………………………………………………… ***M. weni* Wei, 1998** ♀♂

雌虫锯鞘明显短于中足胫节；雄虫若腹部背板体毛直立，则明显短于中单眼直径；其余特征不同于上述…………………………………………………………………………………………… 2

2. 腹部第 1 背板后缘白斑约占腹部 1/3 宽；前胸背板后缘完全黑色；后足转节完全白色；后足胫节背侧白斑约占后足胫节 1/3 长。中国（四川）……………… ***M. kangdingensis* Wei & Li, 2012** ♀♂

腹部第 1 背板仅中央后缘具白斑；其余特征不同于上述………………………………………… 3

3. 后足胫节背侧白斑长度约占后足胫节 1/2 长……………………………………………………… 4

后足胫节背侧白斑长度明显短于后足胫节 1/2 长…………………………………………………… 5

4. 前胸背板后缘具白色狭边；中足胫节黑色，背侧无白斑；后足转节腹侧具模糊白斑；后足胫节背侧具 1/2 长白斑；前翅臀室中柄 2 倍于 1r-m 脉长；雌虫锯腹片共 22 锯刃，锯刃稍突出倾斜，中部锯刃齿式 2/7~9，刃齿较大且少。缅甸（北部）；中国（西藏、陕西、重庆 、四川、湖北、贵州）………………………………………………………… ***M. postscutellaris* Malaise, 1945** ♀♂

前胸背板后缘白边两侧宽于中央；中足胫节具明显白斑；后足转节腹侧具明显黑斑；后足胫节中部具 1/2 宽白环；前翅臀室中柄稍短于 1r-m 脉；雌虫锯腹片共 17 锯刃，锯刃低平，中部锯刃齿式 2/16~22，刃齿十分细小且多枚。中国（陕西）……***M. circulotibialis* Li, Liu & Heng, 2015** ♀♂

5. 各足转节均黑色。中国（吉林、陕西）…………………………………… ***M. bui* Wei & Li, 2012** ♀

各足转节均白色；若前中足转节均黑色，后足转节则白色或大部白色，腹侧具黑斑……………… 6

6. 后足转节完全白色…………………………………………………………………………………… 7

后足转节部分白色，腹侧具明显黑斑………………………………………………………………18

7. 前胸背板后缘具明显白边…………………………………………………………………………… 8

前胸背板完全黑色，后缘无白边……………………………………………………………………13

8. 后足股节腹侧白色…………………………………………………………………………………… 9

后足股节腹侧黑色……………………………………………………………………………………10

9. 上唇白色，唇基黑色；前中足基节端大部和后足基节端部白色；后足胫节背侧亚端部小白斑倾斜。中国（甘肃、宁夏、陕西、湖北、四川）……………………***M. curvatisaeta* Wei & Li, 2010** ♂

上唇白色，唇基端大部白色，基部具黑斑；前中足基节端大部和后足基节腹侧大部白色；后足胫节背侧亚端部小白斑直立。中国（陕西、河南、湖北、湖南）

……………………………………………………………………… ***M. flactoserrula* Chen & Wei, 2002** ♂

10. 中足胫节背侧具明显白斑……………………………………………………………………………11

中足胫节背侧完全黑色，无白斑………………………………………………………………………12

11. 背面观锯鞘鞘毛长且均匀弯曲；后胸后侧片附片内侧具明显的光洁斑纹；中部锯刃具 5~6 个外侧亚基齿；节缝刺毛带宽阔，相邻刺毛带之间在中部彼此相接。中国（甘肃、宁夏、陕西、湖北、四川）…………………………………………………………………***M. curvatisaeta* Wei & Li, 2010** ♀

背面观锯鞘鞘毛短且直；后胸后侧片附片内侧无光洁的斑纹；中部锯刃具 9~10 个外侧亚基齿；节缝刺毛带狭窄，相邻刺毛带之间彼此远离。中国（甘肃、陕西、湖北、湖南、贵州、四川）

…………………………………………………………………………………… ***M. imitatoides* Wei, 2007** ♀

12. 前中足转节黑色，后足转节白色；前翅 2Rs 室近等长于 1Rs 室；雌虫锯腹片锯刃平直，锯刃刃齿十分细小密集，中部锯刃齿式 2/20~22。中国（陕西、河南、湖北、湖南）

……………………………………………………………………… ***M. flactoserrula* Chen & Wei, 2002** ♀

各足转节均白色；前翅 2Rs 室明显短于 1Rs 室长；雌虫锯腹片锯刃稍突出倾斜，刃齿较小且稍多，中部锯刃齿式为 2/8~10。中国（甘肃、陕西、河南、湖北）…… ***M. funiushana* Wei, 1998** ♀

13. 后足股节腹侧白色。中国（吉林、陕西、湖北）………………… ***M. jiaozhaoae* Wei & Zhao, 2010** ♂

后足股节腹侧黑色……………………………………………………………………………………**14**

14. 中足胫节背侧具明显小白斑。中国（甘肃、陕西、河南、湖北）…… ***M. funiushana*** **Wei, 1998** ♂
中足胫节背侧完全黑色，无白斑…………………………………………………………………**15**

15. 雄虫……………………………………………………………………………………………**16**
雌虫……………………………………………………………………………………………**17**

16. 前中足基节基大部黑色，仅端部白色；前中足转节腹侧白色，背侧具黑斑。中国（甘肃、陕西、湖北、湖南、贵州、四川）…………………………………………… ***M. imitatoides*** **Wei, 2007** ♂
前中足基节黑色；前中足转节黑色。朝鲜（Kongosan、Shuotsu、Hakugan、Tonai、Nanyo），东西伯利亚，日本（北海道、本州）；中国（黑龙江、吉林、辽宁）
……………………………………………………………………………… ***M. imitator*** **Takeuchi, 1937** ♂

17. 雌虫锯腹片中部锯刃齿式 2/10，第 8~9 锯刃刃间膜明显约等长于第 9 锯刃 1/3 倍宽。中国（甘肃、陕西、湖北、湖南、贵州、四川）……………………………… ***M. imitator*** **Takeuchi, 1937** ♀
雌虫锯腹片中部锯刃齿式 2/5~7，第 8~9 锯刃刃间膜稍短于第 9 锯刃宽。中国（吉林、陕西、湖北）…………………………………………………………… ***M. jiaozhaoae*** **Wei & Zhao, 2010** ♀

18. 前胸背板完全黑色，后缘无白边……………………………………………………………**19**
前胸背板后缘具明显白边……………………………………………………………………**20**

19. 中足胫节背侧具明显小白斑；后足胫节背侧亚端部白斑长度弱于后足胫节 1/3 长。中国（吉林、辽宁、甘肃、宁夏、陕西、河北、山西、河南）………………………… ***M. parimitator*** **Wei, 1998** ♀
中足胫节背侧具模糊小白斑；后足胫节背侧亚端部白斑小型，但明显。中国（甘肃、宁夏、陕西、四川）…………………………………………………… ***M. nigromaculata*** **Wei & Li, 2010** ♀♂

20. 后足胫节背侧亚端部白斑长度约占后足胫节 2/5 长；前胸背板后缘白边较宽；腹部第 1 背板中央后缘白边稍宽；雌虫锯腹片中部锯刃齿式 2~3/16~18，刃齿十分细小密集（雄虫：上唇白色；唇基端大部白色，仅基部具黑斑）。中国（吉林、宁夏）… ***M. curvatitheca*** **Li, Liu & Heng, 2015** ♀♂
后足胫节背侧亚端部白斑长度约占后足胫节 1/3；前胸背板后缘白边狭窄；腹部第 1 背板中央后缘白边极狭；雌虫锯腹片中部锯刃齿式 2/14~15，刃齿细小密集。中国（吉林）
……………………………………………………………… ***M. changbaina*** **Li, Liu & Heng, 2015** ♀

121. 卜氏钩瓣叶蜂 *Macrophya bui* Wei & Li, 2012（图版 2-53）

Macrophya bui Wei & Li, 2012. *Acta Zootaxonomica Sinica*, 37(4): 795-800.

观察标本：正模：♀，吉林二道长白山，750m，1999-Ⅵ-30，魏美才，聂海燕；副模：1♂，吉林二道长白山，750m，1999-Ⅶ-1，魏美才，聂海燕；1♂，吉林长白山，1 100m，1999-Ⅶ-2，魏美才，聂海燕；1♀，吉林长白山白河，740m，1986-Ⅵ-23，卜文俊；1♂，吉林长白山保护区，1 100m，1986-Ⅶ-3，卜文俊；1♂，吉林长白山白山站，1 100m，1986-Ⅶ-3，于；非模式标本：3♀♀1♂，CSCS12134，吉林白河长白山黄松蒲林场，N. 42°14.107′，E. 128°10.704′，1 030m，2012-Ⅶ-23，李泽建，刘萌萌；1♀，CSCS12139，吉林白河长白山大戏台河，N. 42°13.796′，E. 128°11.808′，1 035m，2012-Ⅶ-24，姜吉刚，邓兰兰；1♂，CSCS12127，吉林白河长白山黄松蒲林场，N. 42°14.107′，E. 128°10.704′，1 030m，2012-Ⅶ-20，姜吉刚，邓兰兰；1♂，CSCS12128，吉林白河长白山黄松蒲林场，N. 42°14.107′，E. 128°10.704′，1 030m，2012-Ⅶ-21，李泽建，刘

萌萌；1♀，CSCS14129，陕西佛坪县三官庙，N. 33°39.000′，E. 107°48.000′，1 529m，2014-Ⅵ-19，魏美才采，KCN；1♀，CSCS14134，陕西佛坪县三官庙，N. 33°39.000′，E. 107°48.000′，1 529m，2014-Ⅵ-20，祁立威&康玮楠采，$CH_3COOC_2H_5$；1♀，CSCS14159，吉林抚松老岭长松护林站，N. 41°54′03″，E. 127°39′49″，920m，2014-Ⅴ-31，褚彪采，$CH_3COOC_2H_5$；1♀1♂，LSAF16160，吉林松江河镇前川林场，N. 40.621°，E. 123.092°，690m，2016-Ⅵ-12~14，李泽建&王汉男采，$CH_3COOC_2H_5$。

分布：吉林（长白山），陕西（太白山）。

个体变异：雌虫标本个体（1♀，吉林长白山白河，740m，1986-Ⅵ-23，卜文俊）腹部第1背板后缘宽边白色。

鉴别特征：本种与长鞘钩瓣叶蜂 *M. parimitator* Wei, 1998 十分近似，但前者体长 8~8.5mm；单眼后区宽长比约为1.7；两性后足转节几乎完全黑色；后足胫节背侧亚端部白斑长度约占后足胫节2/5长；后胸后侧片的附片内侧具明显的光滑钝脊；锯鞘等长于前足胫节；雌虫锯腹片锯刃低平，刃齿细小且多枚，中部锯刃齿式为2/13~16。

122. 长白钩瓣叶蜂 *Macrophya changbaina* Li, Liu & Heng, 2015（图版 2-54）

Macrophya changbaina Li, Liu & Heng, 2015. *Zoological Systematics*, 40(2): 212-222.

观察标本：正模：♀，吉林长白山温泉瀑布，N. 42º02.673′，E. 128º03.540′，1 866m，2008-Ⅶ-23，魏美才。

分布：吉林（长白山）。

鉴别特征：本种与卜氏钩瓣叶蜂 *M. bui* Wei & Li, 2012 较近似，但前者体长 6.5mm；头部背侧光泽微弱，额区刻点较细小粗糙，刻点间几乎无光滑间隙，刻纹微细；单眼后区宽长比约为2.2；前胸背板后缘两侧具明显白边，中央黑色；前中足转节大部黑色，仅端缘和基缘白色；后足第1转节腹侧黑色，背侧及第2转节白色；后足胫节背侧亚端部白斑约占后足胫节1/3长；锯鞘明显长于前足胫节；雌虫锯腹片中部锯刃 2/14-15，亚基齿小型。

123. 环胫钩瓣叶蜂 *Macrophya circulotibialis* Li, Liu & Heng, 2015（图版 2-55）

Macrophya circulotibialis Li, Liu & Heng, 2015. *Zoological Systematics*, 40(2): 212-222.

观察标本：正模：♀，陕西长安区鸡窝子，N. 33°51.319′，E. 108°49.139′，1 720m，2008-Ⅴ-23，于海丽；副模：1♀, CHINA, Shaanxi, Kaitianguan, Mt. Taibaishan, Qinling Mts, 34°00′ N, 107°51′ E, 2 000m, 5- Ⅵ -2007, A. Shinohara; 1♀, CHINA, Shaanxi, nr.ropeway, Kaitianguan Tangyu, Mt.Taibaishan, Qinling Mts., 34°00′ N, 107°51′ E, 2 700m, 7- Ⅵ -2007, A. Shinohara; 1♀, CHINA, Shaanxi, Kaitianguan, Mt. Taibaishan, Qinling Mts, 34°00′ N, 107°51′ E, 2 000m, 28- Ⅴ -2005, A. Shinohara; 1♀1♂, CHINA, Shaanxi, Kaitianguan, Mt. Taibaishan, Qinling Mts, 34°00′ N, 107°51′ E, 2 000m, 7- Ⅵ -2006, A. Shinohara；1♀，CSCS14125，陕西佛坪县凉风垭顶，N. 33°41.117′，E. 107°51.250′，2 128m，2014-Ⅵ-

18，魏美才采，$CH_3COOC_2H_5$。

分布：陕西（鸡窝子、太白山）。

鉴别特征：本种与伏牛钩瓣叶蜂 *M. funiushana* Wei, 1998 十分近似，但前者体长 7~7.5mm；头部背侧光泽微弱，额区刻点密集，细小粗糙，刻点间无光滑间隙；单眼后区宽长比约为 2.5；前胸背板后缘白边两侧宽于中央；前中足转节大部黑色，少部具白斑；后足转节大部白色，腹侧具明显黑斑；各足基节仅端缘白色，其余黑色；后足胫节中部宽白环约占后足胫节 1/2 长；锯鞘稍短于后足基跗节，鞘端几乎等长于鞘基；雌虫锯腹片锯刃十分平直，中部锯刃齿式 2~3/15~22，亚基齿十分细小且多枚。

124. 弯毛钩瓣叶蜂 *Macrophya curvatisaeta* Wei & Li, 2010（图版 2-56）

Macrophya curvatisaeta Wei & Li, 2010. *Japanese Journal of Systematic Entomology*, 16(2): 268.

观察标本：正模：♀，湖北神农架千家坪，N. 31°24.356′，E. 110°24.023′，1 789m，2009-Ⅶ-4，焦塁；副模：36♀♀，湖北神农架摇篮沟，N. 31°29.104′，E. 110°22.878′，1 430m，2009-Ⅶ-13~19~26~29，赵赴，焦塁；13♀♀1♂，湖北神农架千家坪，N. 31°24.356′，E. 110°24.023′，1 789m，2009-Ⅶ-3~4~6~7，赵赴，焦塁；5♀♀，湖北神农架漳宝河，N. 31°26.765′，E. 110°24.570′，1 156m，2009-Ⅵ-12~13，赵赴；1♀，湖北神农架板桥河，N. 31°25.326′，E. 110°09.667′，1 150m，2009-Ⅵ-16，赵赴；1♀，陕西镇安，1 300~1 600m，2005-Ⅶ-10，朱巽；1♀，湖北神农架板桥河，N. 31°25.544′，E. 110°09.667′，1 250m，2008-Ⅴ-30，赵赴；1♀，湖北神农架阴峪河，N. 31°29.821′，E. 110°18.799′，2 046m，2008-Ⅶ-29，赵赴；1♀，湖北神农架植物园，N. 31°26.265′，E. 110°22.935′，1 250m，2008-Ⅵ-4，赵赴；1♀，宁夏六盘山东山，N. 35°36.687′，E. 106°16.103′，2 050m，2008-Ⅵ-26，刘飞；2♀♀，甘肃小陇山东岔林场桃花沟，N. 34°18′59.3″，E. 106°34′22.6″，1 180m，2009-Ⅵ-11，唐铭军；非模式标本：1♀，四川青城后山白云寺，N. 30°56.033′，E. 103°28.428′，1 600m，2006-Ⅵ-29，周虎；1♂，CSCS11020，湖北宜昌神农架摇篮沟，N. 31°29.815′，E. 110°23.260′，1 360m，2011-Ⅴ-18，李泽建；1♂，湖北神农架植物园，N. 31°26.265′，E. 110°22.935′，1 250m，2008-Ⅵ-4，赵赴。

分布：甘肃（小陇山），宁夏（六盘山），陕西（镇安县），湖北（神农架），四川（青城后山）。

个体变异：雄虫唇基端半部白色，基半部黑色。

鉴别特征：本种与白边钩瓣叶蜂 *M. imitatoides* Wei, 2007 较近似，但前者体长 8.5~9mm；锯鞘背面观鞘毛长且均匀弯曲；后胸后侧片附片内侧具明显的光洁斑纹；中部锯刃具 5~6 个外侧亚基齿；节缝刺毛带宽阔，相邻刺毛带之间在中部彼此相接。

125. 弯鞘钩瓣叶蜂 *Macrophya curvatitheca* Li, Liu & Heng, 2015（图版 2-57）

*Macrophya curvatitheca*Li, Liu & Heng, 2015. *Zoological Systematics*, 40(2): 212-222.

观察标本：正模：1♀，宁夏六盘山峰台，N. 35°23.380′，E. 106°20.701′，1 945m，2008-Ⅵ-24，刘飞；副模：1♂，宁夏六盘山峰台，N. 35°23.380′，E. 106°20.701′，1 945m，2008-Ⅵ-24，刘飞；1♂，CSCS12132，吉林白河长白山天池，N. 42°01.625′，E. 128°03.914′，2 640m，2012-Ⅶ-22，李泽建，刘萌萌；1♂，CSCS12131，吉林白河长白山长白瀑布，N. 42°02.962′，E. 128°03.372′，1 850m，2012-Ⅶ-22，姜吉刚，邓兰兰。

分布：吉林（长白山），宁夏（六盘山）。

鉴别特征：本种与卜氏钩瓣叶蜂 *M. bui* Wei & Li, 2012 较近似，但前者体长 6.5mm；头部背侧光泽较弱，额区刻点较细小密集，刻点间几乎无光滑间隙，但具细弱刻纹；单眼后区宽长比约为 2.5；前胸背板后缘具白色宽边；后胸后侧片附片内侧无明显的光滑钝脊；前中足转节大部黑色，仅基缘和端缘白色；后足第 1 转节腹侧黑色，背侧及第 2 转节全部白色；锯鞘短于前足胫节；雌虫锯腹片短小，中部锯刃齿式 2/13~16，亚基齿细小。

126. 平刃钩瓣叶蜂 *Macrophya flactoserrula* Chen & Wei, 2002（图版 2-58）

Macrophya flactoserrula Chen & Wei, 2002. *Insects of the mountains Taihang and Tongbai regions*, 5: 201-202, 206.

观察标本：正模：♀，河南嵩县白云山，1 500m，2001-Ⅴ-31，钟义海；副模：1♂，河南嵩县白云山，1 800m，2001-Ⅵ-2，钟义海；非模式标本：1♂，河南宝天曼曼顶，N. 33°30.136′，E. 111°56.829′，1 854m，2006-Ⅵ-25，杨青；1♀，湖北神农架红花朵，N. 31°15′，E. 109°56′，1 200m，2007-Ⅶ-3，聂梅；2♂♂，湖南绥宁黄桑，600~900m，2005-Ⅳ-21，肖炜，周虎；1♂, CHINA, Shaanxi, Kaitianguan, Mt. Taibaishan, Qinling Mts, 34°00′ N, 107°51′ E, 2 000m, 2-Ⅵ-2006, A. Shinohara; 1♂, CHINA, Shaanxi, Kaitianguan, Mt. Taibaishan, Qinling Mts, 34°00′ N, 107°51′ E, 2 000m, 6-Ⅵ-2006, A. Shinohara；1♂，CSCS14120，陕西佛坪县凉风垭顶，N. 33°41.117′，E. 107°51.250′，2 128m，2014-Ⅵ-17，刘萌萌 & 刘婷采，$CH_3COOC_2H_5$。

分布：陕西（太白山），河南（伏牛山、白云山、宝天曼），湖北（神农架），湖南（黄桑）。

鉴别特征：本种与伏牛钩瓣叶蜂 *M. funiushana* Wei, 1998 较近似，但前者体长 7.5~8mm；前中足转节黑色，后足转节白色；前翅 2Rs 室近等长于 1Rs 室；雌虫锯腹片锯刃平直，刃齿十分细密，中部锯刃齿式 2/20~22。

127. 伏牛钩瓣叶蜂 *Macrophya funiushana* Wei, 1998（图版 2-59）

Macrophya funiushana Wei, 1998. *Insect Fauna of Henan Province*, 2: 154, 160.

观察标本：正模：♀，河南嵩县，1996-Ⅶ-19，魏美才；副模：1♀，河南嵩县，1996-Ⅶ-19，魏美才；2♀♀，河南栾川，1996-Ⅶ-13，魏美才；3♀♀，河南内乡宝天

曼，1 600m，1998-Ⅶ-15，魏美才，盛茂领；1♀，河南卢氏大块地，1 700m，2001-Ⅶ-21，钟义海；1♀，湖北神农架红坪，1977-Ⅵ-29，南开大学，穆强；4♀♀，湖北神农架红花朵，N. 31°15′，E. 109°56′，1 200m，2007-Ⅶ-3，肖炜，钟义海；1♀，湖北神农架，1 900m，2003-Ⅶ-25，周虎；1♀，湖北神农架红坪镇，N. 31°40.056′，E. 110°25.223′，1 867m，2009-Ⅶ-17，焦曌；1♀，湖北神农架，1 900m，2003-Ⅶ-21，周虎；1♀，湖北神农架，1 900m，2003-Ⅶ-21，姜吉刚；1♀，甘肃小陇山滩歌林场卧牛山，N. 34°29.225′，E. 104°47.463′，2 200~2 250m，2009-Ⅶ-2，裴军礼；♀，河南宝天曼曼顶，N. 33°30.136′，E. 111°56.829′，1 854m，2006-Ⅵ-25，杨青；1♀，CSCS11123，湖北宜昌神农架阴峪河，N. 31°34.005′，E. 110°20.370′，2 100m，2011-Ⅶ-18，李泽建，刘瑶；1♀，CSCS11136，湖北宜昌神农架阴峪河，N. 31°34.005′，E. 110°20.370′，2 100m，2011-Ⅶ-21，魏美才，牛耕耘；1♀，CSCS14096，陕西太白县青蜂峡第二停车场，N. 34°0.713′，E. 107°26.167′，1 792m，2014-Ⅵ-10，魏美才采，KCN；1♀，CSCS14083，陕西眉县太白山开天关，N. 34°00.572′，E. 107°51.477′，1 852m，2014-Ⅵ-7，魏美才采，KCN；1♀，CSCS14124，陕西佛坪县凉风垭顶，N. 33°41.117′，E. 107°51.250′，2 128m，2014-Ⅵ-18，刘萌萌 & 刘婷采，$CH_3COOC_2H_5$；4♀♀，CSCS14092，陕西眉县太白山开天关，N. 34°00.572′，E. 107°51.477′，1 852m，2014-Ⅵ-9，魏美才采，KCN；2♀♀，CSCS14089，陕西眉县太白山七女峰，N. 34°00.783′，E. 107°49.617′，2 297m，2014-Ⅵ-8，魏美才采，KCN；2♀♀，CSCS14120，陕西佛坪县凉风垭顶，N. 33°41.117′，E. 107°51.250′，2 128m，2014-Ⅵ-17，刘萌萌 & 刘婷采，$CH_3COOC_2H_5$；1♀，CSCS14123，陕西佛坪县凉风垭顶，N. 33°41.117′，E. 107°51.250′，2 128m，2014-Ⅵ-17，祁立威 & 康玮楠采，$CH_3COOC_2H_5$；1♀，CSCS14127，陕西佛坪县凉风垭顶，N. 33°41.117′，E. 107°51.250′，2 128m，2014-Ⅵ-18，祁立威 & 康玮楠采，$CH_3COOC_2H_5$；1♀，CSCS15157，湖北省神农架林区红花朵林场，N. 31°43.029′，E. 110°29.018′，2 000m，2015-Ⅷ-7，肖祎璘采，$CH_3COOC_2H_5$；1♀，CSCS15147，湖北省神农架林区鸭子口，N. 31°30.022′，E. 110°20.044′，1 900m，2015-Ⅷ-4，肖炜采，$CH_3COOC_2H_5$；1♀，CSCS15121，湖北省神农架林区鸭子口，N. 31°30.022′，E. 110°20.044′，1 900m，2015-Ⅶ-24~25，肖炜采，$CH_3COOC_2H_5$；5♀♀，CSCS17101，陕西太白山开天关，N. 34°0′33.79″，E. 107°51′33.72″，1 815m，2017-Ⅵ-20，魏美才 & 王汉男采，$CH_3COOC_2H_5$；3♀♀，CSCS14120，陕西佛坪县凉风垭顶，N. 33°41.117′，E. 107°51.250′，2 128m，2014-Ⅵ-17，刘萌萌 & 刘婷采，$CH_3COOC_2H_5$；1♀，CSCS14105，甘肃陇南市文县白马寨，N. 32°55′13″，E. 104°19′43″，2 130m，2017-Ⅵ-25，魏美才 & 王汉男采，$CH_3COOC_2H_5$；2♀♀，CSCS14090，陕西眉县太白山开天关，N. 34°0.572′，E. 107°51.477′，1 852m，2014-Ⅵ-9，刘萌萌 & 刘婷采，$CH_3COOC_2H_5$；1♀，CSCS14124，陕西佛坪县凉风垭顶，N. 33°41.117′，E. 107°51.250′，2 128m，2014-Ⅵ-18，刘萌萌 &

刘婷采，$CH_3COOC_2H_5$。

分布：甘肃（小陇山），陕西（太白山），河南（伏牛山、宝天曼、嵩县、龙峪湾、卢氏县），湖北（神农架）。

个体变异：雌虫唇基两侧具小圆白斑。

鉴别特征：本种与平刃钩瓣叶蜂 *M. flactoserrula* Chen & Wei, 2002 较近似，但前者体长 7.5~8mm；各足转节均白色；前翅 2Rs 室明显短于 1Rs 室长；雌虫锯腹片锯刃稍突出倾斜，刃齿较小型且稍多，中部锯刃齿式为 2/8~10。

128. 白边钩瓣叶蜂 *Macrophya imitatoides* Wei, 2007（图版 2-60）

Macrophya imitatoides Wei, 2007. *The insects from Leigong mountain Landscape*: 610-611, 617.

观察标本：正模：♀，贵州雷公山林场，1 600m，2005-Ⅵ-1，梁旻雯；副模：2♀♀，湖南石门，1994-Ⅶ，刘志伟；1♀，湖南石门壶瓶山，1 400m，2003-Ⅵ-1，刘守柱；1♀，贵州雷公山林场，1 570m，2005-Ⅵ-3，罗庆怀；3♀♀，贵州雷公山林场，1 600m，2005-Ⅴ-31，梁旻雯；1♀，贵州雷公山方样，1 000m，2005-Ⅵ-2，梁旻雯；非模式标本：3♀♀，陕西佛坪，1 000~1 450m，2005-Ⅴ-17，朱巽，刘守柱；1♀，甘肃白水江上丹堡，1 300~1 600m，2005-Ⅵ-30，杨青；1♂，湖北神农架香溪源，N. 31°28.329′，E. 110°22.679′，1 386m，2008-Ⅶ-11，赵赴；1♀，湖北神农架板桥河，N. 31°25.326′，E. 110°09.667′，1 150m，2009-Ⅵ-16，赵赴；1♀，湖北神农架坪堑干沟，N. 31°27.793′，E. 110°07.836′，1 604m，2008-Ⅵ-12，赵赴；2♀♀，湖北神农架板桥河，N. 31°25.544′，E. 110°09.676′，1 250m，2008-Ⅴ-30，赵赴；5♀♀，湖南绥宁黄桑，600~900m，2005-Ⅳ-21，魏美才，肖炜，贺应科，周虎，梁旻雯；1♀，湖北神农架摇篮沟，N. 31°29.815′，E. 110°23.260′，1 360m，2010-Ⅴ-19，李泽建；1♀，CSCS14124，陕西佛坪县凉风垭顶，N. 33°41.117′，E. 107°51.250′，2 128m，2014-Ⅵ-18，刘萌萌 & 刘婷采，$CH_3COOC_2H_5$；1♀，CSCS16129，四川鞍子河保护区芍药沟，N. 30°46′53″，E. 103°13′20″，1 580m，2016-Ⅵ-25，高凯文采，$CH_3COOC_2H_5$；1♀，CSCS16138，四川鞍子河保护区芍药沟，N. 30°46′53″，E. 103°13′20″，1 580m，2016-Ⅶ-4，高凯文采，$CH_3COOC_2H_5$；1♀，CSCS16143，四川鞍子河保护区芍药沟，N. 30°46′53″，E. 103°13′20″，1 580m，2016-Ⅶ-12，高凯文采，$CH_3COOC_2H_5$；2♀♀，CSCS16137，四川鞍子河保护区芍药沟，N. 30°46′53″，E. 103°13′20″，1 580m，2016-Ⅶ-3，高凯文采，$CH_3COOC_2H_5$；1♀，CSCS16134，四川鞍子河保护区芍药沟，N. 30°46′53″，E. 103°13′20″，1 580m，2016-Ⅵ-30，高凯文采，$CH_3COOC_2H_5$；2♀♀，CSCS16140，四川鞍子河保护区芍药沟，N. 30°46′53″，E. 103°13′20″，1 580m，2016-Ⅶ-9，高凯文采，$CH_3COOC_2H_5$。

分布：甘肃（白水江），陕西（佛坪县、镇安、太白山），湖北（神农架），湖南（壶瓶山、黄桑），四川（鞍子河），贵州（雷公山）。

鉴别特征：本种与 *M. imitator* Takeuchi, 1937 较近似，但前者体长 8.5~9mm；前胸背板后缘具明显白边；锯鞘鞘端缨毛较短直；雌虫锯腹片锯刃微弱隆起，中部锯刃齿式 2/10~11，刃齿较小型且多枚，第 8~9 锯刃刃间膜约等于第 9 锯刃 1/3 倍宽。

129. 密鞘钩瓣叶蜂 *Macrophya imitator* Takeuchi, 1937（图版 2-61）

Macrophya imitator Takeuchi, 1937. *Acta Entomologica*, 1(4): 436-438.

观察标本：非模式标本：3♀♀，吉林二道长白山，750m，1999-Ⅵ-30，魏美才，聂海燕；2♀♀，吉林蛟河，19[illegible]5-Ⅶ；1♀，黑龙江五营丰林，400~600m，2002-Ⅵ-26~30，肖炜；2♀♀，辽宁新宾猴石，500~700m，2002-Ⅶ-5~6，肖炜；2♀♀，吉林长白山黄松浦林场，N. 42°10.979′，E. 128°10.278′，1 145m，2008-Ⅶ-24，魏美才；1♀，吉林长白山温泉瀑布，N. 42°02.673′，E. 128°03.540′，1 866m，2008-Ⅶ-23，魏美才；2♂♂，辽宁新宾，2009-Ⅶ-1，2 号蓝网；2♂♂，辽宁新宾，2009-Ⅶ-1，1 号黄网；1♂，辽宁新宾，2009-Ⅶ-1，2 号黄网；2♂♂，辽宁新宾，2009-Ⅶ-8，1 号黄网；9♀♀，CSCS12136，吉林白河长白山冰水泉，N. 42°09.006′，E. 128°11.508′，1 240m，2012-Ⅶ-24，李泽建，刘萌萌；3♀♀，CSCS12126，吉林白河长白山黄松蒲林场，N. 42°14.107′，E. 128°10.704′，1 030m，2012-Ⅶ-20，李泽建，刘萌萌；4♀♀1♂，CSCS12134，吉林白河长白山黄松蒲林场，N. 42°14.107′，E. 128°10.704′，1 030m，2012-Ⅶ-23，李泽建，刘萌萌；1♀1♂，CSCS12138，吉林白河长白山大戏台河，N. 42°13.796′，E. 128°11.808′，1 035m，2012-Ⅶ-24，李泽建，刘萌萌；1♀1♂，CSCS12135，吉林白河长白山黄松蒲林场，N. 42°14.107′，E. 128°10.704′，1 030m，2012-Ⅶ-23，姜吉刚，邓兰兰；1♀，CSCS12141，吉林白河长白山黄松蒲林场，N. 42°14.107′，E. 128°10.704′，1 030m，2012-Ⅶ-25，姜吉刚，邓兰兰；3♀♀，CSCS12142，吉林白河长白山黄松蒲林场，N. 42°14.107′，E. 128°10.704′，1 030m，2012-Ⅶ-27，李泽建，刘萌萌；1♂，辽宁新宾，2009-Ⅶ-8,1 号紫网；1♀，CSCS12140，吉林白河长白山长白瀑布，N. 42°02.962′，E. 128°03.372′，1 850m，2012-Ⅶ-25，李泽建，姜吉刚；1♀，CSCS12139，吉林白河长白山大戏台河，N. 42°13.796′，E. 128°11.808′，1 035m，2012-Ⅶ-24，姜吉刚，邓兰兰；1♂，CSCS14127，陕西佛坪县凉风垭顶，N. 33°41.117′，E. 107°51.250′，2 128m，2014-Ⅵ-18，祁立威 & 康玮楠采，$CH_3COOC_2H_5$；1♂，CSCS14113，陕西留坝县桑园砖头坝，N. 33°44.833′，E. 107°13.550′，1 158m，2014-Ⅵ-15，祁立威 & 康玮楠采，$CH_3COOC_2H_5$；1♂，CSCS14182，吉林省松江河镇前川林场，N. 42°13′45″，E. 127°46′32″，890m，2014-Ⅵ-27，褚彪采，$CH_3COOC_2H_5$；1♂，CSCS14126，陕西佛坪县凉风垭顶，N. 33°41.117′，E. 107°51.250′，2 128m，2014-Ⅵ-18，魏美才采，KCN；2♀♀，CSCS14184，吉林省松江河镇前川林场，N. 42°13′45″，E. 127°46′32″，890m，2014-Ⅵ-29，褚彪采，$CH_3COOC_2H_5$；1♀，CSCS14183，吉林省松江河镇前川林场，N. 42°13′45″，E. 127°46′32″，890m，2014-Ⅵ-28，褚彪采，$CH_3COOC_2H_5$；

1♀，CSCS14176，吉林二道白河黄松浦林场，N. 42°14′14″，E. 128°10′33″，1 063m，2014-Ⅵ-20，褚彪采，$CH_3COOC_2H_5$；1♀，辽宁新宾，2005-7-14，紫网；1♀，辽宁新宾，2005-6-23，黄网；1♀，CSCS14197，吉林省延吉市帽儿山，N. 42°50′23″，E. 129°27′39″，515m，2014-Ⅶ-12，褚彪采，$CH_3COOC_2H_5$；1♀，CSCS17097，陕西佛坪县太白山凉风垭，N. 33°41′6.13″，E. 107°51′13.58″，2 115m，2017-Ⅵ-17，魏美才 & 王汉男采，$CH_3COOC_2H_5$；2♀♀，LSAF16181，辽宁本溪，酒精，2015.7.15，李涛采；2♂♂，LSAF16160，吉林松江河镇前川林场，N. 40.621°，E. 123.092°，690m，2016-Ⅵ-12~14，李泽建 & 王汉男采，$CH_3COOC_2H_5$。

分布：黑龙江（五营），吉林（长白山、蛟河市），辽宁（新宾县）；朝鲜★（Kongosan、Shuotsu、Hakugan、Tonai、Nanyo），东西伯利亚★，日本★（北海道、本州）。

鉴别特征：本种与 *M. parimtator* Wei, 1998 较近似，但前者体长 8.5~9mm；头胸部刻点较粗大密集，光泽强烈；腹部第 1 背中央后缘白边狭窄；后足转节外全白色；后足胫节背侧亚端部白斑明显小型；前翅臀室中柄约 1.5 倍于 1r-m 脉长。

130. 焦氏钩瓣叶蜂 *Macrophya jiaozhaoae* Wei & Zhao, 2010（图版 2-62）

Macrophya jiaozhaoae Wei & Zhao, 2010. *Japanese Journal of Systematic Entomology*, 16(2): 265.

观察标本：正模：♀，湖北神农架千家坪，N. 31°24.356′，E. 110°24.023′，1 789m，2009-Ⅶ-4，焦塁；副模：4♀♀1♂，湖北神农架漳宝河，N. 31°26.765′，E. 110°24.570′，1 156m，2009-Ⅵ-12~13，赵赴；7♀♀，湖北神农架彩旗，N. 31°30.254′，E. 110°26.048′，1 981m，2009-Ⅶ-16~21，焦塁；1♀，湖北神农架关门山，N. 31°26.657′，E. 110°23.853′，1 267m，2009-Ⅶ-2，赵赴；30♀♀1♂，湖北神农架千家坪，N. 31°24.356′，E. 110°24.023′，1 789m，2009-Ⅶ-6~7，赵赴，焦塁；19♀♀5♂♂，湖北神农架红花朵，N. 31°15′，E. 109°56′，1 200m，2007-Ⅶ-3，魏美才，钟义海，肖炜；30♀♀，湖北神农架摇篮沟，N. 31°29.104′，E. 110°22.878′，1 430m，2009-Ⅶ-13~19~26，赵赴，焦塁；2♀♀，湖北神农架红坪镇，N. 31°40.056′，E. 110°25.233′，1 867m，2009-Ⅶ-16，赵赴；2♀♀1♂，湖北神农架金猴岭，2 500m，2002-Ⅵ-28，钟义海；2♂♂，湖北神农架大龙潭，2 200m，2002-Ⅵ-30，钟义海；6♀♀1♂，湖北神农架大龙潭，N. 31°29.450′，E. 110°18.489′，2 114m，2008-Ⅶ-9~30~31，赵赴；2♀♀，湖北神农架鸭子口，N. 31°31.633′，E. 110°20.275′，1 241m，2008-Ⅷ-2，赵赴；4♀♀，湖北神农架香溪源，N. 31°28.329′，E. 110°22.679′，1 386m，2008-Ⅶ-11，赵赴；3♀♀，湖北神农架，2 100m，2003-Ⅶ-21，周虎，姜吉刚；1♀，湖北神农架，1 900m，2003-Ⅶ-25，周虎；1♀，湖北神农架，1 950m，2003-Ⅶ-24，周虎；2♀♀，湖北神农架，2 800m，2003-Ⅶ-22，姜吉刚；非模式标本：2♂♂，湖北神农架，2010-Ⅶ-25，盛茂领；1♂，湖北神农架，2010-Ⅵ-27，盛茂领；3♀♀，CSCS11135，

湖北宜昌神农架阴峪河，N. 31°34.005′，E. 110°20.370′，2 100m，2011-Ⅶ-21，李泽建，刘瑶；3♀♀，CSCS11123，湖北宜昌神农架阴峪河，N.31°34.005′，E.110°20.370′，2 100m，2011-Ⅶ-18，李泽建，刘瑶；1♀，CSCS11138，湖北宜昌神农架鸭子口，N. 31°30.104′，E. 110°20.986′，1 920m，2011-Ⅶ-21，魏美才，牛耕耘；4♀♀1♂，CSCS11126，湖北宜昌神农架大龙潭，N. 31°29.691′，E. 110°17.772′，2 180m，2011-Ⅶ-19，魏美才，牛耕耘；6♂♂，CSCS11125，湖北宜昌神农架大龙潭，N. 31°29.691′，E. 110°17.772′，2 180m，2011-Ⅶ-19，李泽建，刘瑶；2♂♂，鄂神农架松柏镇，1 200~1 300m，2003-Ⅶ-19，李涛；1♂，鄂神农架松柏镇，1 700~2 000m，2003-Ⅶ-20，王文凯；2♀♀4♂♂，CSCS12090，陕西安康市岚皋县大巴山，N. 32°02′27″，E. 108°50′53″，2 370m，2012-Ⅶ-6，魏美才，牛耕耘；5♀♀2♂♂，CSCS12092，陕西安康市岚皋县大巴山，N. 32°02′27″，E. 108°50′53″，2 370m，2012-Ⅶ-6，李泽建，刘萌萌；1♀1♂，CSCS12089，重庆城口县大巴山庙坝镇，N. 31°50′38″，E. 108°36′39″，1 405m，2012-Ⅶ-5，魏美才，牛耕耘；2♀♀，CSCS14184，吉林省松江河镇前川林场，N. 42°13′45″，E. 127°46′32″，890m，2014-Ⅵ-29，褚彪采，$CH_3COOC_2H_5$；1♀，CSCS14183，吉林省松江河镇前川林场，N. 42°13′45″，E. 127°46′32″，890m，2014-Ⅵ-28，褚彪采，$CH_3COOC_2H_5$；1♀，CSCS14182，吉林省松江河镇前川林场，N. 42°13′45″，E. 127°46′32″，890m，2014-Ⅵ-27，褚彪采，$CH_3COOC_2H_5$；1♀，CSCS14133，陕西佛坪县三官庙，N. 33°39.000′，E. 107°48.000′，1 529m，2014-Ⅵ-20，魏美才采，KCN；1♂，CSCS14123，陕西佛坪县凉风垭顶，N. 33°41.117′，E. 107°51.250′，2 128m，2014-Ⅵ-17，祁立威 & 康玮楠采，$CH_3COOC_2H_5$；2♀♀，CSCS15121，湖北省神农架林区鸭子口，N. 31°30.022′，E. 110°20.044′，1 900m，2015-Ⅶ-24~25，肖炜采，$CH_3COOC_2H_5$；2♀♀，CSCS15123，湖北省神农架林区大龙坛，N. 31°29.025′，E. 110°18.030′，2 200m，2015-Ⅶ-26，肖炜采，$CH_3COOC_2H_5$；1♀，CSCS15128，湖北省神农架林区鸭子口，N. 31°30.022′，E. 110°20.044′，1 900m，2015-Ⅶ-24~25，肖祎璘采，$CH_3COOC_2H_5$；1♀，CSCS16157，湖北省神农架红坪，N. 31°40′14″，E. 110°25′18″，1 745m，2016-Ⅶ-31，肖炜采，$CH_3COOC_2H_5$。

分布：吉林（长白山），陕西（太白山），湖北（神农架）。

鉴别特征：本种与斑转钩瓣叶蜂 *M. nigromaculata* Wei & Li, 2010 十分近似，但前者体长 9~9.5mm；两性虫体后足转节均黄白色；雄虫后足股节腹侧通常白色；复眼较大，侧面观雌虫后眶中部宽度明显短于 1/2 倍复眼宽，雄虫后眶中部宽度约 1/3 倍复眼宽；前面观雌虫复眼高约 1.6 倍复眼内缘下端间距，雄虫复眼高约 1.4 倍复眼内缘下端间距；雌虫锯腹片中部锯刃具 5~7 个外侧亚基齿。

131. 康定钩瓣叶蜂 *Macrophya kangdingensis* Wei & Li, 2012（图版 2-63）

Macrophya kangdingensis Wei & Li, 2012. *Acta Zootaxonomica Sinica*, 37(4): 795-800.

观察标本：正模：♀，四川康定跑马山，N. 30°04.945′，E. 101°57.269′，2 505m，2005-Ⅶ-29，肖炜；副模：22♀♀5♂♂，四川康定跑马山，N. 30°04.945′，E. 101°57.269′，2 505m，2005-Ⅶ-19~27~29，肖炜，周虎；1♂，四川泸定县海螺沟，N. 29°603′，E. 102°076′，2 200m，2009-Ⅶ-3，李泽建。

个体变异：雌虫前翅臀室收缩中柄稍短于 1r-m 脉，后翅臀室柄约等长于 1/2 倍 cu-a 脉。

分布：四川（跑马山、海螺沟）。

鉴别特征：本种与白边钩瓣叶蜂 *M. imitatoides* Wei, 2007 近似，但前者体长 7.5~8mm；前胸背板后缘无白边；额区明显鼓凸，高出复眼顶面，刻点较大，多数刻点直径约为前单眼直径的 1/3；单眼后区刻点密集，光泽弱，宽长比明显小于 2，侧沟细弱；体毛密长，中胸前侧片细毛长约为侧单眼直径 2 倍；阳茎瓣头叶较窄长，前端角圆钝，后尾角强烈尖出等。

本种与焦氏钩瓣叶蜂 *M. jiaozhaoae* Wei & Zhao, 2010 近似，但前者体长 7.5~8mm；额区明显鼓凸，高出复眼顶面，刻点较大，多数刻点直径约为前单眼直径的 1/3；单眼后区刻点密集，光泽弱，宽长比明显小于 2，侧沟细弱；体毛密长，中胸前侧片细毛长约为侧单眼直径 2 倍；后胸后侧片后角刻点均匀、密集，无光滑区域；锯鞘背面观鞘毛短，微弱弯曲；阳茎瓣头叶窄长，后尾角强烈尖出等。

132. 斑转钩瓣叶蜂 *Macrophya nigromaculata* Wei & Li, 2010（图版 2-64）

Macrophya nigromaculata Wei & Li, 2010. *Entomotaxonomia*, Suppl. 32: 81.

观察标本：正模：♀，陕西周至厚畛子，N. 33°50.507′，E. 107°49.694′，1 309m，2006-Ⅶ-7，朱巽；副模：3♀♀，陕西周至厚畛子，N. 33°50.507′，E. 107°49.694′，1 309m，2006-Ⅶ-7，朱巽；2♀♀，陕西太白县青峰峡，N. 34°02.619′，E. 109°26.421′，1 473m，2008-Ⅶ-3，朱巽；2♀♀，陕西嘉陵江源头，N. 34°13.063′，E. 106°59.389′，1 617m，2007-Ⅶ-14，朱巽；1♀，陕西宁陕火地塘，1 500m，1994-Ⅷ-14，吕；1♀，四川卧龙，1987-Ⅶ-23，李；1♀，陕西太白北山，1981-Ⅶ-8；7♀♀，甘肃天水小陇山，N. 34°16.275′，E. 106°08.201′，1 409m，2007-Ⅶ-7，魏美才，肖炜，钟义海；1♀1♂，甘肃秦州区太阳山，2006-Ⅵ-29，杨亚丽，范慧；1♀，甘肃秦州区太阳山，2008-Ⅷ-7，杨亚丽；1♂，甘肃礼县姚坪林场，2007-Ⅵ-27，辛恒；3♀♀，甘肃藉源林场金河工区，N. 34°32′134″，E. 105°17′286″，1 850m，2009-Ⅶ-23，武星煜，唐铭军，辛恒；2♀♀，甘肃天水秦州秦岭白集寨，N. 34°30′000″，E. 105°26′415″，1 700m，2009-Ⅶ-17，辛恒，范慧；1♀，甘肃小陇山观音林场曲溪，N. 34°12′623″，E. 106°00′742″，1 330m，2009-Ⅶ-10，李永刚；1♀1♂，甘肃小陇山滩歌林场卧牛山，N. 34°29′225″，E. 104°47′463″，2 200~2 250m，2009-Ⅶ-2，武星煜，马海燕；3♀♀，甘肃林院实验林场，N. 34°20′286″，E. 106°00′591″，1 590m，2009-Ⅶ-9，武星煜，杨亚丽；2♀♀，甘肃康县白云山，N. 33°19.604′，E. 105°36.173′，1 240m，2009-Ⅶ-12，朱巽；8♀♀，甘肃天水观音林场，

N. 34°12.623′，E. 106°00.742′，1 330m，2009-Ⅶ-10，朱巽；10♀♀，甘肃天水市太阳山，N. 34°25.196′，E. 105°46.523′，1 560m，2009-Ⅶ-7，朱巽；3♀♀，宁夏六盘山二龙河，N. 35°23.380′，E. 106°20.701′，1 945m，2008-Ⅶ-5~6，刘飞；4♀♀，宁夏六盘山挂马沟，N. 35°23.380′，E. 106°20.701′，1 945m，2008-Ⅶ-7~8，刘飞；2♀♀，宁夏六盘山红峡，N. 35°29.604′，E. 106°18.777′，1 974m，2008-Ⅵ-29，刘飞；2♀♀2♂♂，宁夏六盘山苏台，N. 35°26.764′，E. 106°11.867′，1 974m，2008-Ⅵ-28，刘飞；1♂，宁夏六盘山东山，N. 35°36.687′，E. 106°16.103′，2 050m，2008-Ⅵ-26，刘飞；1♂，陕西长安区鸡窝子，N. 33°51.319′，E. 108°49.193′，1 765m，2008-Ⅵ-27，朱巽；5♀♀1♂，甘肃天水秦州华歧秦家沟，N. 34°23′52.5″，E. 105°34′19.9″，1 800m，2009-Ⅶ-14，武星煜，范慧，唐铭军；3♀♀3♂♂，甘肃天水麦积凤凰林场，N. 34°39′03.1″，E. 105°31′37.3″，1 700~1 900m，2009-Ⅵ-28~29，武星煜，李永刚，马海燕，范慧；非模式标本：5♀♀1♂，甘肃天水秦州玉泉李官湾，N. 34°31.260′，E. 105°21.450′，1 730m，2010-Ⅶ-14，武星煜，辛恒；3♀♀，甘肃夏河县清水林区，N. 35°21.859′，E. 102°52.603′，2 280m，2010-Ⅶ-11，李泽建；1♀，甘肃临夏太子山刁祈林场，N. 35°14.202′，E. 103°25.314′，2 500m，2010-Ⅶ-10，李泽建；3♀♀，甘肃小陇山林院实验林场，N. 34°20.795′，E. 106°00.285′，1 520m，2010-Ⅶ-15，李泽建，王晓华；1♀，陕西安康平河梁，N.33°29′，E.108°29′，2 382m，2010-Ⅶ-12，李涛；2♂♂，陕西周至，2009-Ⅵ-9~16，王培新；♀，甘肃小陇山林院实验林场，N. 34°20.795′，E. 106°00.285′，1 520m，2010-Ⅶ-15，王晓华；1♀, CHINA, Shaanxi, Kaitianguan, Mt. Taibaishan, Qinling Mts, 34°00′ N, 107°51′ E, 2 000m, 10-Ⅵ-2007, A. Shinohara; 1♂, CHINA, Shaanxi, Kaitianguan, Mt. Taibaishan, Qinling Mts, 34°00′ N, 107°51′ E, 2 000m, 7-Ⅵ-2006, A. Shinohara；2♀♀，CSCS12119，甘肃天水李子园林场，N. 34°09′30″，E. 105°52′09″，1 522m，2012-Ⅶ-22，祁立威；1♀，CSCS12112，甘肃天水太阳山森林公园，N. 34°25′15″，E. 105°47′03″，1 501m，2012-Ⅶ-18，尚亚飞；1♀，CSCS12118，甘肃天水李子园林场，N. 34°09′30″，E. 105°52′09″，1 522m，2012-Ⅶ-22，尚亚飞；1♀，CSCS12125，甘肃天水麦积山实验林场，N. 34°20′34″，E. 106°00′27″，1 560m，2012-Ⅶ-26，祁立威；1♀，CSCS12122，甘肃天水太阳山森林公园，N. 34°25′15″，E. 105°47′03″，1 501m，2012-Ⅶ-25，祁立威；1♀，CSCS12113，甘肃天水太阳山森林公园，N. 34°25′15″，E. 105°47′03″，1 501m，2012-Ⅶ-18，祁立威；3♀♀，CSCS12121，甘肃天水太阳山森林公园，N. 34°25′15″，E. 105°47′03″，1 501m，2012-Ⅶ-25，尚亚飞；1♀，CSCS12120，甘肃天水太阳山森林公园，N. 34°25′15″，E. 105°47′03″，1 501m，2012-Ⅶ-25，胡平；1♀，CSCS12148，陕西户县涝峪八里坪朱雀森林公园，2012-Ⅶ-12~13，杨露菁，浙江农林大学；1♀，CSCS14122，陕西佛坪县凉风垭顶，N. 33°41.117′，E. 107°51.250′，2 128m，2014-Ⅵ-17，魏美才采，KCN；3♀♀1♂，CSCS14124，陕西佛坪县凉风垭顶，N. 33°41.117′，E. 107°51.250′，2 128m，2014-Ⅵ-18，刘萌萌

& 刘婷采，$CH_3COOC_2H_5$；1♀，CSCS14126，陕西佛坪县凉风垭顶，N. 33°41.117′，E. 107°51.250′，2 128m，2014-Ⅵ-18，魏美才采，KCN；1♀，CSCS14129，陕西佛坪县三官庙，N. 33°39.000′，E. 107°48.000′，1 529m，2014-Ⅵ-19，魏美才采，KCN；2♀♀，CSCS14134，陕西佛坪县三官庙，N. 33°39.000′，E. 107°48.000′，1 529m，2014-Ⅵ-20，祁立威 & 康玮楠采，$CH_3COOC_2H_5$；2♀♀，CSCS14131，陕西佛坪县三官庙，N. 33°39.000′，E. 107°48.000′，1 529m，2014-Ⅵ-20，刘萌萌 & 刘婷采，$CH_3COOC_2H_5$；1♀，CSCS14123，陕西佛坪县凉风垭顶，N. 33°41.117′，E. 107°51.250′，2 128m，2014-Ⅵ-17，祁立威 & 康玮楠采，$CH_3COOC_2H_5$；1♀2♂♂，CSCS14127，陕西佛坪县凉风垭顶，N. 33°41.117′，E. 107°51.250′，2 128m，2014-Ⅵ-18，祁立威 & 康玮楠采，$CH_3COOC_2H_5$；3♂♂，CSCS14134，陕西佛坪县三官庙，N. 33°39.000′，E. 107°48.000′，1 529m，2014-Ⅵ-20，祁立威 & 康玮楠采，$CH_3COOC_2H_5$；1♀2♂♂，CSCS17101，陕西太白山开天关，N. 34°0′33.79″，E. 107°51′33.72″，1 815m，2017-Ⅵ-20，魏美才 & 王汉男采，$CH_3COOC_2H_5$；1♀，CSCS17102，陕西太白山开天关，N. 34°0′33.79″，E. 107°51′33.72″，1 815m，2017-Ⅵ-21，魏美才 & 王汉男采，$CH_3COOC_2H_5$。

分布：甘肃（小陇山、太子山、白云山、太阳山、礼县、夏河县、麦积区），宁夏（六盘山），陕西（周至县、太白县、宁陕县、安康市、户县、太白山），四川（卧龙）。

个体变异：后足胫节完全黑色，背侧无白斑（标本个体：1♀，甘肃小陇山林院实验林场，N. 34°20.795′，E. 106°00.285′，1 520m，2010-Ⅶ-15，王晓华；1♀，甘肃天水市太阳山，N. 34°25.196′，E. 105°46.523′，1 560m，2009-Ⅶ-7，朱巽）。

鉴别特征：本种与密鞘钩瓣叶蜂 *M. imitator* Takeuchi, 1937 近似，但前者体长 9~9.5mm；单眼后区宽长比为 2.5；后缘脊显著；雌虫锯刃平直；雄虫阳茎瓣头叶宽大，雌虫后足转节具大黑斑，雄虫后足转节全部黑色。

133. 长鞘钩瓣叶蜂 *Macrophya parimitator* Wei, 1998（图版 2-65）

Macrophya parimitator Wei, 1998. *Insect Fauna of Henan Province*, 2: 156, 160-161.

观察标本：正模：♀，河南嵩县，1996-Ⅶ-15，文军；非模式标本：1♀，河南宝天曼，1 300m，1996-Ⅶ-3，花保桢；2♀♀，河南内乡宝天曼，1 300m，1998-Ⅶ-12~14，魏美才，盛茂领；1♀，河南嵩县白云山，1 500m，2001-Ⅵ-3，钟义海；7♀♀，河南宝天曼曼顶，N. 33°30.136′，E. 111°56.829′，1 854m，2006-Ⅵ-25，钟义海、杨青；3♀♀，河南栾川龙峪湾，1 600~1 800m，2004-Ⅶ-21，刘卫星；1♀，河南嵩县白云山，1 500~1 600m，2004-Ⅷ-17，张少冰；1♀，河南嵩县白云山，1 500m，2003-Ⅶ-22，贺应科；1♀，河北小五台山西沟门，N. 39°59.266′，E. 115°02.039′，1 325m，2007-Ⅶ-17，李泽建；1♀，山西五老峰红沙峪，N. 34°48.575′，E. 110°35.736′，1 400m，2008-Ⅶ-4，费汉榄；1♀，河北小五台赤崖堡，N. 39°59.123′，E. 115°02.109′，1 400m，2009-Ⅵ-23，王晓华；1♀，宁夏六盘山挂马沟，N. 35°23.380′，E. 106°20.701′，1 945m，2008-Ⅶ-8，

刘飞；2♀♀，甘肃天水秦州玉泉李官湾，N. 34°31.260′，E. 105°21.450′，1 730m，2010-Ⅶ-14，武星煜，辛恒。

分布：甘肃（小陇山），宁夏（六盘山），河北（小五台山），山西（五老峰），河南（伏牛山、宝天曼、龙峪湾、栾川县、嵩县）。

鉴别特征：本种与密鞘钩瓣叶蜂 *M. imitator* Takeuchi, 1937 较近似，但前者体长 8~8.5mm；头胸部刻点较细小密集，光泽微弱；腹部第 1 背板中央后缘白斑较宽；后足转节大部白色，腹侧具一明显大黑斑；后足胫节背侧亚端部白斑约占后足胫节 1/3 长；前翅臀室中柄长点状。

134. 后盾钩瓣叶蜂 *Macrophya postscutellaris* Malaise, 1945（图版 2-66）

Macrophya postscutellaris Malaise, 1945. *Opuscula Entomologica*, Lund Suppl. 4: 136.

观察标本：非模式标本：1♀，西藏札木，2 700m，1978-Ⅶ-7，北京农业大学植保系，李法圣；1♀1♂，西藏林芝地区，N. 29°57.604′，E. 95°22.293′，2 572m，2009-Ⅵ-12，魏美才，牛耕耘；1♀，西藏林芝地区，N. 30°00.546′，E. 95°58.243′，2 030m，2009-Ⅵ-12，魏美才。

分布：西藏（札木、林芝），陕西（秦岭），重庆，四川（卧龙），湖北（神农架），贵州（雷公山）；缅甸（北部）。

鉴别特征：本种与斑转钩瓣叶蜂 *M. nigromaculata* Wei & Li, 2010 十分近似，但前者前胸背板后缘具白色狭边；后足第 1 转节腹侧具模糊黑斑；后足胫节背侧亚端部长斑约占胫节 1/2 长；头部背侧及中胸前侧片光泽强烈，刻点粗糙密集；中胸小盾片低度隆起，顶部平坦，后缘具弱度横脊。

135. 文氏钩瓣叶蜂 *Macrophya weni* Wei, 1998（图版 2-67）

Macrophya weni Wei, 1998. *Insect Fauna of Henan Province*, 2: 157-158, 161.

观察标本：正模：♀，河南嵩县，1996-Ⅶ-17，魏美才；副模：26♀♀，河南嵩县，1996-Ⅶ-13~15~17~19，魏美才，文军；非模式标本：1♀河南宝天曼，1998-Ⅶ-12，肖炜；4♀♀2♂♂，河南栾川，1996-Ⅶ-13，魏美才，文军；5♀♀，河南嵩县白云山，1 800m，2001-Ⅶ-24，钟义海；1♀，河南栾川龙峪湾，1 800m，2001-Ⅵ-5，钟义海；1♀，河南嵩县白云山，1 600m，2002-Ⅶ-20，姜吉刚；15♀♀4♂♂，河南济源愚公林场，1 700m，2000-Ⅵ-5~7，魏美才，钟义海；6♀♀1♂，河南嵩县白云山，1 650~1 800m，2002-Ⅶ-19~24，姜吉刚；3♀♀，河南栾川龙峪湾，1 600~1 800m，2004-Ⅶ-20~21，刘卫星，张少冰；1♀，河南嵩县白云山，1 500~1 600m，2004-Ⅶ-15，刘卫星；1♀，河南嵩县天池山，1 300~1 400m，2004-Ⅶ-13，刘卫星；1♀，河北小五台山东沟门，N. 39°59.266′，E. 115°02.039′，1 325m，2007-Ⅶ-17，李泽建；1♀，河北小五台山西沟门，N. 39°59.172′，E. 115°01.415′，1 607m，2007-Ⅶ-16，李泽建；1♀，北京小龙门林场，1990-Ⅶ，北京林学院；1♀，陕西华阴，1 500m，

1978-Ⅷ-17，中国科学院，金根桃；1♀，陕西安康化龙山，2003-Ⅵ-27，2 100m，于海丽；1♀，河南内乡宝天曼，1 700~1 900m，2004-Ⅶ-23，刘卫星；4♀♀，河南嵩县白云山，1 500m，2003-Ⅶ-19~25~27，贺应科，梁旻雯；2♀♀1♂，河南宝天曼曼顶，N. 33°30.136′，E. 111°56.829′，1 854m，2006-Ⅵ-25，钟义海；1♂，甘肃秦州藉源汤家山，2006-Ⅶ-3，武星煜；1♀1♂，甘肃小陇山麦积林场太阳山，N. 34°25.110′，E. 105°46.301′，1 620m，2009-Ⅴ-31，辛恒，郑晶晶；3♀♀4♂♂，河北长寿村连翘泉，N. 36°59.439′，E. 113°48.557′，1 175m，2008-Ⅴ-28，李泽建；1♂，河北长寿村长寿洞，N. 36°59.231′，E. 113°48.196′，1 324m，2008-Ⅴ-28，李泽建；1♀，河北小五台山西沟门，N. 39°59.172′，E. 115°01.415′，1 607m，2008-Ⅶ-23，李泽建；1♀，河北紫金山快活二里，N. 37°00.846′，E. 113°47.121′，1 036m，2008-Ⅴ-22，李泽建；3♀♀，山西历山猪尾沟，N. 35°25.752′，E. 111°59.396′，1 700m，2008-Ⅶ-9，王晓华，费汉榄；1♀1♂，山西龙泉龙则村，N. 36°59.747′，E. 113°23.397′，1 282m，2008-Ⅵ-26，费汉榄；5♀♀1♂，山西历山西峡，N. 35°25.767′，E. 112°00.640′，1 513m，2008-Ⅶ-9~10，王晓华，费汉榄；1♂，山西龙泉公园入口，N. 36°59.353′，E. 113°24.865′，1 382m，2008-Ⅵ-24，王晓华；1♂，山西龙泉沟神尾沟，N. 37°51.402′，E. 111°29.801′，1 833m，2008-Ⅴ-28，肖炜；1♀，河北小五台山唐家场，N. 39°58.022′，E. 115°04.143′，1 227m，2009-Ⅵ-25，王晓华；2♀♀，湖北神农架大龙潭，N. 31°29.112′，E. 110°16.231′，2 312m，2008-Ⅶ-31，赵赴；1♀，湖北神农架鸭子口，N. 31°31.633′，E. 110°20.275′，1 241m，2008-Ⅶ-19，赵赴；1♀，湖北神农架阴峪河，N. 31°29.821′，E. 110°18.799′，2 046m，2008-Ⅶ-29，赵赴；1♀，湖北神农架彩旗，N. 31°30.254′，E. 110°26.048′，1 981m，2009-Ⅶ-20，赵赴；1♀，湖北神农架大龙潭，2 200m，2002-Ⅵ-30，钟义海；3♀♀，湖北神农架金猴岭，2 500m，2002-Ⅵ-28，钟义海；2♀♀，宁夏六盘山二龙河，N. 35°23.380′，E. 106°20.701′，1 945m，2008-Ⅶ-5~6，刘飞；1♀，宁夏六盘山挂马沟，N. 35°23.380′，E. 106°20.701′，1 945m，2008-Ⅶ-8，刘飞；1♂，宁夏六盘山苏台，N. 35°26.764′，E. 106°11.867′，2 133m，2008-Ⅵ-27，刘飞；1♀，宁夏六盘山峰台，N. 35°23.380′，E. 106°20.701′，1 945m，2008-Ⅵ-23，刘飞；1♀，宁夏六盘山西峡，N. 35°29.604′，E. 106°18.777′，1 974m，2008-Ⅶ-4，刘飞；2♀♀，甘肃天水市太阳山，N. 34°25.196′，E. 105°46.523′，1 560m，2009-Ⅶ-7，朱巽；1♀，甘肃临夏太子山刁祈林场，N. 35°14.202′，E. 103°25.314′，2 500m，2010-Ⅶ-10，李泽建；1♀，CSCS11022，湖北宜昌神农架鬼头湾，N. 31°28.439′，E. 110°08.872′，2 150m，2011-Ⅴ-25~28，李泽建；3♀♀，CSCS11126，湖北宜昌神农架大龙潭，N.31°29.691′，E. 110°17.772′，2 180m，2011-Ⅶ-19，魏美才，牛耕耘；1♀，CHINA，Shaanxi, Kaitianguan, Mt. Taibaishan, Qinling Mts, 34°00′ N, 107°51′ E, 2 000m, 31. Ⅴ-

2. Ⅵ -2004, A. Shinohara; 1♀, CHINA, Shaanxi, Kaitianguan, Mt. Taibaishan, Qinling Mts, 34°00′ N, 107°51′ E, 2 000m, 7- Ⅵ -2007, A. Shinohara; 1♀, CHINA, Shaanxi, Kaitianguan, Mt. Taibaishan, Qinling Mts, 34°00′ N, 107°51′ E, 2 000m, 10- Ⅵ -2007, A. Shinohara; 2♀♀, CHINA, Shaanxi, Kaitianguan, Mt. Taibaishan, Qinling Mts, 34°00′ N, 107°51′ E, 2 000m, 6- Ⅵ -2007, A. Shinohara; 1♂, CHINA, Shaanxi, Kaitianguan, Mt. Taibaishan, Qinling Mts, 34°00′ N, 107°51′ E, 2 000m, 8- Ⅵ -2006, A. Shinohara; 1♂, CHINA, Shaanxi, Kaitianguan, Mt. Taibaishan, Qinling Mts, 34°00′ N, 107°51′ E, 2 000m, 6- Ⅵ -2006, A. Shinohara; 1♂, CHINA, Shaanxi, Kaitianguan, Mt. Taibaishan, Qinling Mts, 34°00′ N, 107°51′ E, 2 000m, 5- Ⅵ -2007, A. Shinohara ; 1♀，北京门头沟 2011- Ⅵ -30，落叶松林，宗世祥；1♀，CSCS12124，甘肃天水麦积山实验林场，N.34°20′34″，E.106°00′27″，1 560m，2012- Ⅶ -26，尚亚飞；1♀，四川卧龙，2006- Ⅶ -20，王义平；1♀，SCS142302，四川汶川县卧龙镇邓生沟，N. 31°58.677′，E. 103°6.533′，2 200m，2014- Ⅷ -16，祁立威采，$CH_3COOC_2H_5$；1♀，CSCS13298，青海班玛县玛可河，2013-VI-27~30，石福明 & 谢广林采；1♀，宁夏六盘山，2005-8-11，绿网；1♀，CSCS15148，湖北省神农架林区鸭子口，N. 31°30.022′，E. 110°20.044′，1 900m，2015- Ⅷ -4，阎星采，$CH_3COOC_2H_5$；3♀♀，CSCS15121，湖北省神农架林区鸭子口，N. 31°30.022′，E. 110°20.044′，1 900m，2015- Ⅶ -24~25，肖炜采，$CH_3COOC_2H_5$；1♀，CSCS151459，湖北省神农架林区鸭子口，N. 31°30.022′，E. 110°20.044′，1 900m，2015- Ⅷ -8，肖炜采，$CH_3COOC_2H_5$；1♀，CSCS15140，湖北省神农架林区鸭子口，N. 31°30.022′，E. 110°20.044′，1 900m，2015- Ⅷ -2，肖炜采，$CH_3COOC_2H_5$；1♀，CSCS15158，湖北省神农架林区鸭子口，N. 31°30.022′，E. 110°20.044′，1 900m，2015- Ⅷ -8，肖祎璘采，$CH_3COOC_2H_5$；1♀，CSCS16154，四川鞍子河保护区巴栗坪，N. 30°46′50″，E. 103°13′10″，1 750m，2016- Ⅶ -27，高凯文采，$CH_3COOC_2H_5$；1♀，CSCS16151，四川鞍子河保护区巴栗坪，N. 30°46′50″，E. 103°13′10″，1 750m，2016- Ⅶ -23，高凯文采，$CH_3COOC_2H_5$；2♀♀，CSCS16145，四川鞍子河保护区巴栗坪，N. 30°46′50″，E. 103°13′10″，1 750m，2016- Ⅶ -15，高凯文采，$CH_3COOC_2H_5$；1♀，CSCS16196，四川省绵阳市王朗白沙沟，N. 32°55′36″，E. 104°8′42″，2 430m，2016- Ⅶ -18，王汉男采，$CH_3COOC_2H_5$；1♀，CSCS16142，四川鞍子河保护区芍药沟，N. 30°46′53″，E. 103°13′20″，1 580m，2016- Ⅶ -11，高凯文采，$CH_3COOC_2H_5$；1♀，CSCS17097，陕西佛坪县太白山凉风垭，N. 33°41′6.13″，E. 107°51′13.58″，2 115m，2017- Ⅵ -17，魏美才 & 王汉男采，$CH_3COOC_2H_5$；1♂，CSCS17101，陕西太白山开天关，N. 34°0′33.79″，E. 107°51′33.72″，1 815m，2017- Ⅵ -20，魏美才 & 王汉男采，$CH_3COOC_2H_5$；1♀，CSCS17106，甘肃省陇南市文县土地垭，N. 32°48′24″，E. 104°46′39″，1 977m，2017- Ⅵ -26，魏美才 & 王汉男采，

$CH_3COOC_2H_5$；1♂，CSCS141131，陕西佛坪县三皇庙，N. 33°39.000′，E. 107°48.000′，1 529m，2014-Ⅵ-20，刘萌萌 & 刘婷采，$CH_3COOC_2H_5$。

个体变异：两性标本前胸背板完全黑色，后缘无白边；雄虫上唇端缘具浅三角形淡斑；雌虫后足胫节背侧亚端部白斑有大小变化。

分布：青海（玛可河），宁夏（六盘山），甘肃（文县、小陇山、太子山、麦积山），陕西（华山、太白山、化龙山），山西（历山、龙泉），河北（小五台山、紫金山、长寿村），北京（小龙门、门头沟），河南（白云山、龙峪湾、宝天曼、天池山、济源市、嵩县），湖北（神农架），四川（卧龙、鞍子河、王朗）。

鉴别特征：本种与长鞘钩瓣叶蜂 *M. parimitator* Wei, 1998 较近似，但前者体长 9~9.5mm；后足转节几乎完全白色，腹侧具模糊黑斑；锯鞘显著长于后足基跗节；头胸部刻点粗密，头部背侧无光滑间隙；前翅臀室中柄较长，约等长于 1r-m 脉；雌虫锯腹片锯刃强烈突出，刃间膜明显凹陷，刃齿小型且多，中部锯刃齿式为 2~3/10~12，节缝刺毛带狭窄，刺毛稀疏。

2.3.14 女贞钩瓣叶蜂种团 *M. ligustri* group

种团鉴别特征：上唇、唇基、前胸背板后缘黄白色；唇基前缘缺口通常弓型，侧叶较宽短；后胸后侧片后角不延伸，无附片；雌虫腹部仅第 9 背板完全黑色，其余各节背板均具黄斑。

目前，本种团包括 5 种，中国分布 4 种，分别是：*M. ligustri* Wei & Huang, 1997、*M. megapunctata* Li, Liu & Wei, 2017、*M. micromaculata* Wei & Nie, 2002、*M. satoi* Shinohara & Li, 2015 和 *M. southa* Li, Ji & Wei, 2017。

该种团种类主要分布于中国中南部地区。

分种检索表

1. 中胸小盾片完全黑色（雄虫）……………………………………………………………… 2
   中胸小盾片中央具明显黄（白）斑（雌虫）………………………………………………… 3
2. 后足前中足几乎完全亮黄色，黑斑少许；后足股节基部 3/4 亮黄色，端部 1/4 黑色；后足胫节中央长环黄斑约占后足胫节近 1/2 长；后足基跗节端部与其余跗分节几乎全部黄色。日本（本州）……………………………………………………………… **M. satoi Shinohara & Li, 2015** ♂
   后足前中足大部黑色，少部黄白色；后足股节基部约 1/3 黄白色，端部 3/4 黑色；后足胫节背侧亚端部长黄白斑约占后足胫节 1/2 弱；后足跗节完全黑色。中国（江西、贵州、湖南）……………………………………………………………… **M. ligustri Wei & Huang, 1997** ♂
3. 中胸背板侧叶侧缘中部具 1 对黄白斑；中胸小盾片大部黑色，两侧具小淡斑；小盾片附片大部黄白色，后缘具黑斑；后胸小盾片中央黑色，两侧具小白斑；中胸前侧片中部具 1 对小白斑，后胸侧板完全黑色无白斑；后足股节基半部黄白色，胫跗节完全黑色。中国（贵州）……………………………………………………………… **M. micromaculata Wei & Nie, 2002** ♀

后足胫节背侧黄白斑显著，其余特征不同于上述…………………………………………………………… 4

4. 头胸部刻点十分粗大，刻点间隙明显宽阔，光泽较强烈；中胸背板侧叶内缘中部1对小斑黄白色；触角不完全黑色，仅柄节及梗节内侧黄白色；胸部侧板完全黑色；后足基节腹侧黄白色；股节基半部黄白色，端半部黑色；后足胫节背侧中部2/7长斑黄白色；后足跗节全部黑色；腹部第1背板后缘宽边、第2~5背板中央两侧后缘宽横斑、第6背板侧角后缘横斑、第7背板侧角小斑、第8背板中央和第10背板完全黄白色；雌虫锯腹片锯刃较倾斜突出，中部锯刃齿式为1/2~3，刃齿大型且少；雄虫下生殖板几乎全部、胸部腹板和腹部腹板端部黄白色。中国（贵州、湖北、四川）…………………………………………… ***M. megapunctata*** **Li, Liu & Wei, 2017** ♀(♂)

头胸部刻点较粗糙密集，刻点间光滑间隙较狭窄或无；后足胫节背侧亚端部长斑几乎等长于后足胫节1/2长；其余特征不完全同于上述………………………………………………………………………… 5

5. 触角不完全黑色，仅柄节黄色；上眶具黄白色细横斑；后胸小盾片完全黄白色；腹部第1背板后缘宽边、第2~4背板中央两侧后缘宽边、第5~8背板后缘宽边、第10背板全部黄白色；后足股节基部1/3黄白色，端部2/3黑色。中国（湖南、广东、广西）…***M. southa Li, Ji & Wei, 2017*** ♀

触角完全黑色；上眶完全黑色；单眼后区后缘黄白色；后胸小盾片完全黑色，无黄斑；腹部第1背板中央后缘具黄色窄边，两侧完全黑色；第2~7背板侧黄白斑显著，但第2背板和第7背板侧缘黄斑小型；后足股节基半部黄白色，端半部黑色。中国（江西、贵州、湖南）

………………………………………………………………… ***M. ligustri*** **Wei & Huang, 1997** ♀

136. 女贞钩瓣叶蜂 *Macrophya ligustri* Wei & Huang, 1997（图版 2-68）

Macrophya ligustri Wei & Huang, 1997. *Entomotaxonomia*, 19(1): 70-71.

观察标本：正模：♀，采集地点不详，1989-Ⅳ-1，欧阳，黄明；副模：1♀1♂（1雌虫生殖器丢失，1雄虫腹部丢失），采集地点不详，1989-Ⅳ-1，欧阳，黄明；非模式标本：24♀♀15♂♂，Zhuzhou，Hunan，China，20-23-24-Ⅳ-1996，M. Wei，J. Wen，Y. Zhu；2♀♀，Zhuzhou，Hunan，China，25-29-Ⅴ-1996，M. Wei，H. Nie；1♀3♂♂，湖南株洲东郊，1999-Ⅳ-19，魏美才，肖炜，邓铁军；3♀♀2♂♂，中南林学院校园内，1997-Ⅳ-26，采集人不详；1♀，湖南株洲中南林学院，1969-Ⅳ-5，张俊卿；3♀♀，LSAF16174，江西武功山红岩谷，580m，2016-Ⅳ-3，盛茂领 & 李涛采，马氏网1号网；1♀，LSAF17015，江西修水县黄沙港林场五梅山，2016-Ⅶ，马氏网，500m，冷先平采；1♀2♂♂，LSAF17094，江西省抚州市资溪县马头山国家级自然保护区，2017-Ⅳ-25，马氏网；1♀1♂，LSAF17096，江西省抚州市资溪县马头山国家级自然保护区，2017-Ⅳ-18，马氏网；1♀，LSAF17095，江西省抚州市资溪县马头山国家级自然保护区，2017-Ⅳ-12，马氏网。

分布：江西（萍乡市、修水县、武功山），湖南（株洲市），贵州（茂兰）。

鉴别特征：本种与角唇钩瓣叶蜂 *M. verticalis* Konow, 1918 的雄虫较近似，但前者体长9~9.5mm；中胸小盾片附片黑色无白斑；后足基节外侧完全黑色；腹部第1背板中央后缘具黄白边较宽，第2~7节背板侧缘具显著白斑；后足胫节背侧亚端部具长白斑，易于鉴别，雌虫鉴别特征参照检索表。

137. 大刻钩瓣叶蜂 *Macrophya megapunctata* Li, Liu & Wei, 2017（图版 2-69）

Macrophya megapunctata Li, Liu & Wei, 2017. *Entomotaxonomia*, 39(4): 278-287.

观察标本：正模：♀，湖北神农架小寨，N. 31°34.119′，E. 110°08.342′，905m，2008-Ⅴ-24，赵赴；副模：3♀♀1♂，贵州贵阳花溪，1993-Ⅹ-7，汪廉敏；3♀♀，贵州赤水，1994，汪廉敏；2♀♀，CSCS11105，四川青城山祖师殿，N. 30°54.28′，E. 103°33.28′，1 116m，2011-Ⅵ-23，朱朝阳，姜吉刚；1♀，鄂五峰县仁和坪镇，600m，2011-Ⅶ-10，陈乾，长江大学昆虫标本馆；1♀，CSCS15051，四川乐山市峨眉山报国寺，N. 29.60°，E. 103.48°，551m，2015-Ⅴ-13，祁立威 & 刘琳采，乙酸乙酯。

个体变异：雌虫中胸背板盾侧片完全黑色，无黄斑。

分布：贵州（花溪、赤水），四川（青城山、峨眉山），湖北（神农架、五峰县）。

鉴别特征：本种与女贞钩瓣叶蜂 *M. ligustri* Wei & Huang, 1997 较近似，但前者体长 11~11.5mm；头胸部刻点粗糙，明显粗大，刻点间隙稍窄于刻点直径；单眼后区宽长比约为 1.5；唇基前缘缺口不深，浅于唇基约 1/3 长；触角柄节和梗节内侧亮黄色；后胸小盾片完全亮黄色；后足基节腹侧端大部亮黄色；后足股节基部 1/3 亮黄色，端部 2/3 黑色；后足胫节不完全黑色，背侧中部约 2/7 亮黄色；腹部第 1 背板端部约 1/4 亮黄色，基部 3/4 黑色；雌虫锯腹片锯刃稍倾斜突出，中部锯刃齿式 1/2~3，亚基齿大型且少数。

138. 小斑钩瓣叶蜂 *Macrophya micromaculata* Wei & Nie, 2002（图版 2-70）

Macrophya micromaculatata Wei & Nie, 2002. *Insects from Maolan Landscape*, 455, 479.

观察标本：正模：♀，贵州茂兰三岔河，750m，1999-Ⅴ-11，魏美才。

分布：贵州（茂兰）。

鉴别特征：本种与台湾钩瓣叶蜂 *M. formosana* Rohwer, 1916 较近似，但前者体长 9.5mm；唇基较浅，似弓型，侧叶短钝；中胸前侧片具 1 对小黄白斑；头部背侧刻点十分浅弱，刻点间隙光滑，但刻点依稀可见；中胸小盾片微弱隆起，与中胸背板顶面相齐平；后足股节基半部白色，端半部黑色；前翅臀室收缩中柄显著。

139. 萨氏钩瓣叶蜂 *Macrophya satoi* Shinohara & Li, 2015

Macrophya satoi Shinohara & Li, 2015. *Bulletin of the National Science Museum*, 41(1): 43-53.

观察标本：Paratypes: 1♀, Japan, Asakawa, Tokyo-fu, Ⅳ-1936, M. Ikuno; 1♂, Japan, Asakawa, Tokyo-fu, Ⅳ-1936, M. Ikuno.

分布：日本（本州）。

鉴别特征：本种与女贞钩瓣叶蜂 *M. ligustri* Wei & Huang, 1997 十分近似，但前者体长 9.5mm；中胸侧斑完全黑色；中央绝无亮黄色斑；后胸前侧片完全黑色；前中足几乎完全亮黄色，黑斑少许；后足股节基部 3/4 亮黄色，端部 1/4 黑色；后足胫节中央长环黄斑约占后足胫节近 1/2 长；后足基跗节端部与其余跗分节几乎全部黄色等（雄虫单眼后区和中胸小盾片完全黑色；后足股节基半部亮黄色，端半部黑色。）特征不同，容易鉴别。

140. 南方钩瓣叶蜂 *Macrophya southa* Li, Ji & Wei, 2017（图版 2-71）

Macrophya southa Li, Ji & Wei, 2017. *Entomotaxonomia*, 39(4): 278-287.

观察标本：正模：♀，湖南宜章莽山大塘坑，N. 24°59.015′，E. 112°48.138′，1 090m，2007-Ⅳ-11，魏美才；副模：1♀，广东南昆山龙门坳，N. 23°35′，E. 113°57′，780m，2006-Ⅳ-24，钟义海；1♀，CSCS12038，广西田林岑王老山停车坪，N. 27°12′16″，E. 120°13′41″，1 875m，2012-Ⅳ-29，魏美才，牛耕耘；1♀，LSAF17096，江西省抚州市资溪县马头山国家级自然保护区，2017-Ⅳ-18，马氏网。

个体变异：雌虫触角柄节和梗节具黄斑大小变化。

分布：广东（南昆山），湖南（莽山），江西（马头山），广西（岑王老山）。

鉴别特征：本种与小斑钩瓣叶蜂 *M. micromacula* Wei & Nie, 2002 较近似，但前者体长 10.5~11mm；头部背侧稍具光泽，额区刻点粗糙密集，刻点间光滑间隙十分狭窄；触角不完全黑色，柄节黄色；单眼后区后缘及上眶细横斑黄白色；中胸小盾片和后胸小盾片黄白色，小盾片附片完全黑色；中胸前侧片完全黑色；腹部第 2~5 背板侧缘横白斑显著，第 6~8 背板后缘黄白边明显；后足股节基部 1/3 黄白色，端部 2/3 黑色；后足胫节背侧亚端部 2/5 长斑黄白色；雌虫锯腹片锯刃稍倾斜突出，亚基齿较小型且多枚，中部锯刃齿式为 1/9。

2.3.15 斑胫钩瓣叶蜂种团 *M. maculitibia* group

种团鉴别特征：头胸部光泽微弱，额区刻点细小密集，较粗糙，刻点间几乎无光滑间隙，具微细刻纹；触角第 2 节长稍大于宽，第 3 节近等长于第 4~5 节之和；后胸后侧片后角强烈延伸，附片平台型；各足转节均黑色；后足胫节背侧亚端部具明显小型白斑；后足基跗节细长，稍长于其后 4 跗分节之和；前翅臀室中柄呈长点状收缩，稍短于 1r-m 脉长；后翅臀室柄显著，与 cu-a 脉近等长；雌虫锯腹片较窄长，锯刃较低平，刃齿较小且 10 枚以上，节缝刺毛带明显倾斜且狭窄；雄虫阳茎瓣头叶椭圆形，纵向长大于宽，尾侧突明显。

目前，本种团包括 2 种，中国均有分布，分别是：*M. jiuzhaina* Chen & Wei, 2005、*M. maculitibia* Takeuchi, 1933。

该种团种类主要分布于中国北部（西北和东北）和西南部，向国外延伸到西伯利亚、朝鲜和日本。

分种检索表

1. 后胸后侧片附片光泽强烈，较窄长，十分光滑，无刻点和长毛；中胸小盾片顶端明显高于中胸背板平面。西伯利亚，朝鲜（Hakugan、Tonai），日本（北海道、本州、四国）；中国（吉林、辽宁）……………………………………………………… ***M. maculitibia*** **Takeuchi, 1933** ♀♂

后胸后侧片附片光泽较弱，多宽大浅平，具多枚细小浅弱刻点，具较长毛；中胸小盾片顶面与中胸背板顶面近齐平。中国（甘肃、宁夏、陕西、湖北、四川）…… ***M. jiuzhaina*** **Chen & Wei, 2005** ♀♂

141. 九寨钩瓣叶蜂 *Macrophya jiuzhaina* Chen & Wei, 2005（图版 2-72）

Macrophya jiuzhaina Chen & Wei, 2005. *Journal of Central South Forestry University*, 25 (2): 86.

观察标本：正模：♀，四川九寨沟，2 500m，2001-Ⅶ-16，魏美才；非模式标本：1♀，四川峨眉山金顶，3 000m，2001-Ⅶ-18，魏美才；1♀，四川稻城亚丁龙龙坝，3 760m，2005-Ⅶ-22，周虎；2♀♀，四川泸定海螺沟，2 600~2 700m，2003-Ⅶ-17，肖炜，刘卫星；1♀，四川峨眉山雷洞坪，N. 29°32.540′，E. 103°19.638′，2 458m，2008-Ⅶ-29，王德明；7♀♀，四川泸定海螺沟，3 000~3 100m，2003-Ⅶ-18，肖炜，刘卫星；2♀♀，四川峨眉山雷洞坪，N. 29°32.476′，E. 103°19.890′，2 400m，2006-Ⅶ-2~26，魏美才，钟义海；6♀♀8♂♂，四川峨眉山雷洞坪，N. 29°546′，E. 103°327′，2 350m，2009-Ⅶ-7，魏美才，牛耕耘；2♀♀，四川泸定县海螺沟，N. 29°603′，E. 102°076′，2 200m，2009-Ⅶ-3，牛耕耘；1♀，四川泸定县海螺沟，N. 29°600′，E. 102°000′，2 900m，2009-Ⅵ-30，钟义海；1♀，宁夏六盘山二龙河，N. 35°23.380′，E. 106°20.701′，1 945m，2008-Ⅶ-6，刘飞；2♀♀，宁夏六盘山西峡，N. 35°29.604′，E. 106°18.777′，1 974m，2008-Ⅶ-1~2，刘飞；7♀♀，甘肃临夏太子山刁祈林场，N. 35°14.202′，E. 103°25.314′，2 500m，2010-Ⅶ-10，李泽建，王晓华；1♀，CSCS11022，湖北宜昌神农架鬼头湾，N. 31°28.439′，E. 110°08.872′，2 150m，2011-Ⅴ-25~28，李泽建；3♀♀，CSCS14075，陕西眉县太白山开天关，N. 34°00.572′，E. 107°51.477′，1 852m，2014-Ⅵ-5，刘萌萌 & 刘婷采，$CH_3COOC_2H_5$；3♀♀，CSCS142304，四川汶川县卧龙镇邓生沟，N. 31°58.677′，E. 103°6.533′，2 200m，2014-Ⅷ-16，肖玮 & 肖祎璘采，$CH_3COOC_2H_5$；3♀♀，CSCS142302，四川汶川县卧龙镇邓生沟，N. 31°58.677′，E. 103°6.533′，2 200m，2014-Ⅷ-16，祁立威采，$CH_3COOC_2H_5$；1♀，CSCS142305，四川汶川县卧龙镇银厂沟，N. 31°58.333′，E. 103°6.967′，2 188m，2014-Ⅷ-16，祁立威采，$CH_3COOC_2H_5$；1♀，CSCS14134，陕西佛坪县三官庙，N. 33°39.000′，E. 107°48.000′，1 529m，2014-Ⅵ-20，祁立威 & 康玮楠采，$CH_3COOC_2H_5$；2♀♀，CSCS14080，陕西眉县太白山开天关，N. 34°00.572′，E. 107°51.477′，1 852m，2014-Ⅵ-20，刘萌萌 & 刘婷采，$CH_3COOC_2H_5$；1♀，CSCS14104，陕西太白县青峰峡第二停车场，N. 34°0.713′，E. 107°26.167′，1 792m，2014-Ⅵ-11，魏美才采，KCN；1♀，CSCS14127，陕西佛坪县凉风垭顶，N. 33°41.117′，E. 107°51.250′，2 128m，2014-Ⅵ-18，祁立威 & 康玮楠采，

$CH_3COOC_2H_5$；1♀，CSCS15140，湖北省神农架林区板壁岩，N. 31°26.053′，E. 110°14.021′，2 650m，2015-Ⅷ-2，肖炜采，$CH_3COOC_2H_5$；5♀♀，CSCS16201，四川省石棉孟获城，N. 28°53′23″，E. 102°21′17″，2 591m，2016-Ⅶ-25，王汉男采，$CH_3COOC_2H_5$；1♀，CSCS16199，四川省石棉孟获城，N. 28°53′23″，E. 102°21′17″，2 591m，2016-Ⅶ-23，王汉男采，$CH_3COOC_2H_5$；1♀，CSCS17099，陕西省太白山开天关，N. 34°0′33.79″，E. 107°51′33.72″，1 815m，2017-Ⅵ-19，魏美才 & 王汉男采，$CH_3COOC_2H_5$。

分布：甘肃（太子山），宁夏（六盘山），陕西（太白山），四川（九寨沟、峨眉山、稻城县、海螺沟、石棉县），湖北（神农架）。

个体变异：雄虫后足胫节完全黑色，背侧亚端部无小白斑。

鉴别特征：本种与斑胫钩瓣叶蜂 *M. maculitibia* Takeuchi, 1933 较近似，但前者体长 8.5~9mm；后胸后侧片附片光泽微弱，宽大浅平，内具多枚细小浅弱刻点，具较长毛；触角与头胸部之和近等长；中胸小盾片圆钝隆起，顶面与中胸背板顶面相齐平；单眼后区宽长比约为 1.6 等，易于鉴别。

142. 斑胫钩瓣叶蜂 *Macrophya maculitibia* Takeuchi, 1933（图版 2-73）

Macrophya maculitibia Takeuchi, 1933. *The Transactions of the Kansai Entomological Society*, 4: 27-28.

观察标本：非模式标本：2♀♀，吉林长白山，1 300m，1999-Ⅶ-2，魏美才，聂海燕；1♀，黑龙江高岭子，1955-Ⅷ-2~5，中国科学院；1♀，黑龙江高岭子，1954-Ⅶ-20，中国科学院；3♀♀，吉林长白山黄松浦林场，N. 42°10.979′，E. 128°10.278′，1 145m，2008-Ⅶ-24，牛耕耘，张媛；3♀♀，吉林长白山温泉瀑布，N. 42º02.673′，E. 128º03.540′，1 866m，2008-Ⅶ-23，魏美才，牛耕耘；5♀♀，吉林长白山地下森林，N. 42º05.264′，E. 128º04.489′，1 600m，2008-Ⅶ-26，魏美才，张媛；1♀，吉林长白山，2008-Ⅷ-5，盛茂领；6♀♀，CSCS12140，吉林白河长白山长白瀑布，E. 128º03.372′，N. 42º02.962′，1 850m，2012-Ⅶ-25，李泽建，姜吉刚；3♀♀，CSCS12142，吉林白河长白山黄松蒲林场，N. 42º14.107′，E. 128º10.704′，1 030m，2012-Ⅶ-27，李泽建，刘萌萌；2♀♀，CSCS12126，吉林白河长白山黄松蒲林场，N. 42º14.107′，E. 128º10.704′，1 030m，2012-Ⅶ-20，李泽建，刘萌萌；2♀♀，CSCS12129，吉林白河长白山黄松蒲林场，N. 42º14.107′，E. 128º10.704′，1 030m，2012-Ⅶ-21，姜吉刚，邓兰兰；2♀♀，CSCS12134，吉林白河长白山黄松蒲林场，N. 42º14.107′，E. 128º10.704′，1 030m，2012-Ⅶ-23，李泽建，刘萌萌；1♀，CSCS12139，吉林白河长白山大戏台河，N. 42º13.796′，E. 128º11.808′，1 035m，2012-Ⅶ-24，姜吉刚，邓兰兰；1♀，CSCS14194，吉林省长白山防火瞭望塔，N. 42°04′58″，E. 128°13′43″，1 400m，2014-Ⅶ-9，褚彪采，$CH_3COOC_2H_5$；1♀，CSCS14191，吉林省长白山地下森林，N. 42°05′10″，E. 128°04′26″，1 600m，2014-Ⅶ-5，褚彪采，$CH_3COOC_2H_5$；1♀，CSCS14190，吉林省长白山长白瀑布，N. 42°02′30″，E. 128°03′30″，1 900m，2014-Ⅶ-5，褚彪采，$CH_3COOC_2H_5$；1♀，CSCS14192，吉林省二道白河大戏台河景

区，N. 42°13′04″，E. 128°10′50″，1 060m，2014-Ⅶ-8，褚彪采，$CH_3COOC_2H_5$。

分布：吉林（长白山），黑龙江（高岭子）；西伯利亚，朝鲜，日本。

鉴别特征：本种与九寨钩瓣叶蜂 *M. jiuzhaina* Chen & Wei, 2005 较近似，但前者体长 8.5~9mm；后胸后侧片附片光泽十分强烈，较窄长光滑，无刻点和长毛；触角约 1.15 倍于头胸部之和；中胸小盾片隆起，顶面稍高于中胸背板平面；单眼后区宽长比约等于 2。

2.3.16 玛氏钩瓣叶蜂种团 *M. malaisei* group

种团鉴别特征：体型较修长；触角完全黑色；唇基前缘缺口通常深弧形，侧齿较窄长；后胸后侧片后角不延伸，无附片；腹部第 1 背板后缘具白边。

目前，本种团包括 8 种，中国分布 6 种：*M. constrictila* Wei & Chen, 2002、*M. diqingensis* Li, Liu & Wei, 2017、*M. glabrifrons* Li, Liu & Wei, 2017、*M. harai* Shinohara & Li, 2015、*M. malaisei* Takeuchi, 1937、*M. malaisei malaisei* Takeuchi, 1937、*M. pilotheca* Wei & Ma, 1997 = *M. brevitheca* Wei & Nie, 2003, syn. nov.、*M. tenuitarsalina* Li, Liu & Wei, 2017。

该种团种类主要分布于中国西北部、中部和南部地区，向国外延伸到日本。

分种检索表

1. 中胸小盾片具（黄）白斑…………………………………………………………………… 2
   中胸小盾片完全黑色…………………………………………………………………… 7
2. 前中足转节至少腹侧具明显黑斑，后足转节白色……………………………………… 3
   各足转节均白色…………………………………………………………………………… 5
3. 腹部第 1 背板完全黑色，第 2~4 背板侧白斑明显，向后逐渐变大；后足胫节背侧中央长白斑约占后足胫节 1/3 长；后足跗节背侧白斑明显（雄虫单眼后区和中胸小盾片完全黑色；后足胫节背侧中央长白斑约占后足胫节 2/5 长；腹板后缘白斑较雌虫显著）。日本（北海道、本州）
   ……………………………………………………………… **M. harai Shinohara & Li, 2015** ♀♂
   腹部第 1 背板侧白斑明显，第 2 背板完全黑色；后足胫节背侧亚端部白斑近宽短型；其余特征不完全同于上述…………………………………………………………………… 4
4. 头部背侧光泽微弱，额区及附近区域刻点密集显著，刻点间光滑间隙十分狭窄，无明显刻纹；上唇不完全黑色，端缘三角形小斑白色；唇基不完全黑色，侧叶基部具圆形小白斑；后足胫节背侧亚端部 2/7 长斑白色；后足跗节完全黑色，背侧无白斑；锯刃明显隆起突出，刃间膜间距宽于锯刃。日本（本州、四国、九州）；中国（安徽、浙江、湖北）…… **M. malaisei Takeuchi, 1937** ♀
   头部背侧光泽较强烈，额区及附近区域刻点较稀疏细弱，刻点间光滑间隙明显，刻纹细弱；上唇和唇基均黑色；后足胫节背侧亚端部具小型白斑；后足跗节大部黑色，背侧具小白斑；锯刃较倾斜低平，刃间膜间距稍小于锯刃宽。中国（陕西、河南）……**M. constrictila Wei & Chen, 2002** ♀
5. 头部额区十分光滑，无刻点刻纹；单眼后区宽长比约为 1.8；前胸背板后缘两侧黄白边明显，中央向两侧逐渐变宽；腹部第 1 背板中央后缘宽边黄白色，两侧全黑；第 2~7 背板两侧具明显白斑；后足股节基部 2/5 黄白色，端部 3/5 黑色等。中国（湖北、浙江）
   ………………………………………………………… **M. glabrifrons Li, Liu & Wei, 2017** ♀♂

头部额区多少具明显刻点，少部光滑；其余特征不同于上述……………………………………………… 6

6. 头部背侧光泽微弱，额区刻点较粗糙密集，刻点间光滑间隙明显；唇基缺口稍深，侧叶近三角形，端缘稍钝圆；单眼后区白斑显著；前胸背板后缘及侧缘白边宽大；中胸背板侧叶内侧具1对长三角形白斑；中胸小盾片完全白色；腹部第1背板中央后缘白边明显狭于侧角横斑，第2~6背板侧白斑显著，第7背板侧角后缘白斑小型，第10背板白色；后足胫节背侧亚端部白斑宽长；锯鞘背面观长缨毛显著，明显弯曲。中国（安徽、福建、江西、湖南、广西）………………………… ***M. pilotheca*** **Wei & Ma, 1997 =** ***M. brevitheca*** **Wei & Nie, 2003, syn. nov.** ♀

头部背侧光泽较强，额区刻点稀疏浅弱，大部几乎光滑；唇基缺口深，侧叶窄长，端缘尖锐；单眼后区完全黑色；前胸背板后缘白边较窄；中胸背板侧叶完全黑色；中胸小盾片中央白色，四周具黑斑；腹部第1背板中央后缘狭边白色，两侧角完全黑色（有时第2背板侧缘具小白斑）、第3~5背板侧角白斑显著，第10背板中央白色，其余各节背板均黑色后足胫节背侧亚端部白斑较窄短；锯鞘背面观长缨毛较细弱，不弯曲。中国（云南）… ***M. diqingensis*** **Li, Liu & Wei, 2017** ♀

7. 前翅翅痣下具烟褐色横带，较明显；唇基端部2/3白色，基部1/3黑色；前胸背板后缘狭边白色；后足胫节背侧亚端部具模糊小白斑（有时后足胫节完全黑色，背侧无白斑）；锯鞘明显短于后足基跗节。中国（四川）……………………………………………… ***M. tenuitarsalina*** **Li, Liu & Wei, 2017** ♀

前翅翅痣下无烟色横带，淡烟色透明；其余特征不同于上述…………………………………………… 8

8. 前中足转节大部白色，腹侧具明显黑斑，后足转节白色；上唇完全白色，唇基大部白色，仅基缘具黑斑；前中足基节大部白色，仅基缘黑色；后足基节腹侧端大部白色，外侧完全黑色；后足股节基部1/3白色，端部2/3黑色。中国（安徽、福建、江西、湖南、广西）…………………………………………………………………… ***M. pilotheca*** **Wei & Ma, 1997** ♂

各足转节均白色；上唇大部黑色，端缘三角形小斑白色；唇基大部白色，仅基部1/3具黑斑；各足基节基大部黑色，端部具白斑；后足股节大部黑色，仅基部白色。日本（本州、四国、九州），中国（安徽、浙江、湖北）……………………………………… ***M. malaisei*** **Takeuchi, 1937** ♂

143. 缩臀钩瓣叶蜂 *Macrophya constrictila* Wei & Chen, 2002（图版 2-74）

Macrophya constrictila Wei & Chen, 2002. *Insects of the mountains Taihang and Tongbai regions*, 5: 208-209.

观察标本：正模：♀，河南济源黄楝树，1 700m，2000-Ⅵ-7，钟义海；副模：1♀，河南济源黄楝树，1 700m，2000-Ⅵ-7，魏美才；1♀，陕西凤县红花铺镇，N. 33°44.221′，E. 107°10.544′，1 080m，2007-Ⅴ-25，朱巽；非模式标本：1♀, CHINA, Shaanxi, Kaitian-guan, Mt. Taibaishan, Qinling Mts, 34°00′ N, 107°51′ E, 2 000m, 30-Ⅴ-2005, A. Shinohara。

分布：陕西（凤县、太白山），河南（济源市）。

个体变异：雌虫后足第1~3跗分节背侧具明显小白斑。

鉴别特征：本种与玛氏钩瓣叶蜂 *M. malaisei* Takeuchi, 1937 较近似，但前者体长8.5~9mm；头部背侧光泽较强烈，具细小浅弱刻点，十分稀疏，刻点间光滑间隙十分显著，刻纹细弱；上唇和唇基均黑色，无白斑；单眼后区完全黑色，前胸背板后缘白边极狭；后足胫节背侧亚端部具模糊白斑；锯鞘明显短于后足基跗节；中部锯刃较低平，锯刃节间膜明显隆起。

144. 迪庆钩瓣叶蜂 *Macrophya diqingensis* Li, Liu & Wei, 2017（图版 2-75）

Macrophya diqingensis Li, Liu & Wei, 2017. *Entomotaxonomia*, 39(2): 123-132.

观察标本：正模：♀，云南德钦梅里雪山，N. 28°425′，E. 98°805′，2 700m，2009-Ⅵ-20，钟义海；副模：1♀，云南贡山黑洼底，N. 27°800′，E. 98°590′，2 100m，2009-Ⅵ-12，肖炜。

分布：云南（梅里雪山、贡山）。

鉴别特征：本种与缩臀钩瓣叶蜂 *M. constrictila* Wei & Chen, 2002 十分近似，但前者体长 8~8.5mm；上唇大部和唇基全部白色；单眼后区宽长比约为 1.8；前胸背板后缘白边较宽；中胸小盾片中央白斑大型；各足转节均完全白色；后足胫节背侧亚端部白斑约占后足胫节 2/7 长；前翅臀室中柄较短，近等于 1r-m 脉长，约 1/2 倍于 cu-a 脉长；腹部第 1 背板中央后缘具白色狭边，侧角完全黑色，第 3~5 背板侧角横白斑明显。

145. 光额钩瓣叶蜂 *Macrophya glabrifrons* Li, Liu & Wei, 2017（图版 2-76）

Macrophya glabrifrons Li, Liu & Wei, 2017. *Entomotaxonomia*, 39(4): 300-308.

观察标本：正模：♀，LSAF17086，浙江临安西天目山仙人顶，N. 30.349°，E.119.424°，1 506m，2017-Ⅴ-28，李泽建 & 刘萌萌 & 高凯文 & 姬婷婷采，乙酸乙酯；副模：1♂，LSAF17086，浙江临安西天目山仙人顶，N. 30.349°，E. 119.424°，1 506m，2017-Ⅴ-28，李泽建 & 刘萌萌 & 高凯文 & 姬婷婷采，乙酸乙酯；8♂♂，SAF16156，浙江临安西天目山仙人顶，N. 30.350°，E. 119.424°，1 506m，2016-Ⅴ-29，李泽建 & 刘萌萌采，乙酸乙酯；1♂，CSCS11025，湖北宜昌神农架鸭子口，N. 31°30.104′，E. 110°20.986′，1 920m，2011-Ⅴ-26，李泽建；副模：1♂, CHINA, Hubei, Mt. Shennongjia, Yaolangou, 31°30′N, 110°23′E, 1 360m, 19-Ⅴ-2010, A. Shinohara。

分布：湖北（神农架），浙江（天目山）。

个体变异：雄虫后足基节外侧基部无卵圆形黄白斑。

鉴别特征：本种与玛氏钩瓣叶蜂 *M. malaisei* Takeuchi, 1937 十分近似，但前者体长 10mm；上唇和唇基完全白色；头部背侧光泽强烈，额区无刻点，十分光滑；单眼后区宽长比约为 1.8；前胸背板后缘两侧黄白边明显，中央向两侧逐渐变宽；腹部第 1 背板中央后缘宽边黄白色，两侧全黑；第 2~7 背板两侧具明显白斑；各足转节完全黄白色；后足股节基部 2/5 黄白色，端部 3/5 黑色等。

146. 哈氏钩瓣叶蜂 *Macrophya harai* Shinohara & Li, 2015

Macrophya harai Shinohara & Li, 2015. *Bulletin of the National Science Museum*, 44-49.

观察标本：Paratypes: 1♀, JAPAN, Hokkaido, Asahidake-onsen, Daisetsuzan Mts., Kamikawa, 28-Ⅵ-2013, A. Shinohara; 1♂, JAPAN, Hokkaido, Asahidake-onsen, Daisetsuzan Mts., Kamikawa, 28-Ⅵ-2013, A. Shinohara。

分布：日本（北海道，本州）。

鉴别特征：本种与中国分布的缩臀钩瓣叶蜂 *M. constrictila* Wei & Chen, 2002 十分近似，但前者体长 9mm；上唇和唇基均大部白色，少许黑色；唇基端缘缺口近三角形，深达唇基约 2/5；单眼后区后缘具 2 个小型长白斑；前胸背板后缘仅后角少许白色，中央大部黑色；腹部第 1 背板完全黑色，第 2~4 背板侧白斑明显；后足胫节背侧中央长白斑约占后足胫节 1/3 长；后足基跗节端部约 2/3 白色，基部约 1/3 黑色等，与后者不同，易于鉴别。

147. 玛氏钩瓣叶蜂 *Macrophya malaisei* Takeuchi, 1937（图版 2-77）

Macrophya malaisei Takeuchi, 1937. *Acta Entomologica*, 1(4): 441-442.

观察标本：非模式标本：1♀1♂，浙江天目山，1988-Ⅴ-16，何俊华；1♀，浙江西天目山仙人顶，1990-Ⅵ-2~4，浙江农业大学，娄永根；3♀♀5♂♂，浙江西天目山老殿 - 仙人顶，1 250~1 347m，1988-Ⅴ-17~18，浙江农业大学，陈学新，樊晋江，楼晓明；1♂，浙江西天目山，1988-Ⅴ-16~18，郭世怡；1♀，安徽青阳九华山，N. 30°64′，E. 117°84′，600m，2007-Ⅴ-8，徐翊；2♂♂，CSCS11025，湖北宜昌神农架，N. 31°30.104′，E. 110°20.986′，1 920m，2011-Ⅴ-26；1♀，CSCS16146，浙江临安西天目山禅源寺，N. 30.322°，E. 119.443°，362m，2016-Ⅳ-17，李泽建 & 刘萌萌 & 陈志伟采，乙酸乙酯；1♀，LSAF17037，浙江临安西天目山禅源寺，N. 30.323°，E. 119.442°，405m，2017-Ⅳ-16，刘萌萌 & 高凯文 & 姬婷婷采，乙酸乙酯。

个体变异：雌虫上唇大部白色，中央具模糊黑斑；唇基端半部白色。

分布：安徽（九华山），浙江（天目山），湖北（神农架）；日本。

鉴别特征：本种与缩臀钩瓣叶蜂 *M. constrictila* Wei & Chen, 2002 较近似，但前者体长 9~9.5mm；头部背侧光泽微弱，额区及附近区域刻点密集显著，刻点间光滑间隙十分狭窄，无明显刻纹；上唇不完全黑色，端缘三角形小斑白色；唇基不完全黑色，两侧具圆形小白斑；单眼后区两侧细横斑和前胸背板后缘白色；后足胫节背侧亚端部白斑显著；锯鞘稍短于后足基跗节；中部锯刃明显突出，锯刃节间膜低平。

148. 玛氏钩瓣叶蜂 *Macrophya malaisei malaisei* Takeuchi, 1937

Macrophya malaisei malaisei Takeuchi, 1937. *Acta Entomologica*, 1(4): 441-442.

未见标本。

分布：日本*（本州、四国、九州）。

149. 缨鞘钩瓣叶蜂 *Macrophya pilotheca* Wei & Ma, 1997（图版 2-78）

= 短鞘钩瓣叶蜂 *Macrophya brevitheca* Wei & Nie, 2003, syn. nov.

Macrophya pilotheca Wei & Ma, 1997. *Entomotaxonomia*, 19, Suppl., 78-79.

Macrophya brevitheca Wei & Nie, 2003. *Fauna of Insects in Fujian Province of China*, 7: 89-90, 201.

观察标本：正模：♀，Zhuzhou，Hunan，China，23-Ⅳ-1996，J. Wen；副模：1♀，

福建武夷山庙湾，800-1 000m，2004-Ⅴ-17，张少冰；19♀♀48♂♂（1 雌虫头部丢失，8 雄虫头部丢失，1 雌虫腹部丢失，4 雄虫腹部丢失），Zhuzhou，Hunan，China，23-Ⅳ-1996，M. Wei，J. Wen，Y. Zhu；非模式标本：1♀1♂，中南林学院校园内，1997-Ⅳ-26，采集人不详；1♂，湖南株洲东郊，1999-Ⅳ-19，魏美才，肖炜，邓铁军；2♀♀1♂，江西萍乡，1999-Ⅴ，欧阳黄明；2♂♂，采集地点、采集时间和采集人不详；正模：♀，福建林学院，1994-Ⅵ-20，陈建兴；副模：3♀♀，福建林学院，1997-Ⅴ，杨春生，林志伟；3♀♀，福建，1994-Ⅵ-15~17，陈仕武；2♀♀，福建林学院，1994-6-20，张春根；1♂，湖南株洲，1994-Ⅶ，采集人不详；1♂，Taoyuandong，Hunan，China，25-Ⅴ-1995，B. Zheng；1♀，福建林学院，1994-Ⅵ-28，严拓；1♀，福建林学院，1982-Ⅳ，李点银；1♀，福建三港，1994-Ⅴ-29，林永辉；1♀，大斜，1988-Ⅵ-9，江番夫；1♀，采集地点、采集时间和采集人不详；2♀♀，广西兴安华同仁村，N. 25°37.207′，E. 110°39.093′，337m，游群；1♀，安徽青阳九华山，N. 30°64′，E. 117°84′，600m，2007-Ⅴ-8，徐翊；2♀♀，福建武夷山桐木，N. 27°44.220′，E. 117°40.149′，778m，2007-Ⅴ-3，肖炜；1♀，江西全南，2008-Ⅳ-15，李石昌；1♀1♂，湖南株洲东郊，2000-Ⅳ-23，肖炜；1♀，湖南道县都庞岭庆里源，N. 25°29.540′，E. 111°23.158′，370m，2009-Ⅳ-28，牛耕耘；1♀2♂♂，湖南高泽源山脚，N. 25°22.418′，E. 111°16.219′，454m，2008-Ⅳ-26，费汉榄，赵赴；1♀，湖南高泽源双峰山，N. 25°23.009′，E. 111°15.438′，664m，2008-Ⅳ-26，游群；3♀♀，湖南浏阳大围山栗木桥，N. 28°25.520′，E. 114°05.198′，980m，李泽建，CSCS11003；2♀♀3♂♂，LSAF14004，浙江丽水碧湖镇新亭村，N. 28.41°，E. 119.83°，105m，2014-Ⅳ-4，李泽建采，氰化钾；1♂，LSAF14011，浙江丽水碧湖镇下叶村，N. 28.38°，E. 119.82°，95m，2014-Ⅳ-14，李泽建采，氰化钾。

分布：安徽（九华山），浙江（丽水市），福建（武夷山），江西（萍乡、全南县），湖南（株洲、都庞岭、大围山、桃源洞），广西（猫儿山）。

寄主：木犀科，女贞属 3 种植物：小叶女贞 *Ligustrum quihoui* (Oleaceae)，金叶女贞 *Ligustrum vicaryi*，小蜡 *Ligustrum sinense* (Oleaceae)。

天敌：多色铃腹胡蜂 *Ropalidias variegeta* (Smith)，小家蚁 *Monomarium pharaonis* (Linnaeus)，双齿多刺蚁 *Polyrhachis dives* Smith，中华秀蜾蠃 *Pareumens chinensis* Liu。

个体变异：雄虫中胸小盾片具 1 对小型黄白斑。

鉴别特征：本种与玛氏钩瓣叶蜂 *M. malaisei* Takeuchi, 1937 较近似，但前者体长 9~9.5mm；唇基完全白色；中胸背板盾侧叶中部具 1 对小白斑；中胸小盾片中央大部具白斑；腹部第 2~6 背板侧白斑显著，第 7~8 背板侧角后缘侧白斑小型；锯鞘十分短小，稍长于后足胫节内端距；头部背侧光泽较强烈，刻点不明显密集，刻点间光滑间隙显著；后足基节外侧基部卵形白斑大型；雌虫锯腹片中部锯刃低平，亚基齿细小且多枚，锯刃节间膜不明显突出，中部锯刃齿式为 1/13~14。

150. 细跗钩瓣叶蜂 *Macrophya tenuitarsalina* Li, Liu & Wei, 2017（图版 2-79）

Macrophya tenuitarsalina Li, Liu & Wei, 2017. *Entomotaxonomia*, 39(2): 123-132.

观察标本：正模：♀，四川峨眉山洗象池，2 000m，2001-Ⅶ-19，魏美才；副模：1♀，四川峨眉山雷洞坪，N. 29°546′，E. 103°327′，2 350m，2009-Ⅶ-7，魏美才；1♀，四川峨眉山雷洞坪，N. 29°546′，E. 103°327′，2 350m，2009-Ⅶ-6，钟义海；1♀，四川峨眉山雷洞坪，N. 29°,32.476′，E. 103°19.890′，2 400m，2006-Ⅶ-2，周虎；1♀，四川峨眉山雷洞坪，N. 29°,32.476′，E. 103°19.890′，2 400m，2006-Ⅶ-26，魏美才。

分布：四川（峨眉山）。

个体变异：雌虫后足胫节完全黑色，背侧亚端部无小白斑。

鉴别特征：本种与缩臀钩瓣叶蜂 *M. constrictila* Wei & Chen, 2002 十分近似，但前者体长 7.5~8mm；头部背侧光泽暗淡，额区刻点粗糙密集，刻点间无光滑间隙，具细弱刻纹；唇基端部 2/3 白色，基部 1/3 具黑斑；额区近平坦，顶面几乎等高于复眼平面；单眼后区后缘白色；中胸小盾片完全黑色；腹部第 1 背板后缘白边连贯，两侧宽于中央；后足基跗节十分细长，不加粗；前翅翅痣下具稍窄于翅痣的浅烟褐色横带，其余淡烟色透明；雌虫锯腹片中部锯刃齿式为 1/6~10。

2.3.17 狭片钩瓣叶蜂种团 *M. montana* group

种团鉴别特征：体通常多处具橘黄色斑纹或红褐色斑纹；触角完全黑色，鞭节中部明显膨大，端部 4 节明显短缩；后胸后侧片通常无附片，少数种类具小型的垂直型附片；雌虫锯腹片锯刃常台状隆起突出；雄虫阳茎瓣头叶通常横型，无尾侧突。

根据所看到的标本与文献记载，共 17 种，即 *M. aphrodite* Benson, 1954、*M. cyrus* Benson, 1954、*M. diaphenia* Benson, 1968、*M. diversipes* (Schrank, 1782)、*M. karakorumensis* Forsius, 1935、*M. militaris* (Klug, 1817)、*M. minerva* Benson, 1968、*M. montana* (Scopoli, 1763)、*M. montana montana* (Scopoli, 1763)、*M. montana arpaklena* Ushinskij, 1936、*M. montana tegularis* Konow, 1894、*M. ottomana* Mocsáry, 1881、*M. prasinipes* Konow, 1891、*M. postica* (Brullé, 1832)、*M. rufipes* (Linne, 1758)、*M. superba* Tischbein, 1852、*M. tenella* Mocsáry, 1881。

该种团种类均分布于欧洲地区，4 种延伸到西亚或东亚地区，1 种延伸到非洲北部地区。

151. 钩瓣叶蜂 10 种 *Macrophya aphrodite* Benson, 1954

Macrophya aphrodite Benson, 1954. *Bulletin of the British Museum (Natural History). Entomology series*, 3(7): 289-290.

未见标本。

分布：塞浦路斯*。

152. 钩瓣叶蜂 11 种 *Macrophya cyrus* Benson, 1954

Macrophya cyrus Benson, 1954. *Bulletin of the British Museum (Natural History). Entomology series*, 3(7): 290-291.

未见标本。

分布：土耳其*。

153. 钩瓣叶蜂 12 种 *Macrophya diaphenia* Benson, 1968

Macrophya diaphenia Benson, 1968. *Bulletin of the British Museum (Natural History). Entomology series*, 22(4): 191, 195.

未见标本。

分布：伊朗。

154. 红股钩瓣叶蜂 *Macrophya diversipes* (Schrank, 1782)

Tenthredo diversipes Schrank, 1782. *Neues Magazin für die Liebhaber der Entomologie (ed. J.C. Fuessly)*, 1(Heft 3): 289.

Tenthredo haematopus Panzer, 1801. Felssecker, Nürnberg, 7 [1799-1801] 81: 11, 81: 12.

Tenthredo ocreata Panzer, 1804. *Pars Tertia.* J. Jacob Palm, Erlangen, pp. i-xvi, i-viii, 192.

Tenthredo rubripes Drapiez, 1820. *Annales générales des sciences physiques(Bruxelles)*, 5: 122-123.

Tenthredo (*Macrophya*) *corallipes* Eversmann, 1847. *Bulletin de la Société Impériale des Naturalistes de Moscou*, 20(1): 41.

Macrophya flavipes Tischbein, 1852. *Entomologische Zeitung (Stettin)*, 13: 138.

Tenthredo halensis Aichinger, 1870. *Zeitschrift des Ferdinandeums für Tirol und Vorarlberg, 3. Folge*, 15: 305, 310.

Macrophya haemotopus var. *immaculiventris* Costa, 1871. *Annuario del Museo Zoologico della R. Università di Napoli*, 6[1866]: 19.

Macrophya eximia Mocsáry, 1877. *Természetrajzi Füzetek*, 1(2): 87-88.

Macrophya Caucasica [sic!] André, 1881. *Species des Hyménoptères d' Europe & d' Algérie.* Beaune (Côte-d' Or), 1[1879-1882](8): 357.

Macrophya Rubripes [sic!] André, 1881. *Species des Hyménoptères d' Europe & d' Algérie.* Beaune (Côte-d' Or), 1[1879-1882](11): 589-590.

Macrophya Saundersi [sic!] W.F. Kirby, 1886. *The Journal of the Linnean Society*, 20, 34.

Macrophya sanguinipes Mocsáry, 1891. *Természetrajzi Füzetek*, 14(3-4): 155-156.

Macrophya dalmatina Gasperini, 1891. *Wiener Entomologische Zeitung*, 16: 273.

Macrophya diversipes var. *passerinii* Ghigi, 1905. *Annuario del Museo Zoologico della R. Università di Napoli*, N. S. 1[1904](21): 8, 28.

Macrophya diversipes var. *feminina* Enslin, 1913. *Deutsche Entomologische Zeitschrift*, [1913](Beiheft 2): 140.

Macrophya diversipes var. *masculina* Enslin, 1913. *Deutsche Entomologische Zeitschrift*, [1913](Beiheft 2): 140.

Macrophya diversipes var. *maculativentris* Enslin, 1913. *Deutsche Entomologische Zeitschrift*, [1913](Beiheft 2): 140.

Macrophya diversipes var. *nigritarsis* Enslin, 1913. *Deutsche Entomologische Zeitschrift*, [1913](Beiheft 2): 140.

观察标本：非模式标本：1♀, F: Bouches-du-Rhone, Barbentane, 2-5 km S, 10-21. V. 1999, leg. R. Gaedike, Received on exchange ex coll., Deutsches Entomolog. Institut, Eberswaldae, Germany, 2001; 1♀1♂, Bulgarien: Dragoman, 20-26- Ⅵ -1989, leg. Leidenfrost, Received on exchange ex coll., Deutsches Entomolog. Institut, Eberswaldae, Germany, 2001; 1♂, DDR: Jena, Leutratal, 19- Ⅵ -1985, 634m, A. Taeger leg., Received on exchange ex coll., Deutsches Entomolog. Institut, Eberswaldae, Germany, 2001; 1♀, Slovak Rep.: Lower Tatras, Liptovsky Mikulas S 12 km, Janska valley, Bystra, 880m alt., 48°58.46′ N, 19°40.89′ E, 21- Ⅵ -2005, leg. Wei & Nie; 1♂，新疆博乐夏尔希里，45°13.289′ N，82°04.553′ E，Altitude: 1 863m，2007- Ⅶ -19，聂梅；1♀, D: Rheinland-Pfalz Pommern a. Mosel, Malaisefalle, 26.5.-24.6. 1993, leg. S. Loser; 1♂, D: Rhld: Pfalz: Pommern a. Mosel. Malaisefalle, 26. Ⅴ -24. Ⅵ - 1993, leg. S. Loser.

个体变异：两性标本上唇完全黑色，端部无橘黄色斑。

分布：欧洲★（阿尔巴尼亚、奥地利、比利时、保加利亚、克罗地亚、捷克、法国、乔治亚州、德国、希腊、匈牙利、意大利、哈萨克斯坦、卢森堡、马其顿、荷兰、葡萄牙、罗马尼亚、俄罗斯、斯洛伐克、西班牙、瑞士、乌克兰、南斯拉夫），土耳其★，伊朗★，土库曼斯坦★，日本★；中国（新疆）。

鉴别特征：本种与欧洲分布的暗跗钩瓣叶蜂 *M. militaris* (Klug, 1817) 较近似，但前者体长，10.5~11mm；唇基端半部橘黄色，基半部黑色；前胸背板完全黑色，后缘无白边；中胸小盾片大部黄白色；腹部第 3~5 背板大部黑色，无红褐色斑纹；后足基节和转节均完全黑色；后足股节基部白色，端大部前红褐色；后足胫节大部暗红褐色，略带黑色斑纹；单眼后区宽长比约为 2；后足爪内齿明显短于外齿；雌虫锯腹片中部锯刃齿式 2/7~10，刃齿大小清晰规则。

155. 喀喇钩瓣叶蜂 *Macrophya karakorumensis* Forsius, 1935

Macrophya karakorumensis Forsius, 1935. Brockhaus, Leipzig, pp. 241-242.

未见标本。

分布：印度。

156. 钩瓣叶蜂 13 种 *Macrophya minerva* Benson, 1968

Macrophya minerva Benson, 1968. *Entomology series*, 22(4): 196-198.

未见标本。

分布：欧洲★（保加利亚、希腊、马其顿、乌克兰）。

157. 狭片钩瓣叶蜂 *Macrophya montana* (Scopoli, 1763)

Tenthredo Montana [sic!] Scopoli, 1763. *Methodo Linnaeana.* I.T. Trattner, Vindobonae, [36] pp. 276-277.

观察标本：非模式标本：1♀, O Baden-Murtteaberg, Kapfenhardt. S Ptorthain, 27-Ⅵ-1992, M. M. Dathe leg., Received on exchange ex coll., Deutsches Entomolog. Institut, Eberswaldae, Germany, 2001; 1♂, France: Bouches-du-Rhone, Vallongue SE St. Remy, Chaine des Alpilles, 43°45′N, 104°55′E, 18-V-1999, 150m, legit C.LANGE & J. ZIEGLER, Received on exchange ex coll., Deutsches Entomolog. Institut, Eberswaldae, Germany, 2001; 1♂, Bulg. S Pirin Geb. Popina Laka, 1000m, 14-Ⅵ-1989, leg. Zerche & Behne, Received on exchange ex coll., Deutsches Entomolog. Institut, Eberswaldae, Germany, 2001; 1♂, F: Bouches-du-Rhone, Barbentane, 2-5km S, 10-21-Ⅴ-1999, leg. R. Gaedike, Received on exchange ex coll., Deutsches Entomolog. Institut, Eberswaldae, Germany, 2001.

分布：欧洲★（阿尔巴尼亚、安道尔、奥地利、比利时、保加利亚、克罗地亚、捷克、法国、德国、英国、希腊、匈牙利、意大利、拉脱维亚、卢森堡、马其顿、摩尔多瓦、荷兰、挪威、波兰、葡萄牙、罗马尼亚、俄罗斯、斯洛伐克、西班牙、瑞典、瑞士、乌克兰、南斯拉夫），非洲★（突尼斯）。

个体变异：雌虫中胸前侧片中央具模糊小淡斑。

鉴别特征：本种与狭片钩瓣叶蜂 *M. montana montana* (Scopoli, 1763) 十分近似，但前者体长 10.5mm；中胸小盾片完全黑色，中央无黄斑；中足基节近端半部和后足端部橘黄色，后足基节基大部黑色，端部橘黄色；后足股节基部约 2/3 橘黄色，端部约 1/3 黑色。

158. 狭片钩瓣叶蜂 *Macrophya montana arpaklena* Ushinskij, 1936

Macrophya montana arpaklena Ushinskij, 1936. Bjulleten' turkmenskoj zoologicheskoj stancii, Ashkhabad and Baku, 1, 104, 112.

未见标本。

分布：伊朗★，土库曼斯坦★。

159. 狭片钩瓣叶蜂 *Macrophya montana montana* (Scopoli, 1763)

Tenthredo Montana [sic!] Scopoli, 1763. *Methodo Linnaeana.* I.T. Trattner, Vindobonae, [36] pp. 276-277.

Tenthredo trifasciata Geoffroy in Fourcroy, 1785. *In*: Fourcroy, A. F. de *Entomologia Parisiensis, sive catalogus Insectorum quae in agro parisiensi reperiuntus.Vol.1-2*. Paris, pp.366-367.

Tenthredo sulphurata Gmelin, 1790. *Caroli a Linné Systema Naturae. 13. ed., Vol. 1(5).* Beer, Leipzig, pp. 2 665.

Tenthredo melanochra Gmelin, 1790. *Caroli a Linné Systema Naturae. 13. ed., Vol. 1(5).* Beer, Leipzig, pp. 2 666.

Tenthredo tricincta Christ, 1791. *Mit häutigen Flügeln.* Hermannsche Buchhandlung, Frankfurt am Main, pp. 450.

Tenthredo notata Panzer, 1799. Felssecker, Nürnberg, 6: 64: 10.

Tenthredo albimana Lepeletier, 1823. Apud Auctorem [etc.], Parisiis, pp. 102.

Tenthredo albimana Serville, 1823. *Faune Française, ou histoire naturelle, générale et particuliére, des animaux qui se trouvent en France (. . ..), Livr. 7* & *8*, Chez Rapet, Paris, pp. 44.

Tenthredo laserpitii Lepeletier, 1823. Apud Auctorem [etc.], Parisiis, pp. 127.

Macrophya rustica var. *scutellaris* Enslin, 1913. *Deutsche Entomologische Zeitschrift*, [1913](Beiheft 2): 153.

Macrophya rustica var. *pleuralis* Enslin, 1913. *Deutsche Entomologische Zeitschrift*, [1913](Beiheft 2): 153.

Macrophia [sic!] *rustica* var. *martialis* Pic, 1925. *L' Échange. Revue Linnéenne*, 31(421): 12.

Macrophia [sic!] *rustica* var. *luteonotata* Pic, 1925. *L' Échange. Revue Linnéenne*, 31(421): 12.

Macrophia rustica var. *kabyliana* [sic!] Pic, 1929. *L' Échange. Revue Linnéenne*, 45(435), 3.

Macrophya rustica ab. *punctata* Papp, 1962. *Folia Entomologica Hungarica* (*Series Nova*), 15(5): 99-108.

观察标本：非模式标本：4♀♀2♂♂, F, Dep. Puy de Dome, Sapchat, 798m, 45°34′33.60″ N, 2°58′08.46″ E, 2008- Ⅴ -24, Wei M C; 1♀1♂, F, Dep. Puy de Dome, 45.470°-45.573° N, 2.923°-2.983° E, 2008- Ⅴ -20, 851-1 176m, coll. Wei M C & Niu G Y; 1♀, F, Dep. Puy de Dome, Sapchat-St. Nectaire, 45.587° N, 2.979° E, 2008- Ⅴ -21, 812m, coll. Wei M C; 4♀♀, GREECE: Nomos loannina, Konitsa SW 2km, Aaos river banks, 40°02.04′ N, 20°42.67′ E, 420m altitude, 12- Ⅴ -2007, leg. Meicai Wei, GR 23/07; 2♂♂, GREECE: Nomos loannina, Konitsa E 19km, Armata, 40°02.10′ N, 20°58.11 E, 1 050m altitude, 15- Ⅴ -2007, leg. Meicai Wei, GR 32/07; 1♀2♂♂, GREECE: Nomos loannina, Amfissa NE 15km, Lilea, 38°37.81′ N, 22°30.36′ E, 320m, altitude, 17- Ⅴ -2007, leg. Meicai Wei, GR 38/07; 3♀♀2♂♂, GREECE: Nomos Magnisia, Volos SE 38km, Platanias, 39°09.00′ N, 23°16.40′ E, 0-100m altitude, 8- Ⅴ -2007, leg. Meicai Wei, GR 49/07; 2♀♀1♂, GREECE: Nomos Fokida, Amfissa NE, 20km, Fterolaka, 38°36.53′ N, 22°34.67′ E, 1 000m altitude, 18- Ⅴ -2007, leg. Meicai Wei, GR 42/07; 1♂, GREECE: Nomos Fokida, Amfissa NE, 18km, Ano Polidrosos S

1km, 38°36.10′ N, 22°33.55′ E, 1 050m altitude, 18- Ⅴ -2007, leg. Meicai Wei, GR 40/07; 1♀, Nomos loannina, Konitsa SSE 18km, Kalivia, 39°54.11′ N, 20°40.08′ E, 860m altitude, 14- Ⅴ - 2007, leg. Meicai Wei, GR 27/07; 3♂♂, Slovak Rep.: Lower Tatras, Liptovsky Hradok ESE 11-20km, 690-740m alt., 19- Ⅵ -2005, leg. Wei & Nie; 1♀, Slovak Rep.: Lower Tatras, Liptovsky Mikulas SW 5km, Demanova SSW 2 km, Demanovska wetland, 49°02.05′ N, 19°34.75′ E, 670m, alt. 18- Ⅵ -2005, leg. Wei & Nie; 2♀♀, F: Bouches-du-Rhone, Barbentane, 2-5km S, 10-21- Ⅴ -1999, leg. R. Gaedike, Received on exchange ex coll., Deutsches Entomolog. Institut, Eberswaldae, Germany, 2001.

个体变异：雄虫翅基片不完全橘黄色，基部具黑斑；雌虫中胸前侧片中部具显著或小型黄斑。

分布：欧洲★（奥地利、保加利亚、法国、德国、希腊、意大利、马其顿、斯洛伐克、瑞士），土耳其★。

鉴别特征：本种与狭片钩瓣叶蜂 *M. montana* (Scopoli, 1763) 十分近似，但前者体长 11~11.5mm；中胸小盾片后部约 3/5 橘黄色，前部约 2/5 黑色；中足基部黑色，端大部橘黄色；后足基节端部约 1/3 橘黄色，基部 2/3 黑色；后足股节基部约 3/4 橘黄色，端部约 1/4 黑色。

160. 狭片钩瓣叶蜂 *Macrophya montana tegularis* Konow, 1894

Macrophya montana tegularis Konow, 1894. *Wiener Entomologische Zeitung*, 13: 135.

未见标本。

分布：阿尔及利亚★。

161. 暗跗钩瓣叶蜂 *Macrophya militaris* (Klug, 1817)

Tenthredo (Allantus) militaris Klug, 1817. *Der Gesellschaft Naturforschender Freunde zu Berlin Magazin für die neuesten Entdeckungen in der gesamten Naturkunde*, 8[1814](2): 113-114.

Tenthredo Schaefferi [sic!] Serville, 1823. *Faune Française, ou histoire naturelle, générale et particuliére, des animaux qui se trouvent en France (. . ..), Livr. 7 & 8*, Chez Rapet, Paris, pp. 39-40.

Tenthredo Schaefferi [sic!] Lepeletier, 1823. *Monographia Tenthredinetarum synonymia extricata.* Apud Auctorem [etc.], Parisiis, pp. 98.

Macrophya Lepeletieri [sic!] Costa, 1859. *Trivellanti Sessiliventri. [Tentredinidei].* Antonio Cons, Napoli, [1859-1860], pp. 79-80.

Macrophya militaris var. *Cabrerae* [sic!] Konow, 1896. *Entomologische Nachrichten*, 22(20): 316-317.

Macrophya militaris var. *nigriscutis* Enslin, 1913. *Deutsche Entomologische Zeitschrift*, [1913](Beiheft 2): 145.

Macrophya militaris var. *notativentris* Pic, 1918. *L' Échange. Revue Linnéenne*, 34(388): 3.

Macrophya militaris var. *falsa* Pic, 1928. *L' Échange. Revue Linnéenne*, 34(432): 7.

观察标本：非模式标本：1♀, Biologische, Reichsanstalt, Schmiedeknecht vend., Received on exchange ex coll., Deutsches Entomolog. Institut, Eberswaldae, Germany, 2001; 1♀, Albanien-Exp. DEI, lba unterhalb, Krraba, 400m, 17-22- Ⅵ -1961, Received on exchange ex coll., Deutsches Entomolog. Institut, Eberswaldae, Germany, 2001; F, Dep. Puy de Dome, Sapchat, 798m, 45°34′33.60″ N, 2°58′08.46″ E, 24- Ⅴ -2008, Wei M C; 1♀, FRANCE, LORRAINE, Meuse Woinville, 55 300, 2 Mal. Tr. At edge of dec. froest, 14. Ⅵ -10. Ⅶ -2011, Tripotin rec., Exchange, NMNHS, Ⅷ -2012； 1♀, FRANCE, LORRAINE, Meuse Woinville, 55 300, 2 Mal. Tr. At edge of dec. froest, 3-17- Ⅵ -2010, P. Tripotin rec, Exchange, NMNHS, Ⅷ -2012。

分布：欧洲★（阿尔巴尼亚、安道尔、奥地利、比利时、保加利亚、克罗地亚、捷克、法国、德国、希腊、匈牙利、意大利、马其顿、摩尔多瓦、荷兰、罗马尼亚、俄罗斯、斯洛伐克、西班牙、瑞士、乌克兰）。

鉴别特征：本种与红股钩瓣叶蜂 *M. diversipes* (Schrank, 1782) 较近似：但前者体长 10.5~11mm；唇基完全白色；前胸背板后缘白色；中胸小盾片中央小斑白色；腹部第 3~5 背板大部红褐色，中部具黑色斑纹；各足基节端部和转节完全白色；后足股节基部白色，端大部黑色；后足胫节基部完全黑色，仅背侧亚端部具模糊小白斑；单眼后区宽长比约为 2.6；后足爪内齿等长于外齿；雌虫锯腹片中部锯刃齿式 2~3/5~6，刃齿大小不规则。

162. 钩瓣叶蜂 14 种 *Macrophya ottomana* Mocsáry, 1881

Macrophya Ottomana [SIC!] Mocsáry, 1881. *Természetrajzi Füzetek*, 5(1): 29-30.

未见标本。

分布：伊朗★，以色列★，约旦★，黎巴嫩★，叙利亚★，欧洲★（俄罗斯）。

163. 橘斑钩瓣叶蜂 *Macrophya postica* (Brullé, 1832)

Tenthredo postica Brullé, 1832. *Expédition scientifique de Morée. Section des sciences physiques*, 3(1): 388-389.

Macrophya Ratzeburgii [sic!] Tischbein, 1852. *Entomologische Zeitung (Stettin)*, 13(5): 137.

Macrophya histrionica Snellen van Vollenhoven, 1878. *Tijdschrift voor Entomologie*, 21(3): 155.

Macrophya postica var. *nigripleuris* Enslin, 1913. *Deutsche Entomologische Zeitschrift*, [1913](Beiheft 2): 138.

Macrophya postica luteo maculata [sic!] Pic, 1918. *L' Échange. Revue Linnéenne*, 34(388): 3.

Macrophya postica var. *sex-maculata* [sic!] Pic, 1918. *L' Échange. Revue Linnéenne*, 34(388): 3.

观察标本：2♀♀4♂♂, GREECE: Nomos Magnisia, Volos SE 38km, Platanias, 39°09.00′ N, 23°16.40′ E, 20m altitude, 7- Ⅴ -2007, leg. Meicai Wei, GR 48/07; 10♀♀9♂♂, GREECE: Nomos Magnisia, Volos SE 38 km, Platanias, 39°09.00′ N, 23°16.40′ E, 0-100m altitude, 8- Ⅴ -2007, leg. Meicai Wei, GR 49/07; 2♂♂, GREECE: Nomos Fokida, Amfissa NE 15 km, Lilea, 38°37.81′ N, 22°30.36′ E, 320m, altitude, 17- Ⅴ -2007, leg. Meicai Wei, GR 38/07; 4♀♀8♂♂, GREECE: Nomos loannina, konitsa SW 2km, Aoos river banks, 40°02.04′ N, 20°42.67′ E, 420m altitude, 12- Ⅴ -2007, leg. Meicai Wei, GR 23/07; 1♀1♂, BG: Petric, Belasica, 1000m, 17- Ⅵ -1990, Taeger & Menzel, Received on exchange ex coll., Deutsches Entomolog. Institut, Eberswaldae, Germany, 2001; 1♀, Balkan, Corfu, Paganetti 03, Coll. Franklin Muller, Received on exchange ex coll., Deutsches Entomolog. Institut, Eberswaldae, Germany, 2001; 1♂, Coll. Konow, Received on exchange ex coll., Deutsches Entomolog. Institut, Eberswaldae, Germany, 2001.

个体变异：雄虫中胸小盾片橘黄斑小型；中胸前侧片完全黑色，中部具黄斑或者中胸前侧片中央橘黄斑小型；腹部第 3~4 背板侧缘橘黄斑小型或第 3 背板完全黑色；后足胫跗节腹侧多少具黑斑。

分布：欧洲★（阿尔巴尼亚、黎巴嫩、南斯拉夫、保加利亚、马其顿、克罗地亚、罗马尼亚、俄罗斯、希腊、斯洛伐克、匈牙利、意大利、乌克兰、乔治亚州），土耳其★。

鉴别特征：本种与狭片钩瓣叶蜂 *M. montana* (Scopoli, 1763) 十分近似，但前者体长 10.5~11mm；前者头部背侧光泽微弱，刻点细小致密，刻点间无光滑间隙；单眼后区不隆起，宽长比约为 3；中胸前侧片中部具 1 明显橘黄斑；中胸小盾片和附片橘黄色；后足股节基部约 4/7 橘黄色，亚端部 3/7 黑色，端部浅红褐色；后足胫跗节均浅红褐色；腹部第 3~4 背板侧缘具短横斑。

164. 钩瓣叶蜂 15 种 *Macrophya prasinipes* Konow, 1891

Macrophya prasinipes Konow, 1891. *Wiener Entomologische Zeitung*, 10(2): 46-47.

未见标本。

分布：欧洲★（法国、德国），叙利亚★。

165. 肿角钩瓣叶蜂 *Macrophya rufipes* (Linne, 1758)

Tenthredo rufipes Linné, 1758. *Editio Decima Reformata.* (*10th ed.*) *Vol. 1*. Laurentius Salvius, Holmiae, pp. 557.

Tenthredo pavida Fabricius, 1775. Korte, Flensburgi et Lipsiae, [30], 321.

Tenthredo dumetorum Geoffroy in Fourcroy, 1785. *In*: Fourcroy, A. F. de *Entomologia Parisiensis, sive catalogus Insectorum quae in agro parisiensi reperiuntus.Vol.1-2*. Paris, pp. 373.

Tenthredo multicolor Geoffroy in Fourcroy, 1785. *In*: Fourcroy, A. F. de *Entomologia Parisiensis, sive catalogus Insectorum quae in agro parisiensi reperiuntus.Vol.1-2*. Paris, pp. 370.

Tenthredo flavifasciata Christ, 1791. *Mit häutigen Flügeln.* Hermannsche Buchhandlung,

Frankfurt am Main, pp. 450-451.

Tenthredo rufipes Christ, 1791. *Mit häutigen Flügeln.* Hermannsche Buchhandlung, Frankfurt am Main, pp. 439-440.

Tenthredo strigosa Fabricius, 1798. *Supplementum Entomologiae Systematicae.* Proft et Storch, Hafniae, 217.

Tenthredo citreipes Lepeletier, 1823. Apud Auctorem [etc.], Parisiis, pp. 96.

Tenthredo citreipes Serville, 1823. *Faune Française, ou histoire naturelle, générale et particuliére, des animaux qui se trouvent en France (...), Livr. 7* & *8*, Chez Rapet, Paris, pp. 37-38.

Allantus Ione [sic!] Newman, 1837. *The Entomological Magazine, London,* 4[1836-1837] (3), 263.

Macrophya rufipes var. *orientalis* Mocsáry, 1891. *Természetrajzi Füzetek*, 14(3-4): 156.

Macrophya rufipes var. *muliebris* Enslin, 1913. *Deutsche Entomologische Zeitschrift*, [1913](Beiheft 2): 138.

Macrophya rufipes var. *castiliensis* Enslin, 1914. *Archiv für Naturgeschichte*, 79 Abt. A[1913](9): 166.

Macrophya rufipes var. *reducta* Pic, 1918. *L' Échange. Revue Linnéenne*, 34(388): 3.

Macrophia rufipes var. *reductenotata* Pic, 1929. *L' Échange. Revue Linnéenne*, 45(435): 3.

Macrophia rufipes var. *diversereducta* Pic, 1929. *L' Échange. Revue Linnéenne*, 45(435): 3.

观察标本：非模式标本：1♀, F: Bouches-du-Rhone, Barbentane, 2-5km S, 10-21-Ⅴ-1999, leg. R. Gaedike, Received on exchange ex coll., Deutsches Entomolog. Institut, Eberswaldae, Germany, 2001; 1♂, BG: Razlog: Predel-Pass, 1 000m, 21-Ⅵ-1990, Taeger & Menzel, Received on exchange ex coll., Deutsches Entomolog. Institut, Eberswaldae, Germany, 2001; 1♂, Slovak Rep.: Lower Tatras, Liptovsky Mikulas SW 5 km, Demanova SSW 2 km, Demanovska wetland, 49° 02. 05′ N, 19°34. 75′ E, 670m, alt. 18-Ⅵ-2005, leg. Wei & Nie; 1♂, F, Dep. Puy de Dome, Sapchat, 798m, 45°34′33.60″ N, 2°58′08.46″ E, 24-Ⅴ-2008, Wei M C; 1♂, Ebenebel Corbl, Bastia & Ajaccio, Corsica, Ⅴ-1907, Received on exchange ex coll., Deutsches Entomolog. Institut, Eberswaldae, Germany, 2001; 1♀, D: Rheinland-Pfalz Pommern a. Mosel, Malaisefalle, 26.Ⅴ-24.Ⅵ-1993, leg. S. Loser.

个体变异：雄虫腹部各节均黑色，无红褐色斑纹。

分布：欧洲*（阿尔巴尼亚、比利时、保加利亚、克罗地亚、捷克、爱沙尼亚、芬兰、法国、德国、英国、希腊、匈牙利、意大利、拉脱维亚、卢森堡、马其顿、荷兰、罗马尼亚、俄罗斯、斯洛伐克、西班牙、瑞典、瑞士、乌克兰、南斯拉夫）。

鉴别特征：本种与红股钩瓣叶蜂 *M. diversipes* (Schrank, 1782) 较近似，但前者体长 11mm；唇基端半部橘黄色，基半部黑色；单眼后区宽长比约为 2.5；额区稍隆起，不下沉，顶面几乎等高于复眼顶面；前胸背板后缘侧角宽边和翅基片大部橘黄色；腹部第 3 背板背侧大部和第 6 背板侧缘长横斑橘黄色；后足股节基部黑色，端大部红褐色，内侧基部具黑斑（雄虫腹部第 3~5 背板红褐色）。

166. 花足钩瓣叶蜂 *Macrophya superba* Tischbein, 1852

Tenthredo erythropus Brullé, 1832. *Expédition scientifique de Morée. Section des sciences physiques*, 3(1): 389.

Macrophya superba Tischbein, 1852. *Entomologische Zeitung (Stettin)*, 13, 137-138.

Macrophya erythropus forma *croatica* Korlevi, 1890. *Glasnik Hrvatskoga Naravoslovnoga Družtva, Zagreb,* 5, 200.

Macrophya flavipennis Kriechbaumer, 1891. *Entomologische Nachrichten*, 17(12): 190-191.

Macrophya erythropus var. *fluminensis* Strobl, 1901. *Verhandlungen und Mittheilungen des siebenbürgischen Vereins für Naturwissenschaften zu Hermannstadt*, 50[1900]: 77-78.

Macrophya superba var. *nigricans* Enslin, 1913. *Deutsche Entomologische Zeitschrift*, [1913](Beiheft 2): 99-202.

观察标本：非模式标本：3♀♀1♂, GREECE: Nomos loannina, konitsa SSE 18km, Kalivia, 39°54.11′ N, 20°40.08′ E, 860m altitude, 14-Ⅴ-2007, leg. Meicai Wei, GR 27/07; 2♀♀, GREECE: Nomos loannina, konitsa S 18km, Monodendri, 39°53.00′ N, 20°445.00′ E, 1 100m altitude, 14-Ⅴ-2007, leg. Meicai Wei, GR 31/07; 1♀, GREECE: Nomos loannina, konitsa E 9km, Elefthero SE 1 km, Exoklisi Profiti Elia, 40°02.96′ N, 20°51.45′ E, 950m altitude, 15-Ⅴ-2007, leg. Meicai Wei, GR 33/07; 1♂, GREECE: Nomos Fokida, Amefissa NE 20km, Fterolaka, 38°36.53′ N, 22°34.67′ E, 1 000m altitude, 18-Ⅴ-2007, leg. Meicai Wei, GR 42/07; 2♀♀1♂, Albanien-Exp. DEI, Bize b. Shengjergji, 10-15-Ⅶ-1961, 1 400-1 500m, Wiesen in Rotbuchenzone, Received on exchange ex coll., Deutsches Entomolog. Institut, Eberswaldae, Germany, 2001; 1♂, Kovat, Eitel, Bulg, 24.Ⅴ-2.Ⅵ-1967, leg. Scllulze, Received on exchange ex coll., Deutsches Entomolog. Institut, Eberswaldae, Germany, 2001.

分布：欧洲★（阿尔巴尼亚、波斯尼亚、黑塞哥维那、保加利亚、克罗地亚、希腊、意大利、马其顿、波兰、罗马尼亚、南斯拉夫），土耳其★。

个体变异：雌虫腹部第 4 背板完全黑色，侧缘无黄斑。

鉴别特征：本种与橘斑钩瓣叶蜂 *M. postica* (Brullé, 1832) 十分近似，但前者体长 11~11.5mm；头胸部光泽较强烈，刻点较细小密集，刻点间光滑间隙狭窄；唇基亚深弧形，深达唇基约 1/3 长，侧角亚三角形，端缘较圆钝；单眼后区隆起，宽长比约为 2；中胸小盾片附片黑色；中胸前侧片完全黑色；后胸后侧片后角稍延伸，具小型附片，中部具 1 明显凹坑，无长毛；腹部第 3 背板不完全黑色，侧缘具小型黄斑；后足股节基部约 1/3 橘黄色，端部约 2/3 浅红褐色；后足胫节从基部至端部颜色由橘黄色至浅红褐色变化；后足跗节橘黄色；雌虫锯腹片中部锯刃通常具 2 个内侧亚基齿，无外侧亚基齿。

167. 淡股钩瓣叶蜂 *Macrophya tenella* Mocsáry, 1881

Macrophya tenella Mocsáry, 1881. *Természetrajzi Füzetek*, 5(1): 33.

Macrophya Friesei [sic!] Konow, 1884. *Deutsche Entomologische Zeitschrift*, 28(2), 324-325.

观察标本：非模式标本：2♀♀, D: GroBschonebeck, Klandorf, 1-Ⅴ-1993, an Silex aurita Blattern, leg. Taeger, Received on exchange ex coll., Deutsches Entomolog. Institut, Eberswaldae, Germany, 2001; 1♀, F, Dep. Puy de Dome, Sapchat, 798m, 45°34′33.60″ N, 2°58′08.46″ E, 24-Ⅴ-2008, Wei M C; 1♂, D: BBG: Potsdam-Mittelmark, Dahnsdorf, Versuchsfelder, BBA, leg. Chris SAURE, Waldrand, Gelbschale, 17-21-Ⅴ-1999, Received on exchange ex coll., Deutsches Entomolog. Institut, Eberswaldae, Germany, 2001; 2♀♀, F, Dep. Puy de Dome, 45.470° N-45.573° N, 2.923° E-2.983° E, 20-Ⅴ-2008, 851-1 176m, coll. Wei M C & Niu G Y; 2♀♀, F, Dep. Puy de Dome, Sapchat-St. Nectaire, 45.587°N, 2.979°E, 21-Ⅴ-2008, 812m, coll. Wei M C.

分布：欧洲*（保加利亚、克罗地亚、捷克、法国、德国、匈牙利、意大利、马其顿、罗马尼亚、斯洛伐克、西班牙）。

鉴别特征：本种与 *M. crassula* (Klug, 1817) 较近似，但前者体长 7~7.5mm；本种个体小型，唇基前缘缺口亚半圆形，深达唇基约 2/5 长，侧角三角形突出；单眼后区显著隆起，宽长比约为 2；中胸小盾片黑色；中胸前侧片中部横斑较长；前中足基节和股节大部黄白色；后足胫节基部浅红褐色，端部黑色，中央宽环橘黄色；雌虫锯腹片中部锯刃端缘乳突状突起；雄虫腹部各节背板背侧大部黑色，侧缘及各节腹板大部白色；雄虫阳茎瓣头叶长约 1.37 倍于宽。

2.3.18 平盾钩瓣叶蜂种团 *M. planata* group

种团鉴别特征：触角不完全黑色，数节具黄白斑；腹部仅第 1 与 10 背板具黄白斑，其余各节背板完全黑色；颜面与额区强烈凹陷；中胸小盾片十分平坦，后缘横脊明显；翅面端部约 1/3 具明显烟褐色斑，边界不清晰；前翅臀室无柄式，具短直横脉，后翅臀室具柄式；后足胫节背侧具显著黄白斑，后足跗节大部黄白色，少部具黑斑；爪内齿明显长于外齿；阳茎瓣头叶纵向长大于宽，尾侧突短钝。

目前，本种团包括 7 种，中国分布 4 种，分别是 *M. acutiscutellaris* Wei, Li & Heng, 2012、*M. maculicornis* Cameron, 1899、*M. planata* (Mocsáry, 1909)、*M. planatoides* Wei, 1997、*M. pseudoplanata* Saini, Bharti & Singh, 1996、*M. rufipodus* Saini, Bharti & Singh, 1996、*M. transcarinata* Malaise, 1945。

该种团种类主要分布于中国南部地区，尤其是西南区，向国外延伸到东南亚或南亚地区（缅甸、老挝、越南、印度、尼泊尔）。

分种检索表

1. 触角第 5~9 或 4~7 节背侧白色，触角第 1~2 节完全黑色；中胸前侧片完全黑色；阳茎瓣头叶长近等于宽…… 2
   触角第 1~3 节背侧大部白色，触角第 6~9 节完全黑色；中胸前侧片具 1 大白斑；后足胫节腹侧完全黑色；阳茎瓣头叶长 1.5~2 倍于宽…… 3
2. 雌虫体长 10.5mm；触角第 4~7 节背侧黄白色；触角长约 2.2 倍于头宽；单眼后区宽长比为 1.8；抱器向端部强烈变窄。印度（那加兰邦）；中国墨脱（阿鲁纳恰尔邦）……***M. pseudoplanata*** **Saini, Bharti & Singh, 1996** ♀♂
   雌虫体长 13.5mm；触角第 5~9 节背侧大部黄白色；触角常约 2.5 倍于头宽；单眼后区宽长比为 1.6；抱器向端部弱度变窄。中国（西藏）……***M. acutiscutellaris*** **Wei, Li & Heng, 2012** ♀♂
3. 触角不完全黑色，仅第 1~2 节背侧及第 3 节背侧基部小斑白色；阳茎瓣头叶长约 1.8 倍于宽；锯刃较少突出，中部相邻纹孔间距约 6 倍于锯刃高。中国（福建、江西、湖南、广东、广西）……***M. planatoides*** **Wei, 1997** ♀♂
   触角第 1~5 节背侧完全白色；阳茎瓣头叶长约 1.4 倍于宽；锯刃较多突出，中部相邻纹孔间距约 9 倍于锯刃高。缅甸（北部），老挝，越南（北部 Tonkin），锡金，印度（大吉岭、北方邦、孟加拉邦、喜马偕尔邦）；中国（西藏、云南、贵州）……***M. planata*** **(Mocsáry, 1909)** ♀♂

168. 尖盾钩瓣叶蜂 *Macrophya acutiscutellaris* Wei, Li & Heng, 2012（图版 2-80）

Macrophya acutiscutellaris Wei, Li & Heng, 2012. *Entomotaxonomia*, 34(2): 423-428.

观察标本：正模：♀，西藏排龙乡大峡谷，N. 30°01.176′，E. 94°59.832′，2 054m，2009-Ⅵ-15，牛耕耘；副模：6♀♀2♂♂，采集信息同正模。

分布：西藏（排龙）。

鉴别特征：本种与平盾钩瓣叶蜂 *M. planata* (Mocsáry, 1909) 较近似，但前者体长 13~13.5mm；触角第 3 节背侧端部块斑、第 4~9 节黄白色；中胸小盾片后缘横脊显著，中部横脊明显尖出，具尖顶，顶面明显高于中胸背板顶面；中胸前侧片和中胸后下侧片均黑色，无白斑；腹部第 10 背板端半部黄白色，基半部黑色；后足胫节基部 2/3 黄白色，端部 1/3 黑色；雌虫锯腹片中部锯刃齿式 1/10~12。

169. 斑角钩瓣叶蜂 *Macrophya maculicornis* Cameron, 1899

Macrophya maculicornis Cameron, 1899. *Memoirs and proceedings of the Manchester Literary and Philosophical Society*, 43(3): 1-220.

未见标本。

分布：印度★，尼泊尔★。

170. 平盾钩瓣叶蜂 *Macrophya planata* (Mocsáry, 1909)（图版 2-81）

Allantus planatus Mocsáry, 1909. *Annales historico-naturales Musei Nationalis Hungarici*, 7: 31.

Macrophya tenuicornis Rohwer, 1912. *Proceedings of the United States National Museum*, 43: 221.

Macrophya extrema R.E. Turner, 1919. *The Annals and Magazine of Natural History, including Zoology, Botany, and Geology; Ninth Series*, 3, 485-486.

观察标本：非模式标本：1♀，西藏墨脱，980m，1980-Ⅵ-29，中国科学院，金根桃，吴建毅；1♂，西藏墨脱，1 570m，1980-Ⅵ-21，中国科学院，金根桃，吴建毅；1♀，贵州茂兰三岔河，750m，1999-Ⅴ-11，魏美才；2♂♂，云南勐腊望天树，620m，2002-Ⅳ-24，肖炜；1♂，云南西双版纳野象谷，700m，2002-Ⅳ-25，肖炜；1♀，云南高黎贡山，N. 25°17.740′，E. 98°48.193′，1 600m，2005-Ⅶ-4，贺应科。

分布：贵州（茂兰），云南（西双版纳、高黎贡山、勐腊），西藏（墨脱），缅甸（北部），老挝、越南（北部），印度（大吉岭）。

个体变异：雌虫中胸前侧片中央黄白斑大型；后足股节基半部黄白色，端半部黑色。

鉴别特征：本种与洼颜钩瓣叶蜂 *M. planatoides* Wei, 1997 较近似，但前者体长 11.5~12mm；触角 1~5 节内侧黄白色；前翅 2r 脉交于 2Rs 室端部 1/5；后足股节基部 5/7 黄白色，端部 2/7 黑色。

171. 洼颜钩瓣叶蜂 *Macrophya planatoides* Wei, 1997（图版 2-82）

Macrophya planatoides Wei, 1997. *Entomotaxonomia*, 19(1): 71-72.

观察标本：正模：♀，广东始兴车八岭，400m，1991-Ⅳ-24，李法圣；副模：1♀，江西井冈山茨坪，810m，1981-Ⅴ-26，中国科学院，刘金，刘姚；1♂，湖南大围山，1988-Ⅴ，中南林学院；非模式标本：1♂，福建武夷山大竹岚，1 000-1 300m，2004-Ⅴ-19，周虎；1♀，湖南石门壶瓶山，1 500m，2002-Ⅴ-31，姜吉刚；2♀♀2♂♂，湖南石门壶瓶山，500m，2002-Ⅵ-2，姜吉刚；5♀♀1♂，湖南壶瓶山江坪，600m，2004-Ⅵ-8，姜洋，周虎；1♂，广西兴安华同仁村，N. 25°37.207′，E. 110°39.093′，337m，2006-Ⅳ-19，廖芳均；2♀♀5♂♂，广东始兴车八岭，N. 24°40′，E. 114°09′，400m，2007-Ⅳ-13，魏美才，钟义海，杨青，聂梅；1♀，湖南道县庆里源溪边，N. 25°29.200′，E. 111°21.564′，500m，2008-Ⅵ-24，苏天明；1♀，湖南道县都庞岭，N. 25°29.540′，E. 111°23.158′，370m，2009-Ⅳ-28，魏美才；7♀♀，CSCS11041，湖南石门壶瓶山石碾子沟，N. 30°00.59′，E. 110°33.18′，710m，2011-Ⅵ-1~3，魏美才，牛耕耘；1♀，CSCS11040，湖南石门壶瓶山石碾子沟，N. 30°00.59′，E. 110°33.18′，710m，2011-Ⅵ-1~3，李泽建，朱朝阳；1♀，CSCS11042，湖南石门壶瓶山石碾子沟，N. 30°00.59′，E. 110°33.18′，710m，2011-Ⅵ-1~3，姜吉刚；3♀♀，CSCS11111，四川峨眉山生态猴区，N. 29°33.59′，E. 103°23.37′，1 157m，2011-Ⅵ-29，朱朝阳，姜吉刚；1♂，CSCS16075，湖南省张家界市水绕四门，N. 29°20′41″，E. 110°27′57″，476m，2016-Ⅴ-21，刘琳 & 高凯文采，乙酸乙酯。

分布：四川（峨眉山），湖南（壶瓶山、大围山、都庞岭、张家界），江西（井冈山），福建（武夷山），广东（车八岭），广西（猫儿山）。

鉴别特征：本种与平盾钩瓣叶蜂 *M. planata* (Mocsáry, 1909) 较近似，但前者体长 13.5~14mm；触角仅第 1~2 节内侧和第 3 节内侧基部黄白色；前翅 2r 脉交于 2Rs 室端部 1/4；后足股节基部 4/7 黄白色，端部 3/7 黑色。

172. 拟平盾钩瓣叶蜂 *Macrophya pseudoplanata* Saini, Bharti & Singh, 1996

Macrophya pseudoplanata Saini, Bharti & Singh, 1996. *Deutsche Entomologische Zeitschrift*, 43(1): 131, 141-142.

观察标本：未见标本。

分布：印度（那加兰邦）；中国墨脱（阿鲁纳恰尔邦）。

鉴别特征：本种与尖盾钩瓣叶蜂 *M. acutiscutellaris* Wei, Li & Heng, 2012 十分近似，但前者体长 10.5mm；触角第 4~7 节背侧黄白色；触角长约 2.2 倍于头宽；单眼后区宽长比为 1.8；抱器向端部强烈变窄。

173. 黄足钩瓣叶蜂 *Macrophya rufipodus* Saini, Bharti & Singh, 1996

Macrophya rufipodus Saini, Bharti & Singh, 1996. *Deutsche Entomologische Zeitschrift*, Neue Folge , 43(1): 131, 133-135.

未见标本。

分布：印度（北方邦）。

174. 横脊钩瓣叶蜂 *Macrophya transcarinata* Malaise, 1945

Macrophya transcarinata Malaise, 1945. *Opuscula Entomologica*, Suppl. 4, 131.

未见标本。

分布：缅甸。

2.3.19 丽蓝钩瓣叶蜂种团 *M. regia* group

种团鉴别特征：体具强烈蓝色金属光泽；头胸部刻点较粗大密集；后胸后侧片附片发达；腹部数节背板侧缘具显著白斑；后足胫跗节完全蓝黑色，背侧无白斑；爪内齿长于外齿；前翅翅痣下及附近常具明显烟褐色斑，边界不清晰。

目前，本种团共有 3 种，中国均有分布，分别是：*M. maculoclypeatina* Wei & Nie, 2003、*M. regia* Forsius, 1930、*M. xiaoi* Wei & Nie, 2003。

该种团种类主要分布于中国中南部地区，向国外延伸到印度、缅甸。

分种检索表

1. 额区稍微凹陷，单眼顶面位于复眼顶面之上；前翅无宽烟褐色横带，翅痣下有时具小型浅烟斑；触角较粗短，亚端部强烈膨大短缩，第 8 节长稍大于宽；后胸后侧片附片小碟型；腹部各节背板侧角后缘及腹板后缘具明显白斑；各足转节几乎全部白色，腹侧多少具模糊黑斑。印度（锡金）、缅甸（北部）；中国（湖北、浙江、福建、湖南、贵州、广西）…… ***M. regia* Forsius, 1930** ♀♂

额区明显凹陷，单眼顶面明显低于复眼顶面；前翅具宽烟褐色横带；触角细长，亚端部不明显膨大短缩；后胸后侧片附片大延展型；腹部和后足转节特征不完全同于上述 …………………… 2

2. 各足转节大部白色，腹侧具黑斑；后足股节大部蓝黑色，腹侧具明显白带。中国（重庆、浙江、福建、湖北、湖南、广西）………………………………………… **M. xiaoi Wei & Nie, 2003** ♀♂

前中足转节蓝黑色；后足转节大部白色，腹侧具黑斑；后足股节蓝黑色，腹侧无白带。中国（福建）………………………………………………………… **M. maculoclypeatina Wei & Nie, 2003** ♀

175. 斑蓝钩瓣叶蜂 *Macrophya maculoclypeatina* Wei & Nie, 2003（图版 2-83）

Macrophya maculoclypeatina Wei & Nie, 2003. *Fauna of Insects in Fujian Province of China*, 93, 201.

观察标本：1♀，福建永考，1980-Ⅳ-29，建阳组。

分布：福建（武夷山）。

鉴别特征：本种与丽蓝钩瓣叶蜂 *M. regia* Forsius, 1930 较近似，但前者体长 13mm；唇基与上唇不完全黑色，均中央具明显白斑；前中足转节均完全蓝黑色，腹侧无白斑；锯鞘约 0.86 倍于后足基跗节长；中胸小盾片较平坦，低钝隆起，无中脊；后胸小盾片后缘中部无尖突；锯腹片较宽长，中部锯刃齿式为 1/5~6，亚基齿大型且少数。

176. 丽蓝钩瓣叶蜂 *Macrophya regia* Forsius, 1930（图版 2-84）

Macrophya regia Forsius, 1930. *Notulae Entomologicae*, 10(1-2): 33-34.

观察标本：非模式标本：2♀♀1♂，广西田林浪平，1982-Ⅴ-28~30，中国农业大学，杨集昆，何俊华；1♀，贵州茂兰三岔河，750m，1999-Ⅴ-11，魏美才；2♂♂，湖南炎陵桃源洞，900~1 000m，1999-Ⅳ-24，魏美才；1♂，福建，1988-Ⅵ，郑晨；1♀，湖北神农架三河，N. 31°34.329′，E. 110°09.803′，835m，2008-Ⅴ-26，赵赴；1♂，CSCS12043，广西田林县岑王老山气象站，N. 24°25′17″，E. 106°23′0″，1 333m，2012-Ⅴ-1，李泽建，尚亚飞；1♂，CSCS12034，广西田林县岑王老山马滚坡，N. 24°24′54″，E. 106°23′25″，1 150m，2012-Ⅳ-28，李泽建，尚亚飞；1♂，CSCS12035，广西田林县岑王老山马滚坡，N. 24°24′54″，E. 106°23′25″，1 150m，2012-Ⅳ-28，钟义海；1♀，CSCS13041，广西田林岑王老山尾后，N. 24º23.72′，E. 106º22.37′，海拔 1 316m，2013-Ⅴ-9，魏美才，牛耕耘；1♀，LSAF16147，浙江临安西天目山禅源寺，N. 30.322°，E. 119.443°，362m，2014-Ⅴ-3，李泽建 & 陈志伟采，乙酸乙酯；2♀♀，LSAF17059，浙江临安西天目山禅源寺，N. 30.323°，E. 119.442°，405m，2017-Ⅴ-7，刘萌萌 & 高凯文 & 姬婷婷采，乙酸乙酯。

分布：湖北（鹤峰、神农架），福建（武夷山），浙江（天目山），湖南（八大公山、桃源洞），贵州（雷州、茂兰），广西（田林、龙胜、岑王老山）；锡金，印度，缅甸（北部）。

鉴别特征：本种与肖蓝钩瓣叶蜂 *M. xiaoi* Wei & Nie, 2003 十分近似，但前者体长

13~13.5mm；额区稍微下沉，几乎不低于复眼顶面；唇基与上唇均完全白色；触角中端部显著膨大，端部4节短缩；后胸后侧片具小型附片，具碟形凹陷毛窝；后足基节腹侧无白斑；后足股节腹侧无白带；前翅臀室收缩中柄约1.7倍于cu-a脉长；锯腹片锯刃亚基齿细小且多枚，中部锯刃齿式为2/15~16；阳茎瓣头叶长约1.24倍于宽，尾侧突窄长。

177. 肖蓝钩瓣叶蜂 *Macrophya xiaoi* Wei & Nie, 2003（图版2-85）

Macrophya xiaoi Wei & Nie, 2003. *Fauna of Insects in Fujian Province of China*, 92-93, 201.

观察标本：正模：♀，湖南炎陵桃源洞，900~1 000m，1999-Ⅳ-23~24，肖炜；副模：1♀4♂♂，湖南炎陵桃源洞，900~1 000m，1999-Ⅳ-23~24，魏美才，肖炜；1♀，福建武夷山，1988-Ⅵ，许时杰；1♀，浙江龙王山，1996-Ⅳ-13，吴鸿；非模式标本：1♂，湖南资兴滁口，N. 25°95′，E. 113°39′，2004-Ⅴ-27，黄建华；1♀2♂♂，重庆江津四面山，700m，2003-Ⅷ-6，黄建华；1♀5♂♂，广西猫儿山九牛塘，N. 25°53.089′，E. 110°29.287′，1 164m，2006-Ⅴ-18，肖炜，游群，廖芳均；1♀，广西猫儿山九牛塘，N. 25°53.825′，E. 110°26.006′，1 980m，2006-Ⅴ-18，游群；1♀，湖北神农架板桥河，N. 31°25.326′，E. 110°09.667′，1 150m，2009-Ⅵ-16，赵赴；1♀，福建上杭县梅花山，N. 25°17.631′，E. 116°52.978′，1 177m，2007-Ⅳ-25，钟义海；1♀，湖南永州阳明山，900~1 000m，2004-Ⅳ-24，魏美才；1♀2♂♂，湖南武冈云山，1 100m，2003-Ⅵ-4，姜吉刚；4♀♀4♂♂，湖南高泽源双峰山，N. 25°23.009′，E. 111°15.438′，664m，2008-Ⅳ-26，王晓华，王德明，费汉榄，赵赴，苏天明，游群；1♀，湖南道县庆里源站，N. 25°29.540′，E. 111°23.158′，370m，2008-Ⅳ-24，费汉榄；7♀♀，湖南高泽源山脚，N. 25°22.418′，E. 111°16.219′，454m，2008-Ⅳ-26，费汉榄，赵赴，苏天明；2♀♀1♂，CSCS11020，湖北宜昌神农架摇篮沟，N. 31°29.815′，E. 110°23.260′，1 360m，2011-Ⅴ-18，李泽建；1♀，鄂大老岭自然保护区，1 200m，2011-Ⅶ-11，王丰，长江大学昆虫标本馆；1♀，湖北五峰县后河，2002-Ⅶ-16，陈敏；1♀, VIETNAM, Tam-Dao, Vinh Phu Prov. , 1 230m, 13-Ⅴ-2003, H. Ono Coll. ；1♀，CSCS12046，广西田林岑王老山气象站，N. 24°25′17″，E. 106°23′0″，1 333m，2012-Ⅴ-3，尚亚飞，李泽建；1♂，CSCS13038，广西田林岑王老山弄阳路口，N. 24°27.75′，E. 106°21.53′，海拔1 523m，2013-Ⅴ-7，魏美才，牛耕耘。

分布：重庆（四面山），浙江（龙王山），福建（武夷山、梅花山），湖北（神农架、大老岭、后河），湖南（桃源洞、资兴市、阳明山、云山、都庞岭），广西（猫儿山、岑王老山）；越南。

个体变异：雌虫前中足第4跗分节全部蓝黑色，后足股节腹侧无白带。

鉴别特征：本种与丽蓝头瓣叶蜂 *M. regia* Forsius, 1930较近似，但前者体长12.5~13mm；额区显著下沉，显著低于复眼顶面；唇基与上唇均大部白色，边缘具黑边；触角中端部不明显膨大短，端部4节稍短缩；后胸后侧片具大型附片，宽大浅平；后足基节腹侧端部具明显白斑；后足股节腹侧具显著白带；前翅臀室无柄式，具短直横脉；锯腹片锯刃亚基齿较大且少数，中部锯刃齿式 1/4~6；阳茎瓣头叶长约 1.13 倍于宽，尾侧突短小。

2.3.20 血红钩瓣叶蜂种团 *M. sanguinolenta* group

种团鉴别特征：触角通常完全黑色（如触角不完全黑色，则触角中部数节具白斑或触角基部数节具红斑）；后胸后侧片无附片；后足股节或胫节多少具红褐色斑纹；阳茎瓣头叶纵向椭圆形，长显著大于宽，具显著侧突。

目前，本种团可以划分为 4 个亚种团，分别是 *M. depressina* subgroup、*M. koreana* subgroup、*M. tongi* subgroup 和 *M. sanguinolenta* subgroup。

该种团共包括 46 种。其中，中国分布 41 种，5 种分布于日本和朝鲜；3 种分布于蒙古、东西伯利亚、俄罗斯、欧洲；1 种分布到土耳其；1 种分布于高加索。

分亚种团检索表

1.	触角不完全黑色，中部数节具白环……	***M. depressina* subgroup**
	触角完全黑色，如触角部分黑色，则基部数节红褐色……	**2**
2.	后足股节和胫节均具红褐色斑纹……	***M. sanguinolenta* subgroup**
	后足股节或胫节具红褐色斑纹……	**3**
3.	后足股节大部具红褐色斑纹；后足胫节完全黑色，或如胫节不完全黑色，则背侧具明显白斑……	***M. tongi* subgroup**
	后足股节完全黑色；后足胫节多少具红褐色斑纹……	***M. koreana* subgroup**

2.3.20.1 凹颜钩瓣叶蜂亚种团 *M. depressina* subgroup

亚种团鉴别特征：触角通常不完全黑色，中部数节具白环（少数种类雄虫触角完全黑色）；后足股节或胫节均多少具红褐色斑纹。

目前，本亚种团共包括 10 种，中国分布 8 种，分别是 *M. coloritarsalina* Wei & Li, 2013、*M. commixta* Wei & Nie, 2002 、*M. depressina* Wei, 2005、*M. enslini* Forsius, 1925、*M. huangi* Li & Wei, 2014、*M. leyii* Chen & Wei, 2005、*M. melanoclypea* Wei, 2002、*M. melanolabria* Wei, 1998、*M. rohweri* Forsius, 1925 和 *M. rubitibia* Wei & Chen, 2002。

该亚种团种类分布于中国西北、华北、中南和西南部，分布广泛。

分种检索表

1. 触角第 6~7 节具白环 ………………………………………………………………………… 2
   触角第 3~5 节具白环 ………………………………………………………………………… 3
2. 雌虫唇基完全黄白色；锯腹片中部锯刃通常具 1 个内侧亚基齿和 11~12 个外侧亚基齿，刃齿小型。中国（甘肃、陕西、河北、河南、湖北）…………………… ***M. melanolabria*** **Wei, 1998** ♀♂
   雌虫唇基大部黑色，中央具横型白斑；锯腹片中部锯刃通常具 1 个内侧亚基齿和 14~15 个外侧亚基齿，刃齿细小。中国（山西、河南） ………………………………… ***M. melanoclypea*** **Wei, 2002** ♀♂
3. 日本种类……………………………………………………………………………………… 4
   中国种类……………………………………………………………………………………… 5
4. 触角第 3 节端部 1/3 及第 4 节（端缘黑斑除外）白色；腹部第 2 节侧白斑显著，第 2~7 节黑色无侧白斑；复眼内缘底部具白斑，唇基基部两侧具小型白斑；上唇、中胸小盾片和后足基节腹侧大部白色；后足完全胫跗节完全黑色等。日本（本州、九州）………… ***M. rohweri*** **Forsius, 1925** ♀
   触角第 3 节背侧亚端部小斑及第 4~5 节背侧白色；腹部第 2~7 节具明显侧白斑，第 2 节侧白斑显著；复眼内缘和唇基完全黑色；上唇大部、中胸小盾片中央小斑和后足基节端缘及外侧卵型斑白色；后足胫跗节不完全黑色，二者背侧均具白斑等。日本（本州）…***M. enslini*** **Forsius, 1925** ♀
5. 头部背侧光泽较弱，额区刻点粗糙密集，刻点间光滑间隙十分狭窄；触角鞭节中端部明显膨大，端部 4 节明显短缩；腹部各节背板中央无列白斑，腹部第 1~7 背板具明显侧白斑，向后逐渐变小；后足股节基部 2/3 红褐色，端部 1/3 黑色；后足胫跗节完全浅红褐色，背侧无白斑；锯腹片中部锯刃稍微倾斜突出，中部锯刃齿式 1/6，刃齿大型。中国（贵州、湖北）
   ………………………………………………………………………… ***M. commixta*** **Wei & Nie, 2002** ♀
   头部背侧光泽强烈，额区刻点细浅，不粗糙密集，刻点间光滑间隙具细弱刻纹；触角鞭节中端部中度膨大，端部 4 节稍短缩；腹部数节背板中央具明显列白斑；后足胫跗节不完全黑色，背侧均具明显白斑；锯腹片中部锯刃强烈突出，中部锯刃齿式通常 1/5~8，刃齿小型 ……………… 6
6. 后足股胫节大部具明显红褐色斑纹……………………………………………………………… 7
   后足股胫节无明显红褐色斑纹，如有红褐色斑纹，则较少………………………………… 8
7. 唇基完全黑色（个别标本：唇基大部黑色，中央具模糊淡斑）；颜面和额区低于复眼顶面；前翅具第 2 肘横脉；腹部第 1 背板无侧白斑。中国（甘肃、山西、天津、河南、湖北、浙江）
   ………………………………………………………………… ***M. rubitibia*** **Wei & Chen, 2002** ♀♂
   唇基几乎完全白色，仅基缘具黑斑；颜面和额区与复眼面持平，单眼不低于复眼顶面；前翅无第 2 肘横脉；腹部第 1 背板具小型侧白斑。中国（四川） ……………***M. leyii*** **Chen & Wei, 2005** ♀
8. 腹部第 1 背板大部黑色，仅中缝及后缘狭边白色，无侧白斑；腹部各节背板中列白斑明显；前胸背板后缘白边不宽；中胸背板前盾片完全黑色。中国（湖北、湖南）
   ……………………………………………………………………… ***M. huangi*** **Li &Wei,2014** ♀♂
   腹部第 1 背板侧白斑显著，腹部各节背板中列白斑十分显著；前胸背板后缘侧角白斑显著；中胸背板前盾片具明显白色窄形条斑………………………………………………………… 9
9. 后足股节基部 2/5 黄白色，中部 2/5 红褐色，端部 1/5 黑色；后足胫节背侧亚端部具长白斑，其余黑褐色，略带红色斑纹；后足跗节黑色，基跗节端半部及第 2~4 跗分节背侧具白斑；前翅臀室收缩中柄约 1.85 倍于 1r-m 脉长，约 0.9 倍于 cu-a 脉长；雄虫触角完全黑色。中国（湖南、福建、江西、贵州）…………………………………………… ***M. depressina*** **Wei, 2005** ♀♂
   后足股节基半部黄白色，端半部黑色，腹侧具黄带；后足胫节基半部橘褐色，端半部黄褐色；后足跗节黄褐色，无明显黑斑；前翅臀室收缩中柄约 2 倍于 1r-m 脉长，约 1.2 倍于 cu-a 脉长；雄虫触角中部黄白色。中国（湖南）…………………… ***M. coloritarsalina*** **Wei & Li, 2013** ♀♂

178. 花跗钩瓣叶蜂 *Macrophya coloritarsalina* Wei & Li, 2013（图版 2-86）

Macrophya coloritarsalina Wei & Li, 2013. *Acta Zootaxonomica Sinica*, 38(1): 124-129.

观察标本：正模：♀，湖南绥宁黄桑（自然保护区），2005-Ⅳ-22，600~900m，林杨；副模：6♂♂，湖南绥宁黄桑，2005-Ⅳ-21~22，600~900m，魏美才，梁旻雯，贺应科。

分布：湖南（黄桑）。

个体变异：雌虫后足股节基部黄斑和端部黑斑有长短变化；雄虫中胸小盾片附片完全黑色，无淡斑；后胸小盾片中央大部黑色，两侧具小淡斑。

鉴别特征：本种与凹颜钩瓣叶蜂 *M. depressina* Wei, 2005 十分近似，但前者体长 12.5mm；后足股节基半部黄白色，端半部黑色，腹侧具黄带；后足胫节基半部橘褐色，端半部黄褐色；后足跗节黄褐色，无明显黑斑；前翅臀室收缩中柄约 2 倍于 1r-m 脉长，约 1.2 倍于 cu-a 脉长；雄虫触角中部黄白色。

179. 混斑钩瓣叶蜂 *Macrophya commixta* Wei & Nie, 2002（图版 2-87）

Macrophya commixta Wei & Nie, 2002. *Insects from Maolan Landscape*, 455-456, 479.

观察标本：正模：♀，贵州茂兰，750m，1999-Ⅴ-10，魏美才；非模式标本：1♀，湖北神农架千家坪，N. 31°24.356′，E. 110°24.023′，1 789m，2009-Ⅶ-7，焦塁。

分布：湖北（神农架），贵州（茂兰）。

鉴别特征：本种体长 10~10.5mm；触角第 4~5 节背侧白色；后胸后侧片具小型附片；后足股节基部 2/3 及胫跗节全部红褐色，背侧无白斑；复眼内缘向下强烈收敛，间距狭窄；头部额区刻点密集，盾纵沟几乎消失、腹部第 1~7 背板侧角具明显白斑等，易于鉴别。

180. 凹颜钩瓣叶蜂 *Macrophya depressina* Wei, 2005（图版 2-88）

Macrophya depressina Wei, 2005. *Insects from Xishui Landscape*, 484-485, 513.

观察标本：正模：♀，湖南炎陵桃源洞，900-1 000m，1999-Ⅳ-24，魏美才；副模：6♀♀3♂♂，湖南炎陵桃源洞，900~1 000m，1999-Ⅳ-24，魏美才，张开健；1♂（生殖器已丢失），Taoyuandong，Hunan，CHN，20-Ⅴ-1995，B. Zheng；1♀，贵州习水蔺江，950m，2000-Ⅵ-4，肖炜；非模式标本：1♀，江西萍乡武功山，600m，2004-Ⅴ-1，魏美才；2♀♀，福建武夷山磨石坑，900~1 100m，2004-Ⅴ-11，周虎；2♀♀，湖南浏阳大围山，960-1 200m，2003-Ⅵ-5，刘卫星；3♀♀，湖南石门壶瓶山，900m，2003-Ⅵ-1，刘守柱，姜洋；1♀，湖南石门壶瓶山，1 600m，2003-Ⅶ-6，贺应科；1♀，湖南石门壶瓶山，1 500m，2002-Ⅴ-31，姜吉刚；1♀，贵州遵义大沙河，1 300m，2004-Ⅴ-23，林杨；1♂，湖南宜章莽山，1 000m，2003-Ⅳ-15，肖炜；1♀，湖南资兴滁口，E. 113°39′，N. 25°95′，2004-Ⅴ-27，黄建华；3♀♀1♂，湖南幕阜山沟里，N. 28°57.939′，E. 113°49.711′，860m，2007-Ⅳ-26，李泽建；1♀，湖南幕阜山沟里，N. 28°57.939′，E. 113°49.711′，860m，2007-Ⅴ-27，聂帅国；1♀1♂，湖南幕阜山沟里，N. 28°57.939′，E. 113°49.711′，860m，2008-Ⅳ-24，李泽建，张媛；1♀ 湖南幕阜山沟里，N. 28°57.939′，E. 113°49.711′，860m，2008-Ⅴ-21，张媛；1♀，福

建武夷山桐木，N. 27°44.220′，E. 117°40.149′，778m，2007-Ⅴ-3，钟义海；1♀，江西萍乡万龙山，1 000~1 200m，2006-Ⅴ-2，魏美才；5♀♀79♂♂，湖南永州舜皇山，900~1 200m，2004-Ⅳ-28，魏美才、张少冰、贺应科、林杨、刘守柱、周虎、肖炜、梁旻雯、刘卫星；2♀♀，湖南连云山，湖南省林业学校标本；2♀♀2♂♂，湖南永州阳明山，900~1 000m，2004-Ⅳ-25，肖炜，刘守柱，刘卫星，周虎；1♂，湖南武冈云山电视塔，N. 26°38.754′，E. 110°37.310′，1 320m，2009-Ⅴ-5，王晓华；1♀，湖南高泽源双峰山，N. 25°23.009′，E. 111°15.438′，664m，2008-Ⅳ-26，赵赴；2♀♀，CSCS11003，湖南浏阳大围山栗木桥，N. 28°25.520′，E. 114°05.198′，980m，2011-Ⅴ-9，李泽建；4♀♀，CSCS11040，湖南石门壶瓶山石碾子沟，N. 30°00.59′，E. 110°33.18′，710m，2011-Ⅵ-1~3，李泽建，朱朝阳；1♀，江西九连山，2号黄网，2011-5-21，盛茂领；1♀，江西九连山，4号黄网，2011-5-11，盛茂领；2♀♀，江西官山，4-5号网，2011-Ⅺ-9，盛茂领；8♀♀，CSCS13021，湖南浏阳大围山栗木桥，N. 28º25.520′，E. 114º05.198′，980m，2013-Ⅳ-27~28，李泽建，祁立威；3♀♀，CSCS13022，湖南浏阳大围山栗木桥，N. 28º25.520′，E. 114º05.198′，980m，2013-Ⅳ-27~28，吴俊长，张俊天；1♂，CSCS13043，湖南浏阳大围山七星岭，N. 28º26.176′，E. 114º09.559′，1 300m，2013-Ⅴ-12，肖炜；1♀，CSCS13046，湖南石门壶瓶山石碾子沟，N. 30º00.59′，E. 110º33.18′，710m，2013-Ⅵ-4，祁立威，褚彪；3♀♀，LSAF17015，江西修水县黄沙港林场五梅山，2016-7，马氏网，500m，冷先平采；1♀，LSAF17010，江西官山保护区东河站，2016-5-17，马氏网，方平福采；1♀4♂♂，LSAF17096，江西省抚州市资溪县马头山国家级自然保护区，2017-Ⅳ-18，马氏网。

分布：福建（武夷山），江西（武功山、万龙山、九连山、官山、马头山、修水县），湖南（大围山、壶瓶山、莽山、幕阜山、桃源洞、舜皇山、连云山、阳明山、云山、都庞岭、滁口镇），贵州（大沙河、蔺江）。

个体变异：雌虫唇基具小淡斑，中胸小盾片附片黑色无白斑，触角第6~7节背板具模糊白斑；雄虫中胸小盾片中央具白斑。

鉴别特征：本种与红胫钩瓣叶蜂 *M. rubitibia* Wei & Chen, 2002 较近似，但前者体长12~13mm；触角第3节背侧端部、第4~5节白色；唇基和前中足转节以及两性后足股节基半部白色；头部颜面与额区明显下沉，单眼顶面低于复眼顶面；中胸小盾片白色，明显隆起，顶面平坦，两侧具弱横脊；腹部具中列白斑，第2~7背板侧缘具明显白斑。

181. 伊氏钩瓣叶蜂 *Macrophya enslini* Forsius, 1925

Macrophya enslini Forsius, 1925. *Acta Societatis pro Fauna et Flora Fennica*, 4: 2-4.

观察标本：非模式标本。

分布：日本（本州）。

鉴别特征：本种与罗氏钩瓣叶蜂 *M. rohweri* Forsius, 1925 十分近似，但前者体长11.5mm；触角第3节背侧亚端部小斑及第4~5节背侧白色；腹部第2~7节具明显侧白斑，第2节侧白斑显著；复眼内缘和唇基完全黑色；上唇大部、中胸小盾片中央小斑和后足基节端缘及外侧卵型斑白色；后足胫跗节不完全黑色，二者背侧均具白斑等。

182. 黄氏钩瓣叶蜂 *Macrophya huangi* Li & Wei, 2014（图版 2-89）

Macrophya huangi Li & Wei, 2014. *Zoological Systematics*, 39(2): 297-308.

观察标本：正模：♀，湖南张家界，1986-Ⅶ，85级森保；副模：1♂，湖北兴山龙门河，1 300m，1994-Ⅴ-11，中国科学院，姚建；非模式标本：1♀，CSCS16092，湖南省张家界市杨家界大观台，N. 29°22′49″，E. 110°27′10″，海拔1 075m，2016-Ⅵ-4，高凯文采，乙酸乙酯。

分布：湖北（龙门河），湖南（张家界）。

鉴别特征：本种与凹颜钩瓣叶蜂 *M. depressina* Wei, 2005较近似，但前者体长11.5~12mm；单眼后区两侧后缘无白斑；前胸背板后缘白边狭窄；中胸背板前盾片完全黑色；中胸小盾片中央白色；小盾片附片完全黑色；后胸后背片两侧具小型白斑；腹部第1节背板侧角无白斑；腹部第2背板中央后缘白边与侧角大型白斑不相连；唇基缺口深半圆形；后足股节基部2/5白色；后足胫节背侧亚端部2/5长斑白色；前翅臀室收缩中柄稍短于1r-m脉长，后翅臀室中柄近等长于1/2倍cu-a脉。

183. 乐怡钩瓣叶蜂 *Macrophya leyii* Chen & Wei, 2005（图版 2-90）

Macrophya leyii Chen & Wei, 2005. *Journal of Central South Forestry University*, 25(2): 86-87.

观察标本：正模：♀，四川峨眉山报国寺，600m，1957-Ⅵ-5，郑乐怡，程汉华。

分布：四川（峨眉山）。

鉴别特征：本种与黑唇钩瓣叶蜂 *M. melanolabria* Wei, 1998较近似，但前者体长10mm；触角第3节端部、第4~5节背侧白色；上唇不完全白色，端缘具黑框；唇基不完全白色，仅基缘具黑斑；后足股节大部红褐色，端部及内侧端半部具黑斑；后足胫节大部红褐色，端部具黑斑，背侧近端部具白斑；颜面和额区与复眼面持平，单眼不低于复眼面；锯腹片中部锯刃明显隆起突出，中部锯刃齿式为1/7，刃齿较大且较少，节缝刺毛带较狭窄，刺毛较稀疏。

184. 暗唇钩瓣叶蜂 *Macrophya melanoclypea* Wei, 2002（图版 2-91）

Macrophya melanoclypea Wei, 2002. *Insects of the mountains Taihang and Tongbai regions*, 5: 202-203, 206.

观察标本：正模：♀，河南鸡公山，1985；副模：6♀♀6♂♂，河南桐柏桐柏山，800m，2000-Ⅴ-26，魏美才，陈明利，钟义海；9♀♀4♂♂，河南济源黄楝树，1 700m，2000-Ⅵ-7，魏美才，蔡平，钟义海；12♀♀1♂，河南罗山县灵山，600m，2000-Ⅴ-21，魏美才，钟义海，陈明利；2♀♀5♂♂，河南辉县甘山公园，1 100m，2000-Ⅵ-1，魏美才，钟义海，陈明利；1♀8♂♂，河南卢氏淇河林场，1 100m，2000-Ⅴ-29，魏美才；

2♀♀2♂♂，河南济源愚公林场，1 700m，2000-Ⅵ-5，魏美才；1♀，河南桐柏水帘洞，800m，2001-Ⅶ-17，钟义海；1♂，河南卢氏县大块地，1 400m，2000-Ⅴ-29，魏美才；1♀，河南辉县西连寺，1 020m，2002-Ⅶ-14，姜吉刚；1♀，河南登封少室山，800m，2000-Ⅵ-9，钟义海；1♀，河南灵山，400~500m，1999-Ⅴ-24，盛茂领；1♀，河南鸡公山，1985 年；1♂，河南鸡公山，1986-Ⅵ-22；非模式标本：5♀♀，山西历山西峡，N. 35°25.767′，E. 112°00.640′，1 513m，2008-Ⅶ-10，费汉榄；2♀♀，山西五老峰莲花台，N. 34°48.258′，E. 110°35.453′，1 500m，2008-Ⅶ-3，王晓华；3♀♀，山西五老峰锦绣谷，N. 34°48.435′，E. 110°34.717′，1 077m，2008-Ⅶ-5，王晓华；6♀♀，山西五老峰灵峰观，N. 34°48.552′，E. 110°35.290′，1 300m，2008-Ⅶ-6，王晓华，费汉榄；5♀♀，山西五老峰红沙峪，N. 34°48.575′，E. 110°35.736′，1 400m，2008-Ⅶ-4，费汉榄；1♀，山西五老峰漆树台，N. 34°48.462′，E. 110°35.081′，1 650m，2009-Ⅵ-5，费汉榄；3♀♀，山西历山皇姑幔，N. 35°21.525′，E. 111°56.310′，2 090m，2009-Ⅵ-13，王晓华；1♀，山西五老峰明眼洞，N. 34°48.146′，E. 110°35.400′，1 603m，2008-Ⅶ-3，王晓华；2♀♀，山西五老峰棋盘峰，N. 34°48.246′，E. 110°35.173′，1 270m，2009-Ⅵ-8，王晓华。

分布：山西（历山、五老峰），河南（济源县、桐柏山、少室山、鸡公山、灵山、伏牛山、辉县、卢氏县）。

鉴别特征：本种与暗唇钩瓣叶蜂 *M. melanolabria* Wei, 1998 十分相似，但前者体长 11~11.5mm；唇基不完全黑色，中央具白色模糊横斑；雌虫锯腹片中部锯刃齿式为 1/12-14，锯刃刃齿较小。

185. 黑唇钩瓣叶蜂 *Macrophya melanolabria* Wei, 1998（图版 2-92）

Macrophya melanolabria Wei, 1998. *Insect Fauna of Henan Province*, 2: 153, 160.

观察标本：正模：♀，河南嵩县，1996-Ⅶ-15，文军；副模：1♀，河南嵩县，1996-Ⅶ-15，文军；3♀♀，河南嵩县，1996-Ⅶ-11~17~19，魏美才；1♀，河南栾川，1996-Ⅶ-11，魏美才；1♀，河南西峡老界岭，1998-Ⅶ-13，虞国庆；1♀，河南西峡桦树盘，1998-Ⅶ-17，肖炜；1♀，陕西华阴华阳，1 500m，1978-Ⅷ-23，金根桃；1♀，陕西华阴华阳，1 600m，1978-Ⅷ-19，金根桃；非模式标本：10♂♂，河南嵩县白云山，1 500m，2001-Ⅵ-1，钟义海；4♀♀，河南嵩县白云山，1 600~1 650m，2002-Ⅶ-19~20，姜吉刚；1♀，河南卢氏淇河林场，1 100m，2000-Ⅴ-29，魏美才；5♀♀，河南嵩县白云山，1 500m，2003-Ⅶ-20~22~27~29，梁旻雯，贺应科；1♀，河南嵩县天池山，800~1 000m，2004-Ⅶ-11，张少冰；1♀，河南嵩县天池山，1 300~1 400m，2004-Ⅶ-13，刘卫星；2♀♀，河南栾川龙峪湾，1 600~1 800m，2004-Ⅶ-20，张少冰；2♀♀，陕西华山，1 300~1 600m，2005-Ⅶ-12，杨青，朱巽；1♀，河南宝天曼保护站，N. 33°30.136′，E. 111°58.829′，1 300m，2006-Ⅵ-23，钟义海；2♀♀，陕西留坝桑园林

场，N. 33°44.221′，E. 107°10.544′，1 080m，2007-Ⅴ-19，朱巽；1♀，河北长寿村连翘泉，N. 36°59.439′，E. 113°48.557′，1 175m，2008-Ⅴ-28，李泽建；1♀，甘肃天水小陇山，N. 34°16.275′，E. 106°08.201′，1 409m，2007-Ⅶ-7，钟义海；1♀，甘肃小陇山百花林场阴崖沟，N. 34°19′15.2″，E. 106°18′18.1″，1 580m，2009-Ⅵ-17，李永刚；1♀，甘肃小陇山党川林场榆林沟，N. 34°22′17.9″，E. 106°07′25.4″，1 580~1 680m，2009-Ⅷ-1，杜维明；1♀，甘肃小陇山党川林场，N. 34°24′41.3″，E. 106°08′03.2″，1 700m，2009-Ⅵ-1，李永刚；1♀，湖北神农架东北口河，N. 31°31.247′，E. 110°10.971′，1 005m，2008-Ⅵ-1，赵赴；9♀♀，陕西周至，2009-Ⅵ-2~9~23~30，王培新；6♀♀，陕西周至，2009-Ⅶ-7~14~28，王培新；1♀，陕西周至，2009-Ⅷ-11，王培新；1♀，甘肃藉源林场金河工区，2010-Ⅶ-23，N. 34°32′13.4″，E. 105°17′28.6″，1 850m，2010-Ⅶ-23，马海燕；1♀，CSCS12110，甘肃天水石门森林公园，N. 34°25′03″，E. 106°08′09″，1 732m，祁立威；1♀，CSCS12106，甘肃天水党川乡龙衣沟，N. 34°20′00″，E. 106°07′00″，1 733m，尚亚飞；1♀，CSCS12115，甘肃陇南徽县麻沿乡，N. 34°03′20″，E. 105°45′08″，1 464m，尚亚飞；1♀，CSCS17103，甘肃省天水市李子园，N. 34°14′45″，E. 105°52′59″，1 463m，2017-Ⅵ-22，魏美才 & 王汉男 & 武星煜采，CH3COOC2H5。

分布：甘肃（小陇山），陕西（华山、太白山、留坝县、凤县、周至县、华阳县），河北（长寿村），河南（伏牛山、白云山、天池山、西峡、宝天曼、栾川县、嵩县、卢氏县），湖北（神农架）。

个体变异：雌虫唇基大部黑色，中部具淡斑；后胸小盾片白斑有大小变化，或后胸小盾片完全黑色。

鉴别特征：本种与暗唇钩瓣叶蜂 *M. melanoclypea* Wei, 2002 十分近似，但前者体长 11~11.5mm；唇基完全亮黄色；雌虫锯腹片中部锯刃齿式为 1/8~10，锯刃刃齿较大。

186. 罗氏钩瓣叶蜂 *Macrophya rohweri* Forsius, 1925

Macrophya rohweri Forsius, 1925. *Acta Societatis pro Fauna et Flora Fennica*, 4: 4-5.

观察标本：正模。

分布：日本（本州、九州）。

鉴别特征：本种与日本分布的伊氏钩瓣叶蜂 *M. enslini* Forsius, 1925 十分近似，但前者体长 11mm；触角第 3 节端部 1/3 及第 4 节（端缘黑斑除外）白色；腹部第 2 节侧白斑显著，第 2~7 节黑色无侧白斑；复眼内缘底部具白斑，唇基基部两侧具小型白斑；上唇、中胸小盾片和后足基节腹侧大部白色；后足完全胫跗节完全黑色等。

187. 红胫钩瓣叶蜂 *Macrophya rubitibia* Wei & Chen, 2002（图版 2-93）

Macrophya rubitibia Wei & Chen, 2002. *Insects of the mountains Taihang and Tongbai regions*, 5: 212-213.

观察标本：正模：♀，河南济源黄楝树，1 400m，2000-Ⅵ-6，魏美才；副模：2♀♀，河南济源黄楝树，1 400m，2000-Ⅵ-6，钟义海；1♀，浙江西天目山樽源寺，350m，1988-Ⅴ-16，陈学新；1♀，浙江天目山，1988-Ⅵ-16，何俊华；1♀，浙江天目山，1983-Ⅵ-18，何俊华；1♀，浙江西天目山仙人顶，1990-Ⅵ-2，娄永根；1♀，浙江天目山，1985-Ⅵ，吴鸿；1♂，浙江西天目山老殿-仙人顶，1 250~1 547m，1989-Ⅵ-6，浙江农业大学；5♂♂，浙江西天目山仙人顶，1990-Ⅵ-2~4，浙江农业大学，胡海军，娄永根，何俊华；非模式标本：1♀，天津八仙山松林浴场，N. 40°12.152′，E. 117°33.654′，709m，2007-Ⅵ-20，李泽建；1♀，甘肃藉源林场金河工区，N. 34°32′13.4″，E. 105°17′28.6″，1 850m，2009-Ⅶ-23，武星煜；3♀♀，山西历山西峡，N. 35°25.767′，E. 112°00.640′，1 513m，2008-Ⅶ-9，王晓华，费汉榄；1♀，山西绵山岩沟，N. 36°52.004′，E. 111°58.637′，1 200m，2008-Ⅵ-29，费汉榄；1♀，山西历山猪尾沟，N. 35°25.752′，E. 111°59.396′，1 700m，2008-Ⅶ-9，费汉榄；1♀，湖北神农架小寨，N. 31°34.119′，E. 110°08.342′，905m，2008-Ⅴ-24，赵赴；1♀，湖北神农架小寨溪边，N. 31°33.870′，E. 110°08.121′，940m，2008-Ⅴ-25，赵赴；1♀，湖北神农架，N. 31°26.765′，E. 110°24.570′，1 156m，2009-Ⅵ-12，赵赴；1♀，CSCS11060，浙江临安西天目山，N. 30°20.64′，E. 119°26.41′，1 100m，2011-Ⅵ-12~16，魏美才，牛耕耘；1♀，CSCS12119，甘肃天水李子园林场，N. 34°09′30″，E. 105°52′09″，1 522m，2012-Ⅶ-22，祁立威；1♀，CSCS12117，甘肃天水李子园林场，N. 34°09′30″，E. 105°52′09″，1 522m，2012-Ⅶ-22，胡平；1♀，CSCS12158，浙江西天目山，马氏网5#，1 250m，2012-Ⅶ-6，浙江农林大学；1♀，CSCS12144，山西沁水县中条山下川村普通沟，2012-Ⅶ-24，施凯，黄盘诱，浙江农林大学；1♀，CSCS12154，浙江临安西天目山，马氏网，1 506m，2012-Ⅵ-5，浙江农林大学；1♀，CSCS12151，浙江临安清凉峰龙塘山，黄盘诱，2012-V，浙江农林大学；1♀，CSCS12160，浙江临安西天目山，马氏网6#，1 506m，2012-Ⅶ-6，浙江农林大学；1♀，CSCS11061，浙江临安西天目山老殿，N. 30°20.31′，E. 119°25.59′，1 100m，2011-Ⅵ-12~16，李泽建；1♀，CSCS11062，浙江临安西天目山老殿，N. 30°20.31′，E. 119°25.59′，1 100m，2011-Ⅵ-12~16，魏力，胡平；1♀，CSCS16116，浙江临安天目山开山老殿，N. 30°20′27″，E. 119°25′52″，海拔1 098m，2016-Ⅵ-13，刘萌萌 & 申婉娜采，乙酸乙酯；1♀，CSCS16118，浙江临安天目山仙人顶，N. 30°20′42″，E. 119°25′42″，海拔1 506m，2016-Ⅵ-13，高凯文采，乙酸乙酯。

分布：甘肃（小陇山），山西（绵山、历山、中条山），天津（八仙山），河南（济源市），湖北（神农架），浙江（天目山、清凉峰、四明山）。

个体变异：雌虫唇基完全黑色，无模糊淡斑；触角第3节背侧端部白色，第4-5节腹侧黑色；后足胫节基大部黑色，红褐色斑纹减少；后足基跗节无红褐色斑纹。

鉴别特征：本种与凹颜钩瓣叶蜂 *M. depressina* Wei, 2005 较近似，但前者体长10~10.5mm；触角第4~5节白色；唇基不完全黑色，中部具模糊白斑；前中足转节大部黑色，少部具白斑；后足股节大部红褐色，基部白色，端部及外侧端半部具黑斑；头部颜面与额区略下沉，单眼顶面微低于复眼顶面；中胸小盾片微弱隆起，顶面平坦，后缘横脊不明显；腹部无中列白斑，第 2~5 背板侧缘具明显白斑，第 8~10 背板中央具白斑。

2.3.20.2 朝鲜钩瓣叶蜂亚种团 *M. koreana* subgroup

亚种团鉴别特征：触角完全黑色；后足股节全部黑色，胫节多少具红褐色斑纹。

目前，本亚种团共包括 10 种，中国分布 8 种，分别是：*M. cheni* Li, Liu & Wei, 2014、*M. dabieshanica* Wei & Xu, 2013、*M. fulvostigmata* Wei & Chen, 2002、*M. togashii* Yoshida & Shinohara, 2015、*M. kongosana* Takeuchi, 1937、*M. koreana* Takeuchi, 1937、*M. liui* Wei & Li, 2013、*M. minutiluna* Wei & Chen, 2002、*M. yichangensis* Li, Liu & Wei, 2014、*M. zhongi* Wei & Chen, 2002。

该亚种团种类分布于中国西北部和南部，国外延伸到朝鲜和俄罗斯。

分种检索表

1. 中胸小盾片具明显白斑…………………………………………………………………… 2
   中胸小盾片完全黑色…………………………………………………………………… 4
2. 上唇完全白色；唇基端部 2/3 白色，基部 1/3 黑色；后足胫节背侧具长白斑；后足基跗节大部红褐色，背侧少部白色，其余跗分节背侧大部白色。朝鲜……… **M. kongosana Takeuchi, 1937** ♀♂
   上唇大部白色，略带黑斑；唇基完全黑色；后足胫节几乎完全红褐色，背侧无白斑；后足跗节完全红褐色，无白斑…………………………………………………………………… 3
3. 唇基缺口较浅，深度仅为唇基 1/3 长，侧叶短三角形；触角等长于腹部，亚端部几乎不膨大侧扁，第 6、7 节长宽比明显大于 2，第 3 节长于复眼长径；后胸小盾片和后胸后背板中部中纵脊锐利；前翅臀室中柄短于 R+M 脉；雌虫锯腹片刺毛带互相不接触，中部锯刃倾斜突出，刃间段仅稍短于锯刃；雄虫后足跗节黑褐色，阳茎瓣顶角位于端部背侧，背缘下侧齿叶明显突出。中国（安徽、浙江）……………………………………… **M. dabieshanica Wei & Xu, 2013** ♀♂
   唇基缺口较深，深度等于唇基 1/2 长，侧叶窄长三角形；触角短于腹部，亚端部数节显著膨大侧扁，第 6、第 7 节长宽比明显小于 2，第 3 节等长于复眼长径；后胸小盾片和后胸后背板中部中纵脊低弱模糊；前翅臀室中柄显著长于 R+M 脉；雌虫锯腹片刺毛带中部互相接触混合，中部锯刃低平，刃间段短于锯刃宽的 1/2；雄虫后足跗红褐色，阳茎瓣头叶梯形，顶角位于端部腹侧，背缘下侧齿叶不明显突出。中国（甘肃、陕西、河北、河南）… **M. zhongi Wei & Chen, 2002** ♀
4. 后足基节外侧完全黑色，无白斑…………………………………………………………… 5
   后足基节外侧基部具显著白斑…………………………………………………………… 7
5. 上唇和唇基均完全白色；前翅前缘脉和翅痣黄褐色；体长 7.0mm；阳茎瓣头叶近方形，纵向长稍大于宽。中国（河南）……………………………… **M. fulvostigmata Wei & Chen, 2002** ♂
   上唇和唇基具明显黑斑；前翅前缘脉和翅痣黑褐色；阳茎瓣头叶纵向椭圆形，长明显大于宽
   ……………………………………………………………………………………………… 6
6. 体长 9.0mm；唇基完全黑色；头部背侧光泽较强烈，刻点稀疏，细小浅弱，具光滑间隙；前胸背板后缘完全黑色；前中足转节几乎黑色，后足转节白色；后足胫跗节背侧无白斑；中部锯刃齿式 1/4~5，刃齿较大。中国（甘肃、陕西、河北、河南）……… **M. zhongi Wei & Chen, 2002** ♀

体长 5.0mm；唇基端半部白色，基半部黑色；头部背侧光泽暗淡，刻点密集，无光滑间隙；前胸背板后缘具白色狭边；各足转节均白色，无黑斑；后足胫跗节背侧均具小型白斑；中部锯刃齿式 1/7~8，刃齿较小。中国（陕西、湖北）…………… **M. yichangensis Li, Liu & Wei, 2014 ♀**

7. 上唇完全白色；唇基不完全白色，基部 1/3 黑色；各足转节和后足股节基部 1/3 黄白色；前翅前缘脉和翅痣黄褐色；腹部 2~8 节背板黑色无白斑；小盾片黑色；触角亚端部强烈膨大；中胸前侧片中下部刻点稀疏细小。中国（河南）…………………… **M. fulvostigmata Wei & Chen, 2002 ♀**

前翅前缘脉和翅痣黑褐色，其余特征不完全同于上述………………………………………… **8**

8. 腹部除第 1 背板外，其余数节背板侧缘具明显白斑…………………………………………… **9**

腹部第 1 背板后缘具显著白斑或中缝浅色，其余各节背板均黑色，侧缘无白斑……………… **11**

9. 上唇与唇基完全黑色；后足基节外侧基部卵形斑不连续；前翅翅痣下无明显淡烟褐色横带。中国（陕西、湖北）………………………………………… **M. yichangensisi Li, Liu & Wei, 2014 ♂**

上唇完全黑色，唇基不完全黑色，侧角具模糊白斑；后足基节外侧具长卵形斑；前翅翅痣下具边界模糊淡烟褐色横带………………………………………………………………………… **10**

10. 后足胫节背侧亚端部无白斑；中部锯刃齿式 1/8~14，刃齿较小且多枚。中国（湖北、贵州）
……………………………………………………………… **M. cheni Li, Liu & Wei, 2014 ♀**

后足胫节背侧亚端部具明显小白斑；中部锯刃齿式 1/5~6，刃齿较大且少枚。中国（陕西、河南、湖北）………………………………………… **M. minutiluna Wei & Chen, 2002 ♀**

11. 后足胫节大部浅红褐色，背侧亚端部长白斑约占后足胫节 1/3 长；前翅 $2r_1$ 脉与 2r-m 脉几乎顶接。日本（神户）…………………………… **M. togashii Yoshida & Shinohara, 2015 ♀**

后足胫节几乎完全红褐色，背侧绝无白斑；前翅 $2r_1$ 脉与 2r-m 脉不顶接 ……………………… **12**

12. 触角亚端部明显膨大，第 6 节长宽比等于 1.2；锯鞘明显短于前足股节（6：7），鞘端仅稍长于鞘基（8：7）；中部锯刃具 4~6 个外侧亚基齿。中国（河南、湖北）… **M. liui Wei & Liu, 2013 ♀**

触角亚端部仅微弱膨大，第 6 节长宽比不小于 2；锯鞘等长于前足股节，鞘端明显长于鞘基（11：7）；中部锯刃具 8~10 个外侧亚基齿。（雄虫后足胫跗节完全黑色，无暗红褐色斑纹。）朝鲜（Mosanrei、Tonai、Hakugan、Fusenko），欧洲（俄罗斯）；东北亚；中国（内蒙古、甘肃、陕西、山西、北京、河南）……………………………………… **M. koreana Takeuchi, 1937 ♀♂**

188. 陈氏钩瓣叶蜂 *Macrophya cheni* Li, Liu & Wei, 2014（图版 2-94）

Macrophya cheni Li, Liu & Wei, 2014. *Zoological Systematics*, 39(4) : 520-533.

观察标本：正模：♀，湖北神农架红花朵，N. 31°15′，E. 109°56′，1 200m，2007-Ⅶ-3，钟义海；副模：1♀，贵州梵净山金顶，1983-Ⅶ-13，陈学新。

分布：湖北（神农架），贵州（梵净山）。

鉴别特征：本种与点斑钩瓣叶蜂 *M. minutiluna* Wei & Chen, 2002 十分近似，但前者体长 7~7.5mm；头部背侧光泽暗淡，额区刻点粗糙密集，刻点间无光滑间隙；中窝浅弱，长点状；侧窝不深，短点状；单眼后区宽长比约为 2.2；后足胫节背侧亚端部无明显小型白斑；锯鞘背面观端部鞘毛弯曲；雌虫锯腹片中部锯刃齿式为 1/7~10，刃齿小型且较多枚。

189. 大别山钩瓣叶蜂 *Macrophya dabieshanica* Wei & Xu, 2013（图版 2-95）

Macrophya dabieshanica Wei & Xu, 2013. *Acta Zootaxonomica Sinica*, 38(2): 328-334.

观察标本：正模：♀，安徽岳西县包家乡，N. 31º04′5″，E. 116º07′2″，500m，2007-Ⅳ-27，徐翊；副模：22♂♂，安徽岳西县包家乡，N. 31º04′5″，E. 116º07′2″，500m，2007-Ⅳ-27，徐翊，聂梅，聂帅国 1；1♀，安徽金寨天堂寨，N. 31º09.770′，E. 115º45.854′，596m，2006-Ⅴ-6，朱小妮；1♀，浙江龙泉凤阳山官埔垟，N. 27°55.153′，E. 119°11.252′，838m，2009-Ⅳ-27，李泽建。

分布：安徽（包家乡、天堂寨），浙江（凤阳山）。

个体变异：雄虫中胸小盾片完全黑色。

鉴别特征：本种与钟氏钩瓣叶蜂 *M. zhongi* Wei, 2002 最近似，但前者体长 11.5~12mm；唇基缺口较浅，深度仅为唇基 1/3 长，侧叶短三角形；触角等长于腹部，亚端部几乎不膨大侧扁，第 6、7 节长宽比明显大于 2，第 3 节长于复眼长径；后胸小盾片和后胸后背板中部中纵脊锐利；前翅臀室中柄短于 R+M 脉；雌虫锯腹片刺毛带互相不接触，中部锯刃倾斜突出，刃间段仅稍短于锯刃；雄虫后足跗节黑褐色，阳茎瓣顶角位于端部背侧，背缘下侧齿叶明显突出等，与之不同，容易鉴别。

190. 淡痣钩瓣叶蜂 *Macrophya fulvostigmata* Wei & Chen, 2002（图版 2-96）

Macrophya fulvostigmata Wei & Chen, 2002. *Insects of the mountains Taihang and Tongbai regions*, 5: 209-210.

观察标本：正模：♀，河南济源愚公林场，1 700m，2000-Ⅵ-5，钟义海；非模式标本：1♀，河北紫金山黑龙潭，N. 37°01.148′，E. 113°47.126′，911m，2008-Ⅴ-21，李泽建；1♀，河北长寿村连翘泉，N. 36°59.439′，E. 113°48.557′，1 175m，2008-Ⅴ-28，李泽建；1♂，陕西周至，2009-Ⅵ-2，王培新；1♂，河南三门峡，2009-Ⅴ-28，张改香。

分布：陕西（周至县），河北（长寿村、紫金山），河南（济源市、三门峡），湖北（神农架）。

鉴别特征：本种与黄痣钩瓣叶蜂 *M. stigmaticalis* Wei & Chen, 2002 较近似，但前者体长 8~8.5mm；上唇、唇基和后足基节外侧长斑白色；足大部浅黄褐色；翅浅烟色，前缘脉及翅痣黄褐色；头部背侧光泽强烈，刻点十分细弱，表面光滑；锯腹片锯刃较突出，亚基齿较细小，中部锯刃齿式 2/6~9 等，易于识别。

191. 金刚山钩瓣叶蜂 *Macrophya kongosana* Takeuchi, 1937

Macrophya kongosana Takeuchi, 1937. *Acta Entomologica*, 1(4): 414-416.

观察标本：非模式标本。

分布：朝鲜。

鉴别特征：本种与中国分布的钟氏钩瓣叶蜂 *M. zhongi* Wei & Chen, 2002 十分近似，但前者体长 9.5mm；唇基端部 2/3 白色，基部 1/3 黑色；头部额区光泽稍暗，刻点细浅稀疏；前胸背板后缘黄白斑显著；后足转节完全黑色；各足胫跗节大部红褐色，二者背侧具黄白色斑纹等。

192. 朝鲜钩瓣叶蜂 *Macrophya koreana* Takeuchi, 1937（图版 2-97）

Macrophya koreana Takeuchi, 1937. *Acta Entomologica*, Kyoto 1(4): 438-439.

观察标本：非模式标本：9♀♀10♂♂，河南罗山县灵山，600m，2000-Ⅴ-21~22，魏美才，钟义海；2♀♀1♂，北京妙峰山，1995-Ⅵ-25~26，梁昊，谢荣武；1♂，北京香山，1962-Ⅵ-18，北京农业大学，杨集昆；1♀，北京百花山，1962-Ⅴ-18，杨集昆；1♀，河南内乡宝天曼，1 300~1 400m，2004-Ⅶ-24，张少冰；1♀，陕西华山，1 300~1 600m，2005-Ⅶ-12，杨青；1♀，陕西潼关桐峪镇，N. 34°27.261′，E. 110°21.961′，1 052m，2006-Ⅴ-30，朱巽；1♀，甘肃藉源林场金河工区，N. 34°32′13.4″，E. 105°17′28.6″，1 850m，2009-Ⅶ-23，辛恒；3♀♀，甘肃天水清水远门林场，N. 34°47′40.9″，E. 105°59′18.7″，1 520m，2009-Ⅵ-24，武星煜，范慧；1♀，山西恒山白龙王堂，N. 39°40.513′，E. 113°43.321′，1 600m，2009-Ⅶ-6，姚明灿；4♀♀，甘肃天水秦州华歧秦家沟，N. 34°23′52.5″，E. 105°34′19.9″，1 800m，2009-Ⅶ-14，武星煜，范慧，唐铭军。

分布：内蒙古（兴安），甘肃（清水县），陕西（桐峪镇、华山），北京（妙峰山、香山、百花山），山西（恒山），河南（宝天曼、灵山、伏牛山）；朝鲜、俄罗斯。

鉴别特征：本种与钟氏钩瓣叶蜂 *M. zhongi* Wei & Chen, 2002 十分近似，但前者体长10~10.5mm；上唇不完全黑色，端缘具浅褐色三角形小斑；腹部第 1 背板后缘具显著白边，两侧白边较中间宽，第 2~3 背板完全黑色；中胸小盾片完全黑色，顶部具粗大刻点，明显隆起，具顶点，无脊，明显高于中胸背板平面；后足转节完全白色；锯腹片中部锯刃齿式为 2/7~11，锯刃明显隆起突出，刃齿较细小且多，大小不规则，节缝刺毛带狭窄，刺毛十分稀疏。

193. 刘氏钩瓣叶蜂 *Macrophya liui* Wei & Li, 2013（图版 2-98）

Macrophya liui Wei & Li, 2013. *Acta Zootaxonomica Sinica*, 38(2): 328-334.

观察标本：正模：♀，河南嵩县天池山，1 300~1 400m，2004-Ⅶ-13，刘卫星；副模：2♀♀，河南嵩县白云山，1 500~1 600m，2004-Ⅶ-17~18，刘卫星；1♀，河南嵩县白云山，1 300~1 400m，2004-Ⅶ-13，刘卫星；1♀，湖北神农架红花朵，N. 31°15′，E. 109°56′，1 200m，2007-Ⅶ-3，钟义海；2♀♀，河南嵩县白云山，1 500 ~1 600m，2004-Ⅶ-17，刘卫星。

分布：河南（白云山、天池山），湖北（神农架）。

鉴别特征：本种与朝鲜钩瓣叶蜂 *M. koreana* Takeuchi, 1937 最近似，但前者体长10~10.5mm；触角较粗短，亚端部明显膨大，第 6 节长宽比等于 1.2；锯鞘明显短于前足股节（6 : 7），鞘端仅稍长于鞘基（8 : 7）；中部锯刃具 4~6 个外侧亚基齿（后者触角细长，亚端部仅微弱膨大，第 6 节长宽比不小于 2；锯鞘等长于前足股节，鞘端明显长于鞘基（11∶7）；中部锯刃具 8~10 个外侧亚基齿）。

194. 点斑钩瓣叶蜂 *Macrophya minutiluna* Wei & Chen, 2002（图版 2-99）

Macrophya minutiluna Wei & Chen, 2002. *Insects of the mountains Taihang and Tongbai regions*, 5: 203, 207.

观察标本：正模：♀，河南嵩县白云山，1 800m，2001-Ⅵ-2，钟义海；副模：1♀，河南嵩县白云山，1 500~1 600m，2004-Ⅶ-17，刘卫星；非模式标本：1♀, CHINA, Shaanxi, Kaitianguan, Mt. Taibaishan, Qinling Mts, 34°00′ N, 107°51′ E, 2 000m, 4-Ⅵ-2007, A. Shinohara; 1♀, CHINA, Shaanxi, Kaitianguan, Mt. Taibaishan, Qinling Mts, 34°00′ N, 107°51′ E, 2 000m, 5-Ⅵ-2006, A. Shinohara；1♀，CSCS15148，湖北省神农架林区鸭子口，N. 31°30.022', E. 110°20.044', 1 900m，2015-Ⅷ-4，阎星采，乙酸乙酯。

分布：陕西（太白山），河南（白云山）。

个体变异：副模标本 1♀ 唇基中端部具横型白斑；腹部第 2 或第 6 背板侧角具小型白斑。

鉴别特征：本种与朝鲜钩瓣叶蜂 *M. koreana* Takeuchi, 1937 较近似，但前者体长 9~9.5mm；头部背侧刻点粗糙密集，无光滑间隙，光泽微弱；唇基不完全黑色，侧角具模糊白斑；单眼后区和前胸背板完全黑色，无白边；腹部第 1 背板后缘白边较窄，第 3~4 背板侧角后缘具横白斑，其余各背板完全黑色；后足基节外侧卵形白斑显著；后足胫跗节几乎全部红褐色，胫跗节背侧具小白斑；前翅翅痣下具烟褐色斑，边界模糊；雌虫锯腹片中部锯刃齿式为 1/5~6，锯刃低平，刃齿较大且少，大小均一。

195. 富氏钩瓣叶蜂 *Macrophya togashii* Yoshida & Shinohara, 2015

Macrophya togashii Yoshida & Shinohara, 2015. *Bulletin of the National Science Museum*, 124-128.

观察标本：1♀，神户市，山田町蓝那，Japan: Hyogo Pref., Kobe City, kita-ku,Yamada-cho, Aina, alt. 250m, 34°44′ N, 135°07′ E, 4-Ⅴ-1997, Hiroshi YOSHIDA Leg.

分布：日本（神户）。

鉴别特征：本种与朝鲜钩瓣叶蜂 *M. koreana* Takeuchi, 1933 十分近似，但前者体长 9.5mm；后足胫节腹侧基大部黑色，端部浅红褐色，背侧亚端部具明显白斑，白斑长度约占后足胫节 1/3 长，其余浅红褐色；前翅 $2r_1$ 脉与 2r-m 脉几乎顶接。

196. 宜昌钩瓣叶蜂 *Macrophya yichangensis* Li, Liu & Wei, 2014（图版 2-100）

Macrophya yichangensis Li, Liu & Wei, 2014. *Zoological Systematics*, 39(4): 520-533.

观察标本：正模：♀，CSCS11022，湖北宜昌神农架鬼头湾，N. 31°28.439′, E. 110°08.872′，2 150m，2011-Ⅴ-25~28，李泽建；副模：1♀，CSCS11025，湖北宜昌神农架鸭子口，N. 31°30.104′，E. 110°20.986′，1 920m，2011-Ⅴ-26，李泽建；1♀，CSCS11023，湖北宜昌神农架鸭子口，N. 31°30.104′，E. 110°20.986′，1 920m，

2011-Ⅴ-20，李泽建；1♂，CSCS11027，湖北宜昌神农架小龙潭，N. 31°28.956′，E. 110°18.282′，2 200m，2011-Ⅴ-24，李泽建；1♂，CSCS11022，湖北宜昌神农架鬼头湾，N. 31°28.439′，E. 110°08.872′，2 150m，2011-Ⅴ-25~28，李泽建；非模式标本：1♀，CSCS14075，陕西眉县太白山开天关，N. 34°00.572′，E. 107°51.477′，1 852m，2014-Ⅵ-5，刘萌萌 & 刘婷采，$CH_3COOC_2H_5$。

分布：陕西（太白山），湖北（神农架）。

鉴别特征：本种与点斑钩瓣叶蜂 *M. minutiluna* Wei & Chen, 2002 十分近似，但前者体长 7~7.5mm；头部背侧光泽暗淡，额区刻点粗糙密集，刻点间无光滑间隙；唇基完全黑色；后足胫节背侧亚端部无小型白斑；前翅淡烟色透明，翅痣下无浅烟褐色横斑；雌虫锯腹片中部锯刃齿式为 1/7~8。

197. 钟氏钩瓣叶蜂 *Macrophya zhongi* Wei & Chen, 2002（图版 2-101）

Macrophya zhongi Wei & Chen, 2002. *Insects of the mountains Taihang and Tongbai regions*, 5: 213-215.

观察标本：正模：♀，河南济源黄楝树，1 700m，2000-Ⅵ-7，陈明利；副模：1♀，河南济源黄楝树，1 700m，2000-Ⅵ-7，钟义海；4♀♀，1 300~1 500m，2001-Ⅵ-1~3，钟义海；1♀，河南桐柏桐柏山，800m，2000-Ⅴ-26，钟义海；1♂，河南陕县甘山，1 400m，2000-Ⅵ-14，魏美才；非模式标本：1♀，河南嵩县白云山，1 500m，2003-Ⅶ-20，梁旻雯；1♀，陕西丹凤寺坪镇，900~1 200m，2005-Ⅴ-21，朱巽；1♀，陕西潼关桐峪镇，N. 34°27.261′，E. 110°21.961′，1 052m，2006-Ⅴ-30，朱巽；3♀♀，河北长寿村连翘泉，N. 36°59.439′，E. 113°48.557′，1 175m，2008-Ⅴ-28，李泽建；1♀，甘肃天水小陇山，N. 34°16.275′，E. 106°08.201′，1 409m，2007-Ⅶ-7，钟义海；1♀，甘肃小陇山党川林场，N. 34°18′30.1″，E. 106°08′03.1″，1 480m，2009-Ⅵ-17，李永刚；1♂，甘肃平凉灵台万宝川，N. 34°58′00.1″，E. 107°13′49.8″，1 130m，2009-Ⅳ-30，唐铭军；1♀，CSCS12106，甘肃天水党川乡龙衣沟，N. 34°20′00″，E. 106°07′00″，1 733m，2012-Ⅶ-16，尚亚飞。

分布：甘肃（小陇山、灵台），陕西（桐峪镇、寺坪镇），河北（长寿村），河南（白云山、济源市、甘山、桐柏山、伏牛山）。

个体变异：雌虫前胸背板并非完全黑色，后缘两侧角具明显或模糊黄白斑。

鉴别特征：本种与朝鲜钩瓣叶蜂 *M. koreana* Takeuchi, 1937 十分近似，但前者体长 11~11.5mm；上唇中央白色，边缘具黑框；腹部第 1 背板后缘中部白边极狭，第 2~3 背板侧白斑显著；中胸小盾片亮黄色，顶部刻点稀疏，较光亮，顶面稍高于中胸背板平面；后足转节大部白色，第 2 转节具明显黑斑；锯腹片中部锯刃齿式为 1/5~7，锯刃稍倾斜突出，刃齿较大且少，大小较均匀，节缝刺毛带较宽，刺毛稍密集。

2.3.20.3 血红钩瓣叶蜂亚种团 *M. sanguinolenta* subgroup

亚种团鉴别特征：触角常完全黑色［如触角不完全黑色，则触角基部数节具红斑（仅 *M. leucotarsalina* Wei & Chen, 2002、*M. rufoclypeata* Wei, 1998 和 *M. erythrocephalica* Wei & Nie, 2003 雌虫的触角基部数节红褐色，其余各节黑色）］；后足股胫节均多少具红褐色斑纹。

目前，本亚种团共 17 种，中国分布 16 种，分别是 *M. canescens* Mallach, 1936、*M. elegansoma* Li, Liu & Wei, 2014、*M. erythrocephalica* Wei & Nie, 2003、*M. erythrocnema* A. Costa, 1859、*M. jiangi* Wei & Zhao, 2011、*M. leucotarsalina* Wei & Chen, 2002、*M. longipetiolata* Wei & Zhong, 2013、*M. maculotarsalina* Wei & Liu, 2005、*M. malaisei kibunensis* Takeuchi, 1937、*M. melanosomata* Wei & Xin, 2012、*M. pentanalia* Wei & Chen, 2002、*M. recognata* Zombori, 1979、*M. reni* Li, Liu & Wei, 2014、*M. rufoclypeata* Wei, 1998、*M. sanguinolenta* (Gmelin, 1790)、*M. shennongjiana* Wei & Zhao, 2011、*M. yangi* Wei & Zhu, 2012。

该亚种团种类主要分布于中国北部（西北、华北和东北）地区，中部和西南部也有所分布，向国外延伸到欧洲、高加索地区。

分种检索表

1. 虫体头胸大部和足红褐色，少部具黑斑和淡斑……………………………………………… **2**

   虫体大部黑色，少部具红褐色斑和淡斑……………………………………………………… **4**

2. 头部、前胸背板后叶、中胸小盾片、中胸背板及触角基部 3~4 节（有时基部 3 节）红褐色，其余均黑色；单眼后区后缘及两侧具白斑；后足股节内侧黑斑显著；后足跗节全部红褐色，背侧无白斑；唇基侧角短三角形，缺口深达唇基 1/2 长；翅痣黄褐色；触角粗短。中国（湖南、福建、广西）…………………………………… ***M. erythrocephalica* Wei & Nie, 2003** ♀

   头顶额区、中胸前盾片前侧、中胸盾片侧叶、后胸后背片、触角仅柄节与梗节基半部红褐色，其余均黑色；中胸小盾片白色；单眼后区完全红褐色，无白斑；后足股节内侧少部具黑斑；后足跗节大部白色；唇基侧角尖长，端缘十分尖锐，缺口深达唇基 1/4 长；翅痣红褐色至黑褐色；触角较粗短…………………………………………………………………………… **3**

3. 头部背侧额区及单眼附近区域具较大黑斑；中胸后上侧片、中胸后下侧片背缘和后胸侧板完全黑色；中胸背板前盾片“V”形斑红褐色；锯腹片 20 刃，中部锯刃齿式 1/6~7。中国（山西、河南）……………………………………………………… ***M. rufoclypeata* Wei, 1998** ♀

   头部背侧及单眼附近小型区域具黑斑；额区中胸后上侧片少部、中胸后下侧片背缘下角、后胸前侧片少部和后胸后侧片后角黑色；中胸背板前盾片大部红褐色；锯腹片 21 刃，中部锯刃齿式 1/4~6。中国（甘肃、宁夏、河南）………………… ***M. leucotarsalina* Wei & Chen, 2002** ♀

4. 中胸小盾片具白斑………………………………………………………………………… **5**

   中胸小盾片完全黑色……………………………………………………………………… **10**

5. 触角柄节与梗节红褐色，鞭节完全黑色；唇基、上唇、前胸背板后缘及侧角、翅基片外缘、中胸盾侧叶内缘长三角形斑、中胸小盾片及附片黄白色；腹部各节背板侧缘均具显著白斑，第 3~5 背板后缘具明显白边，第 8 背板端半部具白色宽边，第 10 背板完全白色；后足第 1~4 跗分节黑色；头部背侧及胸部侧板光泽较强烈，刻点较稀疏；锯刃平直，中部锯刃齿式 1/14~16，刃齿细小且多枚。中国（湖北）…………………………… ***M. shennongjiana* Wei & Zhao, 2011** ♀

触角完全黑色；其余特征不同于上述……………………………………………………………………… 6

6. 后足胫跗节或仅跗节背侧具明显白斑……………………………………………………………… 7

后足胫跗节均无白斑……………………………………………………………………………………… 8

7. 单眼后区宽长比大于 2；背面观后头很短小，两侧强烈收敛；前胸背板后缘狭边白色；腹部第 2 背板侧角白斑最大，第 3 背板侧角后缘白斑小型；后足胫节背侧亚端部白斑较小；锯刃显著突出，中部锯刃齿式 1/3~4。中国（山东）…………………… ***M. maculotarsalina*** **Wei & Liu, 2005** ♀

单眼后区宽长比等于 2；背面观后头较长，两侧微弱收敛；前胸背板后缘及侧角白斑显著；腹部第 2~5 背板侧角均具明显白斑，第 2 背板侧角白斑最小；后足胫节背侧亚端部白斑大型，约占后足胫节 1/2 长；锯刃短小低平，中部锯刃齿式 1/2~3。中国（宁夏）

…………………………………………………………………………… ***M. reni*** **Li, Liu & Wei, 2014** ♀

8. 前胸背板后缘狭边白色；后足基节外侧卵形白斑显著；腹部第 2~3 背板侧角具白斑，但第 2 背板侧角白斑最大；后翅臀室收缩中柄较长；雌虫锯腹片锯刃明显隆起，乳突状突出。中国（甘肃、陕西、山西、天津、河北、河南）……………………………… ***M. pentanalia*** **Wei & Chen, 2002** ♀

前胸背板黑色，后缘无白边；后足基节外侧完全黑色；腹部各节背板两侧无明显白斑；后翅臀室柄较短；雌虫锯腹片锯刃非乳突状……………………………………………………………………… 9

9. 前翅臀室无柄式，具短直横脉；上唇黑色，端缘具浅褐色三角形小斑，唇基完全黑色；头部背侧光泽较强，刻点较稀疏浅弱，光滑间隙明显。中国（河北）；高加索、欧洲

……………………………………………………………… ***M. erythrocnema*** **A. Costa, 1859** ♀

前翅臀室具柄式，长点状；上唇白色，端缘具浅褐色狭边，唇基不完全黑色，侧角底部具模糊淡斑；头部背侧光泽微弱，刻点稍粗糙密集，刻点间光滑间隙狭窄。欧洲

…………………………………………………………………… ***M. recognata*** **Zombori, 1979** ♀

10. 上唇完全白色……………………………………………………………………………………… 11

上唇不完全黑色，具模糊白斑或红褐色斑……………………………………………………………… 17

11. 腹部第 1 背板后缘具显著白边………………………………………………………………………… 12

腹部第 1 背板完全黑色，如后缘具白边，则十分狭窄…………………………………………………… 13

12. 虫体 8.5~9mm，较粗壮；前胸背板后缘具白色宽边；腹部第 1 背板基部 1/3 黑色，端部 2/3 白色，其余各节背板侧角折缘具模糊浅斑，下生殖板大部浅色；后足胫节中部具白环，白环长度约占后足胫节的 2/5~1/2 长；后足跗节完全黑色；唇基侧角短三角形，缺口较浅，圆弧形；中胸背板、小盾片及小盾片附片刻点粗糙密集，几乎无光滑间隙，光泽较强。中国（湖南、福建、广西）

……………………………………………………… ***M. erythrocephalica*** **Wei & Nie, 2003** ♂

虫体 6.5mm，较匀称；前胸背板后缘侧角具明显白斑；腹部第 1 背板后缘白边稍窄，第 3~5 节背板侧角白斑明显；后足胫节大部红褐色，端部具黑斑；后足基跗节大部红褐色，端部及其余各跗分节全部白色；唇基尖长，端缘锐利，缺口较深；中胸背板、小盾片及小盾片附片刻点细小浅平，稍密集，光滑间隙狭窄，光泽微弱。中国（四川）…… ***M. elegansoma*** **Li, Liu & Wei, 2014** ♀

13. 后足转节和股节大部均红褐色。中国（河北）…………………… ***M. canescens*** **Mallach, 1936** ♀

后足转节白色或黑色……………………………………………………………………………………… 14

14. 前中足转节均黑色，后足转节腹侧完全黑色，背侧具模糊白斑。中国（甘肃、山西、北京）

……………………………………………………… ***M. melanosomata*** **Wei & Xin, 2012** ♂

至少后足转节完全白色……………………………………………………………………………………… 15

15. 后足胫跗节背侧均无白斑；雌虫胫节大部红褐色，端部具黑斑，跗节完全黑色；雄虫胫跗节完全黑色。朝鲜、日本、蒙古、欧洲、土耳其；中国（黑龙江、吉林、内蒙古、山西）

…………………………………………………… ***M. sanguinolenta*** **(Gmelin, 1790)** ♀♂

后足胫跗节背侧至少有一处具明显白斑……16

16. 唇基方形，侧角十分尖长，唇基缺口深达唇基的 3/5 长，深圆弧形；后足基节外侧具卵形白斑；后足股节基部 1/3 白色，2/3 黑色；后足胫节完全黑色；后足基跗节基大部黑色，端部及其余各跗分节白色。中国（甘肃、宁夏、河南）…… **M. leucotarsalina Wei & Chen, 2002** ♂

唇基宽短，侧角不明显尖长，短三角形，唇基缺口圆弧形，深达唇基 1/3 长；后足基节外侧完全黑色；后足股节大部红褐色，基部、端部窄环及内侧大部黑色；后足胫节黑色，背侧端部具明显白斑；跗节完全黑色。中国（甘肃、陕西）…… **M. yangi Wei & Zhu, 2012** ♂

17. 后足胫节背侧具明显白斑……18

后足胫节背侧无白斑……21

18. 后足跗节数跗分节背侧具显著白斑……19

后足跗节完全黑色……20

19. 后足股节大部黑色，中部红褐色，内侧黑斑连贯。中国（山东）…… **M. maculotarsalina Wei & Liu, 2005** ♂

后足股节大部红褐色，内侧黑斑不连贯。中国（宁夏）…… **M. reni Li, Liu & Wei, 2014** ♂

20. 头部背侧光泽较强烈，刻点较密集粗糙，几乎无光滑间隙，具细弱刻纹；前胸背板后缘狭边白色；腹部第 2~4 背板侧角具约等大小的小型白斑；后足基节外侧具卵形大白斑；后足股节除内侧端部具黑斑外全部红褐色；前翅臀室中柄较短。中国（甘肃、陕西）…… **M. yangi Wei & Zhu, 2012** ♀

头部背侧光泽强烈，刻点十分稀疏，大部光滑；前胸背板完全黑色；腹部第 2 背板侧缘具大白斑，第 3 背板侧缘具小白斑；后足基节外侧完全黑色；后足股节大部黑色，中部红褐色，内侧黑斑不连贯；前翅臀室中柄较长。中国（甘肃、陕西、山西、天津、河北、河南）…… **M. pentanalia Wei & Chen, 2002** ♂

21. 前胸背板完全黑色；唇基完全黑色，上唇浅色或黑色具浅色小斑；前中足大部具黑斑和浅斑；腹部各节背板完全黑色，无白斑；单眼后区宽长比小于 3……22

前胸背板后缘具白边；唇基基半黑色，端部暗红褐色，上唇褐色；前中足胫跗节、后足股胫节红褐色，后股内侧具黑纵条，后跗节暗红褐色，前中转节黑色。腹部第 1 背板光滑，后缘白边中央较两侧狭窄，其余各节背板无明显白斑；单眼后区宽长比约等于 3。颊脊显著。中国（湖北）…… **M. jiangi Wei & Zhao, 2011** ♀

22. 后足转节完全白色；后足胫节及基跗节红褐色，胫节端部具黑斑，第 1~4 跗分节背侧具小白斑；前翅臀室中柄约 2 倍于 1r-m 脉长；单眼后区侧沟稍深。中国（吉林、河北、河南、湖北、重庆）…… **M. longipetiolata Wei & Zhong, 2013** ♀

后足转节腹侧黑色，背侧白色；后足胫跗节完全黑色（或胫节大部红褐色，基部和端部具明显黑斑）；前翅臀室中柄约等长于 1r-m 脉长；单眼后区侧沟几乎消失，痕状。中国（甘肃、山西）…… **M. melanosomata Wei & Xin, 2012** ♀

198. 东陵钩瓣叶蜂 *Macrophya canescens* Mallach, 1936

Macrophya canescens Mallach, 1936. Bulletin of the Fan Memorial Institute of Biology, Zoology, Peiping / Beiping 6: 220-221.

观察标本：正模：♀，河北东陵，1931-Ⅵ-25，何琦（袁德成，1991）。

分布：河北（东陵）。

鉴别特征：参照检索表。

199. 细体钩瓣叶蜂 *Macrophya elegansoma* Li, Liu & Wei, 2014（图版 2-102）

Macrophya elegansoma Li, Liu & Wei, 2014. *Zoological Systematics*, 39(4): 520-533.

观察标本：正模：♀，四川峨眉山洗象池，2 000m，2001-Ⅶ-19，魏美才。

分布：四川（峨眉山）。

鉴别特征：本种与红唇钩瓣叶蜂 *M. rufoclypeata* Wei, 1998 较近似，但前者体长 6mm；头胸部黑色，前胸背板后角白色，中胸小盾片完全黑色；腹部第 2 背板侧缘具模糊白斑，第 3~5 背板侧角白斑明显；上唇与唇基几乎完全白色，仅唇基基缘黑色，唇基缺口深圆弧型，深达唇基 1/4 长，侧角窄三角形，端缘稍窄圆；头部光泽微弱，刻点细小密集，几乎无光滑间隙；触角基部 2 节完全红褐色，其余各节完全黑色。

200. 红头钩瓣叶蜂 *Macrophya erythrocephalica* Wei & Nie, 2003（图版 2-103）

Macrophya erythrocephalica Wei & Nie, 2003. *Fauna of Insects in Fujian Province of China*, 98, 202.

观察标本：正模：1♀，福建光泽华桥，350~400m，1960-Ⅳ-12，中国科学院，金根桃，林扬明；非模式标本：17♀♀17♂♂，湖南衡山，100m，2005-Ⅳ-2，魏美才，贺应科；1♀，广西兴安同仁村，N. 25°37.207′，E. 110°39.093′，337m，2006-Ⅳ-18，杨青；1♀，广西猫儿山九牛塘，N. 25°53.089′，E. 110°22.187′，1 164m，2006-Ⅳ-22，杨青；1♂，CSCS12004，湖南武冈云山电视塔，N. 26°38.630′，E. 110°37.299′，1 380m，2012-Ⅳ-11，李泽建，潘载扬；1♀，CSCS17053，湖南张家界宝峰湖金峰寺，N. 29°19′39″，E. 110°32′39″，432m，2017-Ⅳ-14，张宁 & 张译文采，$CH_3COOC_2H_5$。

分布：福建（光泽县、武夷山），湖南（张家界、云山、衡山），广西（兴安县，猫儿山）。

鉴别特征：本种体长 9~9.5mm；头胸部、触角和足红褐色，具少数黑斑；体密集粗糙刻点，翅痣黄褐色；锯刃低平，与本种团内其余种类差异较大，易于鉴别。

201. 红斑钩瓣叶蜂 *Macrophya erythrocnema* A. Costa, 1859（图版 2-104）

Macrophya erythrocnema A. Costa, 1859. Antonio Cons, Napoli, [1859-1860], pp. 77-78.

Tenthredo femoralis Eversmann, 1864. *Bulletin de la Société des Naturalistes de Moscou, Section biologique, Nouvelle Série*, 37, 297.

观察标本：非模式标本：1♀，Received on exchange ex coll., Deutsches Entomolog. Institute Eberswaldae / Germany 2001., Erzgebirge. Lange.

分布：河北（小五台山）；高加索，欧洲。

寄主：川续断科，孀草属，田野孀草 *Knautia arvensis*。

鉴别特征：本种与血红钩瓣叶蜂 *M. sanguinolenta* (Gmelin, 1790) 十分近似，但前者体长 8.5mm；上唇黑色，端缘具浅褐色三角形小斑；中胸小盾片完全白色；各足转节均黑色；后足股节基缘和端缘具黑斑；后足跗节大部暗红褐色；头部背侧光泽较强，刻点较密集，可见光滑间隙；前翅臀室无柄式，具短直横脉。

202. 江氏钩瓣叶蜂 *Macrophya jiangi* Wei & Zhao, 2011（图版 2-105）

Macrophya jiangi Wei & Zhao, 2011. *Acta Zootaxonomica Sinica*, 36(2): 264-267.

观察标本：正模：♀，湖北神农架松柏，1985-Ⅴ-30，茅晓渊。

分布：湖北（神农架）。

鉴别特征：本种与神龙钩瓣叶蜂 *M. shennongjiana* Wei & Zhao, 2011 十分近似，但前者体长 9mm；头部背侧光泽微弱，刻点十分粗糙密集，无光滑间隙；唇基基半部黑色，端半部白色；单眼后区后缘具小白斑；前胸背板后缘白边较窄，侧角后部具较窄白边；中胸小盾片和附片完全黑色；腹部第 1 背板后缘具白斑，后缘中部白边较侧角白斑狭窄，其余各节背板完全黑色；前中足股节大部黑色，具红褐色斑纹；后足股节大部红褐色，外侧具黑色条斑；前中足转节均黑色，后足转节完全白色；雌虫锯腹片中部锯刃齿式为 1/25-35，亚基齿非常细小且多枚。

203. 白跗钩瓣叶蜂 *Macrophya leucotarsalina* Wei & Chen, 2002（图版 2-106）

Macrophya leucotarsalina Wei & Chen, 2002. *Insects of the mountains Taihang and Tongbai regions*, 5: 210-211.

观察标本：正模：♂，河南济源愚公林场，1 700m，2000-Ⅵ-5，魏美才；非模式标本：2♀♀，宁夏六盘山东山，N. 35°36.687′，E. 106°16.103′，2 050m，2008-Ⅵ-25，刘飞；2♀♀4♂♂，宁夏六盘山峰台，N. 35°23.380′，E. 106°20.701′，1 945m，2008-Ⅵ-23~24，刘飞；1♀，甘肃籍源林场金河工区，N. 34°32′13.4″，E. 105°17′28.6″，1 850m，2010-Ⅶ-23，马海燕；1♀，CSCS17109，宁夏固原市泾源县二龙河，N. 35°18′59″，E. 106°21′3″，2 176m，2017-Ⅵ-30，魏美才 & 王汉男采，$CH_3COOC_2H_5$。

分布：宁夏（六盘山、泾源县），甘肃（小陇山），河南（济源市）。

鉴别特征：本种与红唇钩瓣叶蜂 *M. ruforclypeata* Wei, 1998 较近似，但前者体长 7~7.5mm；头部背侧及单眼附近小型区域具黑斑；额区中胸后上侧片少部、中胸后下侧片背缘下角、后胸前侧片少部和后胸后侧片后角黑色；中胸背板前盾片大部红褐色；锯腹片 21 刃，中部锯刃齿式 1/4~6。

204. 长柄钩瓣叶蜂 *Macrophya longipetiolata* Wei & Zhong, 2013（图版 2-107）

Macrophya longipetiolata Wei & Zhong, 2013. *Acta Zootaxonomica Sinica*, 38(1): 124-129.

观察标本：正模：♀，CSCS12085，重庆南川金佛山南坡原始森林，N. 29°00′21″，E. 107°11′11″，2 010m，2012-Ⅶ-2，魏美才，牛耕耘；副模：1♀，吉林长白山，1 300m，1999-Ⅶ-2，魏美才，聂海燕；1♀，河北小五台唐家场，N. 39°58.022′，E. 115°04.143′，1 227m，2009-Ⅵ-25，王晓华；4♀♀，湖北神农架红花朵，N. 31°15′，

E. 109°56′，1 200m，2007-Ⅶ-3，魏美才，肖炜，牛耕耘；1♀，河南栾川龙峪湾，1 800m，2001-Ⅵ-5，魏美才；1♀，CSCS15133，湖北省神农架林区鸭子口，N. 301°30.022′，E. 110°20.044′，1 900m，2015-Ⅶ-31，肖炜采，乙酸乙酯。

个体变异：雌虫上唇不完全白色，具黑斑。

分布：吉林（长白山），河北（小五台山），河南（龙峪湾），湖北（神农架），重庆（金佛山）。

鉴别特征：本种与黑体钩瓣叶蜂 *M. melanosomata* Wei & Xin, 2012 较近似，但前者体长 8.5~9mm；头部背侧刻点稀少、细弱，刻点间光滑间隙显著，明显大于刻点宽度；单眼后区宽长比约为 2，侧沟较深；后足转节完全白色；后足胫节大部及基跗节大部红褐色，胫节端部和基部黑色，第 1 跗分节背侧端部及第 2~5 跗分节大部白色；前翅臀室中柄约 1.8 倍于 1r-m 脉长。

205. 斑跗钩瓣叶蜂 *Macrophya maculotarsalina* Wei & Liu, 2005（图版 2-108）

Macrophya maculotarsalina Wei & Liu, 2005. *Entomotaxonomia*, 27 (1): 57-58, 60.

观察标本：正模：♀，山东泰安泰山，700~1 300m，2004-Ⅵ-11，刘守柱；副模：26♀♀12♂♂，山东泰安泰山，700~1 300m，2004-Ⅵ-11，刘守柱；5♀♀，山东泰安泰山，1 450m，2003-Ⅶ-23~26，刘守柱。

分布：山东（泰山）。

鉴别特征：本种与五斑钩瓣叶蜂 *M. pentanalia* Wei & Chen, 2002 较近似，但前者体长 9~9.5mm；头部额区不下沉，单眼顶面与复眼顶面近齐平；后足胫跗节大部红褐色，背侧具明显白斑。

206. 贵船钩瓣叶蜂 *Macrophya malaisei kibunensis* Takeuchi, 1937

Macrophya malaisei kibunensis Takeuchi, 1937. *Acta Entomologica*, 1(4): 443.

未见标本。

分布：日本*（本州）。

鉴别特征：本种与玛氏钩瓣叶蜂 *M. malaisei* Takeuchi, 1937 十分近似，但前者雌雄两性标本后足股胫跗节大部深红褐色；后足胫节背侧具模糊白斑；腹部白斑减少。

207. 黑体钩瓣叶蜂 *Macrophya melanosomata* Wei & Xin, 2012（图版 2-109）

Macrophya melanosomata Wei & Xin, 2012. *Acta Zootaxonomica Sinica*, 37(4): 804-806.

观察标本：正模：♀，甘肃小陇山党川林场，N. 34°24′41.3″，E. 106°08′03.2″，1 700m，2009-Ⅵ-1，杨亚丽；副模：1♀，山西五台山河北村，N. 39°00.787′，E. 113°33.810′，1 845m，2009-Ⅶ-3，姚明灿；2♀♀1♂，山西历山西峡，N. 35°25.767′，E. 112°00.640′，1 513m，2008-Ⅶ-10，王晓华，费汉榄；1♀，山西历山西峡，N. 35°25.767′，E. 112°00.640′，1 513m，2008-Ⅶ-9，费汉榄；1♂，山西五台山下庄村，N. 38°59.911′，E. 113°31.633′，1 800m，2009-Ⅶ-4，姚明灿；1♂，北京门头沟，2009-Ⅵ-16，王涛。

分布：甘肃（小陇山），山西（历山、五台山），北京（门头沟）。

鉴别特征：本种与五斑钩瓣叶蜂 *M. pentanalia* Wei & Chen, 2002 十分近似，但前者体长 8.5~9mm；唇基前缘缺口浅弧形，深仅为唇基 1/5 长，侧角短宽；头部额区不下沉，单眼顶面稍高于复眼顶面；单眼后区、前胸背板和中胸小盾片均黑色；腹部各节背板均黑色，侧缘无白斑；后足转节几乎全部黑色；雌虫锯腹片锯刃弱度突出，中部锯刃齿式为 1/9~11，与后者不同。

208. 五斑钩瓣叶蜂 *Macrophya pentanalia* Wei & Chen, 2002（图版 2-110）

Macrophya pentanalia Wei & Chen, 2002. *Insects of the mountains Taihang and Tongbai regions*, 5: 211-212.

观察标本：正模：♀，河南济源黄楝树，1 700m，2000-Ⅵ-7，魏美才；副模：3♀♀2♂♂，河南济源黄楝树，1 700m，2000-Ⅵ-6~7，魏美才，钟义海；1♀，采集信息不清楚，1979-Ⅵ-16；非模式标本：1♀，天津蓟县黑水河，1986-Ⅵ；1♀，甘肃天水麦积凤凰林场，N. 34°39′03.1″，E. 105°31′37.3″，1 700~1 900m，2009-Ⅵ-28，李永刚；1♀，山西五老峰月坪梁，N. 34°47.992′，E. 110°35.449′，1 739m，2008-Ⅶ-3，费汉榄；1♀，山西历山猪尾沟，N. 35°25.752′，E. 111°59.396′，1 700m，2008-Ⅶ-9，费汉榄；1♀，山西龙泉三仙洞，N. 36°58.694′，E. 113°24.407′，1 488m，2008-Ⅵ-25，费汉榄；1♀，河北小五台赤崖堡，N. 39°59.123′，E. 115°02.109′，1 400m，2009-Ⅵ-23，王晓华；1♀，CSCS16112，北京延庆县玉渡山，N. 40°33.067′，E. 115°53.267′，910m，2017-Ⅵ-29，安一喆 & 吴肖彤采，$CH_3COOC_2H_5$。

分布：甘肃（麦积），陕西（宝鸡），山西（五老峰、历山、龙泉），北京（玉渡山），天津（蓟县），河北（小五台山），河南（济源市）。

鉴别特征：本种与斑跗钩瓣叶蜂 *M. maculotarsalina* Wei & Liu, 2005 十分近似，但前者体长 8.5~9mm；头部额区稍下沉，单眼顶面稍低于复眼顶面；后足胫跗节大部暗红褐色，背侧无白斑。

209. 红足钩瓣叶蜂 *Macrophya recognata* Zombori, 1979

Macrophya cognata Mocsáry, 1881. *Természetrajzi Füzetek*, 5(1): 31-32.

Macrophya recognata Zombori, 1979. *Frustula entomologica, Nuova Serie*, 1[1978], 241.

观察标本：Ergebirge Lange, Receired on exchange ex coll., Deutsches Entomolog Institut Eberswalde / Germany 2001.

分布：欧洲。

鉴别特征：本种与红斑钩瓣叶蜂 *M. erythrocnema* A. Costa, 1859 十分近似，但前者体长 8.5mm；上唇大部白色，端缘具浅褐色线斑；唇基侧角具模糊白斑，其余黑色；前翅臀室具柄式，中柄短，长点状；头部背侧光泽较强，刻点较稀疏浅弱，光滑间隙明显。

210. 任氏钩瓣叶蜂 *Macrophya reni* Li, Liu & Wei, 2014（图版 2-111）

Macrophya reni Li, Liu & Wei, 2014. *Zoological Systematics*, 39(4): 520-533.

观察标本：正模：♀，宁夏六盘山，1996-Ⅵ-15，任国栋等；副模：1♂，宁夏六盘山，1996-Ⅵ-15，任国栋等。

分布：宁夏（六盘山）。

鉴别特征：本种与神龙钩瓣叶蜂 *M. shennongjiana* Wei & Zhao, 2011 较近似，但前者体长 10~10.5mm；上唇和唇基不完全黑色，上唇端缘具三角形白色小斑，唇基端缘侧叶具模糊白斑；唇基半圆形，深达唇基 1/2 长，侧叶窄长，端缘稍尖；单眼后区后缘具 2 个小白斑；前胸背板前角完全黑色；腹部仅第 6~9 背板完全黑色，其余各节背板具明显白斑；后足胫节大部红褐色，背侧近端部 1/2 长白斑显著；雌虫锯腹片中部锯刃齿式为 1/15~16，亚基齿细小且多枚。

211. 红唇钩瓣叶蜂 *Macrophya rufoclypeata* Wei, 1998（图版 2-112）

Macrophya rufoclypeata Wei, 1998. *Insect Fauna of Henan Province*, 2: 153-154, 160.

观察标本：正模：♀，河南嵩县，1996-Ⅶ-19，魏美才；非模式标本：1♀，山西龙泉龙泉瀑布，N. 36°58.790′，E. 113°24.619′，1 434m，2008-Ⅵ-24，王晓华。

分布：山西（龙泉），河南（嵩县、伏牛山）。

鉴别特征：本种与白跗钩瓣叶蜂 *M. leucotarsalina* Wei & Chen, 2002 十分近似，但前者体长 6.5~7mm；头部背侧额区及单眼附近区域具较大黑斑；中胸后上侧片、中胸后下侧片背缘和后胸侧板完全黑色；中胸背板前盾片 V 型斑红褐色；锯腹片 20 刃，中部锯刃齿式 1/6~7。

212. 血红钩瓣叶蜂 *Macrophya sanguinolenta* (Gmelin, 1790)（图版 2-113）

Tenthredo sanguinolenta Gmeilin, 1790. *Caroli a Linné Systema Naturae. 13. ed., Vol. 1(5)*. Beer, Leipzig, pp. 2 666.

Macrophya sanguinolenta var. *borealis* Forsius, 1918. *Meddelanden af Societas pro Fauna et Flora Fennica*, 44[1917-1918], 151.

Macrophya sanguinolenta var. *albitarsis* Enslin, 1918. *Deutsche Entomologische Zeitschrift*, [1917](Beiheft 7): 726.

观察标本：1♀1♂, Received on exchange ex coll., Deutsches Entomolog., Institute Eberswaldae / Germany 2001., Erzgebirge. Lange, Frankenhausen Kyffh., 13- Ⅶ -1957., Karl Ermisch leg. ; 1♂, Received on exchange ex coll. Deutsches Entomolog. Institute Eberswaldae / Germany 2001. Erzgebirge. Lange, D: Thur. : Sudharz: llfeld: Brandesbachtal chtal 300~400m, 51°35′ N, 10°47′ E, Kascherfang, 31- Ⅴ -1996, leg. A. TAEGER; 2♀♀2♂♂，Slovak Rep. : Lower Tatras, Liptovsky Hradok ESE 11~20km, 690~740m alt. 19-Ⅵ-2005, leg. Wei & Nie; 1♂, F, Dep. Puy de Dome Sapchat, 798m, 45°34′33.60″ N, 2°58′08.46″ E, 24-Ⅴ-2008, Wei

M C; 1♂, F, Dep. Puy de Dome Sapchat~ St. Nectaire, 45.587° N, 2.979° E, 812m, 21-Ⅴ-2008, Wei M C coll.

分布：黑龙江（嘉荫县），吉林（漫江），内蒙古（呼伦贝尔），山西（太行山）；朝鲜，日本，蒙古，欧洲，土耳其。

鉴别特征：本种与红斑钩瓣叶蜂 *M. erythrocnema* A.costa, 1859 十分近似，但前者体长 8~8.5mm；上唇完全白色；中胸小盾片完全黑色；各足转节黑色，后足转节白色；后足股节基部白色，端部具黑环；后足跗节完全黑色；头部背侧光泽强烈，刻点十分稀疏细弱，光滑间隙明显；前翅臀室具柄式，中柄约 1 倍于 1r-m 脉长。

213. 神龙钩瓣叶蜂 *Macrophya shennongjiana* Wei & Zhao, 2011（图版 2-114）

Macrophya shennongjiana Wei & Zhao, 2011. *Acta Zootaxonomica Sinica*, 36(2): 264-267.

观察标本：正模：♀，湖北神农架官封，1985-Ⅷ-6，茅晓渊。

分布：湖北（神农架）。

鉴别特征：本种与江氏钩瓣叶蜂 *M. jiangi* Wei & Zhao, 2011 较近似，但前者体长 9mm；头部背侧光泽较强烈，额区刻点稀疏浅弱，刻点间隙具细弱刻纹；唇基不完全白色，近基缘具黑斑；单眼后区具 U 型白斑；前胸背板后缘侧角及前角白边较宽；中胸小盾片和附片完全白色；腹部各节背板均具白斑；前中足股节大部红褐色，无黑斑；后足股节大部红褐色，端部黑色，外侧无黑色条斑；各足转节均白色，无黑斑；雌虫锯腹片中部锯刃齿式为 1/15~16，亚基齿细小且多枚。

214. 杨氏钩瓣叶蜂 *Macrophya yangi* Wei & Zhu, 2012（图版 2-115）

Macrophya yangi Wei & Zhu, 2012. *Acta Zootaxonomica Sinica*, 37(1): 165-170.

观察标本：正模：♀，甘肃天水麦积山，N. 34°23.367′，E. 105°59.802′，1 347m，2005-Ⅴ-22，杨青；副模：1♀，陕西留坝桑园林场，N. 33°44.221′，E. 107°10.544′，1 080m，2007-Ⅴ-19，朱巽；2♀♀，甘肃天水小陇山，N. 34°16.275′，E. 106°08.201′，1 409m，2007-Ⅶ-7，魏美才，钟义海；2♂♂，甘肃天水麦积山，N. 34°23.367′，E. 105°59.802′，1 347m，2005-Ⅴ-22，杨青，朱巽；2♂♂，甘肃天水麦积山，N. 34°23.367′，E. 105°59.802′，1 347m，2006-Ⅴ-22，杨青，朱巽；1♀，陕西终南山，N. 33°59.506′，E. 108°58.356′，1 555m，2006-Ⅴ-27，杨青；3♀♀2♂♂，陕西周至楼观台，N. 34°02.939′，E. 108°49.303′，899m，2006-Ⅴ-25，杨青，朱巽；1♂，陕西潼关桐峪镇，N. 34°27.261′，E. 110°21.961′，1 052m，2006-Ⅴ-30，朱巽；1♀，甘肃秦州区太阳山，2006-Ⅵ-29，杨亚丽。

分布：陕西（留坝县、终南山、楼观台、桐峪镇），甘肃（麦积山、太阳山）。

鉴别特征：本新种与五斑钩瓣叶蜂 *M. pentanalia* Wei & Chen, 2002 十分近似，但前者体长 9.5~10mm；两性中胸小盾片黑色；腹部第 2~3 背板侧缘具约等大的小型白斑；后足转节白色；后足胫节大部黑色，背侧亚端部具小白斑；头部背侧刻点较粗糙密集，几乎无光滑间隙，具微弱刻纹；额区不明显下沉，单眼顶面与复眼平面相齐平；雄虫唇基大部和上唇全部白色，各足转节全部黄褐色；锯鞘短于后足基跗节，鞘端明显短于鞘基，锯刃低弱突出。

2.3.20.4 童氏钩瓣叶蜂亚种团 *M. tongi* subgroup

亚种团鉴别特征：触角完全黑色；后足股节大部具红褐色斑纹，胫节通常完全黑色（如胫节不完全黑色，则背侧具明显白斑）。

目前，本亚组共包括 10 种，中国分布 8 种，分别是：*M. femorata* Marlatt, 1898、*M. forsiusi* Takeuchi, 1937、*M. incrassitarsalia* Wei & Wu, 2012、*M. leucotrochanterata* Wei & Li, 2012、*M. linyangi* Wei, 2005、*M. mikagei* Togashi, 2005、*M. opacifrontalis* Li, Lei & Wei, 2014、*M. pseudofemorata* Li, Wang & Wei, 2014、*M. tongi* Wei & Ma, 1997、*M. vacillans* Malaise, 1931。

该亚种团种类分布于中国西北部、东北部、中南部，向国外延伸到日本、朝鲜和东西伯利亚。

分种检索表

1. 中胸小盾片不完全黑色，具白斑…………………………………………………… 2
   中胸小盾片完全黑色…………………………………………………………………… 6
2. 前胸背板后缘白边较狭窄；上唇和唇基均完全黑色；头部背侧光泽强烈，刻点十分稀疏浅弱，表面光滑，无明显刻纹；腹部第 1 背板中央后缘具明显白边，两侧缘无白斑，第 2 背板完全黑色（有时两侧缘具小白斑），第 3~6 背板侧缘具明显白斑（第 6 背板侧缘有时无白斑）；后足股节内侧黑斑连续。朝鲜（Mosanrei），东西伯利亚；中国（黑龙江、吉林、辽宁、甘肃、宁夏、陕西、山西、河南）…………………………………… ***M. vacillans* Malaise, 1931** ♀
   前胸背板后缘白边显著；其余特征不同于上述…………………………………………… 3
3. 各足转节均白色；后足基节腹侧端大部白色…………………………………………… 4
   前中足转节黑色；后足基节腹侧大部黑色，仅端缘白色………………………………… 5
4. 中胸小盾片附片白色；头部背侧高度光滑，无刻点；腹部第 1 背板中央后缘白边极狭，侧缘无白斑；第 2~6 背板侧缘具显著白斑，第 6 背板侧角白斑最小；第 7~8 背板完全黑色，第 9 节背板中央及第 10 背板完全白色。中国（宁夏、甘肃、山西、河北）
   …………………………………………………… ***M. leucotrochanterata* Wei & Li, 2012** ♀
   中央小盾片附片黑色；头部背侧刻点较密集；腹部第 1 背板中央后缘白边较狭，侧缘具白斑，其余各节背板完全黑色。中国（陕西、安徽、浙江、湖南、江西、广西）
   ………………………………………………………………… ***M. tongi* Wei & Ma, 1997** ♂
5. 唇基基半部黑色，端半部白色，宽于复眼内缘下端间距；前中足转节完全黑色；后足股节基缘具黑环，端部具黑斑，其余红褐色。中国（陕西、安徽、浙江、湖南、江西、广西）
   ………………………………………………………………… ***M. tongi* Wei & Ma, 1997** ♀
   唇基大部白色，仅基部具黑斑，几乎等长于复眼内缘下端间距；前中足转节大部白色，多少具黑斑；后足股节基部白色，其余黑色，略带隐红色。中国（贵州）……… ***M. linyangi* Wei, 2005** ♀

6. 上唇大部黑色，仅端部具模糊淡斑；唇基完全黑色…………………………………………………… 7
上唇几乎全部白色，黑斑极少；唇基基（半）部黑色，端（半）部白色；或者上唇和唇基均白色……… 10
7. 各足转节均黑色；后足胫节端大部及跗节明显膨大侧扁；头部背侧、中胸背板及中胸侧板刻点十分粗糙密集，无光滑间隙，光泽暗淡。中国（甘肃、陕西、河北、湖北）………………………………………………………………… **M. incrassitarsalia** Wei & Wu, 2012 ♀♂
前中足转节完全黑色，后足转节完全白色；后足胫节及跗节部侧扁膨大；头部背侧刻点不显著粗糙，可见光滑间隙，光泽强烈…………………………………………………………………………… 8
8. 前胸背板后缘白边较宽；后足胫节背侧亚端部具显著白斑，白斑长度约占后足胫节 1/3 长；腹部第 1 背板侧角后缘具明显白斑。中国（江苏、浙江、湖南、江西、贵州）………………………………………………………………… **M. opacifrontalis** Li, Lei & Wei, 2014 ♀
前胸背板后缘白边狭窄；后足胫节完全黑色，背侧无白斑………………………………………… 9
9. 头部背侧光泽稍强，刻点稍密集，不明显粗糙，刻点间具光滑间隙；腹部第 1 背板侧角无白斑；锯鞘稍短于后足基跗节，明显伸出腹部末端；雌虫锯腹片较长，锯刃明显突出，稍倾斜，中部锯刃齿式 1/4~5，齿刃不显著突出且少，节缝刺毛带较狭窄，刺毛较稀疏。日本（本州、四国、九州）；中国（山东）…………………………………………………… **M. femorata** Marlatt, 1898 ♀
头部背侧光泽微弱，刻点粗糙密集，无光滑间隙；腹部第 1 背板侧角后缘横白斑显著；锯鞘明显短于后足基跗节，不伸出腹部末端；雌虫锯腹片较短小，锯刃平直，中部锯刃亚基齿细弱。中国（湖北）…………………………………………… **M. pseudofemorata** Li, Wang & Wei, 2014 ♀♂
10. 后足胫节完全黑色。日本（本州、四国、九州）；中国（山东）… **M. femorata** Marlatt, 1898 ♂
后足胫节背侧亚端部具显著长白斑…………………………………………………………………… 11
11. 后足基节腹侧黑色，仅端缘白色；腹部除第 1 背板后缘具极狭白边外，其余各节背板完全黑色。中国（浙江、湖南、江苏、江西、贵州）………………… **M. opacifrontalis** Li, Lei & Wei, 2014 ♂
后足基节腹侧端大部白色，基部具黑斑；腹部除第 1 背板后缘具狭窄白边外，其余数节背板侧缘具白斑……………………………………………………………………………………………………… 12
12. 前胸背板后缘具白色狭边明显；后足股节内侧黑色纵条斑不连续，基部白色（或具少黑斑）。中国（宁夏、甘肃、山西、河北）………………………… **M. leucotrochanterata** Wei & Li, 2012 ♂
前胸背板后缘无白边（或极狭）；后足股节内侧黑色纵条斑连续，基部具明显宽黑斑。朝鲜（Mosanrei），东西伯利亚；中国（黑龙江、吉林、辽宁、甘肃、宁夏、陕西、山西、河南）……………………………………………………………………… **M. vacillans** Malaise, 1931 ♂

215. 斑股钩瓣叶蜂 *Macrophya femorata* Marlatt, 1898（图版 2-116）

Macrophya femorata Marlatt, 1898. *Proceedings of the United States National Museum*, 21(1157): 496.

Macrophya femorata Marlatt, 1898. *Entomotaxonomia*, 27(1): 58.

Macrophya nigrita Enslin, 1910. *Deutsche Entomologische Zeitschrift*, [1910](5): 466, 481-482.

观察标本：非模式标本：120♀♀60♂♂，山东烟台昆嵛山，400~800m，2004-Ⅴ-25，刘守柱，刘卫星；1♀2♂♂，山东烟台昆嵛山，2011-Ⅶ~Ⅷ，朱彦鹏。

分布：山东（昆嵛山）；日本。

本种雄虫与 Marlatt 的原始描述（Takeuchi, 1937）稍有出入：本种头部刻点较稀疏，有光泽，唇基具显著缺口，后足股节大部红色。

鉴别特征：本种与童氏钩瓣叶蜂 *M. tongi* Wei & Ma, 1997 十分近似，但前者体长 9~9.5mm；上唇和唇基均黑色，上唇端缘具浅褐色三角形斑；前胸背板后缘白边较狭；中胸小盾片与后胸小盾片完全黑色；后足胫节完全黑色，背侧无白斑。

216. 弗氏钩瓣叶蜂 *Macrophya forsiusi* Takeuchi, 1937

Macrophya forsiusi Takeuchi, 1937. *Acta Entomologica*, 1(4): 439-441.

未见标本。

分布：日本*（本州）。

217. 肿跗钩瓣叶蜂 *Macrophya incrassitarsalia* Wei & Wu, 2012（图版 2-117）

Macrophya incrassitarsalia Wei & Wu, 2012. *Acta Zootaxonomica Sinica*, 37(4): 802-804.

观察标本：正模：♀，甘肃平凉庄浪云崖，2007-Ⅴ-18，李永刚；副模：3♀♀，甘肃庆阳正宁中湾林场，N. 35°26′35.4″，E. 108°34′18.2″，1 590m，2009-Ⅴ-1，武星煜，杜维明；1♂，河北紫金山观星台，N. 37°00.961′，E. 113°47.312′，1 285m，2008-Ⅴ-22，李泽建；1♀，甘肃小陇山麻沿林场，N. 34°03′26.0″，E. 105°45′18.8″，1 420m，2009-Ⅳ-21，李永刚；2♀♀, CHINA, Shaanxi, Kaitianguan, Mt. Taibaishan, Qinling Mts, 34°00′ N, 107°51′ E, 2 000m, 31.Ⅴ-2.Ⅵ-2004, A. Shinohara；1♀，CSCS12063，湖北宜昌神农架鬼头湾，N. 34°28.439′，E. 110°08.872′，2 150m，2012-Ⅴ-21，李泽建；非模式标本：1♀，CSCS17101，陕西太白山开天关，N. 34°0′33.79″，E. 107°51′33.72″，1 815m，2017-Ⅵ-20，魏美才 & 王汉男采，$CH_3COOC_2H_5$。

分布：甘肃（庄浪县、正宁县、小陇山），陕西（太白山），河北（紫金山），湖北（神农架）。

鉴别特征：本种体长 10~10.5mm；头部背侧、胸部背板及侧板刻点十分粗糙致密，无光滑间隙，光泽不明显；中胸小盾片全部和各足转节大部黑色；后足跗节显著膨大侧扁；中胸侧板下部明显隆起，具钝斜脊；前翅 2Rs 室显著长于 1Rs 室；雌虫锯腹片锯刃平坦，刃齿较小且多枚，中部锯刃齿式 1/10~11 等易于识别。在该种团中，只有本种后足跗节显著膨大侧扁，其余种类后足基跗节均细长，易于识别。

218. 白转钩瓣叶蜂 *Macrophya leucotrochanterata* Wei & Li, 2012（图版 2-118）

Macrophya leucotrochanterata Wei & Li, 2012. *Acta Zootaxonomica Sinica*, 37(4): 806-808.

观察标本：正模：♀，河北长寿村连翘泉，N. 36°59.439′，E. 113°48.557′，1 175m，2008-Ⅴ-29，李泽建；副模：5♀♀3♂♂，河北长寿村连翘泉，N. 36°59.439′，E. 113°48.557′，1 175m，2008-Ⅴ-28~30，李泽建；1♂，河北长寿村长寿洞，N. 36°59.231′，E. 113°48.196′，1 324m，2008-Ⅴ-28，李泽建；1♀，甘肃小陇山百花林

场阴崖沟，N. 34°19′15.2″，E. 106°18′18.1″，1 580m，2009-Ⅵ-17，武星煜；2♀♀，山西龙泉龙泉瀑布，N. 36°58.790′，E. 113°24.619′，1 434m，2008-Ⅵ-24，王晓华，费汉榄；2♀♀，山西龙泉密林峡谷，N. 36°58.684′，E. 113°24.677′，1 500m，2008-Ⅵ-25，费汉榄；2♀♀，CSCS17108，宁夏固原市泾源县秋千架，N. 35°33′21″，E. 106°25′22″，1 764m，2017-Ⅵ-29，魏美才 & 王汉男采，$CH_3COOC_2H_5$。

分布：宁夏（泾源县），甘肃（小陇山），河北（长寿村），山西（龙泉）。

鉴别特征：本种体长 8.5~9mm；头部光滑，无明显刻点，两性各足转节均白色；雌虫中胸小盾片和后足跗节背侧具显著白斑，腹部 2~5 背板两侧具大型白色方斑；雄虫中胸小盾片和后足跗节全部黑色，腹部第 2~6 背板两侧后缘白斑较小，与本种团其余种类均显著不同。本种的雄虫与红胫钩瓣叶蜂 *M. rubitibia* Wei & Chen, 2002 的雄虫稍类似，但本种唇基缺口宽深，底部宽截形；雌虫触角全部黑色；雄虫后足跗节黑色无白斑；后者唇基缺口深圆弧形；雌虫触角 4~5 节白色；雄虫后足跗节背侧白斑显著。

219. 林氏钩瓣叶蜂 *Macrophya linyangi* Wei, 2005（图版 2-119）

Macrophya linyangi Wei, 2005. *Insects from Dasha river*, 449-450, 462.

观察标本：正模：♀，贵州遵义大沙河，1 100m，2004-Ⅴ-22，林杨。

分布：贵州（大沙河）。

鉴别特征：本种与忍冬钩瓣叶蜂 *M. vacillans* Malaise, 1931 较近似，但前者体长 9.5mm；上唇完全白色，唇基端大部白色，仅基缘具黑斑；单眼后区后缘具白斑；前胸背板后缘白边宽；腹部第 1 背板中央后缘具白边，侧角具显著白斑，第 2~5 背板完全黑色；后足股节基部白色，端大部隐红褐色；锯刃明显突出，刃齿大小不规则，节缝刺毛带狭窄。

220. 美景钩瓣叶蜂 *Macrophya mikagei* Togashi, 2005

Macrophya mikagei Togashi, 2005. *Biogeography*, 7: 21-23.

未见标本。

分布：日本（九州、长崎、对马岛）。

221. 糙额钩瓣叶蜂 *Macrophya opacifrontalis* Li, Lei & Wei, 2014（图版 2-120）

Macrophya opacifrontalis Li, Lei & Wei, 2014. *Zoological Systematics*, 39(2): 297-308.

观察标本：正模：♀，浙江临安天目山，1993-Ⅵ-11，竺明江；副模：1♀，湖南桑植八大公山，2000-Ⅴ-1，魏美才；1♂，湖南桑植八大公山，2000-Ⅳ-30，肖炜；1♀，湖南石门壶瓶山，2000-Ⅳ-30，钟义海；1♀，贵州梵净山岩高坪，N. 27°55.9′，E. 108°44.5′，1 750m，2008-Ⅴ-20~25，聂帅国；1♂，江西官山东河，430m，2009-Ⅲ-31，易伶俐，李怡；1♀，CSCS12071，江苏省句容市宝华山，2012-Ⅳ-14~15，邱见玥；1♂，CSCS12070，江苏省南京市浦口区老山森林公园，2012-Ⅳ-8，邱见玥；非模式标本：1♀1♂，LSAF15025，浙江临安西天目山禅院寺，N. 30.322°，E. 119.43°，

362m，2015-Ⅳ-5~6，李泽建采，乙酸乙酯；1♀，CSCS16144，浙江临安西天目山禅源寺，N. 30.322°，E. 119.443°，362m，2016-Ⅳ-15，李泽建 & 刘萌萌 & 陈志伟采，乙酸乙酯；2♂♂，LSAF16174，江西武功山红岩谷，海拔 500m，马氏网 1 号网（酒精），2016-Ⅳ-3，盛茂领 & 李涛采；1♂，LSAF16182，辽宁本溪，马氏网，酒精，2015-Ⅵ-4~8，李涛；1♀1♂，CSCS17027，浙江临安西天目山禅源寺，N. 30.323°，E. 119.442°，405m，2017-Ⅳ-8，李泽建 & 刘萌萌采，乙酸乙酯；1♀，CSCS17046，浙江临安西天目山禅源寺，N. 30.323°，E. 119.442°，405m，2017-Ⅳ-19~20，姬婷婷采，乙酸乙酯；1♂，CSCS17053，浙江临安西天目山禅源寺，N. 30.323°，E. 119.442°，405m，2017-Ⅳ-28~29，李泽建 & 刘萌萌 & 高凯文 & 姬婷婷采，乙酸乙酯。

分布：浙江（天目山），江苏（宝华山、老山），湖南（八大公山、壶瓶山），江西（官山、武功山），贵州（梵净山）。

个体变异：雌虫唇基亚端部具模糊横白斑。

鉴别特征：本种与忍冬钩瓣叶蜂 *M. vacillans* Malaise, 1931 较近似，但前者体长 10~10.5mm；头部背侧稍具光泽，额区刻点稍大，较粗糙密集，刻点间光滑间隙稍窄于刻点直径；单眼后区后缘、翅基片外缘白色；中胸小盾片完全黑色；腹部第 1 节背板两侧角后缘具小型白斑，第 2~9 节背板完全黑色；雌虫锯腹片中部锯刃明显突出，中部锯刃齿式为 1/6。

222. 伪斑股钩瓣叶蜂 *Macrophya pseudofemorata* Li, Wang & Wei, 2014（图版 2-121）

Macrophya pseudofemorata Li, Wang & Wei, 2014. *Zoological Systematics*, 39(2): 297-308.

观察标本：正模：♀，CSCS11022，湖北宜昌神农架鬼头湾，N. 31°28.439′，E. 110°08.872′，2 150m，2011-Ⅴ-25~28，李泽建；副模：1♂，CSCS12054，湖北宜昌神农架鬼头湾，N. 31°28.439′，E. 110°08.872′，2 150m，2012-Ⅴ-19，李泽建。

分布：湖北（神农架）。

鉴别特征：本种与斑股钩瓣叶蜂 *Macrophya femorata* Marlatt, 1898 十分近似，但前者体长 9mm；头部背侧光泽微弱，额区刻点粗糙密集，刻点间无光滑间隙；中胸小盾片明显隆起，具顶点，稍高于中胸背板平面；腹部第 1 背板侧角横白斑显著；锯鞘明显短于后足基跗节，不伸出腹部末端，背面观鞘毛明显弯曲，侧面观锯鞘端部背侧明显尖出；雌虫锯腹片较短小，锯刃较平直，中部锯刃具 3~4 个外侧亚基齿，内侧亚基齿不明显，十分细弱。

223. 童氏钩瓣叶蜂 *Macrophya tongi* Wei & Ma, 1997（图版 2-122）

Macrophya tongi Wei & Ma, 1997. *Entomotaxonomia*, Suppl.19: 80-81.

观察标本：正模：♀，湖南炎陵桃源洞，900~1 000m，1999-Ⅳ-23，魏美才；副模：4♀♀，湖南株洲东郊，1999-Ⅳ-19~21，魏美才，肖炜；3♀♀，湖南株洲（东郊），1999-Ⅳ-12，邓铁军；2♀♀，湖南浏阳，1985-Ⅳ-21，童新旺；12♀♀2♂♂，湖南株洲，1996-

Ⅳ-8~23~24~25，魏美才，聂海燕，文军；1♀1♂，湖南平江幕阜山，1 400m，2001-Ⅴ-8，魏美才，钟义海；非模式标本：1♂，湖南株洲东郊，2002-Ⅲ-18，魏美才；1♀，陕西佛坪县，2005-Ⅴ-17，1 000~1 450m，刘守柱；1♀，湖南株洲东郊，2004-Ⅴ，魏美才；1♂，安徽霍山白莲岩，N. 31°17′46″，E. 116°10′26″，2007-Ⅳ-4，魏美才；1♀，广西兴安同仁村，N. 25°37.207′，E. 110°39.093′，337m，2006-Ⅳ-19，游群；3♂♂，安徽省岳西县，N. 30°50′55″，E. 116°21′01″，2007-Ⅳ-3，魏美才；3♂♂，湖南中南林学院，2004-Ⅲ-28~29~30，刘卫星，梁旻雯；2♀♀，LSAF14003，浙江丽水莲都区白云山，N. 28.49°，E. 119.91°，340m，2014-Ⅲ-30，李泽建采，氰化钾；2♀♀，CSCS140022，浙江临安天目山禅源寺，N. 30°19′26″，E. 119°26′21″，481m，2014-Ⅳ-15，刘婷 & 余欣杰采，乙酸乙酯；1♂，CSCS14013，浙江临安天目山开山老殿，N. 30°20′33″，E. 119°26′05″，1 142m，2014-Ⅳ-11，胡平 & 刘婷采，乙酸乙酯；1♂，LSAF14007，浙江临安西天目山老殿，N. 30.34°，E. 119.43°，1 140m，2014-Ⅳ-9~10，李泽建采，乙酸乙酯；1♀，LSAF15029，浙江临安西天目山禅院寺，N. 30.322°，E. 119.43°，362m，2015-Ⅳ-12，李泽建采，乙酸乙酯；1♀，CSCS16141，浙江临安西天目山禅源寺，N. 30.322°，E. 119.443°，362m，2016-Ⅳ-13，李泽建 & 刘萌萌 & 陈志伟采，乙酸乙酯；1♀，CSCS17027，浙江临安西天目山禅源寺，N. 30.323°，E. 119.442°，405m，2017-Ⅳ-8，李泽建 & 刘萌萌采，乙酸乙酯；4♀♀，CSCS17037，浙江临安西天目山禅源寺，N. 30.323°，E. 119.442°，405m，2017-Ⅳ-16，刘萌萌 & 高凯文 & 姬婷婷采，乙酸乙酯；1♀，LSAF17094，江西省抚州市资溪县马头山国家级自然保护区，2017-Ⅳ-25，马氏网。

分布：陕西（佛坪县），安徽（大别山），浙江（丽水市、天目山），湖南（株洲市、桃源洞、幕阜山、大围山），江西（马头山），广西（猫儿山）。

个体变异：雌虫上唇中部具黑斑，中胸小盾片完全黑色无白斑；雄虫中胸小盾片完全黑色无白斑。

鉴别特征：本种与斑股钩瓣叶蜂 *M. femorata* Marlatt, 1898 较近似，但前者体长 9~9.5mm；上唇完全白色，唇基端半部白色，基半部黑色；前胸背板后缘具白色狭边；中胸小盾片不完全黑色，中央具白斑，后胸小盾片中央两侧大部白色；后足胫节背侧亚端部具显著白斑。

224. 忍冬钩瓣叶蜂 *Macrophya vacillans* Malaise, 1931（图版 2-123）

Macrophya vacillans Malaise, 1931. *Entomologisk Tidskrift*, Stockholm 52 (2): 125-126.

Macrophya vacillans var. *punctifrons* Malaise, 1931. *Entomologisk Tidskrift*, Stockholm 52 (2): 125-126.

观察标本：非模式标本：1♀，吉林蛟河，1985-Ⅶ；1♀，河南济源黄楝树，1 700m，2000-Ⅵ-7，魏美才；1♀，吉林辉南，1992-Ⅵ-20，四岔林场；2♀♀，黑龙江尚志帽儿山，350m，2002-Ⅵ-21~23，肖炜；1♀，辽宁本溪，2006-Ⅵ-15，盛茂领；1♀，河南嵩县白云山，1 500m，2003-Ⅶ-23，贺应科；1♀，陕西嘉陵江源头，N. 34°13.177′，E. 106°59.026′，1 570m，2007-Ⅴ-26，朱巽；1♀，甘肃天水小陇山，N. 34°16.275′，E. 106°08.201′，1 409m，2007-Ⅶ-7，魏美才；1♀，甘肃小陇山百花林场阴崖沟，N. 34°19′15.2″，E. 106°18′18.1″，1 580m，2009-Ⅵ-17，杨亚丽；1♀，甘肃小陇山滩歌林场卧牛山，N. 34°29′22.5″，E. 104°47′46.3″，2 220~2 250m，2009-Ⅶ-2，武星煜；1♀，山西龙泉三仙洞，N. 36º58.694′，E. 113º24.407′，1 488m，2008-Ⅵ-25，费汉榄；1♀，宁夏六盘山二龙河，N. 35º23.380′，E. 106º20.701′，1 945m，2008-Ⅶ-6，刘飞；2♀♀，甘肃天水市娘娘坝，N. 34º08.316′，E. 105º46.276′，1 790m，2009-Ⅶ-6，朱巽；1♀，甘肃小陇山党川林场，N. 34°24′41.3″，E. 106°08′03.2″，1 700m，2009-Ⅵ-1，李永刚；9♀♀1♂, CHINA, Shaanxi, Kaitianguan, Mt. Taibaishan, Qinling Mts, 34°00′ N, 107°51′ E, 2000m, 2-5-6-8- Ⅵ -2006, A. Shinohara; 1♀11♂♂, CHINA, Shaanxi, Kaitianguan, Mt. Taibaishan, Qinling Mts, 34°00′ N, 107°51′ E, 2000m, 25-26-27-30- Ⅴ -2005, A. Shinohara; 1♀, CHINA, Shaanxi, Kaitianguan, Mt. Taibaishan, Qinling Mts, 34°00′ N, 107°51′ E, 2 000m, 5- Ⅵ -2007, A. Shinohara; 1♀, CHINA, Shaanxi, Kaitianguan, Mt. Taibaishan, Qinling Mts, 34°00′ N, 107°51′ E, 2 000m, 29- Ⅴ -2007, A. Shinohara; 2♀♀, CHINA, Shaanxi, Kaitianguan, Mt. Taibaishan, Qinling Mts, 34°00′ N, 107°51′ E, 2 000m, 10- Ⅵ -2007, A. Shinohara; 1♀, CHINA, Shaanxi, Kaitianguan, Mt. Taibaishan, Qinling Mts, 34°00′ N, 107°51′ E, 2 000m, 2- Ⅵ -2007, A. Shinohara. ; 1♀，辽宁宽甸，2008-Ⅶ-1，高纯；1♀，甘肃小陇山党川林场，N. 34°18′30.1″，E. 106°08′03.1″，1 480m，李永刚采，2009-Ⅵ-17 ; 8♀♀，CSCS17104，甘肃省天水市牛家坟，N. 34°11′23″，E. 105°52′37″，1 672m，2017-Ⅵ-22，魏美才 & 王汉男 & 武星煜采，$CH_3COOC_2H_5$; 1♀，CSCS17099，陕西省太白山开天关，N. 34°0′33.79″，E. 107°51′33.72″，1 815m，2017-Ⅵ-19，魏美才 & 王汉男采，$CH_3COOC_2H_5$。

分布：黑龙江（帽儿山），吉林（蛟河市、辉南县），辽宁（本溪市、宽甸），甘肃（小陇山），宁夏（六盘山），陕西（太白山、嘉陵江），山西（霍县、龙泉），河南（济源市、白云山）；朝鲜★（Mosanrei），东西伯利亚★。

个体变异：雌虫唇基端部 1/3 具模糊白斑；前胸背板完全黑色或前胸背板后缘白边显著；后足股节内侧黑斑不连续。

鉴别特征：本种与林氏钩瓣叶蜂 *M. linyangi* Wei, 2005 较近似，但前者体长 10~10.5mm；上唇黑色，端缘具浅褐色三角形斑，唇基完全黑色；单眼后区完全黑色；前胸背板后缘白边极狭；腹部第 1 背板两侧完全黑色，中央后缘具白色狭边，第 2 背板完全黑色（或有时侧缘具小白斑），第 3~6 背板侧角后缘具白斑（或有时第 6 背板侧缘无白斑）；后足股节大部红褐色，仅基部窄环和端部黑色；锯刃较平直，刃齿大且少，节缝刺毛带较宽，刺毛较稀疏。

2.3.21 申氏钩瓣叶蜂种团 *M. sheni* group

种团鉴别特征：体型较狭长；颜面与额区明显下沉；中胸小盾片不隆起，顶面较平坦；后足胫跗节大部黑色，背侧具显著白斑；锯腹片锯刃具明显乳突状突起；雄虫阳茎瓣亚方形，头叶纵向长稍大于宽，具侧突。

本种团包括 3 种，中国仅分布 1 种，即 *M. esakii* (Takeuchi, 1923)、*M. marlatti* Zhelochovtsev, 1935 和 *M. sheni* Wei, 1998。

该种团种类分布于中国北部地区，国外分布到日本。

分种检索表

1. 前胸背板后缘狭边白色；后足股节基部约 2/5 白色，端部约 3/5 黑色；后胸侧板附片较短；后翅臀室柄约等于 cu-a 脉的 1/2 长等。中国（甘肃、陕西、山西、河北、河南）
·· ***M. sheni* Wei, 1998** ♀♂

前胸背板完全黑色；后足股节几乎完全黑色，仅基缘白色；后胸侧板附片光滑窄长；后翅臀室柄稍短于 cu-a 脉长等。日本（北海道、本州、四国、九州）············***M. esakii* (Takeuchi, 1923)** ♀♂

225. 江崎钩瓣叶蜂 *Macrophya esakii* (Takeuchi, 1923)

Pachyprotasis esakii Takeuchi, 1923. *The Insect World*, 27: 10-11.

Macrophya exilis Takeuchi, 1933. *The Transactions of the Kansai Entomological Society*, 4: 25-26.

观察标本：非模式标本。

分布：日本*（北海道、本州、四国、九州）。

鉴别特征：本种与申氏钩瓣叶蜂 *M. sheni* Wei, 1998 十分近似，但前者体长 9.5mm；前胸背板完全黑色；后足股节几乎完全黑色，仅基缘白色；后胸侧板附片光滑窄长；后翅臀室柄稍短于 cu-a 脉长等（后者前胸背板后缘狭边白色；后足股节基部约 2/5 白色，端部约 3/5 黑色；后胸侧板附片较短；后翅臀室柄约等于 cu-a 脉的 1/2 长等）。

226. 马氏钩瓣叶蜂 *Macrophya marlatti* Zhelochovtsev, 1935

Macrophya japonica Marlatt, 1898. *Proceedings of the United States National Museum*, 21(1157): 495.

Macrophya marlatti Zhelochovtsev, 1935. *Sbornik trudov Gosudarstvennogo Zoologicheskogo muzeja*, 1[1934]: 148.

未见标本。

分布：日本（本州）。

227. 申氏钩瓣叶蜂 *Macrophya sheni* Wei, 1998（图版 2-124）

Macrophya sheni Wei, 1998. *Insect Fauna of Henan Province*, 2: 154-155: 160.

观察标本：正模：♀，河南嵩县，1996-Ⅶ-19，魏美才；副模：5♀♀，河南嵩县，1996-Ⅶ-14~19，魏美才；非模式标本：1♀，河南内乡宝天曼，1 300m，1998-Ⅶ-13，魏美才；4♀♀，河南卢氏大块地，1 700m，2001-Ⅶ-20~21，钟义海；7♀♀7♂♂，河南济源黄楝树，1 400m，2000-Ⅵ-7，魏美才，钟义海；4♀♀，河南栾川龙峪湾，1 600~1 800m，2004-Ⅶ-21，张少冰，刘卫星；1♀，河南栾川龙峪湾，1 600m，2003-Ⅶ-29，梁旻雯；5♀♀，河南嵩县白云山，1 500~1 600m，2004-Ⅶ-17，张少冰，刘卫星，贺应科；5♀♀，甘肃天水小陇山，N. 34° 16′ 275″，E. 106°08′201″，1 409m，2007-Ⅶ-7，魏美才，钟义海；1♀，陕西太白山点兵场，1 200m，1981-Ⅶ-1，陕西太白山昆虫考察团；5♀♀3♂♂，陕西终南山，N. 33°59.506′，E. 108°58.356′，1 555m，2006-Ⅴ-27，杨青，朱巽；1♀4♂♂，河北长寿村连翘泉，N. 36°59.439′，E. 113°48.557′，1 175m，2008-Ⅴ-28~29，李泽建；1♀，河北小五台山东沟门，N. 39°59.266′，E. 115°02.039′，1 325m，2007-Ⅶ-17，李泽建；3♂♂，河北长寿村长寿洞，N. 36°59.231′，E. 113°48.196′，1 324m，2008-Ⅴ-27，李泽建；19♀♀2♂♂，山西绵山西水沟，N. 36°51.664′，E. 111°59.027′，1 550m，2008-Ⅶ-1，王晓华，费汉榄；20♀♀，山西绵山岩沟，N. 36°52.004′，E. 111°58.637′，1 200m，2008-Ⅵ-29~30，王晓华，费汉榄；15♀♀20♂♂，山西龙泉密林峡谷，N. 36°58.684′，E. 113°24.677′，1 500m，2008-Ⅵ-25，王晓华，费汉榄；2♀♀，山西绵山水涛沟，N. 36°51.696′，E. 112°00.108′，1 439m，2008-Ⅵ-30，王晓华；9♀♀8♂♂，山西龙泉龙泉瀑布，N. 36°58.790′，E. 113°24.619′，1 434m，2008-Ⅵ-24，王晓华，费汉榄；4♀♀，山西绵山琼玉瀑布，N. 36°51.508′，E. 111°58.976′，1 647m，2008-Ⅶ-1，费汉榄；2♀♀，河北小五台山赤崖堡，N. 39°59.123′，E. 115°02.109′，1 400m，2009-Ⅵ-23，王晓华；1♀，陕西佛坪县凉风垭顶，N. 33°41.117′，E. 107°51.250′，2 128m，2014-Ⅵ-18，刘萌萌 & 刘婷采，$CH_3COOC_2H_5$；1♀，陕西宝鸡嘉陵江源头景区，1 700m，2017-Ⅴ-31，纪树钦；4♀♀3♂♂，河南卢氏淇河林场，N. 33°44′2″，E. 110°50′45″，1 431m，2017-Ⅵ-13，魏美才 & 牛耕耘采，$CH_3COOC_2H_5$；1♀，河南卢氏淇河林场，N. 33°44′2″，E. 110°50′45″，1 431m，2017-Ⅵ-13，张宁 & 吴肖彤采，$CH_3COOC_2H_5$；5♂♂，河南卢氏淇河林场，N. 33°44′57″，E. 110°49′19″，1 650m，2017-Ⅵ-12，张宁 & 吴肖彤采，$CH_3COOC_2H_5$；1♂，河南卢氏淇河林场，N. 33°44′25″，E. 110°50′14″，1 636m，2017-Ⅵ-14，张宁 & 吴肖彤采，$CH_3COOC_2H_5$；1♂，河南卢氏淇河林场，N. 33°44′57″，E. 110°49′19″，1 650m，2017-Ⅵ-12，魏美才 & 牛耕耘 & 卢绍辉采，$CH_3COOC_2H_5$。

分布：甘肃（小陇山），陕西（太白山、终南山、嘉陵江），山西（绵山、龙泉），河北（长寿村、小五台山），河南（伏牛山、白云山、宝天曼、济源市、栾川县、嵩县、卢氏县）。

鉴别特征：本种与江崎钩瓣叶蜂 *M. esakii* (Takeuchi, 1923) 十分近似，但前者体长 9.5~10mm；前胸背板后缘狭边白色；后足股节基部约 2/5 白色，端部约 3/5 黑色；后胸侧板附片较短；后翅臀室柄约等于 cu-a 脉的 1/2 长等。

2.3.22 直脉钩瓣叶蜂种团 *M. sibirica* group

种团鉴别特征：触角完全黑色；上唇通常端部白色，唇基通常大部或全部黑色；唇基前缘缺口较显著，通常不深，侧角较短；后胸后侧片后角圆钝，不延伸，无附片；腹部第 1 背板通常具白斑；前翅臀横脉通常短直，少数具明显收缩柄；雄虫阳茎瓣头叶椭圆形，长大于宽，侧突明显。

目前，本种团现在共包括 22 种，中国分布 15 种，分别是 *M. albicincta* (Schrank, 1776)、*M. alboannulata* A. Costa, 1859、*M. carbonaria* Smith, 1874、*M. carinthiaca* (Klug, 1817)、*M. convexina* Wei & Li, 2013、*M. convexiscutellaris* Muche, 1969、*M. crassitarsalina* Wei & Chen, 2002、*M. harbina* Li, Liu & Wei, 2016、*M. maculipennis* Wei & Li, 2009、*M. maculoepimera* Wei & Li, 2013、*M. nigrotibia* Wei & Huang, 2013、*M. parvula* Konow, 1884、*M. potanini* Jakovlev, 1891、*M. revertana* Wei, 1998、*M. ribis* (Schrank, 1781)、*M. shii* Wei, 2004、*M. sibirica* Forsius, 1918、*M. soror* Jakovlev, 1891、*M. stigmaticalis* Wei & Nie, 2002、*M. tripidona* Wei & Chen, 2002、*M. typhanoptera* Wei & Nie, 1999、*M. timida* F. Smith, 1874。

该种团种类主要分布于秦岭、华北和东北等地。

分种检索表

1. 前翅具显著烟褐色斑，后翅淡烟色透明……………………………………………………… 2
   前翅无明显烟褐色斑，翅均匀淡烟色……………………………………………………… 3
2. 前翅具纵向烟褐色斑；前中足转节完全黑色，后足转节完全白色；后足胫节中部具显著宽白环，约占后胫节 1/2 长，后跗节全部黑色；腹部第 1 背板端部 3/5 全部白色，基部 2/5 黑色；唇基缺口较浅，侧叶宽短；锯刃近平直，稍突出，中部锯刃齿式为 1/9~11，刃齿较小且多枚，节缝刺毛带宽阔，刺毛密集。中国（河南）……………………… ***M. typhanoptera* Wei & Nie, 1999** ♀
   前翅翅痣下具亚圆形烟褐色斑，基臀室下侧烟褐色；各足转节均完全黑色；后足胫跗节完全黑色无白斑；腹部第 1 背板后缘中部狭边淡色；唇基缺口深圆形，侧叶窄长；锯刃稍倾斜隆起，中部锯刃齿式为 1/5~6，刃齿较大且少，节缝刺毛带极狭窄，刺毛稀疏。中国（山西、河北、北京、天津）…………………………………………………… ***M. maculipennis* Wei & Li, 2009** ♀
3. 前翅前缘脉浅褐色至褐色，翅痣黄褐色至暗褐色……………………………………………… 4
   前翅翅痣和翅脉黑褐色至黑色……………………………………………………………… 5
4. 体长 9.5mm；前翅前缘脉浅褐色，翅痣和翅脉暗褐色；头部背侧刻点粗糙密集，无光滑间隙，无光泽；后足胫节及基跗节显著膨大；上唇和唇基均黑色；足黑色，仅后足基节外侧基缘具卵形白斑；腹部第 1 背板后缘中央狭边浅色，其余各节背板完全黑色，刻点细小，刻纹密集显著。中国（山西、河南、湖南）…………………………… ***M. crassitarsalina* Wei & Chen, 2002** ♀

体长 8.0mm；前翅前缘脉和翅痣黄褐色；头部背侧刻点十分稀疏细弱，具光泽；后足胫跗节不膨大；上唇和唇基均浅黄褐色；各足基节端缘、后足股节基部 1/3 和后足胫跗节大部浅黄褐色。中国（陕西、河南、湖北、贵州）……………………… ***M. stigmaticalis* Wei & Nie, 2002** ♀♂

5. 后足胫跗节完全黑色…………………………………………………………………… **6**

后足胫节背侧具明显白斑，跗节完全黑色或背侧具明显白斑……………………………… **9**

6. 雌虫…………………………………………………………………………………… **7**

雄虫：上唇和唇基白色，仅唇基基部具黑斑；头部背侧和胸部侧板刻点稀疏细弱，不粗糙；前胸背板后缘后角具白边；腹部第 1 背板中央后缘具白色狭边；足大部白色，各足转节均完全白色；后足股节基部 1/3 白色，端部 2/3 黑色；阳茎瓣头叶椭圆形。中国（陕西、山西、河北）………………………………………………… ***M. maculoepimera* Wei & Li, 2013** ♂

7. 后足胫跗节明显膨大侧扁；前翅 C 脉和翅痣黄褐色；头胸部光泽暗淡，刻点界限不清晰，皱刻纹粗糙密集；触角约 1.5 倍于头胸部之和；唇基前缘缺口较浅，约为唇基 0.3 倍长，侧叶十分短钝；腹部第 1 背板后缘无白斑；后足转节完全黑色；雌虫锯腹片中部锯刃齿式为 1/17~21。中国（山西、河南、湖南）……………………… ***M. crassitarsalina* Wei & Chen, 2002** ♀

后足胫跗节不膨大侧扁；前翅 C 脉和翅痣黑褐色；其余特征不同于上述 ……………… **8**

8. 头胸部光泽较弱，额区刻点清晰，粗糙密集，无明显皱刻纹；腹部第 1 背板后缘两侧白边明显。中国（云南、浙江）……………………… ***M. nigrotibia* Wei & Huang, 2013** ♀

胸部光泽稍强，额区刻点十分稀疏细浅，大部区域光滑；腹部第 1 背板后缘仅中部具白边，两侧黑色。日本（本州、四国、九州）……………… ***M. timida* F. Smith, 1874** ♀(♂)

9. 后足跗节完全黑色……………………………………………………………………… **10**

后足跗节背侧具明显白斑…………………………………………………………… **18**

10. 中胸小盾片具明显白斑……………………………………………………………… **11**

中胸小盾片完全黑色………………………………………………………………… **12**

11. 触角粗壮；中胸侧板刻点粗糙密集；前胸背板后缘、腹部第 1 背板、后足股节端部无白斑。西伯利亚，朝鲜（Tonai、Hakugan）；中国（黑龙江、吉林、辽宁、河北、天津）………………………………………………… ***M. sibirica* Forsius, 1918** ♀♂

触角较粗壮；中胸侧板刻点均匀；前胸背板后缘、腹部第 1 背板中央后缘横斑、后足股节背侧端部具白斑。中国（黑龙江、辽宁）……………… ***M. harbina* Li, Liu & Wei, 2016** ♀♂

12. 上唇和唇基均完全黑色……………………………………………………………… **13**

上唇和唇基不完全黑色，多少具白斑；或上唇和唇基均白色……………………… **14**

13. 后足基节外侧完全黑色无白斑；单眼后区宽长比约等于 2；触角等长于头胸部之和；后胸小盾片无中脊。中国（甘肃、辽宁）；海参崴 ……………… ***M. potanini* Jakovlev, 1891** ♀

头部额区刻点稀疏且弱，头胸部光泽强烈；中胸小盾片平坦，前翅 2r-m 脉稍长于 2r-m 脉。中国（甘肃）………………………………………………… ***M. soror* Jakovlev, 1891** ♀

14. 腹部第 1 背板中央后缘白边不明显；各足转节均完全黑色。日本（北海道、本州、四国、九州），库页岛，东西伯利亚；中国（辽宁、浙江）……………… ***M. carbonaria* Smith, 1874** ♀♂

腹部第 1 背板中央后缘具 1 对小白斑；前中足转节黑色，后足转节大部或完全白色……… **15**

15. 后足胫节仅背侧中部具白斑，白斑长度不超过后足胫节 1/2 长…………………… **16**

后足胫节中部具显著白环，白环长度不短于后足胫节 1/2 长……………………… **17**

16. 头部背侧刻点较密集；单眼后区隆起，刻点粗大，间隙较窄；触角短，约 2 倍于头宽；前胸背板后缘白色；翅基片黑色；后足股节粗短，约 2 倍长于后足基节外侧白斑长（雄虫：上唇和唇基白色，仅唇基基部黑色；前胸背板后缘无白边；后足基节外侧无白斑）。中国（青海、甘肃、宁夏、陕西、四川）……………………………………………………………………**M. shii** **Wei, 2004** ♀♂

头部背侧刻点较弱，光滑间隙显著；单眼后区低平，具弱中纵沟，刻点弱，大部光滑；触角长于头宽 2.5 倍；前胸背板后缘和翅基片完全黑色；后足股节约 2.5 倍长于后足基节外侧白斑长。（雄虫：上唇和唇基不完全黑色，上唇端缘具白斑，唇基两侧基部具小白斑；后足基节外侧基部具白斑。）中国（甘肃、陕西、山西、河南、湖北、湖南、安徽、浙江）

……………………………………………………………………**M. revertana** **Wei, 1998** ♀♂

17. 雌虫锯腹片中部锯刃齿式 2/9~11。欧洲 ………………………**M. alboannulata** **A. Costa, 1859** ♀♂

雌虫锯腹片中部锯刃齿式 1~2/8~9（部分雌虫标本中胸小盾片顶部具 2 个小型白斑）。欧洲

………………………………………………………………… **M. albicincta** **(Schrank, 1776)** ♀♂

18. 中胸小盾片中央具白斑……………………………………………………………………………19

中胸小盾片完全黑色……………………………………………………………………………20

19. 中胸小盾片大部白色，显著隆起，具发达横脊；前胸背板后缘白边较宽；腹部第 1 背板后缘具宽白边，第 2~7 背板侧角后缘具白斑，腹板后缘白色；前中足转节大部白色，腹侧具小黑斑，后足转节完全白色。中国（甘肃、河南、湖北）……………………**M. tripidona** **Wei & Chen, 2002** ♀

中胸小盾片顶部具模糊白斑，无横脊；前胸背板后缘狭边白色；腹部第 1 背板后缘中部具 2 个横白斑，其余完全黑色；前中足转节几乎全部黑色，少部具白斑，后足转节完全白色。中国（陕西、浙江、湖南）………………………………………………**M. convexina** **Wei & Li, 2013** ♀

20. 后足基节外侧完全黑色，无白斑；前胸背板后缘具明显白边；腹部第 1 背板中央后缘具明显白斑，第 10 背板中央白色；其余腹部各节均完全黑色；后足股节不完全黑色，仅基部和端部具明显白斑；后足胫节基部和亚端部约 1/4 宽环白色。欧洲……………**M. carinthiaca** **(Klug, 1817)** ♀

后足基节外侧基部具明显白斑；其余特征不同于上述……………………………………………21

21. 后足基节外侧具卵形小白斑；足大部黑色，后足股节仅基缘白色，其余全部黑色；唇基端缘、唇基两侧叶白色，其余黑色。中国（陕西、浙江、湖南）…………**M. convexina** **Wei & Li, 2013** ♂

后足基节外侧卵形白斑大型，其余特征不同于上述………………………………………………22

22. 足大部浅黄褐色，后足股节基部 1/3 浅黄褐色，端部 2/3 黑色；上唇中央大部除端缘黑斑外和唇基端半部白色。中国（陕西、山西、河北）……………………**M. maculoepimera** **Wei & Li, 2013** ♀

足大部黑色，后足股节大部黑色，仅基部和端缘具明显白斑；上唇中央大部除两侧缘黑斑外和唇基中央横斑（或中央两侧小斑）白色；雄虫上唇完全白色，唇基几乎完全白色，仅基缘具黑斑。欧洲……………………………………………………………………**M. ribis** **(Schrank, 1781)** ♀♂

228. 浅环钩瓣叶蜂 *Macrophya albicincta* (Schrank, 1776)

Tenthredo albicincta Schrank, 1776. *Beyträge zur Naturgeschichte.* Gebr. Veith, Augsburg, [6]: 85.

Tenthredo albipes Geoffroy in Fourcroy, 1785. *In*: Fourcroy, A. F. de *Entomologia Parisiensis, sive catalogus Insectorum quae in agro parisiensi reperiuntus.Vol.1-2*. Paris, pp. 371.

Tenthredo albipalpis Schrank, 1802. *Zweite Abtheilung.* Bey Johann Wilhelm Krüll, Ingolstadt, 250-252.

Tenthredo lugubris Lepeletier, 1823. Apud Auctorem [etc.], Parisiis, pp. 101.

Tenthredo luctuosa Lepeletier, 1823. Apud Auctorem [etc.], Parisiis, pp. 103.

Tenthredo lugubris Serville, 1823. *Faune Française, ou histoire naturelle, générale et particuliére, des animaux qui se trouvent en France (...), Livr. 7* & *8*, Chez Rapet, Paris, pp. 42-43.

Tenthredo luctuosa Serville, 1823. *Faune Française, ou histoire naturelle, générale et particuliére, des animaux qui se trouvent en France (...), Livr. 7* & *8*, Chez Rapet, Paris, pp. 44-45.

Macrophya leucopoda Palma, 1861. *Annali dell' Accademia degli Aspiranti Naturalisti, Série 2*, 1: 95-96.

Tenthredo (*Macrophya*) *magnicornis* Eversmann in Kawall, 1864. *Bulletin de la Société des Naturalistes de Moscou, Section biologique, Nouvelle Série*, 37: 297.

Macrophya melanosoma Rudow, 1871. *Entomologische Zeitung (Stettin)*, 32: 392.

Macrophya albicincta var. *decipiens* Konow, 1884. *Deutsche Entomologische Zeitschrift*, 28(2): 326.

Perineura Crippae [sic!] De-Stefani, 1885. *Il Naturalista siciliano: giornale di scienze naturali*, 4(8): 185-189.

Macrophya albicincta var. *candidata* Enslin, 1918. *Deutsche Entomologische Zeitschrift*, [1917] (Beiheft 7): 726.

Macrophya albicincta var. *Agnani* [sic!] Pic, 1948. *Diversités entomologiques*, 3, 4-5.

Macrophya albicincta var. *Berlandi* [sic!] Pic, 1948. *Diversités entomologiques*, 3, 5.

观察标本：非模式标本：1♀, 12592, Received on exchange ex coll., Deutsches Entomolog. Institut, Eberswaldae, Germany, 2001; 1♂, Nordhausen Windlucke, 27-Ⅴ-1984, 604, leg. A. Taeger, Received on exchange ex coll., Deutsches Entomolog. Institut, Eberswaldae, Germany, 2001; 1♀, F, Dep. Puy de Dome, 45.508° N-45.561° N, 2.871° E-2.880° E, 1 170-1 427m, 19-Ⅴ-2008, coll. Wei M C & Niu G Y; 1♀, D: Mark Brandbg., Angmd.: Louisenf.: langer Berg, 5-Ⅵ-1993, 4H, leg. M. Sommer; 1♂, D: Mark Brandbg. Ebersw.: Britz: nordl. Britz, 11-Ⅴ-1994, 6m, leg. DEI; 1♀, FRANCE, Picardie 02600 St-Pierre-Aigle: Chafosse, Piege Malaise, 10~25-Ⅳ-2011, Claire Vollemant ree. , Exchange, NMNHS, Ⅷ-2012; 1♂, FRANCE, Picardie 02600 St-Pierre-Aigle: Chafosse, Piege Malaise, 24. Ⅳ-1. Ⅴ-2011, Claire Vollemant ree. Exchange, NMNHS, Ⅷ-2012; 1♂, FRANCE, Picardie 02600 St-Pierre-Aigle: Chafosse, Piege Malaise, 1-15-Ⅴ-2011, Claire Vollemant ree. , Exchange, NMNHS, Ⅷ-2012; 1♀, FRANCE, Picardie 02600 St-Pierre-Aigle: Chafosse, Piege Malaise, 14-28-Ⅴ-2000, Claire Vollemant ree, Exchange, NMNHS, Ⅷ-2012.

分布：欧洲*（阿尔巴尼亚、安道尔、奥地利、比利时、波斯尼亚、黑塞哥维那、保加利亚、克罗地亚、捷克、丹麦、爱沙尼亚、芬兰、法国、德国、英国、希腊、匈牙利、意大利、拉脱维亚、马其顿、摩尔多瓦、荷兰、挪威、波兰、罗马尼亚、俄罗斯、斯洛伐克、西班牙、瑞典、瑞士、乌克兰、南斯拉夫）。

鉴别特征：本种与 *M. albipuncta* (Fallén, 1808) 较近似，但前者体长 8~8.5mm；上唇和唇基均不完全黑色，上唇中央端部和唇基中部约 1/3 横斑白色；翅基片大部黑色，仅外缘白色；中胸小盾片不完全黑色，中部具白斑；腹部第 2~9 背板完全黑色，后缘无白边；后足股节黑色，仅基缘和端缘具白斑，背侧无白带；后足胫节中部白环约占后足胫节 2/5 长；雌虫锯腹片锯刃亚台状突出。

229. 白环钩瓣叶蜂 *Macrophya alboannulata* A. Costa, 1859

Tenthredo discolor Lepeletier, 1823. Apud Auctorem [etc.], Parisiis, pp. 101-102.

Tenthredo discolor Serville, 1823. *Faune Française, ou histoire naturelle, générale et particuliére, des animaux qui se trouvent en France (...), Livr. 7* & *8*, Chez Rapet, Paris, pp. 43.

Macrophya alboannulata Costa, 1859. *Trivellanti Sessiliventri. [Tentredinidei]*. Antonio Cons, Napoli, [1859-1860], pp. 78-79.

观察标本：非模式标本：1♀, DDR: Suhl, NSG Vessertal, 22-29-Ⅴ-1989, leg. A. Taeger, Received on exchange ex coll., Deutsches Entomolog. Institut, Eberswaldae, Germany, 2001; 1♀2♂♂, DDR: Suhl, NSG Vessertal, 25-Ⅴ-1988, leg. A. Taeger, Received on exchange ex coll., Deutsches Entomolog. Institut, Eberswaldae, Germany, 2001; 1♀1♂, Erzgebirge Lange, Received on exchange ex coll., Deutsches Entomolog. Institut, Eberswaldae, Germany, 2001; 2♂♂, F, Dep. Puy de dome, Bois de Mogue, 45.608° N-45.611° N, 2.895° E-2.888° E, 1 236-1 244m, 21-Ⅴ-2008, coll. Wei M C; 1♀2♂♂, F, Dep. Puy de dome, Station du Mont Dore, 45.542° N, 2.814° E, 1 331m, 22-Ⅴ-2008, coll. Wei M C; 2♂♂, F, Dep. Puy de Dome, 45.470° N-45.573° N, 2.923° E-2.983° E, 851-1 176m, 20-Ⅴ-2008, coll. Wei M C & Niu G Y; 1♀, D: Mark Brandbg. Ebersw. Gr. Ziethen Soll, nordl. Gr.Ztn., 11-Ⅴ-1994, 8M, leg. DEI; 1♀, D: Mark Brandbg. Ebersw. Kl. Zieth. Serwester See, 11-Ⅴ-1994, 3M, leg. DEI; 1♂, D: BBG: Eberswalde Klein Ziethen, Kernberg am Serwester See, Malaisefalle, M3, 23-Ⅴ-1996, leg. DEI; 1♂, D: BBG: Eberswalde Klein Ziethen, Kernberg am Serwester See, Malaisefalle, M3, 22-Ⅴ-1996, leg. DEI.

分布：欧洲*（奥地利、比利时、保加利亚、克罗地亚、捷克、法国、德国、英国、希腊、意大利、荷兰、斯洛伐克、瑞士、南斯拉夫）。

鉴别特征：本种与里比斯钩瓣叶蜂 *M. ribis* (Schrank, 1781) 十分近似，但前者体长 9.5~10mm；头部背侧光泽强烈，刻点十分稀疏浅弱，刻点间光滑间隙具模糊刻纹；唇基前缘缺口深弧形，深达唇基约 2/5 长；单眼后区后缘、前胸背板后缘宽边和腹部第 1 背板中央后缘横斑白色；后胸后侧片后角不延伸，无附片；后足胫节中部具白色宽环，约占后足胫节 1/2 长；前翅 cu-a 脉位于 1M 室基部约 1/3，2r-m 脉外下角尖出；雌虫锯腹片锯刃端缘较窄圆，明显突出，中部锯刃齿式 1~2/8~11；雄虫阳茎瓣抱器由基部向端部明显变窄，端缘近窄圆形。

230. 接骨木钩瓣叶蜂 *Macrophya carbonaria* Smith, 1874（图版 2-125）

Macrophya carbonaria Smith, 1874. *Trans. Ent. Soc. Lond.*, p. 380.

观察标本：1♀，浙江天目山，1932-Ⅷ-4（袁德成，1991）；1♀, Nojiriko, Nagano Pref., 28-Ⅴ-1981, A. Shinohara; 1♂, Nukabira, Tokachi Hokkaido, 16-Ⅵ-1986, A. Shinohara；2♀♀，LSAF16159，辽宁海城市三家堡九龙川，N. 40.628°，E. 123.099°，620m，2016-Ⅵ-6~9，李泽建采，$CH_3COOC_2H_5$。

寄主：忍冬科，接骨木属，接骨木 *Sambucus williamsii* Hance。

分布：辽宁（海城市），浙江（天目山）；库页岛，日本（长野县、北海道）。

鉴别特征：本种与反刻钩瓣叶蜂 *M. revertana* Wei, 1998 较近似，但前者体长 10.5~11mm；上唇端缘三角形斑白色；各足转节均黑色；中胸侧板与额区刻点等大；中胸侧板中部微弱隆起，无顶角；中胸小盾片顶面与中胸背板顶面近齐平。

231. 拟浅刻钩瓣叶蜂 *Macrophya carinthiaca* (Klug, 1817)

Tenthredo (*Allantus*) *carinthiaca* Klug, 1817. *Der Gesellschaft Naturforschender Freunde zu Berlin Magazin für die neuesten Entdeckungen in der gesamten Naturkunde*, 8[1814](2):125.

观察标本：非模式标本：1♀, J. Oehlke, Received on exchange ex coll., Deutsches Entomolog. Institut, Eberswaldae, Germany, 2001; 1♀, Slovak Rep. : Lower Tatras, Liptovsky Hradok ESE 11-20km, 690-740alt. , 19. 6. 2005, leg. Wei & Nie; 1♀, D: Eifel: Daun: Gonnersdorf: Mauerchenberg., Malaisefalle, 25. Ⅴ-1. Ⅵ-1991, leg. Colln.

个体变异：雌虫唇基前缘缺口亚三角形。

分布：欧洲*（奥地利、比利时、保加利亚、克罗地亚、捷克、爱沙尼亚、芬兰、法国、德国、希腊、意大利、马其顿、荷兰、罗马尼亚、俄罗斯、斯洛伐克、斯洛文尼亚、西班牙、瑞士）。

鉴别特征：本种与 *M. albipuncta* (Fallén, 1808) 十分近似，但前者体长 6.5~7mm；头部背侧刻点粗大，较稀疏；腹部第 1 背板中央端半部横白斑显著；后足股节基缘和端部白色，背侧无白带；后足胫节基部和中部约 2/5 宽环白色；雌虫锯腹片锯刃近平直，中部锯刃齿式 2/15~16，刃齿细小，大小规则排列。

232. 鼓胸钩瓣叶蜂 *Macrophya convexina* Wei & Li, 2013（图版 2-126）

Macrophya convexina Wei & Li, 2013. *Acta Zootaxonomica Sinica*, 38(4): 869-877.

观察标本：正模：♀，湖南武冈云山电视塔，N. 26°38.754′，E. 110°37.310′，1 320m，2009-Ⅴ-9，王晓华；副模：♀，湖南涟源龙山，1999-Ⅴ-11，张开健；7♀♀，湖南涟源龙山，1999-Ⅴ-9~11，张开健，肖炜；1♀，湖南武冈云山，1 300m，1999-Ⅴ-2，邓铁军；1♀，浙江天目山，350~1 100m，1963-Ⅴ-9，中国科学院，金根桃；1♀，浙江西天目山，1994-Ⅸ-4，何俊华；4♀♀，湖南永州舜皇山，800~1 000m，2004-Ⅳ-27，魏美才，张少冰，刘守柱，梁旻雯；2♀♀3♂♂，湖南永州舜皇山，900~1 200m，

2004-Ⅳ-28，贺应科，刘卫星，林杨；23♀♀1♂，湖南武冈云山电视塔，N. 26°38.754′，E. 110°37.310′，1 320m，2009-Ⅴ-3~10，王晓华，游群；3♀♀，湖南武冈云山云峰阁，N. 26°38.983′，E. 110°37.169′，1 170m，2009-Ⅴ-1~5，王晓华，游群；3♀♀，湖南武冈云山，800~1 100m，2005-Ⅳ-26，肖炜；45♀♀1♂，湖南武冈云山，1 100m，2005-Ⅳ-25~26，魏美才，朱巽，刘守柱，贺应科，周虎，林杨，梁旻雯；5♀♀10♂♂，湖南邵阳武冈云山胜力寺，N. 26°38.859′，E. 110°37.026′，1 145m，2011-Ⅳ-20~21~22，李泽建，魏力；2♂♂，湖南邵阳武冈云山电视塔，N. 26°38.630′，E. 110°37.299′，1 380m，2011-Ⅳ-19，李泽建，魏力；2♀♀1♂，CHINA, Hunan, nr.Wugang, Mt. Yunshan, 1 200m, 3-Ⅴ-2009, A. Shinohara; 1♀1♂, CHINA, Hunan, nr.Wugang, Mt. Yunshan, 1 200m, 13-Ⅳ-2010, A. Shinohara; 1♀, CHINA, Hunan, nr.Wugang, Mt. Yunshan, 1 200m, 14-Ⅳ-2010, A. Shinohara; 1♂, CHINA, Hunan, nr.Wugang, Mt. Yunshan, 1 200m, 9-Ⅳ-2010, A. Shinohara；1♀2♂♂，CSCS12007，湖南武冈云山电视塔，N. 26°38.630′，E. 110°37.299′，1 380m，2012-Ⅳ-14，Akihiko Shinohara；非模式标本：4♀♀，CSCS13002，湖南邵阳武冈云山电视塔，N. 26°38.630′，E. 110°37.299′，1 380m，2013-Ⅳ-8，李泽建；1♀1♂，CSCS13003，湖南邵阳武冈云山电视塔，N. 26°38.630′，E. 110° 37.299′，1 380m，2013-Ⅳ-8，祁立威，褚彪；1♀，CSCS13005，湖南邵阳武冈云山胜力寺，N.26°38.859′，E.110°37.026′，1 145m，2013-Ⅳ-9，祁立威，褚彪；1♂，CSCS13006，湖南邵阳武冈云山云峰阁，N.26°38.983′，E.110°37.169′，1 170m，2013-Ⅳ-10，李泽建；1♀7♂♂，CSCS13008，湖南邵阳武冈云山电视塔，N. 26°38.630′，E. 110°37.299′，1 380m，2013-Ⅳ-12，李泽建；2♂♂，CSCS13009，湖南邵阳武冈云山电视塔，N. 26°38.630′，E. 110°37.299′，1 380m，2013-Ⅳ-12，祁立威，褚彪；5♀♀17♂♂，CSCS13010，湖南邵阳武冈云山电视塔，N. 26°38.630′，E. 110°37.299′，1 380m，2013-Ⅳ-13，李泽建；5♀♀20♂♂，CSCS13011，湖南邵阳武冈云山电视塔，N. 26°38.630′，E. 110°37.299′，1 380m，2013-Ⅳ-13，祁立威，褚彪；15♀♀45♂♂，CSCS13012，湖南邵阳武冈云山云峰阁，N. 26°38.983′，E. 110°37.169′，1 170m，2013-Ⅳ-14，李泽建；32♀♀33♂♂，CSCS13013，湖南邵阳武冈云山云峰阁，N. 26°38.983′，E. 110°37.169′，1 170m，2013-Ⅳ-14，祁立威，褚彪；12♀♀9♂♂，CSCS13014，湖南邵阳武冈云山云峰阁，N. 26°38.983′，E. 110°37.169′，1 170m，2013-Ⅳ-15，李泽建；8♀♀10♂♂，CSCS13015，湖南邵阳武冈云山云峰阁，N. 26°38.983′，E. 110°37.169′，1 170m，2013-Ⅳ-15，祁立威，褚彪；9♀♀3♂♂，CSCS13016，湖南邵阳武冈云山云峰阁，N. 26°38.983′，E. 110°37.169′，1 170m，2013-Ⅳ-16，李泽建；7♀♀6♂♂，CSCS13017，湖南邵阳武冈云山云峰阁，N. 26°38.983′，E. 110°37.169′，1 170m，2013-Ⅳ-14，祁立威，褚彪；非模式标本：2♀♀，CSCS16185，浙江临安西天目山老殿，N. 30.343°，E. 119.433°，1 106m，2016-Ⅵ-27，李泽建 & 刘萌萌采，乙酸乙酯；1♀，CSCS16117，浙江临安天

目山开山老殿，N. 30°20′27″，E. 119°25′52″，1 098m，2016-Ⅵ-13，高凯文采，乙酸乙酯；1♀，CSCS16116，浙江临安天目山开山老殿，N. 30°20′27″，E. 119°25′52″，1 098m，2016-Ⅵ-13，刘萌萌 & 申婉娜采，乙酸乙酯；1♀，CSCS14075，陕西眉县太白山开天关殿，N. 34°00.572′，E. 107°51.47′，1 852m，2014-Ⅵ-15，刘萌萌 & 刘婷采，乙酸乙酯；1♀，CSCS14075，陕西太白县青峰侠第二停车场，N. 34°0.713′，E. 107°26.167′，1 792m，2014-Ⅵ-10，祁立威 & 康玮楠采，乙酸乙酯；14♀♀6♂♂，LSAF17053，浙江临安西天目山开山老殿，N. 30.343°，E. 119.433°，1 106m，2017-Ⅳ-28~29，李泽建 & 刘萌萌 & 高凯文 & 姬婷婷采，乙酸乙酯；1♀，LSAF17046，浙江临安西天目山禅源寺，N. 30.323°，E. 119.442°，405m，2017-Ⅳ-19~20，姬婷婷采，乙酸乙酯；2♀♀7♂♂，LSAF17049，浙江临安西天目山开山老殿，N. 30.343°，E. 119.433°，1 106m，2017-Ⅳ-23~24，姬婷婷采，乙酸乙酯；1♀1♂，LSAF17037，浙江临安西天目山禅源寺，N. 30.323°，E. 119.442°，405m，2017-Ⅳ-16，刘萌萌 & 高凯文 & 姬婷婷采，乙酸乙酯；1♀，LSAF17038，浙江临安西天目山禅源寺，N. 30.323°，E. 119.442°，405m，2017-Ⅳ-17，刘萌萌 & 高凯文 & 姬婷婷采，乙酸乙酯；1♀，LSAF17049，浙江临安西天目山开山老殿，N. 30.343°，E. 119.433°，1 106m，2017-Ⅳ-17，姬婷婷采，乙酸乙酯；1♂，LSAF15029，浙江临安西天目山禅院寺，N. 30.322°，E. 119.443°，362m，2015-Ⅳ-12，李泽建采，乙酸乙酯（解剖编号：雄虫，20151227A）；2♀♀，LSAF17059，浙江临安西天目山禅源寺，N. 30.323°，E. 119.442°，405m，2017-Ⅴ-7，刘萌萌 & 高凯文 & 姬婷婷采，乙酸乙酯；1♀，LSAF17057，浙江临安西天目山禅源寺，N. 30.323°，E. 119.442°，405m，2017-Ⅴ-6，刘萌萌 & 高凯文 & 姬婷婷采，乙酸乙酯；4♀♀，LSAF17067，浙江临安西天目山老殿，N. 30.343°，E. 119.433°，1 106m，2017-Ⅴ-14，高凯文 & 姬婷婷采，乙酸乙酯；2♀♀，LSAF17065，浙江临安西天目山老殿，N. 30.343°，E. 119.433°，1 106m，2017-Ⅴ-13，高凯文 & 姬婷婷采，乙酸乙酯；4♀♀，LSAF17081，浙江临安西天目山开山老殿，N. 30.343°，E. 119.433°，1 106m，2017-Ⅴ-25，姬婷婷采，乙酸乙酯；3♀♀，LSAF17084，浙江临安西天目山开山老殿，N. 30.343°，E. 119.433°，1 106m，2017-Ⅴ-27，李泽建 & 刘萌萌 & 高凯文 & 姬婷婷采，乙酸乙酯；1♀，LSAF17074，浙江临安西天目山开山老殿，N. 30.343°，E. 119.433°，1 106m，2017-Ⅴ-17，姬婷婷采，乙酸乙酯；2♀♀，LSAF17080，浙江临安西天目山开山老殿，N. 30.343°，E. 119.433°，1 106m，2017-Ⅴ-22，姬婷婷采，乙酸乙酯；4♀♀，LSAF17087，浙江临安西天目山开山老殿，N. 30.343°，E. 119.433°，1 106m，2017-Ⅴ-28，李泽建 & 刘萌萌 & 高凯文 & 姬婷婷采，乙酸乙酯；2♀♀，LSAF17075，浙江临安西天目山开山老殿，N. 30.343°，E. 119.433°，1 106m，2017-Ⅴ-18，姬婷婷采，乙酸乙酯；2♀♀，LSAF17089，浙江临安西天目山开山老殿，N. 30.343°，E. 119.433°，1 106m，2017-Ⅵ-7，刘萌萌 & 高凯文 & 姬婷婷采，乙酸乙酯。

个体变异：雌虫上唇、唇基、中胸小盾片和腹部第1背板的白斑大小有变化；中胸前侧片中部偶尔具小型白斑。

分布：陕西（太白山、青峰峡），浙江（天目山），湖南（云山、龙山、舜皇山）。

鉴别特征：本种与反刻钩瓣叶蜂 *M. revertana* Wei, 1998 十分近似，但前者体长 12~13mm；单眼后区后缘两侧细横斑、前胸背板后缘、翅基片外缘和中胸小盾片2个小斑白色；后足转节完全白色，腹侧无黑斑；雌虫锯腹片中部锯刃齿式为 2~3/10~11；阳茎瓣头叶前部较窄。

233. 鼓盾钩瓣叶蜂 *Macrophya convexiscutellaris* Muche, 1969

Macrophya convexiscutellaris Muche, 1969. *Faunistische Abhandlungen Staatliches Museum für Tierkunde Dresden*, 2(22): 164-165.

未见标本。

分布：欧洲*（俄罗斯）。

234. 肿跗钩瓣叶蜂 *Macrophya crassitarsalina* Wei & Chen, 2002（图版 2-127）

Macrophya crassitarsalina Wei & Chen, 2002. *Insects of the mountains Taihang and Tongbai regions*, 5: 200-201, 206.

观察标本：正模：♀，河南嵩县白云山，1 500m，2001-Ⅵ-1，钟义海；副模：1♀，湖南石门壶瓶山，2000-Ⅴ-1，游章强；1♀，山西（Cheumen）。

分布：山西（Cheumen），河南（白云山），湖南（壶瓶山）。

鉴别特征：本种体长 9.5~10mm；触角细丝状，中部数节不膨大短缩，第2节约1.1倍于长；头部光泽微弱，刻点细密粗糙，几乎无光滑间隙；体除后足基节外侧具明显白斑外全部黑色；翅端部黄褐色，前翅臀室中柄较长；后足跗节显著膨大侧扁，胫节外侧具纵沟等。在该种团内，本种是唯一后足跗节膨大侧扁的种类，易于鉴别。

235. 哈尔滨钩瓣叶蜂 *Macrophya harbina* Li, Liu & Wei, 2016（图版 2-128）

Macrophya harbina Li, Liu & Wei, 2016. *Entomotaxonomia*, 38(1): 44-52.

观察标本：正模：♀，黑龙江哈尔滨植物园，2002-Ⅵ-25，肖炜；副模：4♀♀，黑龙江哈尔滨植物园，2002-Ⅵ-25，肖炜；1♂，沈阳北陵，2009-Ⅵ-12，李涛。

分布：黑龙江（哈尔滨），辽宁（沈阳）。

个体变异：雌虫上唇端缘白斑大小有变化。

鉴别特征：本种与反刻钩瓣叶蜂 *M. revertana* Wei, 1998 较近似，但前者体长 9~9.5mm；前胸背板后缘狭边、翅基片外缘、中胸小盾片中央大部、前中足基节外侧小斑、后足股节端部外侧斑和内侧小斑白色；腹部第1背板中央后缘横白斑显著；中胸前侧片后缘中央具小白斑；中胸前侧片刻点较细小密集，不明显粗糙，刻点间隙明显；中胸小盾片顶面圆钝，无脊和顶点，顶面光亮，刻点十分稀疏细弱；单眼后区宽长比约为 1.5；锯腹片中部锯刃齿式为 2/9~11。

236. 宽斑钩瓣叶蜂 *Macrophya maculipennis* Wei & Li, 2009（图版 2-129）

Macrophya maculipennis Wei & Li, 2009. *Acta Zootaxonomica Sinica*, 34(1): 55-57.

观察标本：正模：♀，天津八仙山聚仙峰，N. 40°12.203′，E. 117°33.128′，1 052m，2007-Ⅵ-20，李泽建；副模：1♀，北京小龙门，1990-Ⅶ，北京林学院；1♀，北京门头沟小龙门，1982-Ⅵ-22，李兆华；非模式标本：1♀，河北小五台山赤崖堡，N. 39°59.412′，E. 115°01.263′，1 485m，2008-Ⅶ-24，李泽建；1♀，山西龙泉辂轴坪村，N. 37°00.657′，E. 113°23.692′，1 201m，2008-Ⅵ-26，王晓华；1♀，山西五老峰灵峰观，N. 34°48.552′，E. 110°35.290′，1 300m，2008-Ⅶ-6，王晓华。

分布：山西（龙泉、五老峰），河北（小五台山），北京（小龙门），天津（八仙山）。

鉴别特征：本种与肿跗钩瓣叶蜂 *M. crassitarsalina* Wei & Chen, 2002 较近似，但本种体长 9.5~10mm；唇基缺口很深，侧角尖长；单眼后区宽 1.7 倍于长，侧沟浅弱；后胸淡膜区小，间距 4 倍于淡膜区宽；后胸后侧片后角方钝；头胸部刻点浅弱，具显著光滑间隙；中胸前侧片刻点较深，边界清晰；腹部第 1 背板具光滑区域；前翅前缘脉黑色，翅痣下具宽大烟斑，1r-m 脉与 2m-cu 脉顶接；后足基节外侧白斑长大；后足基跗节细长；爪内外齿等长；产卵器等长于后足基跗节；锯刃不十分低平，中部锯刃具 5~6 个外侧亚基齿。

237. 下斑钩瓣叶蜂 *Macrophya maculoepimera* Wei & Li, 2013（图版 2-130）

Macrophya maculoepimera Wei & Li, 2013. *Acta Zootaxonomica Sinica*, 38(4): 869-877.

观察标本：正模：♀，陕西留坝营盘乡，N. 33°37.269′，E. 106°49.388′，1 390m，2007-Ⅴ-21，朱巽。副模：1♂，陕西嘉陵江源头，N. 34°13.063′，E. 106°59.389′，1 570m，2007-Ⅴ-26，朱巽；1♀，河北长寿村连翘泉，N. 36°53.439′，E. 113°48.557′，1 175m，2008-Ⅴ-30，李泽建；1♀，山西绵山岩沟，N. 36°52.004′，E. 111°58.637′，1 200m，2008-Ⅵ-29~30，王晓华；1♀，山西龙泉龙泉瀑布，N. 36°58.790′，E. 113°24.619′，1 434m，2008-Ⅵ-24，费汉榄。

分布：陕西（营盘乡、嘉陵江），河北（长寿村），山西（绵山、龙泉）。

鉴别特征：本种与黄痣钩瓣叶蜂 *M. stigmaticalis* Wei & Chen, 2002 较近似，但前者体长 8mm；种唇基大部黑色，后足胫跗节大部黑色，白斑不显著；触角粗壮，亚端部微弱膨大；单眼后区宽长比约为 2.5，后缘脊锐利；后足基节外侧全部白色；前翅 C 脉、翅痣黑褐色；雌虫锯腹片锯刃明显突出，中部锯刃齿式 1~2/5~6。

238. 黑胫钩瓣叶蜂 *Macrophya nigrotibia* Wei & Huang, 2013（图版 2-131）

Macrophya nirotibia Wei & Huang, 2013. *Acta Zootaxonomica Sinica*, 38(4): 869-877.

观察标本：正模：1♀，云南德钦梅里雪山，N. 28°425′，E. 98°805′，2 700m，2009-Ⅵ-20，肖炜。

分布：云南（梅里雪山）。

鉴别特征：本种与肿跗钩瓣叶蜂 *M. crassitarsalina* Wei & Chen, 2002 近似，但前者体

长 9mm；头胸部刻点清晰，粗糙密集，无明显皱刻纹；触角约 1.1 倍于头胸部之和；唇基前缘缺口深达唇基 0.4 倍长，侧叶窄长；腹部第 1 背板后缘白边显著；后足转节大部白色，腹侧具黑斑；后足胫跗节不明显膨大侧扁；前翅 C 脉和翅痣黑褐色；雌虫锯腹片中部锯刃齿式为 1/7~10。

239. 秋海棠钩瓣叶蜂 *Macrophya parvula* Konow, 1884

Macrophya parvula Konow, 1884. *Deutsche Entomologische Zeitschrift*, 28(2): 325-326.

Macrophya parvula var. *albilabris* Endre, 1927. *Verhandlungen und Mittheilungen des siebenbürgischen Vereins für Naturwissenschaften zu Hermannstadt*, 77, 12.

未见标本。

分布：欧洲★（法国、德国），叙利亚★。

240. 波氏钩瓣叶蜂 *Macrophya potanini* Jakovlev, 1891

Macrophya soror Jakovlev, 1891. Hor. Soc. Ent. Ross., 26: 45.

观察标本：1♀，辽宁清原，1954-Ⅵ-30（袁德成，1991）。

分布：辽宁（清原县），甘肃；海参崴。

241. 反刻钩瓣叶蜂 *Macrophya revertana* Wei, 1998（图版 2-132）

Macrophya revertana Wei, 1998. *Insect Fauna of Henan Province*, 2: 157, 161.

观察标本：正模：♀，河南嵩县，1996-Ⅶ-17，魏美才；非模式标本：7♀♀，河南卢氏大块地，1 700m，2001-Ⅶ-20，钟义海；2♀♀，河南卢氏县大块地，1 400m，2000-Ⅴ-29，魏美才，钟义海；2♀♀，河南济源愚公林场，900m，2000-Ⅵ-4，魏美才；2♀♀，河南济源黄楝树，1 400m，2000-Ⅵ-6，钟义海；1♀，河南西峡，1986；2♀♀，河南嵩县白云山；1 500m，2003-Ⅶ-18，贺应科，梁旻雯；10♀♀，甘肃天水小陇山，N. 34°16.275′，E. 106°08.201′，1 409m，2007-Ⅶ-7，魏美才；1♀，甘肃礼县姚林林场，2007-Ⅵ-27，武星煜；1♀，甘肃麦积东岔林场；2007-Ⅵ-13，武星煜；3♀♀，甘肃小陇山东岔林场榆林沟，N. 34°22.179′，E. 106°07.254′，1 580~1 680m，2009-Ⅵ-15，武星煜，马海燕；1♀，甘肃小陇山东岔林场，N. 34°24.413′，E. 106°08.032′，1 700m，2009-Ⅵ-1，杨亚丽；16♀♀2♂♂，河南栾川龙峪湾，1 800m，2001-Ⅵ-5，钟义海；18♀♀1♂，河南嵩县白云山，1 500m，2001-Ⅵ-1，钟义海；2♀♀，河南白云山，1 500m，1999-Ⅴ-20，盛茂领；1♀，浙江西天目山，350m，1988-Ⅴ-16，浙江农业大学，樊晋江；4♀♀，安徽金寨天堂寨，N. 31°08.679′，E. 115°47.335′，596~945~1 220m，2006-Ⅵ-1~2~6，周虎，牛耕耘；1♀，安徽霍山茅山林场，500~900m，2004-Ⅴ-13，肖炜；1♀，陕西佛坪，1 000~1 450m，2005-Ⅴ-17，朱巽；12♀♀，陕西潼关桐峪镇，N. 34°27.261′，E. 110°21.961′，1 052m，2006-Ⅴ-30，朱巽；2♀♀，陕西终南山，N. 33°59.506′，E. 108°58.356′，1 555m，2006-Ⅴ-27，朱巽；1♀，陕西终南山，N. 33°54.634′，E. 108°58.142′，1 292m，2006-Ⅴ-28，朱巽；1♀，山西历山猪尾沟，

N. 35°25.752′, E. 111°59.396′, 1 700m, 2008-Ⅶ-9, 费汉榄；2♀♀，山西绵山岩沟，N. 36°52.004′, E. 111°58.637′, 1 200m, 2008-Ⅵ-30，王晓华，费汉榄；1♀，山西历山皇姑幔，N. 35°21.525′, E. 111°56.310′, 2 090m, 2009-Ⅵ-12，王晓华；3♀♀，山西绵山西水沟，N. 36°51.664′, E. 111°59.027′, 1 550m, 2008-Ⅶ-1，王晓华，费汉榄；1♀，湖北神农架红花朵，N. 31°15′, E. 109°56′, 1 200m, 2007-Ⅶ-3，魏美才；1♂，湖北神农架摇篮沟，N. 31°29.815′, E. 110°23.260′, 1 360m, 2010-Ⅴ-19，李泽建；1♀，CSCS13047，湖南石门壶瓶山哨所，N. 30°06.53′, E. 110°47.18′, 1 570m, 2013-Ⅵ-5，李泽建；1♀，CSCS14119，陕西留坝县桑园梨子坝，N. 33°43.412′, E. 107°13.171′, 1 223m, 2014-Ⅵ-16，祁立威 & 康玮楠采，$CH_3COOC_2H_5$；1♀，CSCS14104，陕西太白县青蜂峡第二停车场，N. 34°0.713′, E. 107°26.167′, 1 792m, 2014-Ⅵ-11，魏美才采，KCN；6♀♀，CSCS14109，陕西留坝县桑园范条峪，N. 33°42.733′, E. 107°12.733′, 1 303m, 2014-Ⅵ-14，魏美才采，KCN；2♀♀，CSCS141098，陕西留坝县桑园范条峪，N. 33°42.733′, E. 107°12.733′, 1 303m, 2014-Ⅵ-14，刘萌萌 & 刘婷，$CH_3COOC_2H_5$；1♀，CSCS14080，陕西眉县太白山开天关，N. 34°00.572′, E. 107°51.477′, 1 852m, 2014-Ⅵ-7，刘萌萌 & 刘婷采，$CH_3COOC_2H_5$；1♂，CSCS14076，陕西眉县太白山开天关，N. 34°00.572′, E. 107°51.477′, 1 852m, 2014-Ⅵ-5，祁立威 & 康玮楠采，$CH_3COOC_2H_5$；1♂，CSCS14075，陕西眉县太白山开天关，N. 34°00.572′, E. 107°51.477′, 1 852m, 2014-Ⅵ-5，刘萌萌威 & 刘婷采，$CH_3COOC_2H_5$；20♀♀，甘肃省天水市牛家坟，N. 34°11′23″, E. 105°52′37″, 1 672m, 2017-Ⅵ-22，魏美才 & 王汉男 & 武星煜采，$CH_3COOC_2H_5$；5♀♀1♂，河南卢氏淇河林场，N. 33°44′57″, E. 110°49′19″, 1 650m, 2017-Ⅵ-12，魏美才 & 牛耕耘 & 卢绍辉采，$CH_3COOC_2H_5$；7♀♀2♂♂，河南卢氏淇河林场，N. 33°44′57″, E. 110°49′19″, 1 650m, 2017-Ⅵ-12，张宁 & 吴肖彤采，$CH_3COOC_2H_5$；1♀，河南卢氏淇河林场，N. 33°44′2″, E. 110°50′45″, 1 431m, 2017-Ⅵ-13，张宁 & 吴肖彤采，$CH_3COOC_2H_5$；3♀♀，河南卢氏淇河林场，N. 33°44′2″, E. 110°50′45″, 1 431m, 2017-Ⅵ-13，魏美才 & 牛耕耘采，$CH_3COOC_2H_5$；1♀，太白山开天关，N. 34°0′33.79″, E. 107°51′33.72″, 1 815m, 2017-Ⅵ-19，魏美才 & 王汉男采，$CH_3COOC_2H_5$；1♀，太白山开天关，N. 34°0′33.79″, E. 107°51′33.72″, 1 815m, 2017-Ⅵ-20，魏美才 & 王汉男采，$CH_3COOC_2H_5$。

分布：甘肃（小陇山、麦积山、礼县），陕西（桐峪镇、佛坪县、终南山、太白山），山西（历山、绵山），河南（白云山、龙峪湾、嵩县、栾川县、卢氏县、济源市），安徽（天堂寨、霍山），浙江（天目山），湖北（神农架），湖南（壶瓶山）。

个体变异：雌虫唇基完全黑色无白斑，前胸背板后缘狭边、翅基片外缘白色，中胸小盾片顶面两侧具模糊淡斑，后足跗节背侧具模糊淡斑；雄虫前胸背板后缘具白色狭边；上唇和唇基上白斑有变化。

鉴别特征：本种与直脉钩瓣叶蜂 *M. sibirica* Forsius, 1918 较近似，但前者体长 11.5~12mm；单眼后区完全黑色；中胸小盾片完全黑色，无白斑；腹部第 1 背板后缘两侧具明显小白斑；中胸前侧片刻点显著大且密于额区，额区刻点稀疏分散，刻点间隙光滑显著。

242. 里比斯钩瓣叶蜂 *Macrophya ribis* (Schrank, 1781)

Tenthredo Ribis [sic!] Schrank, 1781. *Enumeratio Insectorum Austriae indigenorum.* E. Klett et Franck, Augustae Vindelicorum, Tbl. +[22] + 1-548 + [2] pp. 332-333.

Tenthredo leucopus Gmelin, 1790. *Caroli a Linné Systema Naturae. 13. ed., Vol. 1(5).* Beer, Leipzig, pp. 2 666.

Tenthredo exalbida Gmelin, 1790. *Caroli a Linné Systema Naturae. 13. ed., Vol. 1(5).* Beer, Leipzig, pp. 2 667.

Macrophya Bertolinii [sic!] Cobelli, 1890. *Verhandlungen des zoologisch-botanischen Vereins in Wien*, 40: 159-160.

Macrophya ribis var. *morvandica* Pic, 1948. *Diversités entomologiques*, 3: 4-5.

观察标本：非模式标本：1♀, DDR: Sudharz: Umg. Llfeld, E. T. , 11-12- Ⅶ -1985, A. Taeger leg., Received on exchange ex coll., Deutsches Entomolog. Institut, Eberswaldae, Germany, 2001; 1♀, Erzgebirge Lange, Received on exchange ex coll., Deutsches Entomolog. Institut, Eberswaldae, Germany, 2001; 1♂, Halle [S] Bergholz, 27- Ⅵ -1943, gef. H. Koller, Received on exchange ex coll., Deutsches Entomolog. Institut, Eberswaldae, Germany, 2001; 1♂, Leipzig Umg. 9- Ⅶ -1955, K. Ermision leg., Received on exchange ex coll., Deutsches Entomolog. Institut, Eberswaldae, Germany, 2001; 1♂, DDR, Harz Guntersberge, 10- Ⅶ -1985, A. Taeger leg., Received on exchange ex coll., Deutsches Entomolog. Institut, Eberswaldae, Germany, 2001; 1♀, LOMBARDIA, casliuo (co), 14- Ⅵ -1975, leg. PESARINI, Exchange, NMNHS, Ⅷ -2012; 1♂, Germany, Weissenborn, 22 km SE Gottingen, 57°26.5′ N, 10°08′ E, 310m, 3- Ⅷ -1996, leg. Sonja Wedmann, Exchange, NMNHS, Ⅷ -2012.

分布：欧洲*（奥地利、比利时、波斯尼亚、黑塞哥维那、保加利亚、克罗地亚、捷克、丹麦、爱沙尼亚、法国、德国、英国、匈牙利、意大利、卢森堡、马其顿、荷兰、挪威、波兰、罗马尼亚、俄罗斯、斯洛伐克、西班牙、瑞典、瑞士、乌克兰、南斯拉夫）。

鉴别特征：本种与白环钩瓣叶蜂 *M. alboannulata* A. Costa, 1859 十分近似，但前者体长 9~9.5mm；头部背侧光泽较弱，刻点较粗糙密集，刻点间光滑间隙十分狭窄，无刻纹；唇基前缘缺口亚三角形，深达唇基约 1/3 长；单眼后区黑色，前胸背板后缘和腹部第 1 背板中央后缘白边极狭；后胸后侧片后角稍延伸，附片小平台型，具多根短毛；后足胫节背侧亚端部白斑短于后足胫节 1/2 长，腹侧完全黑色；前翅 cu-a 脉位于 1M 室基部约

1/5，2r-m 脉外下角不尖出；雌虫锯腹片锯刃端缘较圆钝突出，中部锯刃齿式 2/5~7；雄虫阳茎瓣抱器由基部向端部不变窄，端缘圆钝。

243. 石氏钩瓣叶蜂 *Macrophya shii* Wei, 2004（图版 2-133）

Macrophya shii Wei, 2004. *Entomotaxonomia*, 26(4): 293-295.

观察标本：正模：♀，四川九寨沟，2 500m，2001-Ⅶ-16，魏美才；副模：1♀，四川九寨沟日则沟，2002-Ⅷ-3~4，石福明；1♀，甘肃渭源，1984-Ⅶ-20，王金川；非模式标本：1♀，宁夏六盘山，1996-Ⅵ-17，解建忠；1♀5♂♂，甘肃兰州兴隆山，N. 35°47.325′，E. 104°03.465′，2 200m，2009-Ⅵ-5，辛恒，唐铭军，范慧；2♂♂，甘肃小陇山滩歌林场卧牛山，N. 34°29.225′，E. 104° 47.463′，2 200~2 250m，2009-Ⅶ-2，武星煜，马海燕；26♀♀5♂♂，宁夏六盘山二龙河，N. 35°23.380′，E. 106°20.701′，1 945m，2008-Ⅶ-5~6，刘飞；6♀♀2♂♂，宁夏六盘山挂马沟，N. 35°23.380′，E. 106°20.701′，1 945m，2008-Ⅶ-7~8，刘飞；2♀♀1♂，宁夏六盘山龙潭，N. 35°23.380′，E. 106°20.701′，1 945m，2008-Ⅶ-3，刘飞；1♂，宁夏六盘山东山，N. 35°36.687′，E. 106°16.103′，2 050m，2008-Ⅵ-25，刘飞；1♀，宁夏六盘山红峡，N. 35°29.604′，E. 106°18.777′，1 974m，2008-Ⅵ-29，刘飞；4♀♀1♂，宁夏六盘山苏台，N. 35°26.764′，E. 106°11.867′，2 133m，2008-Ⅵ-27~28，刘飞；27♀♀53♂♂，甘肃夏河县清水林区，N. 35°21.859′，E. 102°52.603′，2 280m，2010-Ⅶ-11，李泽建，王晓华；1♂，甘肃兰州兴隆山，N. 35°47′32.5″，E.104° 03′ 46.5″，2 240m，2009-Ⅵ-5，唐铭军；1♀1♂，甘肃临夏太子山刁祈林场，N. 35°14.202′，E. 103°25.314′，2 500m，2010-Ⅶ-10，王晓华；1♀，青海互助北山，2 510m，2010-Ⅵ-22，盛茂领；1♂，甘肃礼县洮坪林场，2007-Ⅵ-27，武星煜；1♀，CSCS17101，陕西太白山开天关，N. 34°0′33.79″，E. 107°51′33.72″，1 815m，2017-Ⅵ-20，魏美才 & 王汉男采，$CH_3COOC_2H_5$；2♂♂，CSCS17138，河南卢氏淇河林场，N. 33°44′57″，E. 110°49′19″，1 650m，2017-Ⅵ-12，魏美才 & 牛耕耘 & 卢绍辉采，$CH_3COOC_2H_5$；1♀2♂♂，CSCS17109，宁夏固原市泾源县二龙河，N. 35°18′59″，E. 106°21′3″，2 176m，2017-Ⅵ-30，魏美才 & 王汉男采，$CH_3COOC_2H_5$。

个体变异：雌虫中胸小盾片两侧具小型白斑；唇基白斑消失；前翅臀室中柄长点状；后足胫节中部宽环白色。

分布：青海（北山），甘肃（兴隆山、小陇山、渭源县、夏河县、礼县），宁夏（六盘山、泾源县），陕西（太白山），四川（九寨沟）。

鉴别特征：本种与东北亚分布的直脉钩瓣叶蜂 *M. sibirica* Forsius, 1918 较近似，但前者体长 9~9.5mm；单眼后区完全黑色无白斑；前胸背板后缘具窄白边；腹部第 1 背板后缘具 1 对横白斑；中胸小盾片完全黑色；后足转节完全白色；后足基节外侧卵形白斑较窄长。

244. 直脉钩瓣叶蜂 *Macrophya sibirica* Forsius, 1918（图版 2-134）

Macrophya sibirica Forsius, 1918. *Meddelanden af Societas pro Fauna et Flora Fennica*, Helsingfors 44[1917-1918]: 152-153.

Macrophya sibiricola Forsius, 1925. *Acta Societatis pro Fauna et Flora Fennica*, 4: 13-15.

观察标本：非模式标本：3♀♀，辽宁宽甸白石砬子，800~1 000m，2001-Ⅵ-2，肖炜；10♀♀，辽宁宽甸白石砬子，400~500m，2001-Ⅵ-1，肖炜；4♀♀，辽宁宽甸硼海镇，500~600m，2001-Ⅵ-3~4，肖炜；1♀，辽宁沈阳东陵，2001-Ⅴ-31，肖炜；1♀，吉林二道长白山，750m，1999-Ⅵ-30，魏美才，聂海燕；1♀，吉林长白山二道白河，740m，1986-Ⅵ-22；1♀，吉林辉南，1992-Ⅵ-18，红旗；1♀，吉林长白山保护区，1 100m，1986-Ⅶ-21，1♀，吉林长白山，1 300m，1999-Ⅵ-2，魏美才，聂海燕；3♀♀2♂♂，辽宁沈阳北陵，1999-Ⅴ-21，孙淑平；1♀，辽宁沈阳，1996-Ⅵ-15，盛茂领；1♀，黑龙江尚志苇河冲河，400m，2002-Ⅶ-24，肖炜；2♀♀，黑龙江五营丰林，400~600m，2002-Ⅵ-26~30，肖炜；1♀，辽宁新宾，1999-Ⅵ-10，盛茂领；2♀♀，辽宁新宾猴石，500~700m，2002-Ⅶ-5~6，肖炜；1♀，天津八仙山松林浴场，N. 40°12.152′，E. 117°33.654′，709m，2007-Ⅵ-20，李泽建；2♀♀1♂，河北涞水县百里峡，N. 39°39.383′，E. 115°29.421′，472m，2008-Ⅵ-23，李泽建；1♀，吉林大兴沟，2004-Ⅵ-19，盛茂领；1♀，吉林长白山黄松浦林场，N. 42°10.979′，E. 128°10.278′，1 145m，2008-Ⅶ-24，牛耕耘；1♀，辽宁棋盘山，2005-Ⅴ，孙淑萍；1♂，辽宁沈阳，2003-Ⅴ-18，盛茂领；1♀, N. China, Pinchiang, Yu-chuan（玉泉）, 7-Ⅵ-1941, Syoziro Asahina, S. Asahina collection, National Sciense Museum, Tokyo, NSMT-I-Hym, No. 22763; 1♀, N. China, Pinchiang, Hsiaoling（小岭）, 14-Ⅵ-1942, Syoziro Asahina, S. Asahina collection, National Sciense Museum, Tokyo, NSMT-I-Hym, No. 22758; 1♀, N. China, Pinchiang, Hsiaoling（小岭）, 14-Ⅵ-1942, Syoziro Asahina, S. Asahina collection, National Sciense Museum, Tokyo, NSMT-I-Hym, No. 22759; 1♂, N. China, Pinchiang, Harbin, 28-Ⅵ-1941, Syoziro Asahina, S. Asahina collection, National Sciense Museum, Tokyo, NSMT-I-Hym, No. 22765；1♀，辽宁宽甸，2008-Ⅶ-1，高纯；6♀♀，CSCS12139，吉林白河长白山大戏台河，N. 42°13.796′，E. 128°11.808′，1 035m，2012-Ⅶ-24，姜吉刚，邓兰兰；6♀♀，CSCS12138，吉林白河长白山大戏台河，N. 42°13.796′，E. 128°11.808′，1 035m，2012-Ⅶ-24，李泽建，刘萌萌；3♀♀，CSCS12142，吉林白河长白山黄松蒲林场，N. 42°14.107′，E. 128°10.704′，1 030m，2012-Ⅶ-27，李泽建，刘萌萌；3♀♀，CSCS12128，吉林白河长白山黄松蒲林场，N. 42°14.107′，E. 128°10.704′，1 030m，2012-Ⅶ-21，李泽建，刘萌萌；1♀，辽宁新宾，1号黄网，2009-Ⅵ-17；1♀，辽宁新宾，1号绿网，2009-Ⅵ-17；1♀，辽宁宽甸，2008-Ⅶ-1，高纯；1♀，辽宁本溪温泉寺，350~400m，2008-Ⅵ-1，沈阳师范大学，张春田；2♀♀，沈阳北陵，李涛；1♀，辽宁彰武-内蒙科左右旗大青沟，

350~420m，2008-Ⅵ-23~24，沈阳师范大学，张春田；1♀，LSAF14022，辽宁桓仁老秃顶子保护区，N. 41.32°，E. 124.89°，1 330m，2014-Ⅴ-26，徐骏&秦枚采，酒精浸泡；1♀，CSCS14149，吉林省松江河镇前川林场，N. 42°13′45″，E. 127°46′32″，890m，2014-Ⅴ-20，褚彪采，$CH_3COOC_2H_5$；4♀♀，CSCS14156，吉林省抚松县露水河镇，N. 42°30′40″，E. 127°47′13″，758m，2014-Ⅴ-27，褚彪采，$CH_3COOC_2H_5$；1♀，CSCS14158，吉林抚松县老岭长松护林站，N. 41°54′03″，E. 127°39′49″，920m，2014-Ⅴ-30，褚彪采，$CH_3COOC_2H_5$；1♀，CSCS14160，吉林抚松老岭长松护林站，N. 41°54′03″，E. 127°39′49″，920m，2014-Ⅵ-1，褚彪采，$CH_3COOC_2H_5$；4♀♀，CSCS14162，吉林省松江河镇前川林场，N. 42°13′45″，E. 127°46′32″，890m，2014-Ⅵ-4，褚彪采，$CH_3COOC_2H_5$；4♀♀，CSCS14163，吉林省松江河镇前川林场，N. 42°13′45″，E. 127°46′32″，890m，2014-Ⅵ-5，褚彪采，$CH_3COOC_2H_5$；6♀♀，CSCS14164，吉林省松江河镇前川林场，N. 42°13′45″，E. 127°46′32″，890m，2014-Ⅵ-6，褚彪采，$CH_3COOC_2H_5$；3♀♀，CSCS14165，吉林省松江河镇前川林场，N. 42°13′45″，E. 127°46′32″，890m，2014-Ⅵ-7，褚彪采，$CH_3COOC_2H_5$；2♀♀，CSCS14167，吉林省松江河镇前川林场，N. 42°13′45″，E. 127°46′32″，890m，2014-Ⅵ-9，褚彪采，$CH_3COOC_2H_5$；4♀♀，CSCS14170，吉林省抚松县露水河镇，N. 42°30′40″，E. 127°47′13″，758m，2014-Ⅵ-11，褚彪采，$CH_3COOC_2H_5$；9♀♀，CSCS14172，吉林省抚松县露水河镇，N. 42°30′40″，E. 127°47′13″，758m，2014-Ⅵ-13，褚彪采，$CH_3COOC_2H_5$；9♀♀，CSCS14173，吉林省抚松县露水河镇，N. 42°30′40″，E. 127°47′13″，758m，2014-Ⅵ-14，褚彪采，$CH_3COOC_2H_5$；2♀♀，CSCS14174，吉林省抚松县露水河镇，N. 42°30′40″，E. 127°47′13″，758m，2014-Ⅵ-15，褚彪采，$CH_3COOC_2H_5$；6♀♀，CSCS14175，吉林省抚松县露水河镇，N. 42°30′40″，E. 127°47′13″，758m，2014-Ⅵ-16，褚彪采，$CH_3COOC_2H_5$；3♀♀，CSCS14176，吉林二道白河黄松浦林场，N. 42°14′14″，E. 128°10′33″，1 063m，2014-Ⅵ-20，褚彪采，$CH_3COOC_2H_5$；1♀，CSCS14177，吉林二道白河黄松浦林场，N. 42°14′14″，E. 128°10′33″，1 063m，2014-Ⅵ-21，褚彪采，$CH_3COOC_2H_5$；2♀♀，CSCS14178，吉林抚松老岭长松护林站，N. 41°54′03″，E. 127°39′49″，920m，2014-Ⅵ-23，褚彪采，$CH_3COOC_2H_5$；1♀，CSCS14179，吉林抚松老岭长松护林站，N. 41°54′03″，E. 127°39′49″，920m，2014-Ⅵ-24，褚彪采，$CH_3COOC_2H_5$；2♀♀，CSCS14180，吉林抚松老岭长松护林站，N. 41°54′03″，E. 127°39′49″，920m，2014-Ⅵ-25，褚彪采，$CH_3COOC_2H_5$；1♀，CSCS14183，吉林省松江河镇前川林场，N. 42°13′45″，E. 127°46′32″，890m，2014-Ⅵ-28，褚彪采，$CH_3COOC_2H_5$；1♀，CSCS14184，吉林省松江河镇前川林场，N. 42°13′45″，E. 127°46′32″，890m，2014-Ⅵ-29，褚彪采，$CH_3COOC_2H_5$；5♀♀，CSCS14185，吉林省松江河镇前川林场，N. 42°13′45″，E. 127°46′32″，890m，2014-Ⅵ-30，褚彪采，$CH_3COOC_2H_5$；1♀，

CSCS14186，吉林省抚松县露水河镇，N. 42°30′40″，E. 127°47′13″，758m，2014-Ⅶ-1，褚彪采，$CH_3COOC_2H_5$；2♀♀，CSCS14187，吉林省抚松县露水河镇，N. 42°30′40″，E. 127°47′13″，758m，2014-Ⅶ-2，褚彪采，$CH_3COOC_2H_5$；8♀♀，CSCS14192，吉林省二道白河大戏台河景区，N. 42°13′04″，E. 128°10′50″，1 060m，2014-Ⅶ-8，褚彪采，$CH_3COOC_2H_5$；2♀♀，CSCS14194，吉林省长白山防火瞭望塔，N. 42°04′58″，E. 128°13′43″，1 400m，2014-Ⅶ-9，褚彪采，$CH_3COOC_2H_5$；1♀，吉林大兴沟，绿网，2005-7-6；44♀♀1♂，LSAF16159，辽宁海城市三家堡九龙川，N. 40.628°，E. 123.099°，620m，2016-Ⅵ-6~9，李泽建采，$CH_3COOC_2H_5$；24♀♀2♂♂，LSAF16160，吉林松江河镇前川林场，N. 40.621°，E. 123.092°，690m，2016-Ⅵ-12~14，李泽建 & 王汉男采，$CH_3COOC_2H_5$；2♀♀1♂，LSAF16182，辽宁本溪，酒精，2015-Ⅵ-4~8，李涛采；1♀，LSAF16176，辽宁宽甸白石砬子，酒精，2016-Ⅴ-28，李涛采；1♀，LSAF16178，辽宁本溪，酒精，2015.5，李涛采；1♀，2016-Ⅵ-20，龙眼（22 号）；1♀，2016-Ⅶ-6，露水河（2 号）；1♀，2016-Ⅶ-6，露水河（13 号）；1♀，2016-Ⅵ-20，36km（27 号）；1♀，2016-Ⅶ-6，露水河（8 号）。9♀♀1♂, LSAF17093，辽宁海城市接文镇九龙川，N. 40.624°，E. 123.096°，650m，2017-Ⅴ-9~10，李泽建采，$CH_3COOC_2H_5$。4♀♀，LSAF17092，辽宁海城市岔沟镇红旗岭，N. 40.532°，E. 122.860°，210m，2017-Ⅵ-8，李泽建采，$CH_3COOC_2H_5$。

分布：黑龙江（五营、伊春、尚志、小岭、高岭子），吉林（长白山、大兴沟、辉南县），辽宁（本溪市、彰武县、硼海镇、清原县、沈阳市、新宾县、宽甸县、海城市、棋盘山、白石砬子），河北（百里峡），天津（八仙山）；西伯利亚★，朝鲜★（Tonai、Hakugan）。

个体变异：雌虫单眼后区完全黑色无白斑，前胸背板后缘具模糊白斑，中胸小盾片完全白色，腹部第 1 背板后缘中央横斑白色；雄虫唇基完全黑色无白斑，前胸背板后缘具模糊淡斑，中胸小盾片完全黑色无白斑。

鉴别特征：本种与反刻钩瓣叶蜂 *M. revertana* Wei, 1998 较近似，但前者体长 10~10.5mm；单眼后区后缘细横斑白色；中胸小盾片中部具显著横白斑；腹部第 1 背板完全黑色无白斑；中胸前侧片与额区刻点对比不明显，均较密集，刻点间隙狭窄。

245. 刻额钩瓣叶蜂 *Macrophya soror* Jakovlev, 1891

Macrophya soror Jakovlev, 1891. *Hor. Soc. Ent. Ross.*, 26: 43-44.

未见标本。（袁德成，1991）

分布：甘肃。

246. 黄痣钩瓣叶蜂 *Macrophya stigmaticalis* Wei & Nie, 2002（图版 2-135）

Macrophya stigmaticalis Wei & Nie, 2002. *Insects from Maolan Landscape*: 457, 480.

观察标本：正模：♀，贵州茂兰，750m，1999-Ⅴ-11，魏美才；副模：1♀，贵州茂兰，750m，1999-Ⅴ-10~11，魏美才；非模式标本：1♀，河南嵩县白云山，1 650m，2002-Ⅶ-19，姜吉刚；1♀，河南卢氏大块地，1 400m，2000-Ⅴ-29，魏美才；1♀，河南嵩县天池山，1 300~1 400m，2004-Ⅶ-13，刘卫星；1♀，河南内乡宝天曼，1 700~1 900m，2004-Ⅶ-23，刘卫星；1♀，陕西丹凤寺坪镇，900~1 200m，2005-Ⅴ-21，朱巽；1♀，陕西终南山，N. 33°59.506′，E. 108°58.356′，1 555m，2006-Ⅴ-27，杨青；1♀，湖北神农架平堑干沟，N. 31°27.793′，E. 110°07.836′，1 604m，2006-Ⅵ-12，赵赴。

分布：陕西（丹凤县），河南（伏牛山、白云山、天池山、卢氏县、宝天曼），湖北（神农架），贵州（茂兰）。

鉴别特征：本种体长 8~8.5mm；上唇、唇基和后足基节外侧长斑白色；足大部浅黄褐色；翅浅烟色，前缘脉及翅痣黄褐色；头部背侧光泽强烈，刻点十分细弱，表面光滑；雌虫锯腹片锯刃较突出，亚基齿较细小，中部锯刃齿式 2/6~9 等。在本种团内，是唯一翅痣黄褐色的种类，易于鉴别。

247. 拟直脉钩瓣叶蜂 *Macrophya timida* F. Smith, 1874

Macrophya timida F. Smith, 1874. *Transactions of the Entomological Society of London for the Year* 1874, 380.

观察标本：雌虫：正模；雄虫：非模式标本。

分布：日本*（本州、四国、九州）。

鉴别特征：本种与直脉钩瓣叶蜂 *M. sibirica* Forsius, 1918 十分近似，但前者体长 9.5mm；唇基完全黑色；前胸背板后缘狭边白色（雄虫前胸背板完全黑色）；中胸小盾片完全黑色；后足转节完全白色；后足胫跗节完全黑色；前翅臀室柄约占 cu-a 脉 1/2 长等。

248. 横脊钩瓣叶蜂 *Macrophya tripidona* Wei & Chen, 2002（图版 2-136）

Macrophya tripidona Wei & Chen, 2002. *Insects of the mountains Taihang and Tongbai regions*, 5: 203-204, 207.

观察标本：正模：♀，河南嵩县白云山，1 300m，2001-Ⅵ-4，钟义海；非模式标本：2♀♀，甘肃天水小陇山，N. 34°16.275′，E. 106°08.201′，1 409m，2007-Ⅶ-7，魏美才；1♀，甘肃小陇山党川林场，N. 34°24.413′，E. 106°08.032′，1 700m，2009-Ⅵ-1，魏美才；1♀，湖北神农架红坪镇，N. 31°40.056′，E. 110°25.223′，1 867m，2009-Ⅶ-16，赵赴。

分布：甘肃（小陇山），河南（白云山），湖北（神农架）。

鉴别特征：本种与烟翅钩瓣叶蜂 *M. typhanoptera* Wei & Nie, 1999 较近似，但前者体长 11.5~12mm；翅面浅烟灰色透明，无烟斑；上唇、唇基、单眼后区后缘细横斑、中胸小盾片大部白色；腹部第1背板中央后缘约2/3长斑白色，侧角无白斑，第3~7背板后缘、各节腹板后缘窄边具白斑；前翅臀室无柄式，具点状极短横脉；前中足转节大部白色，腹面具黑色模糊斑纹，后足转节白色；各足跗节背侧几乎全部白色，端缘具黑斑；锯刃明显突出，稍倾斜，亚基齿细小且多枚，节缝刺毛带较狭窄，刺毛稀疏，中部锯刃齿式为2/11~14。

249. 烟翅钩瓣叶蜂 *Macrophya typhanoptera* Wei & Nie, 1999（图版2-137）

Macrophya typhanoptera Wei & Nie, 1999. I*nsects of the mountains Funiu and Dabie regions*, 4: 161-162, 166.

观察标本：正模：♀，河南灵山，400~500m，1999-Ⅴ-24，盛茂领；副模：2♀♀，河南灵山，400~500m，1999-Ⅴ-24，盛茂领；1♀，河南罗山县灵山，600m，2000-Ⅴ-22，魏美才。

分布：河南（灵山）。

鉴别特征：本种与横脊钩瓣叶蜂 *M. tripidona* Wei & Chen, 2002较近似，但前者体长11~11.5mm；翅面具浓烟褐色，色斑显著；上唇、唇基、单眼后区、中胸小盾片完全黑色无白斑；腹部第1背板后缘约2/3横白斑显著，其余各节背板及腹板完全黑色无白斑；前翅臀室具柄式，中柄明显长于2r-m脉；前中足转节完全黑色，后足转节浅黄褐色；前中足跗节背侧大部暗褐色，后足跗节完全黑色无白斑；锯刃较低平，节缝刺毛带十分宽阔，刺毛密集，中部锯刃齿式为1/9~11。

2.3.23 白胫钩瓣叶蜂种团 *M. tibiator* group

种团鉴别特征：头部额区光泽微弱，刻点粗糙密集，刻点间无光滑间隙；触角完全黑色；唇基前缘缺口深，不短于唇基1/3长；后胸后侧片附片浅碟型，无长毛，内具稍密集的细小刻点排列；通常后足胫节背侧具白斑，如后足胫节中部具白环，则白环短于后足胫节1/2长；雌虫锯腹片锯刃通常台状突起；阳茎瓣头叶亚方形，尾侧突明显。

目前，本种团包括6种，中国无分布，分别是 *M. cassandra* W. F. Kirby, 1882、*M. externa* (Say, 1823)、*M.fuliginea* Norton, 1867、*M. fumator* Norton, 1867、*M. phylacida* Gibson, 1980 和 *M. tibiator* Norton, 1864。

该种团属于北美洲类群，分布于美国和加拿大地区。

250. 凹唇钩瓣叶蜂 *Macrophya cassandra* W. F. Kirby, 1882

Macrophya cassandra W.F. Kirby, 1882. By order of the Trustees, London, pp. 273.

Macrophya albilabris Harrington, 1893. *The Canadian Entomologist*, 25(3): 60.

Macrophya externiformis Rohwer, 1912. *Proceedings of the United States National Museum*, 43, 220.

Macrophya bellula MacGillivray, 1923. *Bulletin of the Brooklyn Entomological Society*, 18, 55.

观察标本：非模式标本：1♀, VIRGINIA: Essex Co. 1 mi. SE Dunnsville, 37°52′ N, 76°48′ W, 15-28-Ⅴ-1993, Malaise trap, D.R. Smith, Malaise trap #6; 1♂, VIRGINIA: Clarke Co. U.Va. Blandy Exp. Farm, 2 mi. S Boyce, 39°05′ N, 78°10′ W, 11-24-Ⅴ-1993, Malaise trap, D.R. Smith, Malaise trap #1.

分布：北美洲★（加拿大、美国）。

鉴别特征：本种与白胫钩瓣叶蜂 *M. tibiator* Norton, 1864 较近似，但前者雌虫体长 9mm；唇基端部约 2/3 白色，基部约 1/3 黑色；前胸背板后缘白边狭窄；后足胫节大部黑色，中部约 1/3 宽环白色。雄虫各足基节基大部黑色，端少部白色；后足胫跗节完全黑色，背侧无白斑。

251. 方瓣钩瓣叶蜂 *Macrophya externa* (Say, 1823)

Allantus externus Say, 1823. *Western quarterly reporter of medical, surgical and natural science*, 2: 72.

未见标本。

分布：北美洲★（美国）。

252. 拟方瓣钩瓣叶蜂 *Macrophya fuliginea* Norton, 1867

Macrophya fuligineus Norton, 1867. *Transactions of the American Entomological Society*, 1(3): 273.

Macrophya castaneae Rohwer, 1917. *Proceedings of the United States National Museum*, 53(2195): 151-152.

未见标本。

分布：北美洲★（加拿大、美国）。

253. 异色钩瓣叶蜂 *Macrophya fumator* Norton, 1867

Macrophya fumator Norton, 1867. *Transactions of the American Entomological Society*, 1(3): 279-280.

Macrophya pumilus Norton, 1867. *Transactions of the American Entomological Society*, 1(3): 272.

Macrophya subviolacea Cresson, 1880. *Transactions of the American Entomological Society*, 8: 18-19.

Macrophya maura Cresson, 1880. *Transactions of the American Entomological Society*, 8, 18.

Macrophya bicolorata Cresson, 1880. *Transactions of the American Entomological Society*, 8, 19.

Macrophya jugosa Cresson, 1880. *Transactions of the American Entomological Society*, 8, 18.

Macrophya fumatrix W.F. Kirby, 1882. By order of the Trustees, London, pp. 275.

Synairema pacifica Provancher, 1885. C. Daeveau, Québec, [1885-1889]: 15-16.

Perineura Kincaidia [sic !] MacGillivray, 1895. *The Canadian Entomologist*, 27(1): 7.

Macrophya Obrussa [sic !] MacGillivray, 1923. *University of Illinois Bulletin*, 20(50): 22.

Macrophya Obaerata [sic !] MacGillivray, 1923. *University of Illinois Bulletin*, 20(50): 21-22.

观察标本：非模式标本：1♀, OREGON: Union Co. Mt. Emily, 5 mi., N La Grande, Malaise trap, 30. Ⅵ-5. Ⅶ-1984, T.R. Torgersen; 1♂, OREGON: Union Co. Mt. Emily, 5 mi., N La Grande, Malaise trap, 9~30-Ⅵ-1984, T.R. Torgersen.

分布：北美洲★（加拿大、美国）。

鉴别特征：本种体长 9.5mm；雌虫头胸部和足几乎完全黑色；腹部第 1~2 节、第 10 倍背板及锯鞘黑色，第 3~9 节完全红褐色；翅面烟黑色，中度透明；上唇和唇基均黑色；后足胫节背侧亚端部具模糊小型白斑；前翅臀室中柄较短，近等长于 2r-m 脉长（雄虫腹部各节均黑色；前中足大部白色；上唇和唇基均白色；翅面淡烟色透明，无烟黑色斑；后足胫节背侧亚端部具显著长白斑；前翅臀室收缩中柄长，约 2 倍于 2r-m 脉长），与其他种类容易鉴别。

254. 糙盾钩瓣叶蜂 *Macrophya phylacida* Gibson, 1980

Macrophya phylacida Gibson, 1980. *Memoirs of the Entomological Society of Canada*, 114: 87-88.

观察标本：非模式标本：1♀, VA: Loudoun Co. nr. jct. of Sycolin Rd. & Goose Crk., Malaise trap 2, Cathy J. Anderson.

分布：北美洲★（美国）。

鉴别特征：本种与白胫钩瓣叶蜂 *M. tibiator* Norton, 1864 较近似，但前者体长 10.5mm；上唇和唇基均大部黑色，上唇中部和唇基侧角具小型白斑，唇基前缘缺口亚方形，深达唇基约 2/5 长；腹部第 1 背板两侧后缘具小型横白斑；后足转节完全黑色；后足胫节大部黑色，仅背侧中部具约 1/3 细长白斑；后足跗节完全黑色；雌虫锯腹片锯刃较长，锯刃平直，中部锯刃齿式 2/23~24，刃齿十分细小，大小规则排列。

255. 白胫钩瓣叶蜂 *Macrophya tibiator* Norton, 1864

Macrophya tibiator Norton, 1864. *Proceedings of the Entomological Society of Philadelphia*, 3: 10-11.

观察标本：非模式标本：1♀, USA: West Virginia: Hardy Co., 3 mi. NE of Mathias, 38°55′ N, 78°49′ W, June 13-25-Ⅵ-2001, Malaise trap #9, D. R. Smith, collertor; 1♂, USA: West Virginia: Hardy Co., 3 mi. NE of Mathias, 38°55′ N, 78°49′ W, May 15-27-Ⅴ-2004, Malaise trap #13, D. R. Smith, collertor.

分布：北美洲★（美国、加拿大）。

鉴别特征：本种与凹唇钩瓣叶蜂 *M. cassandra* W. F. Kirby, 1882 较近似，但前者体长

11.5mm；唇基完全白色；前胸背板后缘白边较宽；后足胫节大部黑色，背侧白斑在端部中断。雄虫各足基节大部黑色，仅端缘白色；后足胫节大部黑色，背侧中部约 1/3 白色；后足基跗节端半部及第 2~5 跗分节背侧具明显白斑。

2.3.24 糙板钩瓣叶蜂种团 *M. vittata* group

种团鉴别特征：触角完全黑色；腹部仅第 1 与 10 背板后缘具白斑；唇基宽大，缺口浅弱，侧角短钝；颜面与额区稍凹陷，单眼顶面几乎不低于复眼顶面；单眼后区宽长比明显小于 2；头胸部光泽较弱，刻点粗大密集；腹部第 1 背板刻纹粗糙网状；前翅翅痣附近具宽阔浅烟色横带。

目前，本种团包括 2 种，中国均有分布，分别是：*M. hastulata* Konow, 1898 和 *M. vittata* Mallach, 1936。

该种团种类分布于中国大部地区，国外向东部延伸到日本，向南部延伸到越南、老挝、缅甸。

分种检索表

1. 唇基和上唇白色；唇基宽大，缺口浅弱，侧角短钝，宽于复眼内缘下端间距；中胸小盾片端大部白色，后缘具横脊，顶面平坦；腹部第 1~5 背板红褐色。缅甸、越南、老挝；中国（云南、广西）…………………………………………………………………… ***M. hastulata* Konow, 1898** ♀♂

   上唇和唇基均不完全黑色，具模糊白斑；中胸小盾片完全黑色无白斑，顶面具尖顶；腹部第 1 和第 10 背板后缘具白斑，其余各节背板黑色。日本；中国（甘肃、陕西、河北、河南、湖北、湖南、四川、浙江、贵州）……………………………………………… ***M. vittata* Mallach, 1936** ♀♂

256. 红腹钩瓣叶蜂 *Macrophya hastulata* Konow, 1898（图版 2-138）

Macrophya hastulata Konow, 1898. *Entomologische Nachrichten*, 24(17-18): 277-278.

观察标本：非模式标本：1♀，云南绿春，1996-Ⅴ-31，卜文俊；2♀♀，云南哀牢山者东站，N. 24°01.930′，E. 101°21.717′，1 915m，2006-Ⅶ-19，杨青，肖炜；1♀1♂，云南高黎贡山，N. 25°17.740′，E. 98°48.193′，1 600m，2005-Ⅶ-4，刘守柱；1♀，CSCS12043，广西田林岑王老山气象站，N. 24°25′17″，E. 106°23′0″，1 333m，2012-Ⅴ-1，李泽建，尚亚飞；1♀3♂♂，CSCS12041，广西田林岑王老山气象站，N. 24°25′17″，E. 106°23′0″，1 333m，2012-Ⅳ-30，李泽建，尚亚飞；1♀4♂♂，CSCS12047，广西田林岑王老山气象站，N. 24°25′17″，E. 106°23′0″，1 333m，2012-Ⅴ-3，钟义海；1♀，CSCS12046，广西田林岑王老山气象站，N. 24°25′17″，E. 106°23′0″，1 333m，2012-Ⅴ-3，尚亚飞，李泽建；1♀，CSCS12042，广西田林岑王老山气象站，N. 24°25′17″，E. 106°23′0″，1 333m，2012-Ⅳ-30，钟义海；1♂，CSCS12044，广西田林岑王老山气象

站，N. 24°25′17″，E. 106°23′0″，1 333m，2012-Ⅴ-1，钟义海；3♀♀1♂，CSCS13036，广西田林岑王老山气象站，N. 24º24.84′，E. 106º22.81′，海拔 1 232m，2013-Ⅴ-6，魏美才，牛耕耘；2♀♀3♂♂，CSCS13037，广西田林岑王老山奄家坪，N. 24º26.42′，E. 106º22.20′，海拔 1 407m，2013-Ⅴ-7，魏美才，牛耕耘；4♀♀7♂♂，CSCS13027，广西田林岑王老山气象站，N. 24º24.84′，E. 106º22.81′，海拔 1 232m，2013-Ⅴ-6，尚亚飞，刘萌萌，祁立威；1♀4♂♂，CSCS13041，广西田林岑王老山尾后，N. 24º23.72′，E. 106º22.37′，海拔 1 316m，2013-Ⅴ-9，魏美才，牛耕耘；1♀2♂♂，CSCS13033，广西田林岑王老山尾后，N. 24º23.72′，E. 106º22.37′，海拔 1 316m，2013-Ⅴ-9，尚亚飞，刘萌萌，祁立威；1♂，CSCS13034，广西田林岑王老山气象站，N. 24º24.84′，E. 106º22.81′，海拔 1 232m，2013-Ⅴ-4，魏美才，牛耕耘；1♂，CSCS13026，广西田林岑王老山天皇庙，N. 24º27.18′，E. 106º20.96′，海拔 1 417m，2013-Ⅴ-5，尚亚飞，刘萌萌，祁立威；2♀♀1♂，CSCS13024，广西田林岑王老山气象站，N. 24º24.84′，E. 106º22.81′，海拔 1 232m，2013-Ⅴ-4，尚亚飞，刘萌萌，祁立威。

分布：云南（瑞丽市、绿春县、西双版纳、哀牢山、高黎贡山），广西（岑王老山）；缅甸（北部），老挝，越南（北部）。

个体变异：广西岑王老山两性标本腹部第 5 背板黑色，或少部具红色斑纹。

鉴别特征：本种体长 11~11.5mm；上唇、唇基、前胸背板后缘窄边、翅基片大部、中胸小盾片端大部白色；腹部第 1~5 节几乎完全红褐色，但第 1 背板中部具黑色斑纹，两侧后缘具白色斑纹；头部背侧刻点粗糙密集，刻点间隙狭窄，光泽微弱；触角亚端部显著膨大侧扁，端部 4 节明显短缩，鞭节末端尖锐；中胸小盾片顶面平坦，后缘横脊明显，中部具模糊宽中脊；前翅端半部具浓烟褐色宽斑，边界清晰，基臀室无柄式，具短直横脉；后翅端部 1/3 具浅烟色宽斑，鞭节清晰，臀室具柄式等。在该种团内，本种是唯一腹部具红环的种类，易于识别。

257. 糙板钩瓣叶蜂 *Macrophya vittata* Mallach, 1936（图版 2-139）

Macrophya vittata Mallach, 1936. *Bulletin of the Fan Memorial Institute of Biology, Zoology*, 6: 221-222.

Macrophya abbreviata Takeuchi, 1938. *Notesd' Entomologie Chinoise*, 5(7): 65-67.

观察标本：非模式标本：1♀，浙江天目山，1 100m，1999-Ⅷ-18，卜文俊；1♀，河南嵩县，1996-Ⅶ-17，魏美才；1♀，河南宝天曼，1998-Ⅶ-12，肖炜；1♀，河南卢氏大块地，1 700m，2001-Ⅶ-21，钟义海；7♀♀，河南嵩县白云山，1 650m，2002-Ⅶ-25，姜吉刚；1♀，湖南张家界，85 级森保；1♀，陕西潼关桐峪镇，N. 34°27.261′，E. 110°21.961′，1 052m，2006-Ⅴ-30，朱巽；1♂，陕西佛坪，1 000~1 450m，2005-Ⅴ-17，朱巽；8♀♀，湖南石门壶瓶山，500m，2002-Ⅵ-1~2，姜洋，姜吉刚；4♀♀2♂♂，湖南石门壶瓶山，600m，2002-Ⅴ-30，姜吉刚；1♀，湖南石门壶瓶山，1 500m，

2002-Ⅴ-31，姜吉刚；1♂，湖南石门壶瓶山，1 400m，2003-Ⅶ-13，姜洋；3♀♀3♂♂，湖南壶瓶山江坪，1 200~1 600m，2004-Ⅵ-9，周虎，姜洋；1♂，河南辉县八里沟，800~1 000m，2004-Ⅶ-11，张少冰；1♀，甘肃小陇山党川林场水泉沟，N. 34°18′301″，E. 106°08′031″，1 480m，2009-Ⅷ-4，范慧；19♀♀37♂♂，湖北神农架千家坪，N. 31°24.356′，E. 110°24.023′，1 789m，2009-Ⅶ-4，赵赴，焦璺；23♀♀41♂♂，湖北神农架千家坪，N. 31°24.356′，E. 110°24.023′，1 789m，2009-Ⅶ-7，赵赴，焦璺；5♀♀，湖北神农架摇篮沟，N. 31°29.104′，E. 110°22.878′，1 430m，2009-Ⅶ-26，赵赴，焦璺；4♀♀13♂♂，湖北神农架千家坪，N. 31°24.356′，E. 110°24.023′，1 789m，2009-Ⅶ-6，赵赴，焦璺；5♀♀26♂♂，湖北神农架摇篮沟，N. 31°29.104′，E. 110°22.878′，1 430m，2009-Ⅶ-19，赵赴，焦璺；6♂♂，湖北神农架摇篮沟，N. 31°29.104′，E. 110°22.878′，1 430m，2009-Ⅶ-13，赵赴，焦璺；8♂♂，湖北神农架摇篮沟，N. 31°29.104′，E. 110°22.878′，1 430m，2009-Ⅶ-26，赵赴，焦璺；14♀♀27♂♂，湖北神农架千家坪，N. 31°24.356′，E. 110°24.023′，1 789m，2009-Ⅶ-3，赵赴，焦璺；6♀♀2♂♂，湖北神农架漳宝河，N. 31°26.765′，E. 110°24.570′，1 156m，2009-Ⅵ-13，赵赴；1♀1♂，湖北神农架小寨，N. 31°34.119′，E. 110°08.342′，905m，2008-Ⅴ-24，赵赴，焦璺；1♀2♂♂，湖北神农架小寨溪边，N. 31°33.870′，E. 110°08.121′，940m，2008-Ⅴ-25，赵赴；1♀1♂，湖北神农架三河，N. 31°34.329′，E. 110°09.803′，835m，2008-Ⅴ-26，赵赴；1♀，湖北神农架板桥河，N. 31°25.544′，E. 110°09.676′，1 250m，2008-Ⅴ-30，赵赴；2♂♂，湖北神农架植物园，N. 31°26.265′，E. 110°22.935′，1 250m，2008-Ⅵ-4，焦璺；1♀3♂♂，湖北神农架关门山，N. 31°26.201′，E. 110°23.991′，1 296m，2008-Ⅶ-17，赵赴；1♀1♂，湖北神农架关门山，N. 31°26.781′，E. 110°23.373′，1 241m，2008-Ⅶ-13，赵赴；1♀，湖北神农架盘水，N. 31°44.594′，E. 110°34.546′，1 078m，2009-Ⅶ-15，赵赴；1♂，湖北神农架红坪镇，N. 31°40.056′，E. 110°25.223′，1 867m，2009-Ⅶ-16，赵赴；5♀♀6♂♂，湖北神农架摇篮沟，N. 31°29.104′，E. 110°22.878′，1 430m，2009-Ⅶ-29，赵赴，焦璺；6♂♂，湖北神农架关门山，N. 31°26.657′，E. 110°23.853′，1 267m，2009-Ⅶ-2，赵赴；2♀♀4♂♂，甘肃康县梅园沟，N. 33°02.643′，E. 105°40.767′，980m，2009-Ⅶ-13，朱巽；13♀♀7♂♂，四川青城后山白云寺，N. 30°56.033′，E. 103°28.428′，1 600m，2006-Ⅵ-29，钟义海、刘飞、周虎；7♀♀2♂♂，CSCS11041，湖南石门壶瓶山石碾子沟，N. 30°00.59′，E. 110°33.18′，710m，2011-Ⅵ-1~3，魏美才，牛耕耘；3♀♀，CSCS11040，湖南石门壶瓶山石碾子沟，N. 30°00.59′，E. 110°33.18′，710m，2011-Ⅵ-1~3，李泽建，朱朝阳；1♀，CSCS11042，湖南石门壶瓶山石碾子沟，N. 30°00.59′，E. 110°33.18′，710m，2011-Ⅵ-1~3，姜吉刚；2♀♀2♂♂，CSCS11060，浙江临安西天目山，N. 30°20.64′，E. 119°26.41′，1 100m，2011-Ⅵ-12~16，魏美才，牛耕耘；1♀，CSCS11105，四川青城山祖师殿，N. 30°54.28′，E. 103°33.28′，1 116m，2011-

Ⅵ-23，朱朝阳，姜吉刚；4♀♀1♂，CSCS11106，四川青城山东华殿，N. 30°54.67′，E. 103°33.56′，1 229m，2011-Ⅵ-24，朱朝阳，姜吉刚；2♀♀，CSCS11142，四川青城山又一村，N. 30°55.93′，E. 103°28.28′，1 287m，2011-Ⅶ-15，薛俊哲，胡平；2♂♂，CSCS11141，四川青城山白云寺，N. 30°57.0′，E. 103°28.7′，1 665m，2011-Ⅶ-14，薛俊哲，胡平；1♀，CSCS11153，浙江天目山大树洞，N. 30°38.06′，E. 119°43.09′，1 083m，2011-Ⅶ-28，刘艳霞；1♀1♂，CSCS11154，浙江天目山开山老殿，N. 30°38.06′，E. 119°43.09′，1 100m，2011-Ⅶ-28，刘艳霞；1♀1♂，CSCS12087，重庆城口县大巴山庙坝镇，N. 31°50′38″，E. 108°36′39″，1 405m，2012-Ⅶ-5，李泽建，刘萌萌；1♀，浙江天目山老殿，1962-Ⅷ-8，金根桃；2♀♀，浙江天目山，1985-Ⅵ，吴鸿；1♀，湖北神农架，1982-Ⅶ-28，何俊华；1♀，湖北房县，1982-Ⅶ-23，何俊华；1♂，浙江安吉龙王山，1995-Ⅴ-20，吴鸿；1♂，浙江天目山老殿，1957-Ⅵ-28，杨集昆；1♀，贵州习水三岔河，800m，2004-Ⅸ-24~28，肖炜；1♀，贵州习水蔺江，600m，2000-Ⅸ-24~28，宋琼章；1♀1♂，贵州习水坪河-蔺江，1 500~800m，2000-Ⅵ-2，肖炜；1♀，湖南张家界，1986-Ⅶ，85级森保；4♀♀5♂♂，CSCS14049，四川峨眉山万年寺，N. 29°34.92′，E. 103°22.59′，1 123m，2014-Ⅴ-22，胡平&刘婷采，乙酸乙酯；3♀♀6♂♂，CSCS15062，四川乐山市峨眉山清音阁，N. 29°34.705′，E. 103°24.365′，714m，2015-Ⅴ-17，祁立威&刘琳采，乙酸乙酯；1♀，CSCS15052，四川峨眉山万年寺停车场，N. 29°35.678′，E. 103°22.533′，891m，2015-Ⅴ-13，祁立威&刘琳采，乙酸乙酯；2♀♀8♂♂，CSCS15059，四川峨眉山万年寺停车场，N. 29°35.678′，E. 103°22.533′，891m，2015-Ⅴ-16，祁立威&刘琳采，乙酸乙酯；1♀9♂♂，CSCS15060，四川峨眉山万年寺停车场，N. 29°35.678′，E. 103°22.533′，891m，2015-Ⅴ-16，祁立威&刘琳采，乙酸乙酯；1♂，CSCS15050，四川峨眉山万年寺停车场，N. 29°35.678′，E. 103°22.533′，891m，2015-Ⅴ-16，聂海燕&褚彪采，乙酸乙酯；3♀♀，CSCS15119，浙江临安天目山开山老殿，N. 30°20.567′，E. 119°26.050′，1 106m，2015-Ⅷ-2，魏美才采，乙酸乙酯；2♀♀，CSCS15120，浙江临安天目山开山老殿，N. 30°20.567′，E. 119°26.050′，1 106m，2015-Ⅷ-2，刘婷&刘琳采，乙酸乙酯；14♀♀7♂♂，CSCS16157，浙江临安西天目山老殿，N. 30.343°，E. 119.433°，1 106m，2016-Ⅴ-30，李泽建&刘萌萌采，乙酸乙酯；4♀♀7♂♂，CSCS16158，浙江临安西天目山老殿，N. 30.343°，E. 119.433°，1 106m，2016-Ⅴ-30，魏美才采，乙酸乙酯；7♀♀4♂♂，CSCS16185，浙江临安西天目山老殿，N. 30.343°，E. 119.433°，1 106m，2016-Ⅵ-27，李泽建&刘萌萌采，乙酸乙酯；5♀♀，CSCS16183，浙江临安西天目山老殿，N. 30.343°，E. 119.433°，1 106m，2016-Ⅵ-27，李泽建&刘萌萌采，乙酸乙酯；5♀♀2♂♂，CSCS16191，浙江临安西天目山老殿，N. 30.343°，E. 119.433°，1 106m，2016-Ⅷ-25，李泽建&刘萌萌采，乙酸乙酯；9♀♀2♂♂，CSCS16113，浙江临安天目山开山老殿，N. 30°20′27″，E. 119°25′52″，

1 098m，2016-Ⅵ-10，高凯文采，乙酸乙酯；2♀♀2♂♂，CSCS16116，浙江临安天目山开山老殿，N. 30°20′27″，E. 119°25′52″，1 098m，2016-Ⅵ-13，高凯文采，乙酸乙酯；11♀♀12♂♂，CSCS16117，浙江临安天目山开山老殿，N. 30°20′27″，E. 119°25′52″，1 098m，2016-Ⅵ-13，高凯文采，乙酸乙酯；6♀♀7♂♂，CSCS16115，浙江临安天目山开山老殿，N. 30°20′27″，E. 119°25′52″，1 098m，2016-Ⅵ-11，高凯文采，乙酸乙酯；1♂，CSCS16151，四川鞍子河保护区巴栗坪，N. 30°46′50″，E. 103°13′10″，1 750m，2016-Ⅶ-23，高凯文采，乙酸乙酯；6♀♀，LSAF16193，浙江临安西天目山禅源寺，N. 30.322°，E. 119.443°，362m，2016-Ⅸ-23~25，李泽建 & 刘萌萌采，乙酸乙酯；1♂，LSAF17059，浙江临安西天目山禅源寺，N. 30.323°，E. 119.442°，405m，2017-Ⅴ-7，刘萌萌 & 高凯文 & 姬婷婷采，乙酸乙酯；2♂♂，LSAF17057，浙江临安西天目山禅源寺，N. 30.323°，E. 119.442°，405m，2017-Ⅴ-6，刘萌萌 & 高凯文 & 姬婷婷采，乙酸乙酯；4♂♂，LSAF17064，浙江临安西天目山禅源寺，N. 30.323°，E. 119.442°，405m，2017-Ⅴ-13，高凯文 & 姬婷婷采，乙酸乙酯；4♂♂，LSAF17060，浙江临安西天目山禅源寺，N. 30.323°，E. 119.442°，405m，2017-Ⅴ-9，姬婷婷采，乙酸乙酯；5♂♂，LSAF17061，浙江临安西天目山禅源寺，N. 30.323°，E. 119.442°，405m，2017-Ⅴ-9，姬婷婷采，乙酸乙酯；4♂♂，LSAF17062，浙江临安西天目山禅源寺，N. 30.323°，E. 119.442°，405m，2017-Ⅴ-11，姬婷婷采，乙酸乙酯；4♂♂，LSAF17063，浙江临安西天目山禅源寺，N. 30.323°，E. 119.442°，405m，2017-Ⅴ-12，姬婷婷采，乙酸乙酯；1♂，LSAF17068，浙江临安西天目山禅源寺，N. 30.323°，E. 119.442°，405m，2017-Ⅴ-11，高凯文 & 姬婷婷采，乙酸乙酯；2♂♂，LSAF17083，浙江临安西天目山禅源寺，N. 30.323°，E. 119.442°，405m，2017-Ⅴ-26，李泽建 & 刘萌萌 & 高凯文 & 姬婷婷采，乙酸乙酯；3♂♂，LSAF17073，浙江临安西天目山禅源寺，N. 30.323°，E. 119.442°，405m，2017-Ⅴ-17，姬婷婷采，乙酸乙酯；1♂，LSAF17080，浙江临安西天目山开山老殿，N. 30.343°，E. 119.433°，1 106m，2017-Ⅴ-22，姬婷婷采，乙酸乙酯；5♀♀1♂，LSAF17089，浙江临安天目山开山老殿，N. 30.343°，E. 119.433°，1 106m，2017-Ⅵ-7，刘萌萌 & 高凯文 & 姬婷婷采，乙酸乙酯；1♀，LSAF17102，浙江临安天目山开山老殿，N. 30.343°，E. 119.433°，1 106m，2017-Ⅶ-10~16，高凯文采，乙酸乙酯；3♀♀9♂♂，CSCS17104，浙江临安西天目山开山老殿，N. 30.343°，E. 119.433°，1 106m，2017-Ⅶ-27，李泽建采，乙酸乙酯；8♀♀2♂♂，CSCS17106，浙江临安西天目山开山老殿，N. 30.343°，E. 119.433°，1 106m，2017-Ⅷ-16，李泽建采，乙酸乙酯。

分布：甘肃（小陇山、康县），陕西（桐峪镇、佛坪县），河北*（东陵），河南（嵩县、白云山、宝天曼、伏牛山、辉县、卢氏县），湖北（鹤峰县、房县、神农架），湖南（张家界、壶瓶山），四川（卧龙、青城山、峨眉山、鞍子河），浙江（天目山、龙王山），贵州（习水、水坪河、蔺江）；日本*。

个体变异：上唇和唇基白色斑纹有大小变化。

鉴别特征：本种体长 12.5~13mm；头胸部刻点粗大密集，光泽较弱；颜面稍凹陷；唇基缺口浅弱，侧角短钝；腹部第 1 和第 10 背板不完全黑色，后缘具白斑，其余各节背板完全黑色；腹部第 1 背板刻纹粗糙网状，无光滑区域；前翅翅痣下具宽阔浅烟色横带等，易于识别。

2.3.25 赵氏钩瓣叶蜂种团 *M. zhaoae* group

种团鉴别特征：触角不完全黑色，鞭节端部数节亮黄色；前中足黄褐色，后足黄褐色至橘褐色；颜面与额区明显下沉，单眼顶面低于复眼顶面；单眼后区低平，宽长比明显小于 2；后胸后侧片无附片；后足基跗节粗壮，内齿长于外齿。

目前，本种团包括 4 种，中国均有分布，分别是：*M. hainanensis* Wei & Nie, 2002、*M. minutitheca* Wei & Nie, 2002、*M. nigrispuralina* Wei, 2005 和 *M. zhaoae* Wei, 1997。

该种团种类主要分布于中国南部地区。

分种检索表

1. 体长 10~11mm；触角中部显著膨大；中胸小盾片背侧具稀疏大刻点，小盾片具完整黑色纵条斑；后足股节和胫节端部具黑斑。中国（浙江）………………………… ***M. zhaoae* Wei, 1997** ♀♂
   体长 13~14mm；触角中部微弱膨大 …………………………………………………………… **2**
2. 后足股节和胫节全部橘褐色，无黑斑，胫节端距黑色；中胸小盾片大部光滑无刻点，黑色条斑不完整；腹部背板后缘具模糊淡斑，无明显横斑；头部背侧刻点微弱；翅斑显著。中国（贵州）…………………………………………………………………… ***M. nigrispuralina* Wei, 2005** ♀
   后足股节和胫节端部具黑斑；中胸小盾片具粗大刻点，黑色纵条斑完整；腹部背板后缘具明显横斑；头部背侧刻点显著；翅斑微弱 …………………………………………………………… **3**
3. 中胸前侧片具大白斑；后足基节基半部黑色，端半部淡黄褐色；前翅臀室收缩中柄长点状；锯鞘约等长于后足基跗节。中国（海南）…………………………… ***M. hainanensis* Wei & Nie, 2002** ♀
   中胸前侧片完全黑色无白斑；后足基跗节端缘黑色，其余淡黄褐色；前翅臀室收缩中柄长；锯鞘约等长于 1/2 倍后足基跗节长（雄虫单眼后区完全黑色无白斑）。中国（贵州）…………………………………………………………… ***M. minutitheca* Wei & Nie, 2002** ♀♂

258. 海南钩瓣叶蜂 *Macrophya hainanensis* Wei & Nie, 2002（图版 2-140）

Macrophya hainanensis Wei & Nie, 2002. *Forest Insects of Hainan*, 837, 839, 846, 851.

观察标本：正模：♀，海南尖峰岭，1999-Ⅲ-19，魏美才，聂海燕。

分布：海南（尖峰岭）。

鉴别特征：本种与印度分布的斑角钩瓣叶蜂 *M. maculicornis* Cameron, 1899（后若属于平盾钩瓣叶蜂种团 *M. planata* group）较近似，但前者体长 13mm；颜面与额区明显下沉；锯腹片锯刃为舌状突出，刃齿不明显，中部锯刃强烈加宽。

259. 小鞘钩瓣叶蜂 *Macrophya minutitheca* Wei & Nie, 2002（图版 2-141）

Macrophya minutitheca Wei & Nie, 2002. *Insects from Maolan Landscape*, 479.

观察标本：正模：♀，贵州茂兰，750m，1999-Ⅴ-10，魏美才；副模：6♀♀2♂♂，贵州茂兰，750m，1999-Ⅴ-10~11，魏美才；2♀♀，贵州茂兰三岔河，750m，1999-Ⅴ-11，魏美才。

分布：贵州（茂兰）。

鉴别特征：本种与赵氏钩瓣叶蜂 *M. zhaoae* Wei, 1997 较近似，但前者体长 13.5~14mm；触角端部 4 节白色；触角细长，鞭节中部 5~6 节不膨大；额区刻点密集，后足基节腹侧白色；雄虫单眼后区白色；雌虫锯腹片较长，中部不强烈加宽，亚基齿大型，中部锯刃具 1 个内侧亚基齿和 3~4 个外侧亚基齿；雄虫阳茎瓣头叶前缘较宽，侧叶较短。

260. 黑距钩瓣叶蜂 *Macrophya nigrispuralina* Wei, 2005（图版 2-142）

Macrophya nigrispuralina Wei, 2005. *Insects from Xishui Landscape*, 480-481, 513.

观察标本：正模：♀，贵州习水坪河 - 蔺江，1 500~1 800m，2000-Ⅵ-2，肖炜；副模：3♀♀，贵州习水坪河 - 蔺江，1 500~1 800m，2000-Ⅵ-2，肖炜；1♀，湖北神农架关门山，N. 31°26.781′，E. 110°23.373′，1 241m，2008-Ⅶ-13，赵赴。

分布：湖北（神农架），贵州（习水）。

鉴别特征：本种与海南钩瓣叶蜂 *M. hainanensis* Wei, 2002 和小鞘钩瓣叶蜂 *M. minutitheca* Wei, 2002 均较近似，但前者体长 12.5~13mm；前翅端部 1/3 浓烟褐色；后足股节和胫节全部橘褐色，内端距黑色；中胸小盾片大部光滑无刻点，黑色条斑不完整；背板后缘具模糊淡斑，无明显白色横斑；头部背侧刻点微弱。

261. 赵氏钩瓣叶蜂 *Macrophya zhaoae* Wei, 1997（图版 2-143）

Macrophya zhaoae Wei, 1997. *Entomotaxonomia*, 19, Suppl., 81-82.

观察标本：正模：♀，浙江天目山，1985-Ⅵ，吴鸿；副模：1♂，浙江西天目山仙人顶，1990-Ⅵ-2，浙江农业大学；非模式标本：1♀，湖北宜昌大老岭林场，2010-Ⅶ-26，陈红权，长江大学昆虫标本馆。

分布：浙江（西天目山），湖北（大老岭）。

鉴别特征：本种与小鞘钩瓣叶蜂 *M. minutitheca* Wei & Nie, 2002 较近似，但前者体长 10~10.5mm；触角端部 3 节白色；鞭节中部明显膨大；额区刻点不密集，后足基节腹侧黑色；雄虫单眼后区完全黑色无白斑；雌虫锯腹片短，中部锯刃强烈加宽，亚基齿十分细小；雄虫阳茎瓣头叶略窄，侧叶较长。

Ⅱ 短唇钩瓣叶蜂亚属 Subgenus *Pseudomacrophya*

目前，本亚属共包括 2 个种团，共计 12 种。其中，中国分布的种团 1 个，即列斑钩瓣叶蜂种团 *M. crassuliformis* group；另外 1 个种团种类全部分布于欧洲，即白点钩

瓣叶蜂种团 *M. punctumalbum* group。现有种类如下：*M. punctumalbum* (Linné, 1767)、*M. africana* Forsius, 1918、*M. africana africana* Forsius, 1918、*M. africana megatlantica* Lacourt, 1991、*M. dibowskii* Ed. André, 1881、*M. hispana* Konow, 1904、*M. nizamii* Ermolenko, 1977、*M. minutissima* Takeuchi, 1937、*M. glaboclypea* Wei & Nie, 2003、*M. albitarsis* Mocsáry, 1909、*M. crassuliformis* Forsius, 1925、*M. obesa* Takeuchi, 1933。该亚属多数种类分布在古北区，即中国东北地区，但个别种类在中国南方也少有分布，部分种类向国外延伸到日本、朝鲜、东西伯利亚、西伯利亚、欧洲和北美洲。

2.3.26 白点钩瓣叶蜂种团 *M. punctumalbum* group

种团鉴别特征：体小型；唇基前缘缺口较深，通常三角形凹入，侧齿端缘圆钝；锯腹片锯刃刃齿中等大小。

目前，本种团共包括 7 种，全部为欧洲分布种类，即 *M. africana* Forsius, 1918、*M. africana africana* Forsius, 1918、*M. africana megatlantica* Lacourt, 1991、*M. dibowskii* Ed. André, 1881、*M. hispana* Konow, 1904、*M. hispana* Konow, 1904 和 *M. punctumalbum* (Linné, 1767)。

该种团种类分布于欧洲与北美地区。

262. 阿非钩瓣叶蜂 *Macrophya africana* Forsius, 1918

Macrophya hispania var. *africana* Forsius, 1918. *Översigt af Finska Vetenskaps Societetens Förhandlingar*, 60[1917-1918](13): 2.

未见标本。

分布：欧洲★（阿尔及利亚）。

263. 阿非钩瓣叶蜂 *Macrophya africana africana* Forsius, 1918

Macrophya hispania var. *africana* Forsius, 1918. *Översigt af Finska Vetenskaps Societetens Förhandlingar*, 60[1917-1918](13): 2.

未见标本。

分布：欧洲★（阿尔及利亚）。

264. 阿非钩瓣叶蜂 *Macrophya africana megatlantica* Lacourt, 1991

Macrophya africana megatlantica Lacourt, 1991. *L'Entomologiste. Revue d'Amateurs*, 47(3): 144.

未见标本。

分布：非洲★（摩洛哥）。

265. 迪氏钩瓣叶蜂 *Macrophya dibowskii* Ed. André, 1881

Macrophya dibowskii Ed. André, 1881. *Species des Hyménoptères d'Europe & d'Algérie.* Beaune (Côte-d'Or), 1[1879-1882](8): 361.

未见标本。

分布：欧洲★。

266. 西班牙钩瓣叶蜂 *Macrophya hispana* Konow, 1904

Macrophya hispana Konow, 1904. *Zeitschrift für systematische Hymenopterologie und Dipterologie*, 4(5): 267.

未见标本。

分布：欧洲★（西班牙）。

267. 扎米钩瓣叶蜂 *Macrophya nizamii* Ermolenko, 1977

Macrophya nizamii Ermolenko, 1977. *Vestnik zoologii*, 11(5): 69-74.

未见标本。

分布：阿塞拜疆★。

268. 白点钩瓣叶蜂 *Macrophya punctumalbum* (Linné, 1767)

Tenthredo punctum album Linné, 1767. *Systema naturae per regna tria naturae, secundum classes, ordines, genera, species cum characteribius, differentiis, synonymis, locis. Editio Duodecima Reformata (12ed.) Tom. I. Pars II.* Laur. Salvii, Holmiae, pp. 924.

Tenthredo erythropus Schrank, 1776. *Beyträge zur Naturgeschichte.* Gebr. Veith, Augsburg, pp. 96.

Tenthredo punctum Fabricius, 1781. *Species Insectorum exhibentes eorum differentias specificas, synonyma auctorum, loca natalia, metamorphosin adiectis observationibus, descriptionibus, Vol. 1.* Impensis Carol. Ernest. Bohnii, Hamburgi et Kilonii, pp. 415.

Tenthredo stellata Geoffroy, 1785. *In*: Fourcroy, A. F. de *Entomologia Parisiensis, sive catalogus Insectorum quae in agro parisiensi reperiuntus.Vol.1-2.* Paris, pp. 369.

观察标本：2♀♀, P.12, V.89, Received on exchange ex coll., Deutsches Entomolog. Institut, Eberswaldae, Germany, 2001; 1♀, P.30, V.89, Received on exchange ex coll., Deutsches Entomolog. Institut, Eberswaldae, Germany, 2001; 1♀, Leipzig Umg., K. Ermisch leg., Received on exchange ex coll., Deutsches Entomolog. Institut, Eberswaldae, Germany, 2001; 4♀♀, F Dep. Puy de Dome, Sapchat~ St. Nectaire, 45.587° N, 2.979° E, 812m, 21-Ⅴ-2008, Wei M C coll.; 1♀, F Dep. Puy de Dome, Sapchat, 45°34′33.60″ N, 2°58′08.46″ E, 798m, 24-Ⅴ-2008, Wei M C coll.; 5♀♀, F Dep. Puy de Dome, 45.470° N- 45.573° N, 2.923° E-2.983° E, 851-1 176m, 20-Ⅴ-2008, Wei M C & Niu G Y coll.; 1♀, F Dep. Puy de Dome, 45.508° N- 45.561° N, 2.871° E- 2.880° E, 1 170-1 427m, 19-Ⅴ-2008, Wei M C & Niu G Y coll.; 1♀, Tankardsyown Br., on Ashl Co.ae c., 21-Ⅴ-1933, G.M.S., A. W. Stelfox collection, 1966., Exchange, NMNHS, Ⅷ-2012; 1♀, llsingron wcl., DT. Aws., 1-Ⅵ-1950, A. W. Stelfox collection, 1966., Exchange, NMNHS, Ⅷ-2012.

分布：欧洲★（奥地利、比利时、保加利亚、克罗地亚、捷克、丹麦、爱沙尼亚、芬兰、法国、德国、英国、希腊、匈牙利、爱尔兰、意大利、拉脱维亚、卢森堡、马其顿、摩尔多瓦、荷兰、挪威、波兰、葡萄牙、罗马尼亚、俄罗斯、斯洛伐克、西班牙、瑞典、瑞士、乌克兰、南斯拉夫)，北美洲★（美国、加拿大)。

寄主：木犀科，女贞属，女贞 *Ligustrum vulgare*；木犀科，梣属，欧洲白蜡 *Fraxinus excelsior*。

鉴别特征：本种与朝鲜分布的碎斑钩瓣叶蜂 *M. minutissima* Takeuchi, 1937 的雄虫较近似，但前者体长 7.5~8mm；头部背侧光泽暗淡，额区刻点粗大密集，明显粗糙，刻点间无光滑间隙；上唇和唇基均黑色；中胸小盾片白色；前中足大部黑色，胫跗节大部白色；各足转节均黑色；后足股节亮红褐色；后足胫节大部黑色，背侧亚端部具 2/5 白斑。

2.3.27 列斑钩瓣叶蜂种团 *M. crassuliformis* group

种团鉴别特征：体中型；唇基前缘缺口浅显，侧齿短尖；锯腹片中部锯刃通常小型。

目前，本种团包括 5 种，中国均有分布，分别是：*M. albitarsis* Mocsáry, 1909、*M. crassuliformis* Forsius, 1925、*M. glaboclypea* Wei &Nie, 2003.、*M. minutissima* Takeuchi, 1937、*M. obessa* Takeuchi, 1933。

该种团种类主要分布于中国东北、西北和华北地区，国外扩散到日本、朝鲜等地。

分种检索表

1. 触角基部数节具红褐色斑纹；体或足至少部分红褐色；唇基光滑，端部不显著变薄，刻点微弱，黄褐色；上唇宽长比稍大于 1.0；颚眼距等于中单眼直径；额区刻点密集，具光滑间隙；翅痣黄褐色；后足胫跗节全部红褐色；体型较粗短；后头显著收缩；前翅 2r 脉交于第 2Rs 室中部偏内侧；足暗红褐色，后足股节内缘端半部黑色。中国（福建）… **_M. glaboclypea_ Wei &Nie, 2003** ♀
   触角完全黑色，绝无红褐色斑纹；体无红褐色斑纹；其余特征不同于上述 …………………… **2**
2. 体长通常 10~12mm；前中足转节完全黑色；后足转节大部黑色，少部白色；后足股胫跗节完全黑色；绝无白斑部分；腹部两侧无白斑；前胸背板黑色。日本（北海道、本州），朝鲜（Hakugan)；中国（吉林、辽宁）……………………………… **_M. obesa_ Takeuchi, 1933** ♂
   体长通常 7~10mm；其余特征不同于上述 ……………………………………………… **3**
3. 胸部侧板完全黑色；前中足股胫节背侧具黑色条带；后足股节基半部腹侧白色；单眼后区宽长比小于 2。朝鲜 ……………………………………………**_M. minutissima_ Takeuchi, 1937** ♂
   胸部侧板不完全黑色，具小型白斑；后足股节基部白环约占后足股节 1/3 长 ………………… 4
4. 后足跗节白色；额区和中胸侧板刻点致密；锯刃低平。朝鲜（Tonai、Hakugan、Nansetsurei)，东西伯利亚；中国（吉林）……………………………………… **_M. albitarsis_ Mocsáry, 1909** ♀
   后足跗节黑色；额区和中胸侧板刻点具光滑间隙；锯刃倾斜。日本、西伯利亚；中国（黑龙江、宁夏、陕西、山西、河北、北京、湖北、湖南）……………… **_M. crassuliformis_ Forsius, 1925** ♀♂

269. 浅唇钩瓣叶蜂 _Macrophya albitarsis_ Mocsáry, 1909（图版 2-144）

Macrophya albitarsis Mocsáry, 1909. *Annales historico-naturales Musei Nationalis Hungarici*, Budapest 7: 17.

观察标本：非模式标本：1♀，吉林蛟河，1987-Ⅶ，北京林学院。

分布：吉林（蛟河）；朝鲜，东西伯利亚。

鉴别特征：参照检索表。

270. 列斑钩瓣叶蜂 *Macrophya crassuliformis* Forsius, 1925（图版 2-145）

Macrophya crassuliformis Forsius, 1925. *Acta Societatis pro Fauna et Flora Fennica*, Helsingfors 4: 6-7.

Macrophya brevilabris Malaise, 1931. *Entomologisk Tidskrift*, 52(2): 124-125.

Macrophya brevilabris var. *nigroscutellata* Malaise, 1931. *Entomologisk Tidskrift*, 52(2): 124-125.

观察标本：非模式标本：4♀♀2♂♂，河北雾灵山雾灵苑，N. 40°36.239′，E. 117°25.813′，826m，2007-Ⅵ-14~15，李泽建；1♀，湖南石门壶瓶山，2000-Ⅳ-30，钟义海；3♀♀，陕西清泉，1971-Ⅵ-28，杨集昆；2♀♀，陕西马兰，1964-Ⅵ-2，中南林学院；2♂♂，陕西甘泉清泉沟，1971-Ⅵ-1~3，杨集昆；1♀，山西龙泉龙则村，N. 36°59.747′，E. 113°23.397′，1 282m，2008-Ⅵ-26，费汉榄；1♀，山西龙泉密林峡谷，N. 36°58.684′，E. 113°24.677′，1 500m，2008-Ⅵ-25，费汉榄；1♀，湖北神农架小寨溪边，N. 31°33.870′，E. 110°08.121′，940m，2008-Ⅴ-25，赵赴；1♀，湖北神农架坪堑干沟，N. 31°27.793′，E. 110°07.836′，1 604m，2008-Ⅵ-12，赵赴；2♀♀，宁夏六盘山龙潭，N. 35°23.380′，E. 106°20.701′，1 945m，2008-Ⅶ-3~4，刘飞；1♀，陕西安康火地塘，1 539m，2010-Ⅶ-11，李涛；2♂♂，CSCS11023，湖北宜昌神农架鸭子口，N. 31°30.104′，E. 110°20.986′，1 920m，2011-Ⅴ-20，李泽建；1♂，CSCS11025，湖北宜昌神农架鸭子口，N. 31°30.104′，E. 110°20.986′，1 920m，2011-Ⅴ-26，李泽建；1♀，CSCS14128，陕西佛坪县三官庙，N. 33°39.000′，E. 107°48.000′，1 529m，2014-Ⅵ-19，刘萌萌 & 刘婷采，$CH_3COOC_2H_5$；3♀♀1♂，CSCS17108，宁夏固原市泾源县秋千架，N. 35°33′21″，E. 106°25′22″，1 764m，2017-Ⅵ-29，魏美才 & 王汉男采，$CH_3COOC_2H_5$；1♀，CSCS16112，北京延庆县玉渡山，N. 40°33.067′，E. 115°53.267′，910m，2017-Ⅵ-29，安一喆 & 吴肖彤采，$CH_3COOC_2H_5$；1♀，2011-Ⅵ-7，阔叶混交林（52 号）；1♀，2011-Ⅵ-7，阔叶混交林（51 号）。

分布：黑龙江（虎林），宁夏（固原），陕西（甘泉、马兰），河北（雾灵山），北京（延庆），湖南（壶瓶山）；日本★（本州），西伯利亚★。

个体变异：中胸前侧片完全黑色，后缘下部无小白斑。

鉴别特征：参照检索表。

271. 光唇钩瓣叶蜂 *Macrophya glaboclypea* Wei & Nie, 2003（图版 2-146）

Macrophya glaboclypea Wei &Nie, 2003. *Fauna of Insects in Fujian Province of China*, 98.

观察标本：正模：♀，福建光泽司前，450~600m，1960-Ⅳ-29，中国科学院，金根桃，林扬明。

分布：福建（武夷山）。

鉴别特征：参照检索表。

272. 碎斑钩瓣叶蜂 *Macrophya minutissima* Takeuchi, 1937（图版 2-147）

Macrophya minutissima Takeuchi, 1937. *Acta Entomologica*, 1(4): 450-452.

观察标本：1♂，Mandchourie, Prov., Kirin, Kao-lin-tze.

分布：朝鲜*。

鉴别特征：本种与白点钩瓣叶蜂 *M. punctumalbum* (Linné, 1767) 的雌虫较近似，但前者体长 7mm；头部背侧稍具光泽，额区刻点略显密集，刻点间光滑间隙狭窄，具微弱刻纹；上唇和唇基大部白色，仅上唇端缘和唇基基部具黑斑；中胸小盾片黑色；前中足大部浅红褐色，少部具黑斑；各足转节均浅红褐色；后足股节基部约 1/3 黄褐色，端部 2/3 黑色；后足胫节黑色，背侧无白斑。

273. 黑胖钩瓣叶蜂 *Macrophya obesa* Takeuchi, 1933（图版 2-148）

Macrophya obessa Takeuchi, 1933. *The Transactions of the Kansai Entomological Society*, 4: 23.

观察标本：非模式标本：5♂♂，辽宁新宾，2005-Ⅵ-10，盛茂领；3♂♂，辽宁新宾，1999-Ⅵ-10，盛茂领；1♂，辽宁老秃顶子，2011-Ⅵ-25，盛茂领；1♂，辽宁宽甸白石砬子，5号绿网，2011-Ⅵ-2；1♂，辽宁桓仁老秃顶子，2011-Ⅵ-7，4号绿网；1♀9♂♂，CSCS14156，吉林省抚松县露水河镇，N. 42°30′40″，E. 127°47′13″，758m，2014-Ⅴ-27，褚彪采，$CH_3COOC_2H_5$；1♀，CSCS14162，吉林省松江河镇前川林场，N. 42°13′45″，E. 127°46′32″，890m，2014-Ⅵ-4，褚彪采，$CH_3COOC_2H_5$；2♀♀，CSCS14165，吉林省松江河镇前川林场，N. 42°13′45″，E. 127°46′32″，890m，2014-Ⅵ-7，褚彪采，$CH_3COOC_2H_5$；2♂♂，CSCS14163，吉林省松江河镇前川林场，N. 42°13′45″，E. 127°46′32″，890m，2014-Ⅵ-5，褚彪采，$CH_3COOC_2H_5$；1♂，CSCS14151，吉林省松江河镇前川林场，N. 42°13′45″，E. 127°46′32″，890m，2014-Ⅴ-22，褚彪采，$CH_3COOC_2H_5$；1♂，CSCS14149，吉林省松江河镇前川林场，N. 42°13′45″，E. 127°46′32″，890m，2014-Ⅴ-20，褚彪采，$CH_3COOC_2H_5$；1♂，CSCS14154，吉林省抚松县露水河镇，N. 42°30′40″，E. 127°47′13″，758m，2014-Ⅴ-25，褚彪采，$CH_3COOC_2H_5$；1♂，CSCS14149，吉林省松江河镇前川林场，N. 42°13′45″，E. 127°46′32″，890m，2014-Ⅴ-20，褚彪采，$CH_3COOC_2H_5$；1♂，CSCS14153，吉林省抚松县露水河镇，N. 42°30′40″，E. 127°47′13″，758m，2014-Ⅴ-24，褚彪采，$CH_3COOC_2H_5$。

分布：吉林（高岭寨、蛟河、长白山），辽宁（新宾、白石砬子、老秃顶子）；朝鲜，日本。

鉴别特征：参照检索表。

2.4 未定种团种类

由于缺乏必要的参考文献及其对模式标本的核对，不能对以下种类做出准确的判断，该种类到底属于哪个种团，故一一提出来进行了统计，为将来对其进行深入的研究打下基础。

274. 钩瓣叶蜂 16 种 *Macrophya adventitia* Lewis, 1969（化石种）

Macrophya adventitia Lewis, 1969. *Northwest Science*, 43(3): 104-105.

未见标本。

分布：北美洲（美国）。

275. 钩瓣叶蜂 17 种 *Macrophya brunnipes* Ed. André, 1881

Macrophya Brunnipes [sic!] André, 1881. Beaune (Côte-d'Or), 1[1879-1882](8): 349.

Macrophya bruneipes Dalla Torre, 1894. Sumptibus Guilelmi Engelmann, Lipsiae, [6 pp.] + pp. I-VIII + 47.

未见标本。

分布：欧洲（具体分布国家不知）。

276. 钩瓣叶蜂 18 种 *Macrophya chrysura* (Klug, 1817)

Tenthredo (Allantus) chrysura Klug, 1817. *Der Gesellschaft Naturforschender Freunde zu Berlin Magazin für die neuesten Entdeckungen in der gesamten Naturkunde*, 8[1814](2): 118.

Macrophya albimacula Mocsáry, 1881. *Természetrajzi Füzetek*, 5(1): 30-31.

Macrophya pallidilabris Costa, 1890. *Atti della Reale Accademia delle Scienze Fisiche e Matematiche di Napoli*, 5, 10.

未见标本。

分布：欧洲（阿尔巴尼亚、奥地利、波斯尼亚、黑塞哥维那、保加利亚、克罗地亚、捷克、德国、希腊、匈牙利、荷兰、波兰、罗马尼亚、俄罗斯、斯洛伐克、乌克兰、南斯拉夫）。

277. 钩瓣叶蜂 19 种 *Macrophya consobrina* Mocsáry, 1881

Macrophya consobrina Mocsáry, 1881. *Természetrajzi Füzetek*, 5(1): 32.

Macrophya lineata Mocsáry, 1881. *Természetrajzi Füzetek*, 5(1): 34.

Macrophya Mocsáryi W.F. Kirby, 1882. By order of the Trustees, London, pp. 401.

未见标本。

分布：以色列，叙利亚，土耳其。

278. 红腹钩瓣叶蜂 *Macrophya erythrogaster* (Spinola, 1843)

Tenthredo erythrogaster Spinola, 1843. *Annales de la Société Entomologique de France* (2), 1: 116.

Macrophya erythrogastera var. *dusmeti* Forsius, 1923. *Notulae Entomologicae*, 3: 54

未见标本。

分布：欧洲（法国、葡萄牙、西班牙）。

279. 郎唐钩瓣叶蜂 *Macrophya langtangiensis* Haris, 2000

Macrophya langtangiensis Haris, 2000. *Somogyi Múseumok Közleményei*, 14: 302.

未见标本。

分布：尼泊尔（郎唐）。

280. 钩瓣叶蜂 20 种 *Macrophya limbata* Ed. André, 1881

Macrophya Limbata [sic!] Ed. André, 1881. Beaune (Côte-d’Or), 1[1879-1882](8): 360.

未见标本。

分布：欧洲（具体分布国家不知）。

281. 摩洛钩瓣叶蜂 *Macrophya maroccana* Muche, 1979

Macrophya punctumalbum maroccana Muche, 1979. *Faunistische Abhandlungen Staatliches Museum für Tierkunde Dresden*, 7(11): 92.

未见标本。

分布：非洲（摩洛哥）。

282. 莫纳钩瓣叶蜂 *Macrophya monastirensis* Pic, 1918

Macrophya monastirensis Pic, 1918. *L’ Échange. Revue Linnéenne*, 34(388): 4.

未见标本。

分布：欧洲（希腊）。

283. 黑尼钩瓣叶蜂 *Macrophya nigronepalensis* Haris, 2000

Macrophya nigronepalensis Haris, 2000. *Somogyi Múseumok Közleményei*, 14: 303.

未见标本。

分布：尼泊尔（郎唐）。

284. 钩瓣叶蜂 21 种 *Macrophya pervetusta* Brues, 1908（化石种）

Macrophya pervetusta Brues, 1908. *Bulletin of the Museum of Comparative Zoology*, 51(10): 267.

未见标本。

分布：地点不详。

285. 红环钩瓣叶蜂 *Macrophya ruficincta* Konow, 1894

Macrophya ruficincta Konow, 1894. *Wiener Entomologische Zeitung*, 13: 135.

未见标本。

分布：非洲（摩洛哥）。

286. 红斑钩瓣叶蜂 *Macrophya rufopicta* Enslin, 1910

Macrophya rufopicta Enslin, 1910. *Deutsche Entomologische Zeitschrift*, [1910](5): 469, 488-489.

未见标本。

分布：欧洲（克罗地亚、希腊、意大利）。

287. 淡胫钩瓣叶蜂 *Macrophya tibialis* Mocsáry, 1881

Macrophya tibialis Mocsáry, 1881. *Természetrajzi Füzetek*, 5(1): 33-34.

未见标本。

分布：欧洲（匈牙利、罗马尼亚）。

288. 三色钩瓣叶蜂 *Macrophya tricoloripes* Mocsáry, 1881

Macrophya tricoloripes Mocsáry, 1881. *Természetrajzi Füzetek*, 5(1): 30.

未见标本。

分布：欧洲（西班牙）。

289. 钩瓣叶蜂 22 种 *Macrophya tristis* Ed. André, 1881

Macrophya Tristis [sic !] Ed. André, 1881. Beaune (Côte-d' Or), 1[1879-1882](8): 349.

未见标本。

分布：欧洲（俄罗斯）。

290. 钩瓣叶蜂 23 种 *Macrophya vitta* Enslin, 1910

Macrophya vitta Enslin, 1910. *Deutsche Entomologische Zeitschrift*, [1910](5): 471, 495.

未见标本。

分布：欧洲（克罗地亚）。

Abstract

Macrophya Dahlbom, 1835

Diagnosis. Species of the genus *Macrophya* Dahlbom, 1835 having body medium-sized and sturdy; body largely black usually, with white, yellow or reddish brown maculae, but some species with blue metallic luster; labrum and clypea elevated usually, anterior margin of clypea truncate; eyes medium-sized to large; base distinctly broader than distance between lower corner of eyes; malar space narrower than diameter of middle ocellus usually; frontal crest not developed; middle fovea spot-shaped, lateral foveae furrow-like; frontal area depressed to some extent; interocellar furrow shallow, postcellar furrow indistinct; postocellar area elevated usually. Antennae with 9 segments, without lateral carina, antennomere 2 longer than breadth, antenmnomere 3 slightly longer than antennomere 4, middle parts inflated to some extent. Mesoscutellum elevated usually, vertex rounded, without peak and carina usually; mesoscutellar appendage with middle carina; center of mesepisternum elevated, with rugose and dense punctures usually; anepimeron with coarse and dense wrinkles; anterior margin of katepimeron smooth, without puncture or microsculpture; metepisternum dull, with minute punctures; metepimeral appendage not extended, if appendage developed, with a basin, small platform-shaped and so on. Anal petiole long pot-shaped usually, hind wing with 2 closed cell. Hind coxa developed, hind inner tibial spur as long as 2/3 times of metabasitarsus, metabasitarsus slightly longer than following 4 tarsomeres; claw with inner tooth shorter than outer tooth usually.

In this study, 27 species groups have been reported in the genus *Macrophya* Dahlbom, 1835, namely *M. alba* group, *M. annulitibia* group, *M. apicalis* group, *M. blanda* group, *M. cinctula* group, *M. coxalis* group, *M. crassuliformis* group, *M. duodecimpunctata* group, *M. epinota* group, *M. flavolineata* group, *M. flavomaculata* group, *M. formosana* group, *M. histrio* group, *M. imitator* group, *M. ligustri* group, *M. maculitibia* group, *M. malaise* group, *M. montana* group, *M. planata* group, *M. punctumalbum* group, *M. regia* group, *M. sanguinolenta* group, *M. sheni* group, *M. sibirica* group, *M. tibiator* group, *M. vittata* group and *M. zhaoae* group.

Key to species groups worldwide

1. Body sturdy usually; clypeus small; inner margin of eyes slightly downward convergent, inner margin of eyes slightly convergent forward at the outer of clypeus; malar space not narrower than diameter of middle ocellus; metepimeron without appendage; serrulae of lancet flat ········ **2**
   Body slender usually; clypeus large, transverse and broad, lateral corners not acute usually; inner margin of eyes distinctly convergent forward, on the top of clypeus; malar space narrower than diameter of middle ocellus; serrulae of lancet oblique usually ········ **4**
2. Clypeus transverse, anterior margin of clypeus shallow, lateral corners short and acute usually; distance between inner margins of eyes clearly longer than the breadth of clypeus, not shorter than the height of eyes, labrum short; malar space longer than diameter of middle ocellus; valviceps of penis valve oval in the vertical direction, longer than the width clearly, with distinct ergot ········ **3**
   Clypeus sub-quadrate, anterior margin of clypeus deep, lateral corners acute and long; distance between inner margins of eyes as long as the breadth of clypeus, clearly shorter than the height of eyes; labrum long, malar space shorter than diameter of middle ocellus; base of antennae yellow usually; penis valve narrow and long usually, without ergot ········ ***M. flavomaculata* group**
3. Body small; anterior margin of clypeus slightly deep, incised to clypeus triangular usually, apical margin of lateral corners obtuse; serrulae of lancet middle ········ ***M. punctumalbum* group**
   Body middle; anterior margin of clypeus shallow, apical margin of lateral corners short and acute; serrulae of lancet small ········ ***M. crassuliformis* group**
4. Valviceps of penis valve quadrate or sub-quadrate usually ········ **5**
   Valviceps of penis valve not square, oval or sub-triangular or transverse usually ········ **8**
5. Wings entirely blackish smoky; flagellum not distinctly inflated, but compressed distinctly; metepimeral appendage small, center with distinct scallop, without long hair; valviceps of penis valve sub-quadrate, with ergot ········ ***M. cinctula* group**
   Wings hyaline usually; antennae weakly compressed or not compressed ········ **6**
6. Dorsal side of hind tibia with white macula usually; if center of hind tibia with white ring, not longer than half of hind tibia; metepimeral appendage with a shallow basin, center with minute punctures, without long hair ········ ***M. tibiator* group**
   Center of hind tibia with a white, broad ring, or hind tibia largely white; metepimeron without appendage usually ········ **7**
7. Center of mesepisternum with a large, square and yellowish white macula; a white macula longer than half of hind tibia; abdominal tergum 1 entirely white ········ ***M. alba* group**
   Center of mesepisternum with a transverse, yellowish white macula; a white macula not longer than half of hind tibia; abdominal tergum 1 entirely black usually ········ ***M. flavolineata* group**
8. Body with orange maculae largely, or with reddish maculae shortly; antennae entirely black, middle antennomers of flagellum distinctly inflated, antennomere 4 apically distinctly reduced; metepimeron without appendage, or with small, vertical appendage; serrulae of lancet elevated; valviceps of penis valve transverse usually, without ergot ········ ***M. montana* group**
   All characteristics not different from the former at the same time ········ **9**
9. Posterior corner of metepimeron extended, with distinct appendage ········ **10**
   Posterior corner of metepimeron not extended, without appendage; if posterior margin of metepimeron slightly extended, appendage narrow ········ **18**

10. Body mainly blue and with metallic luster strongly; metepimeral appendage extended toward and large, or with a basin, center with long hairs ······ ***M. regia* group**
    Body without metallic luster ······ **11**
11. Anal cell in hind wing without petiole; antennae slender usually; metepimeral appendage with a platform usually (metepimeral appendage of some species with a basin), center with a scallop, without long hair; valviceps top of penis valve with a platform, without ergot ······ ***M. annulitibia* group**
    Anal cell in hind wing with petiole; antennae not slender usually ······ **12**
12. Antennae not entirely black, some antennomeres of flagellum with white maculae; metepimeral appendage extended toward and large, with long hairs; anterior margin of valviceps of penis valve truncate triangularly, with ergot ······ ***M. apicalis* group**
    Flagellum entirely black ······ **13**
13. All abdominal terga with dense microsculptures distinctly ······ **14**
    All abdominal terga without microsculpture, or with weak microsculptures ······ **16**
14. Annular spine bands of lancet slightly narrow, spine sparse; abdominal terga 2-5 with reddish brown stripes ······ ***M. blanda* group**
    Annular spine bands of lancet plume-like, spine very dense ······ **15**
15. Pedicel white usually; metepimeral appendage with a basin, center with long hairs, or metepimeral appendage extended toward and large; all trochanters white; lateral sides of abdominal tergum 7 with a long white macula usually ······ ***M. histrio* group**
    Pedicel black; metepimeral appendage extended toward and large; all trochanters black; lateral sides of abdominal tergum 5-6 with white maculae distinctly ······ ***M. duodecimpunctata* group**
16. Center of flagellum inflated distinctly, antennomere 4 apically clearly reduced; metepimeral appendage with a basin, center with long hairs ······ ***M. coxalis* group**
    Center of flagellum not inflated or weakly inflated, antennomere 4 apically not reduced at some extent; metepimeral appendage without a basin ······ **17**
17. Posterior corner of metepimeral appendage slightly extended toward, with uniform, short hairs and minute punctures on a platform ······ ***M. imitator* group**
    Posterior corner of metepimeral appendage clearly extended toward, large and shiny, without long hair ······ ***M. maculitibia* group**
18. Hind femur or hind tibia with more or less reddish maculae ······ ***M. sanguinolenta* group**
    Hind femur and tibia largely black usually, without reddish macula absolutely ······ **19**
19 Top of mesoscutellum very flat, posterior margins with lateral, transverse carinae distinctly; abdominal tergum 1 with reticulate microsculptures rugosely ······ **20**
    Top of mesoscutellum not flat or weakly flat, posterior margins with weak carinae; abdominal tergum 1 without reticulate microsculpture ······ **21**
20. Antennae not entirely black, some antennomeres of flagellum with white maculae ······ ***M. planata* group**
    Antennae entirely black ······ ***M. vittata* group**
21. Antennae not entirely black, some antennomeres of flagellum apically with yellow maculae; fore and middle legs yellowish brown, hind leg yellowish brown to orange; frontal area of head clearly depressed, top of middle ocellus lower than top of eyes; postocellar area flat and low, shorter than 2 times clearly broader than long; inner tooth longer than outer tooth. ······ ***M. zhaoae* group**
    Antennae entirely black ······ **22**

22. Body slightly slender; frontal area of head clearly depressed; mesoscutellum not elevated, top slightly flat; hind tibia and tarsi largely black, dorsal sides with white maculae distinctly; serrulae papillary and protruding distinctly; valviceps of penis valve sub-quadrate, valviceps longer than broad longitudinally, with ergot ···· ***M. sheni*** **group**

Body slightly broad; serrulae not papillary ···· **23**

23. Center of mesepisternum with 1-2 yellowish white maculae distinctly; mesoscutellum with 2 small, yellowish white maculae; clypeus truncate usually, lateral corners short and obtuse; valviceps of penis valve longer than broad longitudinally, with ergot ···· ***M. formosana*** **group**

Mesepisternum entirely black, or middle part of posterior margins of mesepisternum with a small, yellowish white macula ···· **24**

24. Anterior margin of clypeus truncate usually, lateral corners short and obtuse; abdominal tergum 9 entirely black, others with yellowish white maculae ···· ***M. ligustri*** **group**

Anterior margin of clypeus not truncate; abdominal tergum 1 with white maculae usually ···· **25**

25. Dosal side of head with rugose and dense punctures, interspace between punctures narrow usually; anterior margin of clypeus deep and incised to about 1/3 of clypeus; labrum, clypeus, posterior margins of pronotum and tegula shortly white usually; mesoscutellum, appendage, metascutellum and mesopleuron entirely black; posterior corner of metepimeron slightly extended toward, appendage very narrow ···· ***M. epinota*** **group**

Dorsal side of head without rugose punctures, not dense, interspace between punctures clear; posterior corner of metepimeron not extended, without appendage ···· **26**

26. Anterior margin of clypeus deeply arctic usually, lateral corners narrow and long; anal cell in fore wing with slightly long petiole, without across vein; serrulae flat and straight usually ···· ***M. malaisei*** **group**

Anterior margin of clypeus roundly incised, lateral corners short and broad; anal cell in fore wing with short and across vein usually; serrulae distinctly protruding usually ···· ***M. sibirica*** **group**

M. annulitibia group

Diagnosis. Species of the *M. annulitibia* group having body mainly black, without metallic tinge; antenna slender, black; posterior margin of metepimeron concave to some extent, appendage differentiated, but without basin and long hairs; anal cell of hind wing without petiole; serrulae of lancet in female protruding in different degrees; valviceps in male transverse and with a platform at the top, without ergot.

Key to Chinese species

1. The fore wing with transverse smoky band below stigma more or less ···· **2**

The fore wing hyaline, without smoky band below stigma ···· **4**

2. Metepimeral appendage broad and large, about 3.5 times breadth of cenchrus, center of metepimeral appendage slightly shiny, with clear microsculptures and punctures; fore wing with feeble, transverse

smoky band below stigma, boundary not clear; hind trochanter entirely black, without white macula; hind tibia and tarsi entirely blackish brown; middle serrulae of lancet in female usually with 22-29 distal teeth, subbasal teeth very minute. China (Gansu, Shaanxi) ······ ***M. rugosifossa***

Metepimeral appendage smaller than the former, about 2 times breadth of cenchrus, metepimeral appendage shiny, without distinct microsculpture or puncture; fore wing with distinct, transverse smoky band below stigma, boundary clear; hind trochanter entirely white, if largely white, ventral side of hind trochanter with black maculae; hind tibia entirely black, hind tarsi with white maculae more or less; middle serrulae of lancet in female usually with 10-12 distal teeth, subbasal teeth small ······ **3**

3. Antenna partly white, antennomere 3 approximately 1.1 times as long as antennomere 4; posterior margin of metepimeron slightly extended downward and concave, appendage narrow and small; hind femur with white band dorsally. Burma, India (Sikkim, Uttar Pradesh, Himachal Pradesh, Bengal); China (Henan, Sichuan, Yunnan) ······ ***M. pompilina***

Antenna entirely black, antennomere 3 approximately 1.4 times as long as antennomere 4; posterior margin of metepimeron extended downward, strongly concave, appendage wide and large; hind femur entirely black. China (Gansu, Shaanxi, Shanxi, Henan, Chongqing, Hubei, Sichuan, Yunnan) ······ ***M. parapompilina***

4. All trochanters entirely black; hind femur and tibia entirely black, absolutely without other colored macula; postocellar area about 2 times broader than long; lancet short, middle serrulae each with 1-2 proximal and 4-6 distal teeth, subbasal teeth small and fewer. China (Sichuan) ······ ***M. niuae***

Hind tibia and metabasitarsus with reddish or yellowish maculae more or less; other characters not different from the former ······ **5**

5 Hind tibia and metabasitarsus with reddish maculae ······ **6**

Hind tibia and metabasitarsus with yellowish white maculae ······ **8**

6. Reddish maculae on hind tibia shorter than half of hind tibia; postocellar area about 3 times broader than long; punctures on head minute and dense, with distinct microsculptures; middle serrulae with 3-5 distal teeth. China (Sichuan, Yunnan) ······ ***M. tenuisoma***

Reddish maculae on hind tibia distinctly longer than half of hind tibia; postocellar area about 2 times broader than long; punctures on head with narrow interspaces, without distinct microsculpture; middle serrulae with 7 distal teeth at least ······ **7**

7. Labrum and clypeus, fore and middle trochanters entirely yellowish white; postocellar area about 2 times broader than long; middle serrulae with 7-9 distal teeth. China (Shaanxi, Hubei) ······ ***M. brevicinctata***

Labrum and clypeus not entirely black, following parts yellowish white: a small macula on anterior margin of labrum and base with small subround macula of clypeus; fore and middle trochanters largely black, short part yellowish white; postocellar area about 2.2 times broader than long; middle serrulae with 10-12 distal teeth. China (Sichuan, Yunnan) ······ ***M. gongshana***

8. Following parts mainly yellowish brown: antennomeres 5-6, broad band on posterior margin of abdominal tergum 2, large maculae on center part of prescutum, upper corner on dorsal margin of anepimeron, large maculae of katepimeron, lower corner of metepisternum, center parts with broad maculae row of abdominal terga 3-8. China (Tibet) ······ ***M. cloudae***

All antennomeres entirely black; other characters not different from the former ······ **9**

9. Middle serrulae distinctly papillose-like; dorsum of head densely and minutely punctured, not coarse; postocellar area about 3 times broader than long; frontal area elevated, as high as top of eyes in lateral

view; large corners on lateral corners of pronotum yellowish white; hind metabasitarsus largely yellowish white, base with weak black maculae; distance between cenchri 2.5 times breadth of a cenchrus; cell 2Rs in the fore wing slightly longer than cell 1Rs. China (Shaanxi, Hubei) ·························· ***M. spinoserrula***

Middle serrulae not papillose-like; other characters not different from the former······························· **10**

10. Pronotum entirely black in female; lateral corners of posterior margin with clear yellowish white maculae in male; middle part of hind tibia with yellowish white ring in both sex specimens, clearly shorter than 1/2 times hind tibia··· **11**

Lateral corners of posterior margin of pronotum with yellow maculae in female, unknown in male; hind tibia with yellow ring from subbasal to middle parts, not shorter than 1/2 times hindtibia····················· **12**

11. Postocellar area about 2.5 times broader than long; hind metabasitarsus entirely black. North Korea (To-nai, Hakugan); Japan (Hokkaido, Honshu, Nagano); East Siberia; China (Heilongjiang, Jilin, Liaoning, Ningxia, Gansu, Henan, Sichuan)·· ***M. annulitibia***

Postocellar area about 2 times broader than long; hind metabasitarsus largely pale yellowish white at apex, short part black at base. China (Liaoning, Ningxia, Gansu, Shaanxi, Henan, Hubei, Sichuan, Yunnan) ·· ***M. qinlingium***

12. Mesoscutellum entirely yellow; posterior margin of metepimeron clearly extended downward and concave, appendage long and narrow, containing some minute punctures; fore coxa largely yellow, with small black maculae; basal half of middle femur yellow, apical half black; basal 4/7 of hind femur yellow, apical 3/7 black; hind tarsus largely yellow, base of hind metabasitarsus black; apical 1/7 of fore wing with a sub-rounded, smoky macula. China (Tibet, Sichuan) ····································· ***M. xinan***

Mesoscutellum entirely black; posterior margin of metepimeron extending downward and concave, appendage broad, containing some large punctures; fore coxa largely black, with small yellow maculae; basal 1/3 of middle and hind femora yellow, apical 2/3 black; hind tarsus entirely yellow; fore wing without smoky macula. China (Sichuan)··· ***M. shengi***

M. apicalis group

Diagnosis. Species of the *M. apicalis* group having body mainly black, with white or yellowish white or reddish brown maculae, following parts always white in female: mandible largely, antennomeres 4-6 or antennomeres 7-9, an oval macula on base of hind coxa on outer side; clypeus truncate, anterior margin very shallowly emarginated without distinct lateral lobe, lateral corner obtuse; malar space narrower than diameter of middle ocellus; frontal area distinctly depressed, densely punctured, much below top of eyes in lateral view; occipital carina complete; antenna slender, weakly dilated near middle, antennomere 3 longer than antennomere 4; mesoscutellum slightly flat, without lateral and posterior margin; metepimeron with developed appendage, broad and flat usually, center with long hairs; wings sub-hyaline in 7 species and wings infuscate in *M. infuscipennis*, anal cell in hind wing with petiole; middle serrulae of lancet long and oblique, distinctly protruding, annular pilose bands very narrow and remote to each other; valviceps of penis valve broad and short, anterior margin of valviceps angulated and sub-triangular, ergot distinct.

Key to species

1. Antennae entirely black in male. (Labrum white at Center, lateral margin with black maculae; clypeus, pronotum, tegula, mesoscutellum, thorax pleuron, abdomen, hind tibia and tarsus entirely black; trochanter of fore and middle leg black, hind trochanter entirely white; head and pleuron densely and coarsely punctured). Japan (Hokkaido, Honshu, Shikoku, Kyushu), Northeast Asia ·························· ***M. apicalis***
   Several antennomeres with white maculae at middle and apex; other characteristics not different from the former description ·························· **2**
2. Antennomeres 4-6 with white maculae ·························· **3**
   Antennomeres 5-9 with white maculae ·························· **5**
3. Wings hyaline, not infuscate; hind femur, tibia and tarsus entirely black, without reddish brown macula ·························· **4**
   Wings sub-hyaline, distinctly infuscate; apex of hind femur, hind tibia and tarsus entirely reddish brown. China (Gansu, Shaanxi)·························· ***M. infuscipennis***
4. Hind trochanter entirely pale yellowish brown; petiole of anal cell in fore wing 1.2 times length of vein r+m; middle serrulae with 8-11 distal teeth. China (Shanxi, Henan) ·························· ***M. farannulata***
   Hind trochanter entirely black; petiole of anal cell in fore wing 2 times length of vein r+m; middle serrulae with 6-7 distal teeth. East Siberia, Korea (Tonai, Nansetsurei, Hakugan); China (Heilongjiang, Jilin, Liaoning) ·························· ***M. annulicornis***
5. Mesopleuron and several abdominal terga with distinct, yellowish white maculae·························· **6**
   Mesopleuron and all abdominal terga entirely black·························· **7**
6. Postocellar area 2 times broader than long; tegula entirely white; metascutellum entirely black; fore and middle trochanters pale yellowish brown; middle parts of abdominal terga 2-6 black, apical 1/2 on lateral sides with distinct yellowish white maculae; middle part of mesepisternum with a large yellowish white macula, mesepimeron entirely black, the upper corner of metepisernum with indistinct white macula; metepimeral appendage with a distinct basin, distinctly smaller than diameter of cenchrus; anal cell in fore wing with a short petiole, long punctiform. China (Taiwan) ·························· ***M. tattakana***
   Postocellar area 1.5 times lroader than long; tegula largely white; carina of metascutellum black, two lateral areas yellowish white; fore and middle trochanters largely pale yellowish brown, ventral side with black macula; posterior margins on middle of abdominal terga 2-6 with narrow yellowish white maculae, lateral corners with distinct yellowish white maculae; center of mesepisternum with a very large macula and the upper corner of metepisernum yellowish white; metepimeral appendage a large and flat platform, larger than diameter of centhrus; anal cell in fore wing with a short and erect cross vein. China (Gansu, Henan, Hubei)·························· ***M. tattakanoides***
7. Hind trochanter entirely black; base of hind coxa with a large oval white macula on outer side. East Siberia, Korea (Tonai, Shuotsu, Kongosan), Japan (Hokkaido, Honshu); China (Xinjiang, Heilongjiang, Jilin, Liaoning, Shanxi, Beijing, Hebei, Tianjin, Guangdong)·························· ***M. infumata***
   Hind trochanter entirely white; base of hind coxa with a small oval white macula on outer side than the formor ·························· **8**

8.	Metepimeron less shiny, finely and sparsely punctured, with fine microculture; penis valve smaller anterior margin of valviceps slightly broaded; base of harpe roundish on inner side, not extruded. Japan (Hokkaido, Honshu, Shikoku, Kyushu), Northeast Asia ··· ***M. apicalis***
	Metepimeron largely polished, strongly shiny, without puncturate or microcultrue; penis valve more bigger, anterior margin of valviceps narrowed sub-triangular like, slightly extruded. China (Jilin, Gansu, Shaanxi, Shanxi, Hebei, Henan, Hubei, Sichuan) ··· ***M. pseudoapicalis***

M. blanda group

Diagnosis. Species of the *M. blanda* group having dorsal sides of head and thorax with dense and minute punctures, without smooth interspace; frontal area depressed usually; antennae entirely black; metepimeral appendage developed, with a basin; several abdominal terga with reddish brown maculae, with dense microsculptures; all trochantera entirely black; serrulae of lancet protruding papillose-like; at most 20 pieces; valviceps of penis valve large, anterior margin clearly acute and protruding.

Key to species

1.	Female··· **2**
	Male ··· **3**
2.	Labrum largely black, but anterior margin with white macula; clypeus entirely black; frontal area depressed shortly, top of middle ocellus as high as eyes; all coxae entirely black, outer sides without white macula. Europe, Turkey, Siberia, Iran; China (Xinjiang)··· ***M. annulata***
	Labrum and clypeus not entirely black, center of labrum and middle parts in apex of clypeus with white maculae; frontal area depressed distinctly, top of middle ocellus lower than eyes; all coxae largely black, outer sides in base of fore and middle coxae with white stripes clearly, outer side in base of hind coxa with an oval white macula. Europe, Turkey, Iran, Siberia, Caucasia··· ***M. blanda***
3.	Labrum largely black, anterior margin with small triangular macula; abdominal terga 2-4, lateral corners of abdominal tergum 5 reddish brown, but center of abdominal tergum 4 with black maculae; outer sides of all coxae entirely black; hind trochanter 2 and tibia entirely black; apex of harpe narrower than center, base 2 times longer than apex; valviceps of penis valve caps-like, middle part in anterior margin clearly protruding, anterior half on center with small spike, ergot broad and short. Europe, Turkey, Siberia, Iran; China (Xinjiang)··· ***M. annulata***
	Labrum entirely white; lateral corners of abdominal terga 2-4 with reddish brown maculae clearly, center of abdominal terga 2-4 largely black; apex in ventral sides of all coxae; small macula on ventral side of hind trochanter 2 and basal half in ventral side of hind tibia white; apex of harpe shortly broader than middle, base about 1.4 times broader than apex; valviceps of penis valve broad and large clearly, anterior margin acute and protruding clearly, anterior half on center with small spike slightly, ergot broad and short slightly. Europe, Turkey, Iran, Siberia, Caucasia··· ***M. blanda***

M. coxalis group

Diagnosis. Species of the *M. coxalis* group having body mainly black, with white maculae but without metallic tinge; clypeus short and broad with a shallow anterior incision, the lateral lobe not acute, clypeus and labrum largely or entirely white; the posterior corner of metepimeron elongated with a distinct appendage, which with a pilose and punctured basin; the abdominal tergum 1 largely shining, other terga with or whitout microsculpture, distinctly shining; the anal cell of fore wing with a distinct middle petiole; antenna entirely black; legs black and white, hind tarsus black without white macula; fore wing hyaline to sub-hyaline, apical half sometimes slightly infuscate, vein C and stigma black or black brown; the middle serrulae of female lancet long and oblique, weakly protruding.

Key to Chinese species

1.	Hind tibia entirely black	2
	Hind tibia largely black, dorsal side with distinct white macula	4
2.	Middle bottom with transverse maculae near 2/5 times broader than the breadth of abdominal tergum 1, lateral sides with large and broad maculae of abdominal terga 2-4 distinctly in both sex; metepimeral appendage with a distinct basin and about 0.5 times broader than diameter of a cenchrus; below stigma in fore wing with some smoky macula, but boundary not clear. China (Guangxi)	***M. shangae***
	Middle bottom with transverse and narrow maculae of abdominal tergum 1, lateral sides of abdominal terga 2-4 with white maculae smaller than the former; metepimeral appendage as broad as diameter of a cenchrus; fore wing hyaline, below stigma without smoky macula	3
3.	Clypeus not entirely white, basal margin black; inner margin of abdominal tergum 1 with narrow white stripe, ventral side of abdominal terga 2-4 (5) with distinct white maculae, abdominal tergum 10 and inner margin of every sternite white; all coxae largely white; cell 2Rs as long as cell 1Rs in fore wing; middle serrulae each with 2 proximal and 16-17 distal teeth. China (Gansu, Hunan, Jiangxi, Zhejiang, Sichuan, Fujian, Guizhou, Yunnan, Guangdong, Guangxi, Taiwan)	***M. minutifossa***
	Clypeus not entirely black, middle parts with transverse white stripes; ventral sides of abdominal terga 2-3 with small white maculae, inner margin of abdominal tergum 7 white, other abdominal terga entirely black; all coxae largely black; cell 2Rs clearly longer than cell 1Rs in fore wing; middle serrulae each with 2 proximal and 9-11 distal teeth. China (Yunnan, Taiwan)	***M. allominutifossa***
4.	Dorsal side of hind tibia with reddish brown maculae more or less	5
	Dorsal side of hind tibia without reddish brown macula absolutely	6
5.	Clypeus not entirely white, basal margin black; anterior margin of clypeus arcuate; mesoscutellum elevated, but not as high as upper surface of mesonotum in lateral view, without vertex; low-lying area of metepimeron with some feeble punctures; metepimeral appendage with a shallower basin, distance between cenchri 3 times breadth of a cenchrus; base of outside of hind coxa with a large oval white macula; hind femur entirely black; subapical 1/3 of dorsal side of hind tibia with white maculae, basal 3/4 of dorsal side with reddish brown stripes; hind tarsus nearly entirely black, with few reddish stripes. China (Anhui, Hunan)	***M. zhoui***

Clypeus not entirely black, middle parts with transverse white stripes; anterior margin of clypeus slightly curved, bottom more flattened; mesoscutellum distinctly elevated, much higher than upper surface of mesonotum in lateral view, with a cone vertex at the top; low-lying area of metepimeron with clear punctures; metepimeral appendage with a deeper basin; distance between cenchri 2.5 times breadth of a cenchrus; base of outer side of hind coxa with broad and long white stripes, not oval; apex of dorsal side of hind femur with distinct white macula; subapex of dorsal side of hind tibia with a small sub-triangular white macula, others brownish black, with less reddish brown; hind tarsus largely black, dorsal side with small white maculae. China (Tibet) ······ ***M. linzhiensis***

6. Abdomen entirely black, lateral sides without white macula; hind coxa in both sexes without white lateral macula; basin in metepimeron very deep with posterior margin as broad as radius of middle ocellus and strongly elevated; frontal area and mesepisternum coarsely and densely punctured; penis valve with a long ergot almost half length of valviceps. China (Heilongjiang, Jilin, Liaoning, Hubei, Zhejiang, Jiangxi, Hunan, Fujian); Korea (Zokurisan), Japan (Hokkaido, Honshu, Shikoku, Kyushu) ······ ***M. coxalis***

Abdomen with distinct lateral white maculae or posterior margins of abdominal terga white; hind coxa in female with a large oval white macula on outer side; basin in metepimeron shallow or flat with posterior margin very narrow or absent, hardly elevated; other characters not differing from the former ······ **7**

7. Dorsal side of hind tibia with a long and slender white macula, not shorter than half of hind tibia length ······ **8**

Dorsal side of hind tibia with a broad and short white macula, distinctly shorter than half of hind tibia length ······ **11**

8. Middle parts of mesepisternum and center of mesoscutellum each with a small white macula. China (Hunan, Guizhou, Guangdong, Guangxi) ······ ***M. trimicralba***

Mesopleuron and metapleuron entirely black ······ **9**

9. Lateral sides of all abdominal terga with long and narrow white maculae, distinctly shorter than 1/2 abdominal tergum breadth. China (Shaanxi, Chongqing, Sichuan, Anhui, Zhejiang, Hubei, Hunan, Jiangxi, Fujian, Guizhou, Guangdong, Guangxi) ······ ***M. albannulata***

Lateral sides of abdominal tergum 1 at least with broad and short white maculae, distinctly broader than 1/2 abdominal tergum breadth ······ **10**

10. Labrum and clypeus not entirely black, lateral sides of labrum and base of clypeus with black maculae; posterior of abdominal tergum 1 with narrow white maculae, lateral sides of abdominal terga 2-4 with distinctly white maculae, abdominal terga 5-8 entirely black; all legs largely white, base in ventral side of fore and middle legs and most parts of hind coxa black; hind femur entirely black, ventral side without white band. China (Zhejiang, Hunan, Jiangxi, Fujian, Guangxi) ······ ***M. oligomaculella***

Labrum and clypeus entirely white; apical 1/3 of abdominal tergum 1 with white maculae, lateral sides of abdominal terga 2-8 with white and distinctly broad maculae; all coxae largely white, base of fore and middle coxae and ventral side largely of hind coxa with a big triangular macula, black; hind femur largely black, ventral side with distinct white bands. China (Jiangxi, Guizhou, Fujian) ······ ***M. latimaculana***

11. Labrum and clypeus largely white, with short black maculae; dorsum of head shiny, interspaces between punctures on frontal area broader than diameter of puncture; tegula entirely black; lateral sides of abdominal tergum 2 with broad and short white maculae, lateral sides of abdominal terga 3-4 with long and narrow white maculae; fore and middle trochanters largely black, hind trochanter entirely white. China (Gansu, Shaanxi, Henan, Hubei, Hunan, Jiangxi, Zhejiang, Fujian, Guizhou, Yunnan) ······ ***M. hyaloptera***

Labrum and clypeus entirely white; dorsum of head less shiny, interspaces between punctures on frontal area narrower than diameter of puncture; basal 1/2 of tegula white, apical 1/2 black; lateral sides of abdominal terga 2-4 with broad and short white maculae; all trochanters entirely white. China (Zhejiang, Hunan, Guizhou, Fujian, Guangdong) ································ ***M. paraminutifossa***

M. crassuliformis group

Diagnosis. Species of the *M. crassuliformis* group having body middle; anterior margin of clypeus shallow, lateral corners acute and short; middle serrulae of lancet small usually.

Key to Chinese species

1. Basal parts of antennae with reddish brown maculae; body and legs parts reddish brown at least; clypeus smooth and yellowish brown, apex not shinned, with weak punctures; labrum much than 1 times broader than long; malar space as long as diameter of middle ocellus; frontal area with dense punctures, with smooth interspace; stigma yellowish brown; hind femur and tibia entirely reddish brown; body slightly sturdy; vein 2r joining middle of cell 2Rs at basal; legs dark reddish brown, apical half in inner side of hind femur black. China (Fujian) ································ ***M. glaboclypea***

   Antennae entirely black, without reddish brown macula absolutely; body without reddish brown macula; other characters not different from the former ································ **2**

2. Male, body length 10-12mm; fore and middle trochanters entirely black; hind trochanter largely black, shortly white; hind femur, hind tibia and hind tarsi entirely black; lateral sides of abdominal terga without white macula; pronotum black. Japan (Hokkido, Honshu); China (Jilin, Liaoning) ································ ***M. obesa***

   Body length 7-10mm; other characters not different from the former ································ **3**

3. Mesopleuron entirely black; dorsal side of fore and middle femora and tibiae with black bands; basal half in ventral side of hind femur white; postcellar area less than 2 broader than long. Korea (Hakugan) ································ ***M. minutissima***

   Mesopleuron not entirely black, center with small white macula; basal white ring about 1/3 times hind femur ································ **4**

4. Hind tarsi white; frontal area and mesolpeuron with dense punctures; serrulae of lancet flat. Korea (Tonai, Hakugan, Nansetsurei), East Siberia; China (Jilin) ································ ***M. albiatrsis***

   Hind tarsi black; punctures in frontal area and mesopleuron with smooth interspace; serrulae oblique. Japan (Honshu), Siberia; China (Heilongjiang, Ningxia, Shaanxi, Shanxi, Hebei, Hubei, Hunan) ································ ***M. crassuliformis***

M. duodecimpunctata group

Diagnosis. Species of the *M. duodecimpunctata* group having antennae entirely black; dorsal sides of head and thorax with dense and minute punctures, without smooth interspace, but with clear microsculptures; metepimeral appendage with a round basin; lateral corners of abdominal terga 5-6 and center of abdominal tergum 10 with white maculae, microsculptures clear and dense; all trochanters and hind tarsi entirely black; serrulae of lancet sub-triangular like protruding, annuli small and many slightly; valvipceps of penis valve broad and large, ergot distinct.

Key to species

1. Female··2
   Male··4
2. Labrum and clypeus largely black, but anterior margin of labrum with small pale brown triangular macula; following parts white: small maculae on lateral corners of posterior margin of pronotum, large parts of scutellaris and small maculae on lateral corners of abdominal terga 5-6; middle tibia and hind tibia entirely black. Korea (Tonai), Siberia; China (Heilongjiang, Jilin, Liaoning, Inner Mongolia, Qinghai) ······························ ***M. duodecimpunctata sodalitia***
   Labrum not entirely black, center with cross white macula; apical parts largely of clypeus white, but basal margin black; following parts white: large maculae on lateral corners of posterior margin of pronotum, mesoscutellum and broad cross maculae on lateral corners of abdominal terga 4-6; middle tibia largely white, but base, apex and stripes on ventral side black; hind tibia not entirely black, subapex in dorsal side with long white macula, about half longer than hind tibia ······························3
3. Middle serrulae of lancet each with 1 proximal and 8-11 distal teeth. Europe ········ ***M. duodecimpunctata***
   Middle serrulae of lancet each with 1 proximal and 6-9 distal teeth. Europe, Turkey ······························ ***M. duodecimpunctata duodecimpunctata***
4. Labrum and clypeus not entirely black, lateral sides with small white maculae feebly; hind femur entirely black, dorsal side without white macula; hind tibia largely black, subapex in dorsal side with long white macula feebly; valviceps of penis valve smaller than the former, ergot narrow and long slightly. Europe ······························ ***M. duodecimpunctata***
   Labrum largely black, anterior margin with small pale brown triangular macula; clypeus entirely black; hind femur not entirely black, basal 1/3 in dorsal side of hind femur white; hind tibia entirely black; valviceps of penis valve broad and large distinctly, ergot long and broad slightly. Europe, Turkey ······························ ***M. duodecimpunctata duodecimpunctata***

M. flavomaculata group

Diagnosis. Species of the *M. flavomaculata* group having body mostly yellow usually, without metallic tinged macula. The species group is characterized by the labrum longer than breadth, malar space shorter than the diameter of the middle ocellus; clypeus sub-square, anterior margin deep, lateral lobes acute and long; breadth of clypeus as long as the distance between lower corner of eyes, but clearly shorter than height of eyes; antennomere 1 yellow usually; dorsal side of hind tibia with yellowish-white macula usually; valviceps of penis valve narrow and long usually, without ergot usually.

Key to Chinese species

1\. Hind tarsi entirely black, without other color macula absolutely ········· 2
   Hind tarsi not entirely black, with yellow maculae more or less ········· 3

2\. Female, body length 9.5mm; clypeus broader than long clearly, anterior margin incised to approximately 1/2 length of clypeus, lateral lobes narrow and long, anterior margins obtuse; dorsum of head not shiny, frontal area densely punctured, interspaces between punctures distinctly narrower than the diameter of puncture; postocellar area weakly elevated, about 2 times broader than long; mesoscutellum entirely yellow; posterior margin of abdominal tergum 1 with yellow bands distinctly, lateral sides broader than middle, lateral sides of abdominal terga 2-7 with clear yellow bands, abdominal terga 8-10 with clear band lows at middle; hind tibia largely black, yellow macula on subapex in dorsal side about 1/3 times length of hind tibia. China (Hunan, Jiangxi, Fujian) ········· ***M. acuminiclypeus***
   Male, body length 6mm; clypeus sub-squarate, anterior margin deep and incised to approximately 3/5 length of clypeus, lateral lobes slightly long, anterior margins acute; dorsum of head less shiny, frontal area with some shallow and minute punctures; postocellar distinctly elevated, about 1.5 times broader than long; mesoscutellum entirely black; posterior margin of abdominal tergum 1 with narrow yellow band, lateral sides of abdominal terga 2-5 with small yellow maculae, other terga entirely black; hind tibia entirely black, dorsal side without yellow macula absolutely. Female: unknown. Burma, India (Sikkim, Assam, Meghala, Borneo), China (Yunnan, Tibet) ········· ***M. verticalis***

3\. Antennae entirely black ········· 4
   Antennae not entirely black, pedicel yellow or brown at least ········· 6

4\. Clypeus arc deeply, anterior margin incised to approximately 1/2 length of clypeus, lateral lobes sub-triangular like, anterior margins acute; frontal area distinctly depressed; mesepisternum entirely black; abdominal tergum 1 without lateral macula, lateral sides of abdominal terga 2-4 with yellowish white maculae clearly, abdominal terga 5-6 entirely black, middle parts of abdominal terga 7-10 with yellowish white maculae; basal 1/3 of hind femur yellow, apical 2/3 black; a yellowish white macula in dorsal side about 1/2 times length of hind tibia at middle. China (Hunan) ········· ***M. zhui***
   Center of mesepisternum with a distinct coarse yellow macula; other characters not different from the former ········· 5

5\. Center of mesepisternum with a distinct coarse yellow macula, smaller than the latter; clypeus shallow, lateral lobes sub-angular like, anterior margins not acute; postcellar area not entirely black, posterior margin with narrow coarse yellow maculae; a broad yellow ring at middle and 1/2 times length of hind tibia; middle serrulae of lancet each with 1 proximal tooth and 4-5 distal teeth. China (Hunan, Guizhou) ········· ***M. quadriclypeata***
   Center of mesepisternum with a large coarse yellow macula distinctly; anterior margin arclike deeply, lateral corners narrow and long, apical margin acute; postcellar area entirely yellow brightly; a bright yellow ring as long as 2/3 times of hind tibia; middle serrulae of lancet each with 1 proximal tooth and 4-6 distal teeth. China (Tibet) ········· ***M. transmaculata***

6\. Hind tarsi entirely yellow ········· 7
   Hind tarsi partly yellow or yellowish white, others black more or less ········· 8

7. Scapus and basal 1/2 of pedicel yellow; postocellar area and 2 small maculae on temple yellow; center of mesepisternum with a large yellow macula; parapsis of mesonotum with 2 long triangular yellow maculae; basal 3/5 of hind femur yellow, apical 2/5 black; a yellow ring at middle and about 2/3 times length of hind tibia, others black; middle serrulae of lancet with 6 distal teeth, subbasal teeth large. China (Sichuan, Yunnan) ······ ***M. zhengi***
   Scapus shortly brown; postocellar area except for posterior margin and temple entirely black; mesepisternum largely black, but lower part of posterior margin of mesepisternum with a small yellow macula; mesonotum entirely black; basal 1/3 of hind femur yellow, apical 2/3 black; a pale yellow ring at middle and about 1/2 times length of hind tibia, two sides yellowish brown; middle serrulae of lancet with 8-9 distal teeth, subbasal teeth small. China (Gansu) ······ ***M. coloritibialis***
8. Scapus and pedicel yellow at least. China (Shaanxi, Henan, Anhui, Hubei, Zhejiang, Fujian, Jiangxi, Hunan, Guizhou, Guangxi) ······ ***M. flavomaculata***
   Scapus yellow only ······ **9**
9. Middle part of mesepisternum with 2 small yellow maculae; apical 1/3 of postocellar area with yellow maculae; outer temple entirely black; a yellow macula at middle and about 1/3 times length of hind tibia, not ring. (Male: hind tarsi entirely black). China (Sichuan) ······ ***M. parviserrula***
   Center of mesepisternum with a large transverse yellow macula; postocellar area entirely yellow; outer temple largely yellow; a yellow ring at middle and about 2/5 times length of hind tibia. (Male: hind tarsi largely yellow). Vietnam (Tonkin); China (Yunnan) ······ ***M. verticali tonkinensis***

M. formosana group

Diagnosis. Species of the *M. formosana* group having mesepisternum with 1-2 yellow maculae clearly; dorsal side of hind tibia yellow macula clearly; hind tarsi entirely black; anterior margin of clypeus deep slightly, bow-shaped, lateral corner sub-triangular, short and obtuse; the ratio of breadth and length in postcellar area shorter than 2 times; broad band in posterior margin of pronotum and 2 small maculae on mesoscutellum yellowish white; top of mesoscutellum higher than mesonotum; serrular of lancet much than 20, annuli protruding, middle serrulae with much than 10 proximal teeth, annular spine bands narrow, with sparse pilosity.

Key to species

1. Center of mesopisternum with 2 small yellowish white maculae; wings without smoky macula; all sternites entirely black. Bhutan, India (Himalayas); China (Hubei, Hunan, Fujian, Sichuan, Taiwan) ······ ***M. formosana***
   Center of mesopisternum with a small yellowish white macula; wings with pale smoky maculae; posterior margins of all sternites white ······ **2**
2. Abdomen about 1.5 times longer than head and thorax together; basal 1/3 of hind femur yellowish white, apical 2/3 of hind femur black. (Male: mesoscutellum with 2 small yellowish white maculae; center of

mesepisternum with a small yellowish white macula; basal half of hind femur yellowish white; dorsal side of hind tibia with yellowish white macula). China (Shaanxi, Anhui, Zhejiang, Fujian, Hubei, Hunan, Jiangxi, Sichuan, Guizhou, Yunnan, Guangdong, Guangxi, Hainan, Taiwan) ················ ***M. dolichogaster***

Abdomen longer than head and thorax slightly; ventral side of hind tibia black, dorsal side with yellowish white macula; hind tibial spurs yellowish brown; apical half of fore wing smoky. Japan (Ryukyu islands) ·· ***M. liukiuana***

M. histrio group

Diagnosis. Species of the *M. histrio* group having body mainly black, without metallic tinge or red macula, following parts always yellowish white: labrum, posterior margin of pronotum, lateral sides of abdominal tergum 7 with broad and long maculae, abdominal tergum 10 and trochanters. Dorsum of head less shiny, frontal area with dense punctures; anterior margin of clypeus deeply arcuate, incised to about 1/3-1/2 length of clypeus; malar space narrower than 0.5 times diameter of middle ocellus; frontal area not depressed, as high as top of eyes in lateral view; occipital carina complete; antenna moderately slender, slightly dilated near middle; antennomere 3 much longer than antennomere 4 Mesoscutellum elevated and roundish; mesopleuron usually with distinct yellowish white maculae; metepimeral appendage distinct; dorsum of all abdominal terga with distinct and dense microsculpture; claw with inner tooth broader and longer than outer tooth. Lancet slightly broad and long, serrulae sub-triangular, distinctly protruding, middle serrulae each with 1 proximal and 5-8 distal teeth, subbasal teeth distinct, annular spine bands narrow, hairs on annuli dense.

Key to Chinese species

1. Abdominal terga 2-6 entirely black, laterally without row of white macula···2

   Dorsum of abdominal terga 2-6 black, laterally with distinct row of white maculae ··································3

2. Pronotum, mesoscutellum and posttergite entirely black mesopleuron and metapleuron entirely black, without white maculae; lateral sides of abdominal terga 2-3 with small white maculae; most of all coxae yellowish white, base of hind coxa on outer side with long and yellowish white maculae; postocellar area 1.6 times broader than long; metepimeral appendage slightly narrower than a cenchrus; apical 2/3 of fore wing with pale smoky macula, basal 1/3 hyaline. China (Guangdong) ································ ***M. latidentata***

   Narrow posterior margin of pronotum, mesoscutellum and posttergite entirely yellowish white; mesopleuron and metapleuron black with center of mesepisternum and posterior corner of metepisternum yellowish white; abdominal terga 2-3 entirely black; most of all coxae black, base of hind coxa on outer side with small yellowish white macula; postocellar area 2.2 times broader than long; metepimeral appendage distinctly larger than a cenchri; fore wing without smoky macula and hyaline. China (Shaanxi,

	Shanxi, Henan, Hubei, Zhejiang) ·································· ***M. histrioides***
3.	Upper temple with yellowish white maculae on posterior margin; basal 3/4 of hind femur yellowish white, apical 1/4 black; middle 3/5 of hind tibia with yellowish white, broad ring; metepimeral appendage entirely yellowish white. China (Hunan, Jiangxi, Guizhou, Fujian, Guangxi) ··········· ***M. xanthosoma***
	Upper temple entirely black; base of hind femur with yellowish white maculae not longer than 1/2 times length of hind femur; middle of hind tibia with yellowish white maculae shorter than 1/2 length of hind tibia; metepimeral appendage entirely black ·································· **4**
4.	Postocellar area with " Ⅲ "-like yellowish white maculae, 2.3 times broader than long; metepimeral appendage distinctly larger than diameter of a cenchrus; scape largely black; abdominal tergum 9 entirely black, laterally without yellowish white macula. China (Gansu, Shaanxi, Hubei) ························ ***M. wui***
	Postocellar area entirely yellowish white, 1.8 times broader than long; metepimeral appendage smaller than diameter of a cenchrus; scape largely yellowish white; abdominal tergum 9 not entirely black, laterally with distinct yellowish white macula. Burma; China (Yunnan) ································ ***M. histrio***

M. imitator group

Diagnosis. Species of the *M. imitator* group having body mainly black, without metallic tinge; antenna slender, black; posterior margin of metepimeron straight or slightly concave, appendage (posterior corner of metepimeron) differentiated but not elongated, at least partly punctured and evenly pilose, without basin; abdominal tergum 1 not reticulate; penis valve oval, narrowed towards apex, ergot short.

Key to Chinese species

1.	Female, ovipositor sheath much longer than middle tibia; male: hairs on abdominal terga erect, about as long as diameter of middle ocellus. China (Qinghai, Ningxia, Gansu, Shaanxi, Shanxi, Hebei, Beijing, Henan, Hubei, Sichuan) ·································· ***M. weni***
	Female, ovipositor sheath clearly shorter than middle tibia; male: if hairs on abdominal terga erect, then much shorter than diameter of middle ocellus ·································· **2**
2.	Apex of middle tibia with a distinct white macula on dorsal side; punctures on middle part of mesepisternum minute, much smaller than punctures on dorsal side of head ·································· **3**
	Apex of middle tibia without white macula on dorsal side, but sometimes with a white spot or stripe on anterior side; punctures on middle part of mesepisternum about as large as or slightly smaller than punctures on dorsal side of head ·································· **9**
3.	Hind trochanter entirely yellowish white ·································· **4**
	Hind trochanter more or less with a distinct black macula ·································· 5
4.	Ovipositor sheath longer than fore tibia, with lateral setae very short, not distinctly curved; middle serrulae with 20 fine distal teeth; clypeus and abdominal sternites in male largely yellowish white. China (Shaanxi, Henan, Hubei, Hunan) ·································· ***M. flactoserrula***

Ovipositor sheath shorter than fore tibia, with lateral setae long and curved; middle serrulae with 10-12 distal teeth. China (Gansu, Shaanxi, Henan, Hubei) ············ ***M. funiushana***

5. Pronotum entirely black ············ **6**

Posterior margin of pronotum white ············ **7**

6. Postocellar area 1.7 times broader than long; hind trochanters in both sex almost entirely black; hind trochanter entirely black; the white stripe on the subapical part of hind tibia about 2/5 length of hind tibia; the inner side of metepimeral appendage with a distinct shiny and obtuse carina; ovipositor sheath as long as fore tibia; the middle serrulae with 13-16 distal teeth. China (Jilin, Shaanxi) ············ ***M. bui***

Postocellar area 2 times broader than long; hind trochanters in both sex largely black; hind trochanter largely white, ventral side with black maculae; the white stripe on the subapical part of hind tibia shorter than 1/3 length of hind tibia; the inner side of metepimeral appendage without a shiny and obtuse carina; ovipositor sheath distinctly longer than fore tibia; the female serrular oblique and weakly protruding, with several larger teeth, the middle serrulae with 5-7 distal teeth. China (Jilin, Liaoning, Gansu, Ningxia, Shaanxi, Shanxi, Hebei, Henan) ············ ***M. parimitator***

7. A broad ring of hind tibia at center as long as 1/2 length of hind tibia. China (Shaanxi) ···· ***M. circulotibialis***

A white macula of hind tibia subapically shorter than 1/2 length of hind tibia ············ **8**

8. Abdominal tergum 1 entirely black, posterior margin without white macula; middle serrulae each with 1-2 proximal and 14-15 distal teeth, subbasal teeth small. China (Jilin) ············ ***M. changbaina***

Posterior margin of abdominal tergum 1 with 2 small, distinct and white maculae ; middle serrulae flat, middle serrulae each with 2 proximal and 15-18 distal teeth, subbasal teeth minute. China (Jilin, Ningxia) ············ ***M. curvatitheca***

9. Punctures on head and mesepisternum clearly defined, equal in size, interspaces strongly shiny; punctures on metepimeral appendage clearly separated; a white macula of hind tibia as long as 1/2 length of hind tibia. Burma; China (Tibet, Shaanxi, Hubei, Chongqing, Guizhou) ············ ***M. postscutellaris***

Punctures on mesepisternum smaller than punctures on head, both very close to each other, interspaces very fine, partly obscure, less shiny; punctures on metepimeral appendage hardly separated; a white macula subapically of hind tibia distinctly shorter than 1/2 length of hind tibia ············ **10**

10. Frontal area distinctly convex and above top of eyes; posterior 1/3 of abdominal tergum 1 with white bands and run through the breadth of abdominal tergum 1. China (Sichuan) ············ ***M. kangdingensis***

Frontal area flat and not above top of eyes; posterior margin of abdominal tergum 1 with very narrow, white band, or with 2 transverse white maculae ············ **11**

11. Posterior margin of pronotum white ············ **12**

Pronotum entirely black ············ **13**

12. Setae on sheath short and straight in dorsal view; inner side of metepimeral appendage without glabrous patch; middle serrulae with 9-10 fine distal teeth; annular spine bands narrow and remote to each other. China (Gansu, Shaanxi, Hubei, Hunan, Guizhou, Sichuan) ············ ***M. imitatoides***

Setae on sheath long and evenly curved in dorsal view; inner side of metepimeral appendage with a distinct glabrous patch; middle serrulae with 5-6 fine distal teeth; annular spine bands broadly meeting to each other at middle. China (Gansu, Ningxia, Shaanxi, Hubei, Sichuan) ············ ***M. curvatisaeta***

13. Postocellar area 1.7 times as broad as long, with obscure posterior carina; hind trochanter yellowish white. Korea (Kongosan, Shuotsu, Hakugan, Tonai, Nanyo), East Sebiria, Japan (Hokkaido, Honshu); China (Heilongjiang, Jilin, Liaoning) ············ ***M. imitator***

Postocellar area more than 2 times as broad as long, with distinct posterior carina·································**14**

14. Hind trochanter with a large black macula in female and entirely black in male; ventral side of hind femur in male black; eyes smaller, middle breadth of postorbit slightly more than half (in female) or 1/3 (in male) breadth of eyes in lateral view; height of eyes in frontal view about 1.3 times (in both sexes) distance between lower corner of eyes; middle serrulae with 7-9 distal fine teeth. China (Gansu, Ningxia, Shaanxi, Sichuan)································· ***M. nigromaculata***

Hind trochanter yellowish white in both sexes; ventral side of hind femur in male usually white; eyes larger, middle breadth of postorbit distinctly less than half (in female) or about 1/3 (in male) breadth of eyes in lateral view; height of eyes in frontal view about 1.6 times (female) or 1.4 times (male) distance between lower corner of eyes; middle serrulae with 5-7 distal fine teeth. China (Jilin, Shaanxi, Hubei) ································· ***M. jiaozhaoae***

M. ligustri group

Diagnosis. Species of the *M. ligustri* group having sturdy body, mainly black, with yellow maculae more or less; antennae entirely black usually; labrum, clypeus and posterior margin of pronotum with yellow maculae; mesepisternum entirely black, middle parts without yellow macula absolutely; clypeus arched usually, lateral lobes short usually, anterior margin obtuse; posterior corner of metepimeron not extended, without appendage; abdominal tergum 9 entirely black in female, other abdominal terga with yellow maculae; penis valve not narrow and long.

Key to Chinese species

1. Hind tibia entirely black; mesepisternum with 2 small yellowish white maculae; dorsum of head shiny, frontal area with some shallow and minute punctures; frontal area depressed; basal 1/2 of hind femur yellow, apical 1/2 black; middle serrulae of lancet with 1 proximal and 6-7 distal teeth. China (Guizhou) ································· ***M. micromaculata***

Hind tibia largely black, dorsal side with yellow or yellowish white macula; mesepisternum entirely black; other characters different from the former································· **2**

2. Dorsum of head shiny, frontal area with some shallow punctures indistinct; hind tibia with a yellow macula near subapex; lateral posterior margin without yellow band of abdominal tergum 1; middle serrulae of lancet each with 1 proximal and 10-14 distal teeth. (Host plant: *Ligustrum lucidum*). China (Jiangxi, Hunan, Guizhou) ································· ***M. ligustri***

Dorsum of head not shiny, frontal area with dense and coarse punctures distinct; hind tibia with a yellow macula near middle; posterior margin of abdominal tergum 1 with clear yellow band, lateral sides broader than middle; other characters different from the former································· **3**

3. Antennae not entirely black, scapus yellow; dorsum of head and thorax densely and minutely punctured, interspaces between punctures narrow; postocellar area nearly flat, about 2.3 times broader than long, lateral furrows deep; distance between cenchri 2.5-3 times breadth of cenchrus; middle serrulae of

lancet each with 1 proximal and 9 distal teeth, subbasal teeth small. China (Hunan, Jiangxi, Guangdong, Guangxi) ············ ***M. southa***

Antennae entirely black; dorsum of head and thorax rugosely and largely punctured, interspaces between punctures broad and clear; postocellar area elevated, about 1.5 times broader than long, lateral furrows shallow; distance between cenchri 1.8-2 times breadth of cenchrus; middle serrulae of lancet each with 1 proximal and 2-3 distal teeth, subbasal teeth large. China (Hubei, Guizhou, Sichuan) ······ ***M. megapunctata***

M. maculitibia group

Diagnosis. Species of the *M. maculitibia* group having dorsal side of head feeble, frontal area with minute and dense punctures, without smooth interspace between punctures, but with fine microsculptures; antennomere 3 as long as antennomeres 4-5 together; posterior corner of metepimeron extended strongly, metepimeral appendage platform-shaped; all trochanters entirely black; subbase in dorsal side of hind tibia with a small white macula; hind metabasitarsus slender, slightly longer than followingn 4 tarsomeres together; middle petiole of fore wing shrinked long spot-shaped, slightly shorter than vein 1r-m; anal petiole of hind wing clear, as long as vein cu-a; lancet narrow and long, serrulae slightly flat, annuli small and much than 10, annular spin bands clearly oblique and narrow; valviceps of penis valve oval, longer than breadth in the vertical direction, ergot distinct.

Key to Chinese species

Metepimeral appendage shiny strongly, narrow and long, very smooth, without puncture or long hairs; top of mesoscutellum distinctly higher than mesonotum. Siberia, Korea (Hakugan, Tonai), Japan (Hokkaido, Honshu, Shikoku); China (Jilin, Liaoning) ············ ***M. maculitibia***

Metepimeral appendage less shiny, shallow and flat, with many minute punctures, with long hairs; top of mesoscutellum as high as mesonotum. China (Gansu, Ningxia, Shaanxi, Hubei, Sichuan) ··· ***M. jiuzhaina***

M. malaisei group

Diagnosis. Species of the *M. malaisei* group having slender body, mainly black; antennae entirely black; clypeus arched deeply, lateral lobes usually narrow and long; posterior corner of metepimeron not extended, without appendage; posterior margin of abdominal tergum 1 with white band; petiole of anal cell in fore wing long, but not longer than crossvein cu-a; valviceps of penis valve normal, with an ergot.

Key to Chinese species

1. Dorsal side of hind tarsi with white maculae; subapex in dorsal side of hind tibia with a small white macula; hind trochanter entirely white; labrum entirely black; center of mesoscutellum with a small white macula; sheath shorter than hind metabasitarsus; middle serrulae nearly flat. China (Shaanxi, Henan) ……………… ***M. constrictila***

   Hind tarsi entirely black; other characters different from the former ……………… **2**

2. Fore wing with smoky maculae below stigma and narrower than the breadth of stigma, bound slightly clear; hind tarsomer 1 very slender, not sturdy, clearly longer than sheath; middle serrulae of lancet each with 1 proximal and 6-10 distal teeth. China (Sichuan) ……………… ***M. tenuitarsalina***

   Wings hyaline, fore wing without smoky macula absolutely; other characters different from the former ……………… **3**

3. Dorsum of head strongly shiny, with puncture, interspace between puncture smooth; clypea and labrum each entirely yellowish white; mesoscutellum and broad band on posterior margin of pronotum yellowish white; middle serrulae each with 1 proximal tooth and 4 distal teeth. China (Hubei, Zhejiang) ……………… ***M. glabrifrons***

   Dorsum of head less shiny usually, with punctures; other characters not different from the former ……………… **4**

4. Dorsum of head not shiny, frontal area densely and minutely punctured, interspaces between punctures narrower than the diameter of puncture; abdominal terga 2-5 entirely black, without lateral white macula; middle serrulae clearly protruding. Japan (Honshu, Shikoku, Kyushu); China (Anhui, Zhejiang, Hubei) ……………… ***M. malaisei***

   Dorsum of head less shiny, frontal area with some shallow puntures, interspaces between punctures broader than the diameter of puncture; abdominal terga 2-5 (7) clearly with lateral white maculae; other characters different from the former ……………… **5**

5. Frontal area with some clear punctures, as high as the top of eyes; postocellar area not entirely black, with a "U" -shaped yellowish white macula; posterior margin of abdominal tergum 1 with clear yellowish white band, lateral sides broader than middle; a yellowish white macula narrower at subapex and about 2/5 times length of hind tibia; sheath clearly shorter than metabasitarsus; middle serrulae each with 1 proximal and 13-14 distal teeth. (Host plants: *Ligustrum quihoui, L. vicaryi, L. sinense*). China (Anhui, Zhejiang, Fujian, Jiangxi, Hunan, Guangxi) ……………… ***M. pilotheca***

   Frontal area with sparse shallow punctures, not clear, lower than the top of eyes; postocellar area entirely black; posterior margin of abdominal tergum 1 with narrow yellowish white band, lateral corners without yellowish white macula; a yellowish white macula broad at subapex and about 2/7 times length of hind tibia; sheath slightly shorter than hind metabasitarsus; middle serrulae each with 1 proximal and 6-7 distal teeth. China (Yunnan) ……………… ***M. diqingensis***

M. planata group

Diagnosis. Species of the *M. planata* group haing Body mainly black, without metallic tinge or red macula, following parts always white: clypeus, labrum, mandible largely, broad posterior margin of pronotum, tegula more or less, upper side of mesoscutellum, broad posterior margin of first abdominal tergum, a large macula on outer side of hind coxa, all trochanters, at least basal half of hind femur, hind tibia and metabasitarsus more or less, macula on antenna; terga 2-9 always black; clypeus sub-quadrate, anterior margin very shallowly emarginated with bottom almost straight and lateral corner obtuse; malar space narrower than diameter of lateral ocellus; frontal area distinctly depressed, densely punctured, much below top of eyes in lateral view; occipital carina complete; antenna slender, weakly dilated near middle, third antennomere much longer than fourth; mesoscutellum quite flat, lateral and posterior margin sharp; upper-posterior margin of metepimeron broad elliptical, pilose; posterior corner of metepimeron quadrate and evenly punctured, without distinct appendage; first abdominal tergum densely punctured, partly shiny, other terga with fine microsculptures, weakly shiny; fore wing sub-hyaline in basal 3/5 and distinctly smoky in apical 2/5, vein C and stigma black, anal cell with a short cross vein; anal cell in hind wing petiolate; middle serrulae of female lancet long and oblique, weakly protruding, annular pilose bands very narrow and remote to each other; valviceps of penis valve short and broad, ergot small.

Key to Chinese species

1. Dorsal side of antennomeres 5-9 white, antennomeres 1-2 entirely black; mesepisternum entirely black; basal 2/3 of hind tibia without black stripe; valviceps of penis valve about as long as broad······**2**

   Dorsal side of antennomeres 1-3 largely white, antennomeres 6-9 entirely black; mesepisternum with a large white macula; ventral side of hind tibia with an entire black stripe; valviceps of penis valve 1.5-2 times as long as broad ······**3**

2. Body length 10.5mm in female; hind tibia entirely white; antenna 2.2 times as long as head breadth; postocellar area 2 times as broad as long; harpe strongly narrowed toward apex. India (Nagaland); China (Tibet) ······***M. pseudoplanata***

   Body length 13.5mm in female; apical third of hind tibia entirely black; antenna 2.5 times as long as head breadth; postocellar area 1.6 times as broad as long; harpe weakly narrowed toward apex. China (Tibet) ······***M. acutiscutellaris***

3. Antenna black, only dorsal side of antennomeres 1-2 entirely and a small basal dot on third antennomere white; valviceps of penis valve 1.8 times as long as broad; serrulae less prominent, distance between middle adjacent pores of female lancet about 6 times as long as height of serrula. China (Fujian, Jiangxi, Hunan, Sichuan, Guangdong, Guangxi) ······***M. planatoides***

   Dorsal side of antennomeres 1-5 entirely white; valviceps of penis valve 1.4 times as long as broad; serrulae more prominent, distance between middle adjacent pores of female lancet about 9 times as long as height of serrula. India (Sikkim, Darjeeling, Uttar Pradesh, Bengal, Himachal Pradesh), Burma, Laos, Vietnam (Tonkin); China (Tibet, Guizhou, Yunnan) ······***M. planata***

M. regia group

Diagnosis. Species of the *M. regia* group having body mainly blue, with strongly metallic lustre, but without red macula; the following parts always blue: dorsum of head, pronotum, mesonotum, mesopleuron, metapleuron, mesoscutellum, mesoscutellar appendage, metascutellum, metepimeral appendage, most parts of abdominal terga and sternites; legs largely blue-black; clypeus sub-quadrate, anterior margin shallowly emarginated with bottom margin arcuate; malar space slightly narrower than half diametre of middle ocellus; fronts distinctly depressed usually, densely and coarsely punctured, much below top of eyes in lateral view; occipital carina complete; antennae slender, weakly dilated near middle, antennomere 3 much longer than antennomere 4; mesoscutellum rounded elevated; mesepisternum densely punctured; metepimeron with a distinct appendage; all abdominal terga less shine, lateral sides of tergum 1 with some punctures; dorsal sides of other abdominal terga with slightly dense and small punctures, microsculptures feeble; claw inner tooth longer than outer tooth of hind leg; low part of stigma distinctly smoky in fore wing, stigma and veins black; anal cell with a short cross vein usually; petiole of anal cell in hind wing; middle serrulae of lancet long and oblique, weakly protruding, annular pilose bands very narrow and remote to each other; valviceps of penis valve short and broad usually.

Key to Chinese species

1. Antennomeres 5-6 strongly dilated and reduced, antennomere 8 approximately 1.5 times longer than broad; middle serrulae of lancet with 16-18 distal teeth usually, subbasal teeth small; harpe of gonoforceps broad and short, long equal to broad, inner side on base distinctly extruded roundish; ergot of penis valve long, distinctly separated from petiole of valviceps. India (Sikkim, Bengal), Burma; China (Hubei, Hunan, Zhejiang, Fujian, Guizhou, Guangxi) ······ ***M. regia***

   Antennae slender, antennomeres 5-6 not dilated and reduced, antennomere 8 not less than 2 times longer than broad; middle serrulae of lancet with 3-6 distal teeth usually, subbasal teeth large; harpe of gonoforceps narrow and long, approximately 3 times longer than broad, inner side on base not extruded; ergot of penis valve short or lacked, indistinctly separated from petiole of valviceps ······ **2**

2. Fore and middle trochanters largely white, ventral sides with distinct black maculae; ventral side of hind femur with distinct white band. China (Hubei, Hunan, Zhejiang, Chongqing, Fujian, Guangxi) ······ ***M. xiaoi***

   Fore and middle trochanters entirely blue black, without white macula; hind femur entirely blue black, ventral side without white band. China (Fujian) ······ ***M. maculoclypeatina***

M. sanguinolenta group

Diagnosis. Species of the *M. sanguinolenta* group having antennae entirely black usually (if antennae partly black, several segments with white maculae or basal segments with reddish maculae); metapmeron without appendage; hind femur and tibia with reddish maculae more or less; valviceps of penis vlave oval in the vertical direction, with clear ergot.

Key to species subgroups

1.	Antennae not entirely black, with white rings at middle parts	***M. depressina*** **subgroup**
	Antennae entirely black, if antennae partly black, basal parts with reddish brown maculae	**2**
2.	Hind femur and tibia each with reddish brown maculae	***M. sanguinolenta*** **subgroup**
	Hind femur or tibia with reddish brown maculae	**3**
3.	Hind femur with reddish brown maculae largely; hind tibia entirely black, if hind tibia not entirely black, dorsal sides with distinct white maculae	***M. tongi*** **subgroup**
	Hind femur entirely black; hind tibia with reddish brown maculae more or less	***M. koreana*** **subgroup**

M. depressina subgroup

Diagnosis. Species of the *M. depressina* subgroup having body mainly black, without metallic tinge macula; hind tibia with more or less reddish maculae; antenna long and slender, antennomeres 3-7 usually with white maculae; posterior corner of metepimeron sub-quadrate, without distinct appendage; valviceps of penis valve longer than broad in vertical view, with distinct ergot.

Key to Chinese species of *M. depressina* subgroup

1.	Antennomeres 6-7 with white maculae	**2**
	Antennomeres 3-5 with white maculae	**3**
2.	Clypeus entirely yellowish white; middle serrulae of female lancet each with 1 proximal and 11-12 distal teeth. China (Gansu, Shaanxi, Hebei, Henan, Hubei)	***M. melanolabria***
	Clypeus largely black, middle part with transverse and white macula; middle serrulae of female lancet each with 1 proximal and 14-15 distal teeth. China (Shanxi, Henan)	***M. melanoclypea***
3.	Antennomeres distinctly dilated near middle; middle of abdominal terga without line of white maculae, lateral sides of abdominal terga 1-7 with distinct white maculae, white maculae smaller toward back; hind tibia and tarsus entirely reddish; subbasal teeth of the middle serrulae large. China (Hubei, Guizhou)	***M. commixta***
	Antennomeres dilated slightly near middle; middle of abdominal terga with distinct line of white	

maculae; hind tibia and tarsus not entirely black, dorsal sides with distinct white maculae; subbasal teeth of the middle serrulae small ······ **4**

4. Hind femur and tibia with distinct, large reddish maculae ······ **5**

   Hind femur and tibia without reddish maculae, if with some reddish maculae but short ······ **6**

5. Clypeus entirely black (some specimens with feeble, white maculae at center); face and frontal area below the top of the eyes in lateral view; lateral sides of abdominal tergum 1 without white macula. China (Gansu, Shanxi, Tianjin, Henan, Hubei, Zhejiang) ······ ***M. rubitibia***

   Clypeus largely white, but basally with black maculae; face and frontal area as high as the top of the eyes in lateral view; lateral sides of abdominal tergum 1 with small, white maculae. China (Sichuan) ······ ***M. leyii***

6. Abdominal tergum 1 without lateral white macula; middle of abdominal terga with distinct line of white maculae; posterior margin of pronotum with narrow maculae, not clear; prescutum entirely black. China (Hubei, Hunan) ······ ***M. huangi***

   Abdominal tergum 1 with distinct, lateral white maculae; middle of abdominal terga without distinct line of white maculae; lateral corner of pronotum with clear, white maculae; prescutum with two narrow and long white maculae ······ **7**

7. Basal 2/5 of hind femur yellowish white, middle 2/5 reddish brown, apical 1/5 black; hind tibia black with a long subapical white stripe dorsally and with an obscure reddish tinge; hind tarsus black, apical half of basitarsus and dorsum of tarsomeres 2-4 white; petiole of anal cell in the fore wing 1.8 times as long as vein 1r-m, approximately 0.9 times as long as vein cu-a; antenna entirely black in male. China (Jiangxi, Hunan, Fujian, Guizhou) ······ ***M. depressina***

   Basal half of hind femur yellowish white, apical half black, and ventral side with yellowish white band; apical half of hind tibia yellowish brown and basal half orange; hind tarsus yellow brown without black macula; petiole of anal cell in the fore wing twice as long as vein 1r-m, approximately 1.2 times as long as vein cu-a; middle antennomeres yellowish white in male. China (Hunan) ······ ***M. coloritarsalina***

M. koreana subgroup

Diagnosis. Specis of the *M. koreana* subgroup having body mostly black, without metallic tinged macula. The subgroup is characterized by the antennomeres and hind femur entirely black, hind tibia more or less with reddish maculae, posterior corner of metepimeron without distinct appendage.

Key to Chinese species of *M. koreana* subgroup

1. Dorsal fron with dense punctures, interspaces between punctures narrow; labrum and mesoscutellum entirely black; posterolateral tergum 1 with broad white macula, tergum entirely black; or lateral tergum 2 with small maculae; costal vein in fore wing and stigma black brown ······ **2**

Dorsal fron with sparse punctures, interspaces between punctures broad; labrum mostly or entirely white; tergum 1 entirely black, posterolateral tergum without white macula; lateral tergum 2 with large white macula; or costal vein in fore wing and stigma yellowish brown ······ **6**

2. Below stigma in fore wing without smoky, transverse band ······ **3**

Below stigma in fore wing with smoky, transverse bands ······ **5**

3. Pronotum and terga 2-10 entirely black; antennomere 3 longer than apical antennomeres 7-9 combined; apical sheath longer than basal sheath; dorsal side of head with smooth interspaces between punctures, without microsculpture; anal cell in fore wing with a short and erect cross vein; anterior margin shallowly incised to 1/3 length of clypeus; hind coxa with a white macula on outer side 1/2 times length of coxa; all known males with hind tibia and tarsi black, without reddish macula ······ **4**

Posterior margin of pronotum with narrow, white maculae; lateral terga 2-5 with distinct, white maculae, terga 6-10 entirely black; antennomere 3 as long as apical antennomeres 7-9 combined; apical sheath slightly shorter than basal sheath; dorsal side of head without smooth interspaces between punctures, but with distinct microsculptures; petiole of anal cell in fore wing slightly longer than vein 1r-m; anterior margin shallowly incised to 2/5 length of clypeus; hind coxa with a white macula on outer side 3/5 times length of coxa; all known males with most of hind tibia and tarsus with reddish maculae, rest with black maculae or white maculae. China (Shaanxi, Hubei) ······ ***M. yichangensis***

4. Subapical antennomeres distinctly inflated, antennomere 6 about 1.2 times longer than broad; ovipositor sheath distinctly shorter than fore femur (6:7), apical sheath slightly longer than basal sheath (8:7); middle serrulae with 4-6 distal teeth. China (Henan, Hubei) ······ ***M. liui***

Subapical antennomeres weakly inflated, antennomere 6 not less than 2 times longer than broad; ovipositor sheath as long as than fore femur, apical sheath distinctly longer than basal sheath (11:7); middle serrulae with 8-10 distal teeth. Korea (Mosanrei, Tonai, Hokugan, Fusenko), Russia; China (Inner Mongolia, Gansu, Shaanxi, Beijing, Shanxi, Henan) ······ ***M. koreana***

5. Middle fovea shallow, long dot-like, lateral foveae not deep ; postocellar area 2.2 times broader than long; dorsal side of hind tibia without white macula subapically; setae on sheath curved in dorsal view; middle serrulae of lancet with 7-10 distal teeth, subbasal teeth small. China (Hubei, Guizhou)······ ***M. cheni***

Middle fovea distinct, broad dot-like; lateral foveae deep; postocellar area 2 times broader than long; dorsal side of hind tibia with a small white macula subapically; setae on sheath almost not curved in dorsal view; middle serrulae of lancet with 5-6 distal teeth, subbasal teeth slightly large. China (Shaanxi, Henan, Hubei)······ ***M. minutiluna***

6. Hind tibia with long, white macula; hind trochanter black; metabasitarsus reddish brown, short parts with white maculae; clypeus and labrum white, with black maculae at times; mesoscutellum white; serrulae flat. Korea (Mosanrei), Siberia······ ***M. kongosana***

Hind tibia without white macula; most of hind trochanter or entirely white; metabasitarsus reddish brown or black brown, without white macula······ **7**

7. Clypeus white; all trochanters and basal 1/3 of hind femur with yellowish white maculae; costal vein in fore wing and stigma yellowish brown; tergum 2 entirely black; mesoscutellum entirely black; subapical antennomeres 5-8 inflated strongly; most of mesepisternum with small punctures. China (Shaanxi, Hebei, Henan) ······ ***M. fulvostigmata***

Clypeus black; for and middle trochanters and hind femur entirely black; costal vein in fore wing and stigma black brown; tergum 2 not entirely black, lateral tergum with distinct, white maculae; mesoscutellum

	largely white; most of mesepisternum with large punctures ········ **8**
8.	Subapical antennomeres 5-8 strongly compressed and inflated, antennomere 7 less than 2 times longer than broad; anterior margin half roundish and incised to 1/2 length of clypeus; petiole of anal cell in fore wing longer than vein r+m; hind tarsi with reddish brown maculae in two sex; valviceps of penis valve trapezoid, annular spine bands joined each other in the middle part. China (Gansu, Shaanxi, Hebei, Henan) ········ ***M. zhongi***
	Subapical antennomeres 5-8 weakly inflated, hardly compressed, antennomere 7 about 2.5 times longer than broad; anterior margin circular arc and incised to 1/3 length of clypeus, lateral lobes obtuse triangular; petiole of anal cell in fore wing shorter than vein r+m; hind tarsus black brown in male; valviceps of penis valve approximate to oblique rectangle, dorsal margin arc, annular spine bands separated each other in the middle part. China (Anhui, Zhejiang) ········ ***M. dabieshanica***

M. sanguinolenta subgroup

Diagnosis. Species of the *M. sanguinolenta* subgroup having body mostly black, without metallic tinged macula and antenna entirely black. It is characterized by hind femur and tibia more or less with reddish maculae, posterior corner of metepimeron without distinct appendage.

Key to Chinese species of *M. sanguinolenta* subgroup

1.	Head and thorax in female largely with reddish brown and white maculae, shortly black; body in male largely with black maculae, short parts reddish and white ········ **2**
	Body in both sex largely black, short parts with some reddish and white maculae ········ **4**
2.	Antennae clearly reduced, antennomeres 1-3 reddish brown; lateral lobes of clypeus obtuse and short; mesoscutellum and hind tarsus entirely reddish brown; inner side of hind femur with distinct, black maculae; stigma yellowish brown. (Antennae and mesoscutellum in male entirely black; hind tarsus entirely black; stigma blackish brown). China (Hunan, Guangxi, Fujian) ········ ***M. erythrocephalica***
	Antennae weakly reduced, antennomeres 1-2 reddish brown; lateral lobes of clypeus narrow and long; mesoscutellum entirely white; inner side shortly of hind femur with some black maculae; hind tarsus largely white; stigma reddish brown to blackish brown ········ **3**
3.	Dorsal frons and near area of ocellus with large, black maculae; anepimeron and metapleuron entirely black; mesonotum with narrow, V-like and reddish brown maculae; middle serrulae of lancet each with 1 proximal tooth and 6-7 distal teeth. China (Shanxi, Henan) ········ ***M. rufoclypeata***
	Dorsal fron and near area of ocellus with small, black maculae; anepimeron largely and metapleuron largely reddish brown, shortly black; mesonotum with large, V-like and reddish brown maculae; middle serrulae of lancet each with 1 proximal tooth and 4-6 distal teeth. (Antennae and thorax in male entirely black). China (Gansu, Ningxia, Henan) ········ ***M. leucotarsalina***
4.	Labrum and basal half of clypeus reddish brown; dorsal side of head and thorax with coarse and dense punctures, interspaces between the punctures not smooth; mesoscutellum entirely black. China (Hubei) ········ ***M. jiangi***

Labrum and clypeus without reddish brown macula absolutely, other characteristics not different from the former······5

5. Dorsal side of hind tibia more or less with white maculae······6

Dorsal side of hind tibia without white macula absolutely······9

6. Posterior corners of pronotum with clear, white maculae; mesoscutellum entirely white······7

Posterior margin of pronotum with narrow, white maculae, or without white macula absolutely; center of mesoscutellum white or mesoscutellum entirely black······8

7. Labrum entirely and clypeus largely black, short parts white; clypeus half round, incised to 1/2 length of clypeus, lateral lobes narrow and long; 2 small, narrow maculae on posterior margin of postocellar area, not U-like; anterior corners of pronotum entirely black; terga 6-9 entirely black, other terga with distinct white maculae; subapical 1/2 of hind tibia with a long, white macula on dorsal side; middle serrulae of lancet each with 2 distal teeth, subbasal teeth large. China (Ningxia) ······ ***M. reni***

Labrum and clypeus almost entirely white, but basal margin of clypeus black; anterior margin sub-arc and incised to 1/3 length of clypeus, lateral corners slightly broad and short; a U-like white macula on posterior margin of postocellar area; anterior corners of pronotum with distinct, white maculae; all terga with distinct, white maculae; apex of hind tibia with a small white macula on dorsal side, distinctly shorter than 1/2 length of hind tibia; middle serrulae of lancet each with 15-16 distal teeth, subbasal teeth minute. China (Hubei) ······ ***M. shennongjiana***

8. Pronotum entirely black; mesoscutellum not entirely black, center with white maculae; hind tarsus largely white; lateral corners of terga 2-4 with distinct, white maculae, white maculae on lateral tergum 2 largest. (Mesoscutellum in male entirely black). China (Shandong) ······ ***M. maculotarsalina***

Posterior margin of pronotum with narrow, white bands; mesoscutellum and hind tarsus entirely black; lateral corners of terga 2-3 with distinct, white maculae, white maculae on lateral tergum 2 equal to lateral tergum 3 nearly. (Labrum and apical 2/3 of clypeus in male white). China (Gansu, Shaanxi)······ ***M. yangi***

9. Serrulae of lancet clearly elevated, mastoid process like; lateral corners of terga 2-3 with clear, white maculae, white macula on lateral tergum 2 largest. China (Gansu, Shaanxi, Shanxi, Beijing, Tianjin, Hebei, Henan) ······ ***M. pentanalia***

Serrulae of lancet not mastoid process like ······10

10. Hind trochanter reddish brown. China (Hebei) ······ ***M. canescens***

Hind trochanter black or white······11

11. Outer side of hind coax entirely black ······12

Outer side of hind coax with an oval, white macula basally······13

12. Without petiole of anal cell in fore wing, but with a short, across vein; labrum largely black, margins with small, triangular and pale brown maculae; clypeus entirely black; dorsal head with sparse and shallow punctures, smooth interspaces clear. Europe, Caucasia; China (Hebei) ······ ***M. erythrocnema***

Petiole of anal cell in fore wing and long punctiform; labrum largely white, margins with brown and narrow maculae; clypeus not entirely black, lateral corners with obtuse and pale maculae; dorsal head with dense and coarse punctures, interspaces between punctures narrow. Europe ······ ***M. recognata***

13. Lateral corners of terga 3-5 with small, white maculae······14

All terga entirely black, lateral corners without white macula······15

14. Posterior corners of pronotum with clear, white macula; posterior margin of tergum 1 with broad, white bands. China (Sichuan) ······ ***M. elegansoma***

Pronotum entirely black; posterior margin of tergum 1 with very narrow, white band. Europe, Turkey, Mongolia, Korea (Tonai), Japan (Honshu); China (Heilongjiang, Jilin, Inner Mongolia, Shanxi) .... ***M. sanguinolenta***

15. Dorsal side of head with few minute, very sparse and shallow punctures, interspaces between punctures distinctly broader than diameter of punctures; postocellar area 2 times as broad as long, lateral furrow deep; hind trochanter entirely white; hind tibia and metabasitarsus largely reddish brown, narrow base and apex of hind tibia black; hind tarsus largely white; petiole of anal cell in fore wing 1.8 times as long as vein 1r-m. China (Jilin, Hebei, Henan, Hubei, Chongqing) .... ***M. longipetiolata***

Dorsal side of head with distinct punctures, interspaces between punctures narrower than diameter of punctures; postocellar area 1.8 times as broad as long, lateral furrow very shallow and obscure; hind trochanter largely black, dorsal side with a white stripe; hind tibia reddish brown at center, base and apex black; hind tarsus entirely black; petiole of anal cell in fore wing as long as vein 1r-m. China (Gansu, Shanxi, Beijing) .... ***M. melanosomata***

M. tongi subgroup

Diagnosis. Species of the *M. tongi* subgroup having body mainly black, without metallic tinged macula, antenna entirely black, hind femur with more or less reddish maculae, hind tibia entirely or largely black, and subapical and dorsal hind tibia with a white macula; posterior corner of metepimeron without distinct appendage.

Key to Chinese species of *M. tongi* subgroup

1. Hind tibia entirely black, dorsal side without white macula **2**

Hind tibia largely black, dorsal side with distinct white macula subapically **4**

2. Metabasitarsus distinctly dilated, compressed; dorsal head and thorax with dense and coarse punctures, without smooth interspaces; mesoscutellum entirely and all trochanters largely black; apex of mesopleuron clearly elevated, with blunt hip; fore wing with cell 2Rs clearly longer than cell 1Rs; serrulae of lancet flat, subbasal teeth minute, middle serrulae each with 1 proximal and 10-11 distal teeth. China (Gansu, Shaanxi, Hebei, Hubei) .... ***M. incrassitarsalia***

Metabasitarsus slender, not dilated or compressed **3**

3. Dorsal frontal area sparsely and shallowly punctured, interspaces between punctures obvious, mesoscutellum roundly elevated, without protuberance, as high as the top of the mesonotum; posterior of the lateral sides of tergum 1 with small, white macula, not connected toward the middle; sheath slightly shorter than the metabasitarsus, distinctly extended to the apex of the abdomen, setae on sheath slightly curved in dorsal view; lancet slightly long, serrulae clearly protruded, subbasal teeth clear. Japan (Honshu, Shikoku, Kyushu); China (Shandong) .... ***M. femorata***

Dorsal frontal area densely and coarsely punctured, without interspaces between punctures; mesoscutellum distinctly elevated, with tapered protuberance, higher than the top of the mesonotum; posterolateral tergum 1 with distinct, white maculae, connected and narrower toward the middle; sheath distinctly

shorter than the metabasitarsus, not extended to the apex of the abdomen; lancet short, serrulae flat, subbasal teeth very fine. China (Hubei) ······ ***M. pseudofemorata***

4. All trochanters of female and male entirely white; frontal area smooth, without distinct punctures; the mesoscutellum and dorsal side of hind tarsus of female with clear, white maculae, lateral terga 2-5 with large, square, and white maculae; mesoscutellum and hind tarsus of male entirely black, posterolateral terga 2-6 with small, white maculae. China (Ningxia, Gansu, Shanxi, Hebei) ······ ***M. leucotrochanterata***

   Fore and middle trochanters in female and male entirely or partly black, hind trochanter entirely white ·5

5. Labrum entirely white; clypeus largely white, basally with black maculae ······ 6

   Labrum largely black, ventrally with fine, white maculae; clypeus entirely black ······ 7

6. Hind femur of female and male largely reddish brown, basally with black and narrow ring, apically with black maculae; fore and middle trochanters of male largely white, dorsally with small, black maculae. China (Shaanxi, Anhui, Zhejiang, Hunan, Jiangxi, Guangxi) ······ ***M. tongi***

   Hind femur of female largely dark reddish brown, basally with white maculae, apically with black maculae; male unknown. China (Guizhou) ······ ***M. lingyangi***

7. Dorsal head strongly shiny, frontal area sparsely and shallowly punctured, largely smooth, without microsculpture; postocellar area and tegula entirely black; postocellar area twice broader than long; middle of mesoscutellum largely white; lateral tergum 1 without white macula, posterolateral terga 3-5 with distinct, transverse, and white maculae, terga 2 and 6-9 entirely black; serrulae of lancet flat, annular spine bands broad. Korea (Mosanrei); East Siberia; China (Heilongjiang, Jilin, Liaoning, Gansu, Ningxia, Shaanxi, Shanxi, Henan) ······ ***M. vacillans***

   Dorsal head less shiny, frontal area slightly densely and coarsely punctured, interspaces narrower than the diameter of punctures, with fine microsculptures; posterior margin of postocellar area and outer margin of tegula white; postocellar area 2.5 times broader than long; mesoscutellum entirely black; lateral tergum 1 with small, white macula; terga 2-9 entirely black; serrulae of lancet protruding, annular spine bands narrow. China (Zhejiang, Jiangsu, Hunan, Jiangxi, Guizhou) ······ ***M. opacifrontalis***

M. sheni group

Diagnosis. Species of the *M. sheni* group having body slightly slender; face and frontal area distinctly depressed; mesoscutellum not elevated, vertex slightly flat; hind tibia and tarsi largely black, dorsal side with clear white maculae; serrulae of lancet with mastoid-shaped protruding; valviceps of penis valve sub-squarate, approximately 1.2 times longer than broad in the vertical direction, with ergot.

Key to species

Posterior margin of pronotum with narrow white band; basal 2/5 of hind femur white, apical 3/5 black; metepimeral appendage short; anal petiole of hind wing about 1/2 times longer than vein cu-a. China (Gansu, Shaanxi, Shanxi, Hebei, Henan) ······ ***M. sheni***

Pronotum entirely black; hind femur largely black, but basal margin white; metepimeral appendage narrow and long, shiny; anal petiole of hind wing slightly shorter than vein cu-a. Japan (Hokkaido, Honshu, Shikoku, Kyushi) ·· ***M. esakii***

M. sibirica group

Diagnosis. Species of the *M. sibirica* group having body mainly black, shortly white, but without metallic tinge; antenna entirely black; apical margin of labrum usually white, clypeus usually largely or entirely black; anterior margin of clypeus slightly clear, usually not deep, lateral lobe short; posterior corner of metepimeron sub-quadrate, without appendage; abdominal tergum 1 usually with white maculae; anal cell of fore wing usually with a short, erect crossvein, or in some species with a middle petiole, usually not long; ergot of penis valve distinct.

Key to Chinese species

1. Fore wing clearly with smoky maculae ·· **2**

   Fore wing hyaline, absolutely without smoky macula ·· **3**
2. Smoky maculae vertical in the fore wing; hind trochanter entirely white; hind tibia with distinct white ring at center, half the length of hind tibia; posterior 3/5 of tergum 1 white, basal 2/5 of tergum 1 black; anterior of clypeus shallowly emarginate, lateral lobes short and broad; middle serrulae of lancet each with 1 proximal tooth and 9-11 distal teeth, subbasal teeth small, annular spine bands broad, spines dense. China (Henan) ·· ***M. typhanoptera***

   Below stigma with sub-round maculae in the fore wing; hind trochanter and tibia entirely black; posterior of tergum 1 with narrow, white band; anterior of clypeus deeply rounded, lateral lobes narrow and long; middle serrulae of lancet each with 1 proximal tooth and 5-6 distal teeth, subbasal teeth large, annular spine bands narrow, spines sparse. China (Shanxi, Hebei, Beijing, Tianjin) ··················· ***M. maculipennis***
3. Hind tibia entirely black ·· **4**

   Hind tibia not entirely black, with brown or white maculae dorsally ·· **5**
4. Head and thorax distinctly and densely punctured, not rugose; antennae 1.1 times as long as head and thorax together; anterior incision 0.4 times clypeus length, lateral lobes long and narrow; posterior margin of tergum 1 white; hind trochanter white, with a ventral black spot; hind metabasitarsus slender, hardly enlarged; vein C and pterostigma black brown; middle serrulae of lancet each with 7-10 distal teeth. China (Liaoning, Yunnan) ·· ***M. nigrotibia***

   Head and thorax densely and rugosely punctured, without distinct microsculpture; antennae 1.5 times as long as head and thorax together; anterior incision 0.3 times length of clypeus, lateral lobes very short and obtuse; tergum 1 without white macula; hind trochanter entirely black; hind metabasitarsus distinctly enlarged; vein C and pterostigma yellowish brown; middle serrulae of lancet each with 17-21 distal teeth. China (Shanxi, Henan, Hunan) ·· ***M. crassitarsalina***
5. Hind tarsomeres entirely black ·· **6**

Hind tarsomeres with distinct white maculae ········· **9**

6. Mesoscutellum clearly with white maculae ········· **7**

Mesoscutellum entirely black ········· **8**

7. Pronotum, abdominal tergum 1 and hind femur entirely black; hind tibia with white macula at center, slightly shorter than half of the length of hind tibia. Siberia, Korea (Tonai, Hakugan); China (Heilongjiang, Jilin, Liaoning, Hebei, Tianjin) ········· ***M. sibirica***

Posterior margin of pronotum with distinct white bands; posterior of abdominal tergum 1 with 2 small transverse maculae; dorsal side of hind femur with distinct white maculae apically; hind tibia with white macula at center, as long as half of hind tibia. China (Heilongjiang, Liaoning) ········· ***M. harbina***

8. Hind trochanter largely black, some white; pronotum entirely black; hind femur 2.5 times as long as white maculae on the outer side of hind coxa. (Labrum and clypeus of male not entirely black, anterior of labrum white, base of clypeus with 2 small white maculae; outer side of hind coxa with an oval white macula). China (Gansu, Shaanxi, Shanxi, Henan, Hubei, Anhui, Zhejiang) ········· ***M. revertana***

Hind trochanter largely white, some black; posterior of pronotum with distinct, white band; hind femur 2 times as long as white maculae on the outer side of hind coxa. (Male adult labrum entirely and clypeus largely white, base of clypeus black; pronotum entirely black; outer side of hind coxa entirely black). China (Qinghai, Ningxia, Gansu, Shaanxi, Sichuan) ········· ***M. shii***

9. An oval white macula on outer side of hind coxa not running along the length of hind coxa; mesopleuron densely and rugosely punctured, interspaces between the punctures narrow ········· **10**

An oblong white strip on outer side of hind coxa running along the entire length of hind coxa; mesopleuron minutely and sparsely punctured, interspaces between the punctures distinct ········· **11**

10 Labrum and clypeus entirely white; mesoscutellum clearly elevated, top with clear transverse carina; posterior margin of pronotum with distinct white bands; apical 2/3 of tergum 1 with white maculae narrowing towards each side, lateral corners of terga 2-7 with distinct white maculae, posterior margins of all sternums white; fore and middle trochanters entirely white, shortly black; broad ring at center as long as half of hind tibia. China (Gansu, Henan, Hubei) ········· ***M. tripidona***

Labrum and clypeus not entirely white, shortly black; mesoscutellum slightly elevated, without transverse carina; posterior margin of pronotum with narrow white bands; posterior margins of tergum 1 at center with 2 small transverse and white maculae, others entirely black; fore and middle trochanters largely black, shortly white; white maculae on dorsal side as long as half of hind tibia. China (Shaanxi, Zhejiang, Hunan) ········· ***M. convexina***

11. Clypeus entirely, hind tibia and hind tarsomere largely yellowish white; base of antennal flagellum very slender and subapical antennomeres distinctly enlarged; postocellar area 2 times as broad as long, posterior margin hardly carinate; outer side of hind coxa black, without white macula; vein C and pterostigma yellowish brown; serrulae feebly protruding, middle serrulae each with 2 proximal teeth and 6-9 distal teeth. China (Shaanxi, Henan, Hubei, Guizhou) ········· ***M. stigmaticalis***

Clypeus, hind tibia and hind tarsomere largely black; antennae stout, subapical antennomeres feebly enlarged; postocellar area 2.5 times as broad as long, posterior margin sharply carinate; outer side of hind coxa entirely white; serrulae distinctly protruding, middle serrulae each with 1-2 proximal teeth and 5-6 distal teeth. China (Shaanxi, Shanxi, Hebei) ········· ***M. maculoepimera***

M. vittata group

Diagnosis. Species of the *M. vittata* group having antennae entirely black; posterior margins of abdominal tergum 1 and 10 with white maculae; clypeus broader than long, anterior margin shallow, lateral corners short and obtuse; face and frontal area slightly depressed, top of middle ocellus not lower than eyes; postcellar area less than 2 broader than long; head and thorax less shiny, with dense and large punctures; abdominal tergum 1 with reticulate microsculptures rugosely; near stigma of fore wing with broad pale smoky band.

Key to Chinese species

Labrum and clypeus entirely white; clypeus broader than long, anterior margin shallow, lateral corners short and obtuse; apical part of mesoscutellum white, posterior margin with cross carinae, vertex flat; abdominal terga 1-5 reddish brown. Burma, Vietnam (Tonkin), Laos; China (Yunnan, Guangxi) .... ***M. hastulata***

Labrum and clypeus not entirely black, with feeble white maculae; mesoscutellum entirely black; vertex with acute peak; abdominal terga black except posterior margins of abdominal tergum 1 and 10 with white maculae. Japan; China (Gansu, Shaanxi, Hebei, Henan, Hubei, Hunan, Sichuan, Zhejiang, Guizhou) .... ***M. vittata***

M. zhaoae group

Diagnosis. Species of the *M. zhaoae* group having antennae not entirely black, apical some segments yellow brightly; fore and middle legs yellowish brown, hind leg yellowish brown to orange brown; face and frontal area distinctly depressed, top of middle ocellus lower than eyes; postcellar area flat, clearly less than 2 broader than long; metepimeron without appendage; hind metabasitarsus sturdy, inner tooth longer than outer tooth.

Key to Chinese species

1. Body length 10-11mm; middle parts of antennae clearly inflated; mesoscutellum with sparse large punctures, center with complete and long black stripe in the vertical direction; hind femur and apex of hind tibia with black maculae. China (Hubei, Zhejiang) .... ***M. zhaoae***

   Body length 13-14mm; middle parts of antennae slightly inflated **2**

2. Hind femur and tibia entirely orange brown, without black macula, hind tibial spurs black; mesoscutellum largely smooth, without puncture, center with not complete and long black stripe in the vertical direction; posterior margins of abdominal terga with feeble maculae, without cross macula; dorsal side of

head with weak punctures; wings with clear smoky maculae. China (Hubei, Guizhou) ··························· ***M. nigrispuralina***

Hind femur and apex of hind tibia with black maculae; center of mesoscutellum with large punctures, center with complete and long black stripe in the vertical direction; posterior margins of abdominal terga with cross maculae clearly; wings with indistinct smoky macula ··························· **3**

3. Center of mesepisternum with large white macula; basal half of hind coxa black, apical halh yellowish brown; anal petiole in fore wing shrinked long spot-shaped; sheath as long as hing metabasitarsus. China (Hainan) ··························· ***M. hainanensis***

Mesepisternum entirely black; basal margin of hind metabasitarsus black, other pale yellowish brown; anal petiole in fore wing long; sheath as long as 1/2 times of hind metabasitarsus. (Male, postcellar area entirely black). China (Guizhou) ··························· ***M. minutitheca***

主要参考文献

柴汝松 . 2009. 中国东北地区跳小蜂科属级支序分类学研究 [D]. 哈尔滨：东北林业大学 , 1-91.

陈明利 . 2002. 中国钩瓣叶蜂属系统分类研究 [D]. 株州 : 中南林学院昆虫资源研究所 .

陈明利 , 黄宁廷 , 钟义海 . 2005. 钩瓣叶蜂 3 新种 (膜翅目 : 叶蜂科)[J]. 中南林学院学报 , 25(2): 85-87.

陈明利 , 魏美才 . 2002. 伏牛山钩瓣叶蜂属六新种记述 (膜翅目 : 叶蜂科)//. 申效诚 , 赵永谦 . 河南昆虫分类区系研究 第五卷 太行山及桐柏山区昆虫 [M] 中国农业科学技术出版社 , 5: 208-215.

胡玉琴 . 2010. 中国蝗总科斑翅蝗科属级支序分析初探 [D]. 西安：陕西师范大学 , 1-56.

黄大卫 . 1995. 支序系统学概论 [M]. 北京 : 中国农业出版社 , 1-160.

黄孝运 , 周淑芷 . 1982. 膜翅目 : 叶蜂科 . 西藏昆虫 [M]. 北京：科学出版社 , 2: 341-346.

李泽建 , 黄宁廷 , 魏美才 . 2013. 中国钩瓣叶蜂属 *Macrophya sibirica* 种团三新种 (膜翅目 , 叶蜂科) [J]. 动物分类学报 , 38 (4): 869-877.

李泽建，魏美才 . 2010. 京津冀地区广腰亚目 (膜翅目) 昆虫区系初步研究 [M]//. 文礼章 , 李有志，等 . 华中昆虫研究（第 6 卷）长沙：湖南科技出版社 , 50-60.

李泽建 , 魏美才 . 2012. 中国钩瓣叶蜂属 *Macrophya imitator* 种团两新种 (膜翅目 , 叶蜂科) [J]. 动物分类学报 , 37(4): 795-800.

李泽建 , 钟义海 , 魏美才 . 2013. 中国钩瓣叶蜂属 *Macrophya sanguinolenta* 种团两新种 (膜翅目 , 叶蜂科) [J]. 动物分类学报 , 38 (1): 124-129.

梁爱萍 . 1993. 介绍系统发育分析计算机程序 HENNIG86 (1.5 版)[J]. 动物分类学报 , 18(4): 499-502.

刘守柱 , 魏美才 . 2005. 中国钩瓣叶蜂属一新种及一新记录种 (膜翅目 : 叶蜂科)[J]. 昆虫分类学报 , 27 (1): 57-60.

聂海燕 , 魏美才 . 1997. 叶蜂总科昆虫生物地理研究Ⅱ . 叶蜂总科广布属的地理分布特性 (膜翅目)[J]. 昆虫分类学报 , 133-137.

牛耕耘 . 2008. 侧跗叶蜂属系统分类研究 [D]. 长沙：中南林业科技大学 , 1-260.

欧阳贵明 , 何轮 , 刘素芬 , 等 . 2001. 缨鞘宽腹叶蜂的研究 [J]. 中国森林病虫 , 6: 19-20.

佘德松 , 冯福娟 . 2010. 缨鞘钩瓣叶蜂生物特性研究 [J]. 浙江林业科技 , 30 (6): 59-61.

魏美才 . 2006. 三节叶蜂科、锤角叶蜂科、叶蜂科、项蜂科 //. 李子忠 , 金道超 . 梵净山景观昆虫 [M]. 贵阳 : 贵州科技出版社 , 590-655.

魏美才 , 陈明利 . 2002. 伏牛山钩瓣叶蜂属五新种记述 (膜翅目 : 叶蜂科)//. 申效诚 , 赵永谦 . 河南昆虫分类区系研究 [M] ：第五卷 太行山及桐柏山区昆虫 , 5: 200-207.

魏美才 , 梁旻雯 , 廖芳均 . 2007. 膜翅目 : 三节叶蜂科 , 叶蜂科 //. 李子忠 , 杨茂发 . 雷公山景观昆虫 [M]. 贵阳 : 贵州科技出版社 , 597-616.

魏美才 , 林杨 . 2005. 膜翅目 : 叶蜂科 . 杨茂发 , 金道超主编 , 贵州大沙河昆虫 [M]. 贵阳 : 贵州科技出版社 , 431-463.

魏美才 , 马丽 . 1997. 中国钩瓣叶蜂属五新种 (膜翅目 : 叶蜂亚目 : 叶蜂科)[J]. 昆虫分类学报 , 19: 77-84.

魏美才 , 聂海燕 . 1997. 叶蜂总科昆虫生物地理研究Ⅰ . 叶蜂总科科级阶元的地理分布分析 (膜翅目)[J]. 昆虫分类学报 , 127-132.

魏美才 , 聂海燕 . 1997. 叶蜂总科的生物地理研究Ⅲ . 各大动物地理界叶蜂总科特有属分布 (膜翅目)[J]. 昆虫分类学报 , 138-144.

魏美才 , 聂海燕 . 1997. 叶蜂总科生物地理研究Ⅳ . 东亚区特有属的分布式样及迁移路线 (膜翅目)[J]. 昆虫分类学报 , 145-156.

魏美才 , 聂海燕 . 1998. 河南伏牛山钩瓣叶蜂属新种记述 (膜翅目 : 叶蜂科)//. 申效诚 , 时振亚 . 河南昆虫分类区系研究 [M] ：第二卷 伏牛山区昆虫 , 2: 152-161.

魏美才 , 聂海燕 . 1998. 膜翅目 : 扁蜂科、锤角叶蜂科、三节叶蜂科、松叶蜂科、叶蜂科、茎蜂科 [M]. 吴鸿 . 浙江龙王山昆虫 . 北京 : 中国林业出版社 , 344-391.

魏美才 , 聂海燕 . 1999. 河南伏牛山南坡叶蜂亚科新类群 (膜翅目 : 叶蜂亚目 : 叶蜂科). 申效诚 , 裴海潮 . 河南昆虫分类区系研究 [M] : 第四卷 伏牛山南坡及大别山区昆虫 , 4: 102-106.

魏美才 , 聂海燕 . 1999. 河南叶蜂新种记述 (膜翅目 : 叶蜂亚目)//. 申效诚 , 裴海潮主编 . 河南昆虫分类区系研究 [M] : 第四卷 伏牛山南坡及大别山区昆虫 , 4: 152-166.

魏美才 , 聂海燕 . 2002. 叶蜂科 . 李子忠 , 金道超 . 茂兰景观昆虫 [M]. 贵阳 : 贵州科技出版社 , 427-482.

魏美才 , 聂海燕 , 萧刚柔 . 2003. 膜翅目 : 叶蜂科 //. 黄邦侃 . 福建昆虫志 [M] ：第七卷 [M]. 福州 : 福建科学出版社 , 57-127.

魏美才 , 石福明 . 2004. 四川九寨沟和甘南叶蜂两新种 (膜翅目 : 叶蜂科)[J]. 昆虫分类学报 , 26(4): 293-298.

魏美才，肖炜 . 2005. 膜翅目：叶蜂科 //. 金道超，李子忠 . 习水景观昆虫 [M]. 贵阳：贵州科技出版社，456-517.

魏美才，徐翊，李泽建 . 2013. 中国钩瓣叶蜂属红足种团 *Macrophya koreana* 亚种团两新种 (膜翅目，叶蜂科) [J]. 动物分类学报，38(2): 328-334.

武星煜，辛恒，李泽建，等 . 2012. 中国钩瓣叶蜂属三新种 (膜翅目，叶蜂科). 动物分类学报 [J], 37(4): 801-809.

袁德成 . 1994. 中国叶蜂亚科系统分类研究 (膜翅目，广腰亚目，叶蜂科) [D]. 北京：中国科学院动物研究所，1-154.

张乐 . 2006. 内蒙古盲蝽亚科昆虫支序分类研究 [D]. 呼和浩特：内蒙古师范大学 . 1-48.

赵赴，李泽建，魏美才 . 2010. 中国钩瓣叶蜂属二新种 (膜翅目，叶蜂科)[J]. 昆虫分类学报增刊，32: 81-87.

周淑芷，黄孝运 . 1980. 叶蜂科两新种记述 (膜翅目，广腰亚目)[J]. 林业科学，16(2): 124-126.

朱巽，李泽建，魏美才 . 2012. 中国陕甘南钩瓣叶蜂属两新种（膜翅目，叶蜂科）. 动物分类学报，37(1): 165-170.

Benson, R B 1952. Hymenoptera, Symphyta[J]. *Handbooks for the Identification of British Insects*, London 6(2b): 51-137.

Benson, R B 1954. Some sawflies of the European Alps and the Mediterranean region (Hymenoptera: Symphyta)[J]. *Bulletin of the British Museum (Natural History). Entomology series*, London 3(7): 267-295.

Benson, R B 1959. Tribes of the Tenthredinidae and a new European Genus (Hymenoptera: Tenthredinidae)[J]. *(The) Proceedings of the Royal Entomological Society of London*. Series B: Taxonomy, London 28(9-10): 121-127.

Benson, R B 1968. Hymenoptera from Turkey, Symphyta[J]. *Bulletin of the British Museum (Natural History). Entomology series*, London 22(4): 111-207.

Blank, S M & Taeger, A. 1999. *Macrophya* Dahlbom, 1835 (Insecta, Hymenoptera): proposed designation of *Tenthredo montana* Scopoli, 1763 as the type species; and *Tenthredo rustica* Linnaeus, 1758: proposed conservation of usage of the specific name by the replacement of the syntypes with aneotype[J]. *Bulletin of Zoological Nomenclature*, 1999, 56(2): 128-132.

Blank, S M ; Taeger, A. ; Liston, A. D. , *et al*. 2009. Studies toward a World Catalog of Symphyta (Hymenoptera)[J]. *Zootaxa*, 2254: 1-96.

Blank, S M ; Taeger, A. and Liston, A. D. 2010. World Catalog of Symphyta (Hymenoptera)[J]. *Zootaxa*, Monograph, 2580: 1-1064.

Brues, C T 1908. New Phytophagous Hymenoptera from the Tertiary of Florissant, Colorado[J]. *Bulletin of the Museum of Comparative Zoology*, Cambridge, Mass. 51(10): 259-276.

Chevin, Henri; Guinet, Jean-Michel; Schneider, Nico. 2003. New and interesting symphytic Hymenoptera for the fauna of Luxembourg (9th list) (Hymenoptera, Symphyta) [J]. *Bulletin de la Societe des Naturalistes Luxembourgeois*, 104: 99-104.

Chou, L Y , Naito T. 1991. Name Lists of Insects in Taiwan - Hymenoptera, Symphyta[J]. *Chinese Journal of Entomology*, Taipei 11(1): 85-95.

Cresson, E T 1880. Descriptions of new North American Hymenoptera in the collection of the American Entomological Society[J]. *Transactions of the American Entomological Society*, Philadelphia 8: 1-52.

Cresson, E T 1880. Catalogue of the Tenthredinidae & Uroceridae of North America[J]. *Transactions of the American Entomological Society*, Philadelphia 8: 53-68.

Dahlbom, G 1835. Conspectus Tenthredinidum, Siricidum *et* Oryssinorum Scandinaviae, quas Hymenopterorum familias[J]. *Kongl. Swenska Wetenskaps Academiens Handlingar*, Stockholm: 1-16.

Dalla Torre, C G de 1894. Tenthredinidae incl. Uroceridae (Phyllophaga & Xylophaga)[J]. *Catalogus Hymenopterorum hucusque descriptorum systematicus et synonymicus*, Lipsiae 1: 1-459.

Drees, Michael. 2004. Recent records of sawflies and horntails (Hymenoptera: Symphyta) from North Rhine-Westphalia[J]. *Decheniana*, 157: 127-128.

Enslin E. 1910. Systematische Bearbeitung der paläarktischen Arten des Tenthrediniden-Genus *Macrophya* Dahlb. (Hym.)[J]. *Deutsche Entomologische Zeitschrift*, Berlin [1910](5): 465-503.

Enslin E. 1913. Die Tenthredinoidea Mitteleuropas II[J]. *Deutsche Entomologische Zeitschrift*, Berlin [1913](Beiheft 2): 99-202.

Ermolenko V M 1977. New species of sawflies-tenthredinids (Hymenoptera, Tenthredinidae) from Talysh [*Macrophya* (Pseudomarophya) nizamii] [J]. *Vestnik zoologii.*, Kiev (5): 69-74.

Forsius R. 1918. Uber einige von Bequaert in Nordafrika gesammelte Tenthredinoiden[J]. *Oeversigt af finska Vetenskaps-Societetens Förhandlingar.*, Helsingfors 60[1917-1918](13): 1-11.

Forsius R. 1918. Über einige paläarktische Tenthredinini[J]. *Meddelanden af Societas pro Fauna et Flora Fennica*, Helsingfors 44[1917-1918]: 141-153.

Forsius R. 1925. Über einige ostasiatische *Macrophya*-Arten[J]. *Acta Societatis pro Fauna et Flora Fennica*, Helsingfors 4: 1-16.

Forsius R. 1930. Über einige neue asiatische Tenthredinoiden[J]. *Notulae Entomologicae*, Helsingfors 10(1-2): 30-38.

Forsius R. 1930. Bemerkungen über afrikanische Tenthredinoiden[J]. *Notulae Entomologicae*, Helsingfors 10(3-4): 65-68.

Forsius R. 1931. A new Diprion from China[J]. *Notulae Entomologicae*, Helsingfors 11(1): 26-27.

Forsius R. 1931. Eine neue *Macrophya* aus China (Hym., Tenthred.)[J]. *Notulae Entomologicae*, Helsingfors 11(1): 27-28.

Forsius R. 1935. Tenthredinoidea (Hymen.). In: Visser, P. C. & Visser-Hooft, J. (eds.): Wissenschaftliche Ergebnisse der niederländischen Expedition in den Karakorum und die angrenzenden Gebiete in den Jahren 1922, 1925 und 1929/30.

Gibson G A P. 1980. A revision of the genus *Macrophya* Dahlbom: (Hymenoptera: Symphyta, Tenthredinidae) of North America[J]. *Memoirs of the Entomological Society of Canada*, Ottawa 114: 1-167.

Haike Ruhnke, *et al.* 2006. Are sawflies adapted to individual host trees? [J]. *Evolutionary Ecology Research*, 8: 1 039-1 048.

Hanna Piekarska-Boniecka, Wiktor Kad ubowski, Idzi Siatkowski. 2008. A study of bionomy of the privet sawfly (*Macrophya punctumalbum* (L.)) (Hymenoptera, Tenthredinidae)-A pest of park plants [J]. *Acta Scientiarum Polonorum, Hortorum Cultus*, 7(1): 3-11.

Haris A. 2000. New Oriental Sawflies (Hymenoptera: Tenthredinidae)[J]. *Somogyi Múzeum Közleményei*, Kaposvár 14: 297-305.

Haris A. 2002. Sawflies from the Indomalay Islands[J]. *Folia Entomologica Hungarica*, Budapest 63: 87-103.

Haris A. 2002. Symphyta from Mongolia. IV[J]. *Folia Entomologica Hungarica*, Budapest 63: 65-85.

Haris A, Roller L. 2007. Sawflies from Laos (Hymenoptera: Tenthredinidae)[J]. *Natura Somogyiensis*, Kaposvár 10: 173-190.

Hartig T. 1837. Die Aderflügler Deutschlands mit besonderer Berücksichtigung ihres Larvenzustandes und ihres Wirkens in Wäldern und Gärten für Entomologen, Waldund Gartenbesitzer[J]. *Die Familien der Blattwespen und Holzwespen nebst einer allgemeinen Einleitung zur Naturgeschichte der Hymenopteren. Erster Band.* Haude und Spener, Berlin, pp. 1-416.

Inomata R, Shinohara A. 1993. *Macrophya* koreana (Hymenoptera, Tenthredinidae) Found in Japan, with the First Record of Host Plant[J]. *Japanese Journal of Entomology*, Tokyo 61(4): 718.

Jakowlew A. 1891. Diagnoses Tenthredinidarum novarum ex Rossia Europaea, Sibiria, Asia Media *et* confinum[J]. *Trudy Russkago Entomologitscheskago Obschtschestva v S. Peterburge*, S. Peterburg 26: 1-62 (Separatum).

Kirby W F. 1882. List of Hymenoptera with descriptions and figures of the typical specimens in the British Museum. 1. Tenthredinidae and Siricidae[J]. London, by order of the Trustees 1: 1-450.

Klug F. 1814. Die Blattwespen nach ihren Gattungen und Arten zusammengestellt[J]. *Der Gesellschaft Naturforschender Freunde zu Berlin Magazin für die neuesten Entdeckungen in der gesamten Naturkunde*, Berlin 6 (1812) (4): 276-310.

Konow F W. 1887. Eine neue *Macrophya*-Art[J]. *Societas entomologica*, Zürich 2(15): 113-114.

Konow F W. 1898. Neue Asiatische Tenthrediniden[J]. *Entomologische Nachrichten (Herausgegeben von Dr. F. Karsch)*, Berlin 24(6): 86-93.

Konow F W. 1898. Neue Chalastogastra-Gattungen und Arten[J]. *Entomologische Nachrichten (Herausgegeben von Dr. F. Karsch)*, Berlin 24(17-18): 268-282.

Kriechbaumer J. 1891. Zwei neue *Macrophya* Arten[J]. *Entomologische Nachrichten (Herausgegeben von Dr. F. Karsch)*, Berlin 17(12): 188-191.

Lacourt J. 1991. Le genre Elinora Benson, 1946 au Maroc avec Description de quatre nouvelles Espèces (Hymenoptera: Tenthredinidae)[J]. *Annales de la Société Entomologique de France (N. S.)*, Paris 27(1): 69-101.

Lacourt J. 1999. Répertoire des Tenthredinidae ouest-paléarctiques (Hymenoptera, Symphyta)[J]. *Mémoires de la SEF*, Paris 3: 1-432.

Lacourt J. 2005. Une nouvelle espèce de *Macrophya* Dahlbom, 1835 d'Espagne et du Maroc (Hymenoptera, Tenthredinidae, Tenthredininae)[J]. *Revue française d'Entomologie, (N. S.)*, Paris 27 (2): 59-62.

Lewis S E. 1969. Fossil Insects of the Latah Formation (Miocene) of Eastern Washington and Northern Idaho. *Northwest Science*, Pullman, Washington 43 (3): 99-115.

Liston A D. 1987. *Macrophya* parvula Konow (Hymenoptera: Tenthredinidae) new to Britain[J]. *Entomologist's Gazette*, Faringdon 38: 125-128.

Liston A D, Knight G T, Heibo E *et al.* 2012. On Scottish sawflies, with results of the 14th International Sawfly Workshop, in the southern Highlands, 2010. [J]. *Beitraege zur Entomologie*, 62 (1): 1-68.

Liston, Andrew D. & Jacobs, Hans-Joachim. 2012. Review of the sawfly fauna of Cyprus, with descriptions of two new species[J]. *Zoology in the Middle East*, 56: 67-84.

Li Z, Dai H, Wei M 2013a. A new species of *Macrophya* Dahlbom (Hymenoptera: Tenthredinidae) with a key to species of *Macrophya coxalis* group from China[J]. *Entomotaxonomia*, 35 (3): 211-217.

Li Z, Heng X, Wei M. 2012. A new species of *Macrophya* Dahlbom (Hymenoptera: Tenthredinidae) with a key to species of *Macrophya planata* group[J]. *Entomotaxonomia*, 34 (2): 423-428.

Li Z, Huang N, Wei M. 2013b. Three new species of *Macrophya sibirica* group (Hymenoptera: Tenthredinidae) from China[J]. *Acta Zootaxonomica Sinica*, 38 (4): 869-877.

Li Z, Lei Z, Wang J et al. 2014a. Three new species of the *Macrophya sanguinolenta* group (Hymenoptera: Tenthredinidae) from China[J]. *Zoological Systematics*, 39 (2): 297-308.

Li Z, Liu M, Gao K, et al. 2017a. Taxonomic study of the *Macrophya annulitibia* group with five new species of *Macrophya* Dahlbom (Hymenoptera: Tenthredinidae) from China[J]. *Entomotaxonomia*, 39 (3): 197-216.

Li Z, Liu M, He X, et al. 2016a. Taxonomic study of the *histrio* group with a new species of *Macrophya* Dahlbom (Hymenoptera: Tenthredinidae) from China[J]. *Entomotaxonomia*, 38 (2): 156-162.

Li Z, Liu M, Wei M. 2014b. Four new species of the *Macrophya sanguinolenta* group (Hymenoptera: Tenthredinidae) from China[J]. *Zoological Systematics*, 39 (2): 520-533.

Li Z, Liu M, Wei M. 2016b. A new species of *Macrophya* Dahlbom (Hymenoptera: Tenthredinidae) with a key to species of the *Macrophya sibirica* group from China[J]. *Entomotaxonomia*, 38 (1): 44-52.

Li Z, Gao K, Ji T, et al. 2017b. Two new species of *Macrophya* Dahlbom (Hymenoptera: Tenthredinidae) from China[J]. *Entomotaxonomia*, 39(4): 300-308.

Li Z, Liu M, Yu J, Wei M. 2018. A new species of *Macrophya flavomaculata* group (Hymenoptera: Tenthredinidae) from China[J]. *Entomotaxonomia*, 40(1): 7-13.

Li Z, Wei M. 2012. Two new species of Macrophya *imitator* group (Hymenoptera: Tenthredinidae) from China[J]. *Acta Zootaxonomica Sinica*, 37 (4): 795-800.

Li Z, Wei M. 2013. Three new species of *Macrophya coxalis* group (Hymenoptera: Tenthredinidae) from China[J]. *Acta Zootaxonomica Sinica*, 38 (4): 831-840.

Li Z, Zhong Y, Wei M. 2013c. Two new species of *Macrophya sanguinolenta* group (Hymenoptera: Tenthredinidae) from China[J]. *Acta Zootaxonomica Sinica*, 38 (1): 124-129.

Liu M, Chu B, Xiao W, et al. 2015a. Two new species of the *Macrophya annulitibia* group (Hymenoptera: Tenthredinidae) from China[J]. *Entomotaxonomia*, 37 (1): 36-44.

Liu M, Heng X, Liang X, et al. 2015b. Three new species of *imitator*-group of the genus *Macrophya* (Hymenoptera: Tenthredinidae) from China[J]. *Zoological Systematics*, 40 (2): 212-222.

Liu M, Li Z, Shang J, et al. 2016a. Three new species of *annulitibia*-group of the genus *Macrophya* Dahlbom (Hymenoptera, Tenthredinidae) in Mts. Qinling from China[J]. *Zoological Systematics*, 41 (2): 216-226.

Liu M, Ji T, Li Z, et al. 2017a. Taxonomic study of the *Macrophya ligustri* group with two new species of *Macrophya* Dahlbom (Hymenoptera: Tenthredinidae) from China[J]. *Entomotaxonomia*, 39 (4): 278-287.

Liu M, Li Z, Xu Z, et al. 2017b. Taxonomic study of the *Macrophya malaisei* group with two new species (Hymenoptera: Tenthredinidae) in China[J]. *Entomotaxonomia*, 39 (2): 123-132.

Liu M, Li Z, Wei M. 2016b. Two new species of *flavomaculata*-group of the genus *Macrophya* Dahlbom (Hymenoptera: Tenthredinidae) from China[J]. *Zoological Systematics*, 41 (3): 300-306.

Lorenz H, Kraus M. 1957. Die Larvalsystematik der Blattwespen (Tenthredinoidea und Megalodontoidea)[J]. *Abhandlungen zur Larvalsystematik der Insekten*, Berlin 1: 1-389.

Macek & Jan. 2012. About *Macrophya parvula* and larvae of several Central European *Macrophya* (Hymenoptera: Tenthredinidae) [J]. *Zootaxa*, 3487: 65-76.

MacGillivray A D. 1895. The American species of Perineura[J]. *The Canadian Entomologist*, London 27(3): 7-8.

MacGillivray A D. 1895. New Hampshire Tenthredinidae[J]. *The Canadian Entomologist*, London 27(3): 77-82.

MacGillivray A D. 1895. New Tenthredinidae[J]. *The Canadian Entomologist*, London 27(10): 281-286.

MacGillivray A D. 1914. New genera and species of Tenthredinidae: a family of Hymenoptera[J]. *The Canadian Entomologist*, London 46(4): 137-140.

MacGillivray A D. 1916. Tenthredinoidea. *In*: Viereck, H.L. (ed.), Guide to the Insects of Connecticut. Part III. The Hymenoptera or Wasp-Like Insects of Connecticut[J]. Bulletin 22 / *State Geological and Natural History Survey of Connecticut*, pp. 25-175.

MacGillivray A D. 1920. New species of Tenthredinoidea (Hymenoptera)[J]. *Bulletin of the Brooklyn Entomological Society*, Lancaster, Pa. 15: 112-115.

MacGillivray A D. 1923. New species of Tenthredinidae from the east and Middle West[J]. *Bulletin of the Brooklyn Entomological Society*, Lancaster, Pa. 18: 53-56.

MacGillivray A D. 1923. A Century of Tenthredinoidea[J]. *University of Illinois Bulletin*, Urbana 20 (50): 1-38.

Magis N. 1984. Apports à la chorologie des Hyménoptéres Symphytes de Belgique et du Grand-Duché de Luxembourg VII[J]. *Bulletin & Annales de la Société Royale Belge d' Entomologie*, Bruxelles 120: 355-358.

Magis N. 1984. Faunistique des Macrophyini de la Belgique et du Grand-Duche de Luxembourg (Hyménoptères: Tenthredinidae). 1. Genre Pachyprotasis Hartig, 1837[J]. *Bulletin de la Société royale des sciences de Liège*, Liège 53(5): 327-339.

Magis N. 1985. Faunistique des Macrophyini de la Belgique et du Grand-Duche de Luxembourg (Hyménoptères: Tenthredinidae). 5. - Conclusions générales[J]. *Bulletin de la Société royale des sciences de Liège*, Liège 54(6): 363-371.

Malaise R. 1931. Blattwespen aus Wladiwostock und anderen Teilen Ostasiens[J]. *Entomologisk Tidskrift*, Stockholm 52(2): 97-159.

Malaise R. 1933. Eine neue Blattwespe aus Ost-Grönland[J]. *Skifter om Svalbard og Ishavet*, Oslo 53: 3-4.

Malaise R. & Benson, R. B. 1934. The Linnean Types of Sawflies (Hymenoptera, Symphyta)[J]. *Arkiv för Zoologie*, Stockholm u. a. 26A(20): 1-14.

Malaise R. 1937. Gattungstabelle sowie neue Arten und Gattungen der Unterfamilie Perreyiinae (Hym. Tenthred.)[J]. *Entomologisk Tidskrift*, Stockholm 60: 60-65.

Malaise R. 1945. Tenthredinoidea of South-Eastern Asia with a general zoogeographical review[J]. *Opuscula Entomologica*, Lund Suppl. 4: 1-288.

Mallach N. 1936. Dritter Beitrag zur Kenntnis der Blattwespenfauna Chinas[J]. *Bulletin of the Fan Memorial Institute of Biology*, Zoology, Peiping / Beiping 6: 217-221.

Marlatt C L. 1898. Japanese Hymenoptera of the family Tenthredinidae[J]. *Proceedings of the United States National Museum*, Washington 21(1157): 493-506.

Matsumura S. 1912. Thousand insects of Japan[J]. Supplement IV. *Keiseisha*, Tokyo: 1-247.

Maxwell D E. 1958. Comparative internal Larval Anatomy. Results in the Tenthredinidae based upon six Japanese species[J]. Mushi, Fukuoka 31: 15-23.

Mocsáry A. 1909. Chalastogastra nova in collectione Musei nationalis Hungarici[J]. *Annales historico-naturales Musei Nationalis Hungarici*, Budapest 7: 1-39.

Motschoulsky V. de 1866. Catalogue des Insectes recus du Japon[J]. *Bulletin de la Société Impériale des Naturalistes de Moscou*, Moscou 39 (1): 163-200.

Muche W H. 1969. 3. Beitrag zur Kenntnis der Symphyten des Kaukasus (Hymenoptera)[J]. *Faunistische Abhandlungen Staatliches Museum für Tierkunde Dresden*, Leipzig 2 (22): 153-171.

Muche W H. 1983. Die von Herrn Dr. W. Wittmer in Indien und Bhutan gesammelten Blattwespen, mit Beschreibung von sechs neuen Arten der Tenthredinidae (Hymenoptera, Symphyta). Reichenbachia, Zeitschrift für entomologische Taxonomie[J]. *Herausgeber Staatliches Museum für Tierkunde Dresden*, Dresden 21 (29): 167-180.

Naito T. 1978. Chromosomes of the Genus *Macrophya* Dahlbohm (Hymenoptera, Tenthredinidae)[J]. Kontyû, Tokyo 46(3): 470-479.

Norton E. 1867. Catalogue of the described Tenthredinidae and Uroceridae of North America[J]. *Transactions of the American Entomological Society*, Philadelphia 1(1): 31-84.

Norton E. 1867. Catalogue of the described Tenthredinidae and Uroceridae of North America[J]. *Transactions of the American Entomological Society*, Philadelphia 1(2): 193-224.

Norton E. 1867. Catalogue of the described Tenthredinidae and Uroceridae of North America[J]. *Transactions of the American Entomological Society*, Philadelphia 1(3): 225-280.

Okutani T. 1956. Some records on the food-plants for japanese sawflies with a note on an egg-laying habit of *Macrophya* apicalis (Studies on Symphyta IV)[J]. *The Science Reports of the Hyogo University of Agriculture*, Agricultural Biology, Sasayama 2(2): 1-2.

Paukkunen, Juho; Soderman, Guy; Leinonen, Reima *et al.* 2009. Records of new and redlisted aculeate wasps, ants, bees and sawflies from Finland[J]. *Sahlbergia*, 15 (1):2-20.

Provancher L. 1878. Les Insectes. Hyménoptères. 1. Fam. des Tenthredinides Tenthredinidae[J]. *Le Naturaliste Canadien*, Quebec 10: 11-18.

Provancher L. 1878. Les Insectes. Hyménoptères. 1. Fam. des Tenthredinides Tenthredinidae[J]. *Le Naturaliste Canadien*, Quebec 10: 47-58.

Provancher L. 1878. Les Insectes. Hyménoptères. 1. Fam. des Tenthredinides Tenthredinidae[J]. *Le Naturaliste Canadien*, Quebec 10: 65-73.

Provancher L. 1878. Les Insectes. Hyménoptères. 1. Fam. des Tenthredinides Tenthredinidae[J]. *Le Naturaliste Canadien*, Quebec 10: 97-108.

Provancher L. 1878. Les Insectes. Hyménoptères. 1. Fam. des Tenthredinides Tenthredinidae[J]. *Le Naturaliste Canadien*, Quebec 10: 161-170.

Provancher L. 1878. Les Insectes. Hyménoptères. 1. Fam. des Tenthredinides Tenthredinidae[J]. *Le Naturaliste Canadien*, Quebec 10: 193-209.

Provancher L. 1878. Les Insectes. Hyménoptères. 1. Fam. des Tenthredinides Tenthredinidae[J]. *Le Naturaliste Canadien*, Quebec 10: 225-238.

Provancher L. 1888. [Symphyta.][J] In: *Additions et Corrections au volume II de la faune entomologique de Canada*. Québec [1885-1889]: 346-355.

Provancher L. 1888. [Symphyta.][J] In: *Additions et Corrections au volume II de la faune entomologique de Canada*. Québec [1885-1889]: 427-428.

Pschorn-Walcher H, Altenhofer E. 2006. New larval collections and rearing of Central European sawflies (Hymenoptera, Symphyta)[J]. *Linzer Biologische Beitraege*, 38 (2): 1609-1636.

Rohwer S A. 1909. Notes on Tenthredinoidea, with descriptions of new species. Paper II (Species from Nebraska)[J]. *The Canadian Entomologist*, London 41(1): 9-21.

Rohwer S A. 1909. Notes on Tenthredinoidea, with descriptions of new species. Paper VI.- Western Macrophyae[J]. *The Canadian Entomologist*, London 41(9): 327-334.

Rohwer S A. 1910. Japanese Sawflies in the Collection of the United States National Museum[J]. *Proceedings of the United States National Museum*, Washington 39(1777): 99-120.

Rohwer S A. 1911. New sawflies in the collections of the United States National Museum[J]. *Washington D.C. Smithsonian Inst. Proc. U. S. Nation. Mus*. 41(866): 377-411.

Rohwer S A. 1912. Sawflies from Panama, with descriptions of new genera and species[J]. *Smithsonian miscellaneous collections*, Washington 59 (12): 1-6.

Rohwer S A. 1912. Notes on sawflies, with descriptions of new species[J]. *Washington D.C. Smithsonian Inst. Proc. U. S. Nation. Mus*. 43: 205-251.

Rohwer S A. 1916. H. Sauter's Formosa-Ausbeute. Chalastogastra (Hymenoptera)[J]. *Supplementa Entomologica*, Berlin-Dahlem 5: 81-113.

Rohwer S A. 1917. Two new species of *Macrophya* (Hym.)[J]. *Entomological News and Proceedings of the Entomological Section of the Academy of Natural Sciences of Philadelphia*, Philadelphia 28: 264-266.

Ross H H. 1931. Notes on the sawfly subfamily Tenthredininae, with descriptions of new forms[J]. *Annals of the Entomological Society of America*, Columbus/Ohio 24: 108-128.

Ross H H. 1937. A Generic Classification of the Nearctic Sawflies (Hymenoptera, Symphyta)[J]. *Illinois biological monographs*, Urbana 15(2): 1-173.

Saini M S, Singh M, Singh D, Singh T. 1986. Four new species, two each of *Athlophorus* and *Macrophya* (Hymenoptera: Tenthredinidae) from India. *Journal of the New York Entomological Society*, New York 94(1): 62-69.

Saini M. S, Bharti H, Singh D. 1996. Taxonomic Revision of genus *Macrophya* Dahlbom (Hymenoptera, Symphyta, Tenthredinidae, Tenthredininae) from India[J]. *Deutsche entomologische Zeitschrift*, Neue Folge, Berlin 43(1): 129-154.

Saini M S, Vasu V. 1997. Replacement name for *Macrophya punctata* Saini *et al*. (Hymenoptera: Tenthredinidae)[J]. *Journal of entomological Research*, New Delhi 21(2): 201.

Saini M S, Vasu V. 1997. Present position of *Macrophya* Dahlbom from India (Hymenoptera, Tenthredinidae: Tenthredininae)[J]. *Journal of entomological Research*, New Delhi 21(3): 237-243.

Saini M S, Blank S M, Smith D R. 2006. Checklist of the Sawflies (Hymenoptera: Symphyta) of India[J]. - Pp. 575-612 - In: Blank, S. M.; Schmidt, S. & Taeger, A. (eds): *Recent Sawfly Research: Synthesis and Prospects*. - 704 pp., 16 pl. - Goecke & Evers, Keltern.

Saini M S, 2007. Subfamily Tenthredininae Sans Genus *Tenthredo*. In: Indian Sawflies Biodiversity. Keys, Catalogue & Illustrations[J]. *Bishen Singh Mahendra Pal Singh*, Dehra Dun 2: [1-8], 1-234.

Say T. 1823. A description of some new species of Hymenopterous Insects[J]. *Western quarterly reporter of medical, surgical and natural science*, Cincinnati, Ohio 2: 71-82.

Say T. 1836. Descriptions of new species of North American Hymenoptera Insects and observations on some already described[J]. *Boston Journal of Natural History*, Boston 1[1834-1837] (3): 209-305.

Schedl W. 1985. Bemerkenswerte Nachweise von Pflanzenwespen aus der Mediterraneis (Insecta: Hymenoptera, Symphyta)[J]. *Berichte des Naturwissenschaftlich-Medizinischen Vereins in Innsbruck*, Innsbruck 72: 189-198.

Schwarz M. 2011. Tenthredininae (Hymenoptera, Symphyta, Tenthredinidae) of Upper Austria (Austria), part 1: *Aglaostigma*, *Macrophya*, *Pachyprotasis*, *Perineura*, *Sciapteryx* and *Siobla* [J]. *Beitraege zur Naturkunde Oberoesterreichs*, 21: 193-239.

Singh B, Singh T, Dhillon S S. 1984. *Macrophya* metepimerata (Hymenoptera: Tenthredinidae), a new species from India[J]. *Journal of entomological Research*, New Delhi 8(2): 159-161.

Singh D, Saini M S. 1989. Transfer of the species Lucida from *Macrophya* to Tenthredo (Hymenoptera, Tenthredinidae)[J]. *Journal of entomological Research*, New Delhi 13[1990] (1-2): 146.

Shinohara A. 2015. Japanese sawflies of the genus *Macrophya* (Hymenoptera, Tenthredinidae), taxonomic notes and key to species[J]. *Bulletin of the National Science Museum, Series A*, 41 (4): 225-251.

Shinohara A, Li Z. 2015. Two new species of the sawfly genus *Macrophya* (Hymenoptera, Tenthredinidae) from Japan[J]. *Bulletin of the National Science Museum, Series A*, 41 (1): 43-53.

Shinohara A, Yoshida H. 2015. *Macrophya togashii* n. sp. (Hymenoptera, Tenthredinidae) from Japan[J]. *Bulletin of the National Science Museum, Series A*, 41 (2):123-129.

Smith F. 1874. Descriptions of new species of Tenthredinidae, Ichneumonidae, Chrysididae, Formicidae &c. of Japan[J]. *(The) Transactions of the Entomological Society of London*, London 1874: 373-409.

Smith D R, Gibson G A P. 1984. Filacus, a new genus for four species of sawflies previously placed in *Macrophya* or Zaschizonyx (Hymenoptera: Tenthredinidae)[J]. *The Pan-Pacific Entomologist*, San Francisco 60(2): 101-113.

Smith D R. 1991. Flight records for twenty-eight species of *Macrophya* Dahlbom (Hymenoptera: Tenthredinidae) in Virginia, and an unsual specimen of M. epinota (Say)[J]. *Proceedings of the entomological Society of Washington*, Washington 93: 772-775.

Taeger A. 1989. Die Gattung *Macrophya* Dahlbom in der DDR (Insecta, Hymenoptera, Symphyta: Tenthredinidae)[J]. *Entomologische Abhandlungen Aus dem Staatliches Museum für Tierkunde in Dresden*, Dresden 53 (5): 57-69.

Taeger A, Blank S M, Liston A D. 2006. European Sawflies (Hymenoptera: Symphyta)- A Species Checklist for the Countries[J]. -Pp. 399-504 -In: Blank, S. M.; Schmidt, S. & Taeger, A. (eds): *Recent Sawfly Research: Synthesis and Prospects.* - 704 pp., 16 pl. - Goecke & Evers, Keltern.

Taeger A, Blank S M, Liston A D. 2010. World Catalog of Symphyta (Hymenoptera). *Zootaxa*, Monograph, 2580: 1-1 064.

Takeuchi K. 1923. A list of sawflies collected by Mr T Esaki from Saghalien with description of a new species[J]. *The Insect World*, Gifu 27: 9-11.

Takeuchi K. 1926. A new sawfly from Loochoo[J]. *Transactions of the Natural History Society of Formosa*, Taihoku 16(87): 228-229.

Takeuchi K. 1927. Some New Sawflies From Formosa[J]. *Transactions of the Natural History Society of Formosa*, Taihoku 27(90): 201-209.

Takeuchi K. 1933. Undescribed sawflies from Japan[J]. *The Transactions of the Kansai Entomological Society*, Osaka 4: 17-34.

Takeuchi K. 1936. Tenthredinoidea of Saghalien (Hymenoptera). *Tenthredo*[J]. *Acta Entomologica*, Kyoto 1(1): 53-108.

Takeuchi K. 1937. A study on the Japanese species of the genus *Macrophya* Dahlbom (Hymenoptera Tenthredinidae)[J]. *Tenthredo. Acta Entomologica*, 1(4), 376-454.

Takeuchi K. 1938. Chinese sawflies and woodwasps in the collection of the Musée Heude in Shanghai (First report)[J]. *Notes d' Entomologie Chinoise*, Changhai 5(7): 59-85.

Takeuchi K. 1940. Chinese sawflies and woodwasps in the collection of the Musée Heude in Shanghai (second report)[J]. *Notes d'Entomologie Chinoise*, Changhai 7(2): 463-486.

Takeuchi K. 1949. A list of the food-plants of Japanese sawflies[J]. *The Transactions of the Kansai Entomological Society*, Osaka 14: 47-50.

Togashi I. 1974. Descriptions of new species of Symphyta (Hymenoptera) from Japan (4). *Transactions of the Shikoku Entomological Society*, Matsuyama 12(1-2): 10-12.

Togashi I. 2005. Records of Some Sawflies (Hymenoptera, Symphyta) from Tsushima Island, Nagasaki Prefecture, Kyushu, with a Description of a New Species[J]. *Biogeography: international journal of biogeography, phylogeny, taxonomy, ecology, biodiversity, evolution, and conservation biology*, Tokyo 7: 21-24.

Vassilev I B. 1978. Rastitelnojadni osi (Hymenoptera, Symphyta)[M]. In: *Fauna na Bulgarija.* Sofia 8: 1-179.

Vikberg & Veli. 2010. Larva of *Macrophya teutona* (Panzer) (Hymenoptera: Symphyta: Tenthredinidae) [J]. *Sahlbergia*, 16 (1): 24-26.

Westendorff M. 2006. Chromosomes of Sawflies (Hymenoptera: Symphyta) - A Survey Including New Data[J]. pp. 39-60 - In: Blank, S. M.; Schmidt, S. & Taeger, A. (eds): *Recent Sawfly Research: Synthesis and Prospects*. -704 pp., 16 pl. - Goecke & Evers, Keltern.

Wei M, Ouyang G, Huang W. 1997. A new genus and eight new species of Tenthredinidae (Hymenoptera) from Jiangxi[J]. *Entomotaxonomia*. La Revuo de Sistematika Entomologio, Wugong 19(1): 65-73.

Wei M, Nie H, Taeger A. 2006. Sawflies (Hymenoptera: Symphyta) of China - Checklist and Review of Research[J]. pp. 505-574. In: Blank, S. M.; Schmidt, S. & Taeger, A. (eds): *Recent Sawfly Research: Synthesis and Prospects*. 704 pp., 16 pl. - Goecke & Evers, Keltern.

Wei M, Li Z. 2009. A new species of *Macrophya* Dahlbom (Hymenoptera, Tenthredinidae) from China[J]. *Acta Zootaxonomica Sinica*, 34(1): 55-57.

Zhang S, Wei M. 2006. A new species of the genus *Macrophya* Dahlbom from China (Hymenoptera, Tenthredinidae)[J]. *Acta Zootaxonomica Sinica*, Beijing 31 (3): 624-626.

Zhao F, Li Z, Wei M. 2010a. Two new species of *Macrophya* Dahlbom (Hymenoptera, Tenthredinidae) from China[J]. *Entomotaxonomia*, 32(supplement): 81-87.

Zhao F, Li Z, Wei M. 2010b. Two New Species of *Macrophya* DAHLBOM (Hymenoptera, Tenthredinidae) from China with a Key to Species of the *imitator* Group[J]. *Japanese Journal of Systematic Entomology*, 16(2): 265-272.

Zhao F, Wei M. 2011. Two new species of *Macrophya* Dahlbom (Hymenoptera, Tenthredinidae) from Shennongjia, China[J]. *Acta Zootaxonomica Sinica*, 36(2): 264-267.

Zhelochovtsev A N. 1935. Ueber die Typen der Japanischen Tenthredinidae (Hym) in W. Motschulski Sammlung[J]. *Sbornik trudov Gosudarstvennogo Zoologitscheskogo Muzeja*, Moskva 1[1934]: 147-149.

Zhu X, Li Z, Wei M. 2012. Two new species of *Macrophya* Dahlbom from Shaanxi and Gansu of China (Hymenoptera: Tenthredinidae) [J]. *Acta Zootaxonomica Sinica*, 37(1): 165-170.

Zhu X, Wei M. 2009. A new species of *Macrophya* (Hymenoptera, Tenthredinidae) with a key to species of *coxalis* group from China[J]. *Acta Zootaxonomica Sinica*, 34(2): 253-256.

中名索引

D

E

F

G

H

J

Y

Z

学名索引

D

E

F

G

N

O

P

附 录

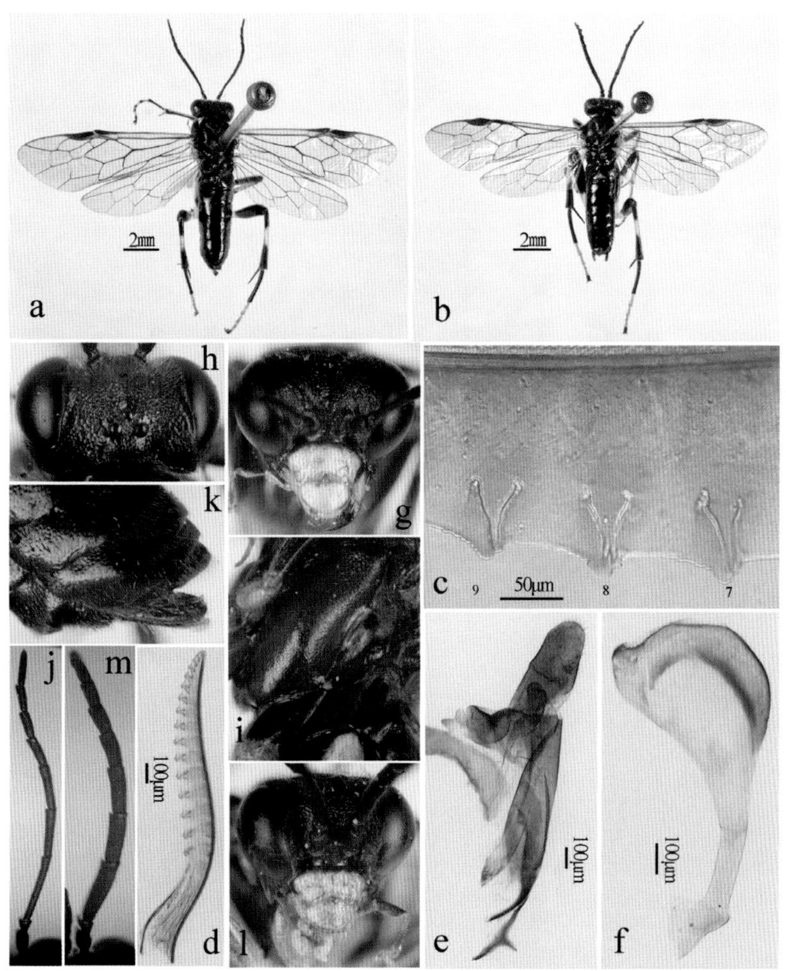

图版 2-1 环胫钩瓣叶蜂 *Macrophya annulitibia* Takeuchi, 1933

a. 雌成虫背面观（adult female, dorsal view）; b. 雄成虫背面观（adult male, dorsal view）; c. 锯腹片第 7~9 锯刃（the 7th-9th serrulae）; d. 锯腹片（lancet）; e. 生殖铗（gonoforceps）; f. 阳茎瓣（penis valve）; g. 雌虫头部前面观（head of female, front view）; h. 雌虫头部背面观（head of female, dorsal view）; i. 雌虫中胸侧板和后胸侧板（mesopleuron and metapleuron of female）; j. 雌虫触角（antenna of female）; k. 锯鞘侧面观（ovipositor sheath, lateral view）; l. 雄虫头部前面观（head of male, front view）; m. 雄虫触角（antenna of male）

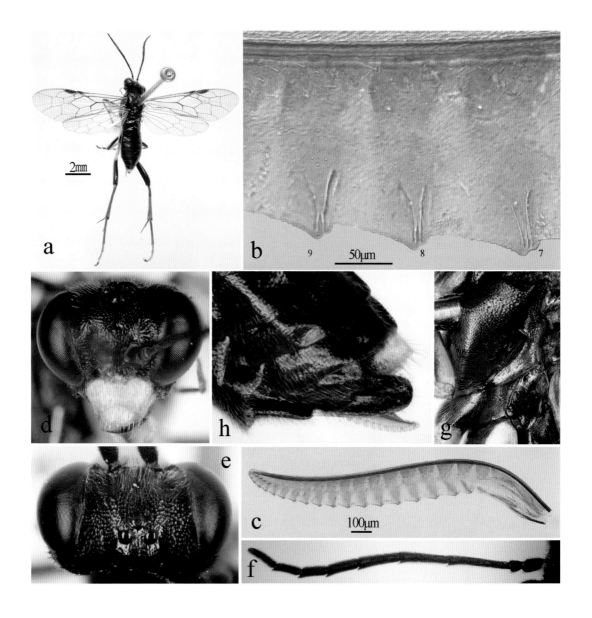

图版 2-2　小环钩瓣叶蜂 *Macrophya brevicinctata* Li, Liu & Wei, 2016

a. 雌成虫背面观（adult female, dorsal view）; b. 锯腹片第 7~9 锯刃（the 7th-9th serrulae）; c. 锯腹片（lancet）; d. 雌虫头部前面观（head of female, front view）; e. 雌虫头部背面观（head of female, dorsal view）; f. 雌虫触角（antenna of female）; g. 雌虫中胸侧板和后胸侧板（mesopleuron and metapleuron of female）; h. 锯鞘侧面观（ovipositor sheath, lateral view）

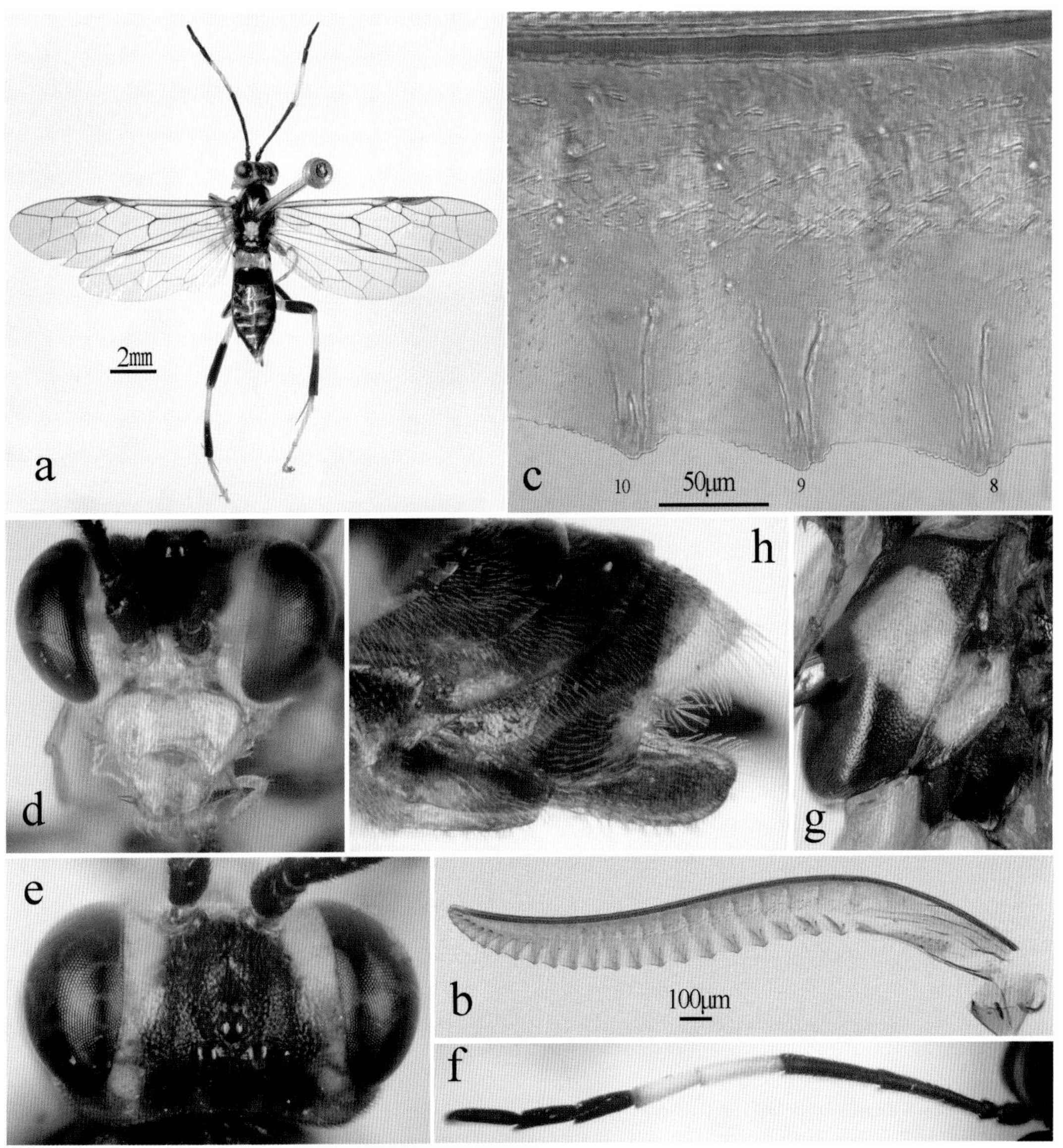

图版 2-3 多彩钩瓣叶蜂 *Macrophya cloudae* Li, Liu & Wei, 2017

a. 雌成虫背面观（adult female, dorsal view）; b. 锯腹片（lancet）; c. 锯腹片第 8~10 锯刃（the 8th-10th serrulae）; d. 雌虫头部前面观（head of female, front view）; e. 雌虫头部背面观（head of female, dorsal view）; f. 雌虫触角（antenna of female）; g. 雌虫中胸侧板和后胸侧板（mesopleuron and metapleuron of female）; h. 锯鞘侧面观（ovipositor sheath, lateral view）

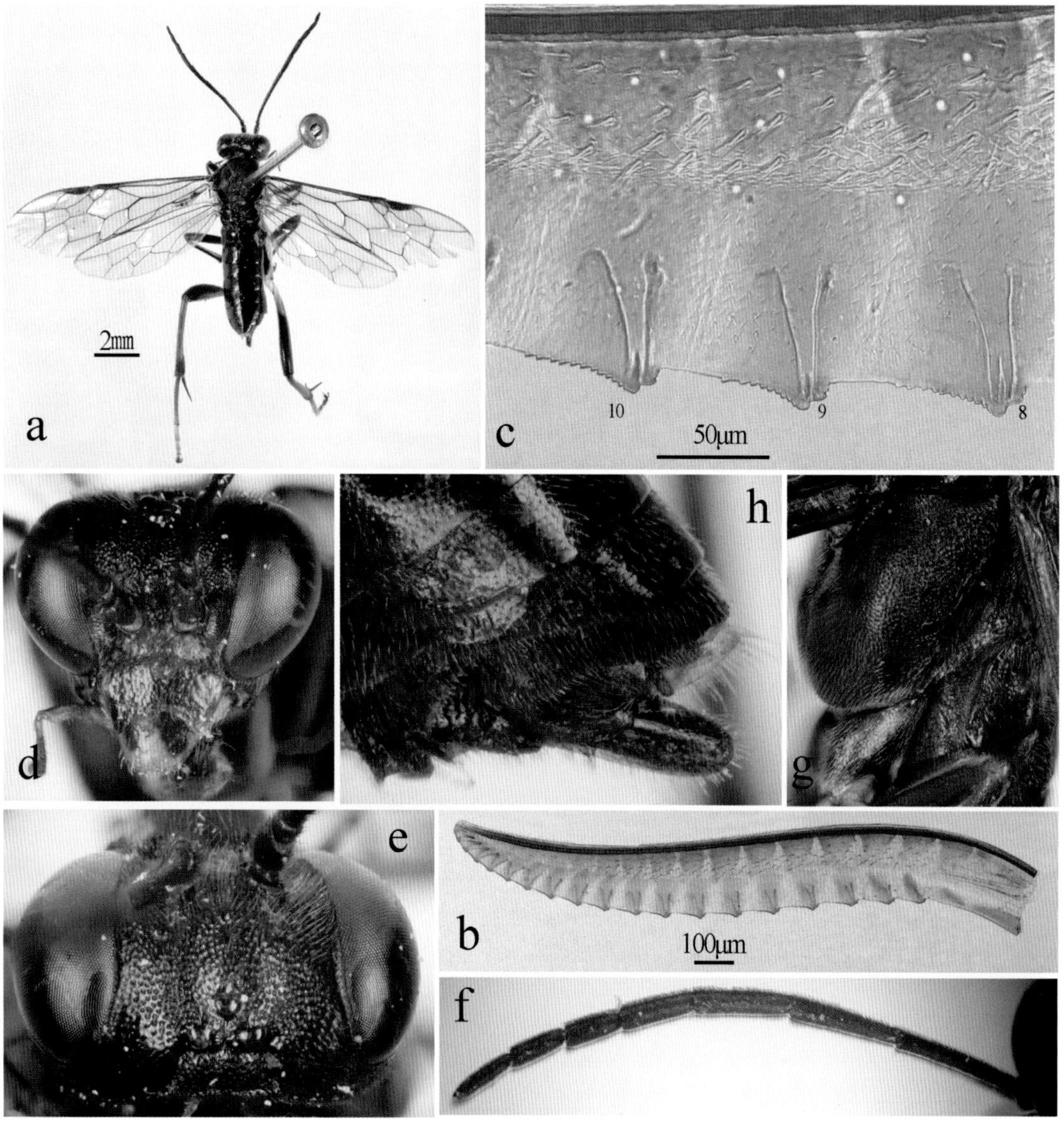

图版 2-4　贡山钩瓣叶蜂 *Macrophya gongshana* Li, Liu & Wei, 2017

a. 雌成虫背面观（adult female, dorsal view）; b. 锯腹片（lancet）; c. 锯腹片第 8~10 锯刃（the 8th-10th serrulae）; d. 雌虫头部前面观（head of female, front view）; e. 雌虫头部背面观（head of female, dorsal view）; f. 雌虫触角（antenna of female）; g. 雌虫中胸侧板和后胸侧板（mesopleuron and metapleuron of female）; h. 锯鞘侧面观（ovipositor sheath, lateral view）

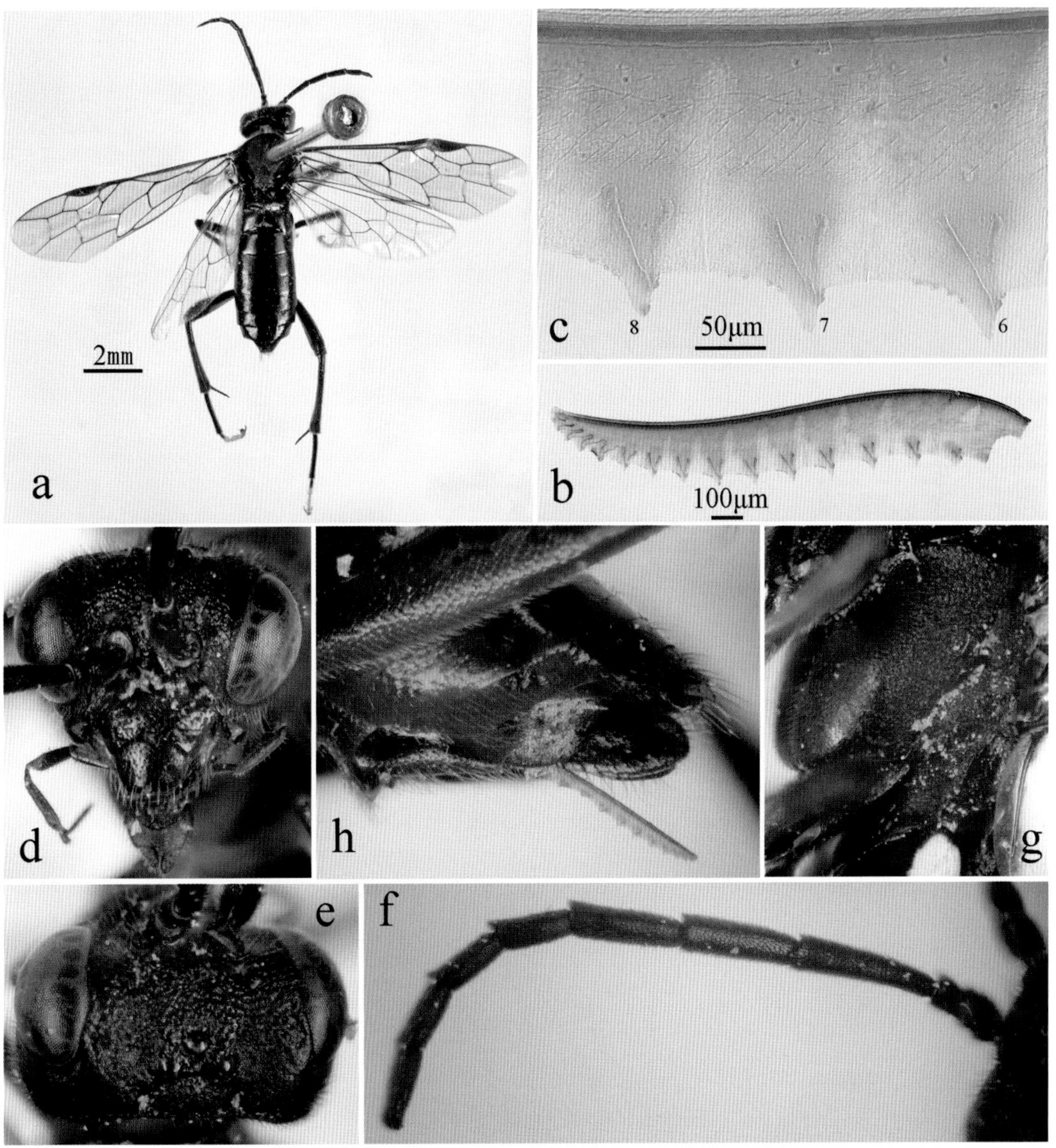

图版 2-5 牛氏钩瓣叶蜂 *Macrophya niuae* Li, Liu & Wei, 2017

a. 雌成虫背面观（adult female, dorsal view）; b. 锯腹片（lancet）; c. 锯腹片第 6~8 锯刃（the 6th-8th serrulae）; d. 雌虫头部前面观（head of female, front view）; e. 雌虫头部背面观（head of female, dorsal view）; f. 雌虫触角（antenna of female）; g. 雌虫中胸侧板和后胸侧板（mesopleuron and metapleuron of female）; h. 锯鞘侧面观（ovipositor sheath, lateral view）

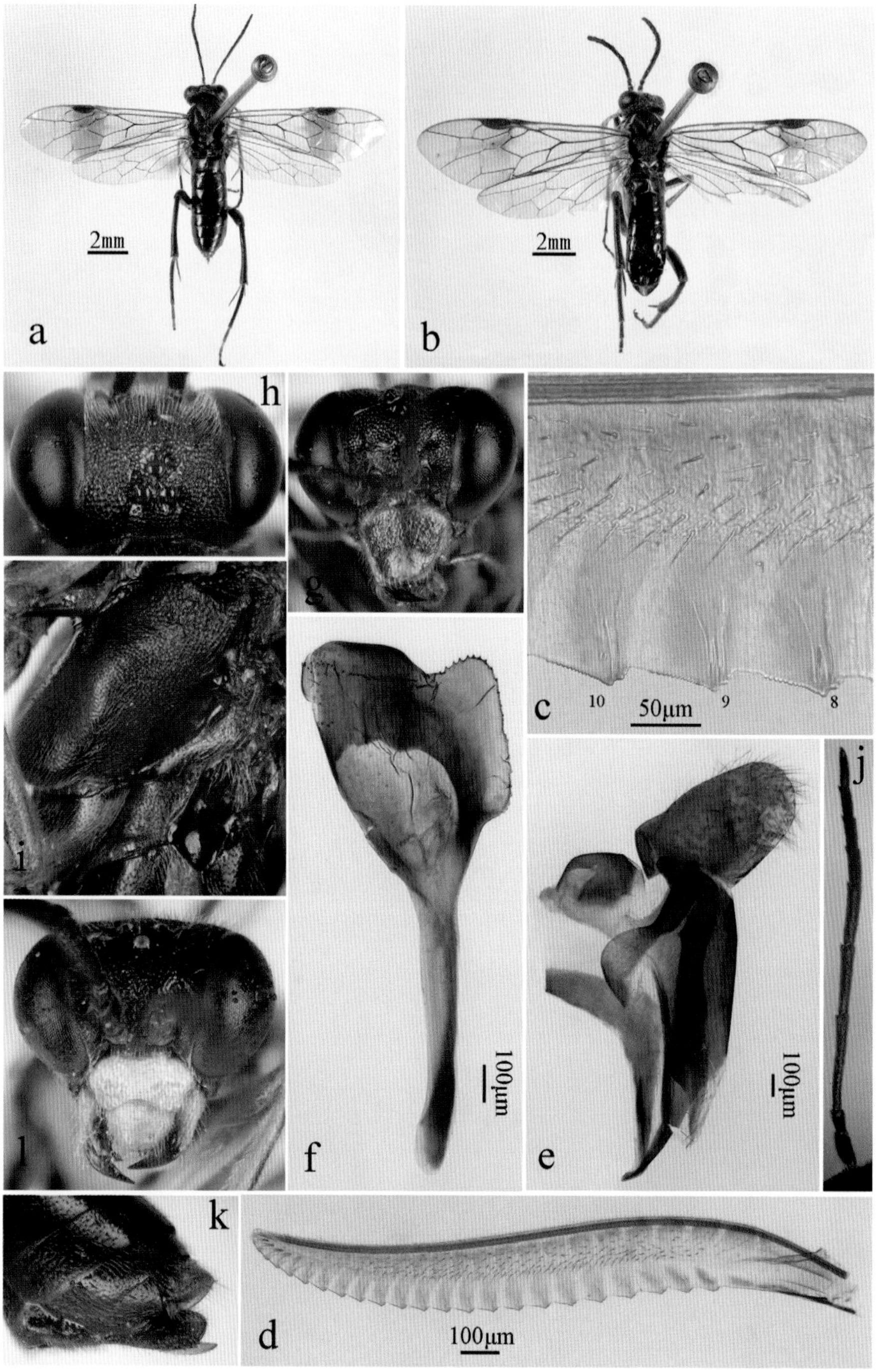

图版 2-6　拟烟带钩瓣叶蜂 *Macrophya parapompilina* Wei & Nie, 1999

a. 雌成虫背面观（adult female, dorsal view）; b. 雄成虫背面观（adult male, dorsal view）; c. 锯腹片第 8~10 锯刃（the 8th-10th serrulae）; d. 锯腹片（lancet）; e. 生殖铗（gonoforceps）; f. 阳茎瓣（penis valve）; g. 雌虫头部前面观（head of female, front view）; h. 雌虫头部背面观（head of female, dorsal view）; i. 雌虫中胸侧板和后胸侧板（mesopleuron and metapleuron of female）; j. 雌虫触角（antenna of female）; k. 锯鞘侧面观（ovipositor sheath, lateral view）; l. 雄虫头部前面观（head of male, front view）

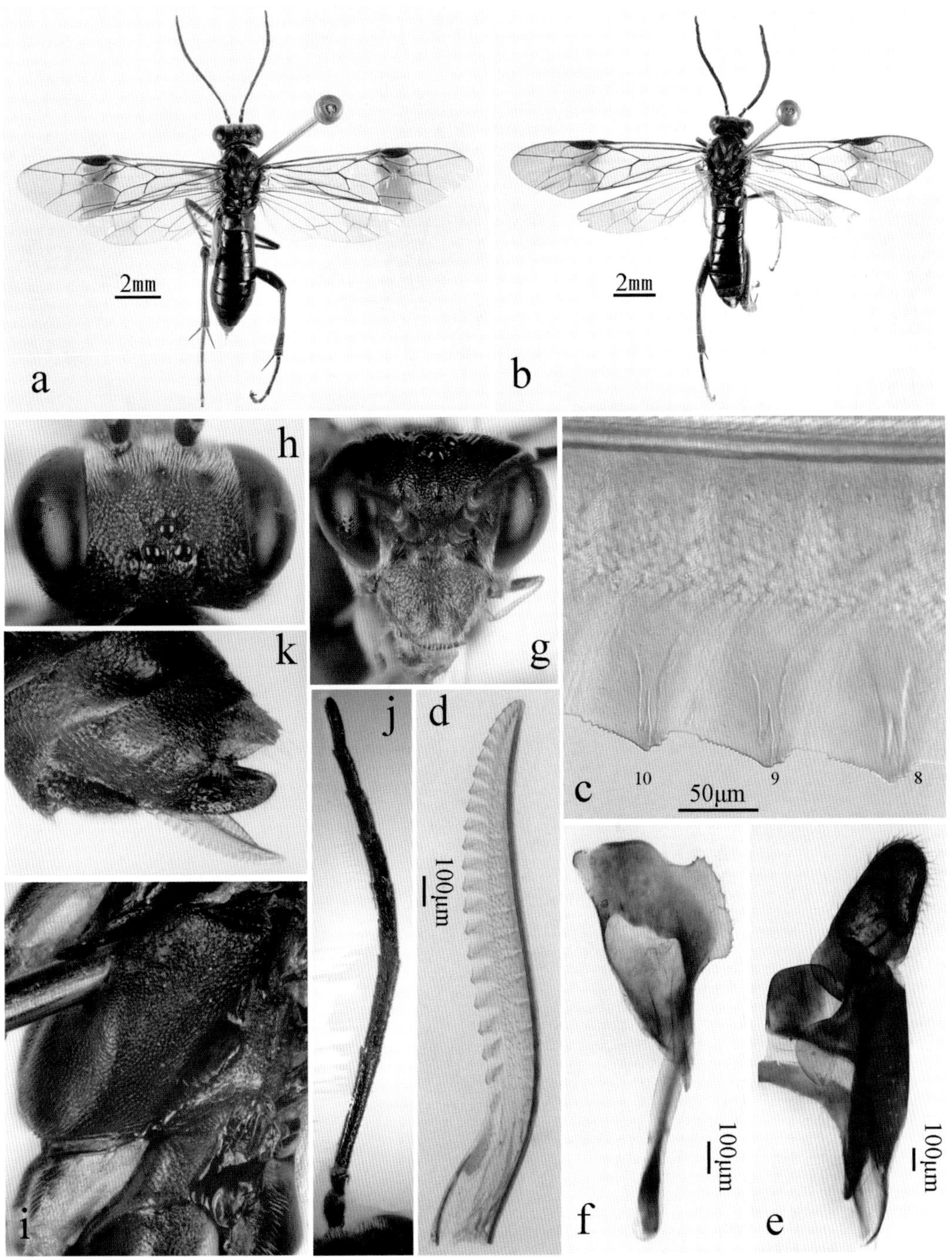

图版 2-7 烟带钩瓣叶蜂 *Macrophya pompilina* Malaise, 1945

a. 雌成虫背面观（adult female, dorsal view）; b. 雄成虫背面观（adult male, dorsal view）; c. 锯腹片第 8～10 锯刃（the 8th-10th serrulae）; d. 锯腹片（lancet）; e. 生殖铗（gonoforceps）; f. 阳茎瓣（penis valve）; g. 雌虫头部前面观（head of female, front view）; h. 雌虫头部背面观（head of female, dorsal view）; i. 雌虫中胸侧板和后胸侧板（mesopleuron and metapleuron of female）; j. 雌虫触角（antenna of female）; k. 锯鞘侧面观（ovipositor sheath, lateral view）

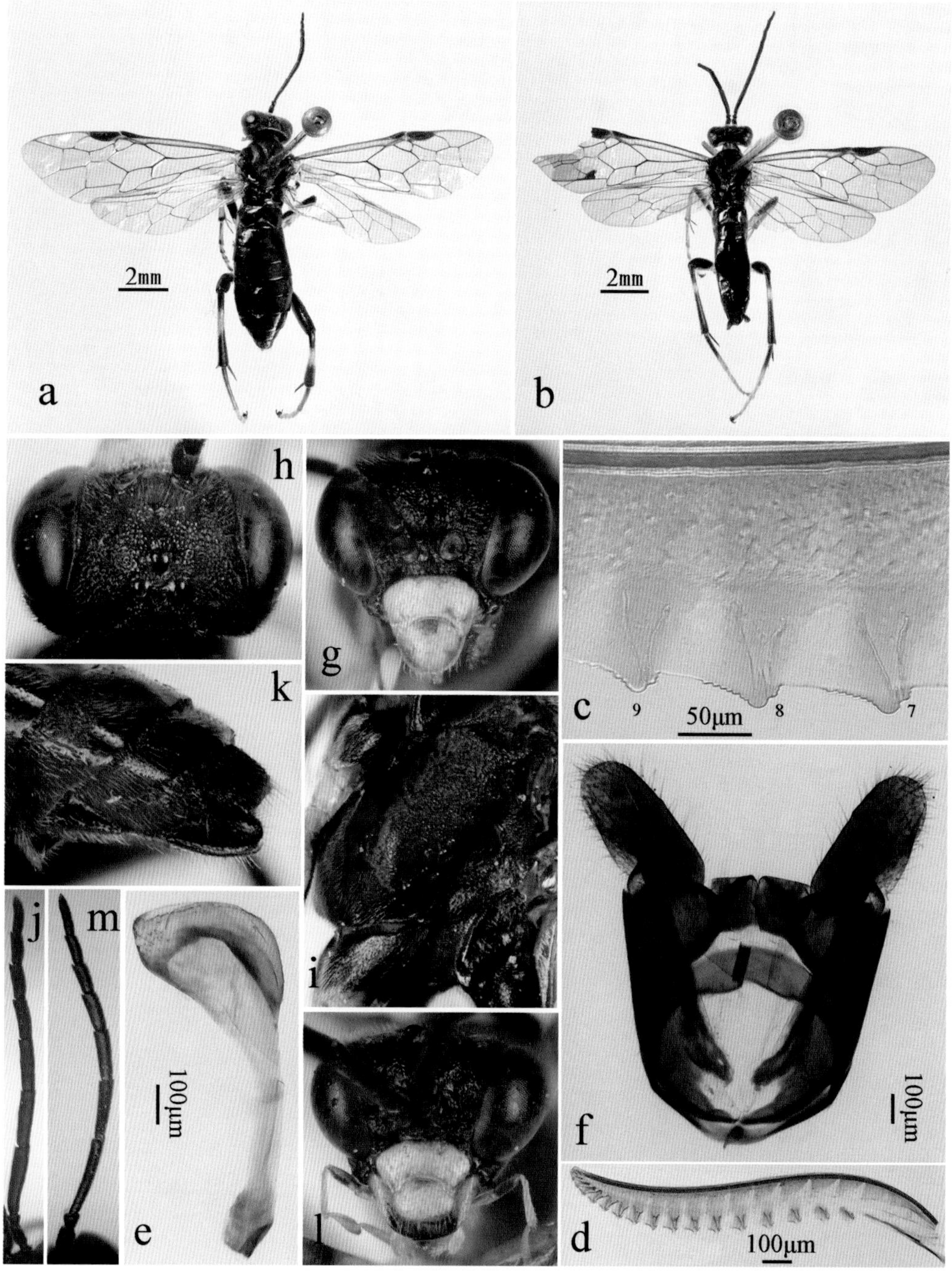

图版 2-8 秦岭钩瓣叶蜂 *Macrophya qinlingium* Li, Liu & Wei, 2016

a. 雌成虫背面观（adult female, dorsal view）; b. 雄成虫背面观（adult male, dorsal view）; c. 锯腹片第 7~9 锯刃（the 7th-9th serrulae）; d. 锯腹片（lancet）; e. 阳茎瓣（penis valve）; f. 生殖铗（gonoforceps）; g. 雌虫头部前面观（head of female, front view）; h. 雌虫头部背面观（head of female, dorsal view）; i. 雌虫中胸侧板和后胸侧板（mesopleuron and metapleuron of female）; j. 雌虫触角（antenna of female）; k. 锯鞘侧面观（ovipositor sheath, lateral view）; l. 雄虫头部前面观（head of male, front view）; m. 雄虫触角（antenna of male）

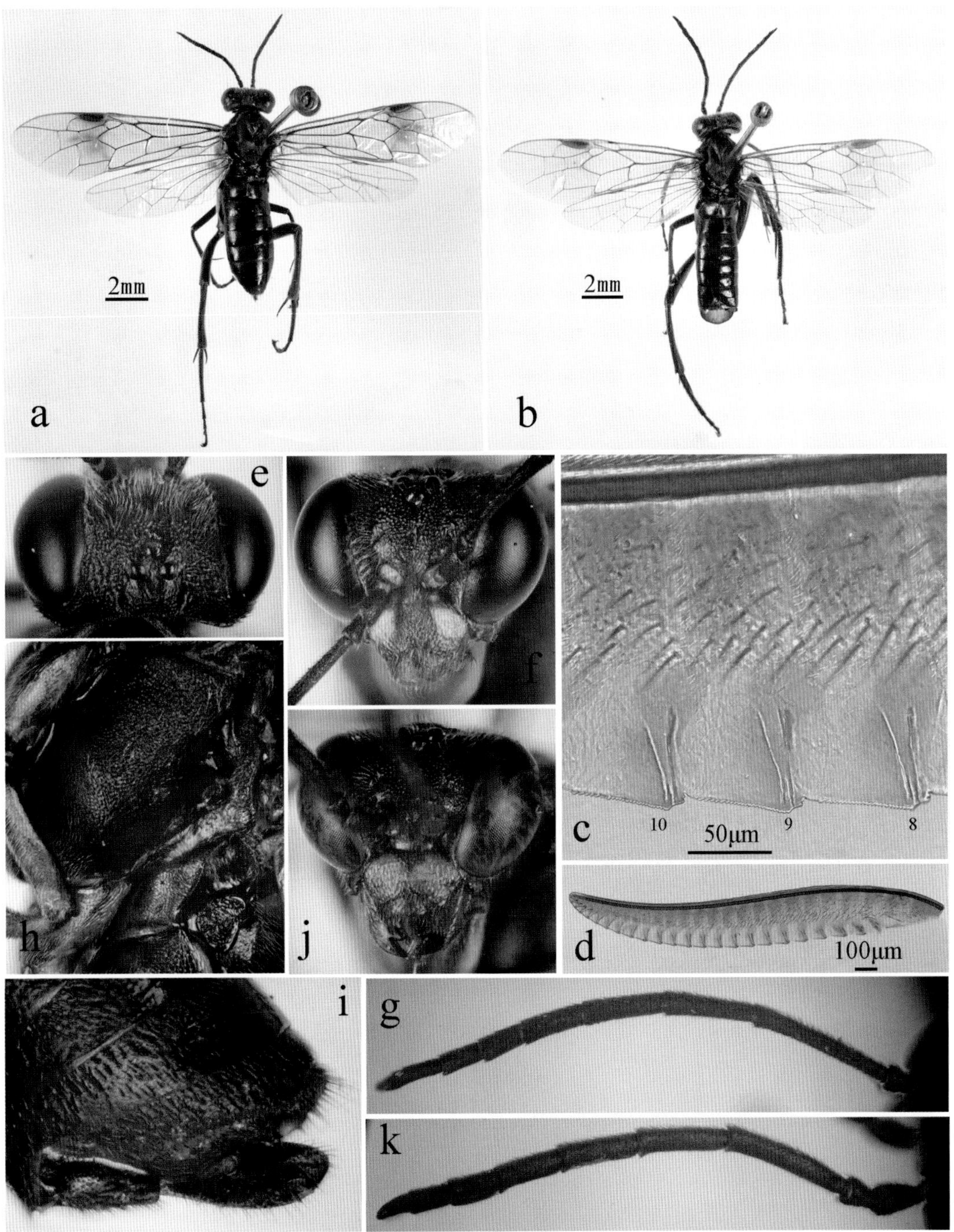

图版 2-9 糙碟钩瓣叶蜂 *Macrophya rugosifossa* Li, Liu & Wei, 2016

a. 雌成虫背面观（adult female, dorsal view）; b. 雄成虫背面观（adult male, dorsal view）; c. 锯腹片第8~10 锯刃（the 8th-10th serrulae）; d. 锯腹片（lancet）; e. 雌虫头部背面观（head of female, dorsal view）; f. 雌虫头部前面观（head of female, front view）; g. 雌虫触角（antenna of female）; h. 雌虫中胸侧板和后胸侧板（mesopleuron and metapleuron of female）; i. 锯鞘侧面观（ovipositor sheath, lateral view）; j. 雄虫头部前面观（head of male, front view）; k. 雄虫触角（antenna of male）

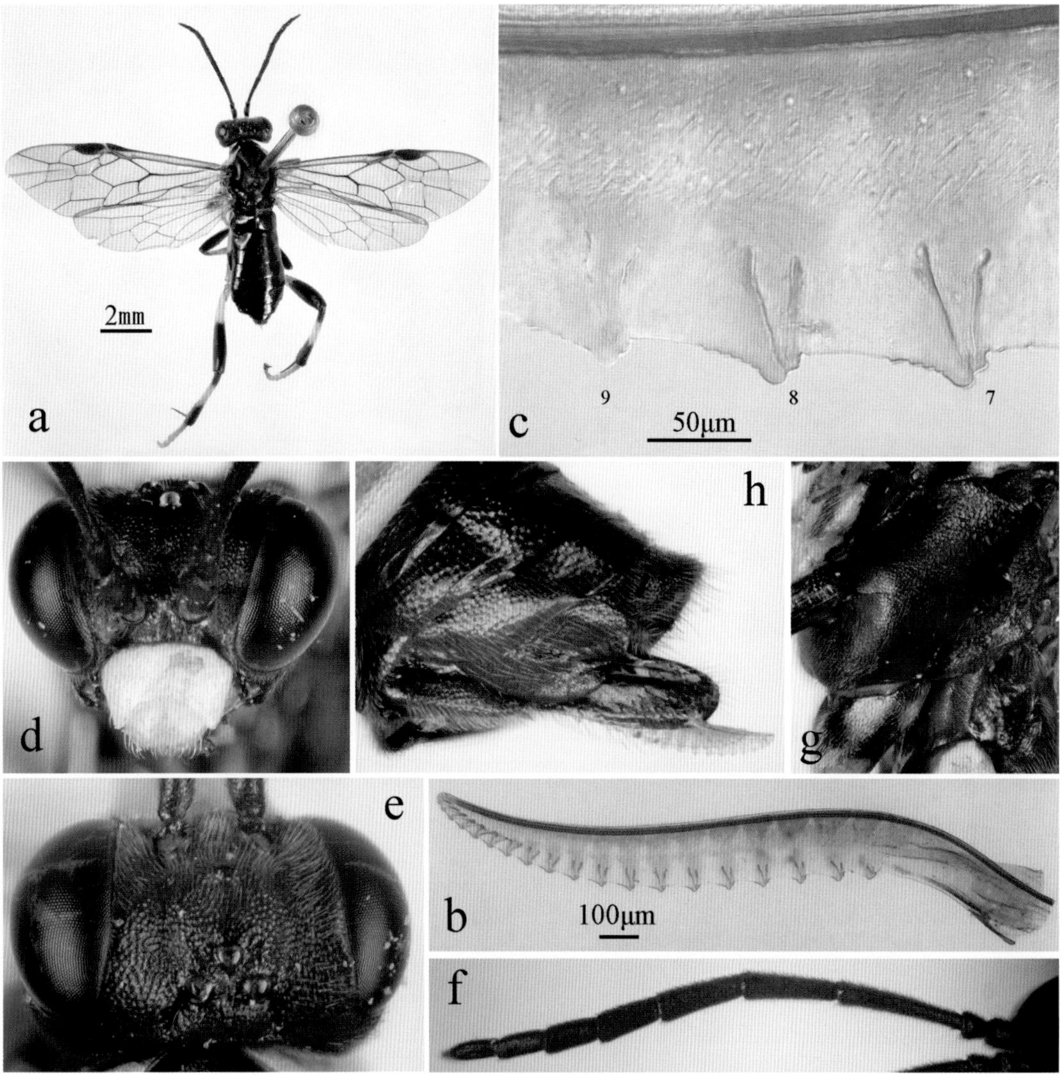

图版 2-10　盛氏钩瓣叶蜂 *Macrophya shengi* Li & Chu, 2015

a. 雌成虫背面观（adult female, dorsal view）; b. 锯腹片（lancet）; c. 锯腹片第 7~9 锯刃（the 7th-9th serrulae）; d. 雌虫头部前面观（head of female, front view）; e. 雌虫头部背面观（head of female, dorsal view）; f. 雌虫触角（antenna of female）; g. 雌虫中胸侧板和后胸侧板（mesopleuron and metapleuron of female）; h. 锯鞘侧面观（ovipositor sheath, lateral view）

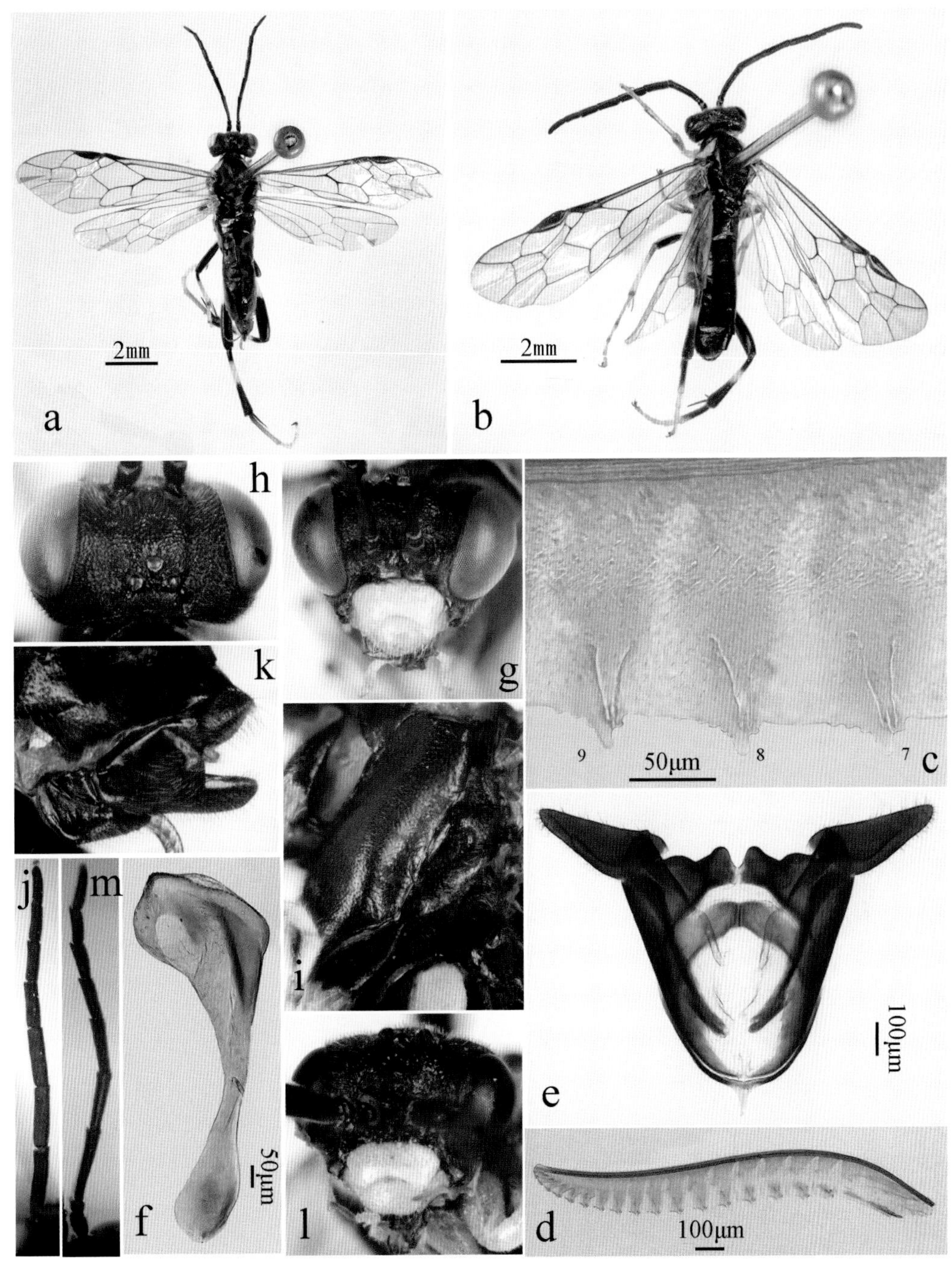

图版 2-11 刺刃钩瓣叶蜂 *Macrophya spinoserrula* Li, Liu & Wei, 2017

a. 雌成虫背面观（adult female, dorsal view）; b. 雄成虫背面观（adult male, dorsal view）; c. 锯腹片第 7~9 锯刃（the 7th-9th serrulae）; d. 锯腹片（lancet）; e. 生殖铗（gonoforceps）; f. 阳茎瓣（penis valve）; g. 雌虫头部前面观（head of female, front view）; h. 雌虫头部背面观（head of female, dorsal view）; i. 雌虫中胸侧板和后胸侧板（mesopleuron and metapleuron of female）; j. 雌虫触角（antenna of female）; k. 锯鞘侧面观（ovipositor sheath, lateral view）; l. 雄虫头部前面观（head of male, front view）; m. 雄虫触角（antenna of male）

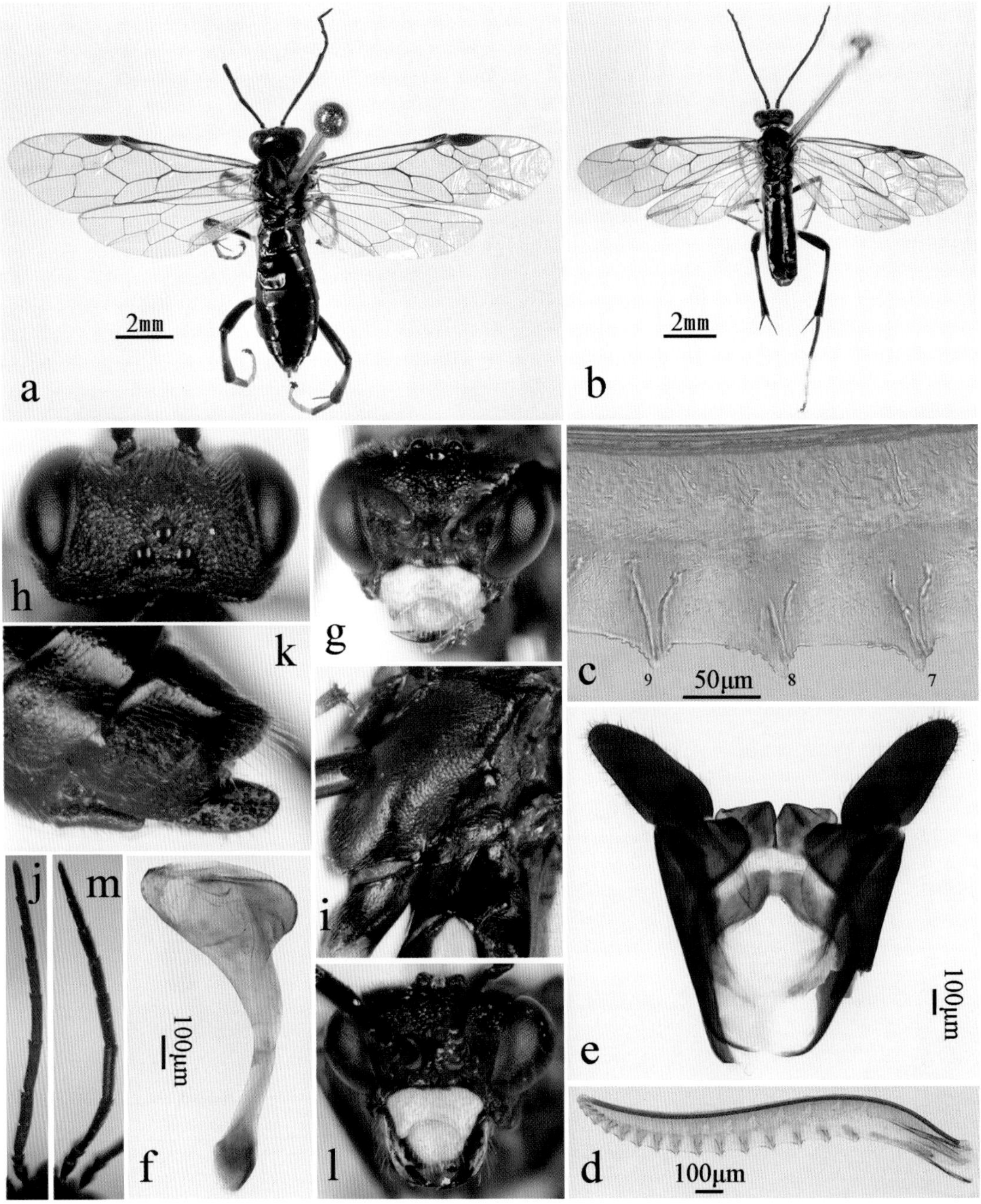

图版 2-12　细体钩瓣叶蜂 *Macrophya tenuisoma* Li, Liu & Wei, 2017

a. 雌成虫背面观（adult female, dorsal view）; b. 雄成虫背面观（adult male, dorsal view）; c. 锯腹片第 7~9 锯刃（the 7th-9th serrulae）; d. 锯腹片（lancet）; e. 生殖铗（gonoforceps）; f. 阳茎瓣（penis valve）; g. 雌虫头部前面观（head of female, front view）; h. 雌虫头部背面观（head of female, dorsal view）; i. 雌虫中胸侧板和后胸侧板（mesopleuron and metapleuron of female）; j. 雌虫触角（antenna of female）; k. 锯鞘侧面观（ovipositor sheath, lateral view）; l. 雄虫头部前面观（head of male, front view）; m. 雄虫触角（antenna of male）

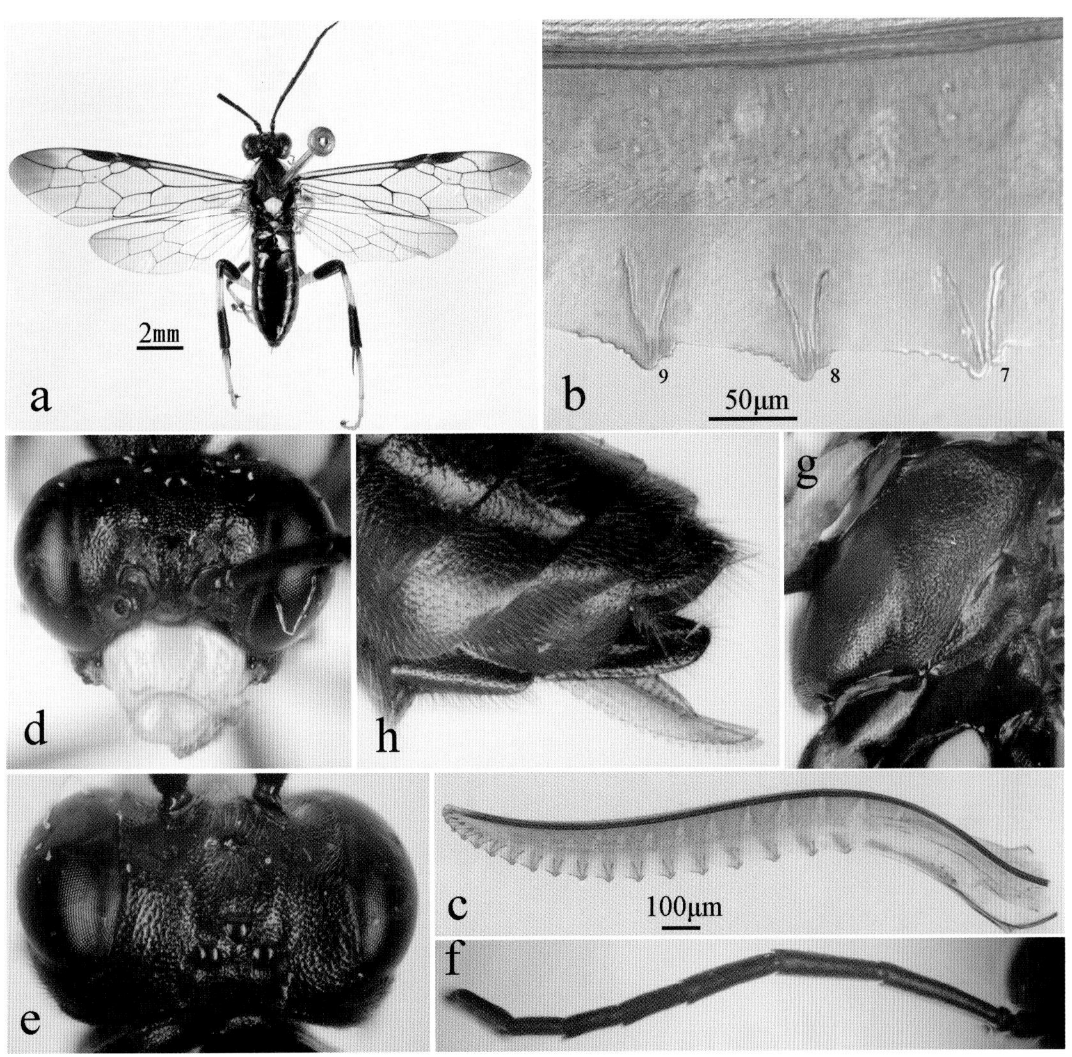

图版 2-13　西南钩瓣叶蜂 *Macrophya xinan* Li & Liu, 2015

a. 雌成虫背面观（adult female, dorsal view）; b. 锯腹片第 7~9 锯刃（the 7th-9th serrulae）; c. 锯腹片（lancet）; d. 雌虫头部前面观（head of female, front view）; e. 雌虫头部背面观（head of female, dorsal view）; f. 雌虫触角（antenna of female）; g. 雌虫中胸侧板和后胸侧板（mesopleuron and metapleuron of female）; h. 锯鞘侧面观（ovipositor sheath, lateral view）

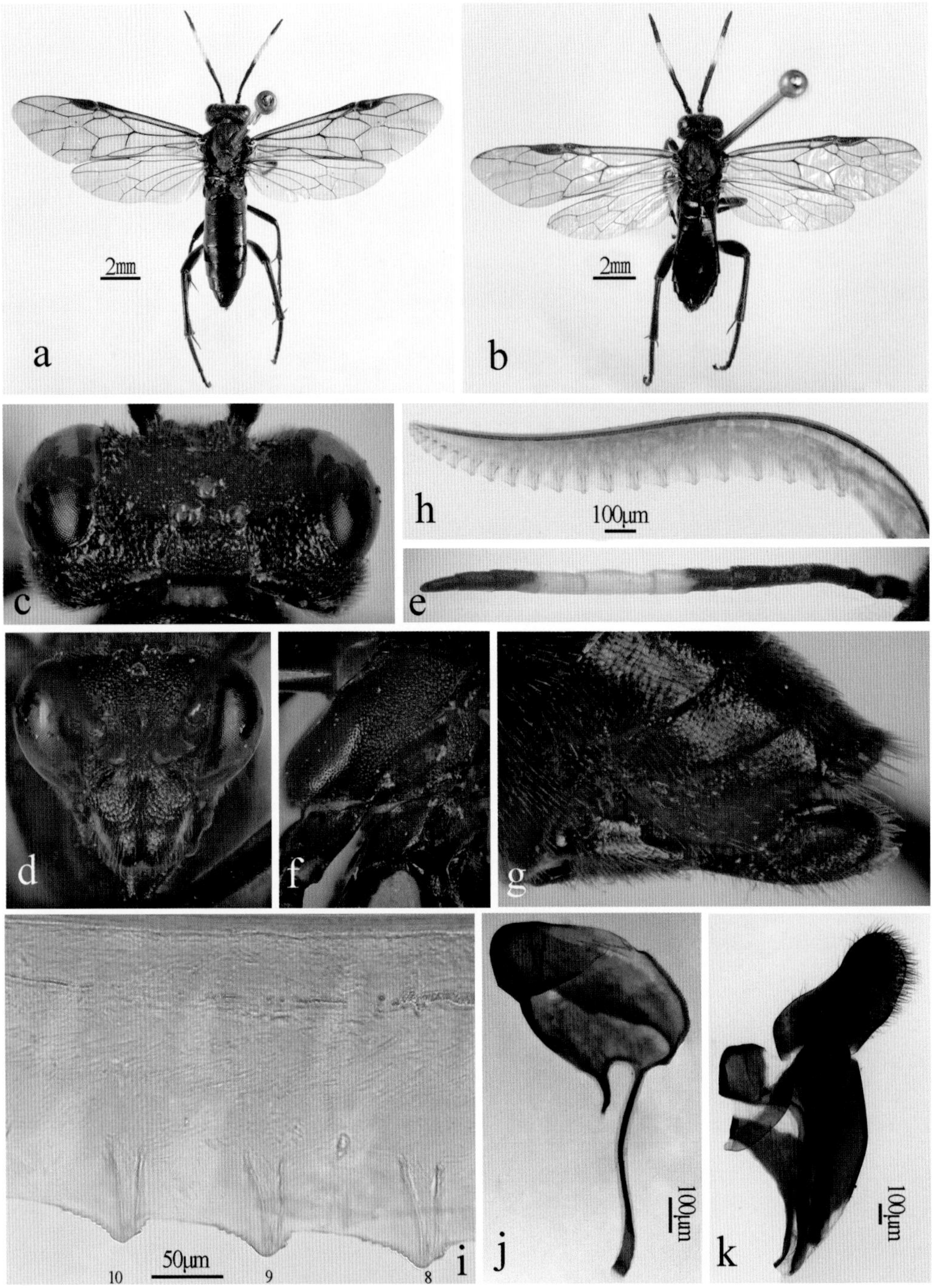

图版 2-14　端环钩瓣叶蜂 *Macrophya annulicornis* Konow, 1904

a. 雌成虫背面观（adult female, dorsal view）; b. 雄成虫背面观（adult male, dorsal view）; c. 雌虫头部背面观（head of female, dorsal view）; d. 雌虫头部前面观（head of female, front view）; e. 雌虫触角（antenna of female）; f. 雌虫中胸侧板和后胸侧板（mesopleuron and metapleuron of female）; g. 锯鞘侧面观（ovipositor sheath, lateral view）; h. 锯腹片（lancet）; i. 锯腹片第 8~10 锯刃（the 8th-10th serrulae）; j. 阳茎瓣（penis valve）; k. 生殖铗（gonoforceps）

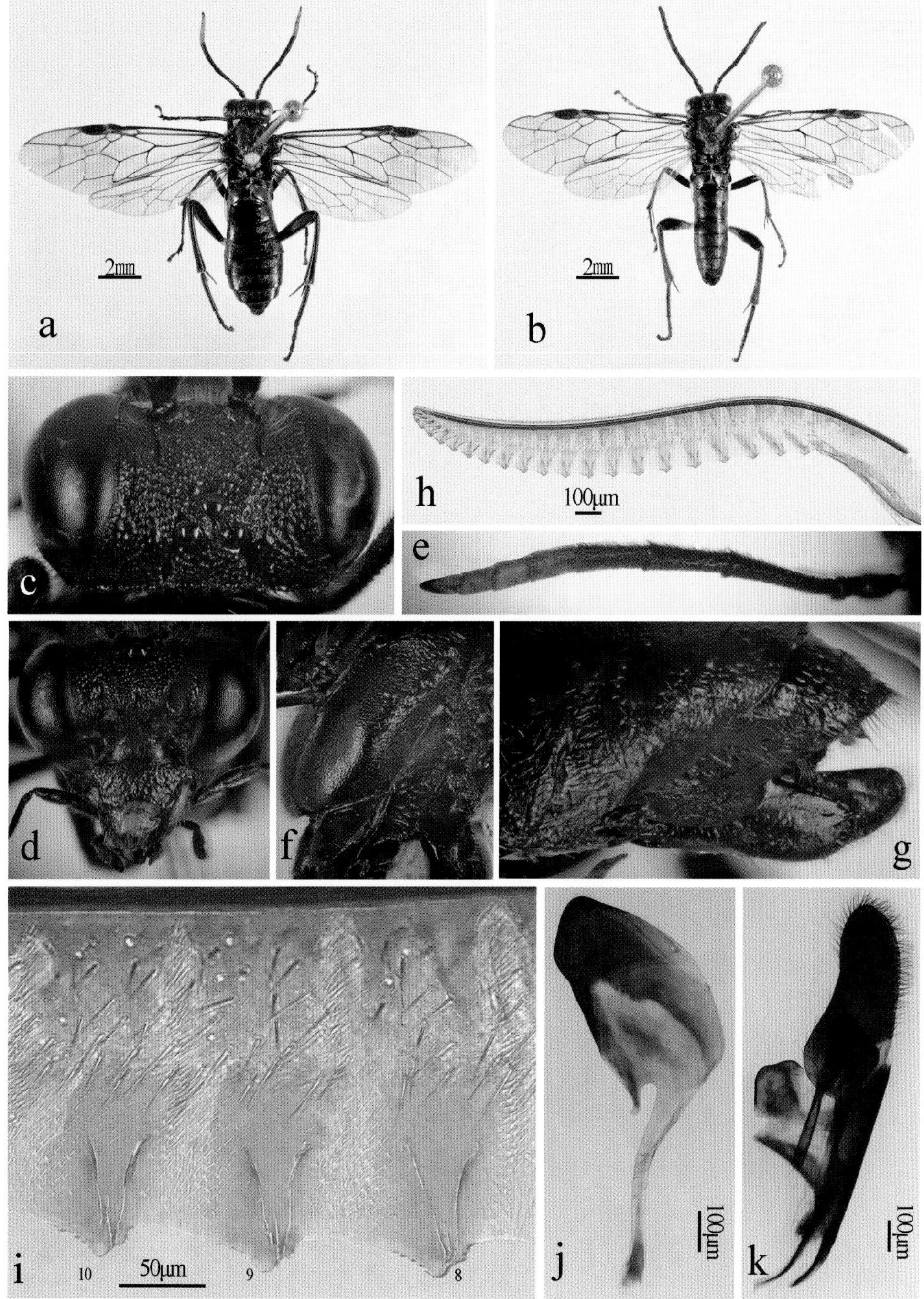

图版 2-15　白端钩瓣叶蜂 *Macrophya apicalis* (F. Smith, 1874)

a. 雌成虫背面观（adult female, dorsal view）; b. 雄成虫背面观（adult male, dorsal view）; c. 雌虫头部背面观（head of female, dorsal view）; d. 雌虫头部前面观（head of female, front view）; e. 雌虫触角（antenna of female）; f. 雌虫中胸侧板和后胸侧板（mesopleuron and metapleuron of female）; g. 锯鞘侧面观（ovipositor sheath, lateral view）; h. 锯腹片（lancet）; i. 锯腹片第 8~10 锯刃（the 8th-10th serrulae）; j. 阳茎瓣（penis valve）; k. 生殖铗（gonoforceps）

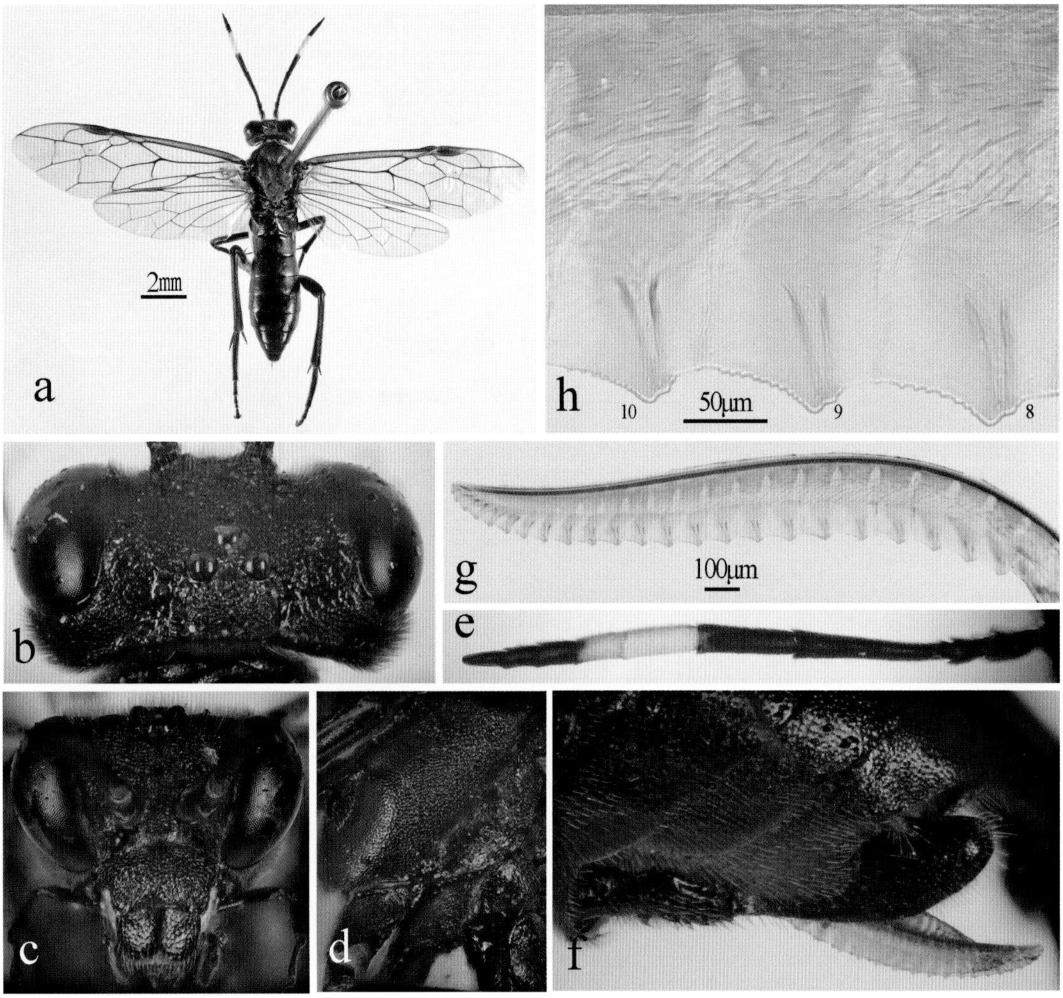

图版 2-16　远环钩瓣叶蜂 *Macrophya farannulata* Wei, 1998

a. 雌成虫背面观（adult female, dorsal view）; b. 雌虫头部背面观（head of female, dorsal view）; c. 雌虫头部前面观（head of female, front view）; d. 雌虫中胸侧板和后胸侧板（mesopleuron and metapleuron of female）; e. 雌虫触角（antenna of female）; f. 锯鞘侧面观（ovipositor sheath, lateral view）; g. 锯腹片（lancet）; h. 锯腹片第 8~10 锯刃（the 8th-10th serrulae）

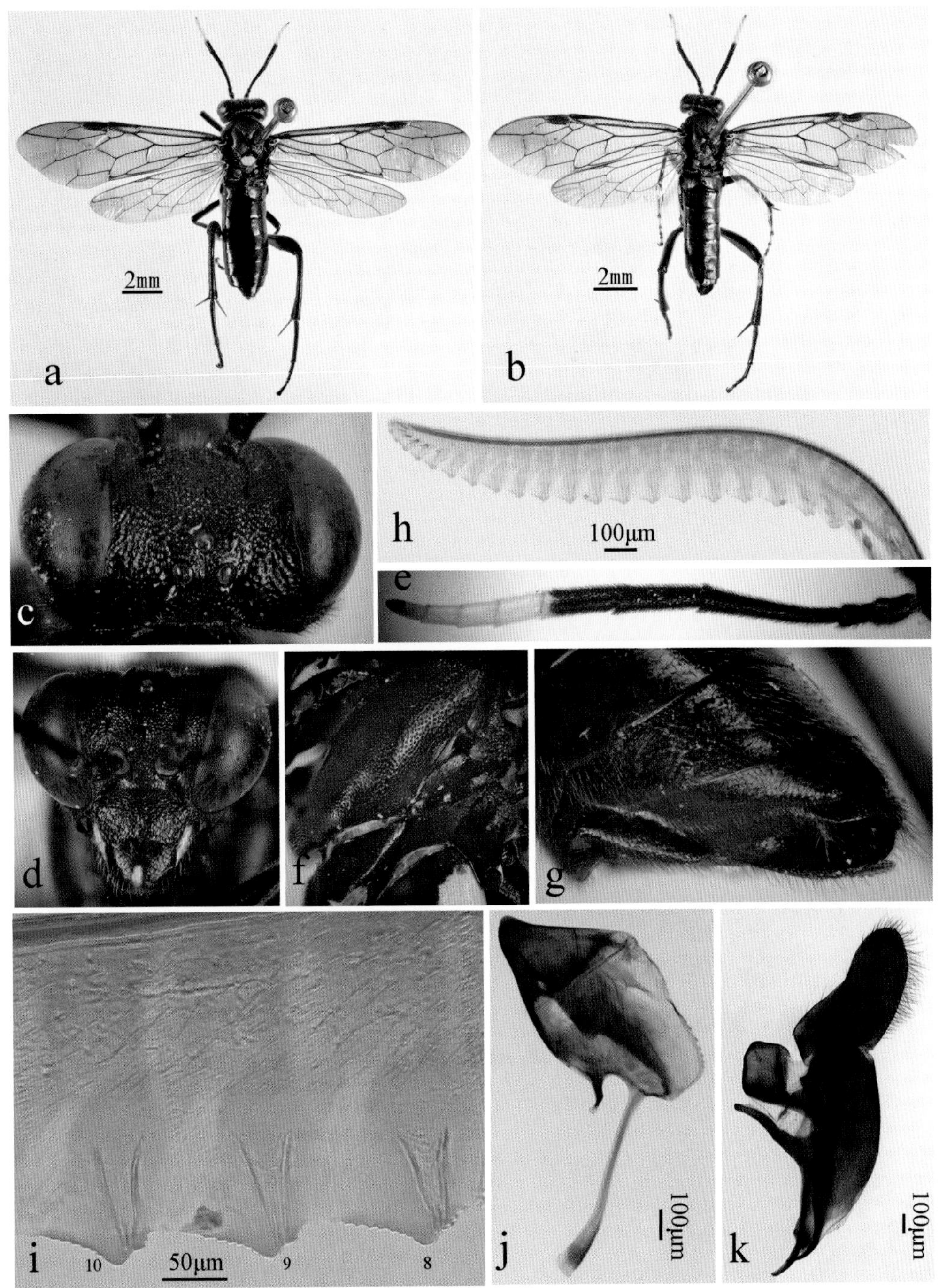

图版 2-17 异角钩瓣叶蜂 *Macrophya infumata* Rohwer, 1925

a. 雌成虫背面观（adult female, dorsal view）; b. 雄成虫背面观（adult male, dorsal view）; c. 雌虫头部背面观（head of female, dorsal view）; d. 雌虫头部前面观（head of female, front view）; e. 雌虫触角（antenna of female）; f. 雌虫中胸侧板和后胸侧板（mesopleuron and metapleuron of female）; g. 锯鞘侧面观（ovipositor sheath, lateral view）; h. 锯腹片（lancet）; i. 锯腹片第 8~10 锯刃（the 8th-10th serrulae）; j. 阳茎瓣（penis valve）; k. 生殖铗（gonoforceps）

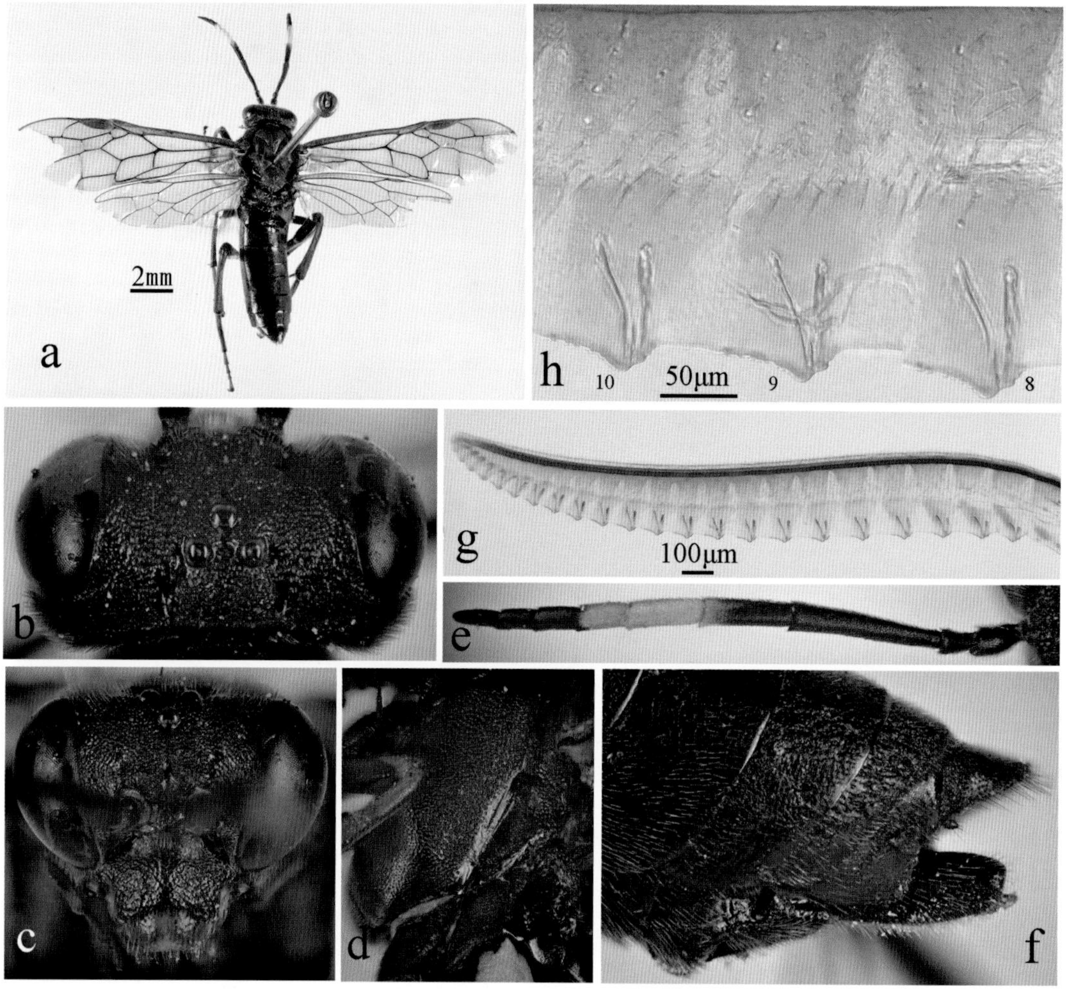

图版 2-18　晕翅钩瓣叶蜂 *Macrophya infuscipennis* Wei & Li, 2012

a. 雌成虫背面观（adult female, dorsal view）; b. 雌虫头部背面观（head of female, dorsal view）; c. 雌虫头部前面观（head of female, front view）; d. 雌虫中胸侧板和后胸侧板（mesopleuron and metapleuron of female）; e. 雌虫触角（antenna of female）; f. 锯鞘侧面观（ovipositor sheath, lateral view）; g. 锯腹片（lancet）; h. 锯腹片第 8~10 锯刃（the 8th-10th serrulae）

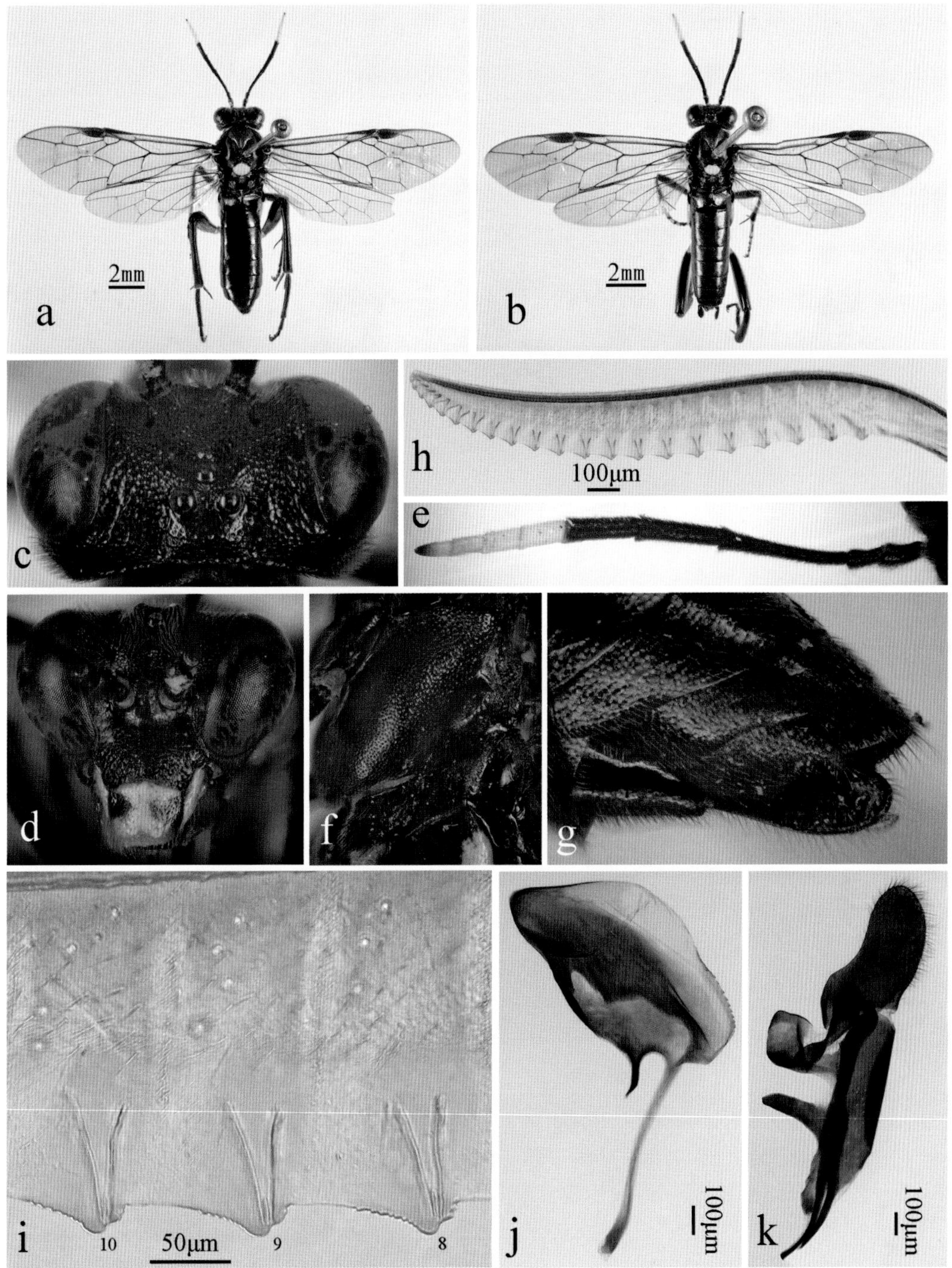

图版 2-19 拟白端钩瓣叶蜂 *Macrophya pseudoapicalis* Li, Liu & Wei sp. nov.

a. 雌成虫背面观（adult female, dorsal view）; b. 雄成虫背面观（adult male, dorsal view）; c. 雌虫头部背面观（head of female, dorsal view）; d. 雌虫头部前面观（head of female, front view）; e. 雌虫触角（antenna of female）; f. 雌虫中胸侧板和后胸侧板（mesopleuron and metapleuron of female）; g. 锯鞘侧面观（ovipositor sheath, lateral view）; h. 锯腹片（lancet）; i. 锯腹片第 8~10 锯刃（the 8th-10th serrulae）; j. 阳茎瓣（penis valve）; k. 生殖铗（gonoforceps）

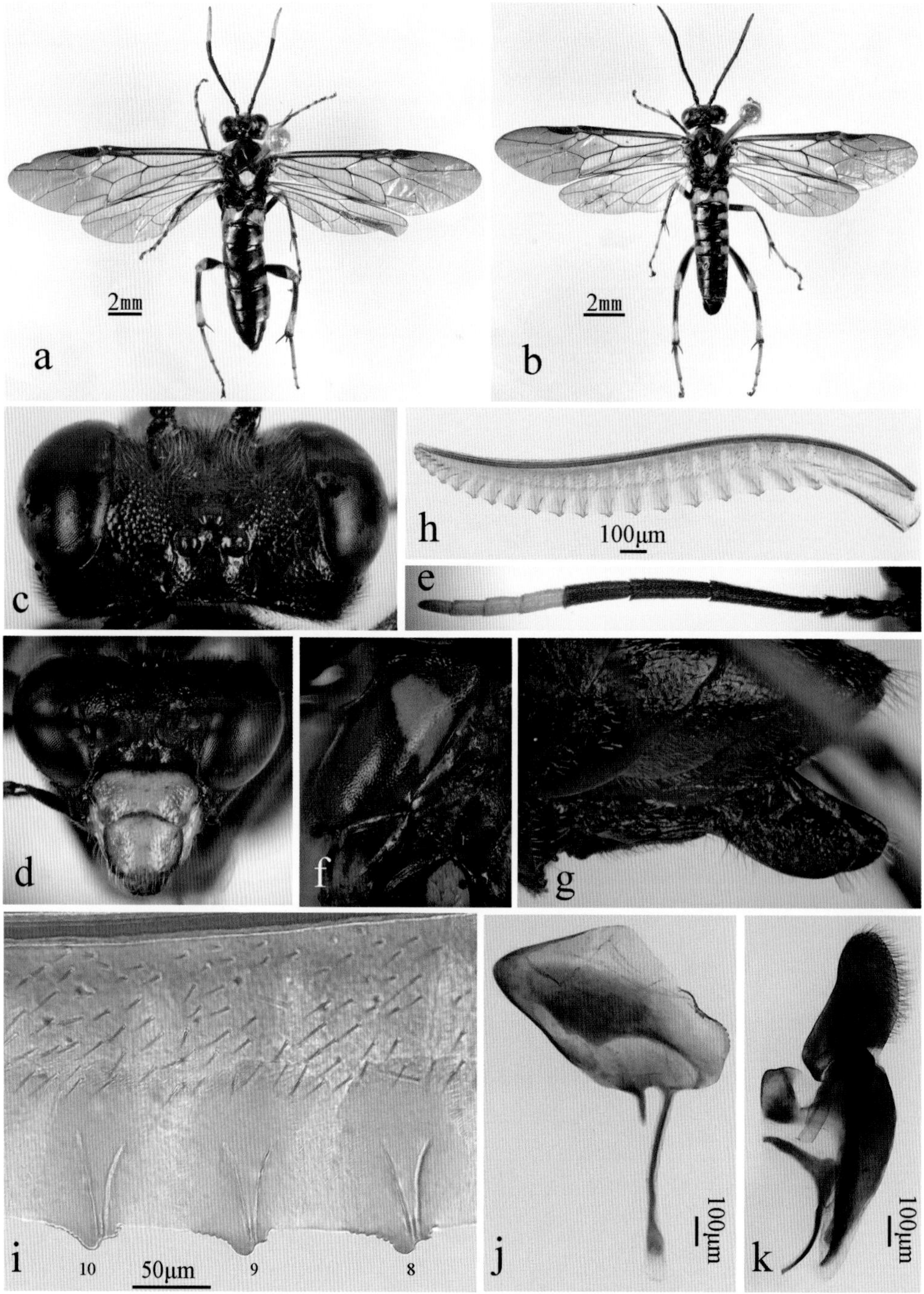

图版 2-20　斑角钩瓣叶蜂 *Macrophya tattakana* Takeuchi, 1927

a. 雌成虫背面观（adult female, dorsal view）; b. 雄成虫背面观（adult male, dorsal view）; c. 雌虫头部背面观（head of female, dorsal view）; d. 雌虫头部前面观（head of female, front view）; e. 雌虫触角（antenna of female）; f. 雌虫中胸侧板和后胸侧板（mesopleuron and metapleuron of female）; g. 锯鞘侧面观（ovipositor sheath, lateral view）; h. 锯腹片（lancet）; i. 锯腹片第 8~10 锯刃（the 8th-10th serrulae）; j. 阳茎瓣（penis valve）; k. 生殖铗（gonoforceps）

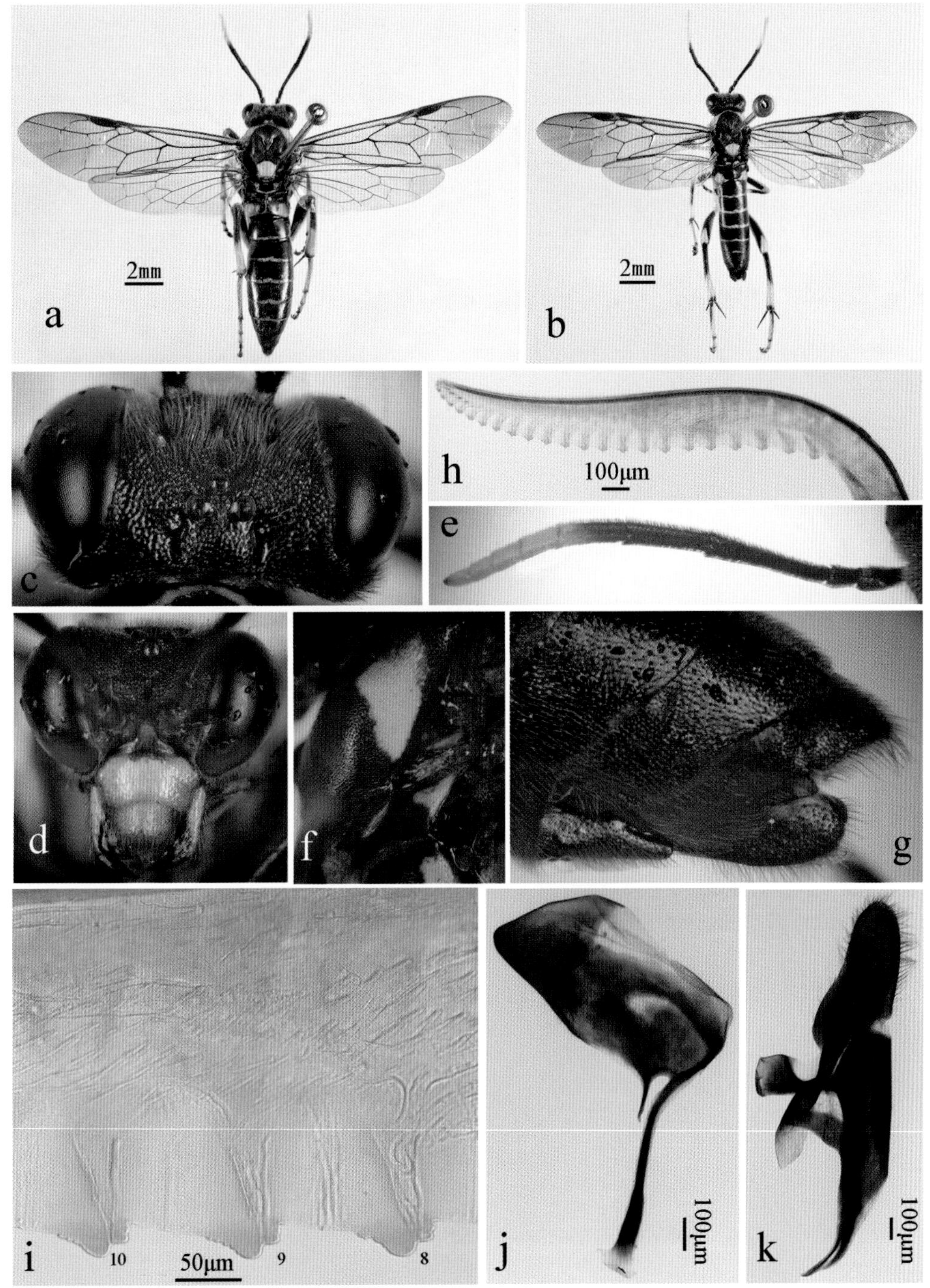

图版 2-21　刻盾钩瓣叶蜂 *Macrophya tattakanoides* Wei, 1998

a. 雌成虫背面观（adult female, dorsal view）; b. 雄成虫背面观（adult male, dorsal view）; c. 雌虫头部背面观（head of female, dorsal view）; d. 雌虫头部前面观（head of female, front view）; e. 雌虫触角（antenna of female）; f. 雌虫中胸侧板和后胸侧板（mesopleuron and metapleuron of female）; g. 锯鞘侧面观（ovipositor sheath, lateral view）; h. 锯腹片（lancet）; i. 锯腹片第 8~10 锯刃（the 8th-10th serrulae）; j. 阳茎瓣（penis valve）; k. 生殖铗（gonoforceps）

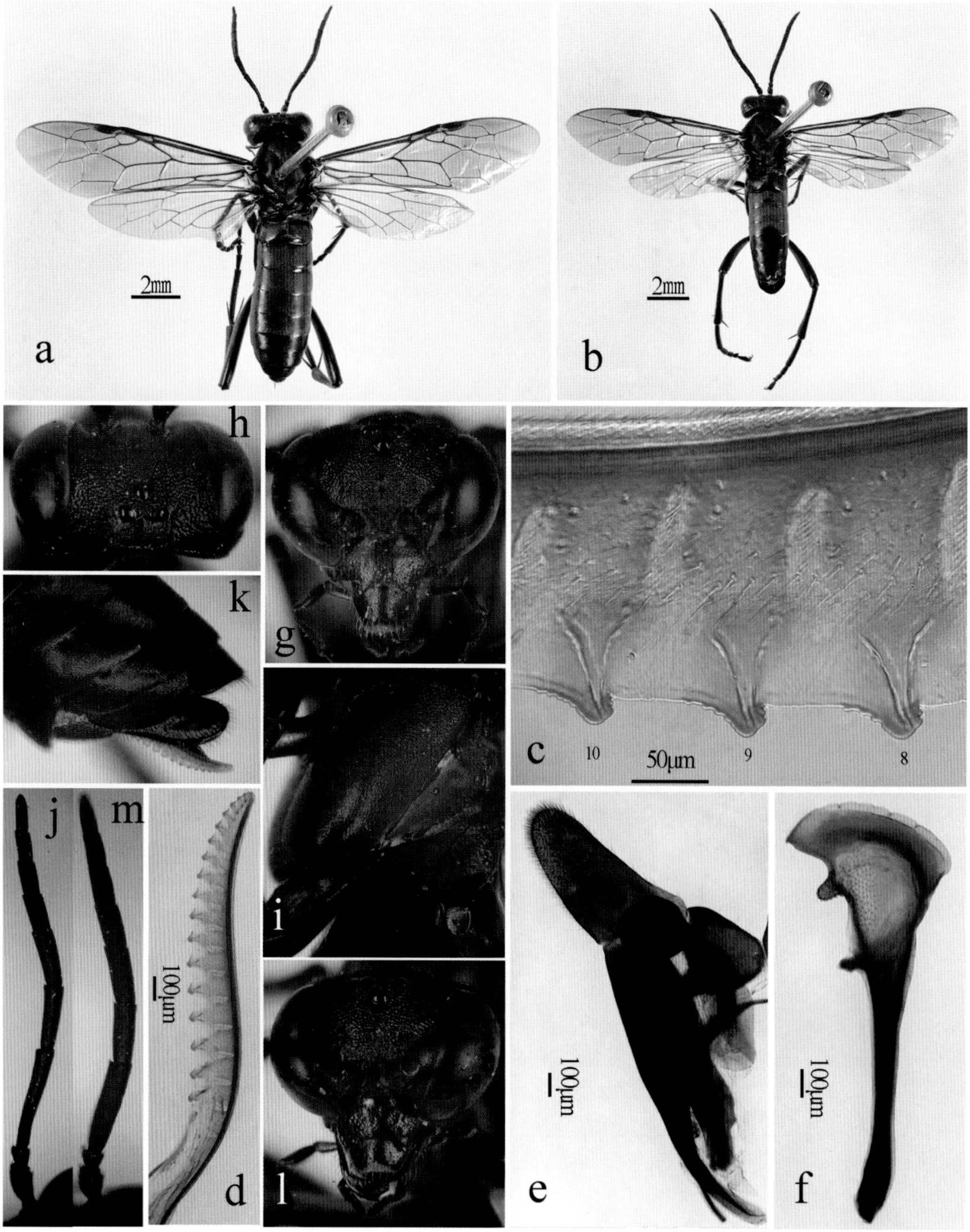

图版 2-22　方碟钩瓣叶蜂 *Macrophya annulata* (Geoffroy, 1785)

a. 雌成虫背面观（adult female, dorsal view）; b. 雄成虫背面观（adult male, dorsal view）; c. 锯腹片第8~10 锯刃（the 8th-10th serrulae）; d. 锯腹片（lancet）; e. 生殖铗（gonoforceps）; f. 阳茎瓣（penis valve）; g. 雌虫头部前面观（head of female, front view）; h. 雌虫头部背面观（head of female, dorsal view）; i. 雌虫中胸侧板和后胸侧板（mesopleuron and metapleuron of female）; j. 雌虫触角（antenna of female）; k. 锯鞘侧面观（ovipositor sheath, lateral view）; l. 雄虫头部前面观（head of male, front view）; m. 雄虫触角（antenna of male）

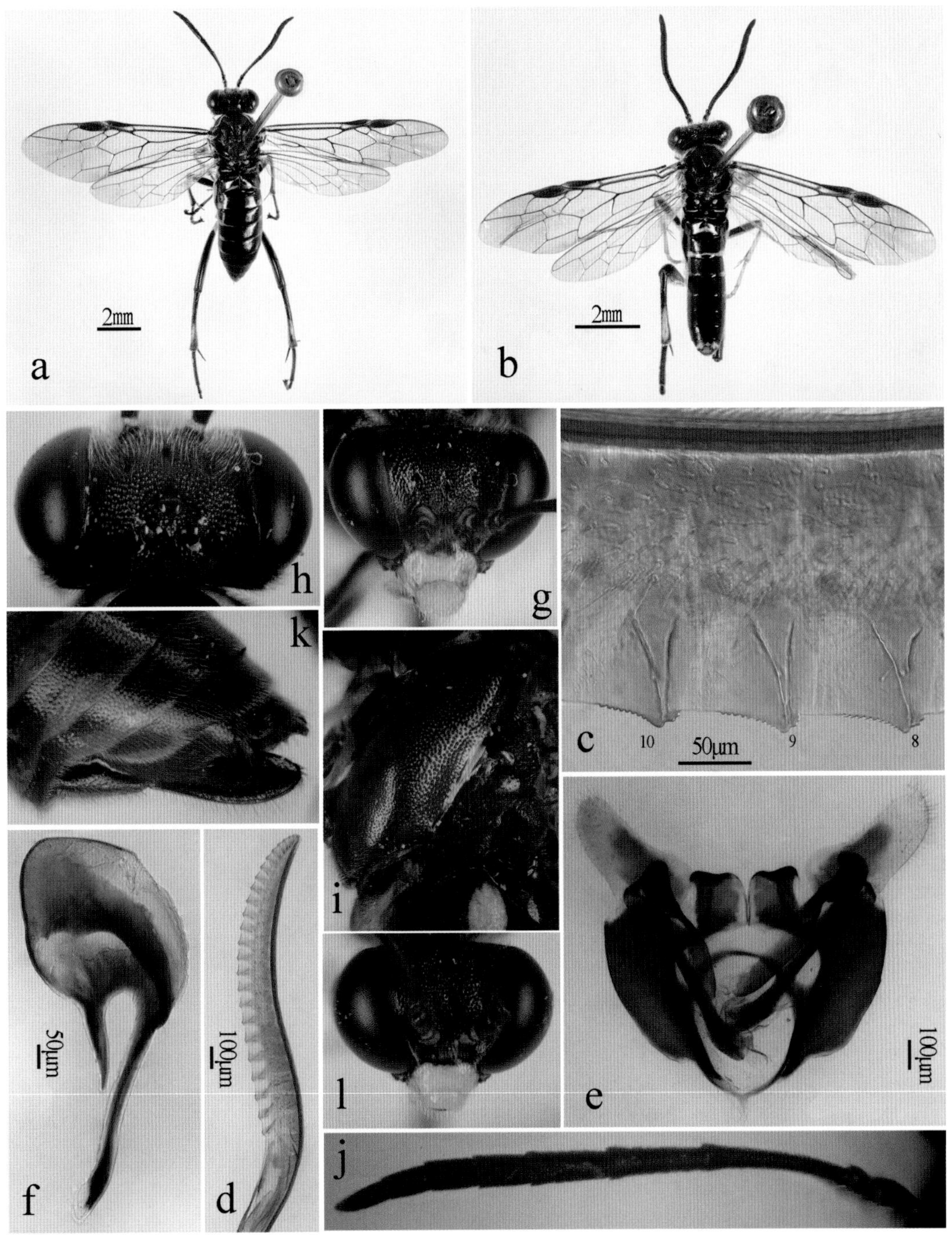

图版 2-23 白环钩瓣叶蜂 *Macrophya albannulata* Wei & Nie, 1998

a. 雌成虫背面观（adult female, dorsal view）; b. 雄成虫背面观（adult male, dorsal view）; c. 锯腹片第 8~10 锯刃（the 8th-10th serrulae）; d. 锯腹片（lancet）; e. 生殖铗（gonoforceps）; f. 阳茎瓣（penis valve）; g. 雌虫头部前面观（head of female, front view）; h. 雌虫头部背面观（head of female, dorsal view）; i. 雌虫中胸侧板和后胸侧板（mesopleuron and metapleuron of female）; j. 雌虫触角（antenna of female）; k. 锯鞘侧面观（ovipositor sheath, lateral view）; l. 雄虫头部前面观（head of male, front view）

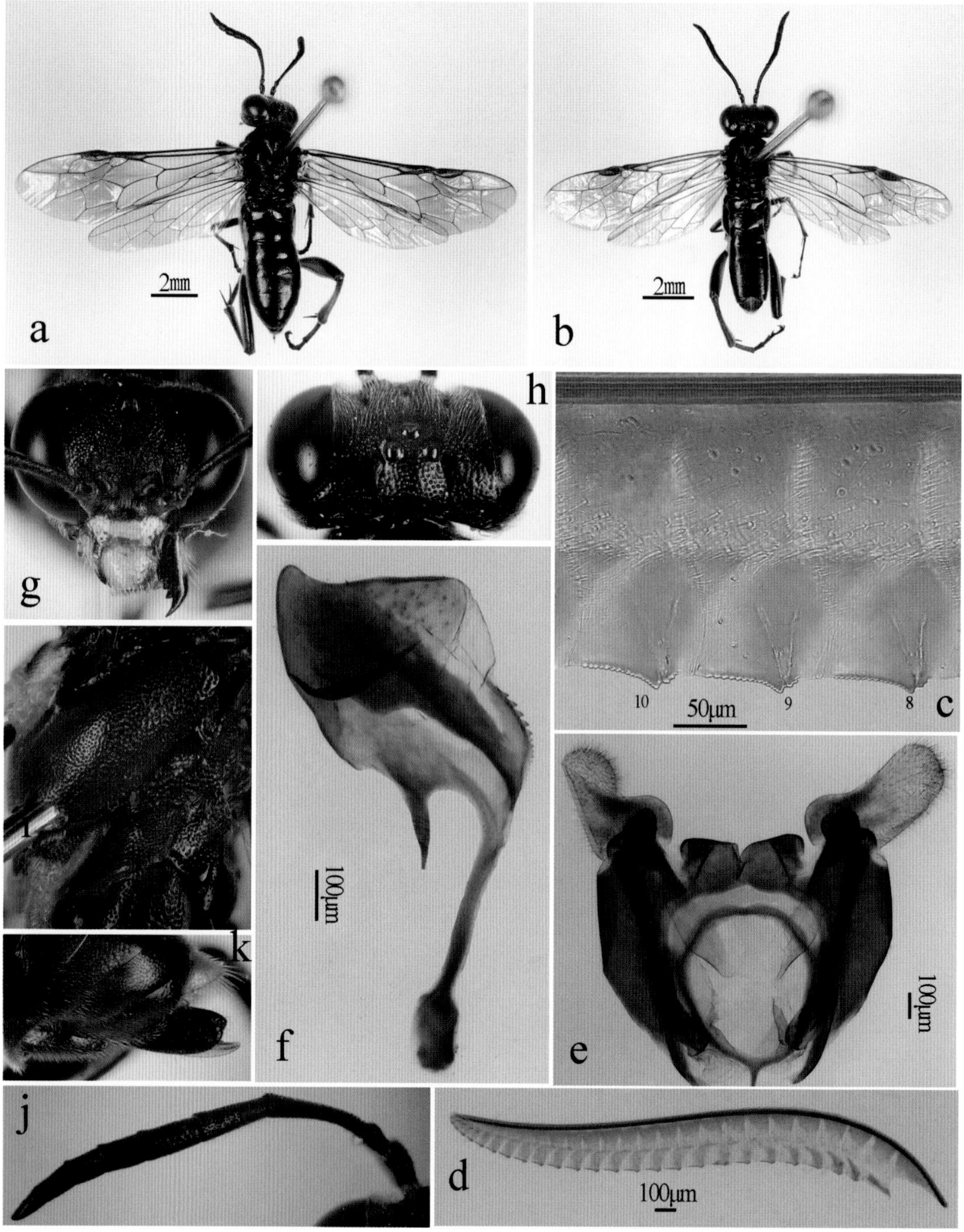

图版 2-24 异碟钩瓣叶蜂 *Macrophya allominutifossa* Wei & Li, 2013

a. 雌成虫背面观（adult female, dorsal view）; b. 雄成虫背面观（adult male, dorsal view）; c. 锯腹片第 8~10 锯刃（the 8th-10th serrulae）; d. 锯腹片（lancet）; e. 生殖铗（gonoforceps）; f. 阳茎瓣（penis valve）; g. 雌虫头部前面观（head of female, front view）; h. 雌虫头部背面观（head of female, dorsal view）; i. 雌虫中胸侧板和后胸侧板（mesopleuron and metapleuron of female）; j. 雌虫触角（antenna of female）; k. 锯鞘侧面观（ovipositor sheath, lateral view）

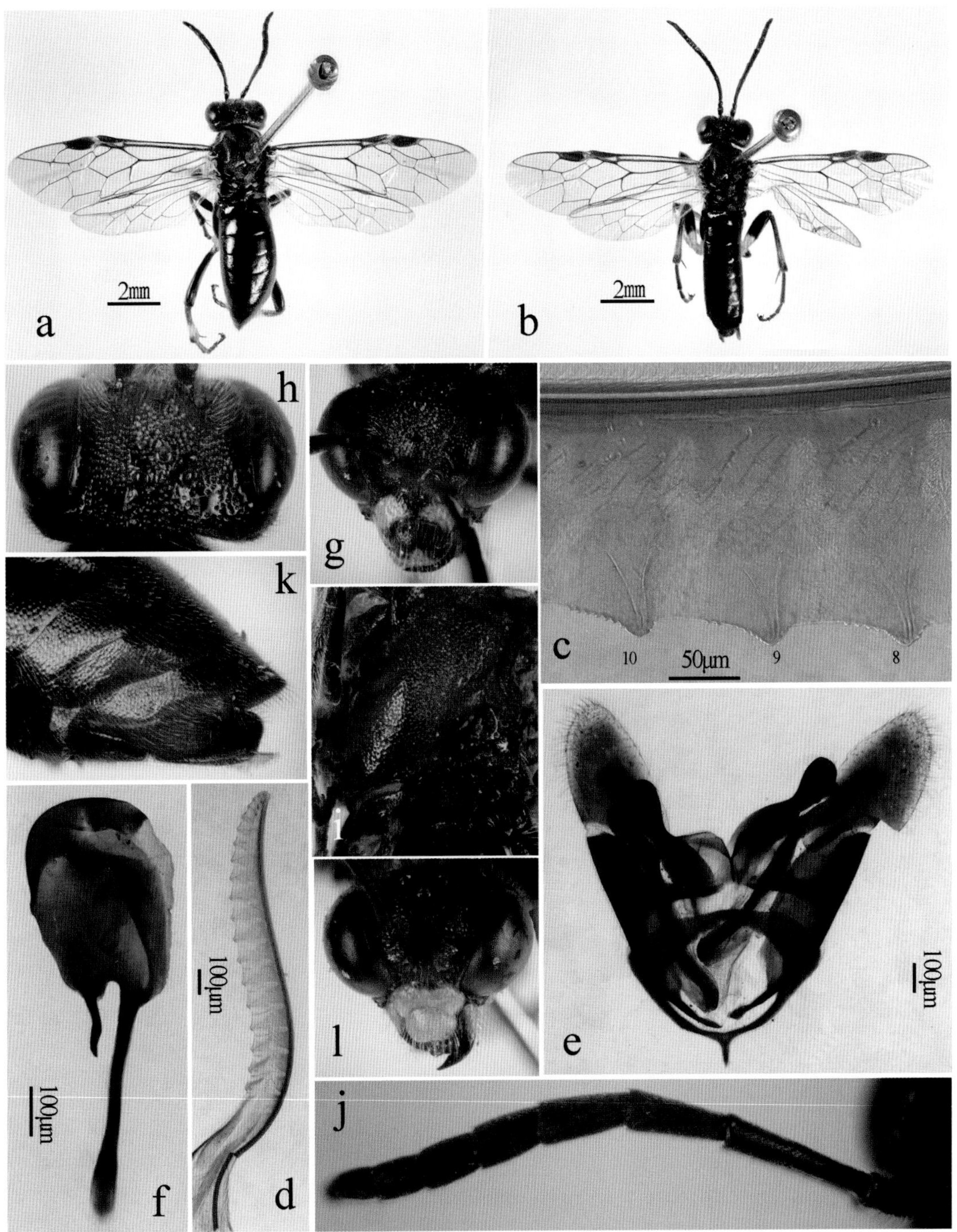

图版 2-25 深碟钩瓣叶蜂 *Macrophya coxalis* (Motschulsky, 1866)

a. 雌成虫背面观（adult female, dorsal view）; b. 雄成虫背面观（adult male, dorsal view）; c. 锯腹片第8~10 锯刃（the 8th-10th serrulae）; d. 锯腹片（lancet）; e. 生殖铗（gonoforceps）; f. 阳茎瓣（penis valve）; g. 雌虫头部前面观（head of female, front view）; h. 雌虫头部背面观（head of female, dorsal view）; i. 雌虫中胸侧板和后胸侧板（mesopleuron and metapleuron of female）; j. 雌虫触角（antenna of female）; k. 锯鞘侧面观（ovipositor sheath, lateral view）; l. 雄虫头部前面观（head of male, front view）

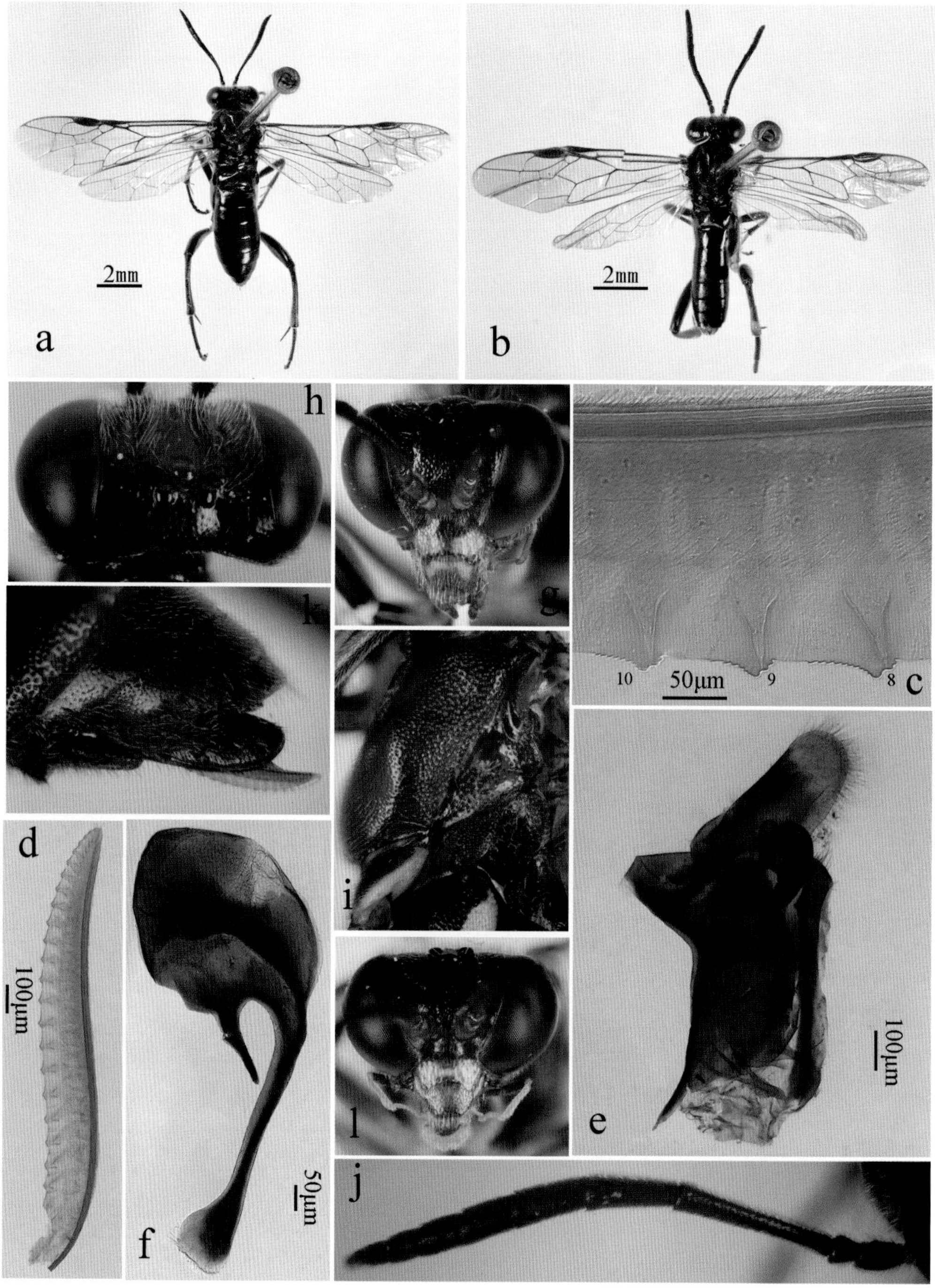

图版 2-26　浅碟钩瓣叶蜂 *Macrophya hyaloptera* Wei & Nie, 2003

a. 雌成虫背面观（adult female, dorsal view）; b. 雄成虫背面观（adult male, dorsal view）; c. 锯腹片第 8~10 锯刃（the 8th-10th serrulae）; d. 锯腹片（lancet）; e. 生殖铗（gonoforceps）; f. 阳茎瓣（penis valve）; g. 雌虫头部前面观（head of female, front view）; h. 雌虫头部背面观（head of female, dorsal view）; i. 雌虫中胸侧板和后胸侧板（mesopleuron and metapleuron of female）; j. 雌虫触角（antenna of female）; k. 锯鞘侧面观（ovipositor sheath, lateral view）; l. 雄虫头部前面观（head of male, front view）

图版 2-27　侧斑钩瓣叶蜂 *Macrophya latimaculana* Li, Dai & Wei, 2013

a. 雌成虫背面观（adult female, dorsal view）; b. 雌虫头部背面观（head of female, dorsal view）; c. 雌虫头部前面观（head of female, front view）; d. 雌虫触角（antenna of female）; e. 雌虫中胸侧板和后胸侧板（mesopleuron and metapleuron of female）; f. 锯鞘侧面观（ovipositor sheath, lateral view）; g. 锯腹片（lancet）; h. 锯腹片第 8~10 锯刃（the 8th-10th serrulae）

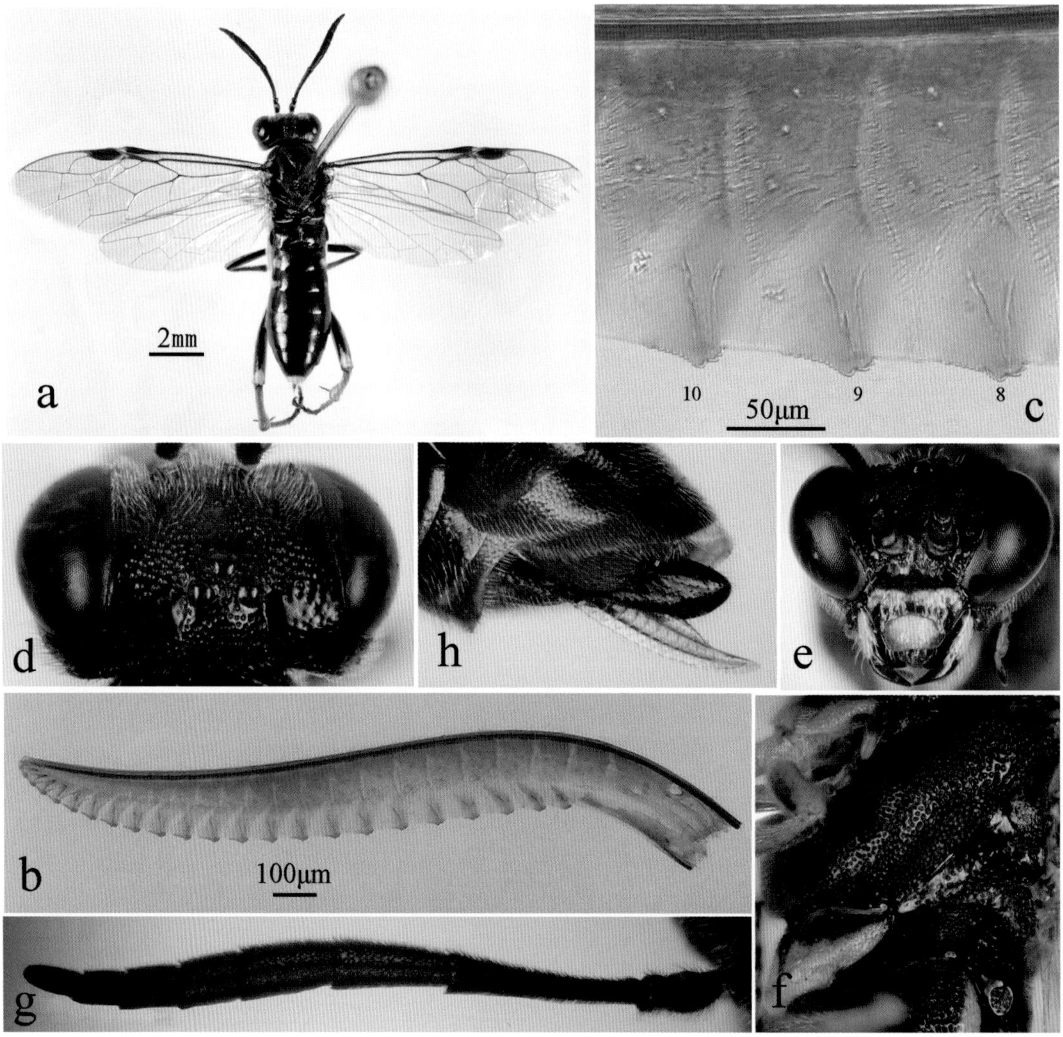

图版 2-28　林芝钩瓣叶蜂 *Macrophya linzhiensis* Li & Wei, 2013

a. 雌成虫背面观（adult female, dorsal view）; b. 锯腹片（lancet）; c. 锯腹片第 8~10 锯刃（the 8th-10th serrulae）; d. 雌虫头部背面观（head of female, dorsal view）; e. 雌虫头部前面观（head of female, front view）; f. 雌虫中胸侧板和后胸侧板（mesopleuron and metapleuron of female）; g. 雌虫触角（antenna of female）; h. 锯鞘侧面观（ovipositor sheath, lateral view）

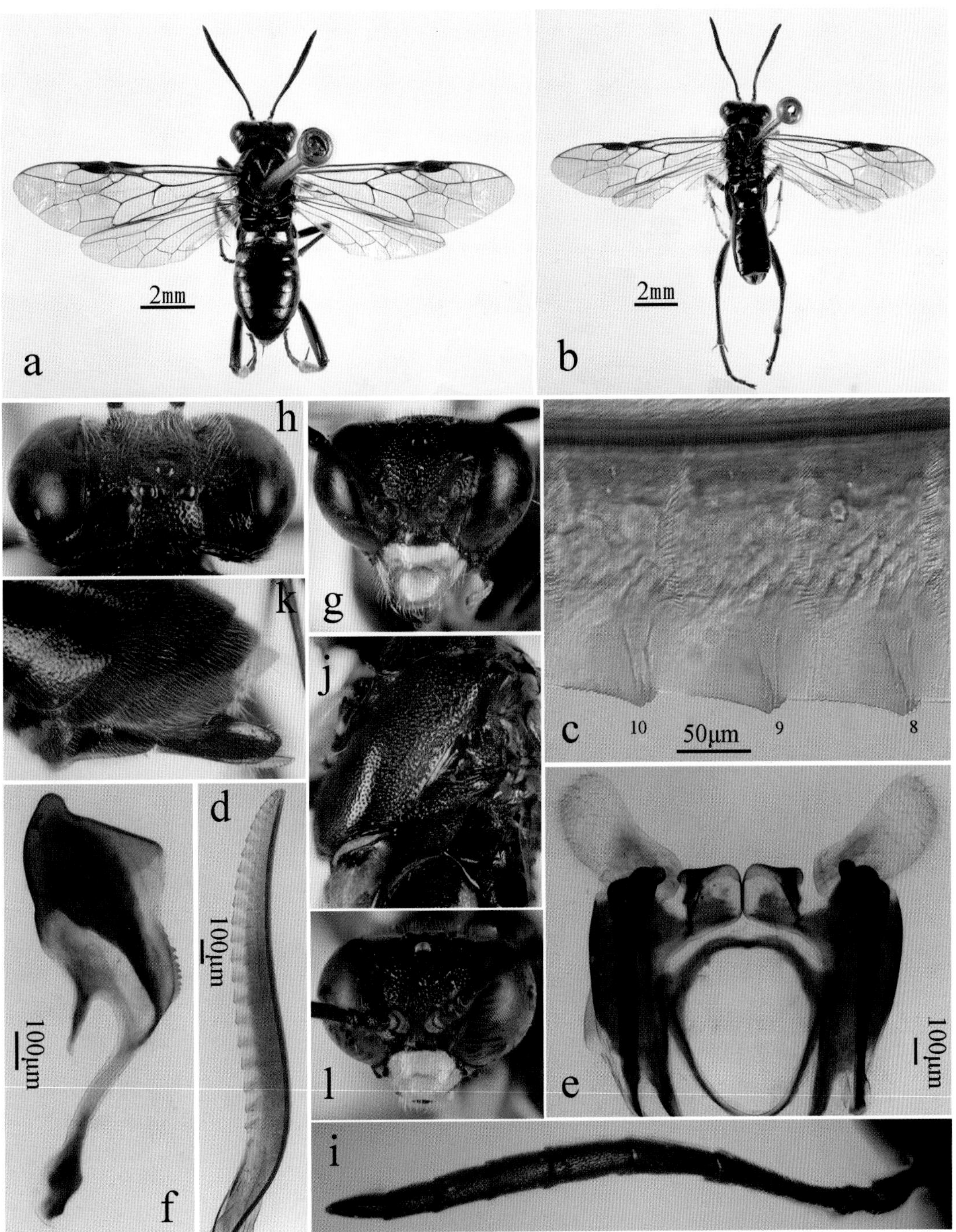

图版 2-29 小碟钩瓣叶蜂 *Macrophya minutifossa* Wei & Nie, 2003

a. 雌成虫背面观（adult female, dorsal view）; b. 雄成虫背面观（adult male, dorsal view）; c. 锯腹片第 8~10 锯刃（the 8th-10th serrulae）; d. 锯腹片（lancet）; e. 生殖铗（gonoforceps）; f. 阳茎瓣（penis valve）; g. 雌虫头部前面观（head of female, front view）; h. 雌虫头部背面观（head of female, dorsal view）; i. 雌虫中胸侧板和后胸侧板（mesopleuron and metapleuron of female）; j. 雌虫触角（antenna of female）; k. 锯鞘侧面观（ovipositor sheath, lateral view）; l. 雄虫头部前面观（head of male, front view）

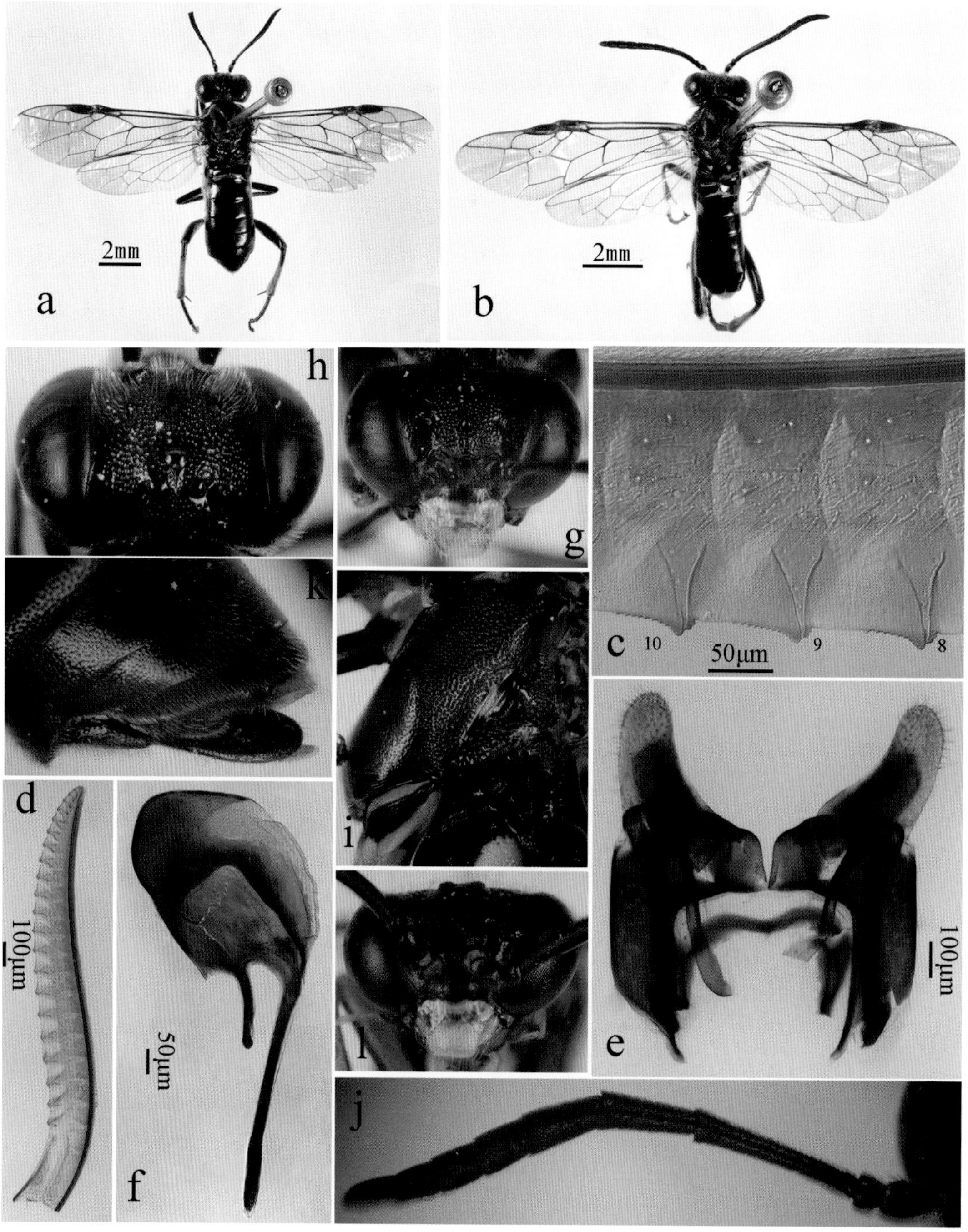

图版 2-30　寡斑钩瓣叶蜂 *Macrophya oligomaculella* Wei & Zhu, 2009

a. 雌成虫背面观（adult female, dorsal view）; b. 雄成虫背面观（adult male, dorsal view）; c. 锯腹片第 8~10 锯刃（the 8th-10th serrulae）; d. 锯腹片（lancet）; e. 生殖铗（gonoforceps）; f. 阳茎瓣（penis valve）; g. 雌虫头部前面观（head of female, front view）; h. 雌虫头部背面观（head of female, dorsal view）; i. 雌虫中胸侧板和后胸侧板（mesopleuron and metapleuron of female）; j. 雌虫触角（antenna of female）; k. 锯鞘侧面观（ovipositor sheath, lateral view）; l. 雄虫头部前面观（head of male, front view）

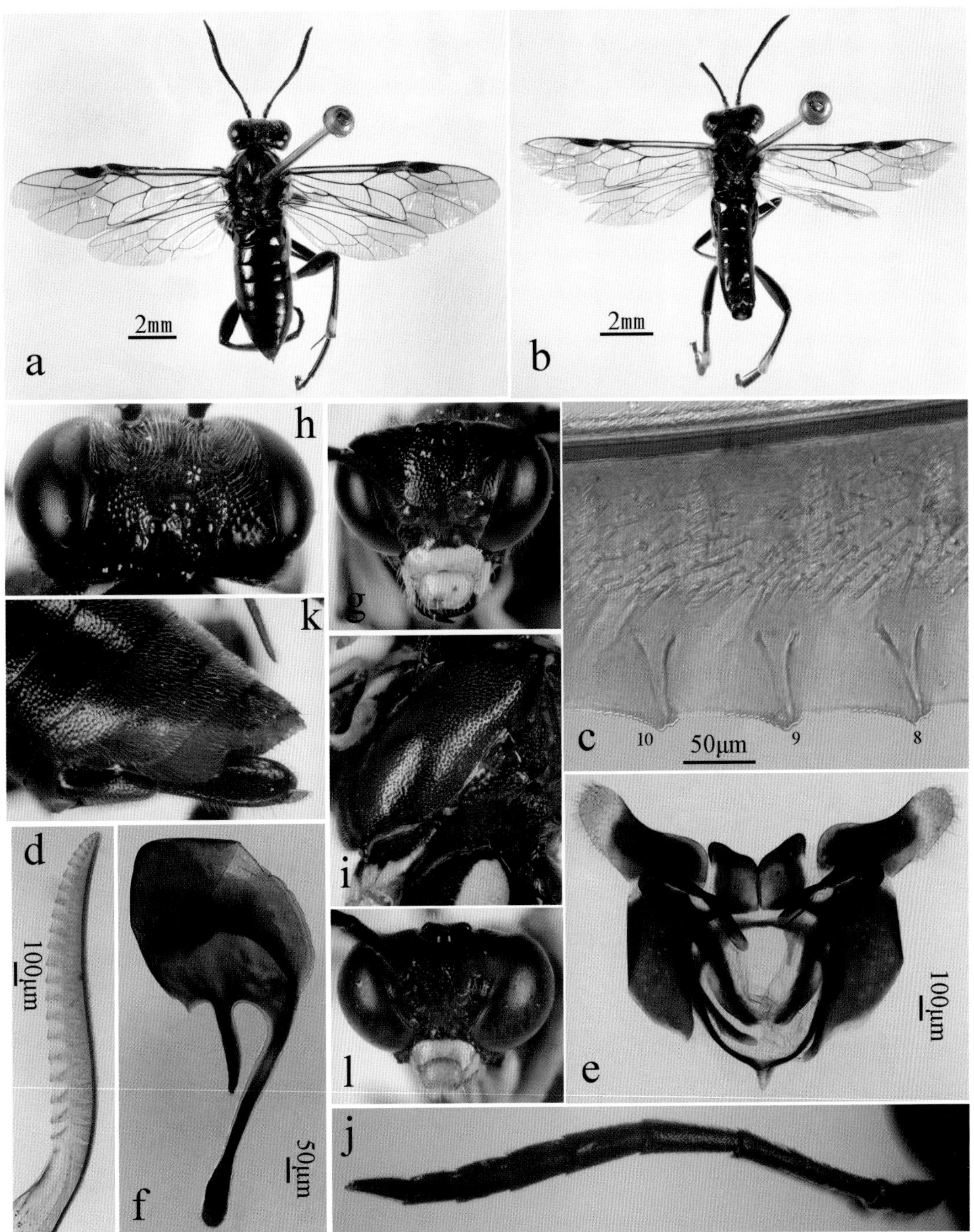

图版 2-31 副碟钩瓣叶蜂 *Macrophya paraminutifossa* Wei & Nie, 2003

a. 雌成虫背面观（adult female, dorsal view）; b. 雄成虫背面观（adult male, dorsal view）; c. 锯腹片第 8~10 锯刃（the 8th-10th serrulae）; d. 锯腹片（lancet）; e. 生殖铗（gonoforceps）; f. 阳茎瓣（penis valve）; g. 雌虫头部前面观（head of female, front view）; h. 雌虫头部背面观（head of female, dorsal view）; i. 雌虫中胸侧板和后胸侧板（mesopleuron and metapleuron of female）; j. 雌虫触角（antenna of female）; k. 锯鞘侧面观（ovipositor sheath, lateral view）; l. 雄虫头部前面观（head of male, front view）

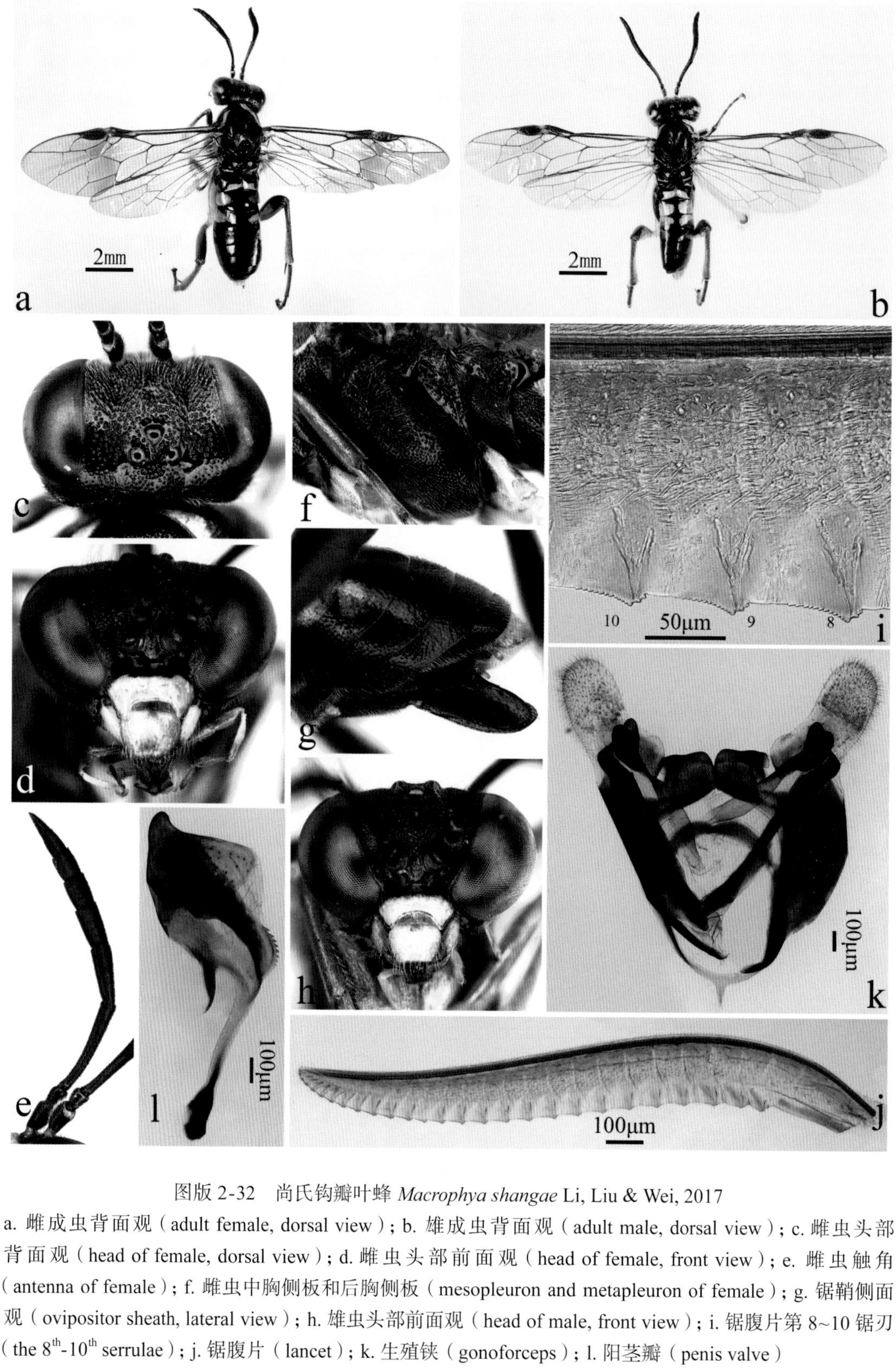

图版 2-32 尚氏钩瓣叶蜂 *Macrophya shangae* Li, Liu & Wei, 2017

a. 雌成虫背面观（adult female, dorsal view）; b. 雄成虫背面观（adult male, dorsal view）; c. 雌虫头部背面观（head of female, dorsal view）; d. 雌虫头部前面观（head of female, front view）; e. 雌虫触角（antenna of female）; f. 雌虫中胸侧板和后胸侧板（mesopleuron and metapleuron of female）; g. 锯鞘侧面观（ovipositor sheath, lateral view）; h. 雄虫头部前面观（head of male, front view）; i. 锯腹片第 8~10 锯刃（the 8th-10th serrulae）; j. 锯腹片（lancet）; k. 生殖铗（gonoforceps）; l. 阳茎瓣（penis valve）

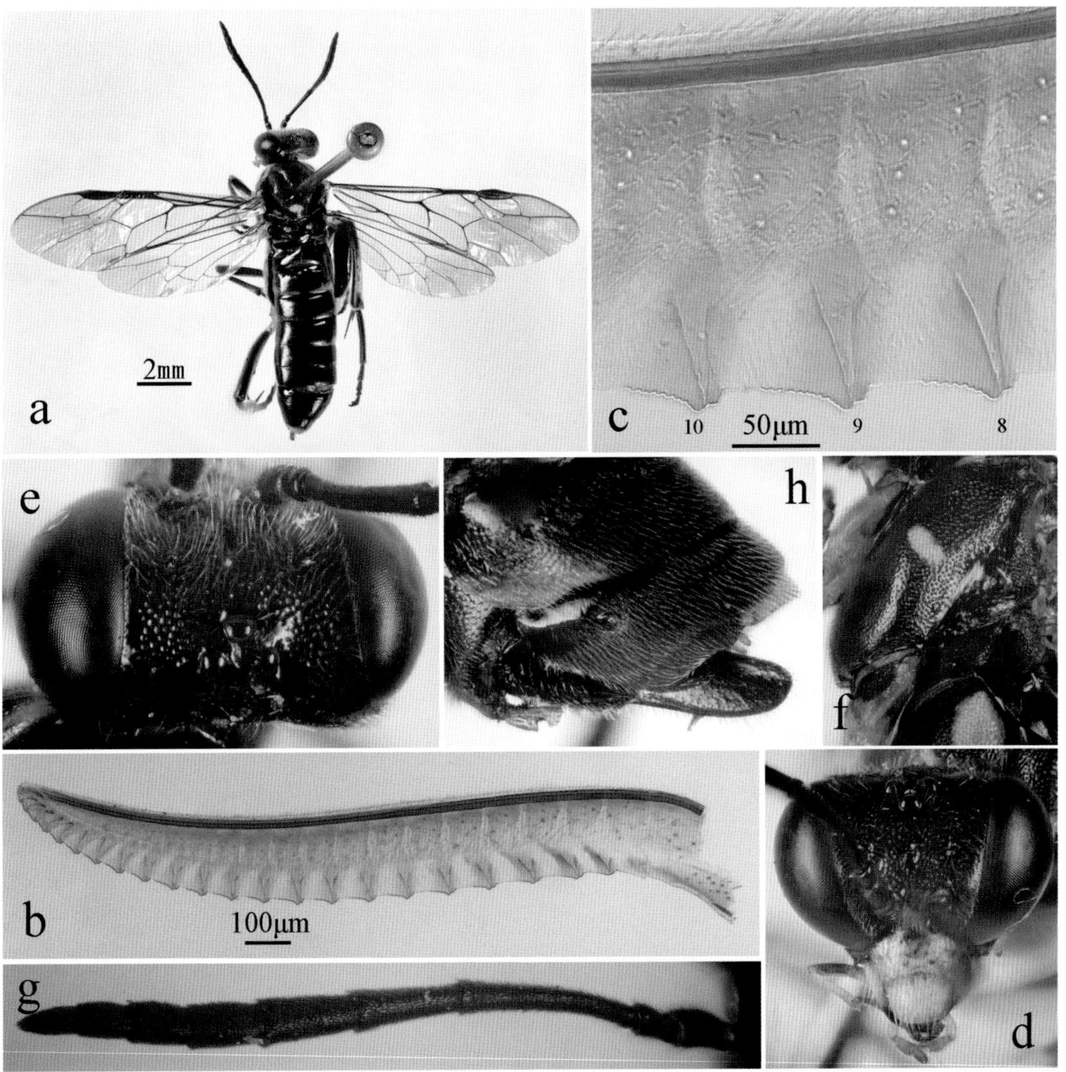

图版 2-33 三斑钩瓣叶蜂 *Macrophya trimicralba* Wei, 2006

a. 雌成虫背面观（adult female, dorsal view）; b. 锯腹片（lancet）; c. 锯腹片第 8~10 锯刃（the 8th-10th serrulae）; d. 雌虫头部前面观（head of female, front view）; e. 雌虫头部背面观（head of female, dorsal view）; f. 雌虫中胸侧板和后胸侧板（mesopleuron and metapleuron of female）; g. 雌虫触角（antenna of female）; h. 锯鞘侧面观（ovipositor sheath, lateral view）

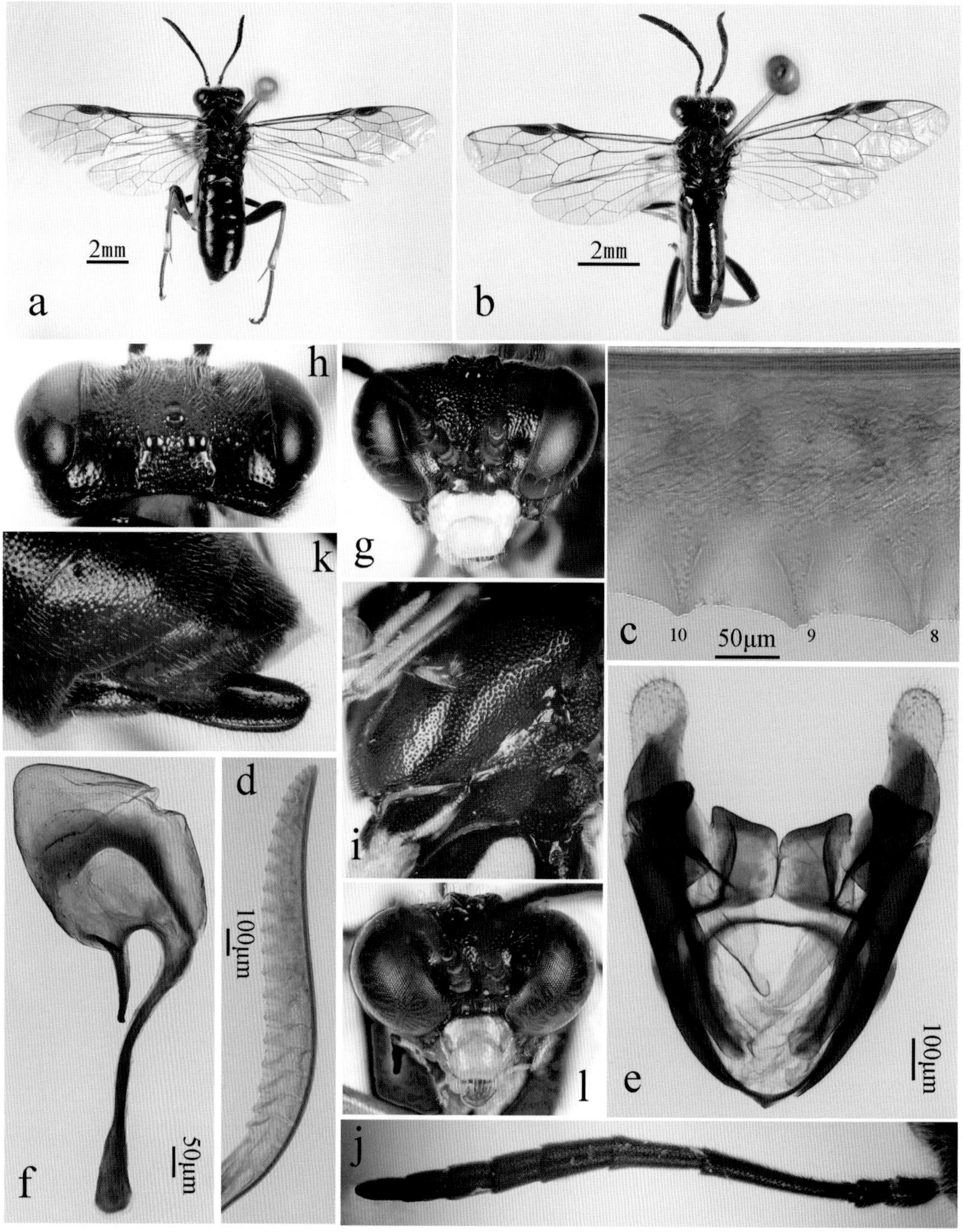

图版 2-34　周氏钩瓣叶蜂 *Macrophya zhoui* Li & Wei, 2013

a. 雌成虫背面观（adult female, dorsal view）; b. 雄成虫背面观（adult male, dorsal view）; c. 锯腹片第 8~10 锯刃（the 8th-10th serrulae）; d. 锯腹片（lancet）; e. 生殖铗（gonoforceps）; f. 阳茎瓣（penis valve）; g. 雌虫头部前面观（head of female, front view）; h. 雌虫头部背面观（head of female, dorsal view）; i. 雌虫中胸侧板和后胸侧板（mesopleuron and metapleuron of female）; j. 雌虫触角（antenna of female）; k. 锯鞘侧面观（ovipositor sheath, lateral view）; l. 雄虫头部前面观（head of male, front view）

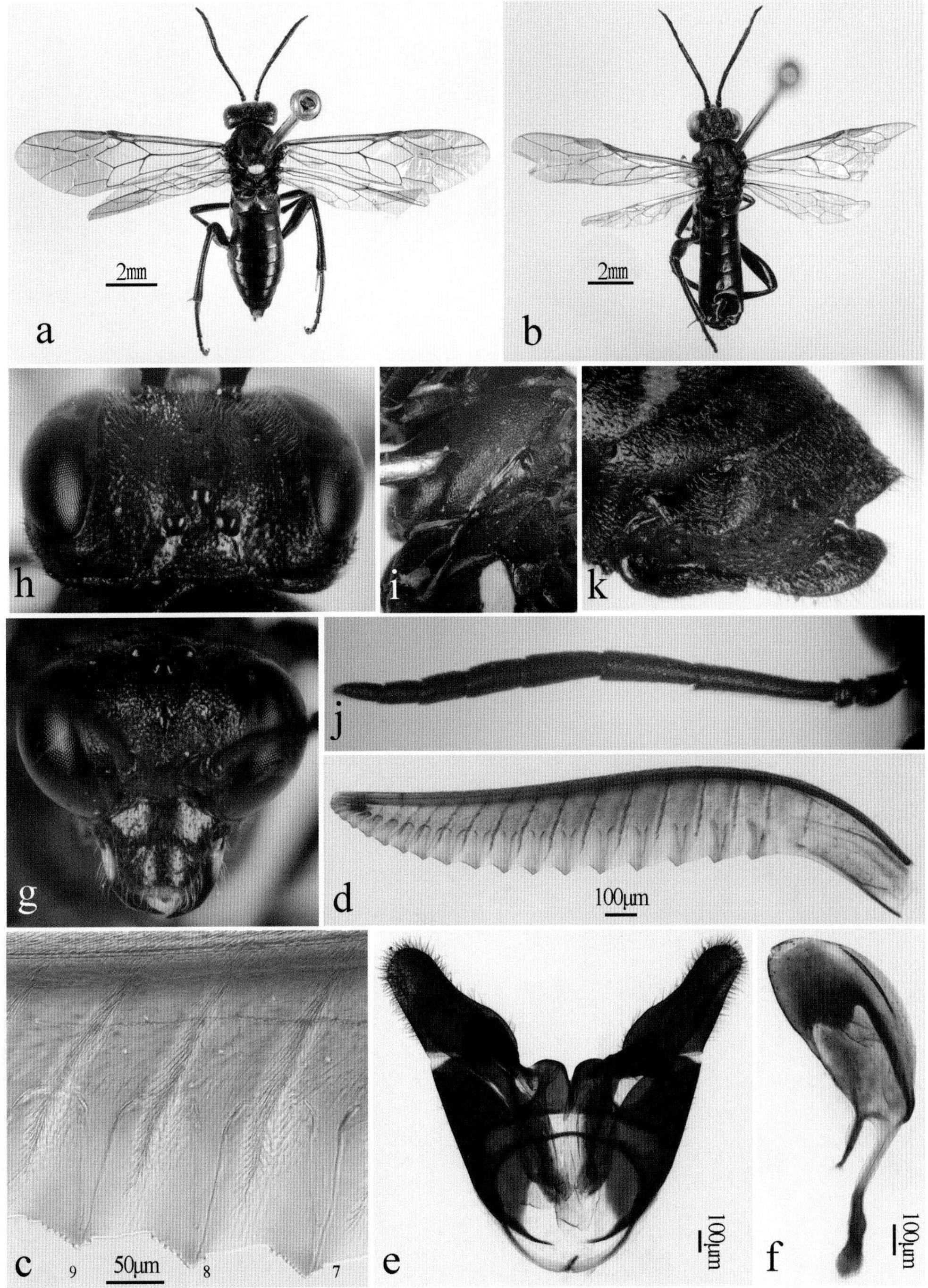

图版 2-35　大碟钩瓣叶蜂 *Macrophya duodecimpunctata sodalitia* Mocsáry, 1909

a. 雌成虫背面观（adult female, dorsal view）; b. 雄成虫背面观（adult male, dorsal view）; c. 锯腹片第 7~9 锯刃（the 7th-9th serrulae）; d. 锯腹片（lancet）; e. 生殖铗（gonoforceps）; f. 阳茎瓣（penis valve）; g. 雌虫头部前面观（head of female, front view）; h. 雌虫头部背面观（head of female, dorsal view）; i. 雌虫中胸侧板和后胸侧板（mesopleuron and metapleuron of female）; j. 雌虫触角（antenna of female）; k. 锯鞘侧面观（ovipositor sheath, lateral view）

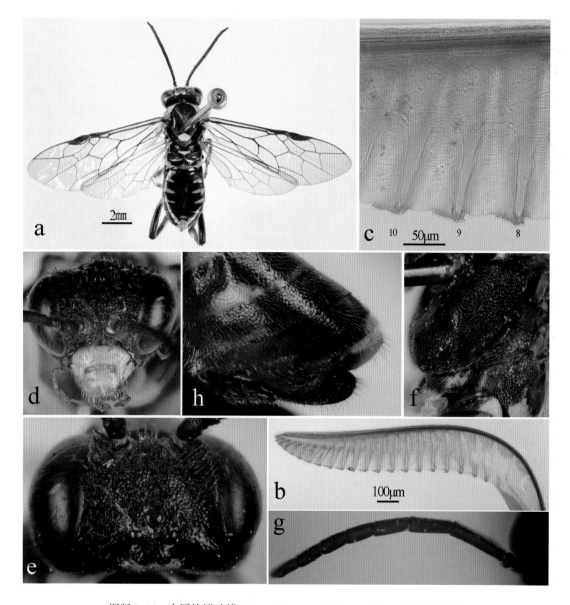

图版 2-36 尖唇钩瓣叶蜂 *Macrophya acuminiclypeus* Zhang & Wei, 2006

a. 雌成虫背面观（adult female, dorsal view）; b. 锯腹片（lancet）; c. 锯腹片第 8~10 锯刃（the 8th-10th serrulae）; d. 雌虫头部前面观（head of female, front view）; e. 雌虫头部背面观（head of female, dorsal view）; f. 雌虫中胸侧板和后胸侧板（mesopleuron and metapleuron of male）; g. 雌虫触角（antenna of female）; h. 锯鞘侧面观（ovipositor sheath, lateral view）

图版 2-37　花胫钩瓣叶蜂 *Macrophya coloritibialis* Li, Liu & Wei, 2016

a. 雌成虫背面观（adult female, dorsal view）; b. 锯腹片（lancet）; c. 锯腹片第 8~10 锯刃（the 8th-10th serrulae）; d. 雌虫头部前面观（head of female, front view）; e. 雌虫头部背面观（head of female, dorsal view）; f. 雌虫中胸侧板和后胸侧板（mesopleuron and metapleuron of female）; g. 雌虫触角（antenna of female）; h. 锯鞘侧面观（ovipositor sheath, lateral view）

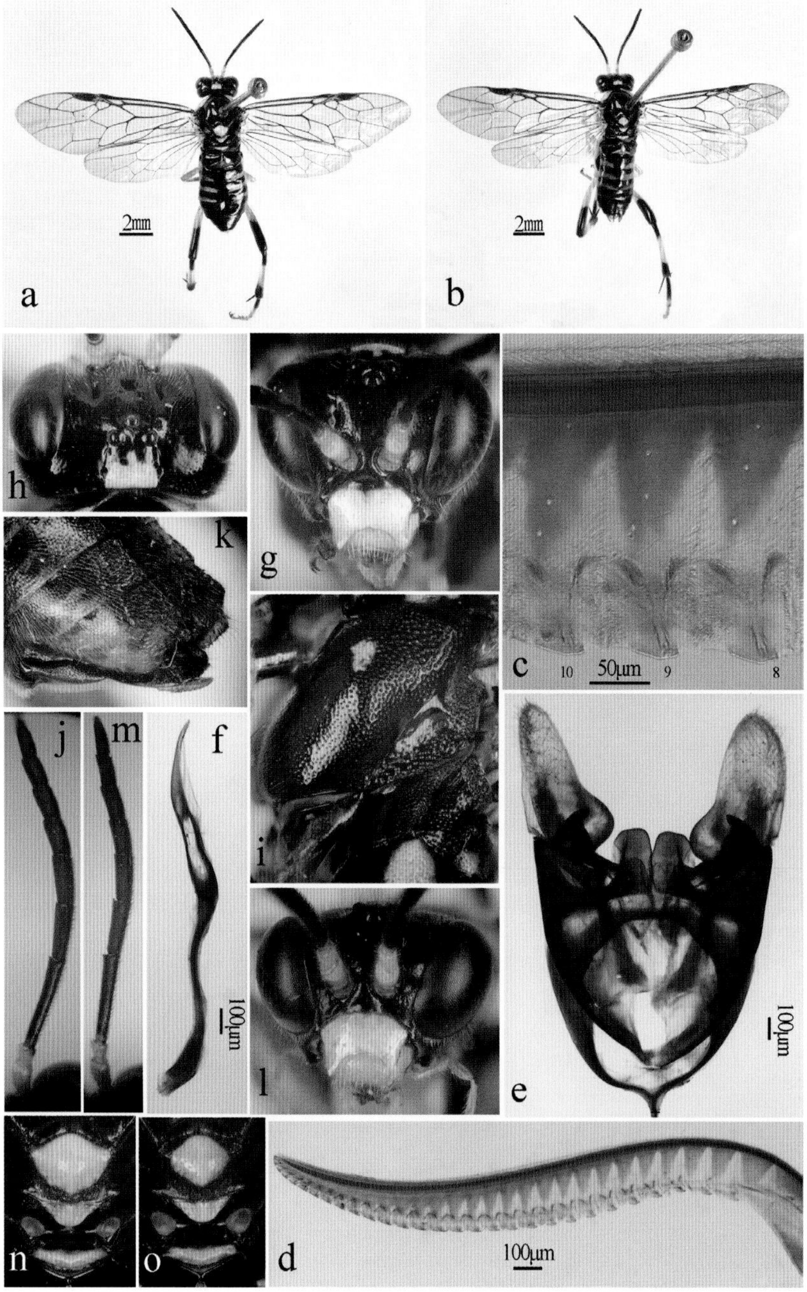

图版 2-38　黄斑钩瓣叶蜂 *Macrophya flavomaculata* (Cameron, 1876)

a. 雌成虫背面观（adult female, dorsal view）; b. 雄成虫背面观（adult male, dorsal view）; c. 锯腹片第 8~10 锯刃（the 8th-10th serrulae）; d. 锯腹片（lancet）; e. 生殖铗（gonoforceps）; f. 阳茎瓣（penis valve）; g. 雌虫头部前面观（head of female, front view）; h. 雌虫头部背面观（head of female, dorsal view）; i. 雌虫中胸侧板和后胸侧板（mesopleuron and metapleuron of female）; j. 雌虫触角（antenna of female）; k. 锯鞘侧面观（ovipositor sheath, lateral view）; l. 雄虫头部前面观（head of male, front view）; m. 雄虫触角（antenna of male）; n. 雌虫中胸小盾片背面观（mesoscutellum of female, dorsal view）; o. 雄虫中胸小盾片背面观（mesoscutellum of male, dorsal view）

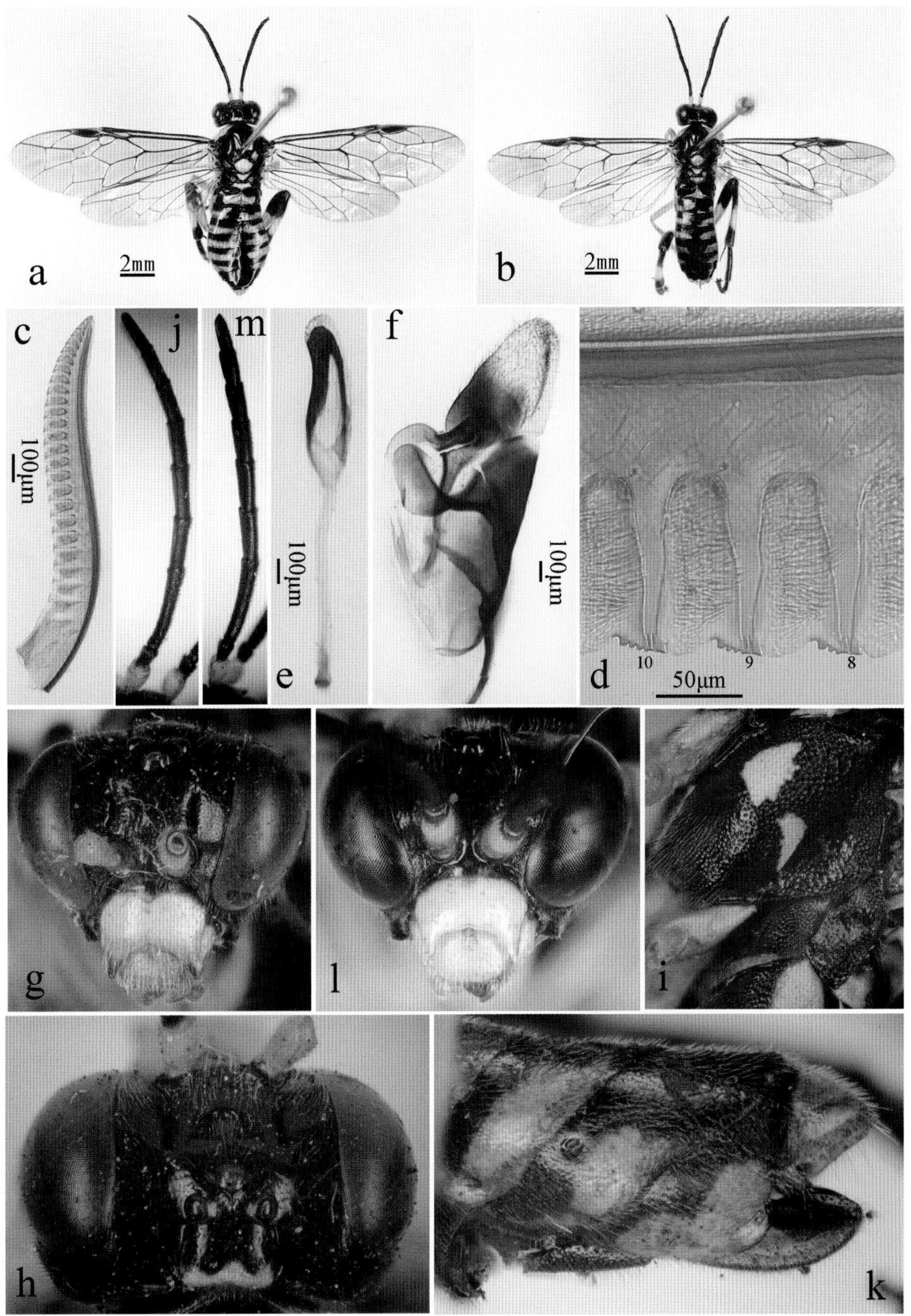

图版 2-39 细瓣钩瓣叶蜂 *Macrophya parviserrula* Chen & Wei, 2005

a. 雌成虫背面观（adult female, dorsal view）; b. 雄成虫背面观（adult male, dorsal view）; c. 锯腹片（lancet）; d. 锯腹片第 8~10 锯刃（the 8th-10th serrulae）; e. 阳茎瓣（penis valve）; f. 生殖铗（gonoforceps）; g. 雌虫头部前面观（head of female, front view）; h. 雌虫头部背面观（head of female, dorsal view）; i. 雌虫中胸侧板和后胸侧板（mesopleuron and metapleuron of female）; j. 雌虫触角（antenna of female）; k. 锯鞘侧面观（ovipositor sheath, lateral view）; l. 雄虫头部前面观（head of male, front view）; m. 雄虫触角（antenna of male）

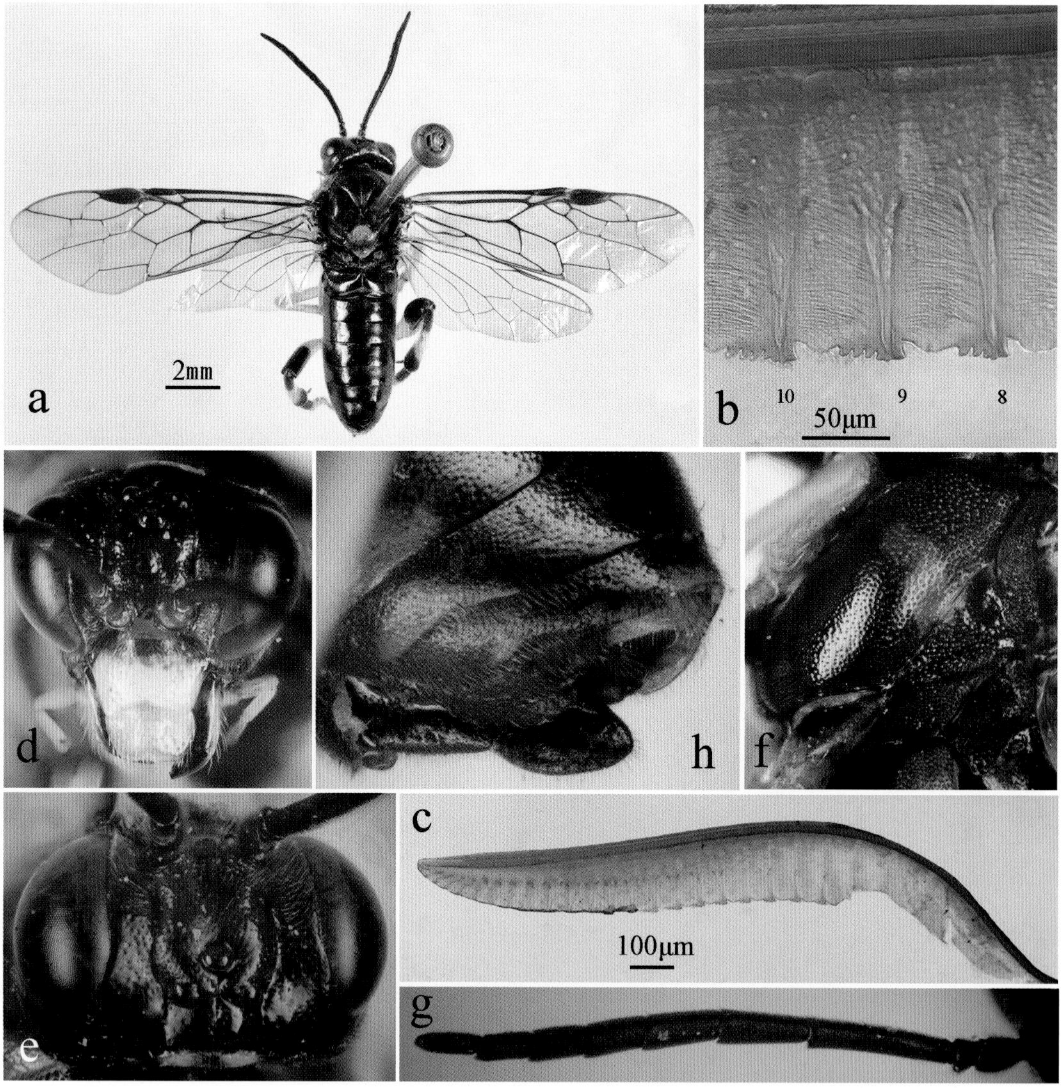

图版 2-40　方凹钩瓣叶蜂 *Macrophya quadriclypeata* Wei & Nie, 2002

a. 雌成虫背面观（adult female, dorsal view）; b. 锯腹片第 8~10 锯刃（the 8th-10th serrulae）; c. 锯腹片（lancet）; d. 雌虫头部前面观（head of female, front view）; e. 雌虫头部背面观（head of female, dorsal view）; f. 雌虫中胸侧板和后胸侧板（mesopleuron and metapleuron of female）; g. 雌虫触角（antenna of female）; h. 锯鞘侧面观（ovipositor sheath, lateral view）

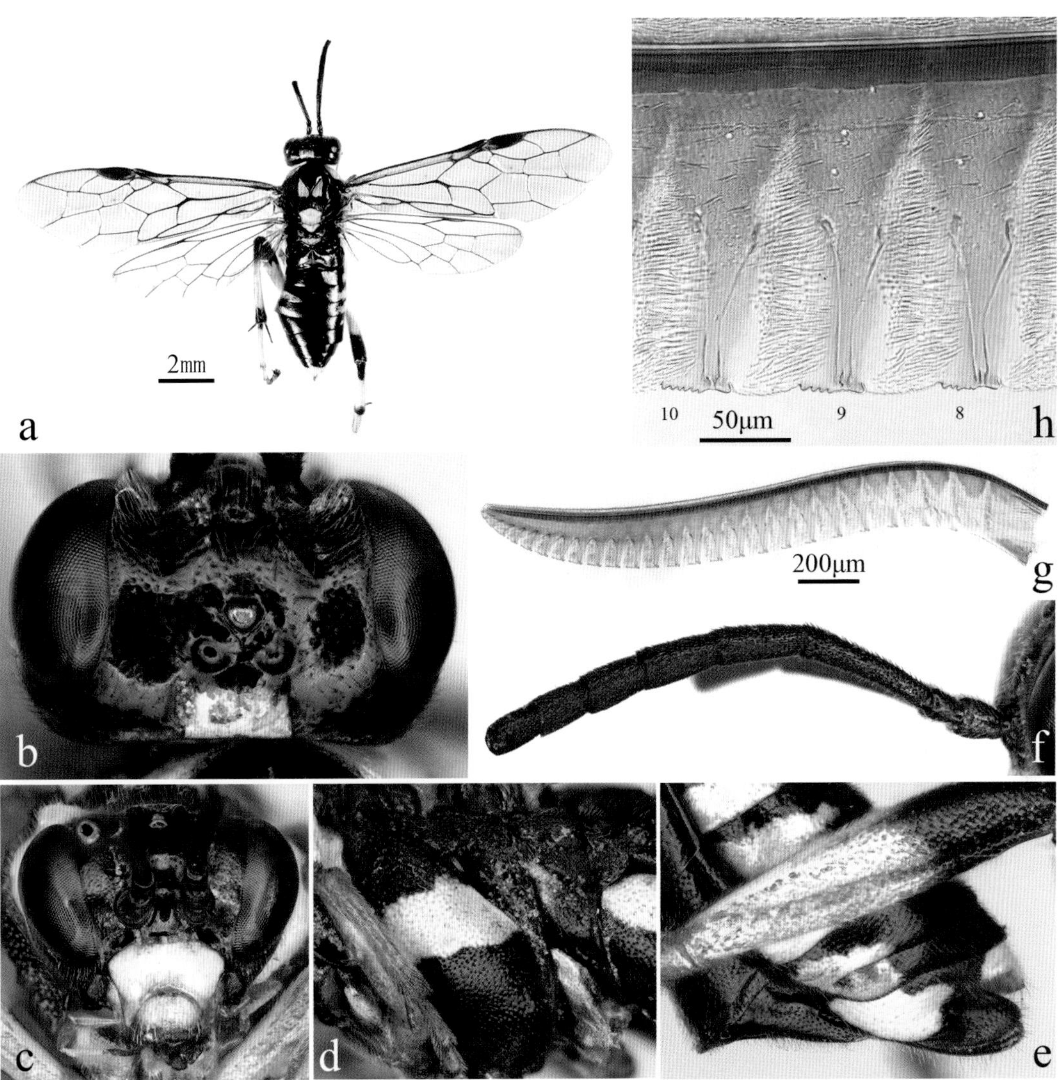

图版 2-41 横斑钩瓣叶蜂 *Macrophya transmaculata* Li, Liu & Wei, 2018

a. 雌成虫背面观（adult female, dorsal view）; b. 雌虫头部背面观（head of female, dorsal view）; c. 雌虫头部前面观（head of female, front view）; d. 雌虫中胸侧板和后胸侧板（mesopleuron and metapleuron of female）; e. 锯鞘侧面观（ovipositor sheath, lateral view）; f. 雌虫触角（antenna of female）; g. 锯腹片（lancet）; h. 锯腹片第 8~10 锯刃（the 8th-10th serrulae）

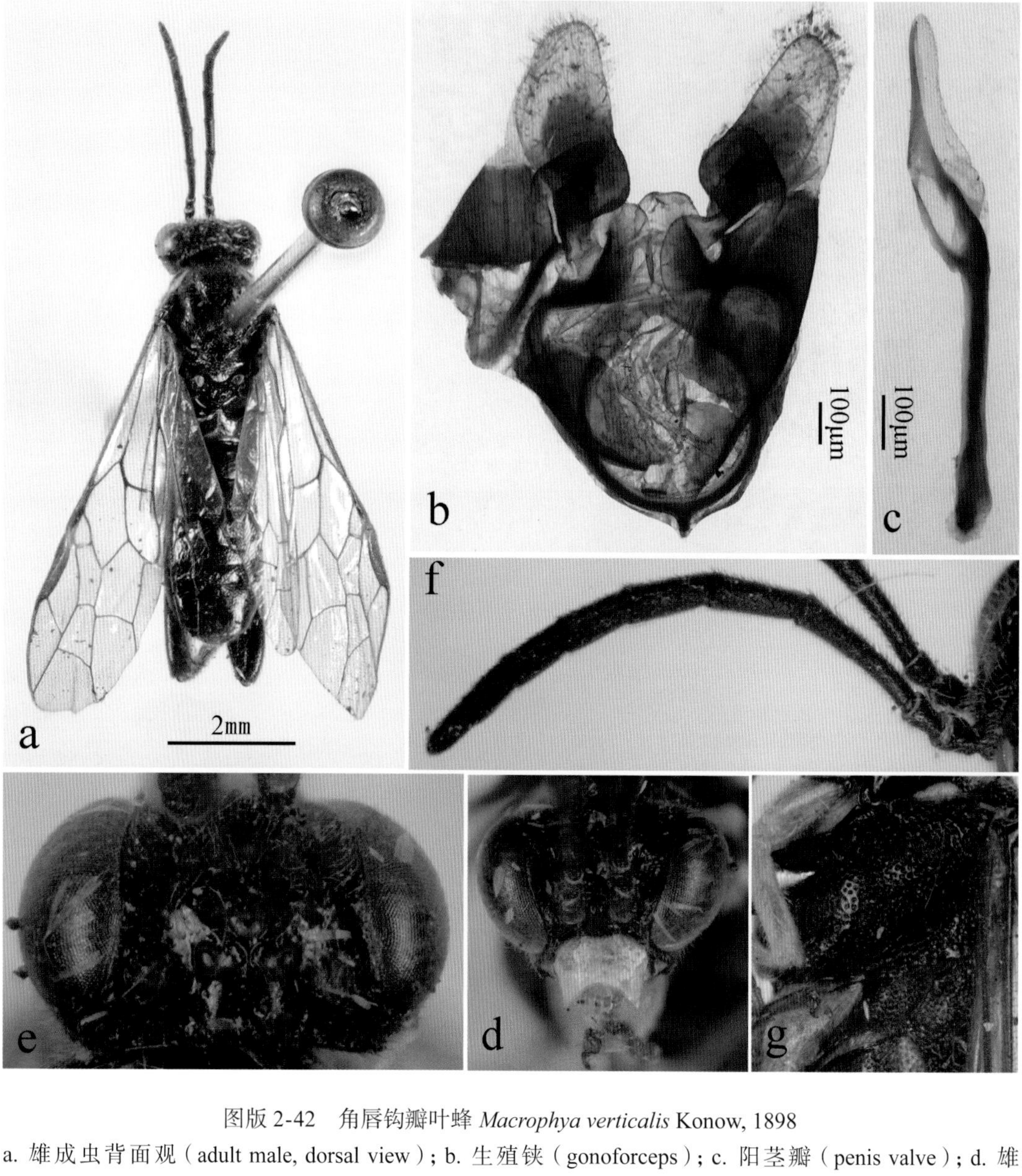

图版 2-42　角唇钩瓣叶蜂 *Macrophya verticalis* Konow, 1898

a. 雄成虫背面观（adult male, dorsal view）; b. 生殖铗（gonoforceps）; c. 阳茎瓣（penis valve）; d. 雄虫头部前面观（head of male, front view）; e. 雄虫头部背面观（head of male, dorsal view）; f. 雄虫触角（antenna of male）; g. 雄虫中胸侧板和后胸侧板（mesopleuron and metapleuron of male）

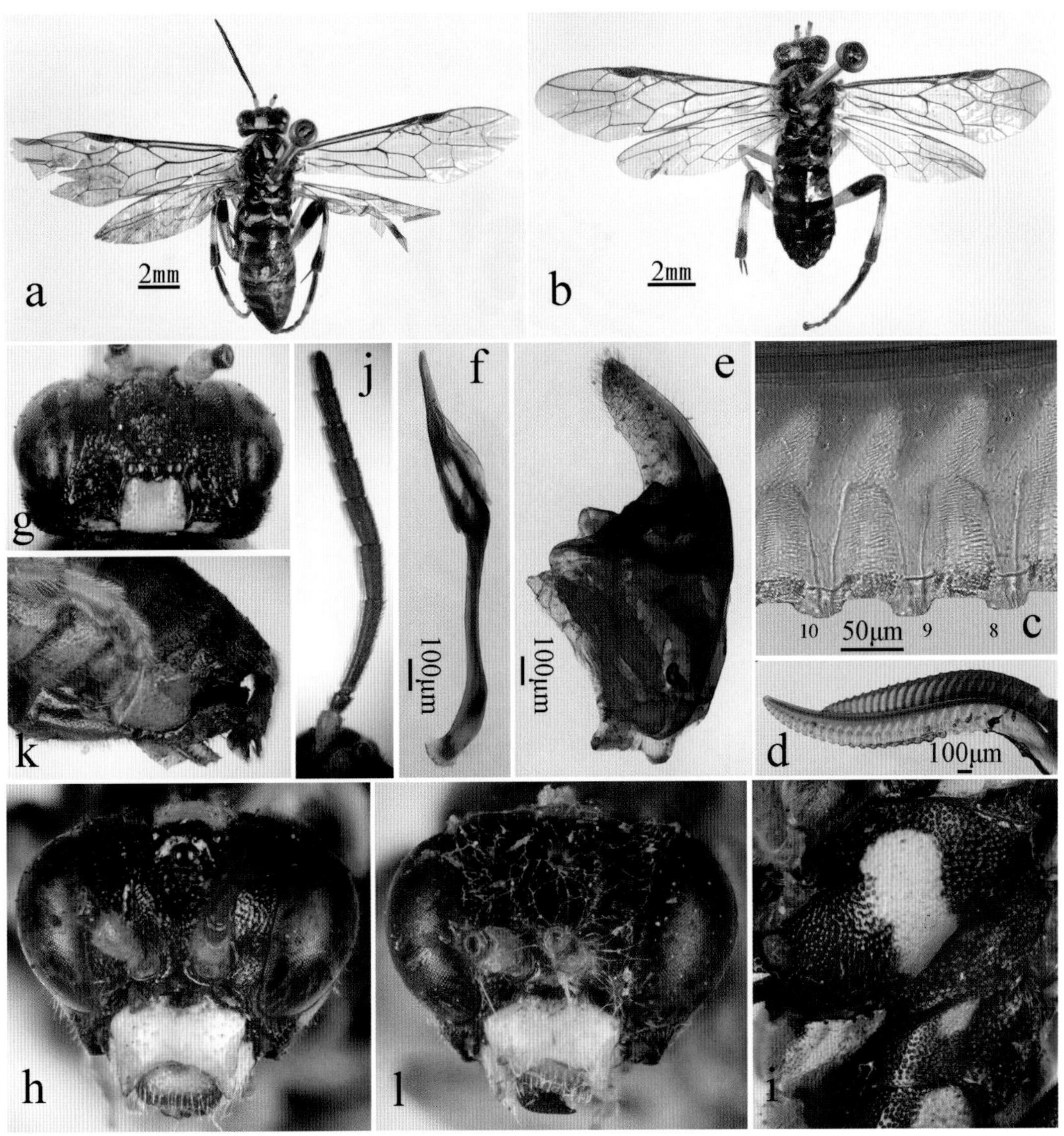

图版 2-43　黄柄钩瓣叶蜂 *Macrophya tonkinensis* Malaise, 1945

a. 雌成虫背面观（adult female, dorsal view）; b. 雄成虫背面观（adult male, dorsal view）; c. 锯腹片第 8~10 锯刃（the 8th-10th serrulae）; d. 锯腹片（lancet）; e. 生殖铗（gonoforceps）; f. 阳茎瓣（penis valve）; g. 雌虫头部背面观（head of female, dorsal view）; h. 雌虫头部前面观（head of female, front view）; i. 雌虫中胸侧板和后胸侧板（mesopleuron and metapleuron of female）; j. 雌虫触角（antenna of female）; k. 锯鞘侧面观（ovipositor sheath, lateral view）; l. 雄虫头部前面观（head of male, front view）

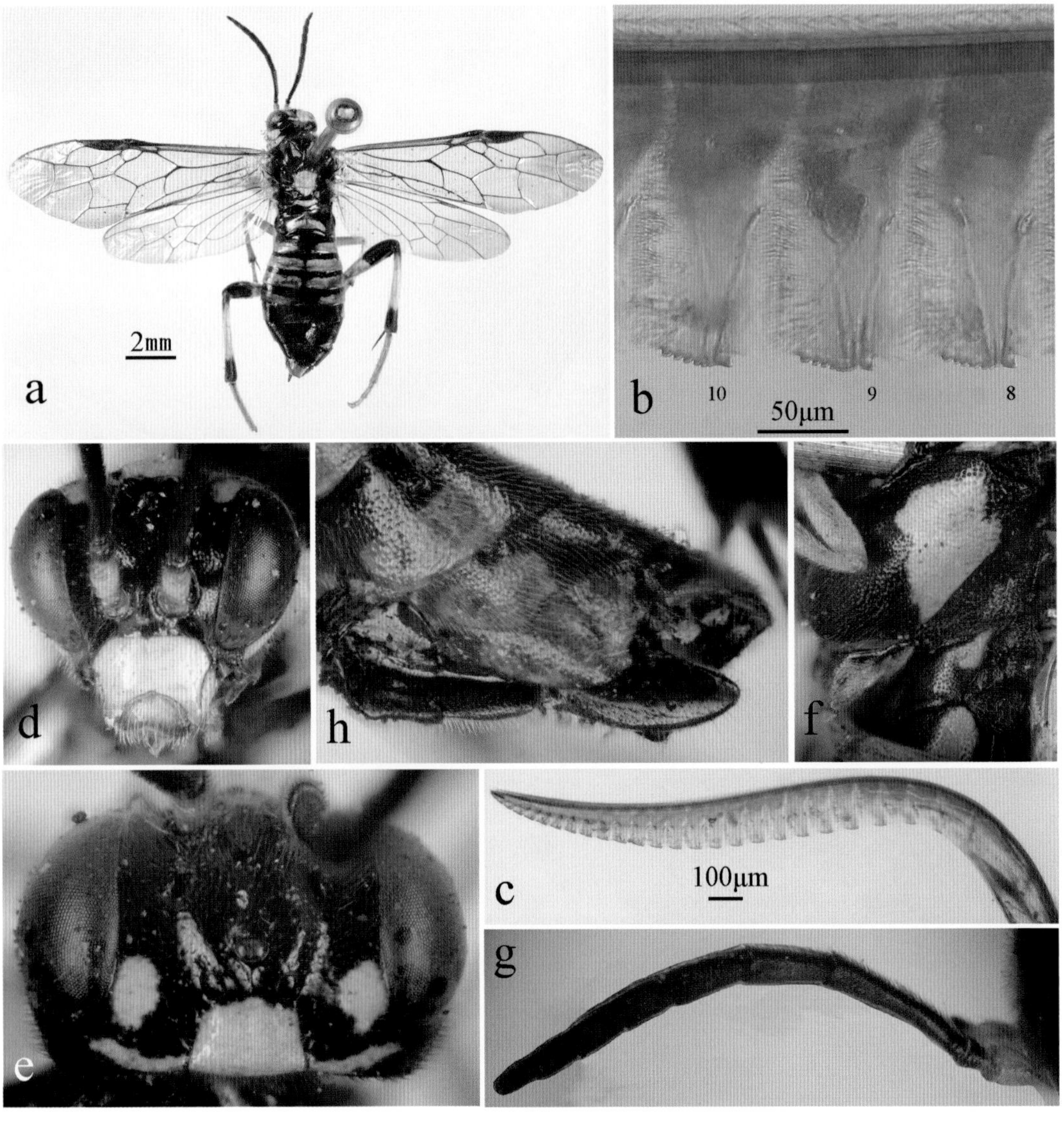

图版 2-44　郑氏钩瓣叶蜂 *Macrophya zhengi* Wei, 1997

a. 雌成虫背面观（adult female, dorsal view）; b. 锯腹片第 8~10 锯刃（the 8th-10th serrulae）; c. 锯腹片（lancet）; d. 雌虫头部前面观（head of female, front view）; e. 雌虫头部背面观（head of female, dorsal view）; f. 雌虫中胸侧板和后胸侧板（mesopleuron and metapleuron of female）; g. 雌虫触角（antenna of female）; h. 锯鞘侧面观（ovipositor sheath, lateral view）

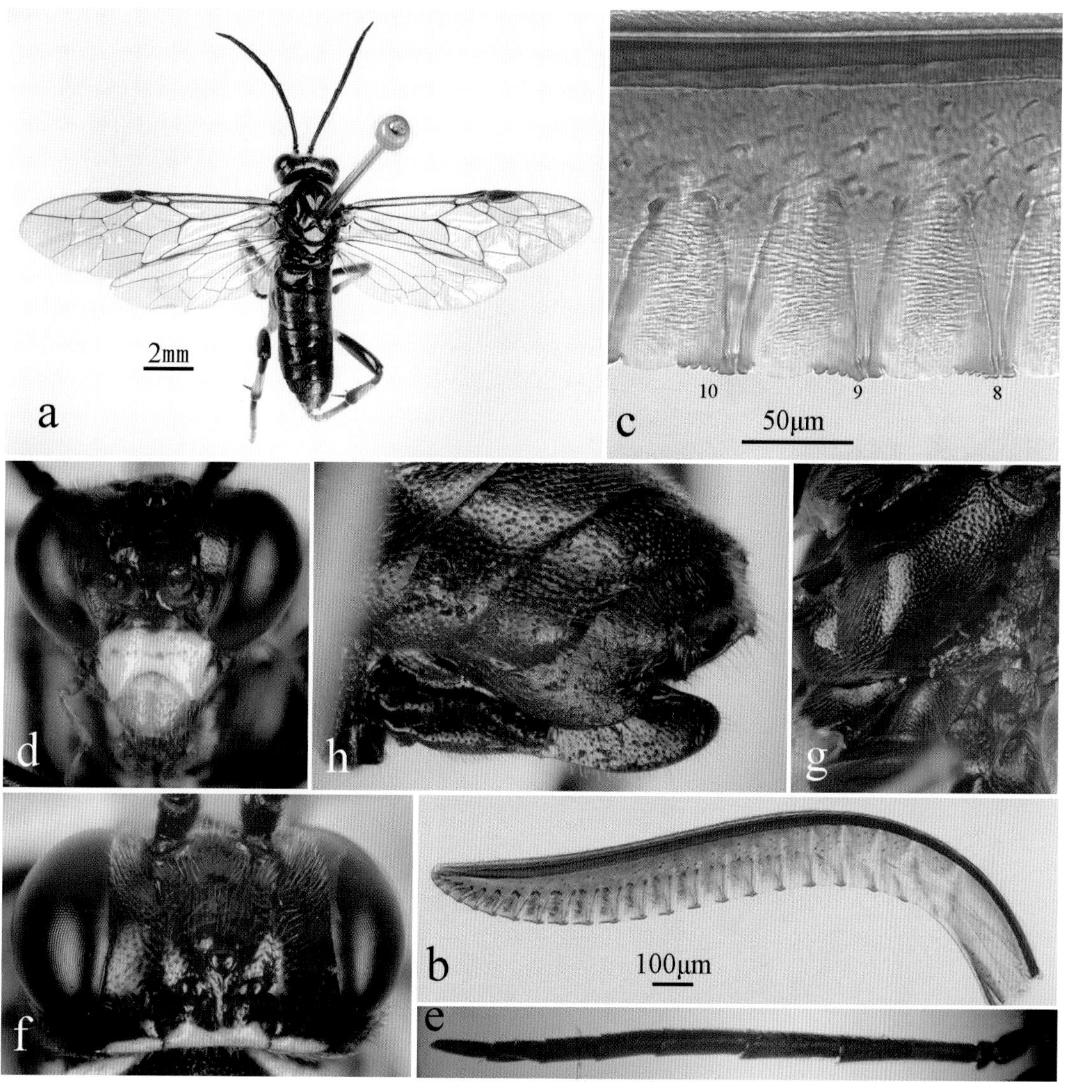

图版 2-45 朱氏钩瓣叶蜂 *Macrophya zhui* Li, Liu & Wei, 2016

a. 雌成虫背面观（adult female, dorsal view）; b. 锯腹片（lancet）; c. 锯腹片第 8~10 锯刃（the 8th-10th serrulae）; d. 雌虫头部前面观（head of female, front view）; e. 雌虫触角（antenna of female）; f. 雌虫头部背面观（head of female, dorsal view）; g. 雌虫中胸侧板和后胸侧板（mesopleuron and metapleuron of female）; h. 锯鞘侧面观（ovipositor sheath, lateral view）

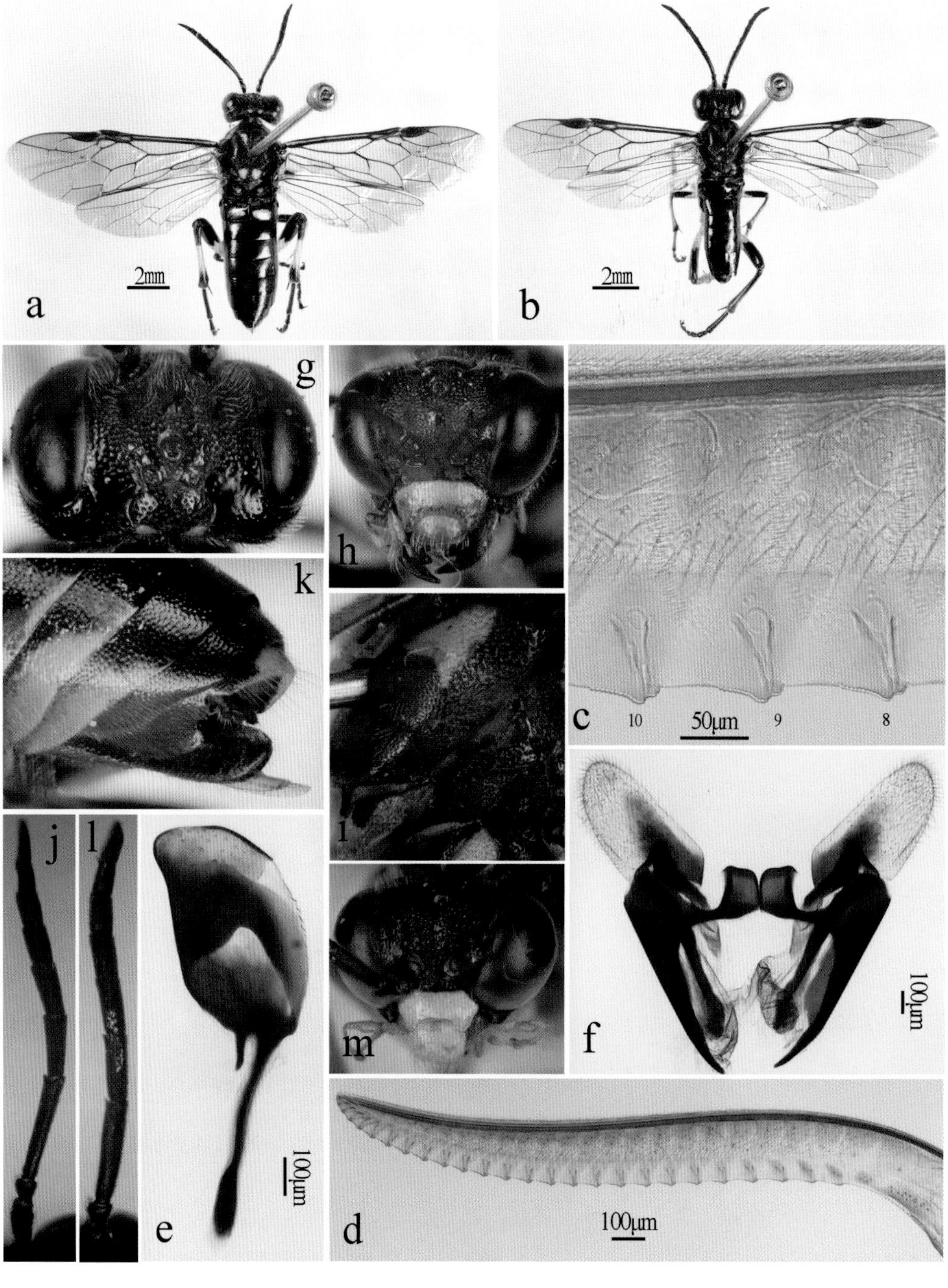

图版 2-46　长腹钩瓣叶蜂 *Macrophya dolichogaster* Wei & Ma, 1997

a. 雌成虫背面观（adult female, dorsal view）; b. 雄成虫背面观（adult male, dorsal view）; c. 锯腹片第 8~10 锯刃（the 8th-10th serrulae）; d. 锯腹片（lancet）; e. 阳茎瓣（penis valve）; f. 生殖铗（gonoforceps）; g. 雌虫头部背面观（head of female, dorsal view）; h. 雌虫头部前面观（head of female, front view）; i. 雌虫中胸侧板和后胸侧板（mesopleuron and metapleuron of female）; j. 雌虫触角（antenna of female）; k. 锯鞘侧面观（ovipositor sheath, lateral view）; l. 雄虫触角（antenna of male）; m. 雄虫头部前面观（head of male, front view）

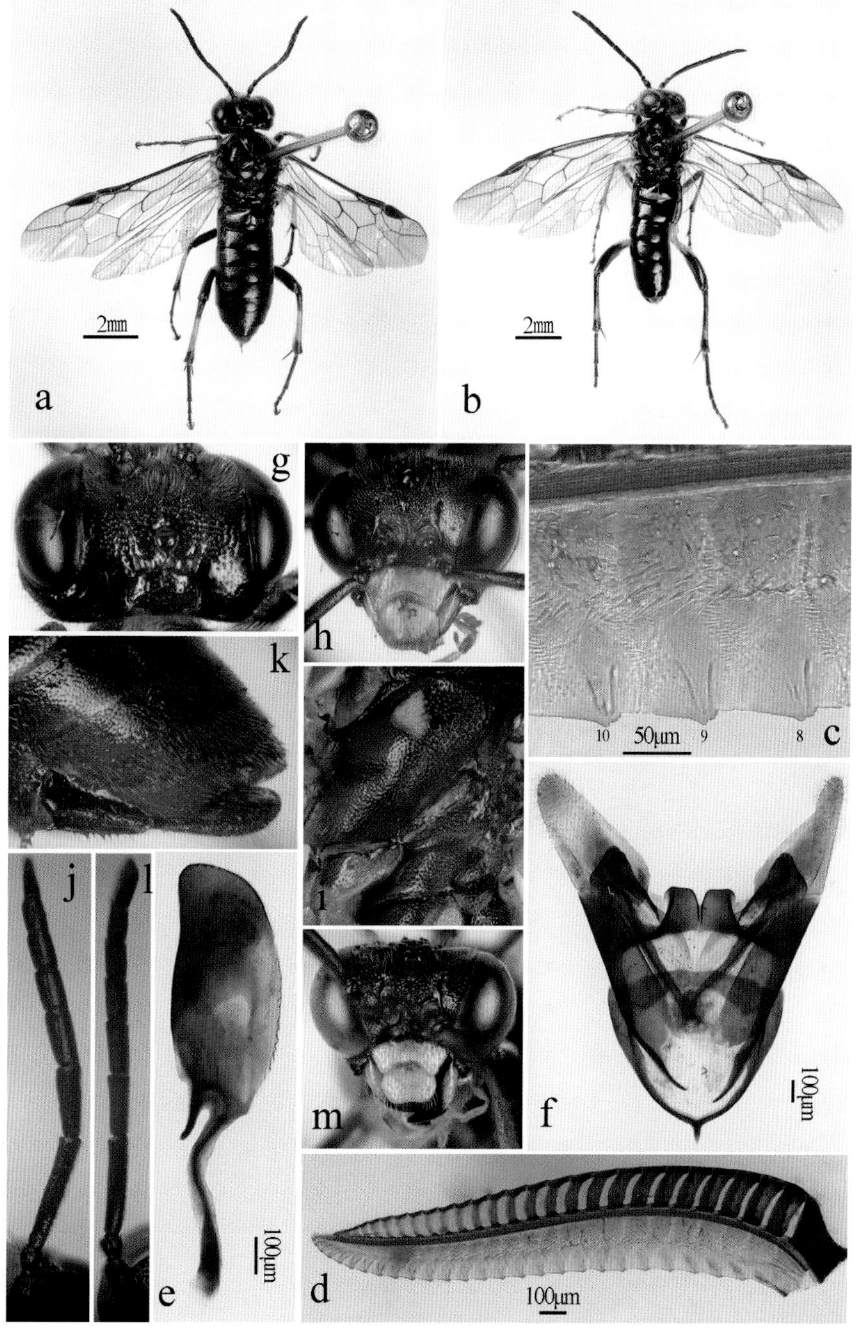

图版 2-47 台湾钩瓣叶蜂 *Macrophya formosana* Rohwer, 1916

a. 雌成虫背面观（adult female, dorsal view）; b. 雄成虫背面观（adult male, dorsal view）; c. 锯腹片第 8~10 锯刃（the 8th-10th serrulae）; d. 锯腹片（lancet）; e. 阳茎瓣（penis valve）; f. 生殖铗（gonoforceps）; g. 雌虫头部背面观（head of female, dorsal view）; h. 雌虫头部前面观（head of female, front view）; i. 雌虫中胸侧板和后胸侧板（mesopleuron and metapleuron of female）; j. 雌虫触角（antenna of female）; k. 锯鞘侧面观（ovipositor sheath, lateral view）; l. 雄虫触角（antenna of male）; m. 雄虫头部前面观（head of male, front view）

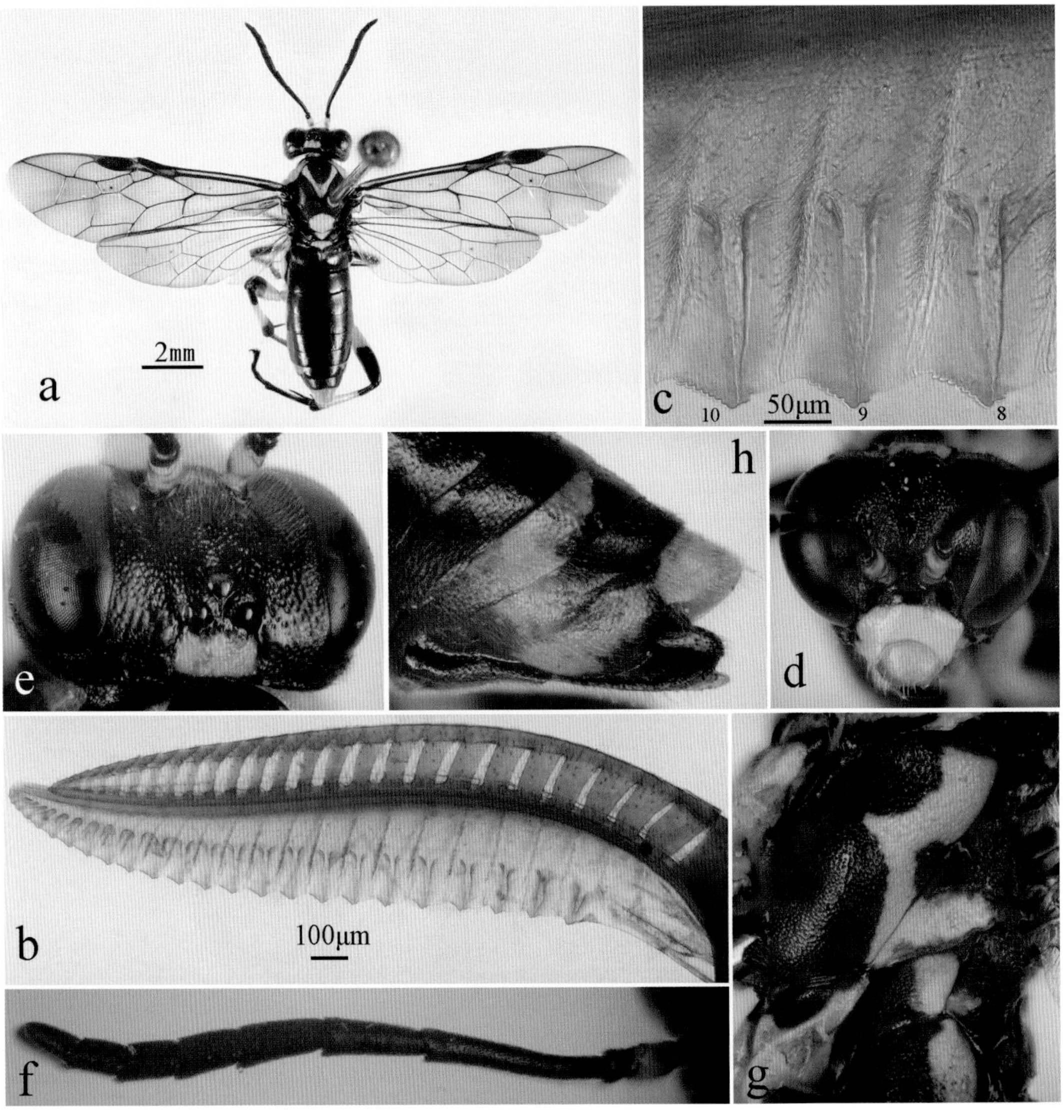

图版 2-48　斑带钩瓣叶蜂 *Macrophya histrio* Malaise, 1945

a. 雌成虫背面观（adult female, dorsal view）; b. 锯腹片（lancet）; c. 锯腹片第 8~10 锯刃（the 8th-10th serrulae）; d. 雌虫头部前面观（head of female, front view）; e. 雌虫头部背面观（head of female, dorsal view）; f. 雌虫触角（antenna of female）; g. 雌虫中胸侧板和后胸侧板（mesopleuron and metapleuron of female）; h. 锯鞘侧面观（ovipositor sheath, lateral view）

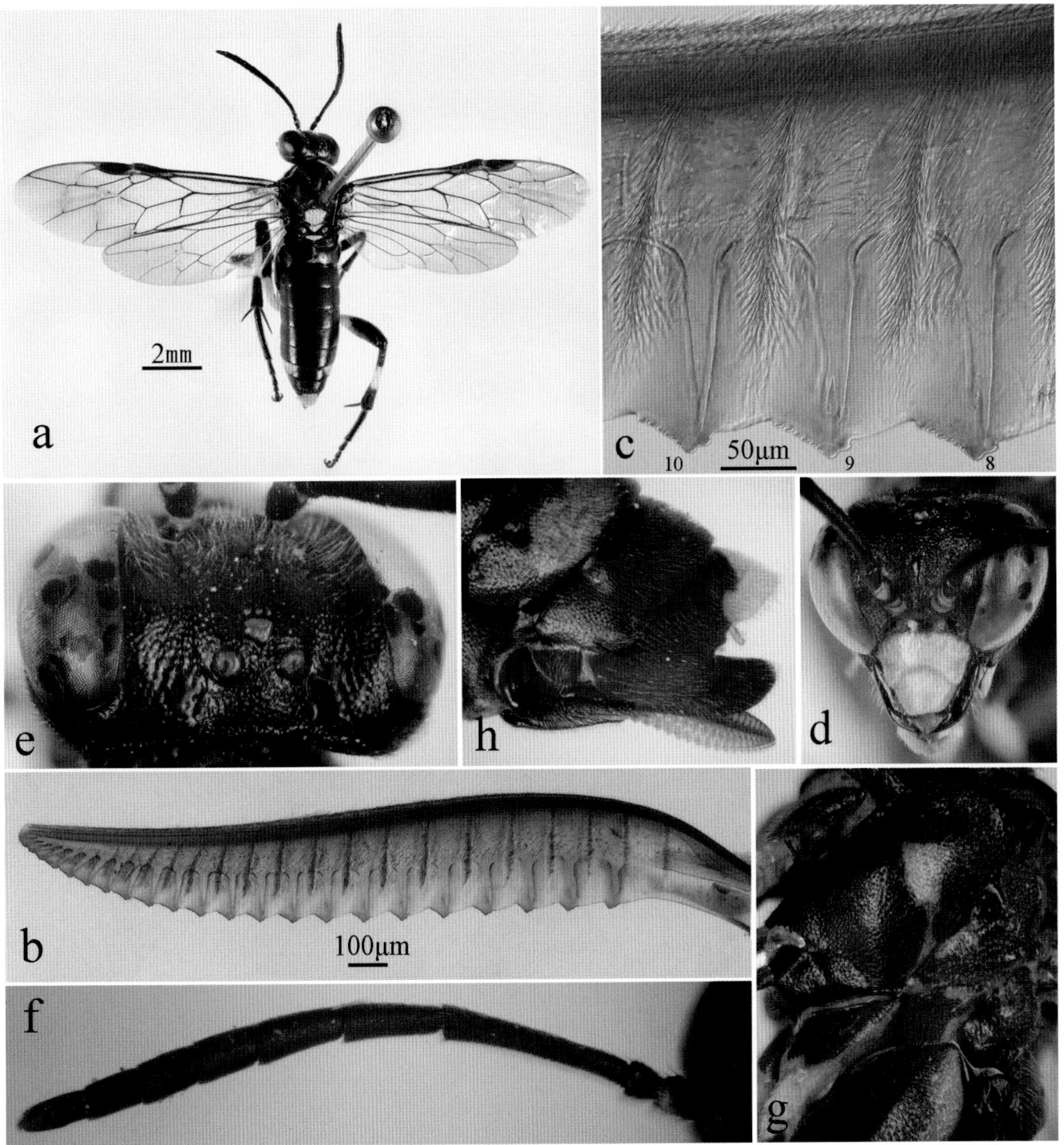

图版 2-49 密纹钩瓣叶蜂 *Macrophya histrioides* Wei, 1998

a. 雌成虫背面观（adult female, dorsal view）; b. 锯腹片（lancet）; c. 锯腹片第 8~10 锯刃（the 8th-10th serrulae）; d. 雌虫头部前面观（head of female, front view）; e. 雌虫头部背面观（head of female, dorsal view）; f. 雌虫触角（antenna of female）; g. 雌虫中胸侧板和后胸侧板（mesopleuron and metapleuron of female）; h. 锯鞘侧面观（ovipositor sheath, lateral view）

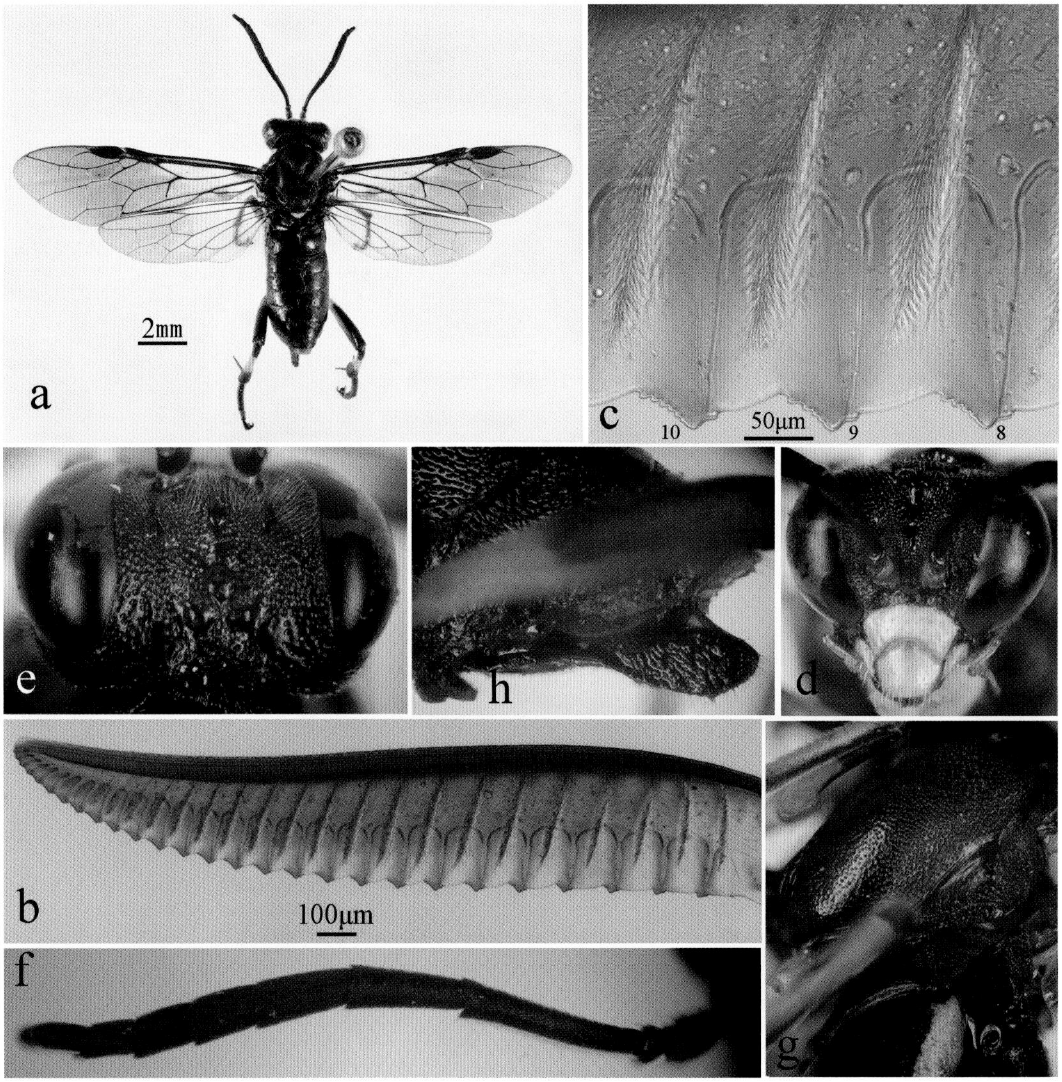

图版 2-50　宽齿钩瓣叶蜂 *Macrophya latidentata* Li, Liu & Wei, 2016

a. 雌成虫背面观（adult female, dorsal view）; b. 锯腹片（lancet）; c. 锯腹片第 8~10 锯刃（the 8th-10th serrulae）; d. 雌虫头部前面观（head of female, front view）; e. 雌虫头部背面观（head of female, dorsal view）; f. 雌虫触角（antenna of female）; g. 雌虫中胸侧板和后胸侧板（mesopleuron and metapleuron of female）; h. 锯鞘侧面观（ovipositor sheath, lateral view）

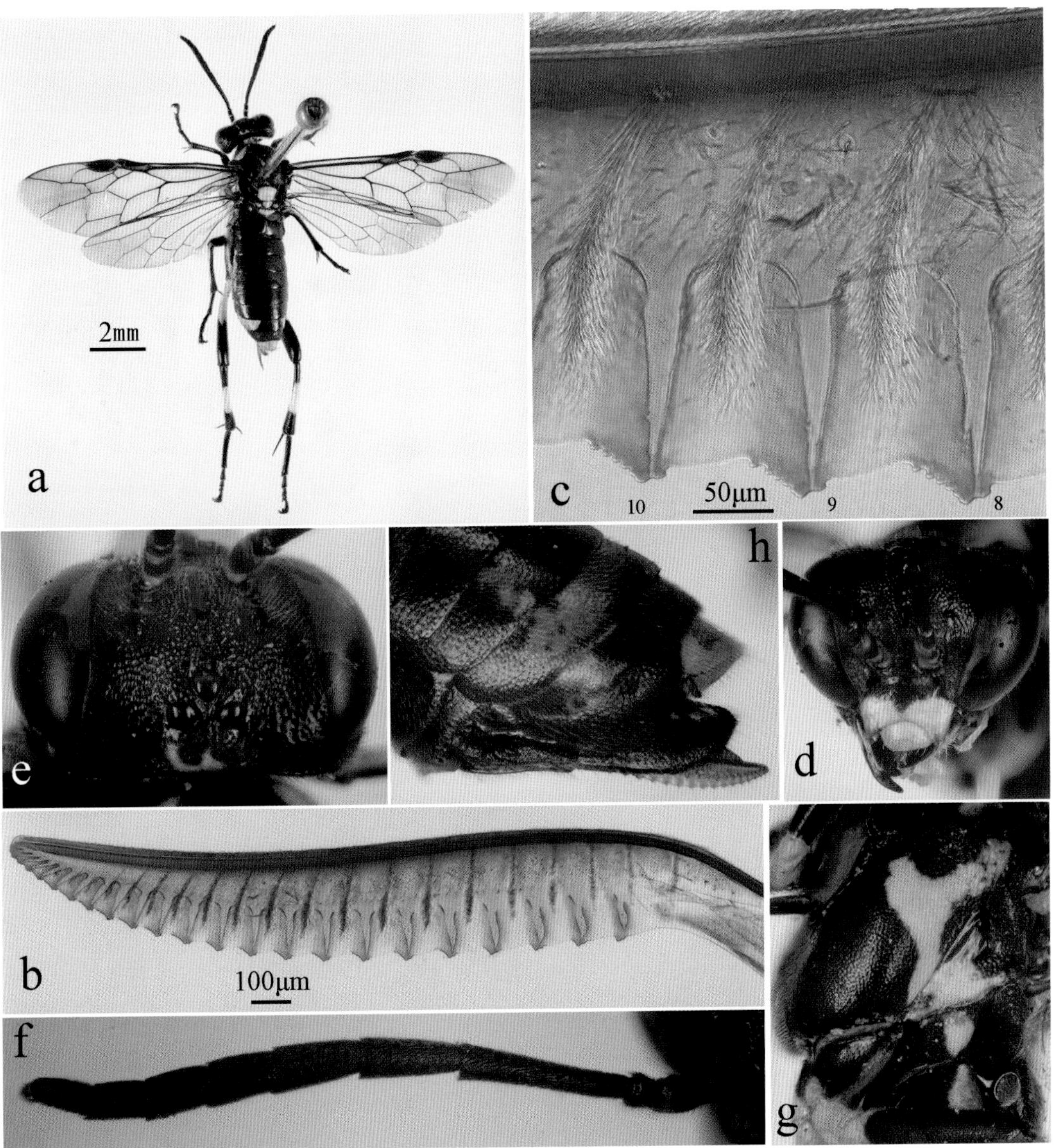

图版 2-51 武氏钩瓣叶蜂 *Macrophya wui* Wei & Zhao, 2010

a. 雌成虫背面观（adult female, dorsal view）; b. 锯腹片（lancet）; c. 锯腹片第 8~10 锯刃（the 8th-10th serrulae）; d. 雌虫头部前面观（head of female, front view）; e. 雌虫头部背面观（head of female, dorsal view）; f. 雌虫触角（antenna of female）; g. 雌虫中胸侧板和后胸侧板（mesopleuron and metapleuron of female）; h. 锯鞘侧面观（ovipositor sheath, lateral view）

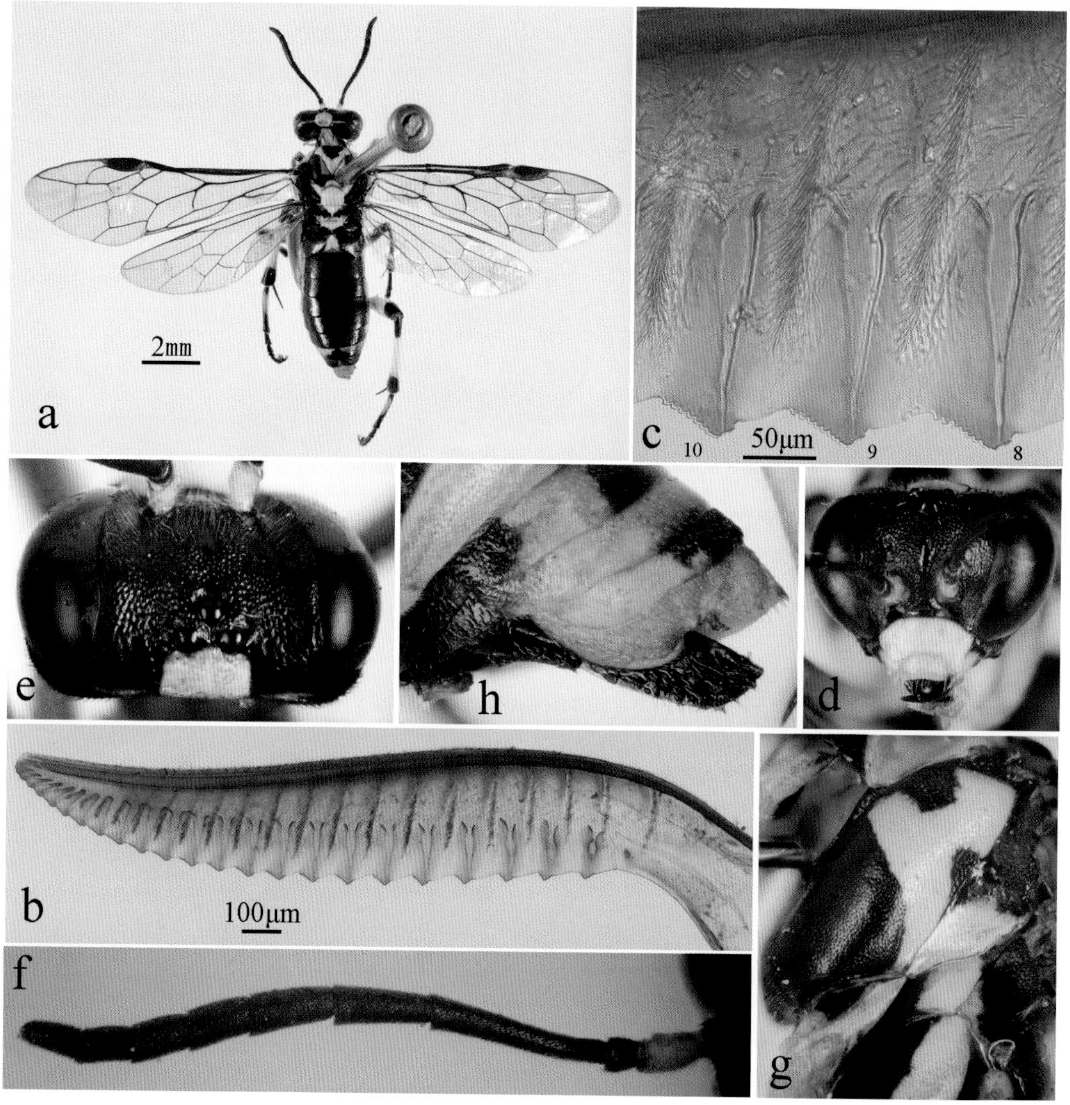

图版 2-52　宝石钩瓣叶蜂 *Macrophya xanthosoma* Wei, 2005

a. 雌成虫背面观（adult female, dorsal view）; b. 锯腹片（lancet）; c. 锯腹片第 8~10 锯刃（the 8th-10th serrulae）; d. 雌虫头部前面观（head of female, front view）; e. 雌虫头部背面观（head of female, dorsal view）; f. 雌虫触角（antenna of female）; g. 雌虫中胸侧板和后胸侧板（mesopleuron and metapleuron of female）; h. 锯鞘侧面观（ovipositor sheath, lateral view）

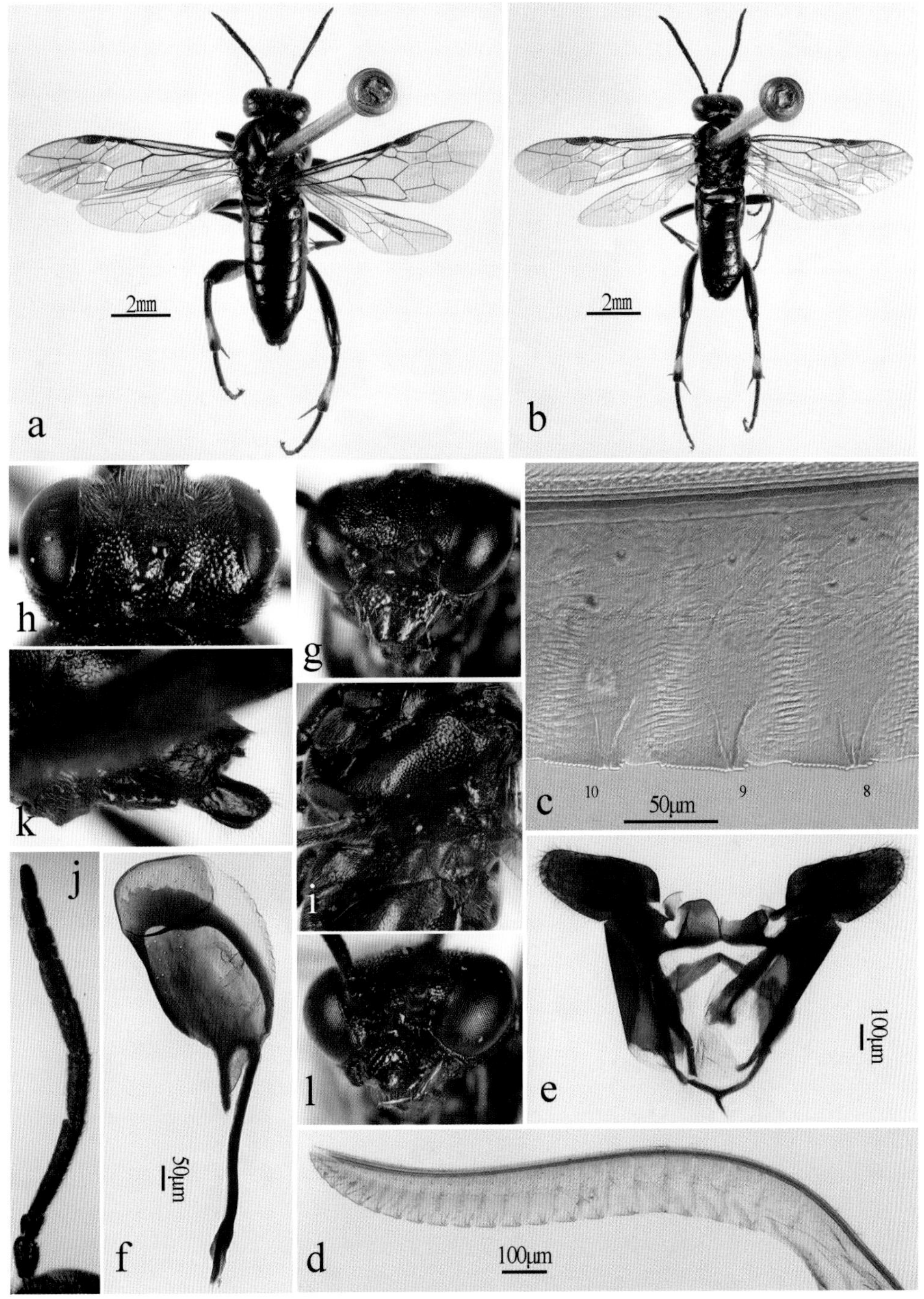

图版 2-53　卜氏钩瓣叶蜂 *Macrophya bui* Wei & Li, 2012

a. 雌成虫背面观（adult female, dorsal view）; b. 雄成虫背面观（adult male, dorsal view）; c. 锯腹片第 8~10 锯刃（the 8th-10th serrulae）; d. 锯腹片（lancet）; e. 生殖铗（gonoforceps）; f. 阳茎瓣（penis valve）; g. 雌虫头部前面观（head of female, front view）; h. 雌虫头部背面观（head of female, dorsal view）; i. 雌虫中胸侧板和后胸侧板（mesopleuron and metapleuron of female）; j. 雌虫触角（antenna of female）; k. 锯鞘侧面观（ovipositor sheath, lateral view）; l. 雄虫头部前面观（head of male, front view）

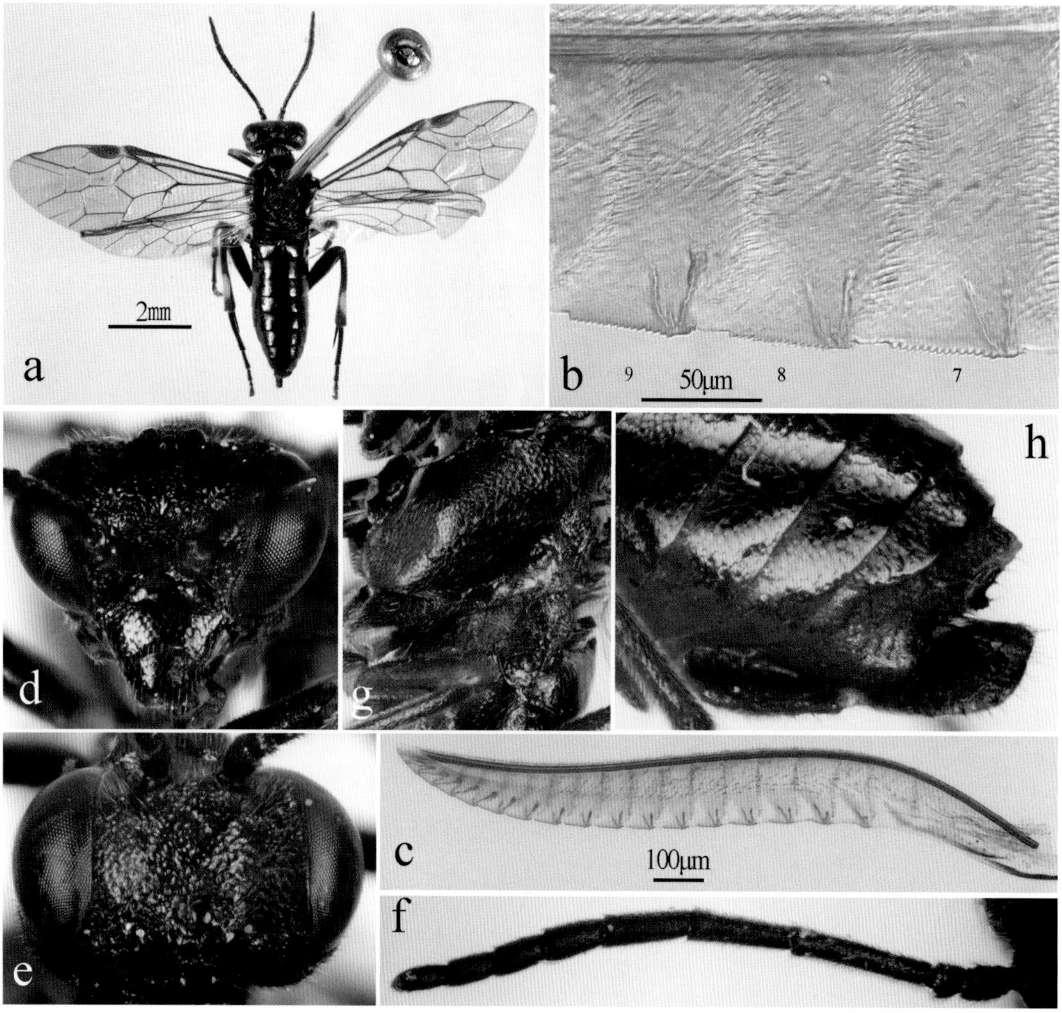

图版 2-54　长白钩瓣叶蜂 *Macrophya changbaina* Li, Liu & Heng, 2015

a. 雌成虫背面观（adult female, dorsal view）; b. 锯腹片第 7~9 锯刃（the 7th-9th serrulae）; c. 锯腹片（lancet）; d. 雌虫头部前面观（head of female, front view）; e. 雌虫头部背面观（head of female, dorsal view）; f. 雌虫触角（antenna of female）; g. 雌虫中胸侧板和后胸侧板（mesopleuron and metapleuron of female）; h. 锯鞘侧面观（ovipositor sheath, lateral view）

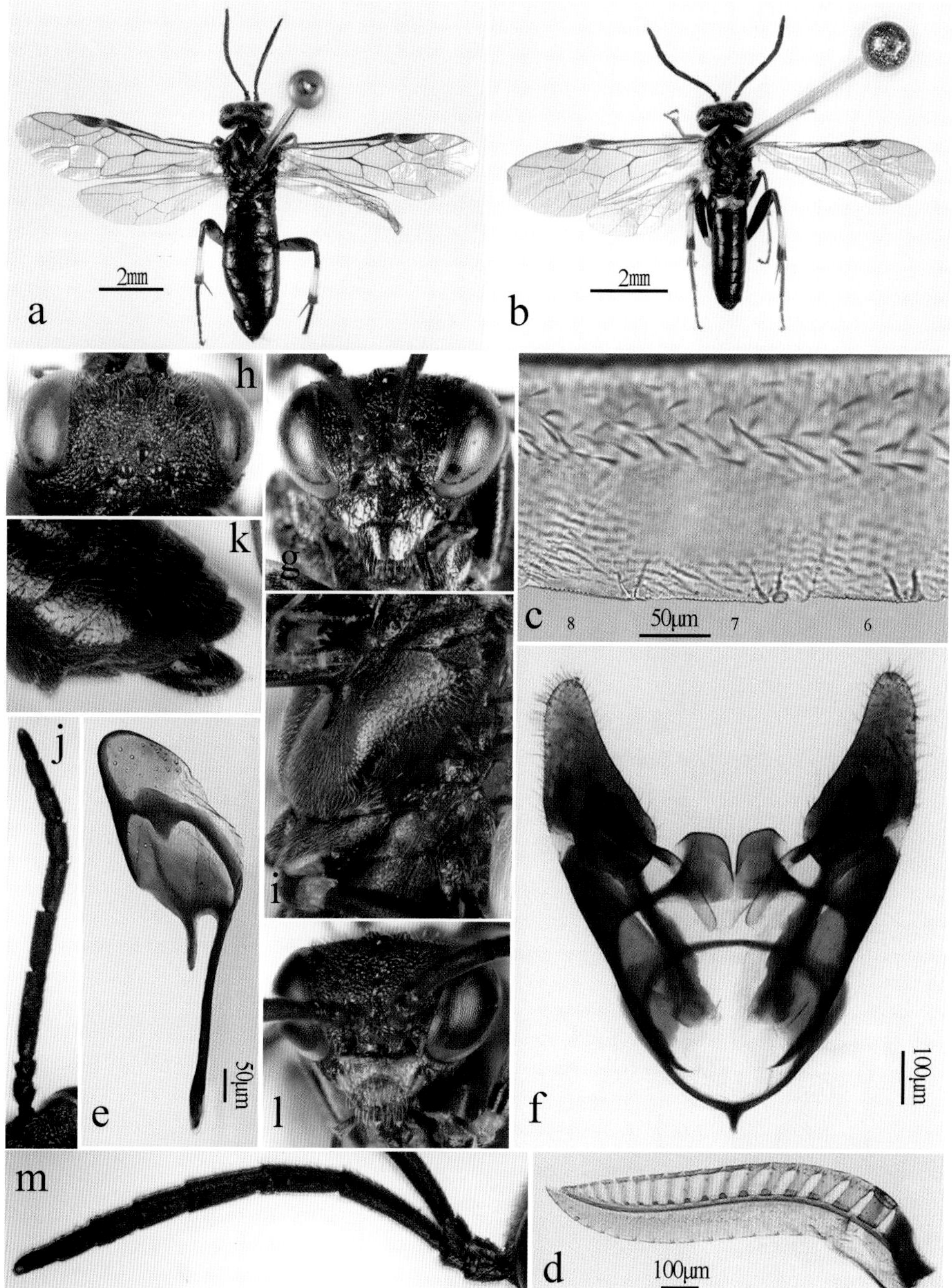

图版 2-55 环胫钩瓣叶蜂 *Macrophya circulotibialis* Li, Liu & Heng, 2015

a. 雌成虫背面观（adult female, dorsal view）; b. 雄成虫背面观（adult male, dorsal view）; c. 锯腹片第 6~8 锯刃（the 6th-8th serrulae）; d. 锯腹片（lancet）; e. 阳茎瓣（penis valve）; f. 生殖铗（gonoforceps）; g. 雌虫头部前面观（head of female, front view）; h. 雌虫头部背面观（head of female, dorsal view）; i. 雌虫中胸侧板和后胸侧板（mesopleuron and metapleuron of female）; j. 雌虫触角（antenna of female）; k. 锯鞘侧面观（ovipositor sheath, lateral view）; l. 雄虫头部前面观（head of male, front view）; m. 雄虫触角（antenna of male）

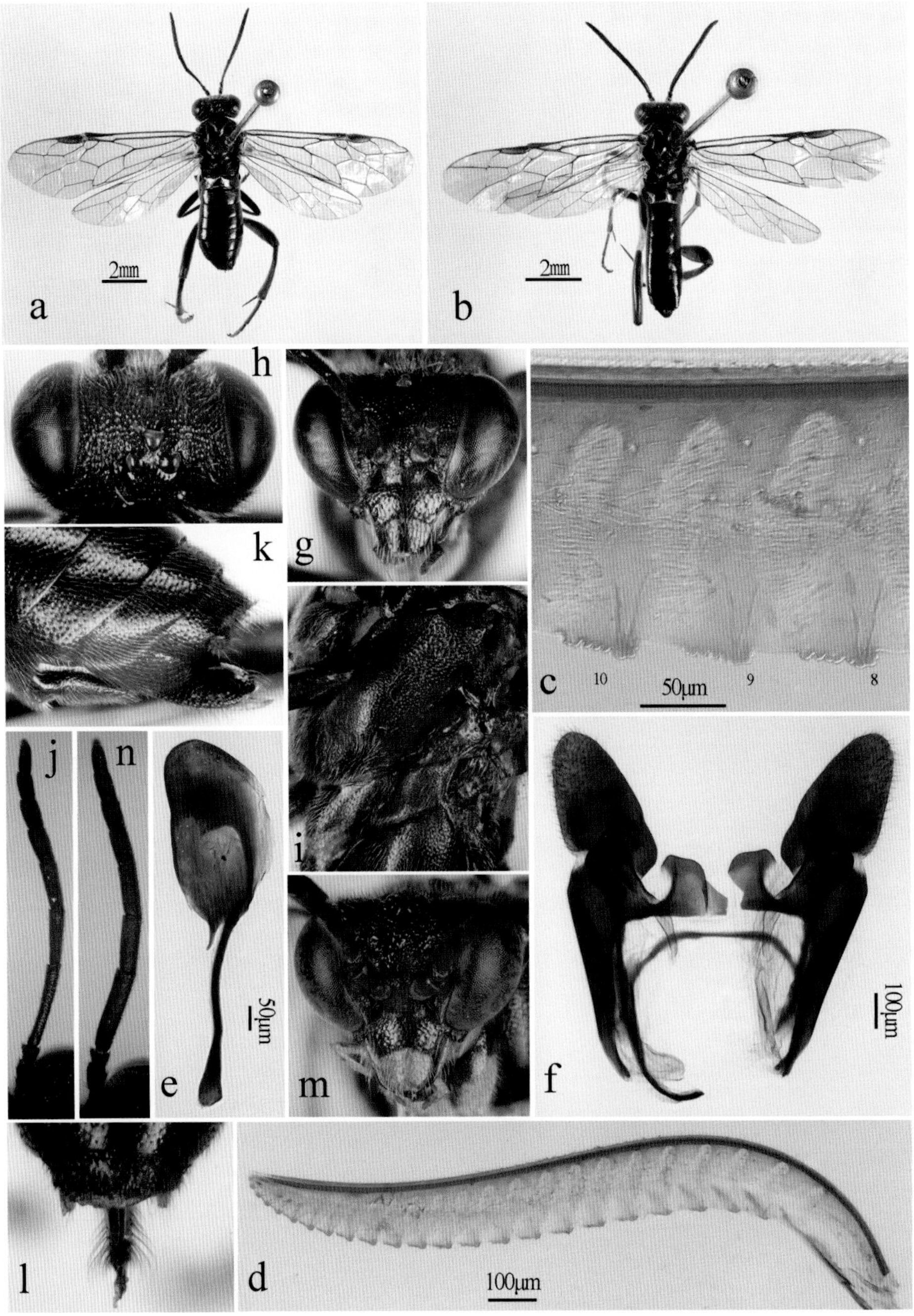

图版 2-56　弯毛钩瓣叶蜂 *Macrophya curvatisaeta* Wei & Li, 2010

a. 雌成虫背面观（adult female, dorsal view）; b. 雄成虫背面观（adult male, dorsal view）; c. 锯腹片第 8~10 锯刃（the 8th-10th serrulae）; d. 锯腹片（lancet）; e. 阳茎瓣（penis valve）; f. 生殖铗（gonoforceps）; g. 雌虫头部前面观（head of female, front view）; h. 雌虫头部背面观（head of female, dorsal view）; i. 雌虫中胸侧板和后胸侧板（mesopleuron and metapleuron of female）; j. 雌虫触角（antenna of female）; k. 锯鞘侧面观（ovipositor sheath, lateral view）; l. 锯鞘背面观（ovipositor sheath, dorsal view）; m. 雄虫头部前面观（head of male, front view）; n. 雄虫触角（antenna of male）

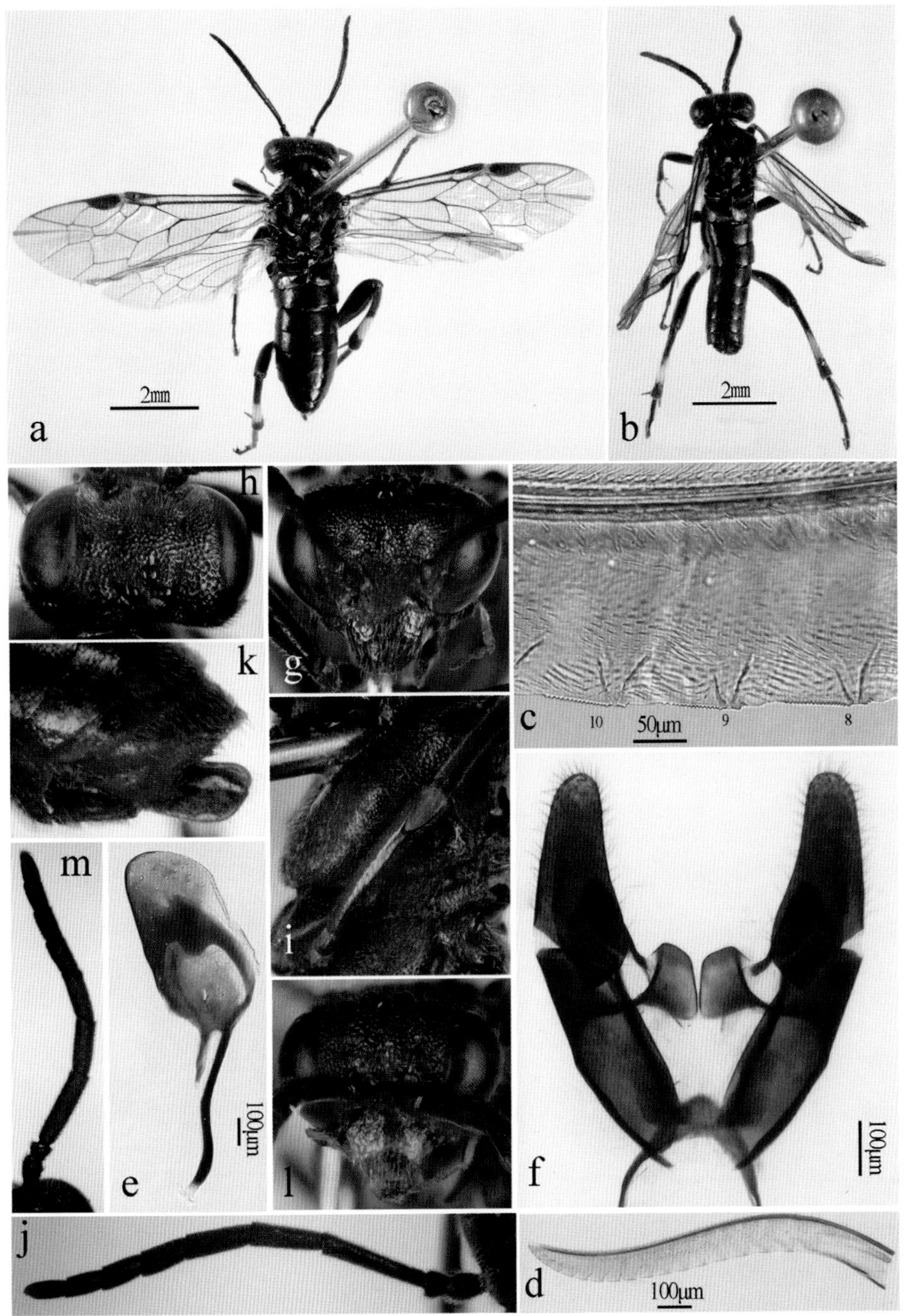

图版 2-57 弯鞘钩瓣叶蜂 *Macrophya curvatitheca* Li, Liu & Heng, 2015

a. 雌成虫背面观（adult female, dorsal view）; b. 雄成虫背面观（adult male, dorsal view）; c. 锯腹片第 8~10 锯刃（the 8th-10th serrulae）; d. 锯腹片（lancet）; e. 阳茎瓣（penis valve）; f. 生殖铗（gonoforceps）; g. 雌虫头部前面观（head of female, front view）; h. 雌虫头部背面观（head of female, dorsal view）; i. 雌虫中胸侧板和后胸侧板（mesopleuron and metapleuron of female）; j. 雌虫触角（antenna of female）; k. 锯鞘侧面观（ovipositor sheath, lateral view）; l. 雄虫头部前面观（head of male, front view）; m. 雄虫触角（antenna of male）

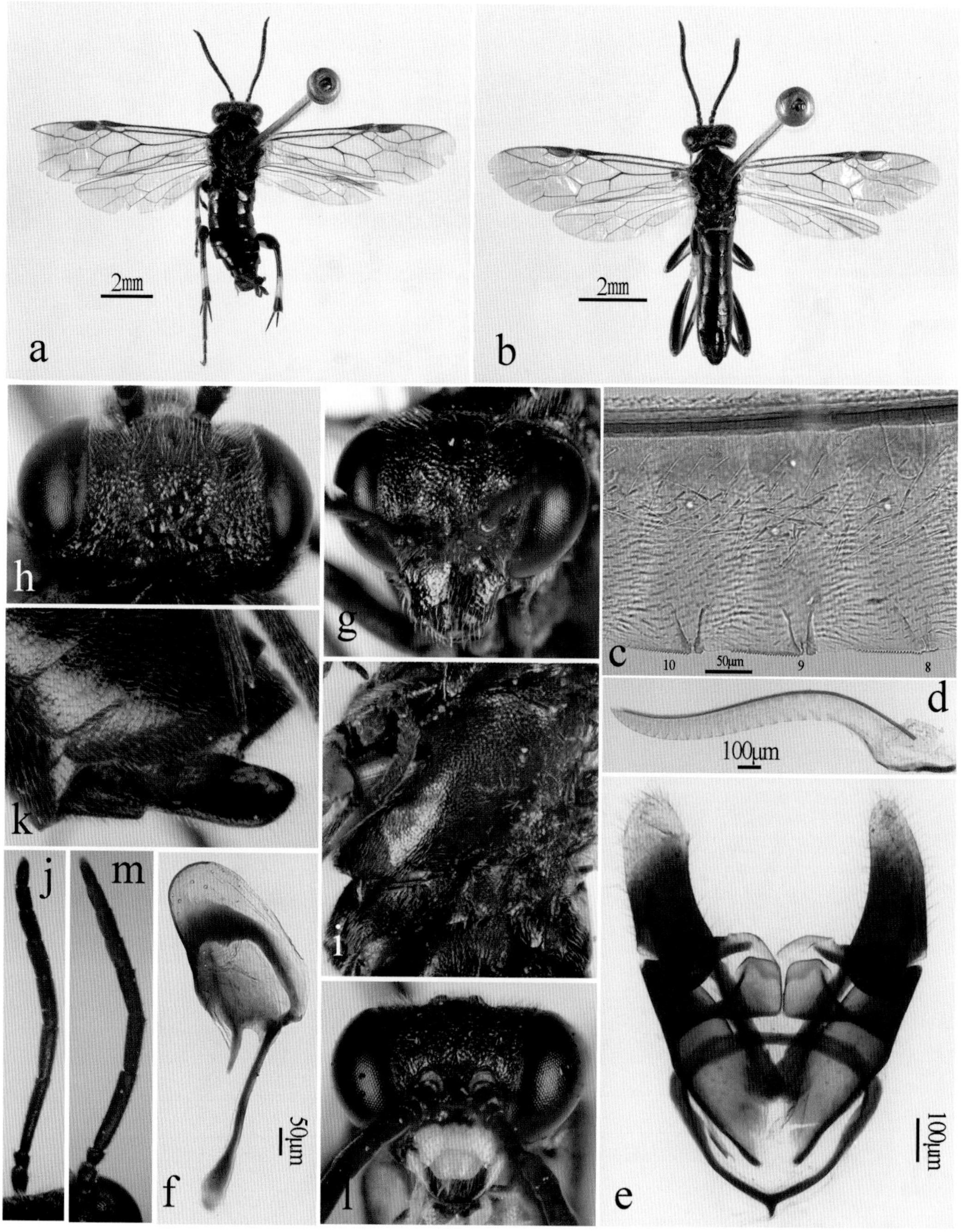

图版 2-58　平刃钩瓣叶蜂 *Macrophya flactoserrula* Chen & Wei, 2002

a. 雌成虫背面观（adult female, dorsal view）；b. 雄成虫背面观（adult male, dorsal view）；c. 锯腹片第 8~10 锯刃（the 8th-10th serrulae）；d. 锯腹片（lancet）；e. 生殖铗（gonoforceps）；f. 阳茎瓣（penis valve）；g. 雌虫头部前面观（head of female, front view）；h. 雌虫头部背面观（head of female, dorsal view）；i. 雌虫中胸侧板和后胸侧板（mesopleuron and metapleuron of female）；j. 雌虫触角（antenna of female）；k. 锯鞘侧面观（ovipositor sheath, lateral view）；l. 雄虫头部前面观（head of male, front view）；m. 雄虫触角（antenna of male）

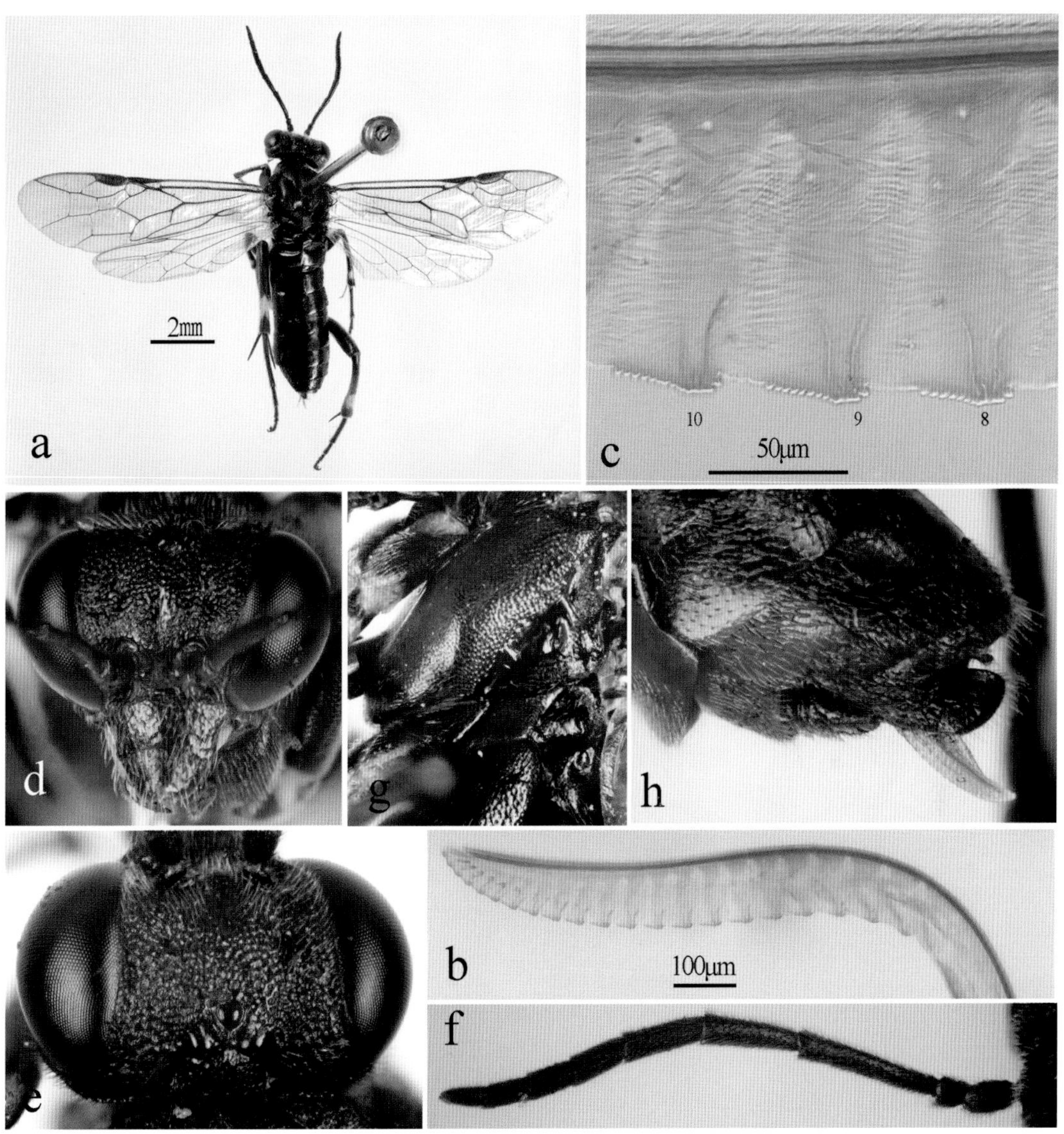

图版 2-59 伏牛钩瓣叶蜂 *Macrophya funiushana* Wei, 1998

a. 雌成虫背面观（adult female, dorsal view）; b. 锯腹片（lancet）; c. 锯腹片第 8~10 锯刃（the 8th-10th serrulae）; d. 雌虫头部前面观（head of female, front view）; e. 雌虫头部背面观（head of female, dorsal view）; f. 雌虫触角（antenna of female）; g. 雌虫中胸侧板和后胸侧板（mesopleuron and metapleuron of female）; h. 锯鞘侧面观（ovipositor sheath, lateral view）

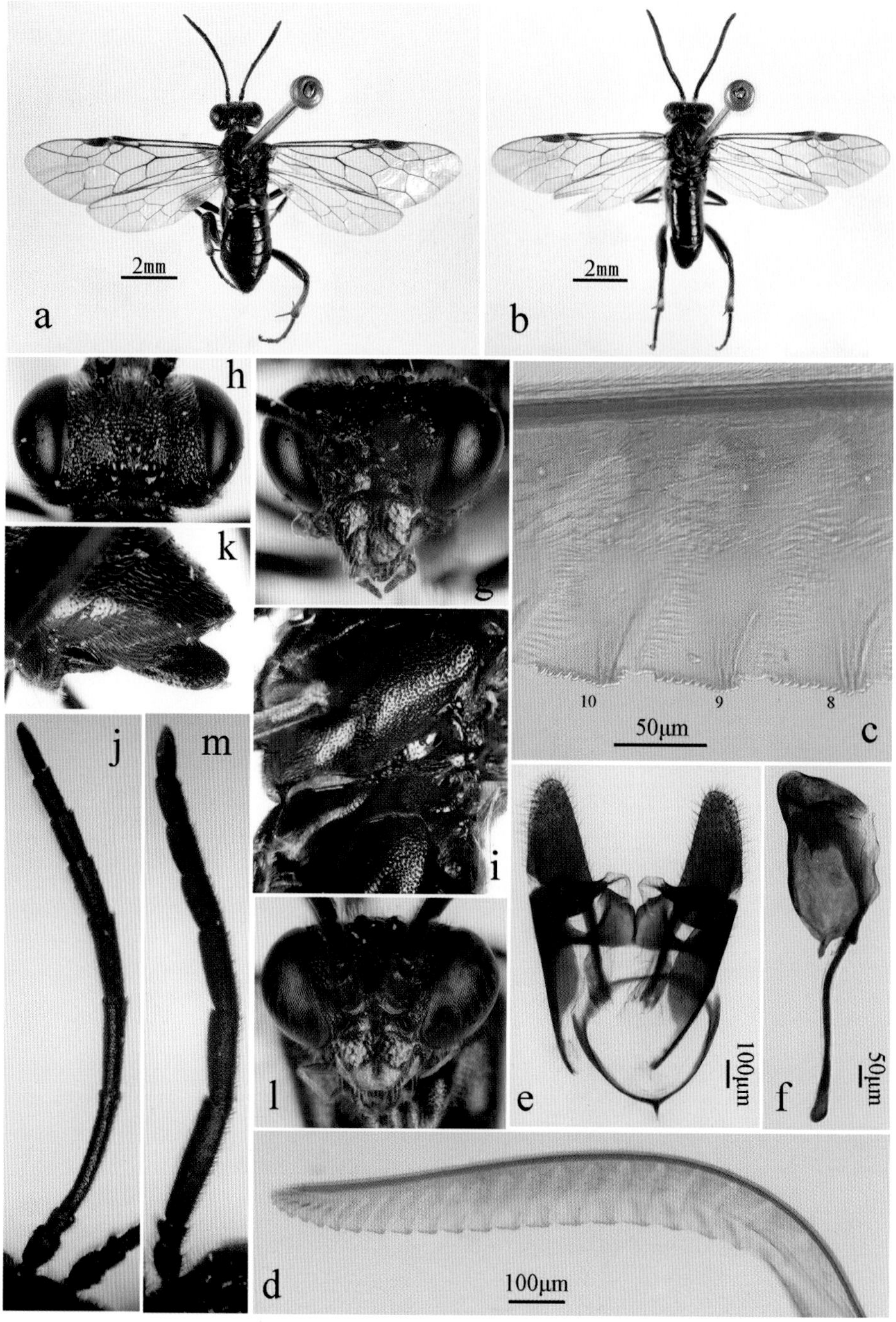

图版 2-60　白边钩瓣叶蜂 *Macrophya imitatoides* Wei, 2007

a. 雌成虫背面观（adult female, dorsal view）; b. 雄成虫背面观（adult male, dorsal view）; c. 锯腹片第 8~10 锯刃（the 8th-10th serrulae）; d. 锯腹片（lancet）; e. 生殖铗（gonoforceps）; f. 阳茎瓣（penis valve）; g. 雌虫头部前面观（head of female, front view）; h. 雌虫头部背面观（head of female, dorsal view）; i. 雌虫中胸侧板和后胸侧板（mesopleuron and metapleuron of female）; j. 雌虫触角（antenna of female）; k. 锯鞘侧面观（ovipositor sheath, lateral view）; l. 雄虫头部前面观（head of male, front view）; m. 雄虫触角（antenna of male）

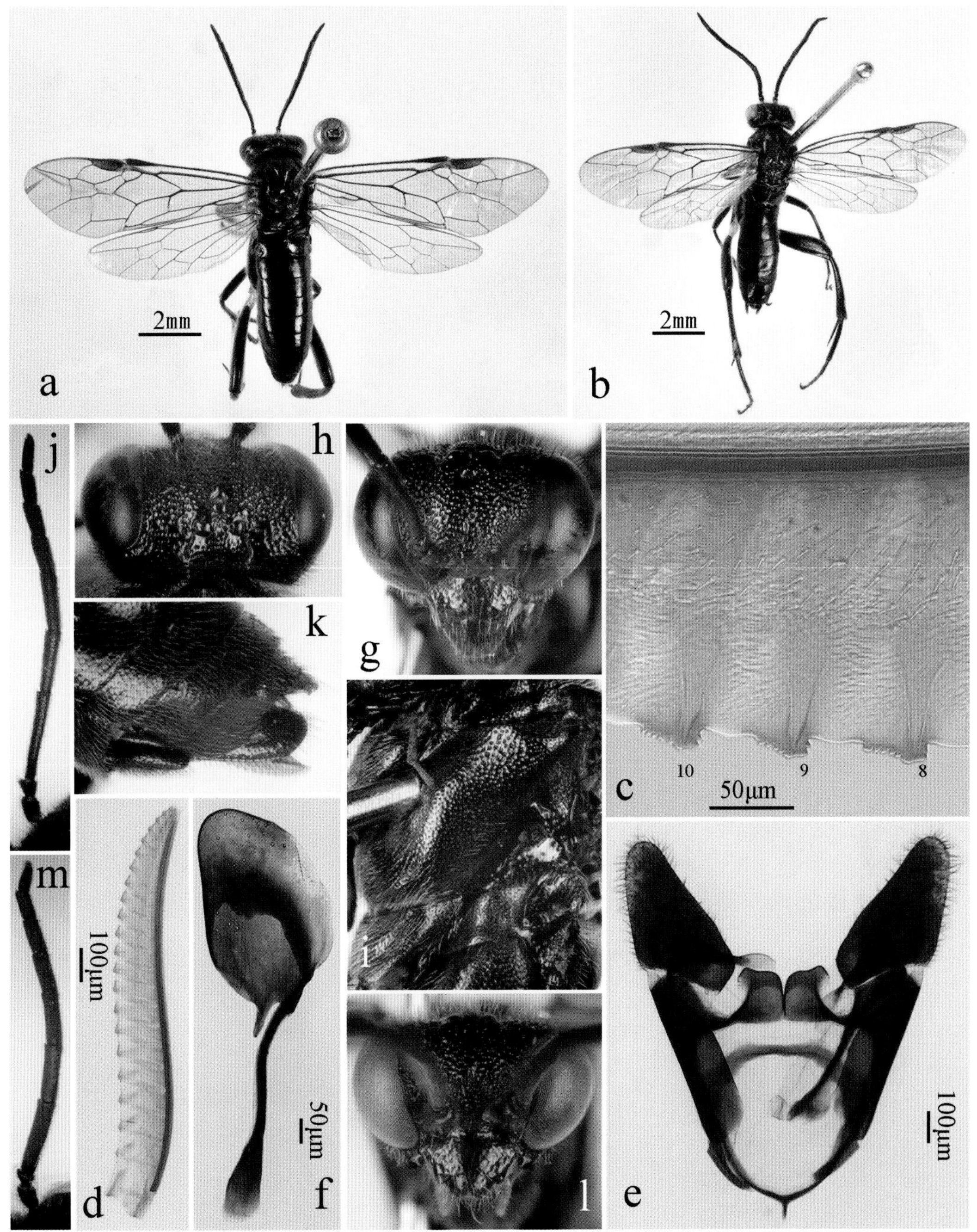

图版 2-61 密鞘钩瓣叶蜂 *Macrophya imitator* Takeuchi, 1937

a. 雌成虫背面观（adult female, dorsal view）; b. 雄成虫背面观（adult male, dorsal view）; c. 锯腹片第8~10锯刃（the 8th-10th serrulae）; d. 锯腹片（lancet）; e. 生殖铗（gonoforceps）; f. 阳茎瓣（penis valve）; g. 雌虫头部前面观（head of female, front view）; h. 雌虫头部背面观（head of female, dorsal view）; i. 雌虫中胸侧板和后胸侧板（mesopleuron and metapleuron of female）; j. 雌虫触角（antenna of female）; k. 锯鞘侧面观（ovipositor sheath, lateral view）; l. 雄虫头部前面观（head of male, front view）; m. 雄虫触角（antenna of male）

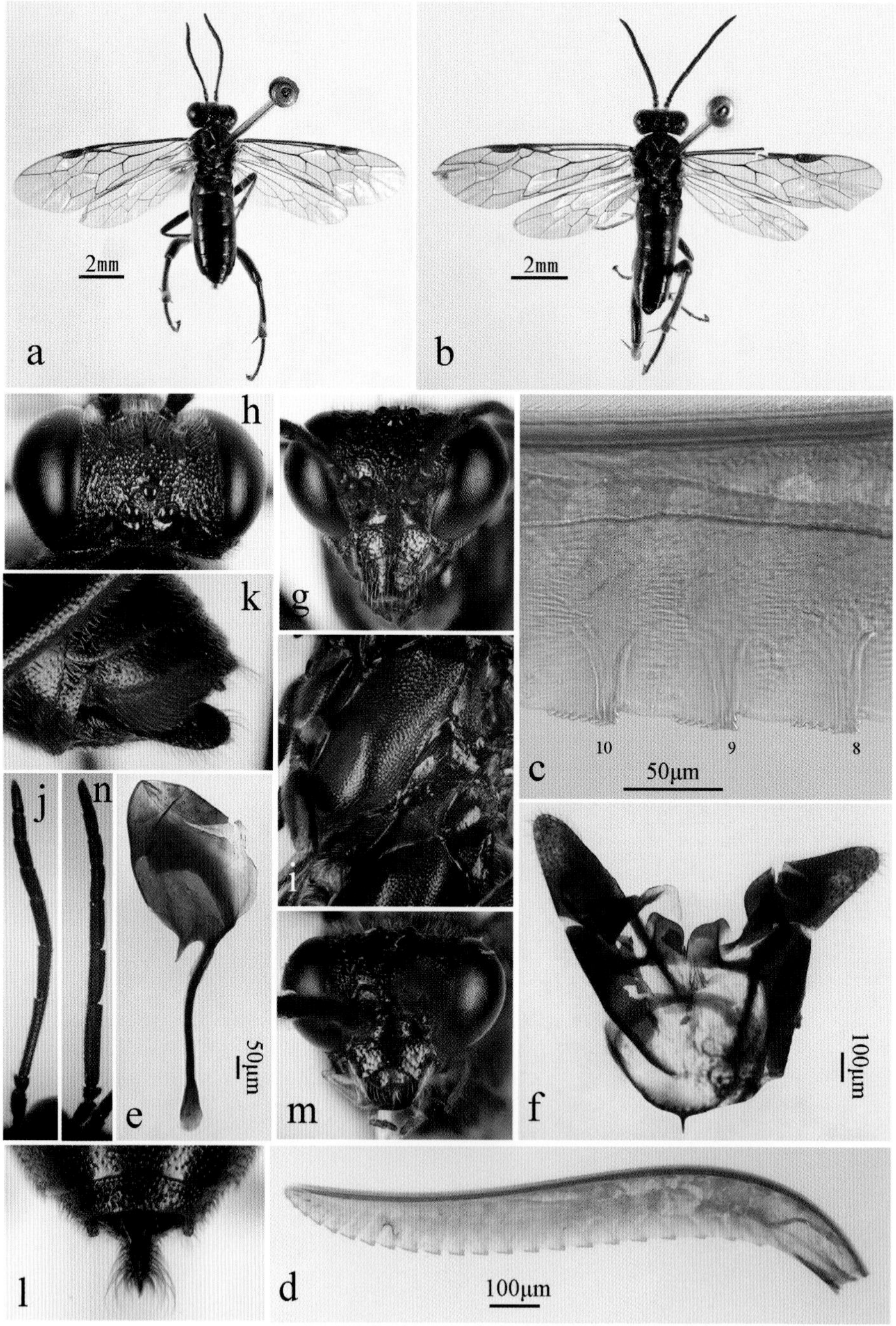

图版 2-62　焦氏钩瓣叶蜂 *Macrophya jiaozhaoae* Wei & Zhao, 2010

a. 雌成虫背面观（adult female, dorsal view）; b. 雄成虫背面观（adult male, dorsal view）; c. 锯腹片第 8~10 锯刃（the 8th-10th serrulae）; d. 锯腹片（lancet）; e. 阳茎瓣（penis valve）; f. 生殖铗（gonoforceps）; g. 雌虫头部前面观（head of female, front view）; h. 雌虫头部背面观（head of female, dorsal view）; i. 雌虫中胸侧板和后胸侧板（mesopleuron and metapleuron of female）; j. 雌虫触角（antenna of female）; k. 锯鞘侧面观（ovipositor sheath, lateral view）; l. 锯鞘背面观（ovipositor sheath, dorsal view）; 雄虫头部前面观（head of male, front view）; m. 雄虫触角（antenna of male）

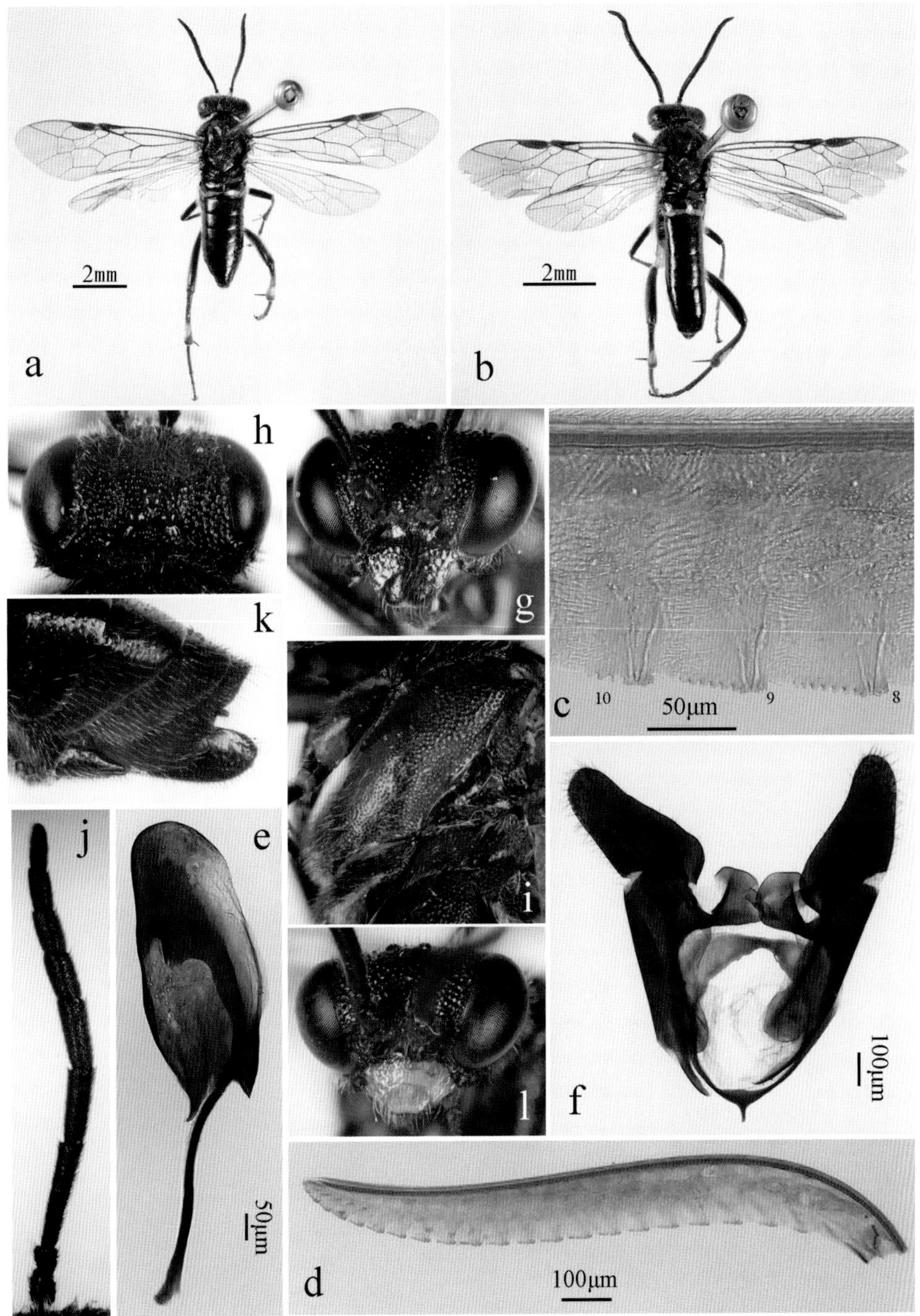

图版 2-63 康定钩瓣叶蜂 *Macrophya kangdingensis* Wei & Li, 2012

a. 雌成虫背面观（adult female, dorsal view）; b. 雄成虫背面观（adult male, dorsal view）; c. 锯腹片第 8~10 锯刃（the 8th-10th serrulae）; d. 锯腹片（lancet）; e. 阳茎瓣（penis valve）; f. 生殖铗（gonoforceps）; g. 雌虫头部前面观（head of female, front view）; h. 雌虫头部背面观（head of female, dorsal view）; i. 雌虫中胸侧板和后胸侧板（mesopleuron and metapleuron of female）; j. 雌虫触角（antenna of female）; k. 锯鞘侧面观（ovipositor sheath, lateral view）; l. 雄虫头部前面观（head of male, front view）

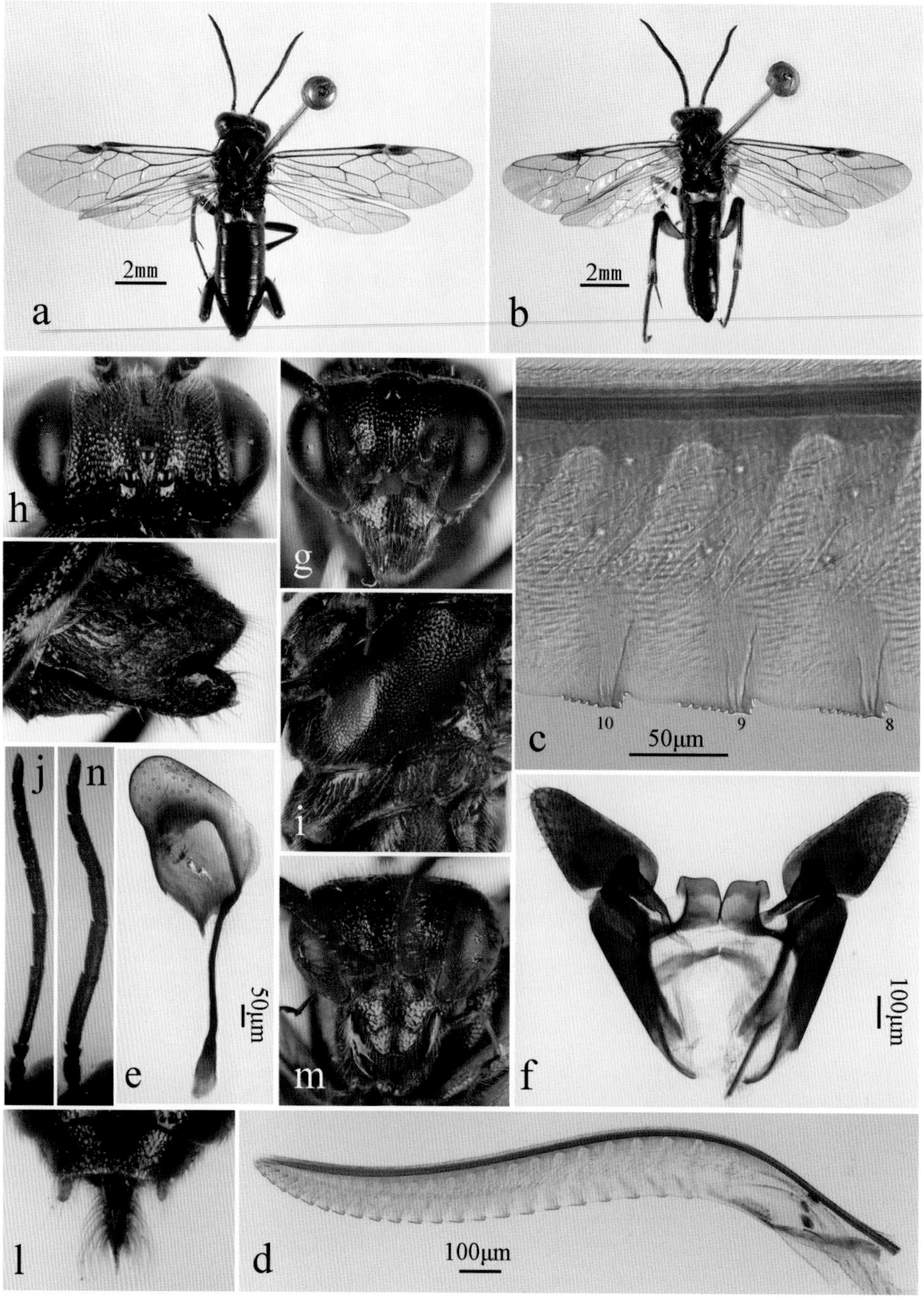

图版 2-64　斑转钩瓣叶蜂 *Macrophya nigromaculata* Wei & Li, 2010

a. 雌成虫背面观（adult female, dorsal view）; b. 雄成虫背面观（adult male, dorsal view）; c. 锯腹片第 8~10 锯刃（the 8th-10th serrulae）; d. 锯腹片（lancet）; e. 生殖铗（gonoforceps）; f. 阳茎瓣（penis valve）; g. 雌虫头部前面观（head of female, front view）; h. 雌虫头部背面观（head of female, dorsal view）; i. 雌虫中胸侧板和后胸侧板（mesopleuron and metapleuron of female）; j. 雌虫触角（antenna of female）; k. 锯鞘侧面观（ovipositor sheath, lateral view）; l. 锯鞘背面观（ovipositor sheath, dorsal view）; m. 雄虫头部前面观（head of male, front view）; n. 雄虫触角（antenna of male）

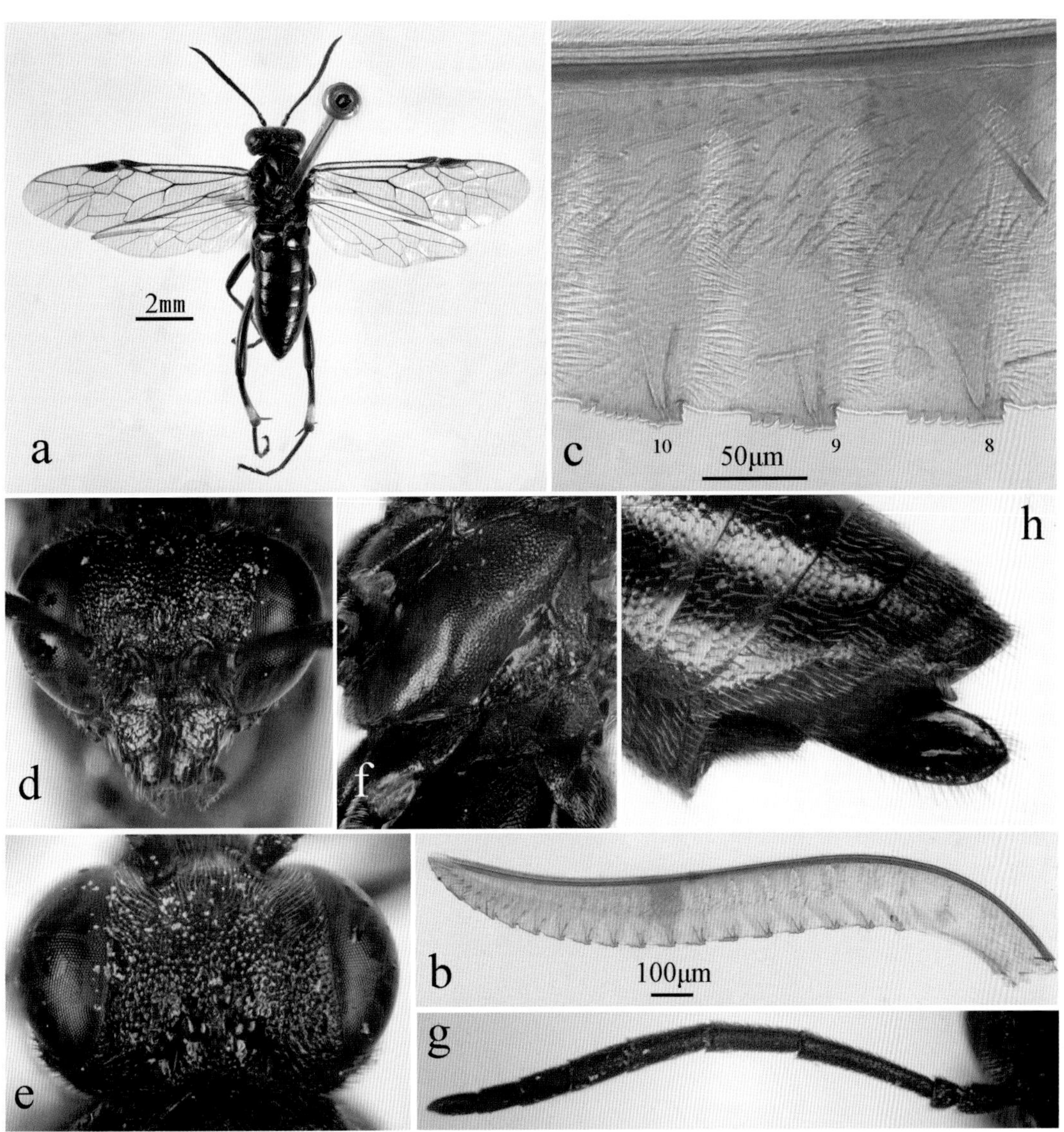

图版 2-65 长鞘钩瓣叶蜂 *Macrophya parimitator* Wei, 1998

a. 雌成虫背面观（adult female, dorsal view）; b. 锯腹片（lancet）; c. 锯腹片第 8~10 锯刃（the 8th-10th serrulae）; d. 雌虫头部前面观（head of female, front view）; e. 雌虫头部背面观（head of female, dorsal view）; f. 雌虫中胸侧板和后胸侧板（mesopleuron and metapleuron of female）; g. 雌虫触角（antenna of female）; h. 锯鞘侧面观（ovipositor sheath, lateral view）

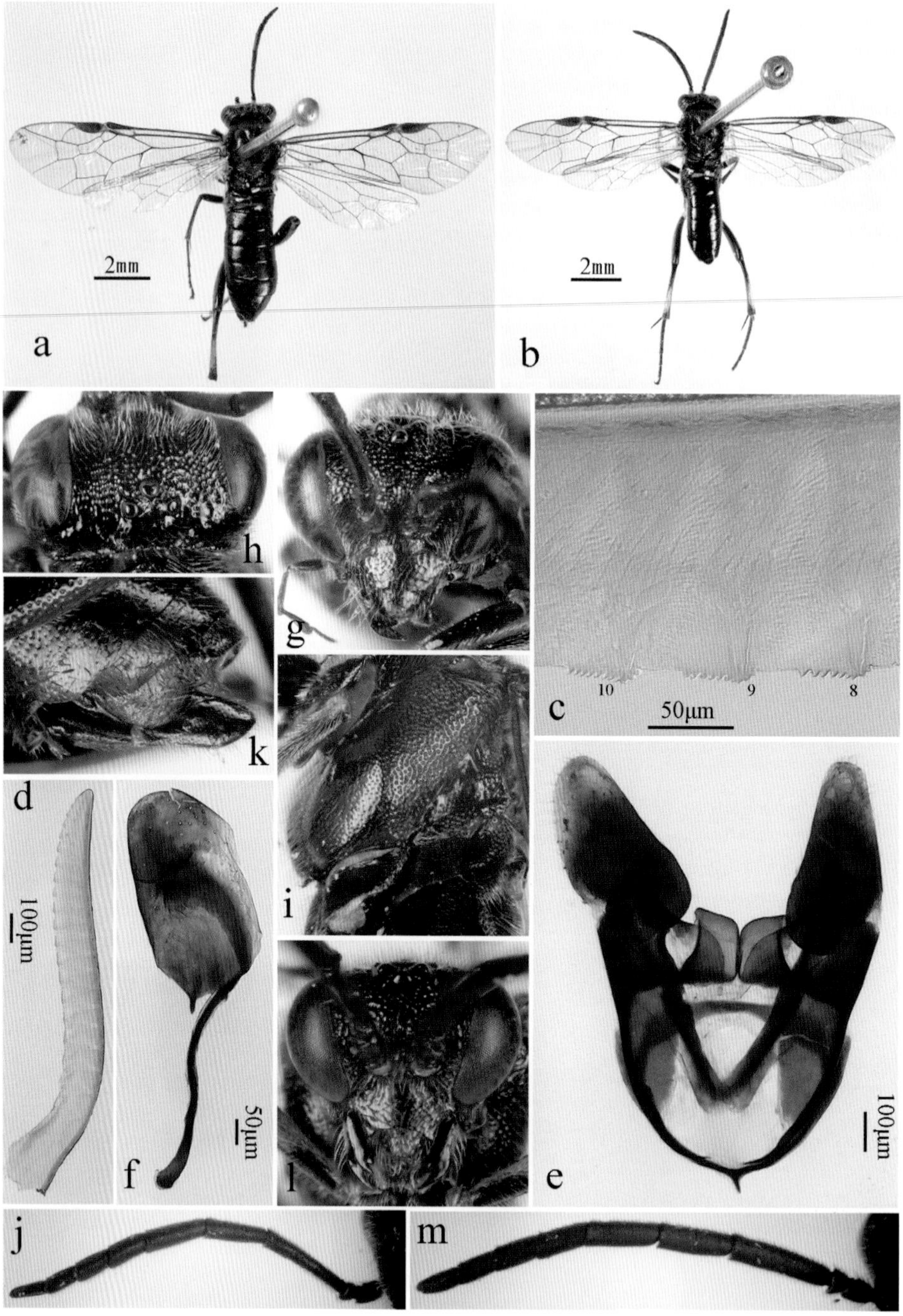

图版 2-66　后盾钩瓣叶蜂 *Macrophya postscutellaris* Malaise, 1945

a. 雌成虫背面观（adult female, dorsal view）; b. 雄成虫背面观（adult male, dorsal view）; c. 锯腹片第 8~10 锯刃（the 8th-10th serrulae）; d. 锯腹片（lancet）; e. 生殖铗（gonoforceps）; f. 阳茎瓣（penis valve）; g. 雌虫头部前面观（head of female, front view）; h. 雌虫头部背面观（head of female, dorsal view）; i. 雌虫中胸侧板和后胸侧板（mesopleuron and metapleuron of female）; j. 雌虫触角（antenna of female）; k. 锯鞘侧面观（ovipositor sheath, lateral view）; l. 雄虫头部前面观（head of male, front view）; m. 雄虫触角（antenna of male）

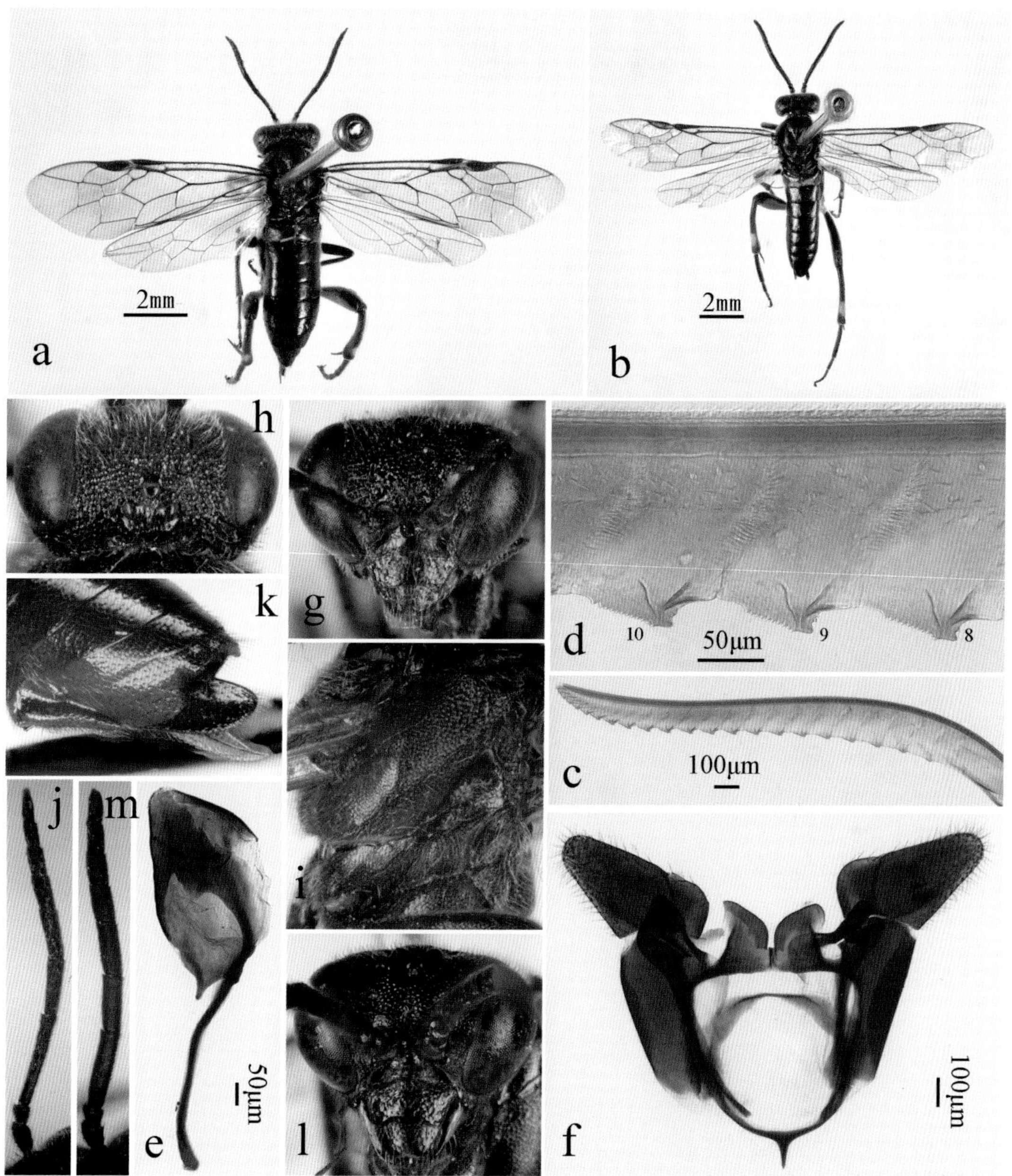

图版 2-67 文氏钩瓣叶蜂 *Macrophya weni* Wei, 1998

a. 雌成虫背面观（adult female, dorsal view）; b. 雄成虫背面观（adult male, dorsal view）; c. 锯腹片（lancet）; d. 锯腹片第 8~10 锯刃（the 8th-10th serrulae）; e. 阳茎瓣（penis valve）; f. 生殖铗（gonoforceps）; g. 雌虫头部前面观（head of female, front view）; h. 雌虫头部背面观（head of female, dorsal view）; i. 雌虫中胸侧板和后胸侧板（mesopleuron and metapleuron of female）; j. 雌虫触角（antenna of female）; k. 锯鞘侧面观（ovipositor sheath, lateral view）; l. 雄虫头部前面观（head of male, front view）; m. 雄虫触角（antenna of male）

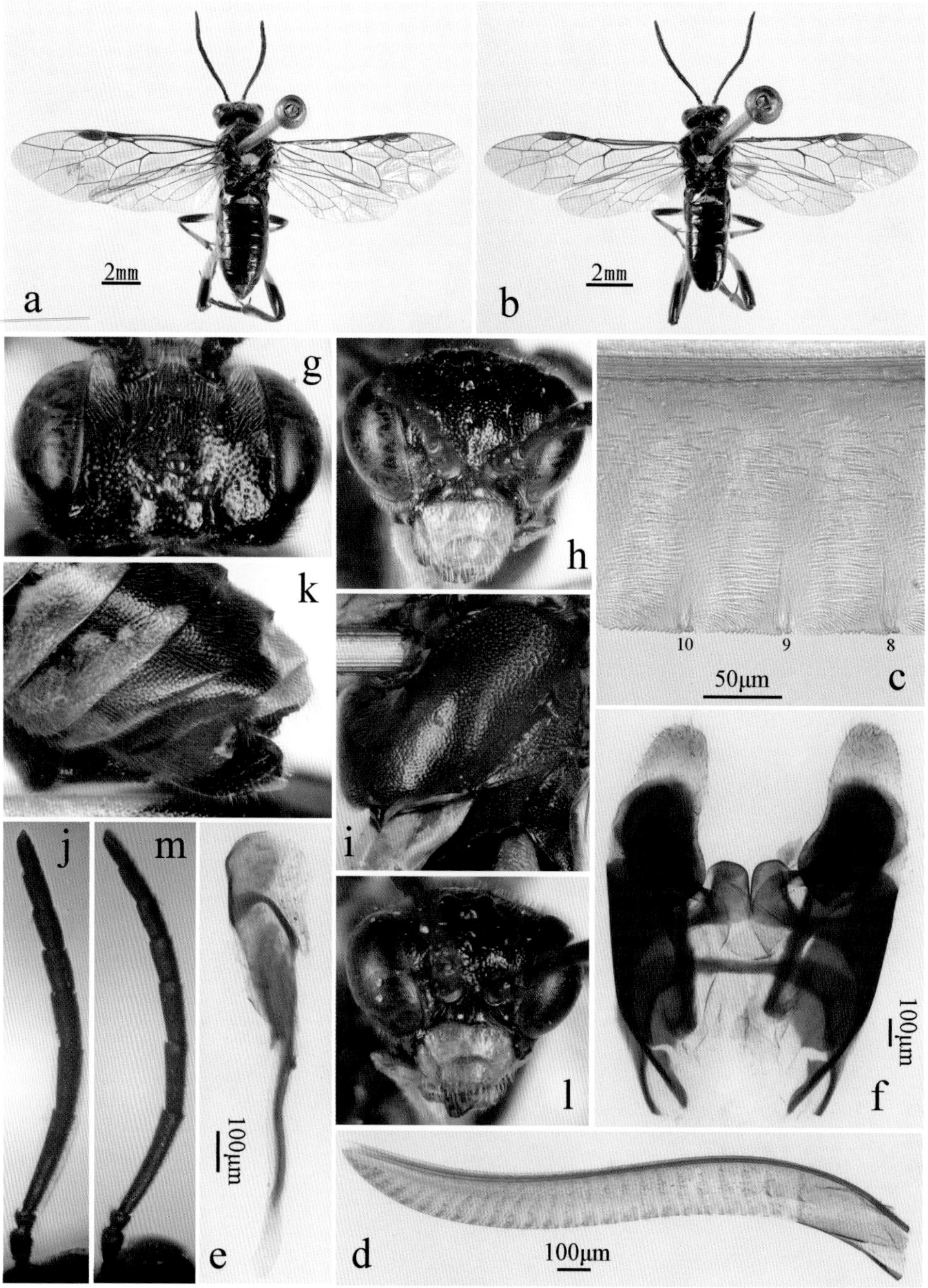

图版 2-68　女贞钩瓣叶蜂 *Macrophya ligustri* Wei & Huang, 1997

a. 雌成虫背面观（adult female, dorsal view）; b. 雄成虫背面观（adult male, dorsal view）; c. 锯腹片第 8~10 锯刃（the 8th-10th serrulae）; d. 锯腹片（lancet）; e. 阳茎瓣（penis valve）; f. 生殖铗（gonoforceps）; g. 雌虫头部背面观（head of female, dorsal view）; h. 雌虫头部前面观（head of female, front view）; i. 雌虫中胸侧板和后胸侧板（mesopleuron and metapleuron of female）; j. 雌虫触角（antenna of female）; k. 锯鞘侧面观（ovipositor sheath, lateral view）; l. 雄虫头部前面观（head of male, front view）; m. 雄虫触角（antenna of male）

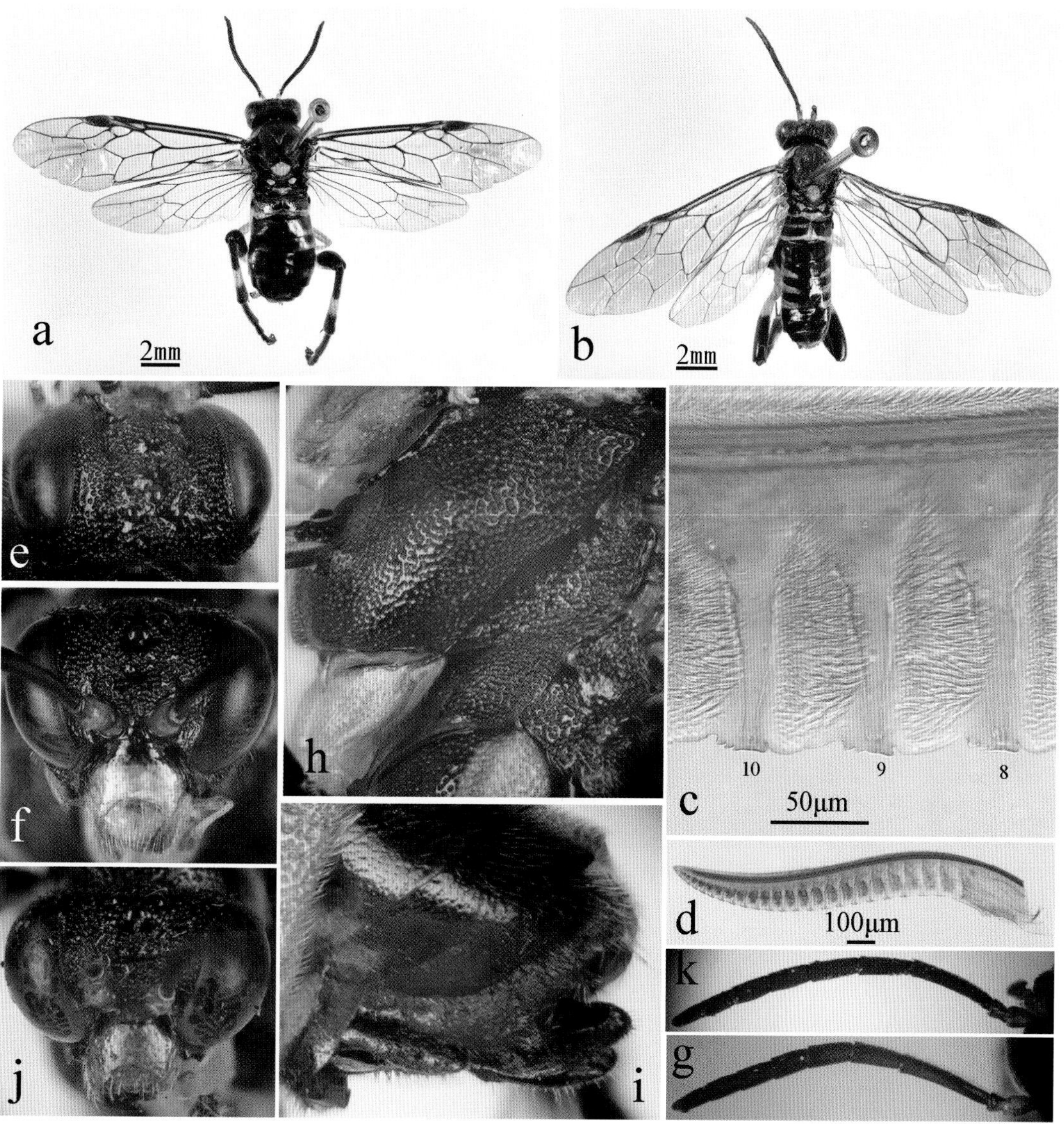

图版 2-69 大刻钩瓣叶蜂 *Macrophya megapunctata* Li, Liu & Wei, 2017

a. 雌成虫背面观（adult female, dorsal view）; b. 雄成虫背面观（adult male, dorsal view）; c. 锯腹片第 8~10 锯刃（the 8th-10th serrulae）; d. 锯腹片（lancet）; e. 雌虫头部背面观（head of female, dorsal view）; f. 雌虫头部前面观（head of female, front view）; g. 雌虫触角（antenna of female）; h. 雌虫中胸侧板和后胸侧板（mesopleuron and metapleuron of female）; i. 锯鞘侧面观（ovipositor sheath, lateral view）; j. 雄虫头部前面观（head of male, front view）; k. 雄虫触角（antenna of male）

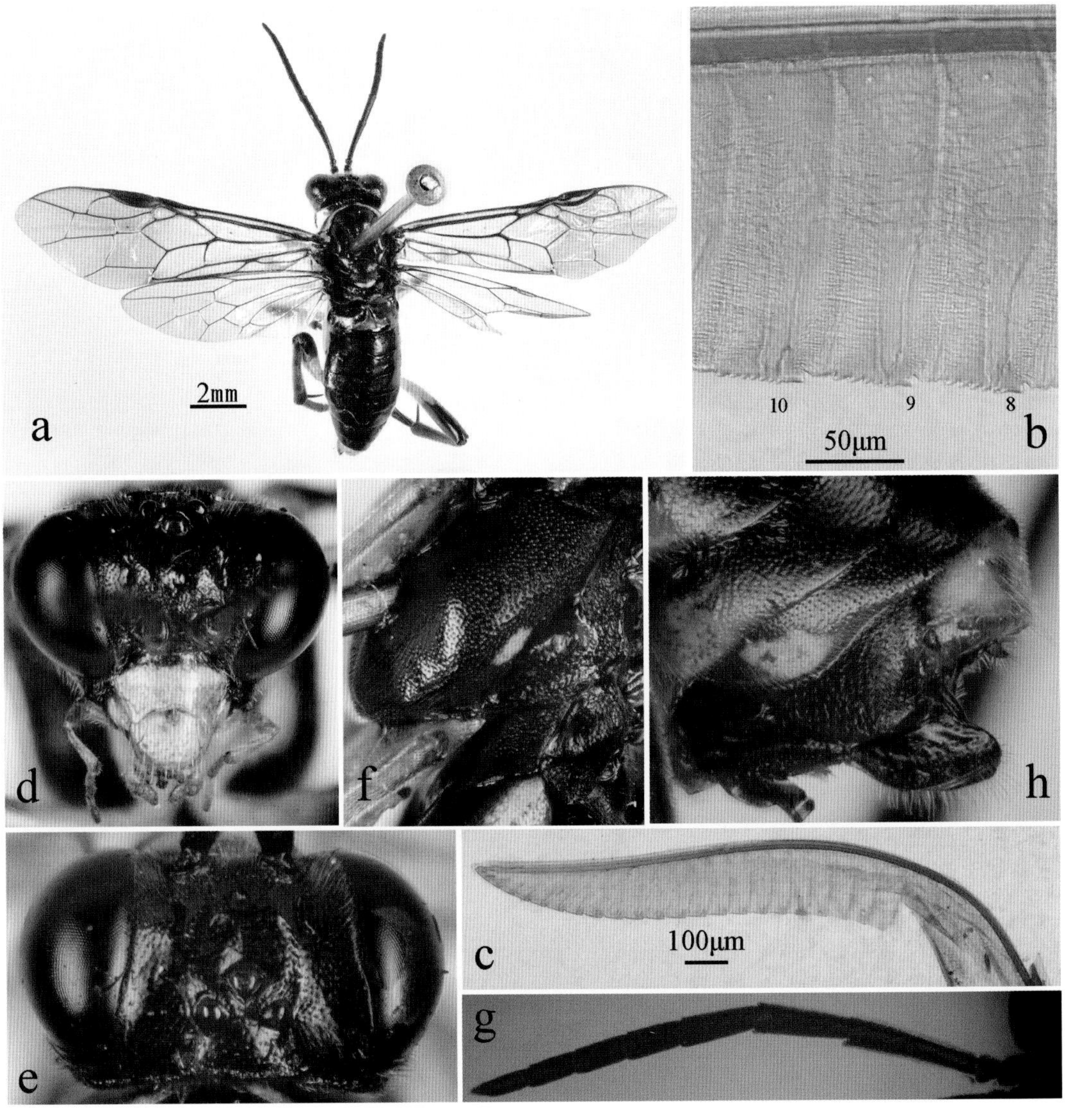

图版 2-70 小斑钩瓣叶蜂 *Macrophya micromaculata* Wei & Nie, 2002

a. 雌成虫背面观（adult female, dorsal view）; b. 锯腹片第 8~10 锯刃（the 8th-10th serrulae）; c. 锯腹片（lancet）; d. 雌虫头部前面观（head of female, front view）; e. 雌虫头部背面观（head of female, dorsal view）; f. 雌虫中胸侧板和后胸侧板（mesopleuron and metapleuron of female）; g. 雌虫触角（antenna of female）; h. 锯鞘侧面观（ovipositor sheath, lateral view）

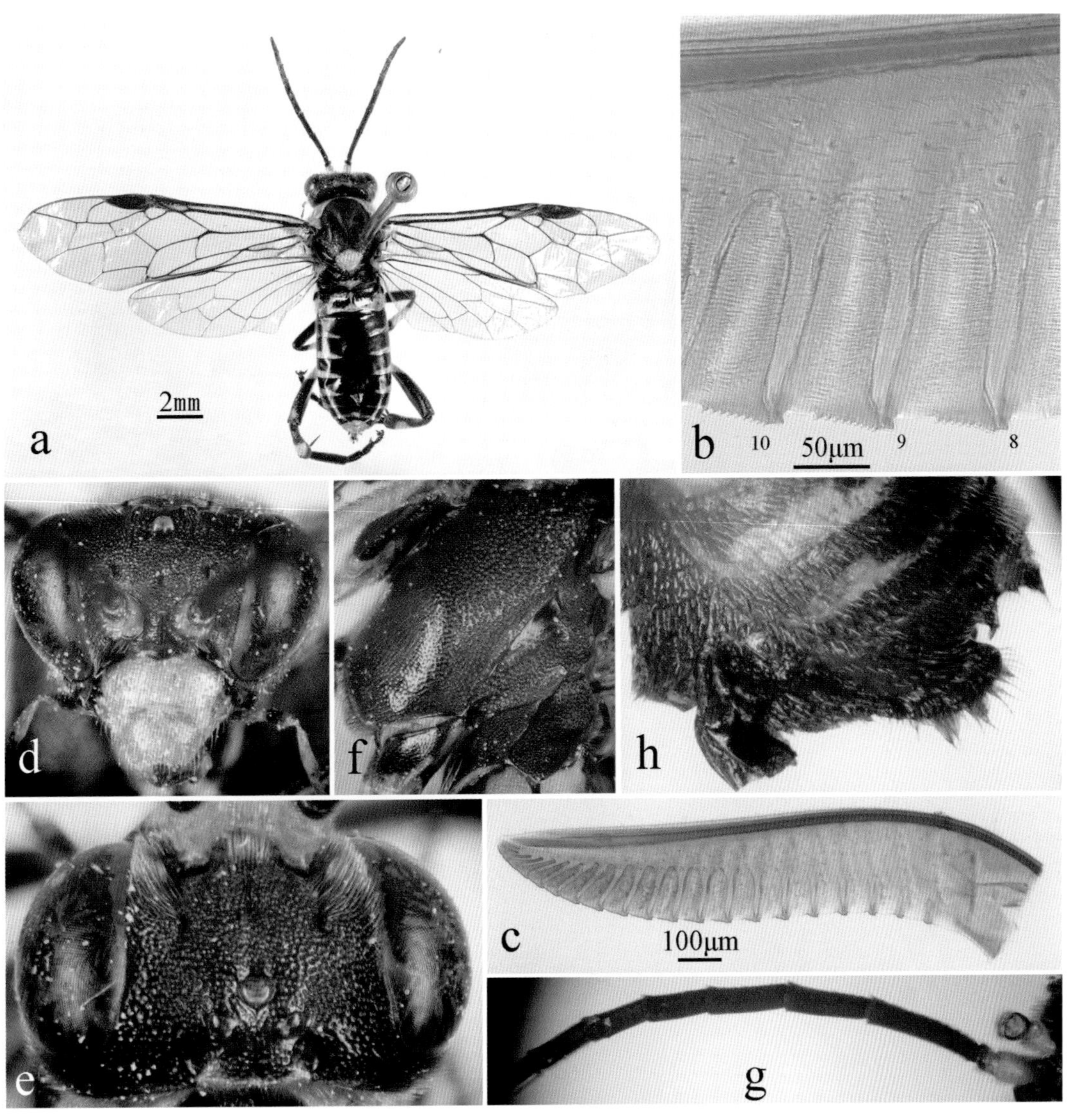

图版 2-71 南方钩瓣叶蜂 *Macrophya southa* Li, Ji & Wei, 2017

a. 雌成虫背面观（adult female, dorsal view）; b. 锯腹片第 8~10 锯刃（the 8th-10th serrulae）; c. 锯腹片（lancet）; d. 雌虫头部前面观（head of female, front view）; e. 雌虫头部背面观（head of female, dorsal view）; f. 雌虫中胸侧板和后胸侧板（mesopleuron and metapleuron of female）; g. 雌虫触角（antenna of female）; h. 锯鞘侧面观（ovipositor sheath, lateral view）

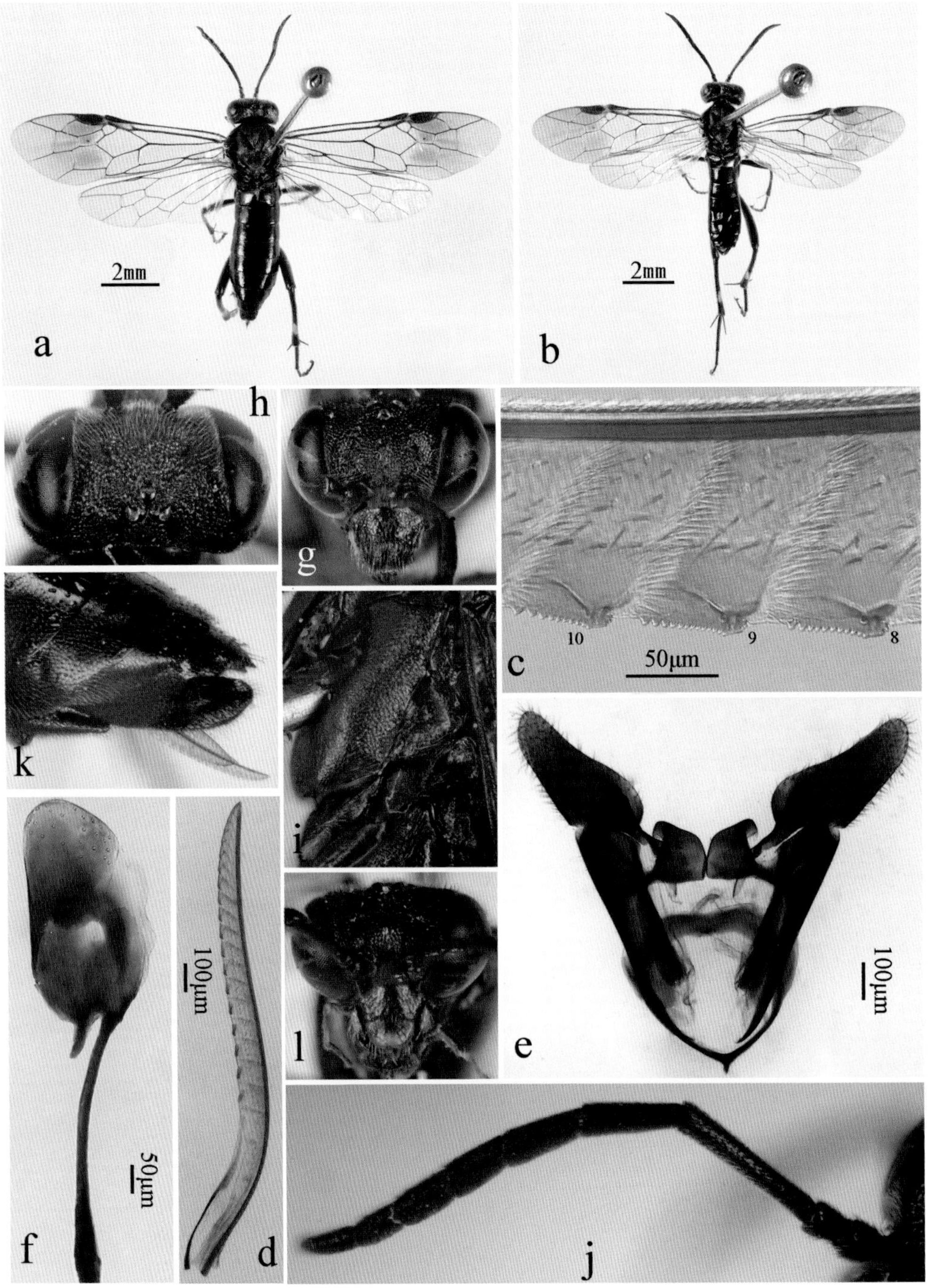

图版 2-72　九寨钩瓣叶蜂 *Macrophya jiuzhaina* Chen & Wei, 2005

a. 雌成虫背面观（adult female, dorsal view）; b. 雄成虫背面观（adult male, dorsal view）; c. 锯腹片第 8~10 锯刃（the 8th-10th serrulae）; d. 锯腹片（lancet）; e. 生殖铗（gonoforceps）; f. 阳茎瓣（penis valve）; g. 雌虫头部前面观（head of female, front view）; h. 雌虫头部背面观（head of female, dorsal view）; i. 雌虫中胸侧板和后胸侧板（mesopleuron and metapleuron of female）; j. 雌虫触角（antenna of female）; k. 锯鞘侧面观（ovipositor sheath, lateral view）; l. 雄虫头部前面观（head of male, front view）

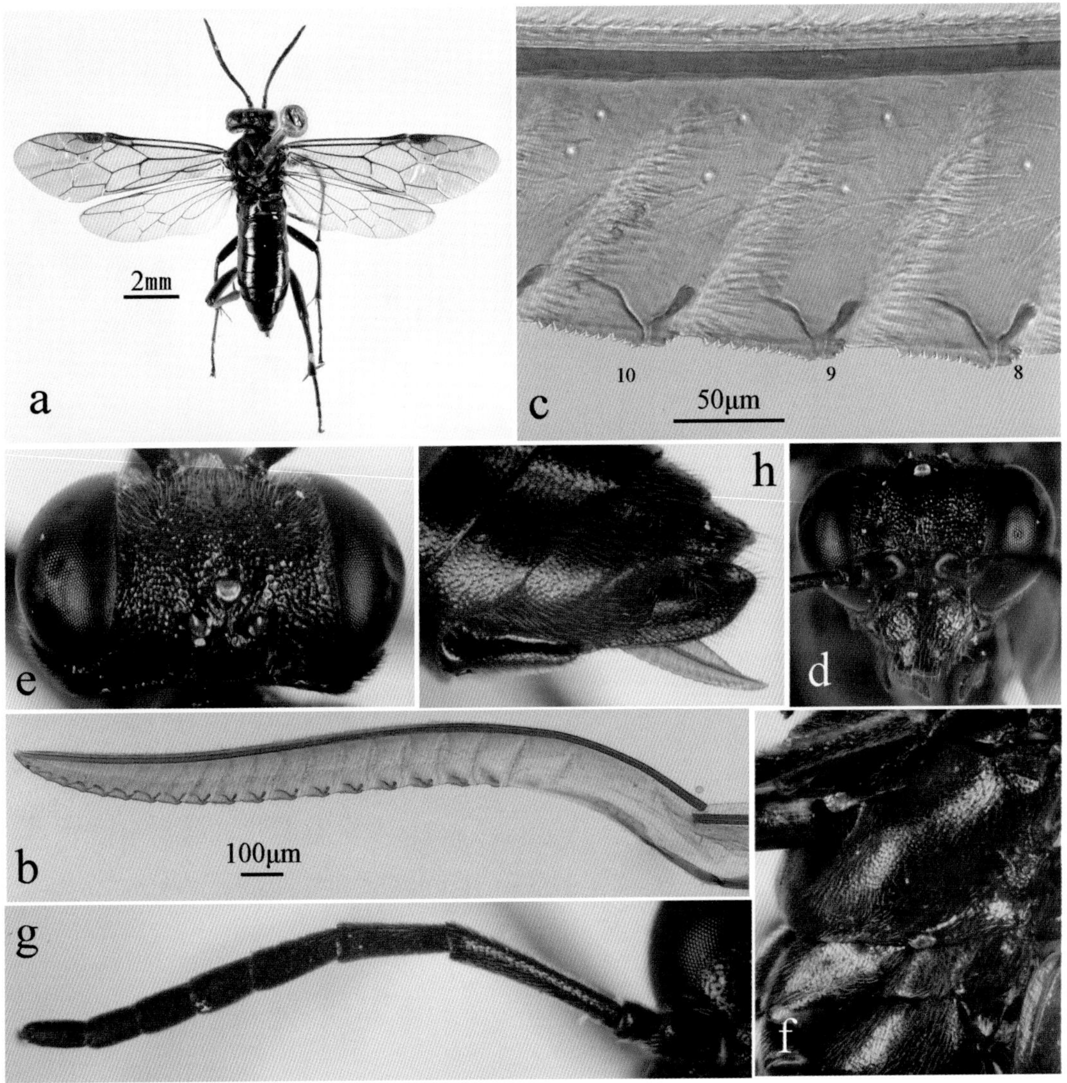

图版 2-73 斑胫钩瓣叶蜂 *Macrophya maculitibia* Takeuchi, 1933

a. 雌成虫背面观（adult female, dorsal view）; b. 锯腹片（lancet）; c. 锯腹片第 8~10 锯刃（the 8th-10th serrulae）; d. 雌虫头部前面观（head of female, front view）; e. 雌虫头部背面观（head of female, dorsal view）; f. 雌虫中胸侧板和后胸侧板（mesopleuron and metapleuron of female）; g. 雌虫触角（antenna of female）; h. 锯鞘侧面观（ovipositor sheath, lateral view）

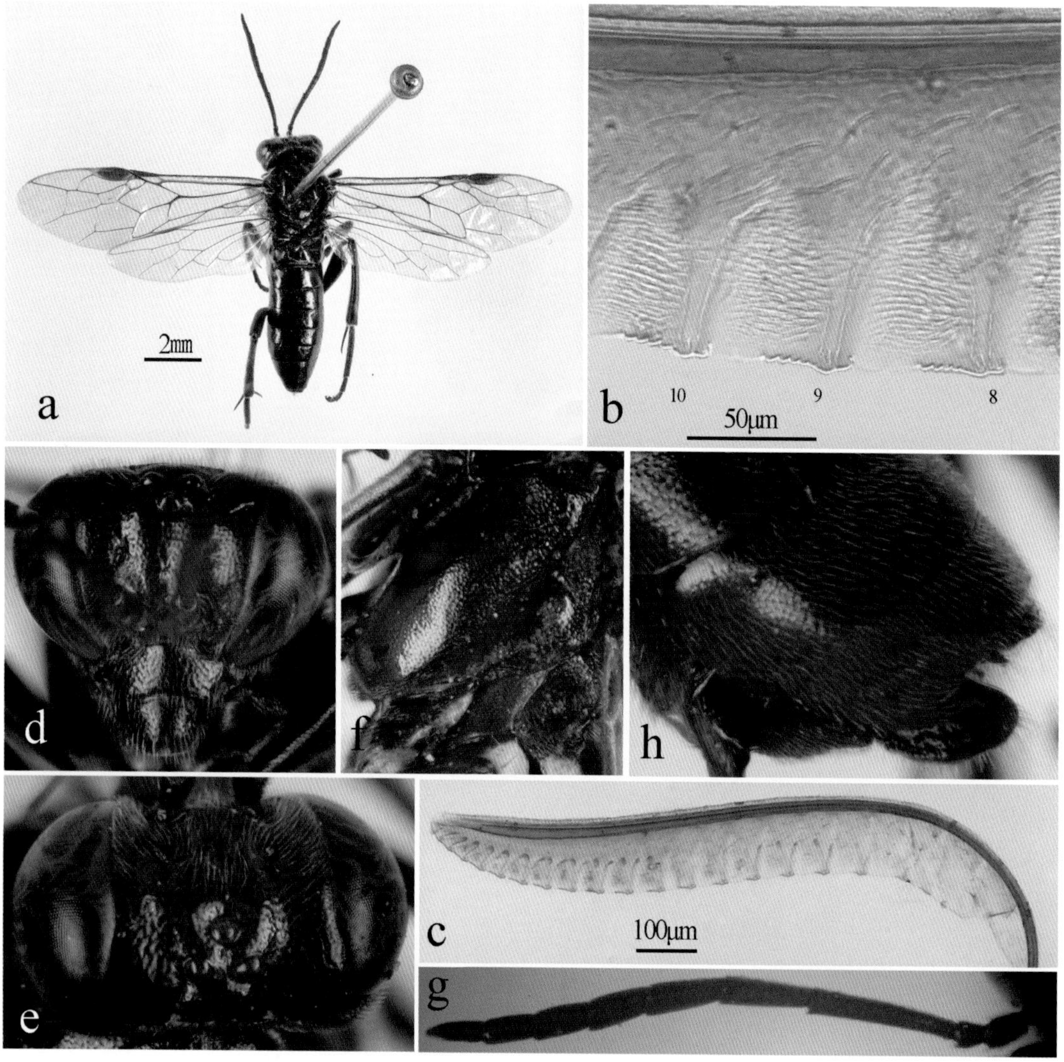

图版 2-74　缩臀钩瓣叶蜂 *Macrophya constrictila* Wei & Chen, 2002

a. 雌成虫背面观（adult female, dorsal view）; b. 锯腹片第 8~10 锯刃（the 8th-10th serrulae）; c. 锯腹片（lancet）; d. 雌虫头部前面观（head of female, front view）; e. 雌虫头部背面观（head of female, dorsal view）; f. 雌虫中胸侧板和后胸侧板（mesopleuron and metapleuron of female）; g. 雌虫触角（antenna of female）; h. 锯鞘侧面观（ovipositor sheath, lateral view）

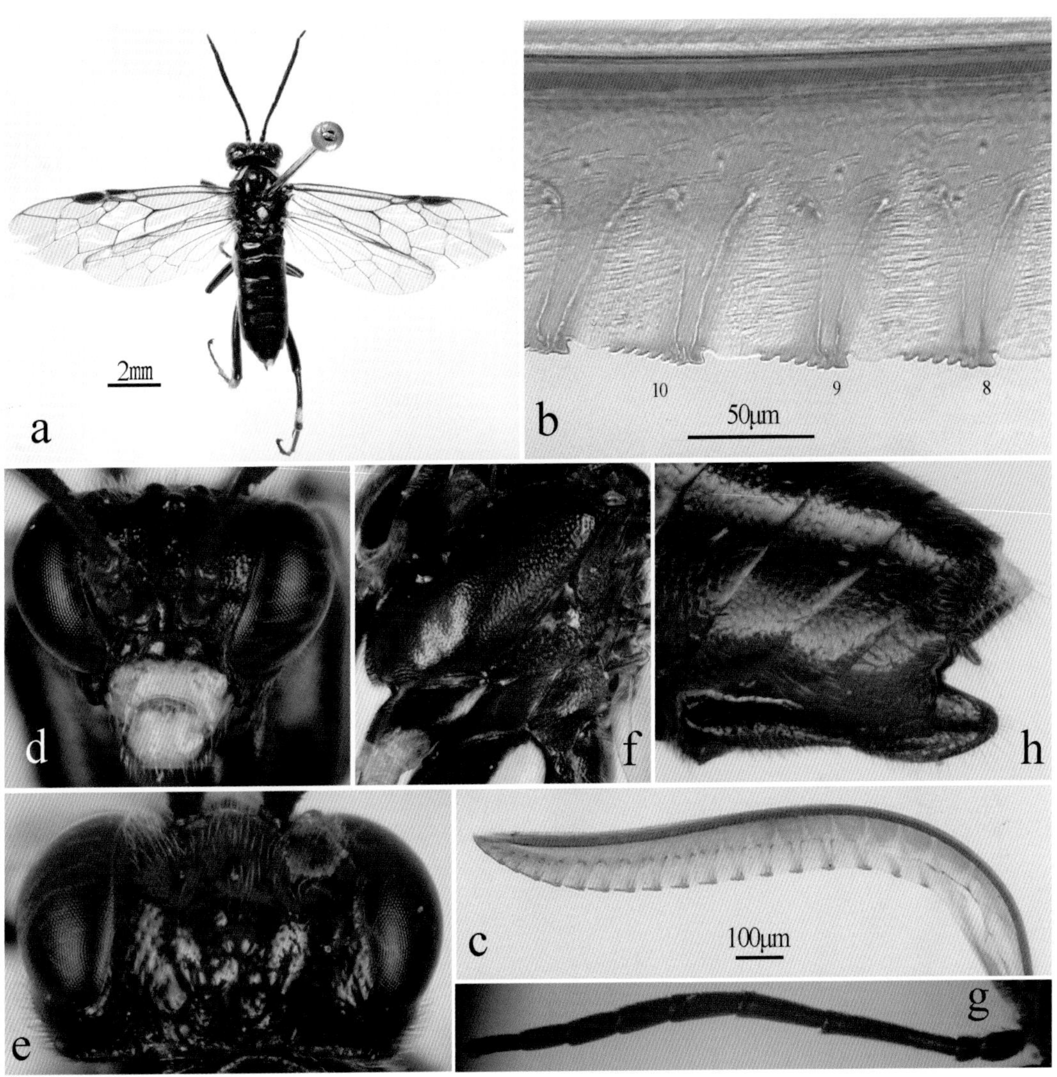

图版 2-75 迪庆钩瓣叶蜂 *Macrophya diqingensis* Li, Liu & Wei, 2017

a. 雌成虫背面观（adult female, dorsal view）; b. 锯腹片第 8~10 锯刃（the 8th-10th serrulae）; c. 锯腹片（lancet）; d. 雌虫头部前面观（head of female, front view）; e. 雌虫头部背面观（head of female, dorsal view）; f. 雌虫中胸侧板和后胸侧板（mesopleuron and metapleuron of female）; g. 雌虫触角（antenna of female）; h. 锯鞘侧面观（ovipositor sheath, lateral view）

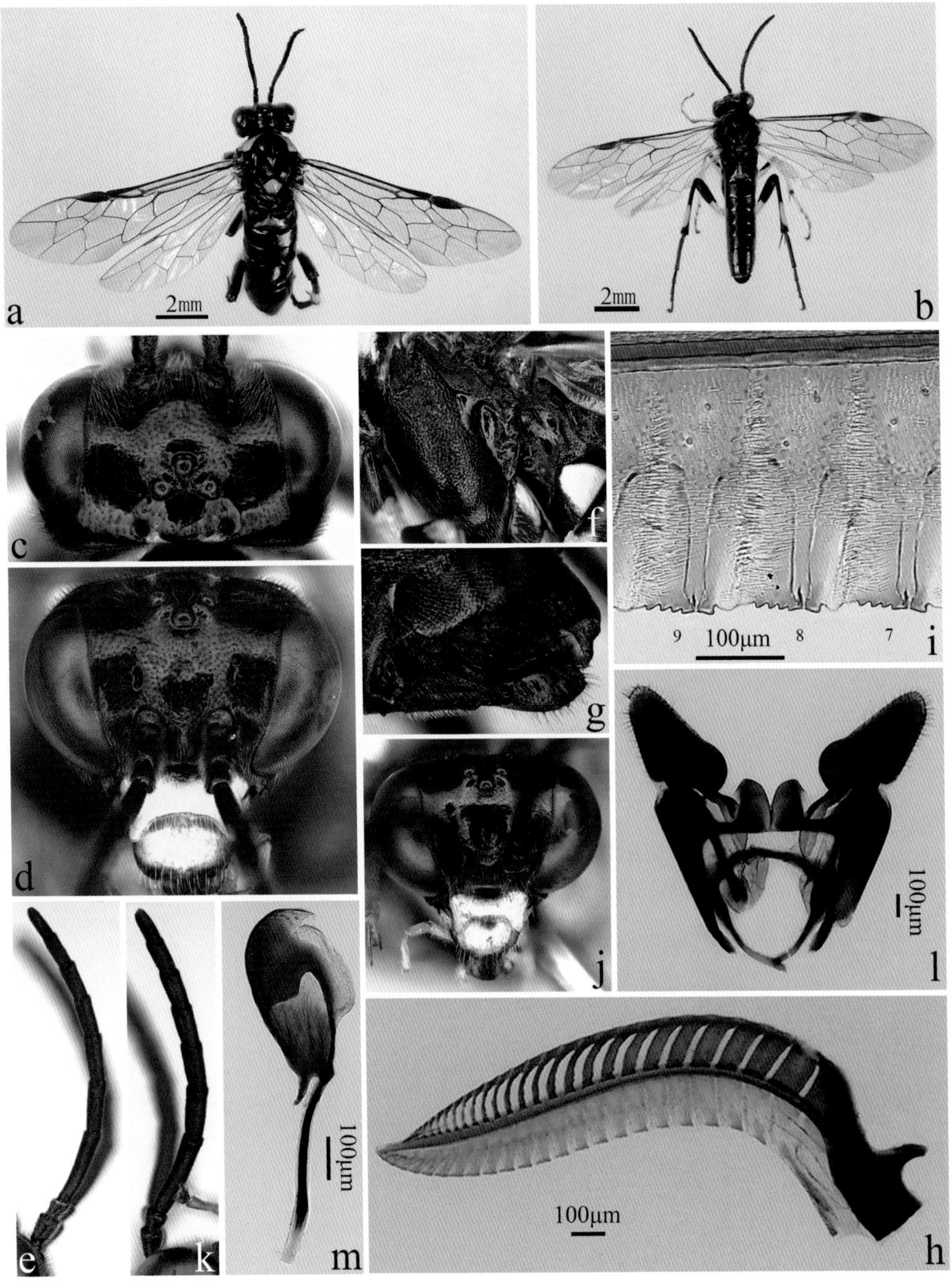

图版 2-76　光额钩瓣叶蜂 *Macrophya glabrifrons* Li, Liu & Wei, 2017

a. 雌成虫背面观（adult female, dorsal view）; b. 雄成虫背面观（adult male, dorsal view）; c. 雌虫头部背面观（head of female, dorsal view）; d. 雌虫头部前面观（head of female, front view）; e. 雌虫触角（antenna of female）; f. 雌虫中胸侧板和后胸侧板（mesopleuron and metapleuron of female）; g. 锯鞘侧面观（ovipositor sheath, lateral view）; h. 锯腹片（lancet）; i. 锯腹片第 7~9 锯刃（the 7th-9th serrulae）; j. 雄虫头部前面观（head of male, front view）; k. 雄虫触角（antenna of male）; l. 生殖铗（gonoforceps）; m. 阳茎瓣（penis valve）

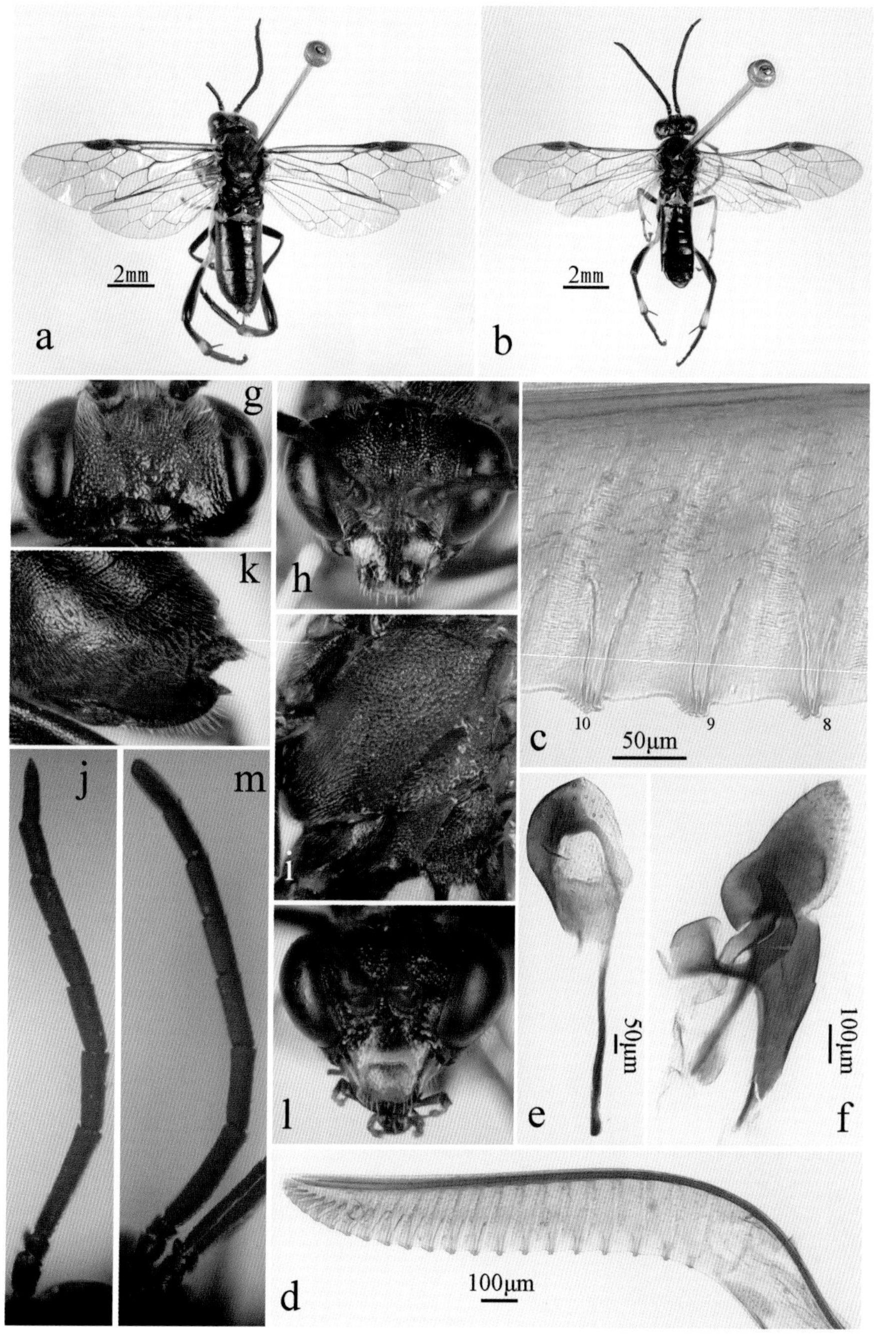

图版 2-77 玛氏钩瓣叶蜂 *Macrophya malaisei* Takeuchi, 1937

a. 雌成虫背面观（adult female, dorsal view）; b. 雄成虫背面观（adult male, dorsal view）; c. 锯腹片第8~10 锯刃（the 8th-10th serrulae）; d. 锯腹片（lancet）; e. 阳茎瓣（penis valve）; f. 生殖铗（gonoforceps）; g. 雌虫头部背面观（head of female, dorsal view）; h. 雌虫头部前面观（head of female, front view）; i. 雌虫中胸侧板和后胸侧板（mesopleuron and metapleuron of female）; j. 雌虫触角（antenna of female）; k. 锯鞘侧面观（ovipositor sheath, lateral view）; l. 雄虫头部前面观（head of male, front view）; m. 雄虫触角（antenna of male）

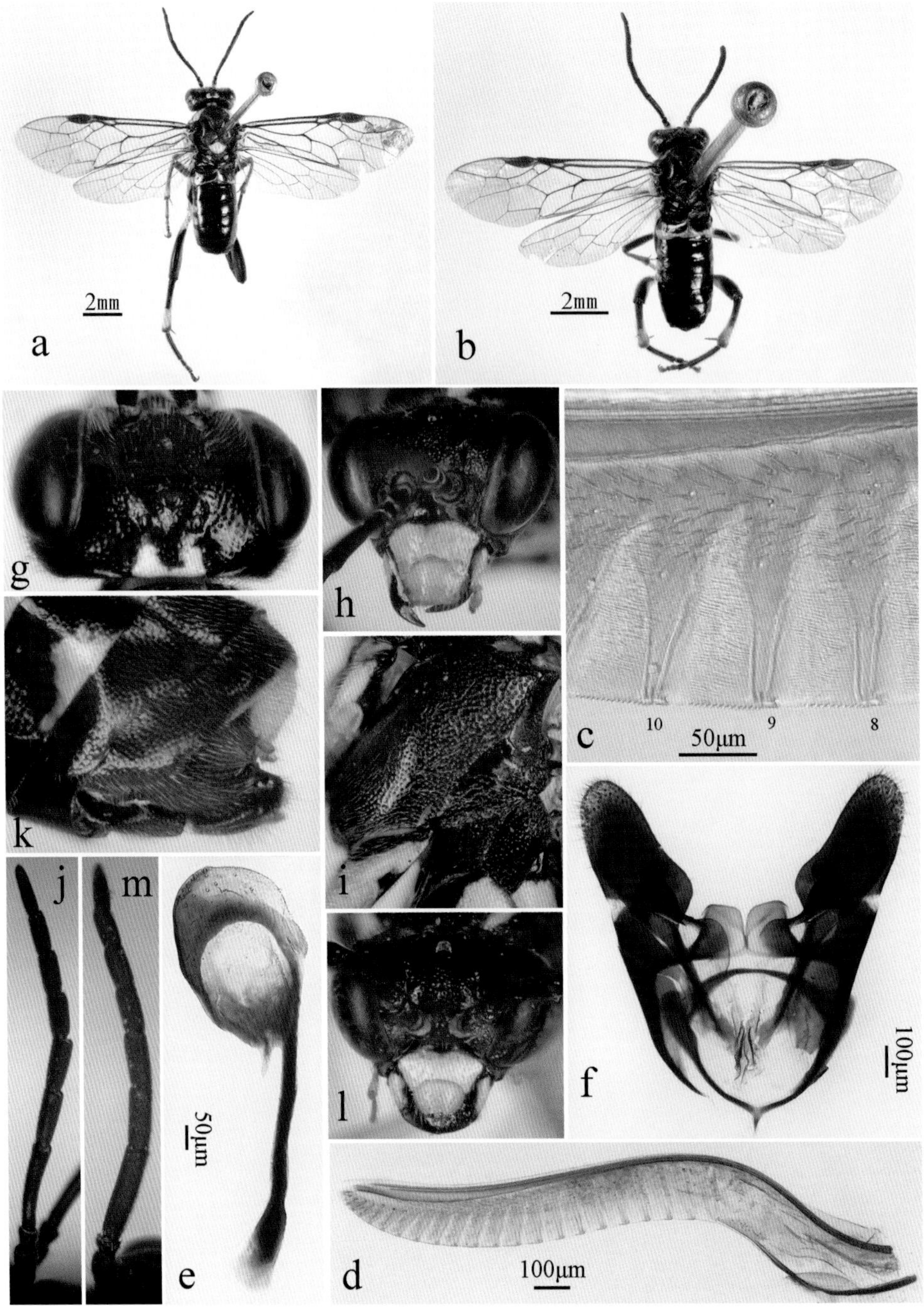

图版 2-78　缨鞘钩瓣叶蜂 *Macrophya pilotheca* Wei & Ma, 1997

a. 雌成虫背面观（adult female, dorsal view）; b. 雄成虫背面观（adult male, dorsal view）; c. 锯腹片第 8~10 锯刃（the 8th-10th serrulae）; d. 锯腹片（lancet）; e. 阳茎瓣（penis valve）; f. 生殖铗（gonoforceps）; g. 雌虫头部背面观（head of female, dorsal view）; h. 雌虫头部前面观（head of female, front view）; i. 雌虫中胸侧板和后胸侧板（mesopleuron and metapleuron of female）; j. 雌虫触角（antenna of female）; k. 锯鞘侧面观（ovipositor sheath, lateral view）; l. 雄虫头部前面观（head of male, front view）; m. 雄虫触角（antenna of male）

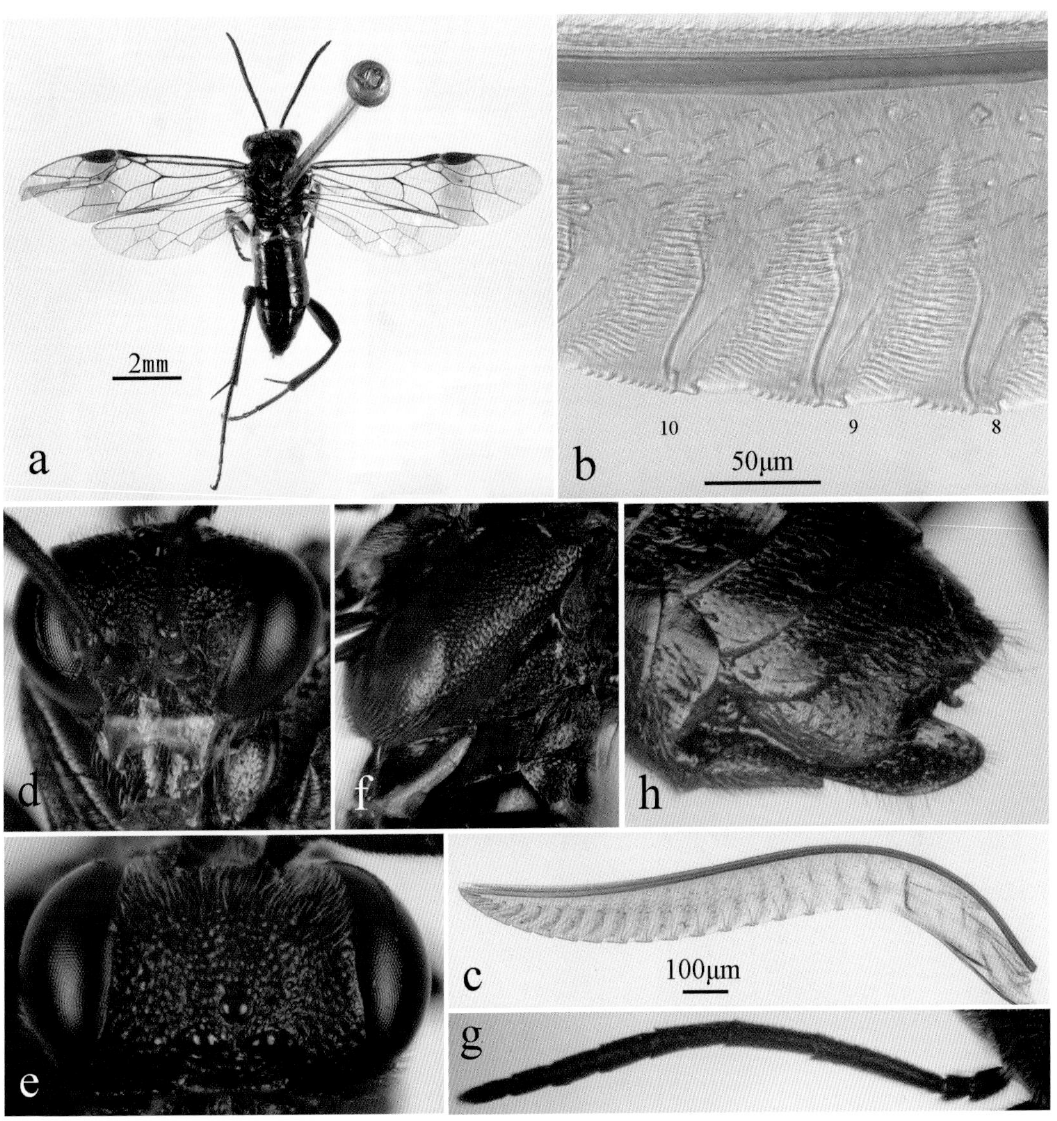

图版 2-79 细跗钩瓣叶蜂 *Macrophya tenuitarsalina* Li, Liu & Wei, 2017

a. 雌成虫背面观（adult female, dorsal view）; b. 锯腹片第 8~10 锯刃（the 8th-10th serrulae）; c. 锯腹片（lancet）; d. 雌虫头部前面观（head of female, front view）; e. 雌虫头部背面观（head of female, dorsal view）; f. 雌虫中胸侧板和后胸侧板（mesopleuron and metapleuron of female）; g. 雌虫触角（antenna of female）; h. 锯鞘侧面观（ovipositor sheath, lateral view）

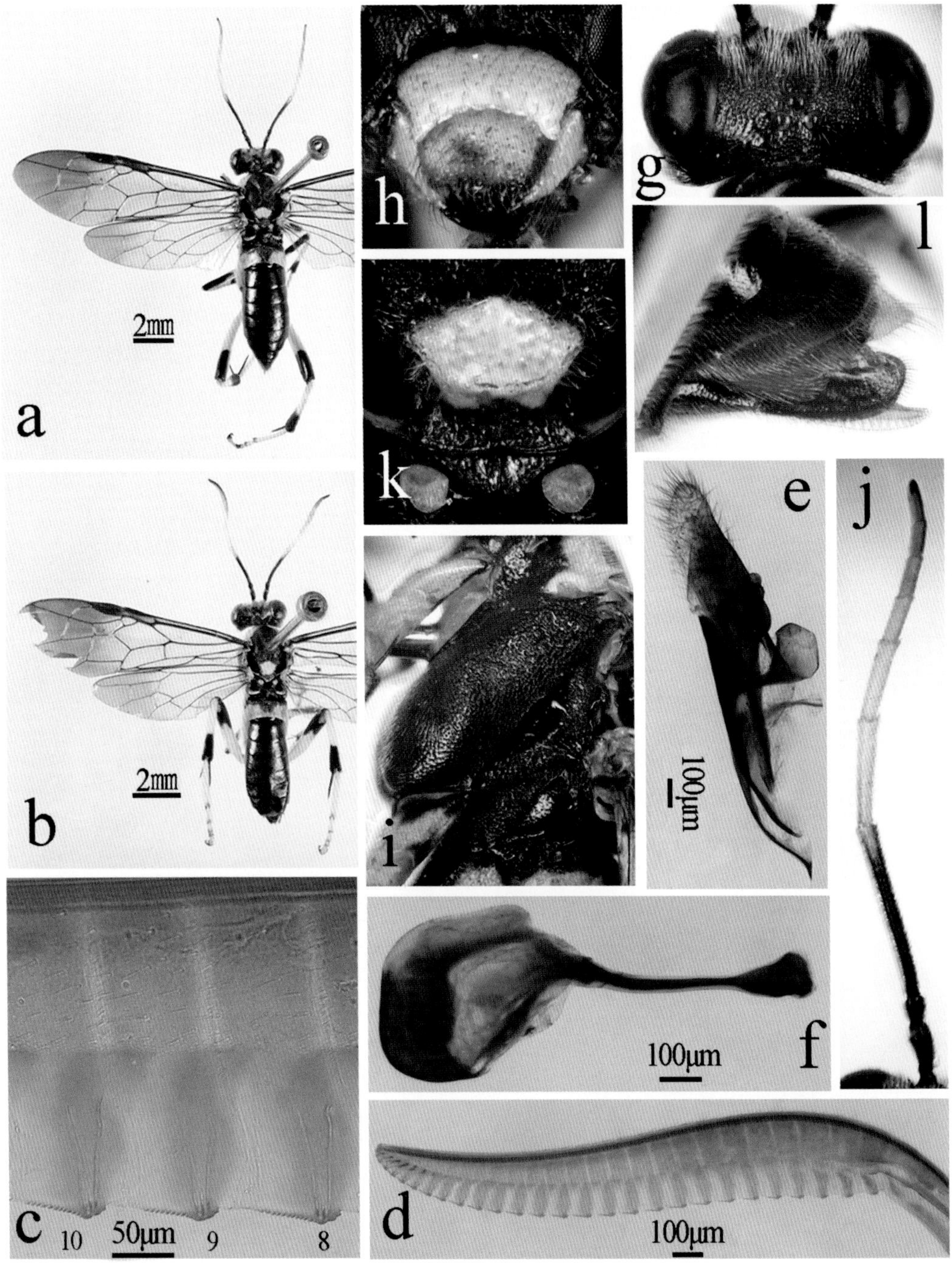

图版 2-80 尖盾钩瓣叶蜂 *Macrophya acutiscutellaris* Wei, Li & Heng, 2012

a. 雌成虫背面观（adult female, dorsal view）; b. 雄成虫背面观（adult male, dorsal view）; c. 锯腹片第 8~10 锯刃（the 8th-10th serrulae）; d. 锯腹片（lancet）; e. 生殖铗（gonoforceps）; f. 阳茎瓣（penis valve）; g. 雌虫头部背面观（head of female, dorsal view）; h. 雌虫唇基和上唇前面观（labrum and clypeus of female, front view）; i. 雌虫中胸侧板和后胸侧板（mesopleuron and metapleuron of female）; j. 雌虫触角（antenna of female）; k. 雌虫中胸小盾片（mesoscutellum of female）; l. 锯鞘侧面观（ovipositor sheath, lateral view）

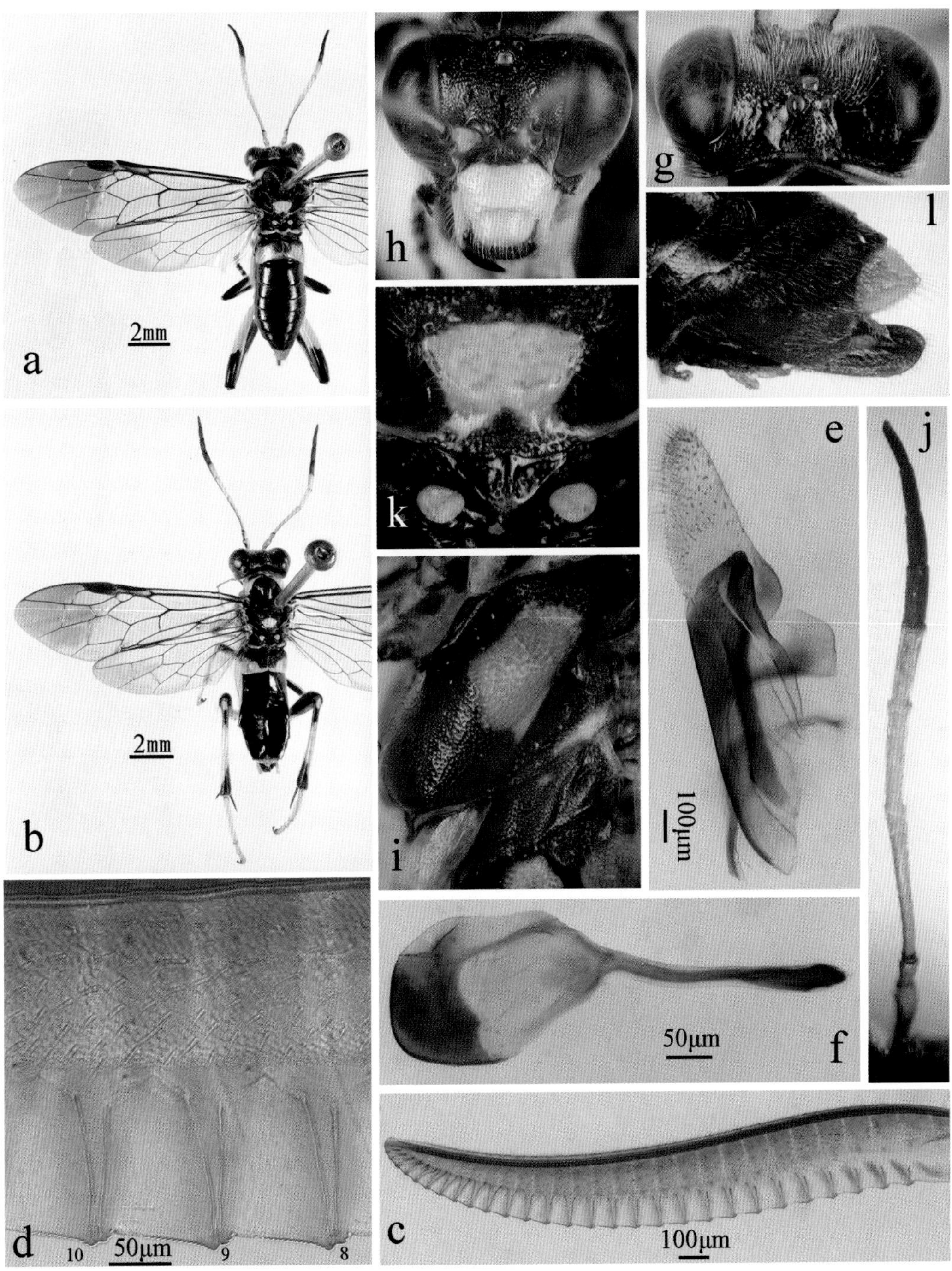

图版 2-81 平盾钩瓣叶蜂 *Macrophya planata* (Mocsáry, 1909)

a. 雌成虫背面观（adult female, dorsal view）; b. 雄成虫背面观（adult male, dorsal view）; c. 锯腹片（lancet）; d. 锯腹片第 8~10 锯刃（the 8th-10th serrulae）; e. 生殖铗（gonoforceps）; f. 阳茎瓣（penis valve）; g.雌虫头部背面观（head of female, dorsal view）; h. 雌虫头部前面观（head of female, front view）; i. 雌虫中胸侧板和后胸侧板（mesopleuron and metapleuron of female）; j. 雌虫触角（antenna of female）; k. 雌虫中胸小盾片（mesoscutellum of female）; l. 锯鞘侧面观（ovipositor sheath, lateral view）

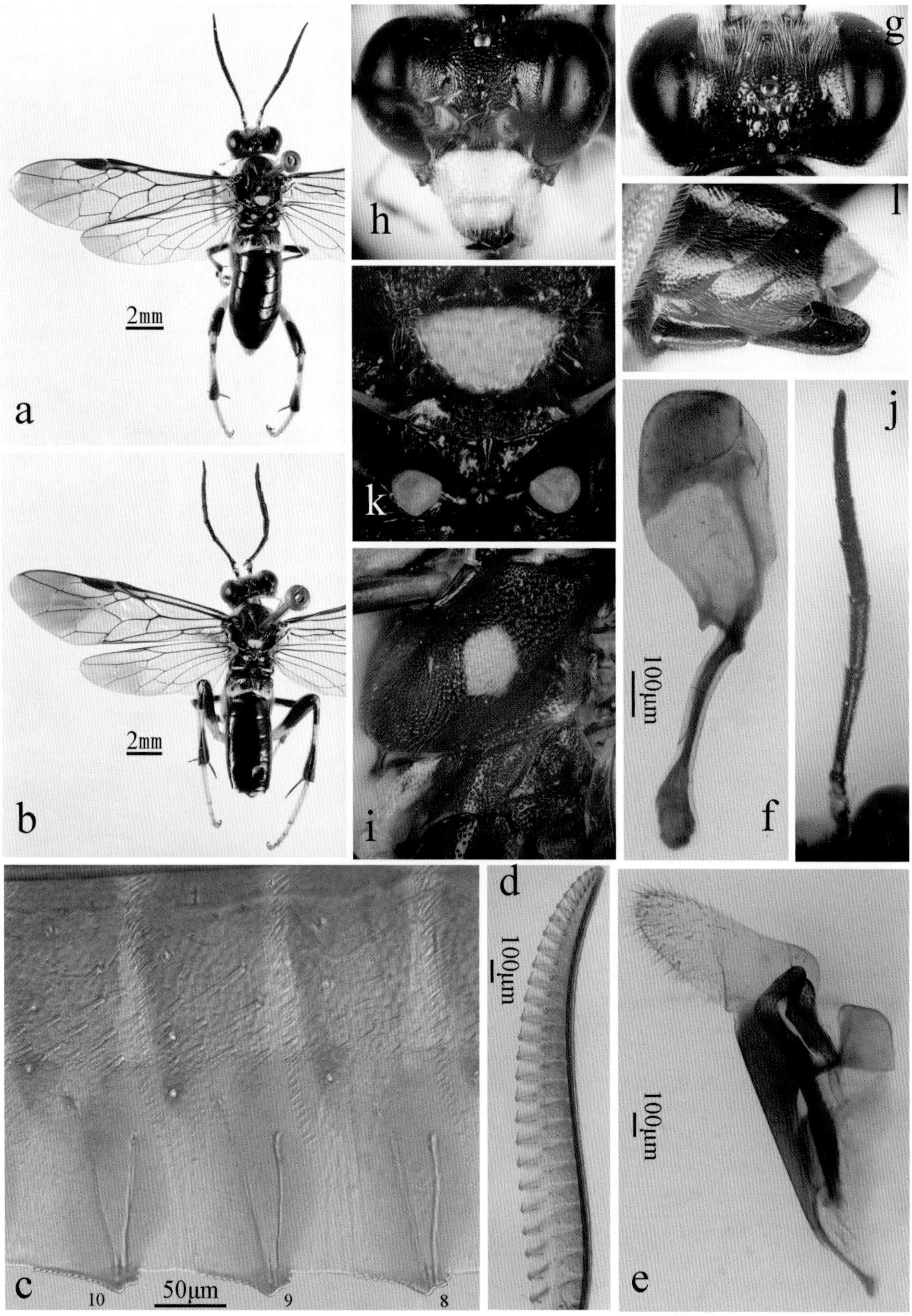

图版 2-82　洼颜钩瓣叶蜂 *Macrophya planatoides* Wei, 1997

a. 雌成虫背面观（adult female, dorsal view）; b. 雄成虫背面观（adult male, dorsal view）; c. 锯腹片第 8~10 锯刃（the 8th-10th serrulae）; d. 锯腹片（lancet）; e. 生殖铗（gonoforceps）; f. 阳茎瓣（penis valve）; g. 雌虫头部背面观（head of female, dorsal view）; h. 雌虫头部前面观（head of female, front view）; i. 雌虫中胸侧板和后胸侧板（mesopleuron and metapleuron of female）; j. 雌虫触角（antenna of female）; k. 雌虫中胸小盾片（mesoscutellum of female）; l. 锯鞘侧面观（ovipositor sheath, lateral view）

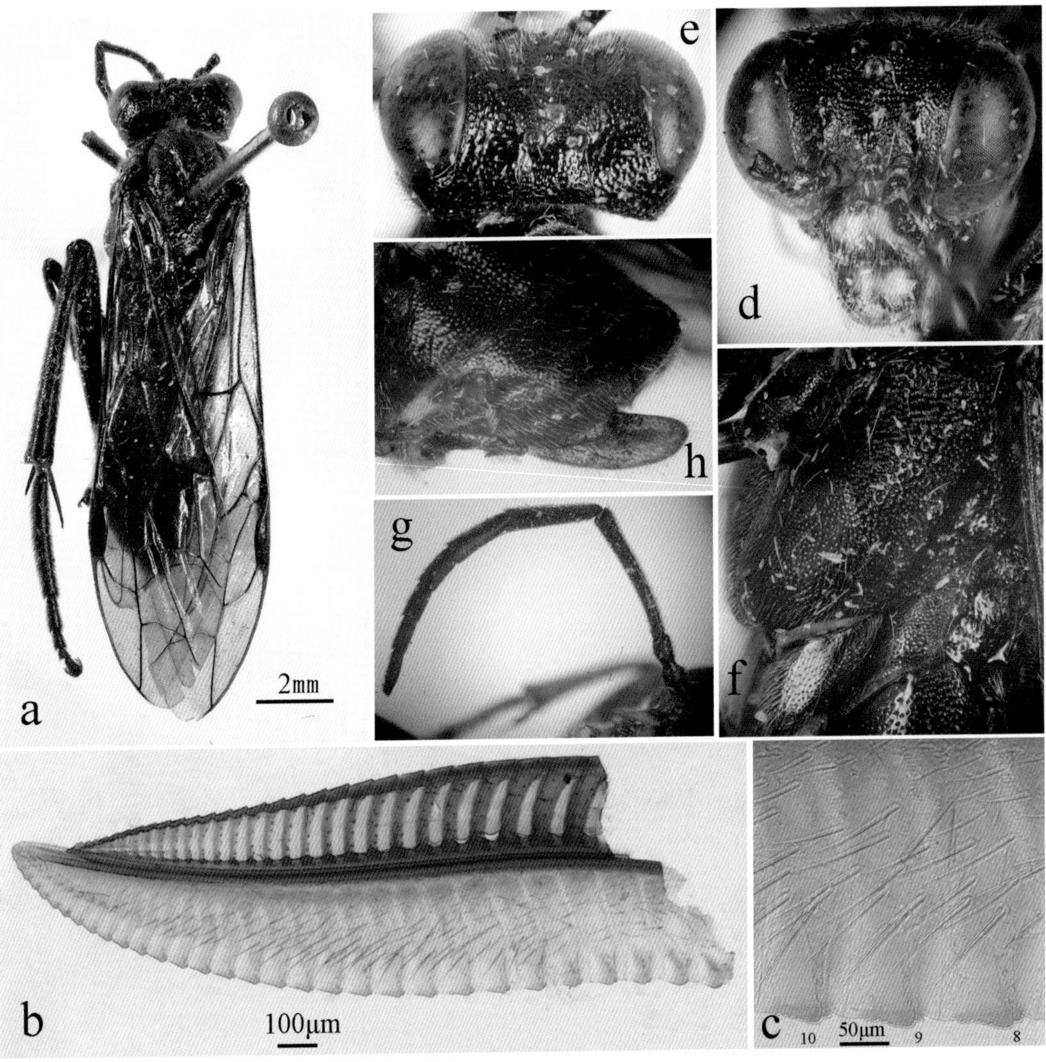

图版 2-83 斑蓝钩瓣叶蜂 *Macrophya maculoclypeatina* Wei & Nie, 2003

a. 雌成虫背面观（adult female, dorsal view）; b. 锯腹片（lancet）; c. 锯腹片第 8~10 锯刃（the 8th-10th serrulae）; d. 雌虫头部前面观（head of female, front view）; e. 雌虫头部背面观（head of female, dorsal view）; f. 雌虫中胸侧板和后胸侧板（mesopleuron and metapleuron of female）; g. 雌虫触角（antenna of female）; h. 锯鞘侧面观（ovipositor sheath, lateral view）

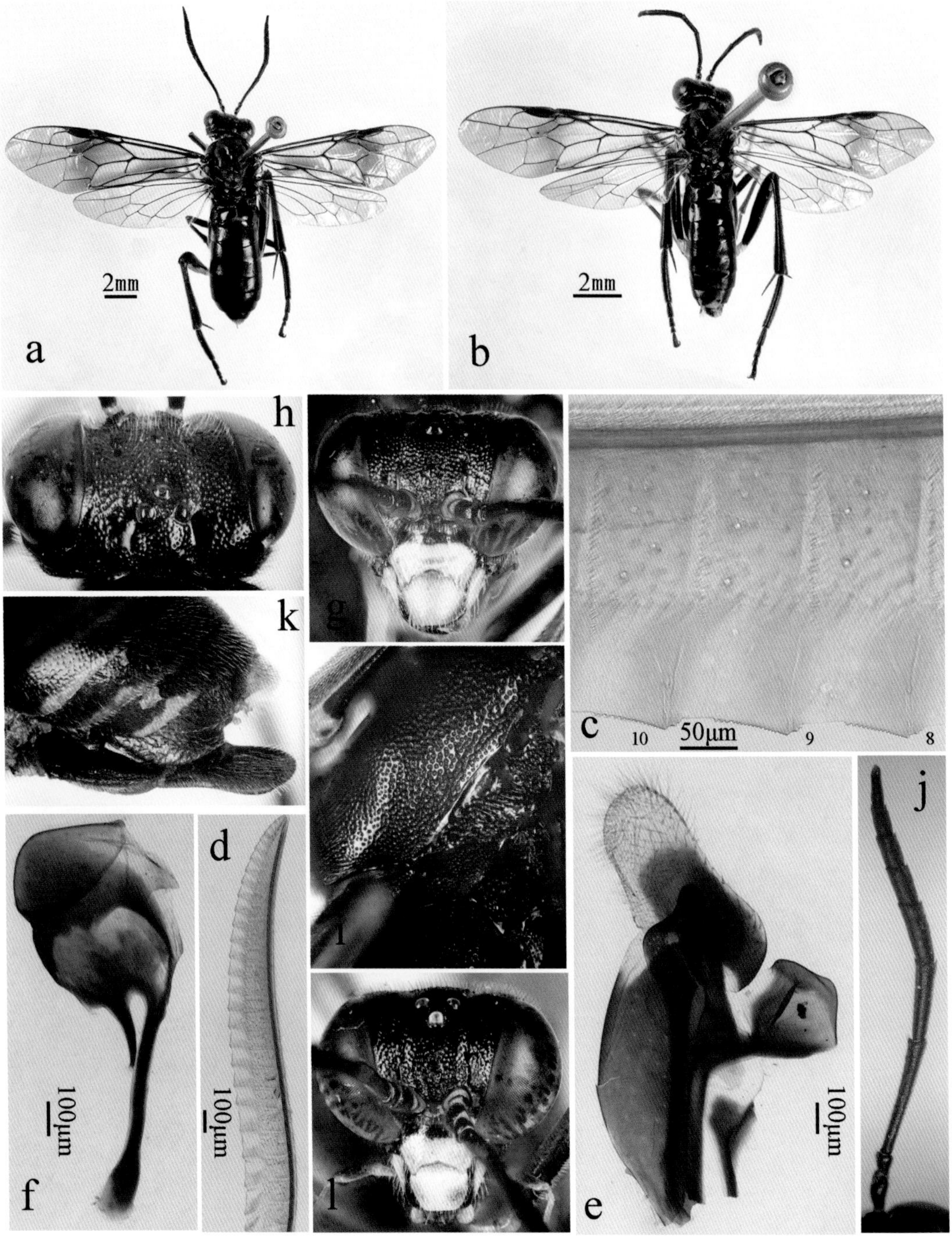

图版 2-84　丽蓝钩瓣叶蜂 *Macrophya regia* Forsius, 1930

a. 雌成虫背面观（adult female, dorsal view）; b. 雄成虫背面观（adult male, dorsal view）; c. 锯腹片第8~10 锯刃（the 8th-10th serrulae）; d. 锯腹片（lancet）; e. 生殖铗（gonoforceps）; f. 阳茎瓣（penis valve）; g. 雌虫头部前面观（head of female, front view）; h. 雌虫头部背面观（head of female, dorsal view）; i. 雌虫中胸侧板和后胸侧板（mesopleuron and metapleuron of female）; j. 雌虫触角（antenna of female）; k. 锯鞘侧面观（ovipositor sheath, lateral view）; l. 雄虫头部前面观（head of male, front view）

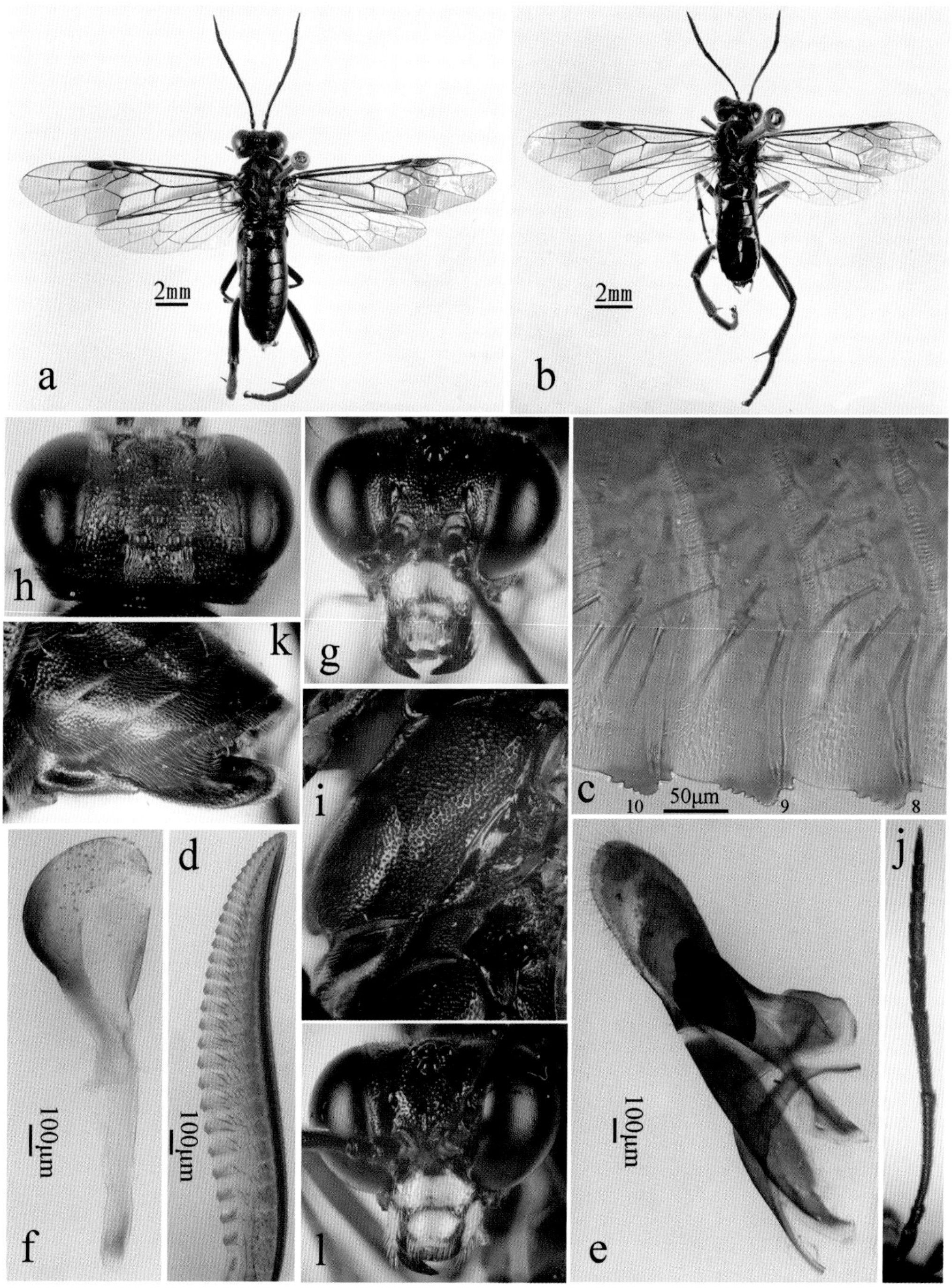

图版 2-85　肖蓝钩瓣叶蜂 *Macrophya xiaoi* Wei & Nie, 2003

a. 雌成虫背面观（adult female, dorsal view）; b. 雄成虫背面观（adult male, dorsal view）; c. 锯腹片第 8~10 锯刃（the 8th-10th serrulae）; d. 锯腹片（lancet）; e. 生殖铗（gonoforceps）; f. 阳茎瓣（penis valve）; g. 雌虫头部前面观（head of female, front view）; h. 雌虫头部背面观（head of female, dorsal view）; i. 雌虫中胸侧板和后胸侧板（mesopleuron and metapleuron of female）; j. 雌虫触角（antenna of female）; k. 锯鞘侧面观（ovipositor sheath, lateral view）; l. 雄虫头部前面观（head of male, front view）

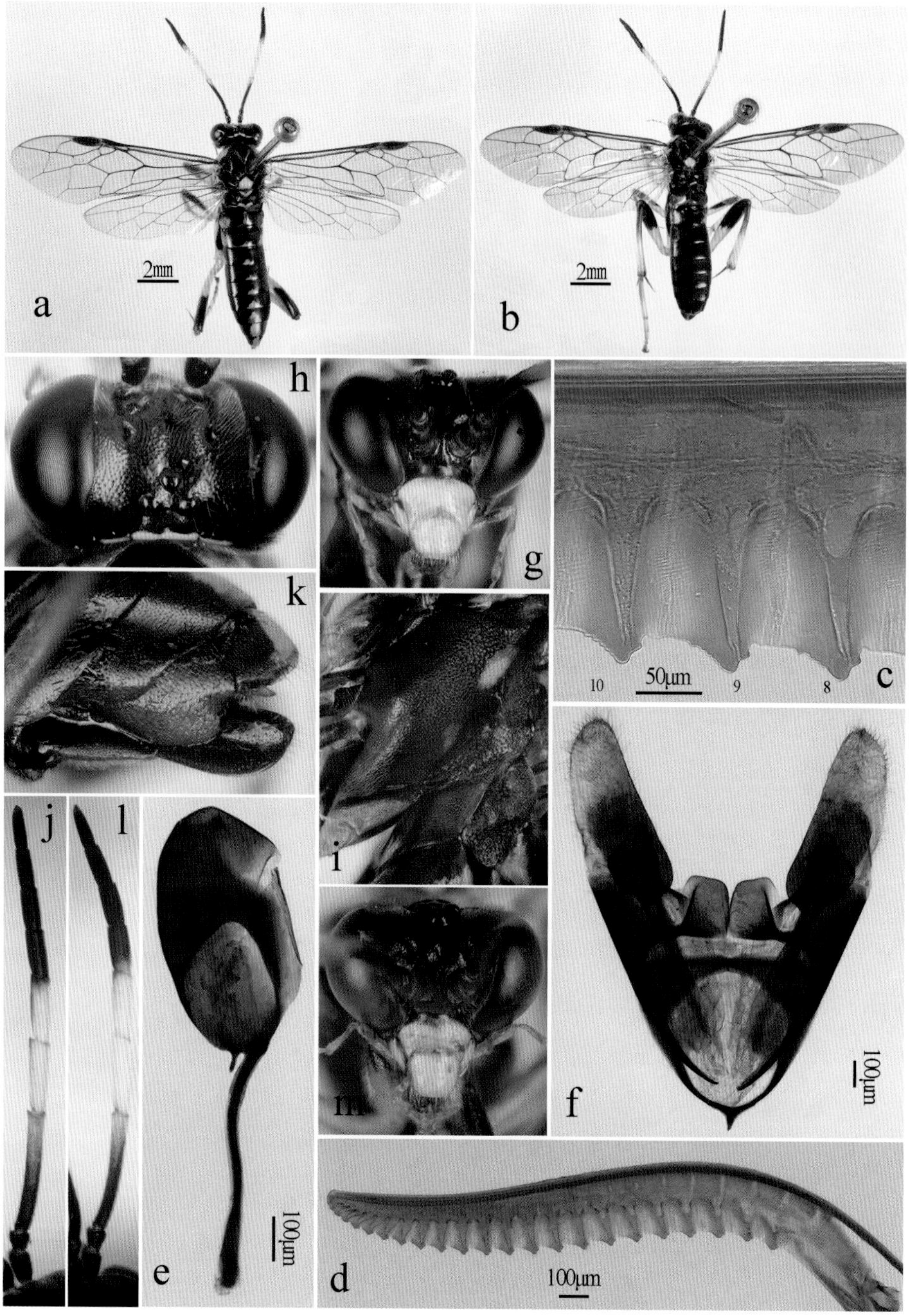

图版 2-86　花跗钩瓣叶蜂 *Macrophya coloritarsalina* Wei & Li, 2013

a. 雌成虫背面观（adult female, dorsal view）; b. 雄成虫背面观（adult male, dorsal view）; c. 锯腹片第 8~10 锯刃（the 8th-10th serrulae）; d. 锯腹片（lancet）; e. 阳茎瓣（penis valve）; f. 生殖铗（gonoforceps）; g. 雌虫头部前面观（head of female, front view）; h. 雌虫头部背面观（head of female, dorsal view）; i. 雌虫中胸侧板和后胸侧板（mesopleuron and metapleuron of female）; j. 雌虫触角（antenna of female）; k. 锯鞘侧面观（ovipositor sheath, lateral view）; l. 雄虫触角（antenna of male）; m. 雄虫头部前面观（head of male, front view）

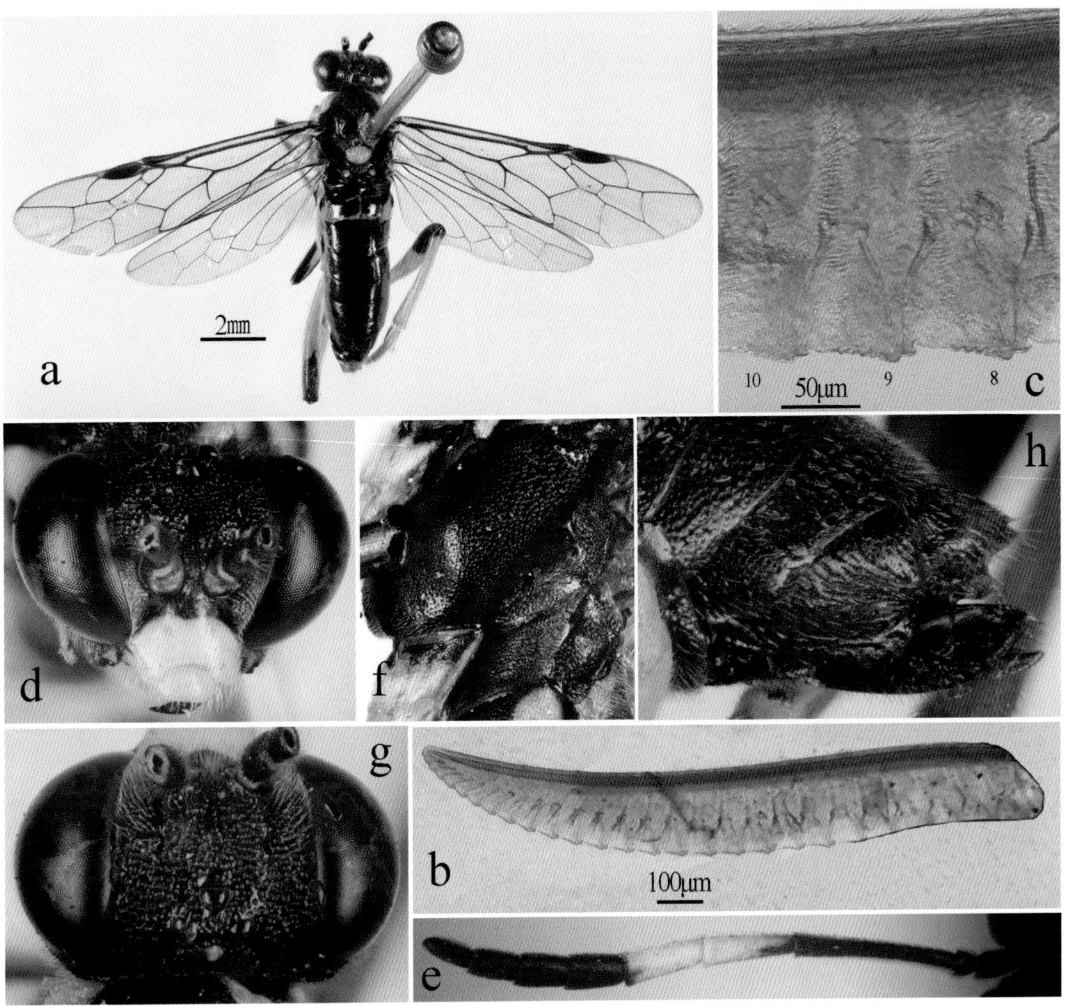

图版 2-87 混斑钩瓣叶蜂 *Macrophya commixta* Wei & Nie, 2002

a. 雌成虫背面观（adult female, dorsal view）; b. 锯腹片（lancet）; c. 锯腹片第 8~10 锯刃（the 8th-10th serrulae）; d. 雌虫头部前面观（head of female, front view）; e. 雌虫触角（antenna of female）; f. 雌虫中胸侧板和后胸侧板（mesopleuron and metapleuron of female）; g. 雌虫头部背面观（head of female, dorsal view）; h. 锯鞘侧面观（ovipositor sheath, lateral view）

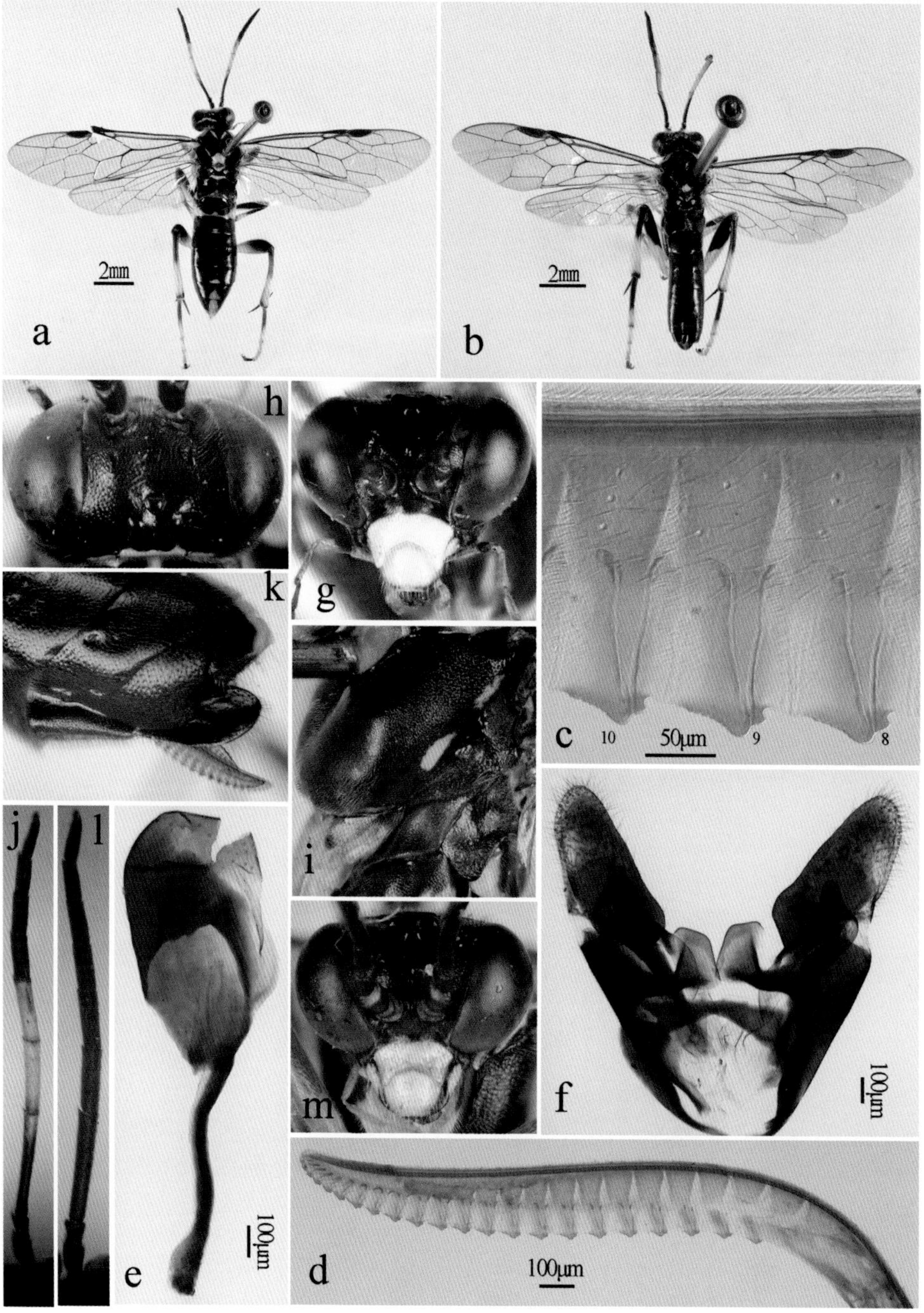

图版 2-88　凹颜钩瓣叶蜂 *Macrophya depressina* Wei, 2005

a. 雌成虫背面观（adult female, dorsal view）; b. 雄成虫背面观（adult male, dorsal view）; c. 锯腹片第8~10 锯刃（the 8th-10th serrulae）; d. 锯腹片（lancet）; e. 阳茎瓣（penis valve）; f. 生殖铗（gonoforceps）; g. 雌虫头部前面观（head of female, front view）; h. 雌虫头部背面观（head of female, dorsal view）; i. 雌虫中胸侧板和后胸侧板（mesopleuron and metapleuron of female）; j. 雌虫触角（antenna of female）; k. 锯鞘侧面观（ovipositor sheath, lateral view）; l. 雄虫触角（antenna of male）; m. 雄虫头部前面观（head of male, front view）

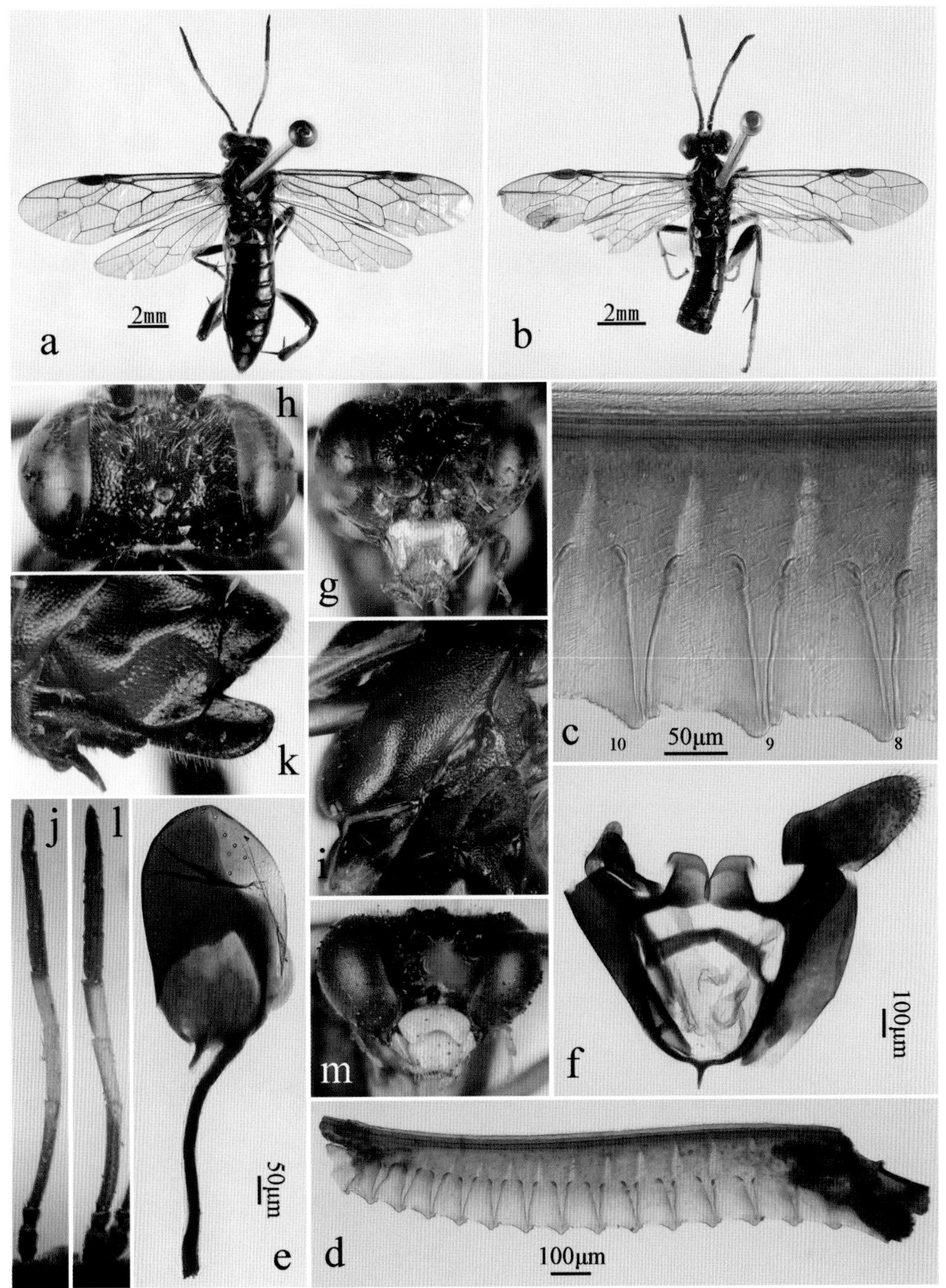

图版 2-89　黄氏钩瓣叶蜂 *Macrophya huangi* Li & Wei, 2014

a. 雌成虫背面观（adult female, dorsal view）; b. 雄成虫背面观（adult male, dorsal view）; c. 锯腹片第 8~10 锯刃（the 8th-10th serrulae）; d. 锯腹片（lancet）; e. 阳茎瓣（penis valve）; f. 生殖铗（gonoforceps）; g. 雌虫头部前面观（head of female, front view）; h. 雌虫头部背面观（head of female, dorsal view）; i. 雌虫中胸侧板和后胸侧板（mesopleuron and metapleuron of female）; j. 雌虫触角（antenna of female）; k. 锯鞘侧面观（ovipositor sheath, lateral view）; l. 雄虫触角（antenna of male）; m. 雄虫头部前面观（head of male, front view）

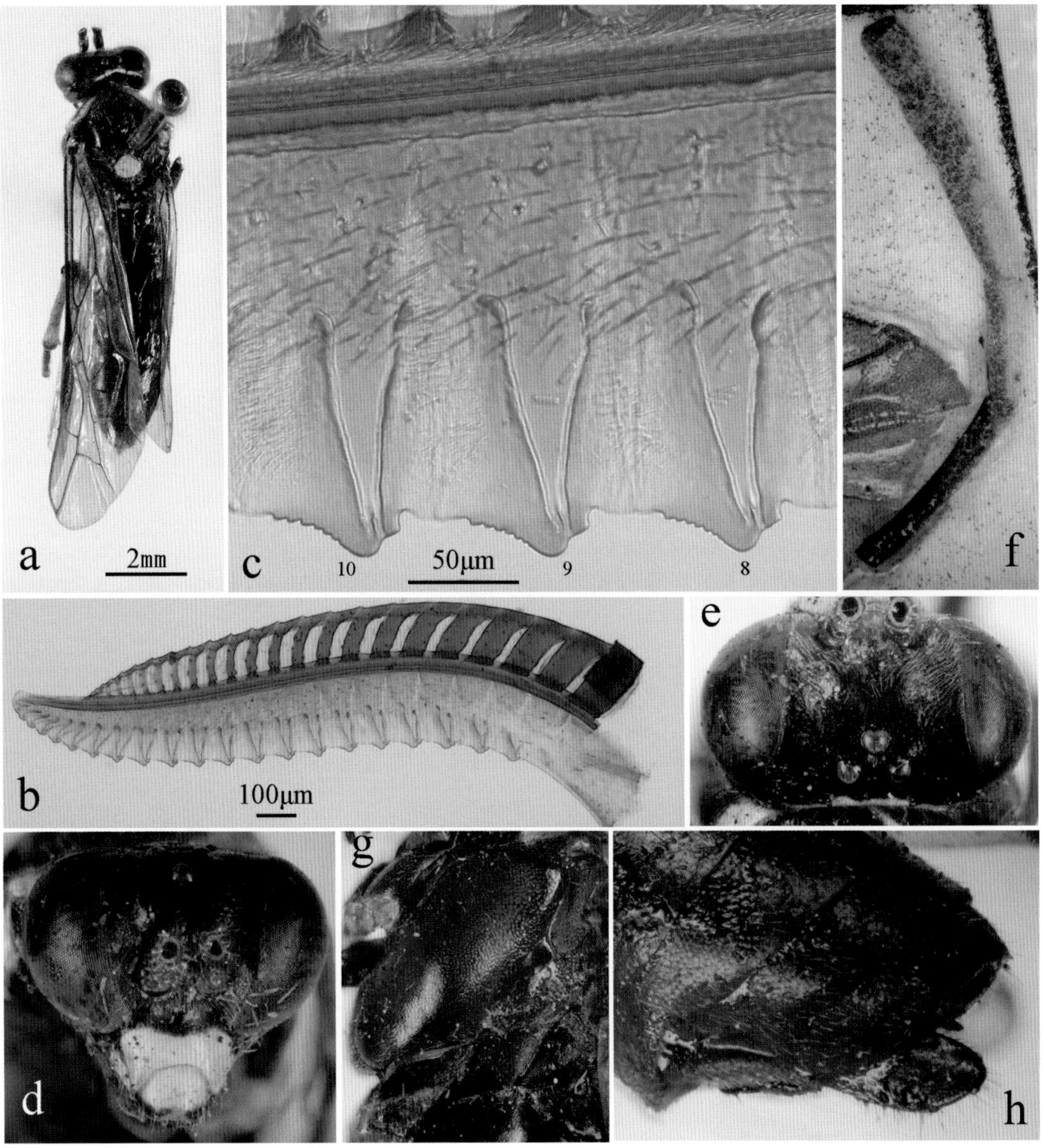

图版 2-90 乐怡钩瓣叶蜂 *Macrophya leyii* Chen & Wei, 2005

a. 雌成虫背面观（adult female, dorsal view）; b. 锯腹片（lancet）; c. 锯腹片第 8~10 锯刃（the 8th-10th serrulae）; d. 雌虫头部前面观（head of female, front view）; e. 雌虫头部背面观（head of female, dorsal view）; f. 雌虫触角（antenna of female）; g. 雌虫中胸侧板和后胸侧板（mesopleuron and metapleuron of female）; h. 锯鞘侧面观（ovipositor sheath, lateral view）

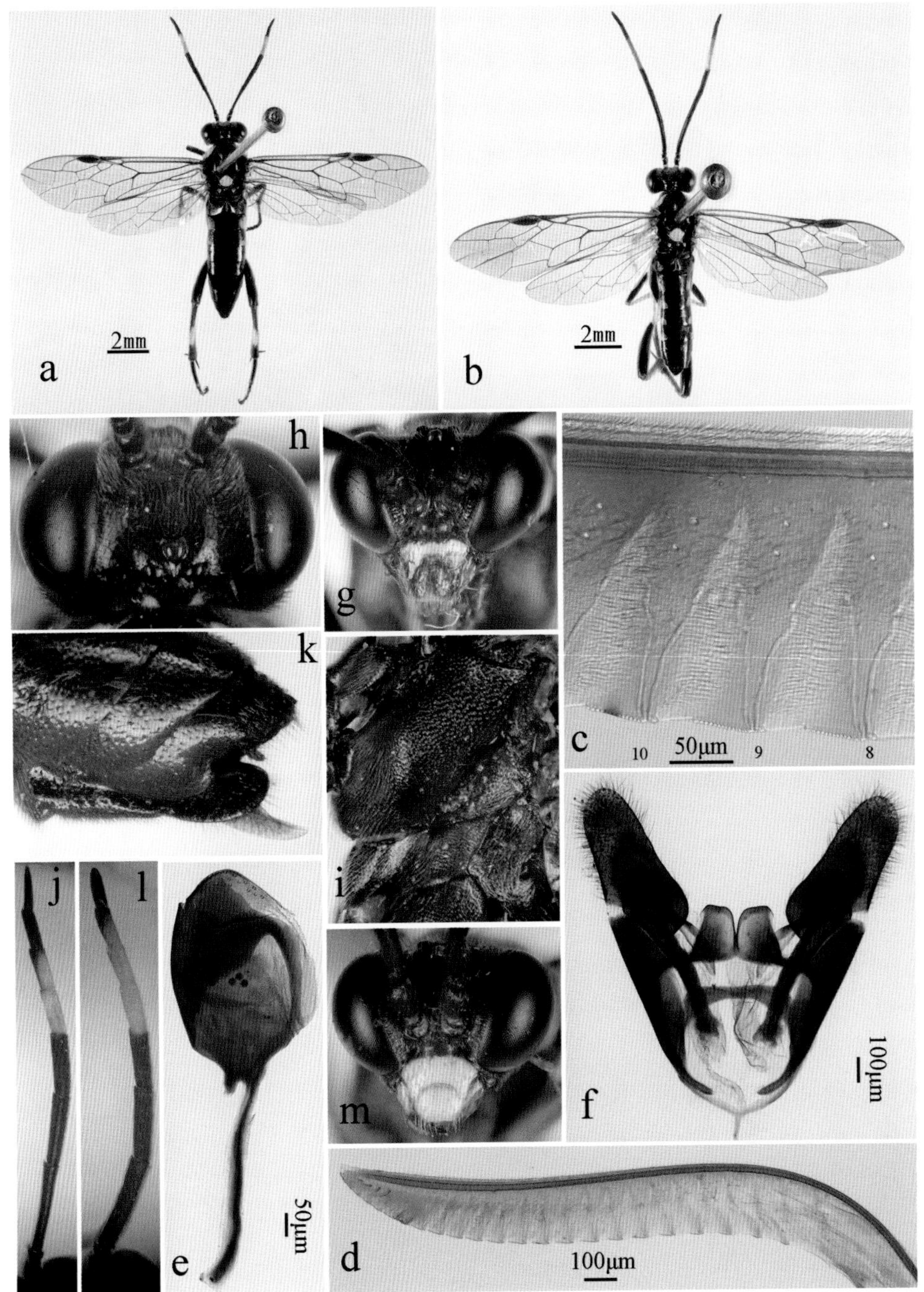

图版 2-91 暗唇钩瓣叶蜂 *Macrophya melanoclypea* Wei, 2002

a. 雌成虫背面观（adult female, dorsal view）; b. 雄成虫背面观（adult male, dorsal view）; c. 锯腹片第8~10 锯刃（the 8th-10th serrulae）; d. 锯腹片（lancet）; e. 阳茎瓣（penis valve）; f. 生殖铗（gonoforceps）; g. 雌虫头部前面观（head of female, front view）; h. 雌虫头部背面观（head of female, dorsal view）; i. 雌虫中胸侧板和后胸侧板（mesopleuron and metapleuron of female）; j. 雌虫触角（antenna of female）; k. 锯鞘侧面观（ovipositor sheath, lateral view）; l. 雄虫触角（antenna of male）; m. 雄虫头部前面观（head of male, front view）

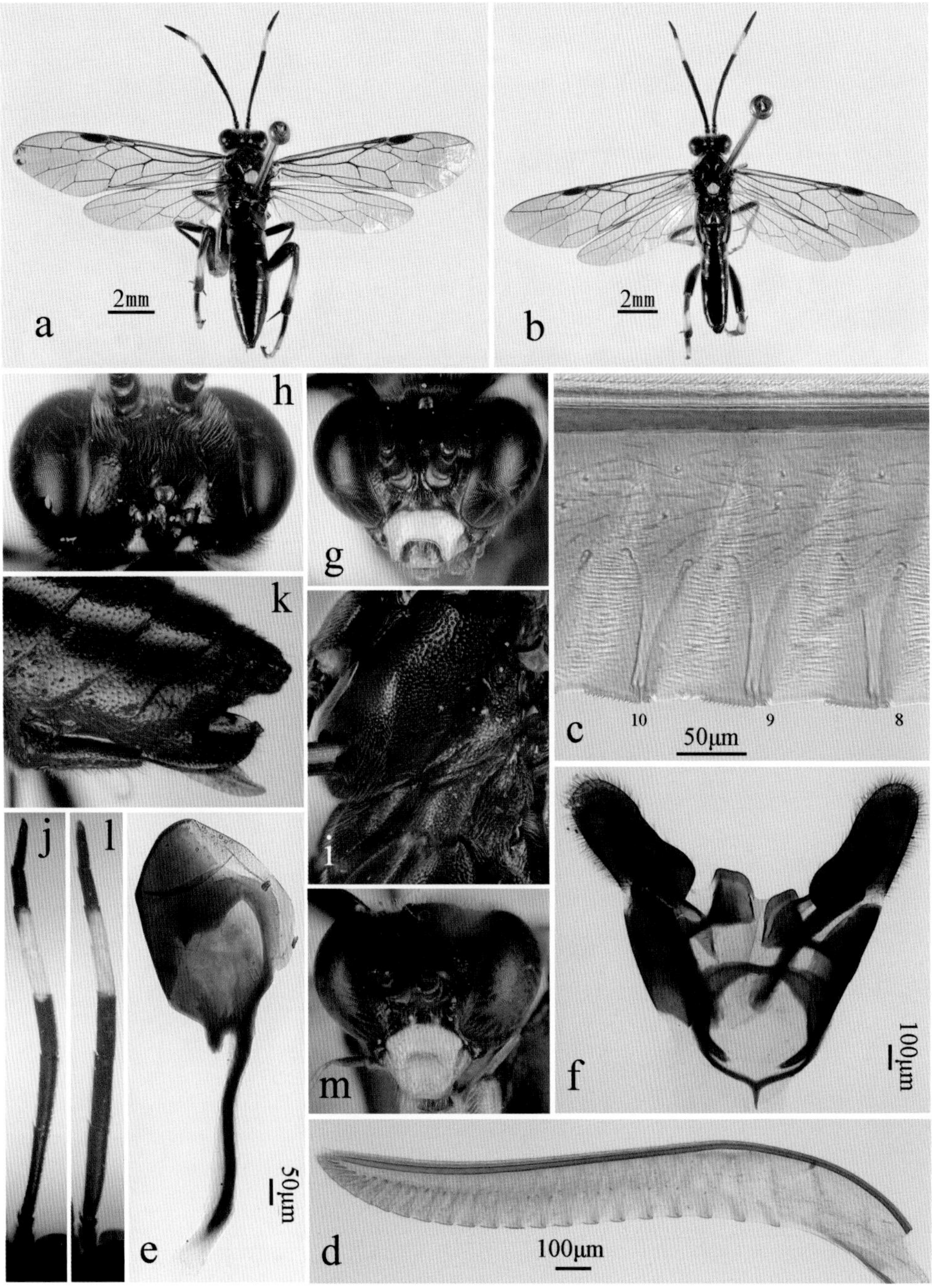

图版 2-92　黑唇钩瓣叶蜂 *Macrophya melanolabria* Wei, 1998

a. 雌成虫背面观（adult female, dorsal view）; b. 雄成虫背面观（adult male, dorsal view）; c. 锯腹片第 8~10 锯刃（the 8th-10th serrulae）; d. 锯腹片（lancet）; e. 阳茎瓣（penis valve）; f. 生殖铗（gonoforceps）; g. 雌虫头部前面观（head of female, front view）; h. 雌虫头部背面观（head of female, dorsal view）; i. 雌虫中胸侧板和后胸侧板（mesopleuron and metapleuron of female）; j. 雌虫触角（antenna of female）; k. 锯鞘侧面观（ovipositor sheath, lateral view）; l. 雄虫触角（antenna of male）; m. 雄虫头部前面观（head of male, front view）

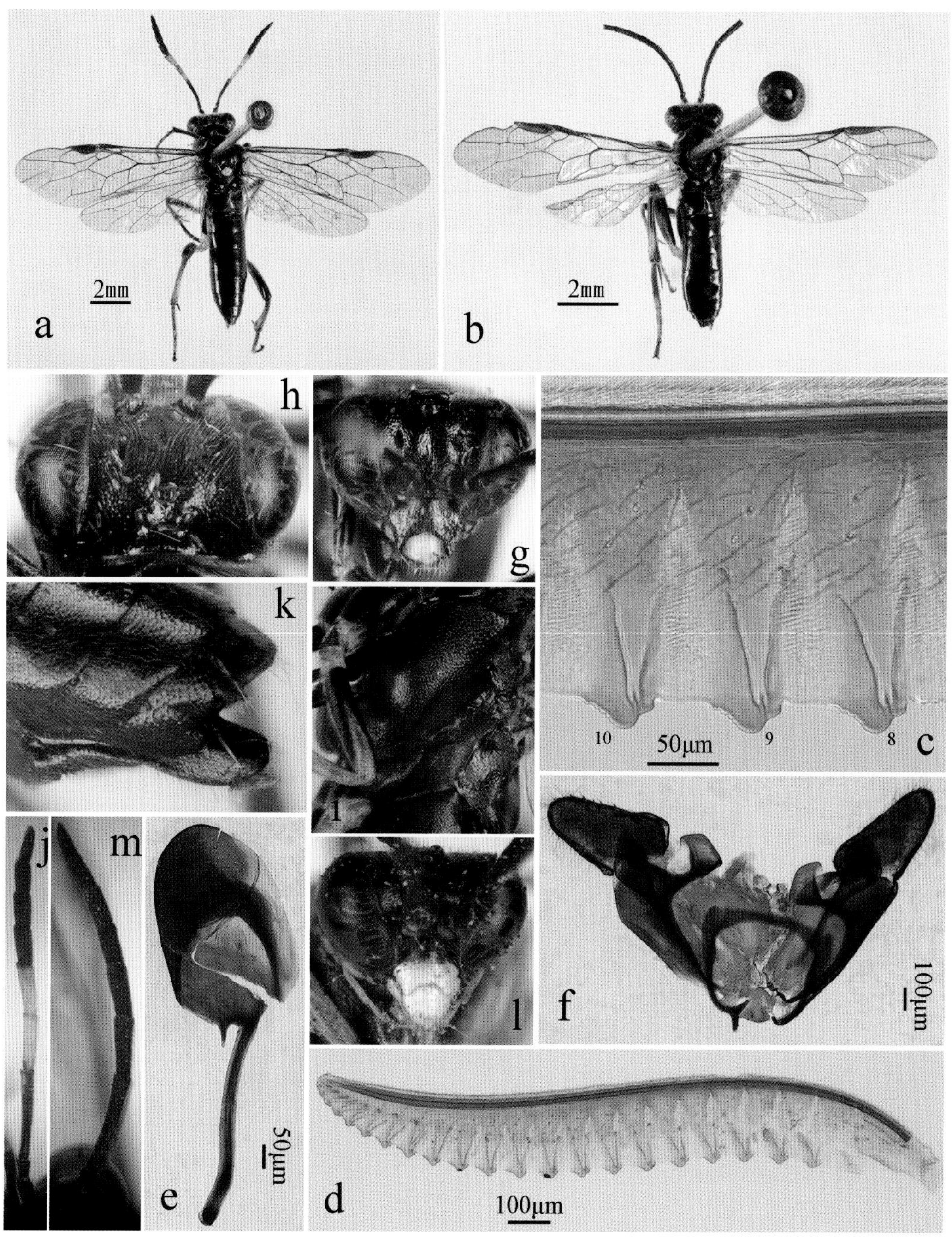

图版 2-93 红胫钩瓣叶蜂 *Macrophya rubitibia* Wei & Chen, 2002

a. 雌成虫背面观（adult female, dorsal view）；b. 雄成虫背面观（adult male, dorsal view）；c. 锯腹片第8~10 锯刃（the 8th-10th serrulae）；d. 锯腹片（lancet）；e. 阳茎瓣（penis valve）；f. 生殖铗（gonoforceps）；g. 雌虫头部前面观（head of female, front view）；h. 雌虫头部背面观（head of female, dorsal view）；i. 雌虫中胸侧板和后胸侧板（mesopleuron and metapleuron of female）；j. 雌虫触角（antenna of female）；k. 锯鞘侧面观（ovipositor sheath, lateral view）；l. 雄虫头部前面观（head of male, front view）；m. 雄虫触角（antenna of male）

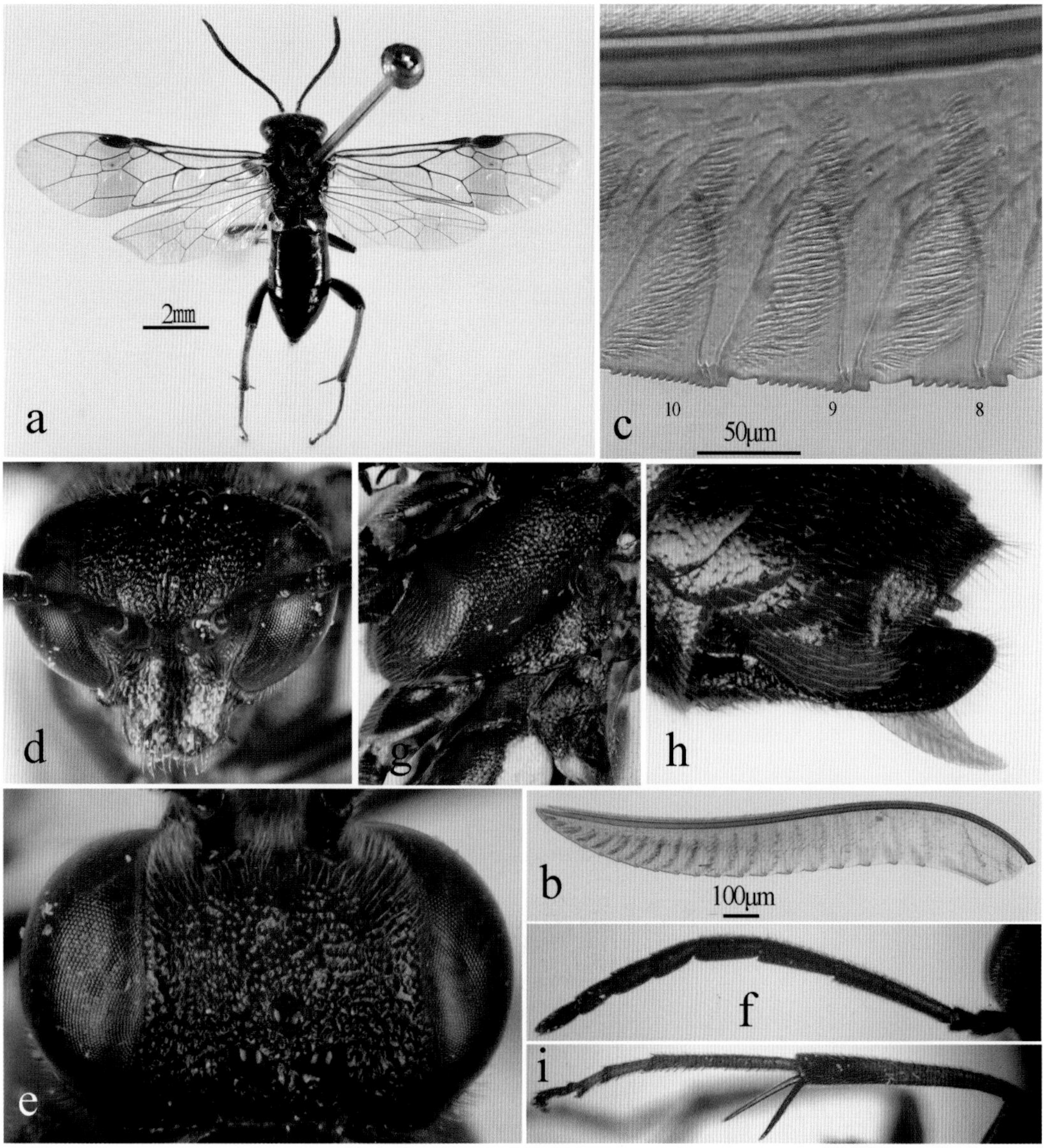

图版 2-94　陈氏钩瓣叶蜂 *Macrophya cheni* Li, Liu & Wei, 2014

a. 雌成虫背面观（adult female, dorsal view）; b. 锯腹片（lancet）; c. 锯腹片第 8~10 锯刃（the 8th-10th serrulae）; d. 雌虫头部前面观（head of female, front view）; e. 雌虫头部背面观（head of female, dorsal view）; f. 雌虫触角（antenna of female）; g. 雌虫中胸侧板和后胸侧板（mesopleuron and metapleuron of female）; h. 锯鞘侧面观（ovipositor sheath, lateral view）; i. 雌虫后足胫跗节（hind tibia and tarsi of female）

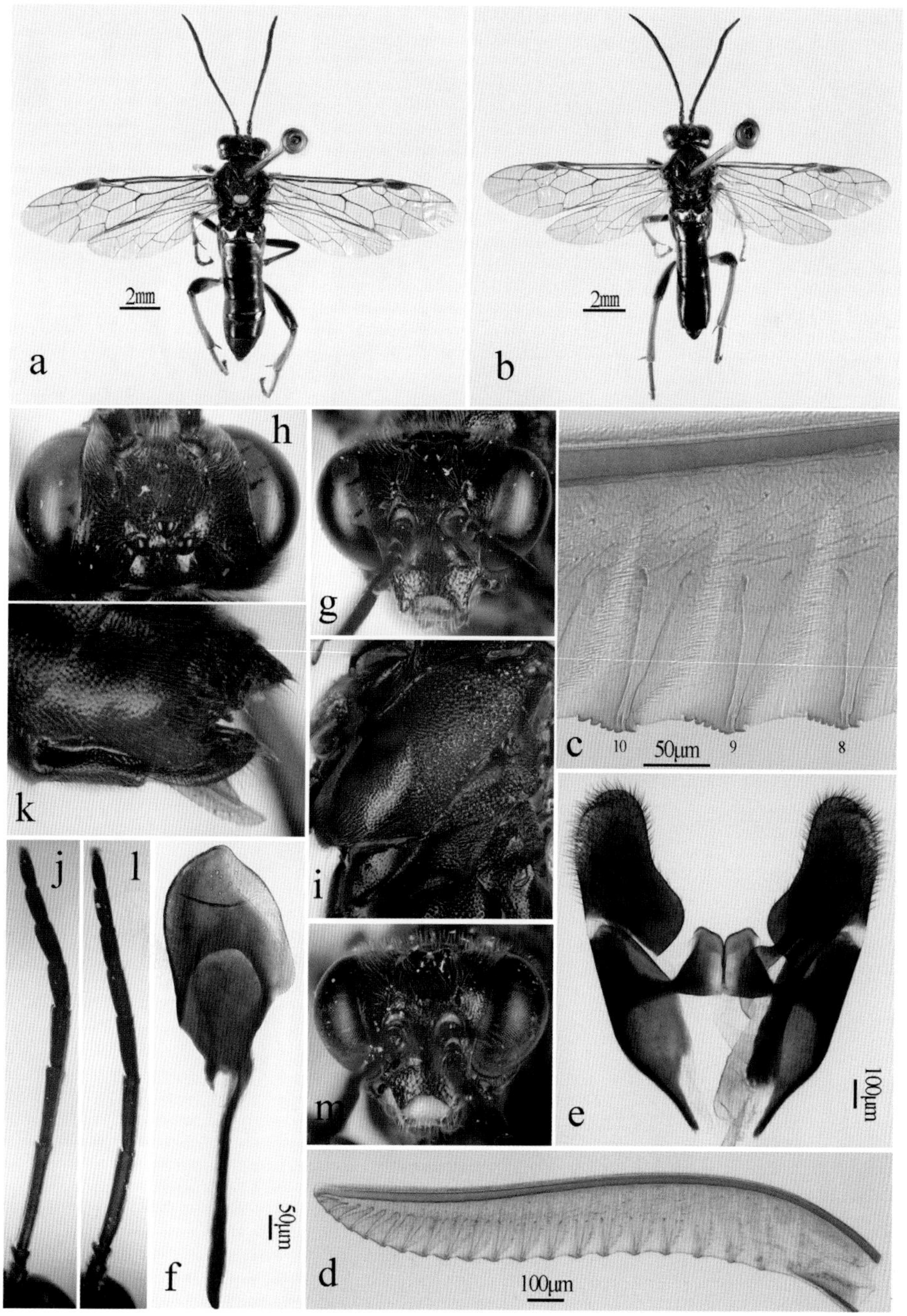

图版 2-95 大别山钩瓣叶蜂 *Macrophya dabieshanica* Wei & Xu, 2013

a. 雌成虫背面观（adult female, dorsal view）; b. 雄成虫背面观（adult male, dorsal view）; c. 锯腹片第 8~10 锯刃（the 8th-10th serrulae）; d. 锯腹片（lancet）; e. 阳茎瓣（penis valve）; f. 生殖铗（gonoforceps）; g. 雌虫头部前面观（head of female, front view）; h. 雌虫头部背面观（head of female, dorsal view）; i. 雌虫中胸侧板和后胸侧板（mesopleuron and metapleuron of female）; j. 雌虫触角（antenna of female）; k. 锯鞘侧面观（ovipositor sheath, lateral view）; l. 雄虫触角（antenna of male）; m. 雄虫头部前面观（head of male, front view）

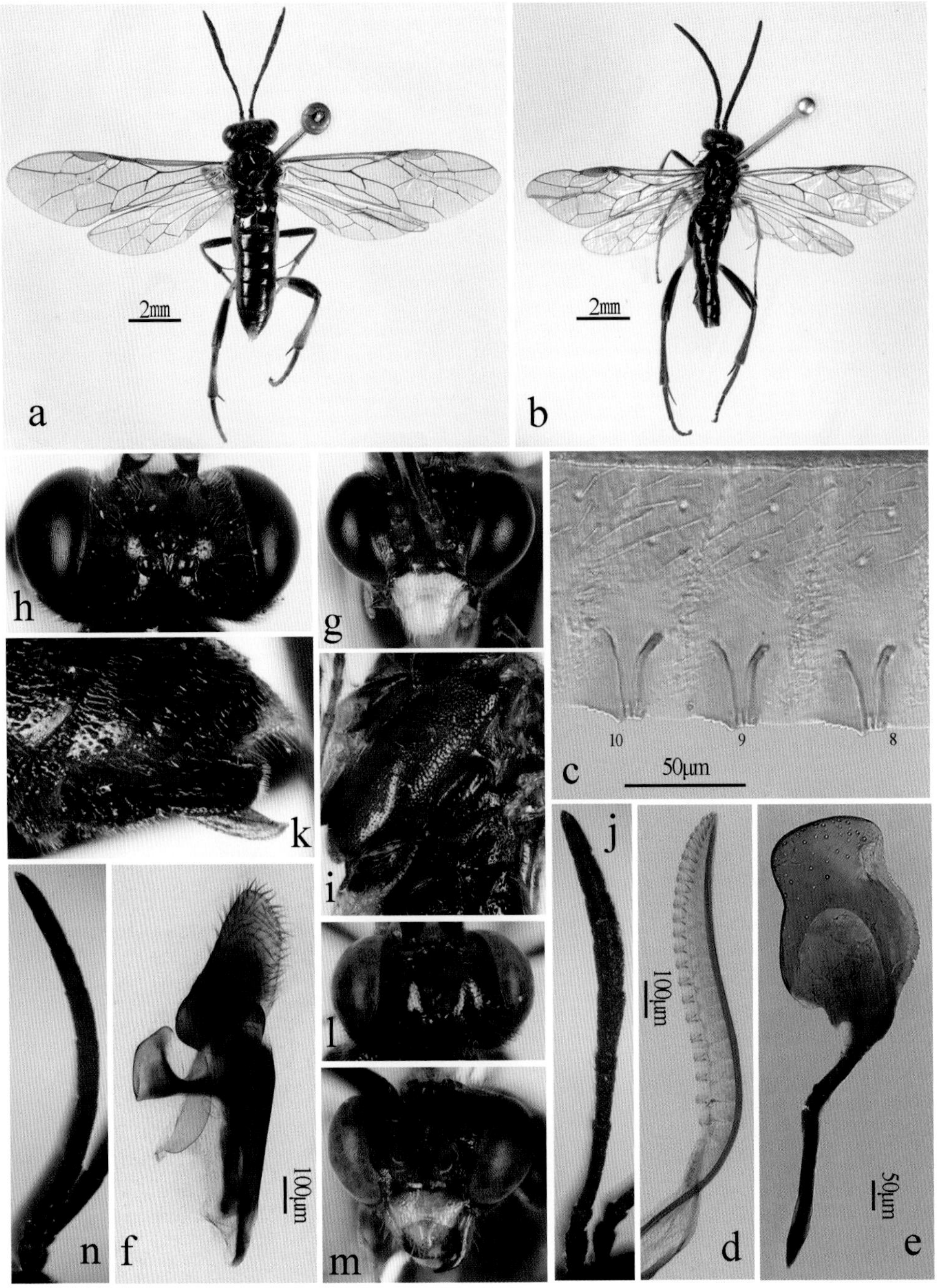

图版 2-96　淡痣钩瓣叶蜂 *Macrophya fulvostigmata* Wei & Chen, 2002

a. 雌成虫背面观（adult female, dorsal view）; b. 雄成虫背面观（adult male, dorsal view）; c. 锯腹片第 8~10 锯刃（the 8th-10th serrulae）; d. 锯腹片（lancet）; e. 阳茎瓣（penis valve）; f. 生殖铗（gonoforceps）; g. 雌虫头部前面观（head of female, front view）; h. 雌虫头部背面观（head of female, dorsal view）; i. 雌虫中胸侧板和后胸侧板（mesopleuron and metapleuron of female）; j. 雌虫触角（antenna of female）; k. 锯鞘侧面观（ovipositor sheath, lateral view）; l. 雄虫头部背面观（head of male, dorsal view）; m. 雄虫头部前面观（head of male, front view）; n. 雄虫触角（antenna of male）

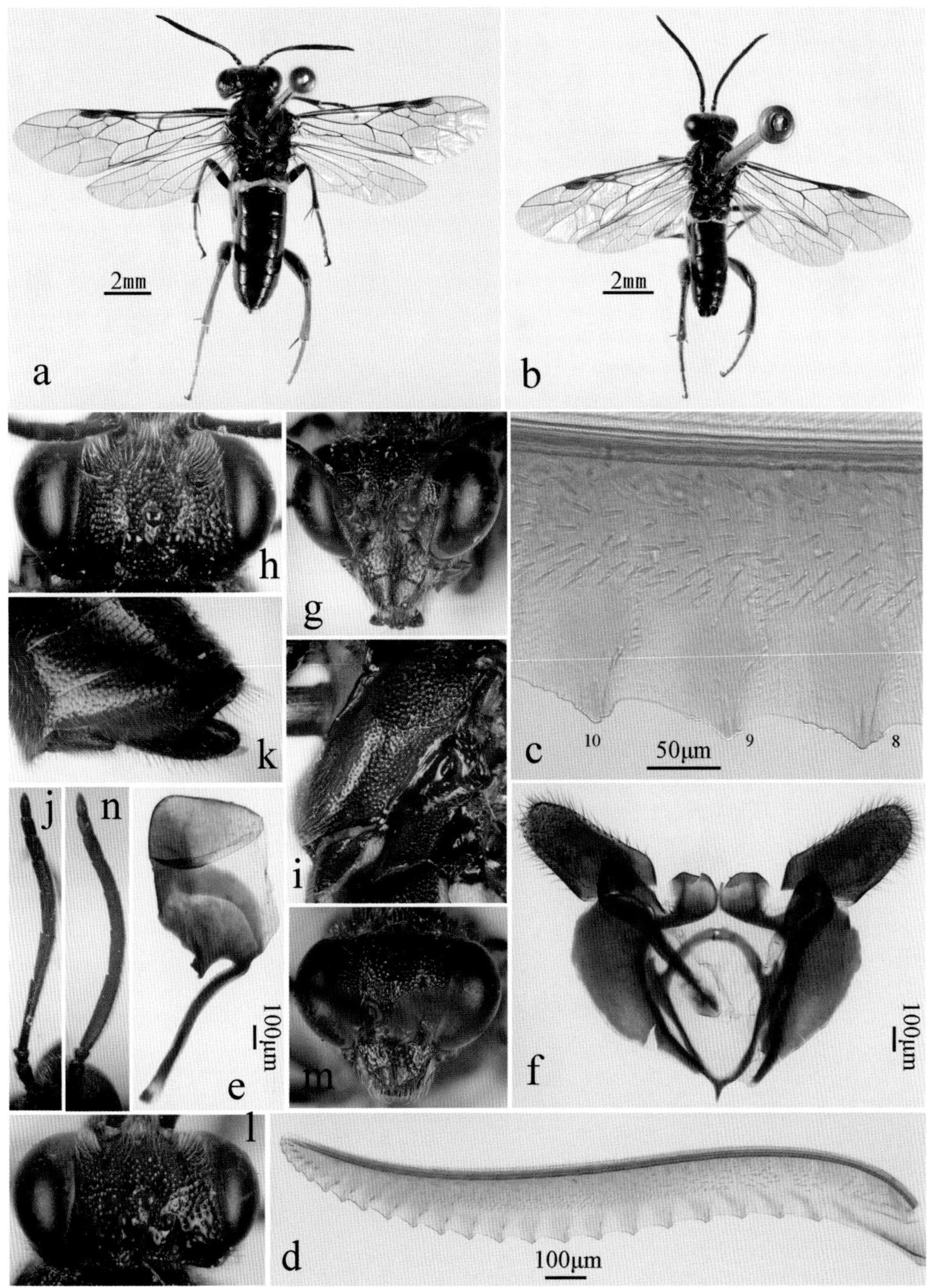

图版 2-97 朝鲜钩瓣叶蜂 *Macrophya koreana* Takeuchi, 1937

a. 雌成虫背面观（adult female, dorsal view）; b. 雄成虫背面观（adult male, dorsal view）; c. 锯腹片第 8~10 锯刃（the 8th-10th serrulae）; d. 锯腹片（lancet）; e. 阳茎瓣（penis valve）; f. 生殖铗（gonoforceps）; g. 雌虫头部前面观（head of female, front view）; h. 雌虫头部背面观（head of female, dorsal view）; i. 雌虫中胸侧板和后胸侧板（mesopleuron and metapleuron of female）; j. 雌虫触角（antenna of female）; k. 锯鞘侧面观（ovipositor sheath, lateral view）; l. 雄虫头部背面观（head of male, dorsal view）; m. 雄虫头部前面观（head of male, front view）; n. 雄虫触角（antenna of male）

图版 2-98　刘氏钩瓣叶蜂 *Macrophya liui* Wei & Li, 2013

a. 雌成虫背面观（adult female, dorsal view）; b. 锯腹片（lancet）; c. 锯腹片第 8~10 锯刃（the 8th-10th serrulae）; d. 雌虫头部前面观（head of female, front view）; e. 雌虫头部背面观（head of female, dorsal view）; f. 雌虫中胸侧板和后胸侧板（mesopleuron and metapleuron of female）; g. 锯鞘侧面观（ovipositor sheath, lateral view）; h. 锯鞘背面观（ovipositor sheath, dorsal view）; i. 雌虫触角（antenna of female）

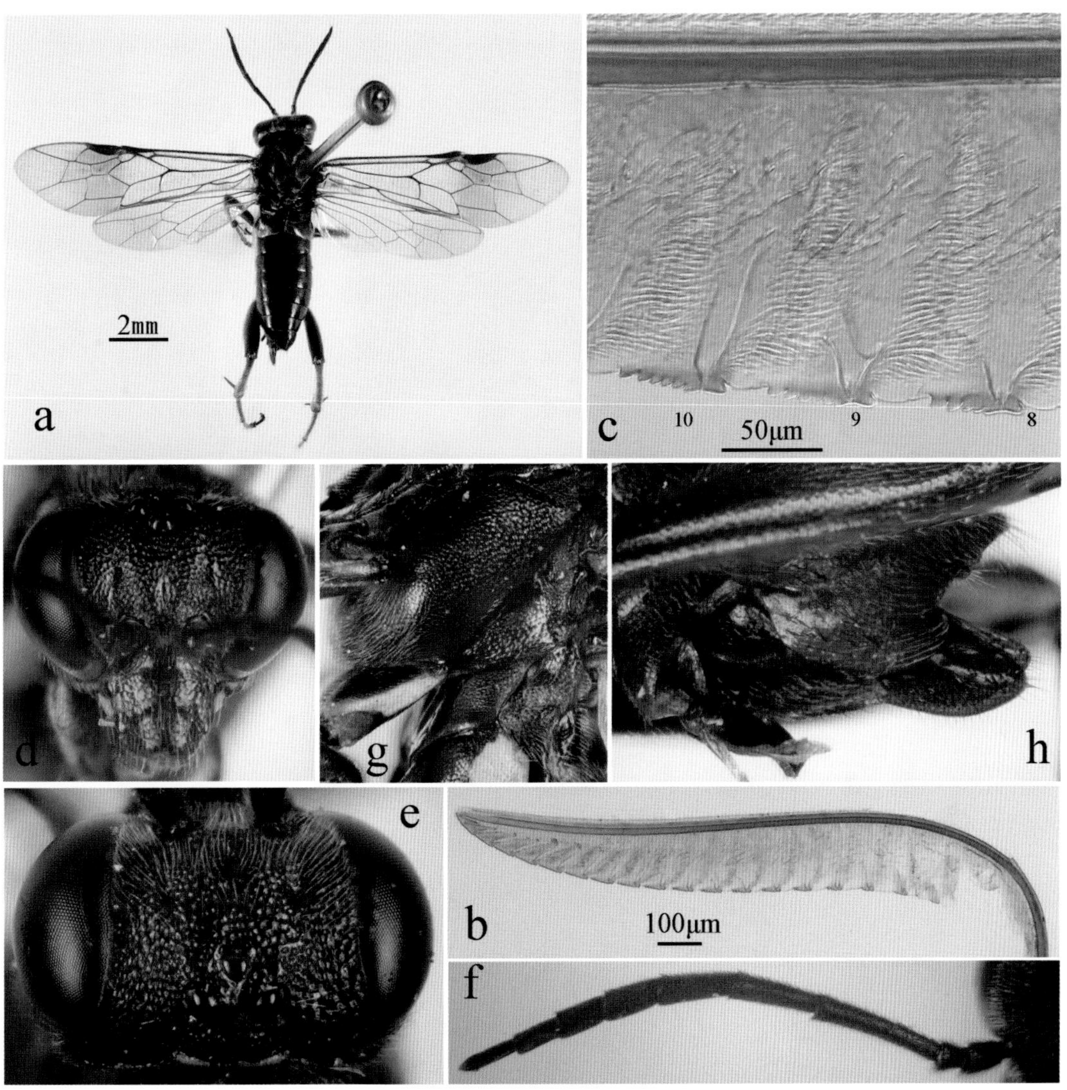

图版 2-99 点斑钩瓣叶蜂 *Macrophya minutiluna* Wei & Chen, 2002

a. 雌成虫背面观（adult female, dorsal view）; b. 锯腹片（lancet）; c. 锯腹片第 8~10 锯刃（the 8th-10th serrulae）; d. 雌虫头部前面观（head of female, front view）; e. 雌虫头部背面观（head of female, dorsal view）; f. 雌虫触角（antenna of female）; g. 雌虫中胸侧板和后胸侧板（mesopleuron and metapleuron of female）; h. 锯鞘侧面观（ovipositor sheath, lateral view）

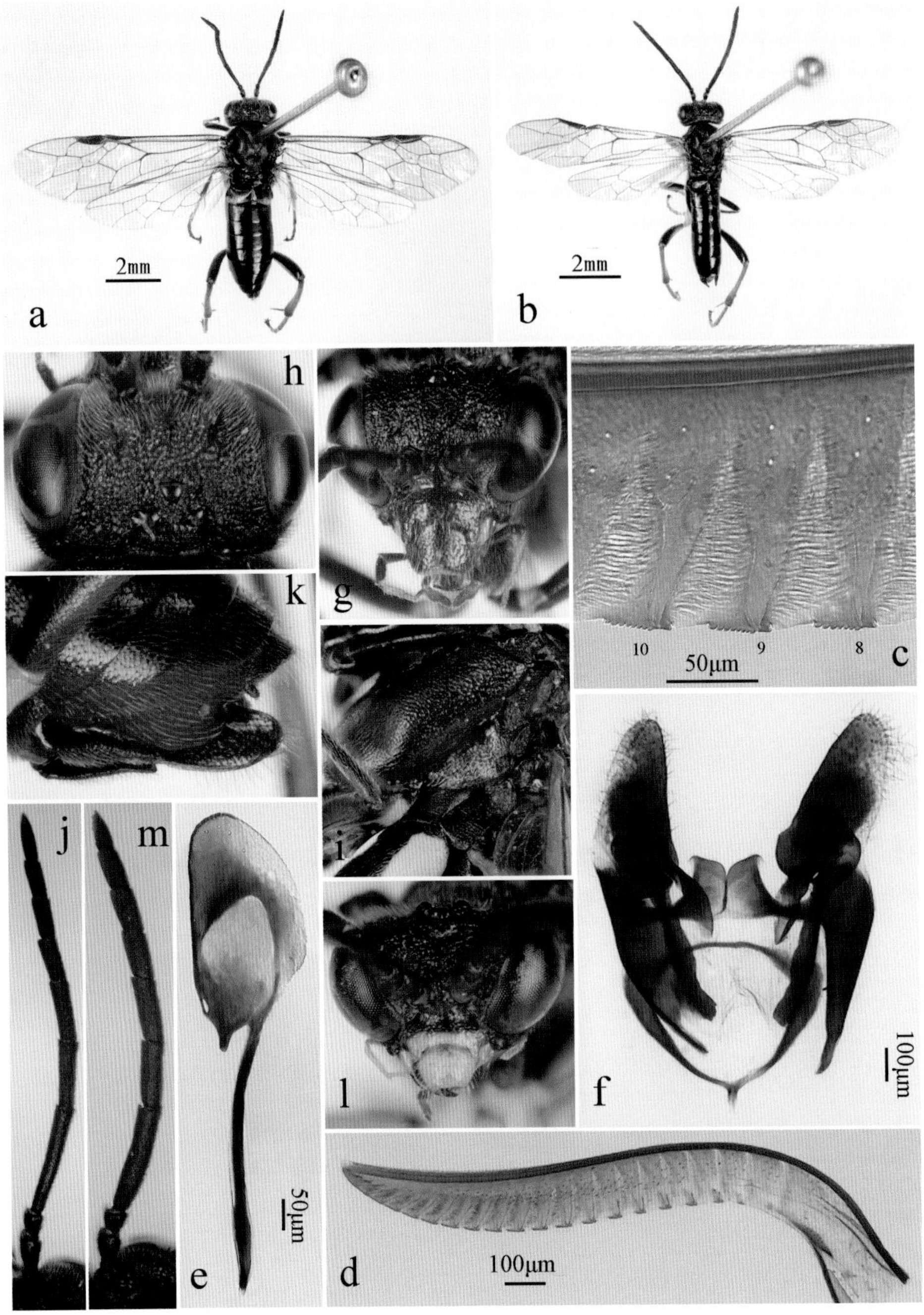

图版 2-100 宜昌钩瓣叶蜂 *Macrophya yichangensis* Li, Liu & Wei, 2014

a. 雌成虫背面观（adult female, dorsal view）; b. 雄成虫背面观（adult male, dorsal view）; c. 锯腹片第 8~10 锯刃（the 8th-10th serrulae）; d. 锯腹片（lancet）; e. 阳茎瓣（penis valve）; f. 生殖铗（gonoforceps）; g. 雌虫头部前面观（head of female, front view）; h. 雌虫头部背面观（head of female, dorsal view）; i. 雌虫中胸侧板和后胸侧板（mesopleuron and metapleuron of female）; j. 雌虫触角（antenna of female）; k. 锯鞘侧面观（ovipositor sheath, lateral view）; l. 雄虫头部前面观（head of male, front view）; m. 雄虫触角（antenna of male）

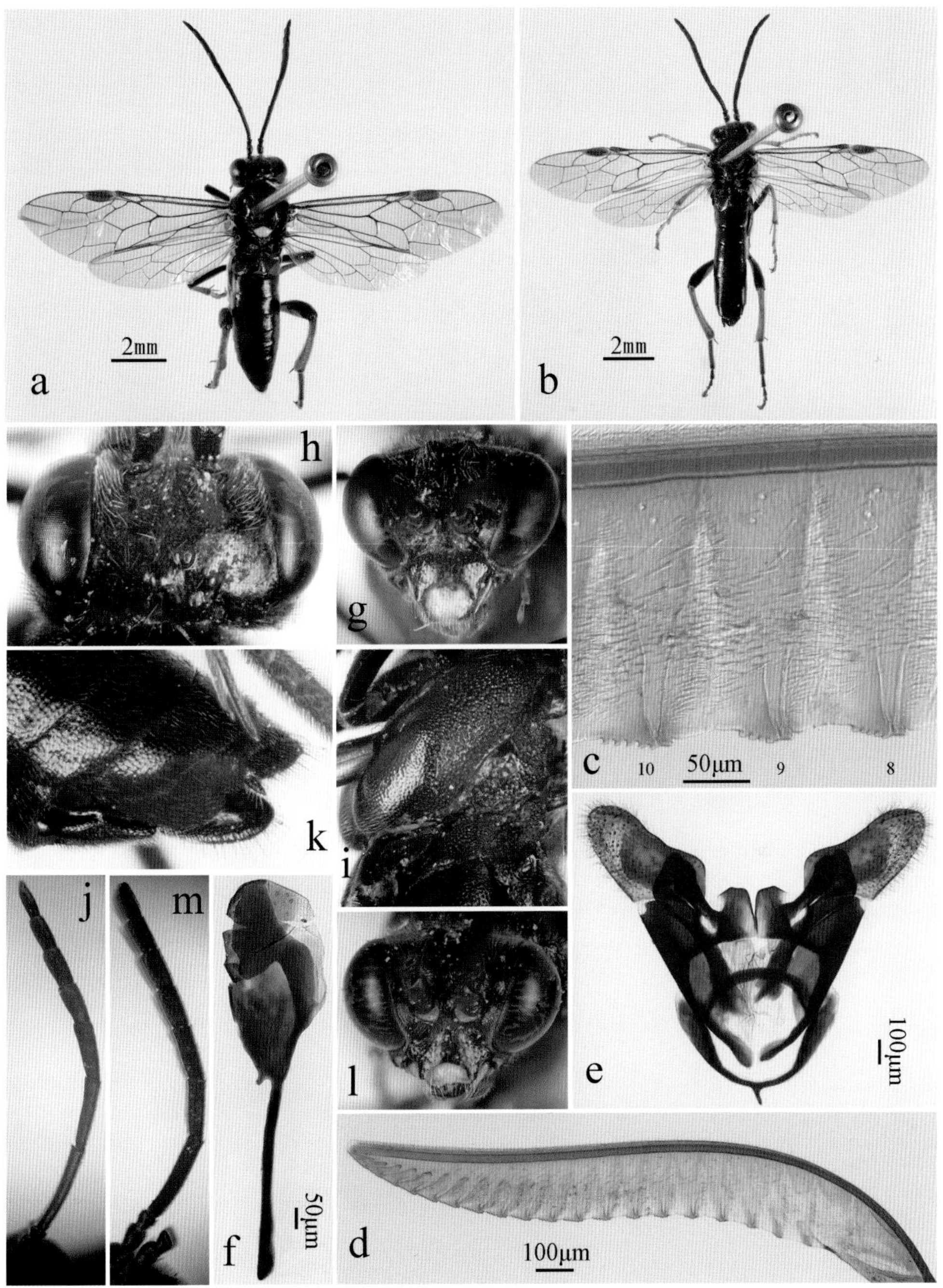

图版 2-101 钟氏钩瓣叶蜂 *Macrophya zhongi* Wei & Chen, 2002

a. 雌成虫背面观（adult female, dorsal view）; b. 雄成虫背面观（adult male, dorsal view）; c. 锯腹片第8~10锯刃（the 8th-10th serrulae）; d. 锯腹片（lancet）; e. 阳茎瓣（penis valve）; f. 生殖铗（gonoforceps）; g. 雌虫头部前面观（head of female, front view）; h. 雌虫头部背面观（head of female, dorsal view）; i. 雌虫中胸侧板和后胸侧板（mesopleuron and metapleuron of female）; j. 雌虫触角（antenna of female）; k. 锯鞘侧面观（ovipositor sheath, lateral view）; l. 雄虫头部前面观（head of male, front view）; m. 雄虫触角（antenna of male）

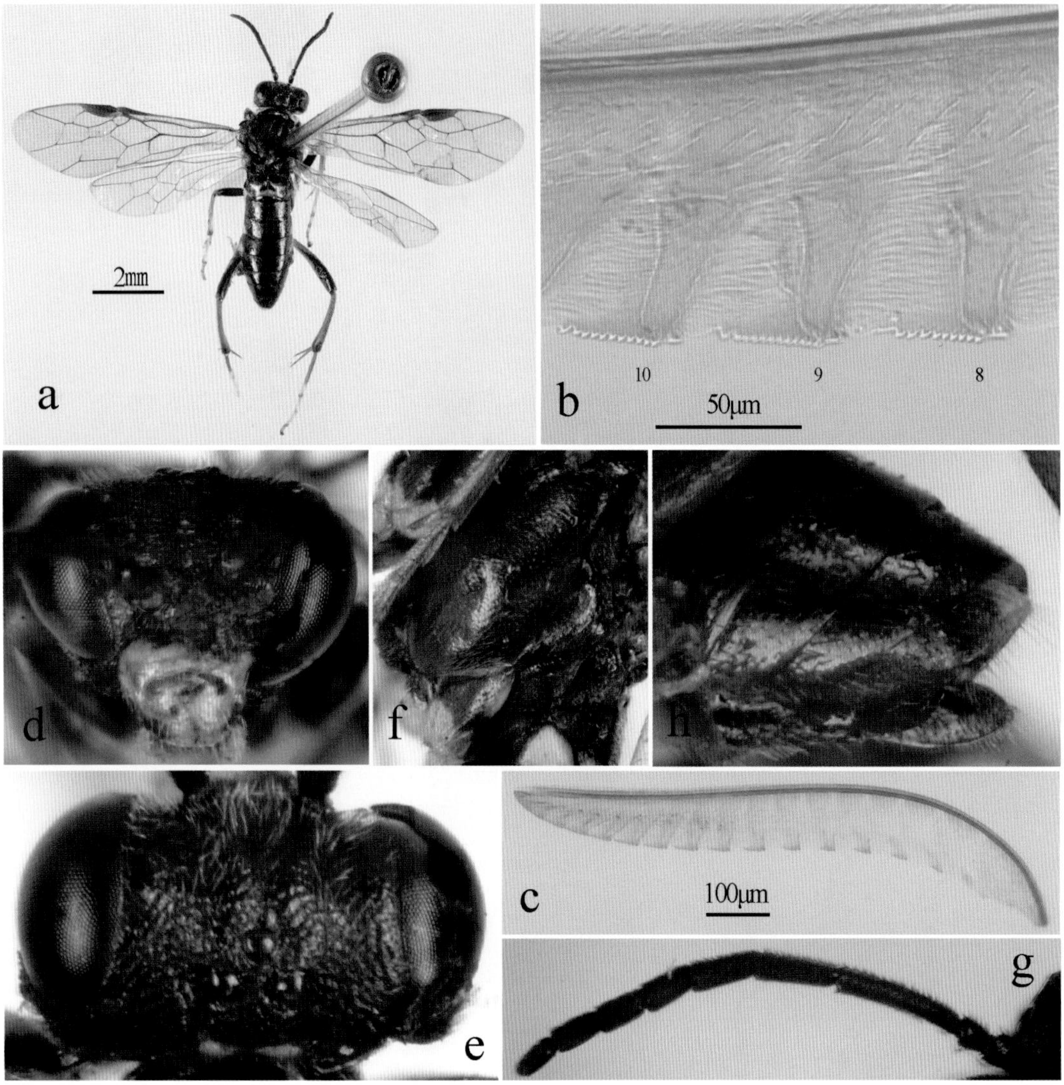

图版 2-102　纤体钩瓣叶蜂 *Macrophya elegansoma* Li, Liu & Wei, 2014

a. 雌成虫背面观（adult female, dorsal view）; b. 锯腹片第 8~10 锯刃（the 8th-10th serrulae）; c. 锯腹片（lancet）; d. 雌虫头部前面观（head of female, front view）; e. 雌虫头部背面观（head of female, dorsal view）; f. 雌虫中胸侧板和后胸侧板（mesopleuron and metapleuron of female）; g. 雌虫触角（antenna of female）; h. 锯鞘侧面观（ovipositor sheath, lateral view）

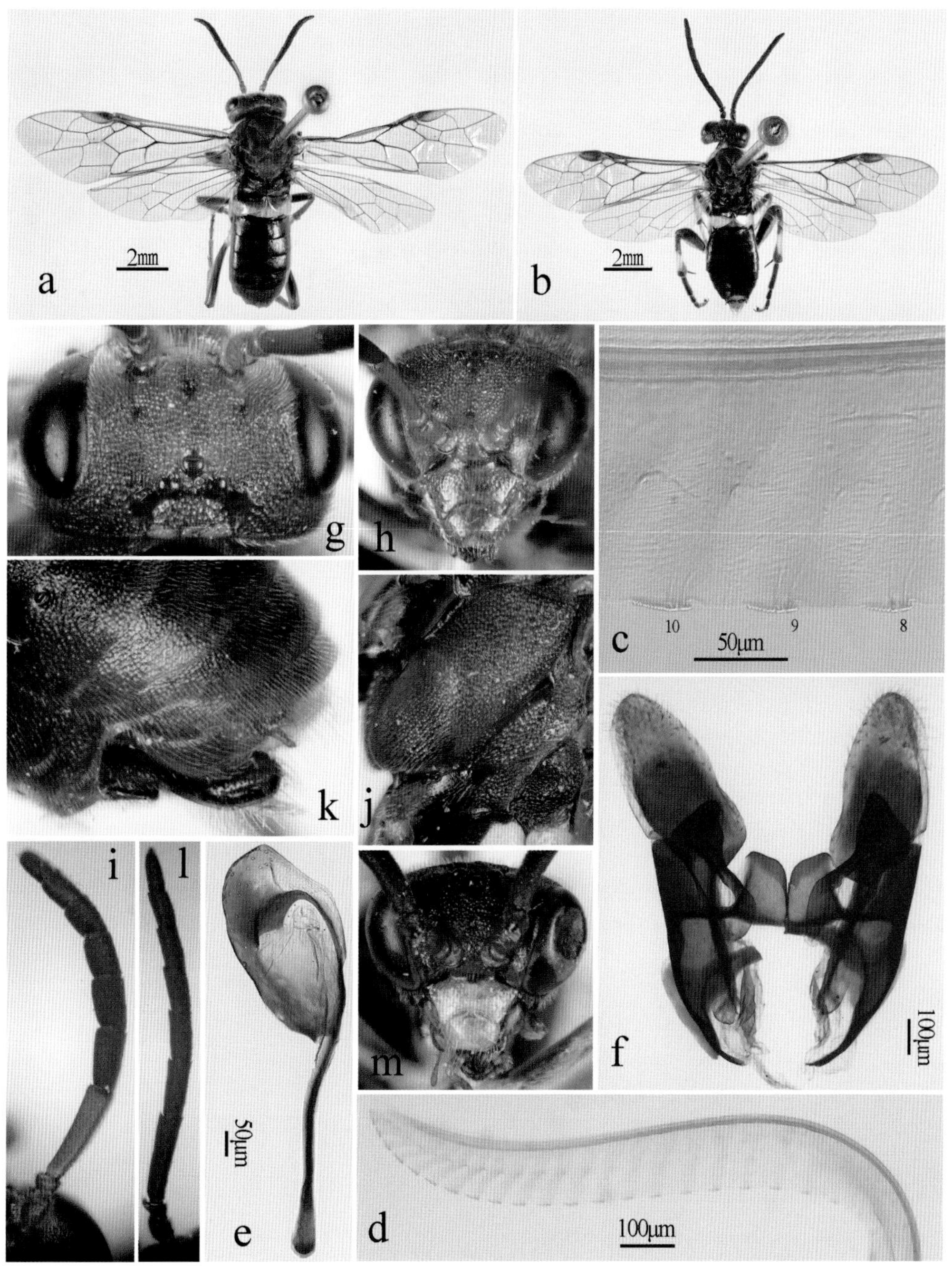

图版 2-103 红头钩瓣叶蜂 *Macrophya erythrocephalica* Wei & Nie, 2003

a. 雌成虫背面观（adult female, dorsal view）; b. 雄成虫背面观（adult male, dorsal view）; c. 锯腹片第8~10锯刃（the 8th-10th serrulae）; d. 锯腹片（lancet）; e. 阳茎瓣（penis valve）; f. 生殖铗（gonoforceps）; g. 雌虫头部背面观（head of female, dorsal view）; h. 雌虫头部前面观（head of female, front view）; i. 雌虫触角（antenna of female）; j. 雌虫中胸侧板和后胸侧板（mesopleuron and metapleuron of female）; k. 锯鞘侧面观（ovipositor sheath, lateral view）; l. 雄虫触角（antenna of male）; m. 雄虫头部前面观（head of male, front view）

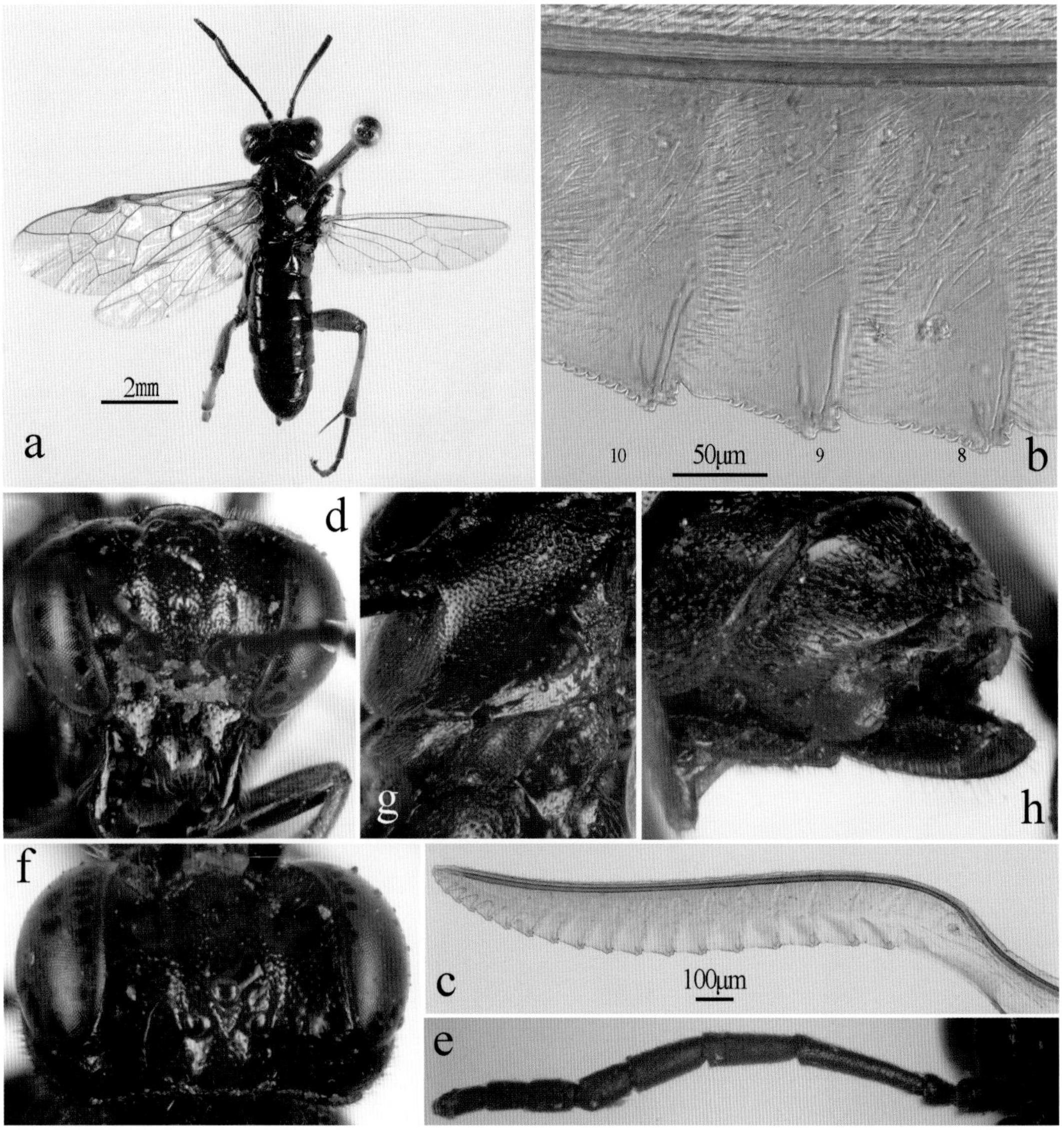

图版 2-104　红斑钩瓣叶蜂 *Macrophya erythrocnema* A. Costa, 1859

a. 雌成虫背面观（adult female, dorsal view）; b. 锯腹片第 8~10 锯刃（the 8th-10th serrulae）; c. 锯腹片（lancet）; d. 雌虫头部前面观（head of female, front view）; e. 雌虫触角（antenna of female）; f. 雌虫头部背面观（head of female, dorsal view）; g. 雌虫中胸侧板和后胸侧板（mesopleuron and metapleuron of female）; h. 锯鞘侧面观（ovipositor sheath, lateral view）

图版 2-105 江氏钩瓣叶蜂 *Macrophya jiangi* Wei & Zhao, 2011

a. 雌成虫背面观（adult female, dorsal view）; b. 锯腹片第 8~10 锯刃（the 8th-10th serrulae）; c. 锯腹片（lancet）; d. 雌虫头部前面观（head of female, front view）; e. 雌虫头部背面观（head of female, dorsal view）; f. 雌虫触角（antenna of female）; g. 雌虫中胸侧板和后胸侧板（mesopleuron and metapleuron of female）; h. 锯鞘侧面观（ovipositor sheath, lateral view）

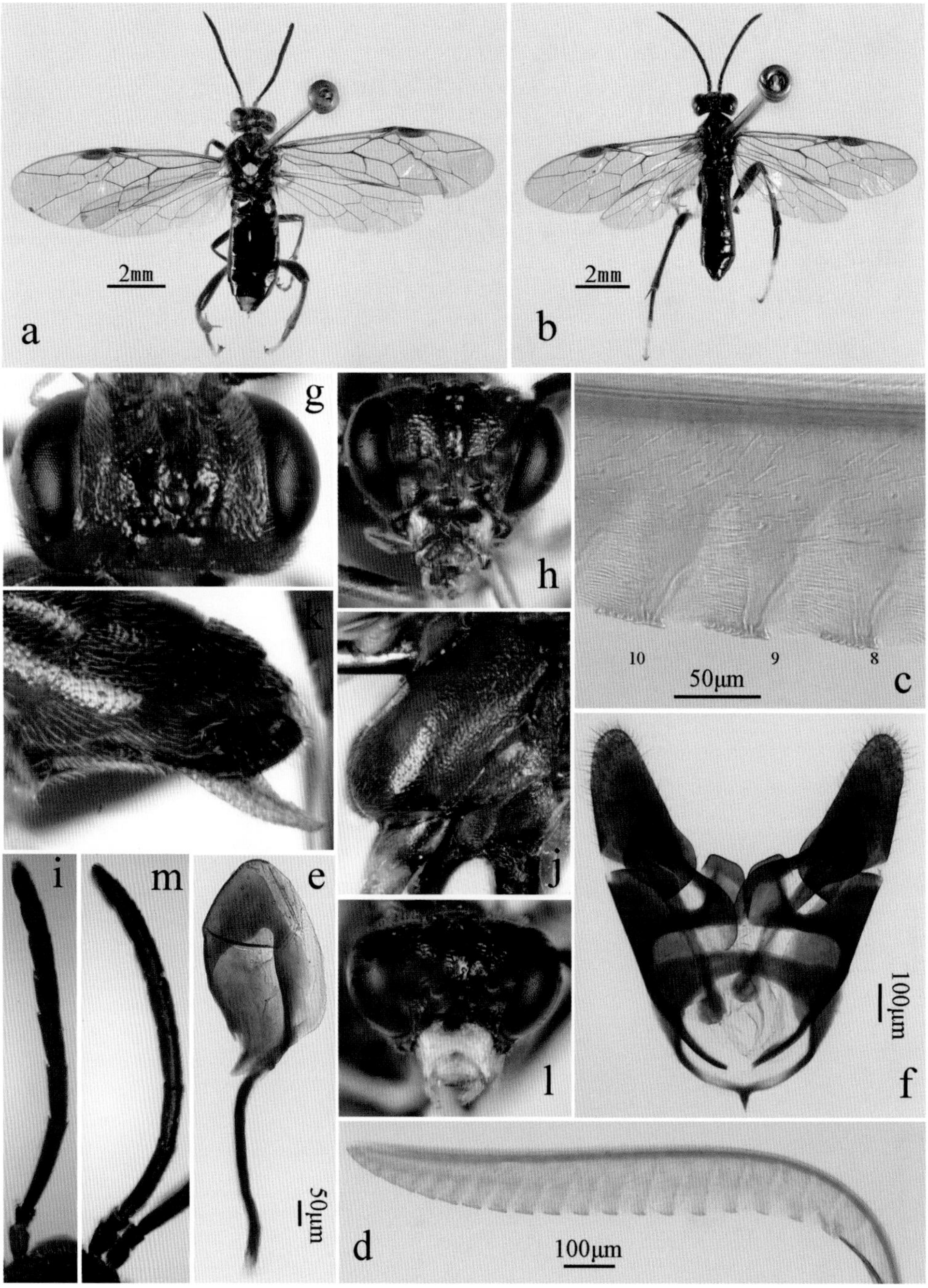

图版 2-106 白跗钩瓣叶蜂 *Macrophya leucotarsalina* Wei & Chen, 2002

a. 雌成虫背面观（adult female, dorsal view）; b. 雄成虫背面观（adult male, dorsal view）; c. 锯腹片第 8~10 锯刃（the 8th-10th serrulae）; d. 锯腹片（lancet）; e. 阳茎瓣（penis valve）; f. 生殖铗（gonoforceps）; g. 雌虫头部背面观（head of female, dorsal view）; h. 雌虫头部前面观（head of female, front view）; i. 雌虫触角（antenna of female）; j. 雌虫中胸侧板和后胸侧板（mesopleuron and metapleuron of female）; k. 锯鞘侧面观（ovipositor sheath, lateral view）; l. 雄虫头部前面观（head of male, front view）; m. 雄虫触角（antenna of male）

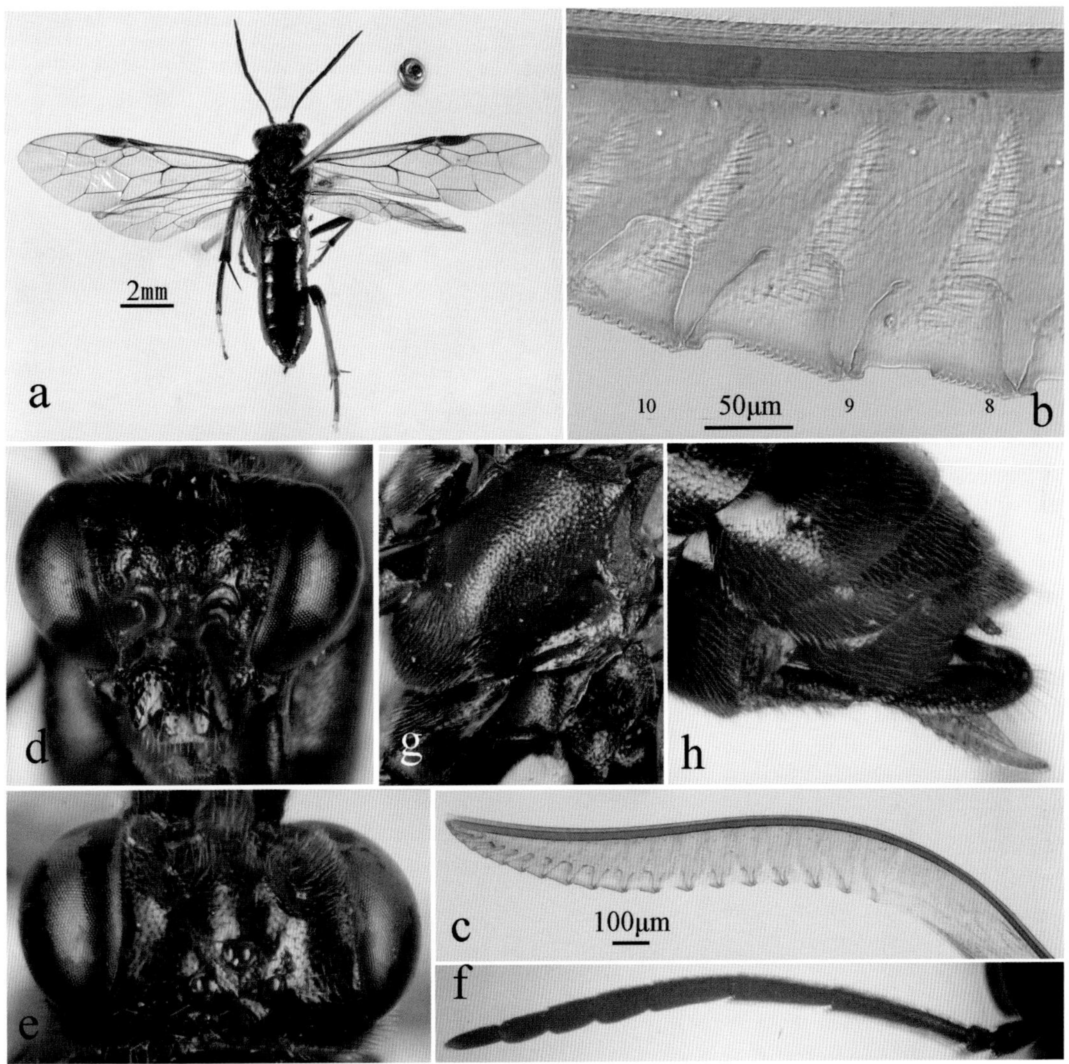

图版 2-107 长柄钩瓣叶蜂 *Macrophya longipetiolata* Wei & Zhong, 2013

a. 雌成虫背面观（adult female, dorsal view）; b. 锯腹片第 8~10 锯刃（the 8th-10th serrulae）; c. 锯腹片（lancet）; d. 雌虫头部前面观（head of female, front view）; e. 雌虫头部背面观（head of female, dorsal view）; f. 雌虫触角（antenna of female）; g. 雌虫中胸侧板和后胸侧板（mesopleuron and metapleuron of female）; h. 锯鞘侧面观（ovipositor sheath, lateral view）

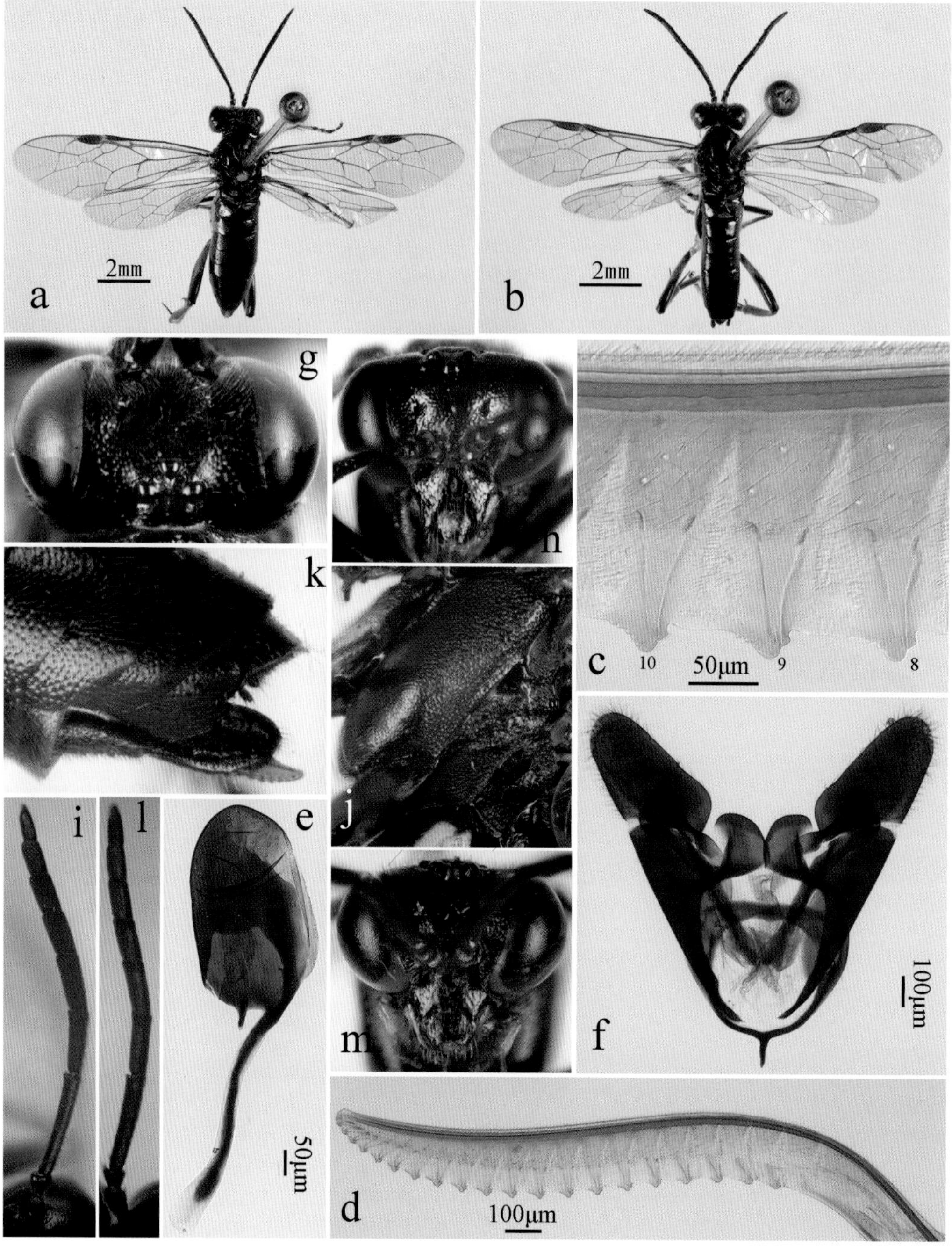

图版 2-108　斑跗钩瓣叶蜂 *Macrophya maculotarsalina* Wei & Liu, 2005

a. 雌成虫背面观（adult female, dorsal view）; b. 雄成虫背面观（adult male, dorsal view）; c. 锯腹片第 8~10 锯刃（the 8th-10th serrulae）; d. 锯腹片（lancet）; e. 阳茎瓣（penis valve）; f. 生殖铗（gonoforceps）; g. 雌虫头部背面观（head of female, dorsal view）; h. 雌虫头部前面观（head of female, front view）; i. 雌虫触角（antenna of female）; j. 雌虫中胸侧板和后胸侧板（mesopleuron and metapleuron of female）; k. 锯鞘侧面观（ovipositor sheath, lateral view）; l. 雄虫触角（antenna of male）; m. 雄虫头部前面观（head of male, front view）

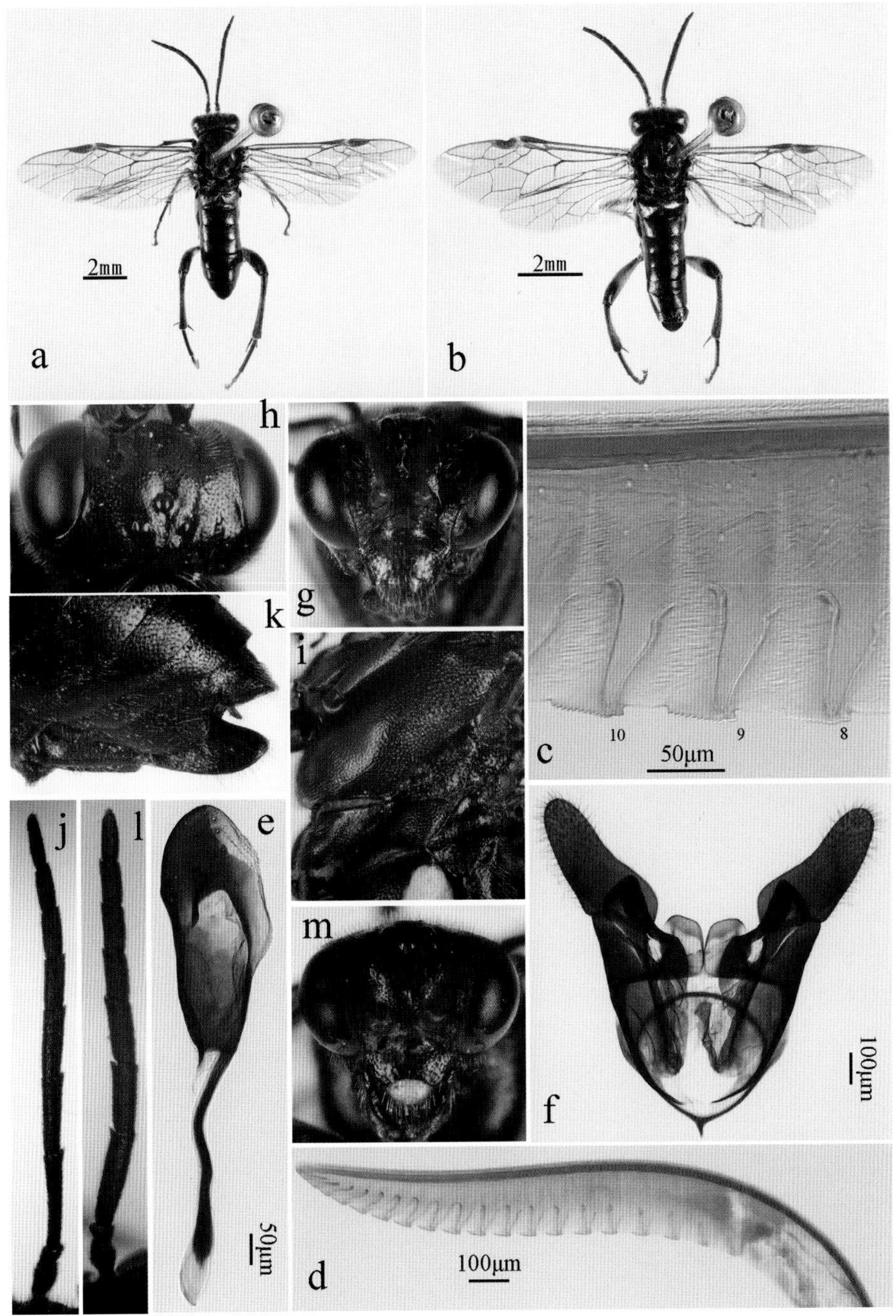

图版 2-109 黑体钩瓣叶蜂 *Macrophya melanosomata* Wei & Xin, 2012

a. 雌成虫背面观（adult female, dorsal view）; b. 雄成虫背面观（adult male, dorsal view）; c. 锯腹片第8~10锯刃（the 8th-10th serrulae）; d. 锯腹片（lancet）; e. 阳茎瓣（penis valve）; f. 生殖铗（gonoforceps）; g. 雌虫头部前面观（head of female, front view）; h. 雌虫头部背面观（head of female, dorsal view）; i. 雌虫中胸侧板和后胸侧板（mesopleuron and metapleuron of female）; j. 雌虫触角（antenna of female）; k. 锯鞘侧面观（ovipositor sheath, lateral view）; l. 雄虫触角（antenna of male）; m. 雄虫头部前面观（head of male, front view）

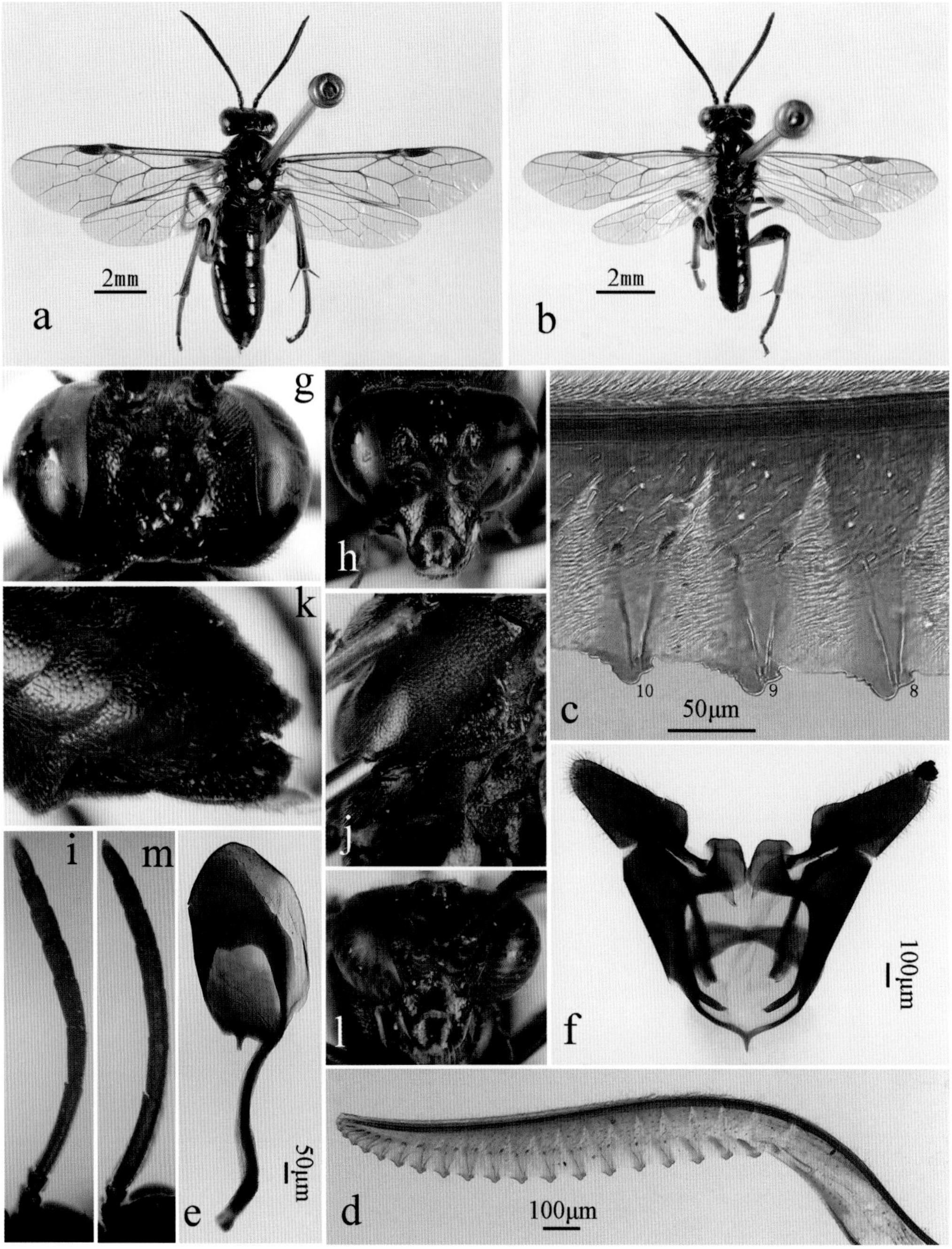

图版 2-110　五斑钩瓣叶蜂 *Macrophya pentanalia* Wei & Chen, 2002

a. 雌成虫背面观（adult female, dorsal view）; b. 雄成虫背面观（adult male, dorsal view）; c. 锯腹片第8~10锯刃（the 8th-10th serrulae）; d. 锯腹片（lancet）; e. 阳茎瓣（penis valve）; f. 生殖铗（gonoforceps）; g. 雌虫头部背面观（head of female, dorsal view）; h. 雌虫头部前面观（head of female, front view）; i. 雌虫触角（antenna of female）; j. 雌虫中胸侧板和后胸侧板（mesopleuron and metapleuron of female）; k. 锯鞘侧面观（ovipositor sheath, lateral view）; l. 雄虫头部前面观（head of male, front view）; m. 雄虫触角（antenna of male）

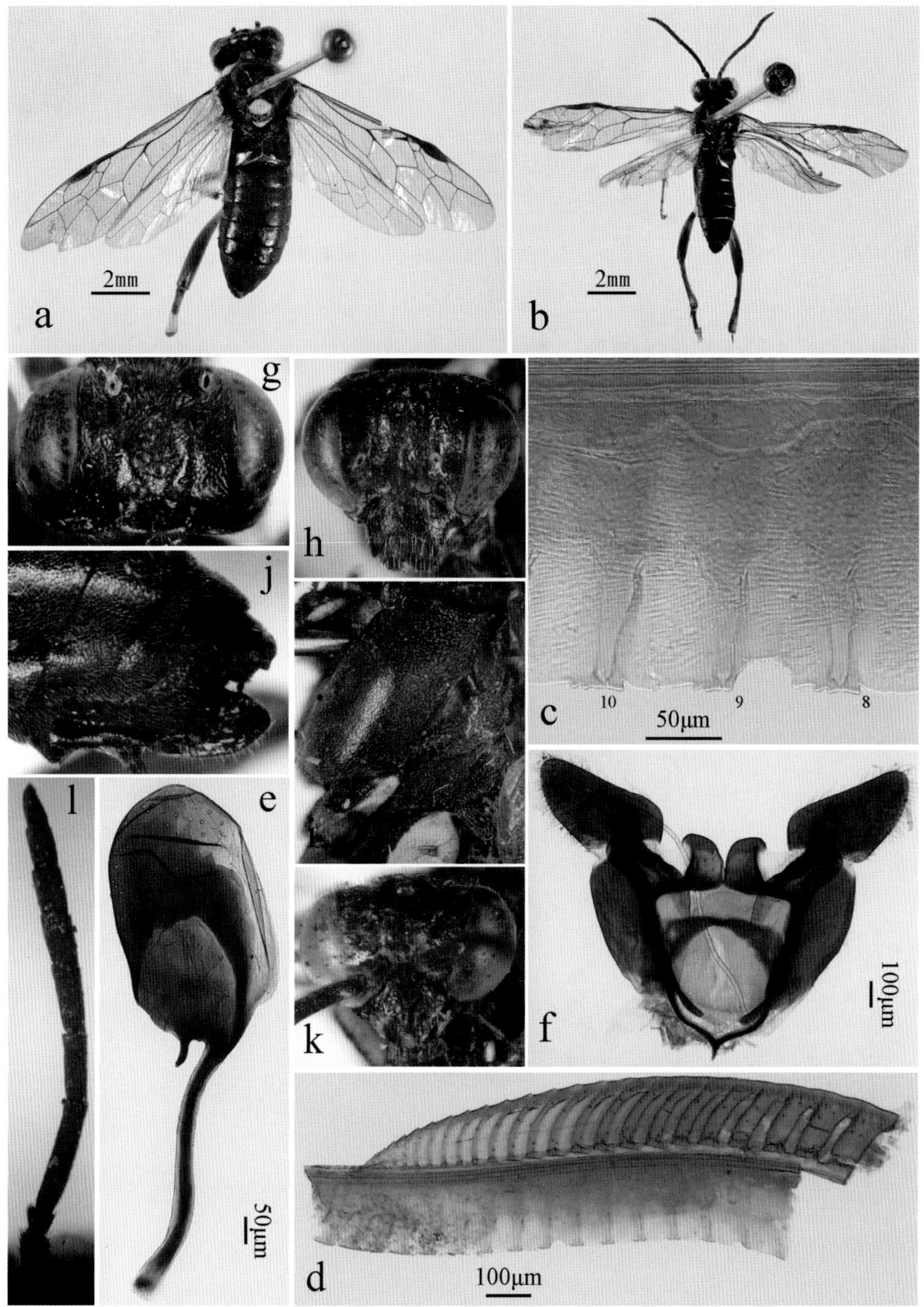

图版 2-111 任氏钩瓣叶蜂 *Macrophya reni* Li, Liu & Wei, 2014

a. 雌成虫背面观（adult female, dorsal view）; b. 雄成虫背面观（adult male, dorsal view）; c. 锯腹片第 8~10 锯刃（the 8th-10th serrulae）; d. 锯腹片（lancet）; e. 阳茎瓣（penis valve）; f. 生殖铗（gonoforceps）; g. 雌虫头部背面观（head of female, dorsal view）; h. 雌虫头部前面观（head of female, front view）; i. 雌虫中胸侧板和后胸侧板（mesopleuron and metapleuron of female）; j. 锯鞘侧面观（ovipositor sheath, lateral view）; k. 雄虫头部前面观（head of male, front view）; l. 雄虫触角（antenna of male）

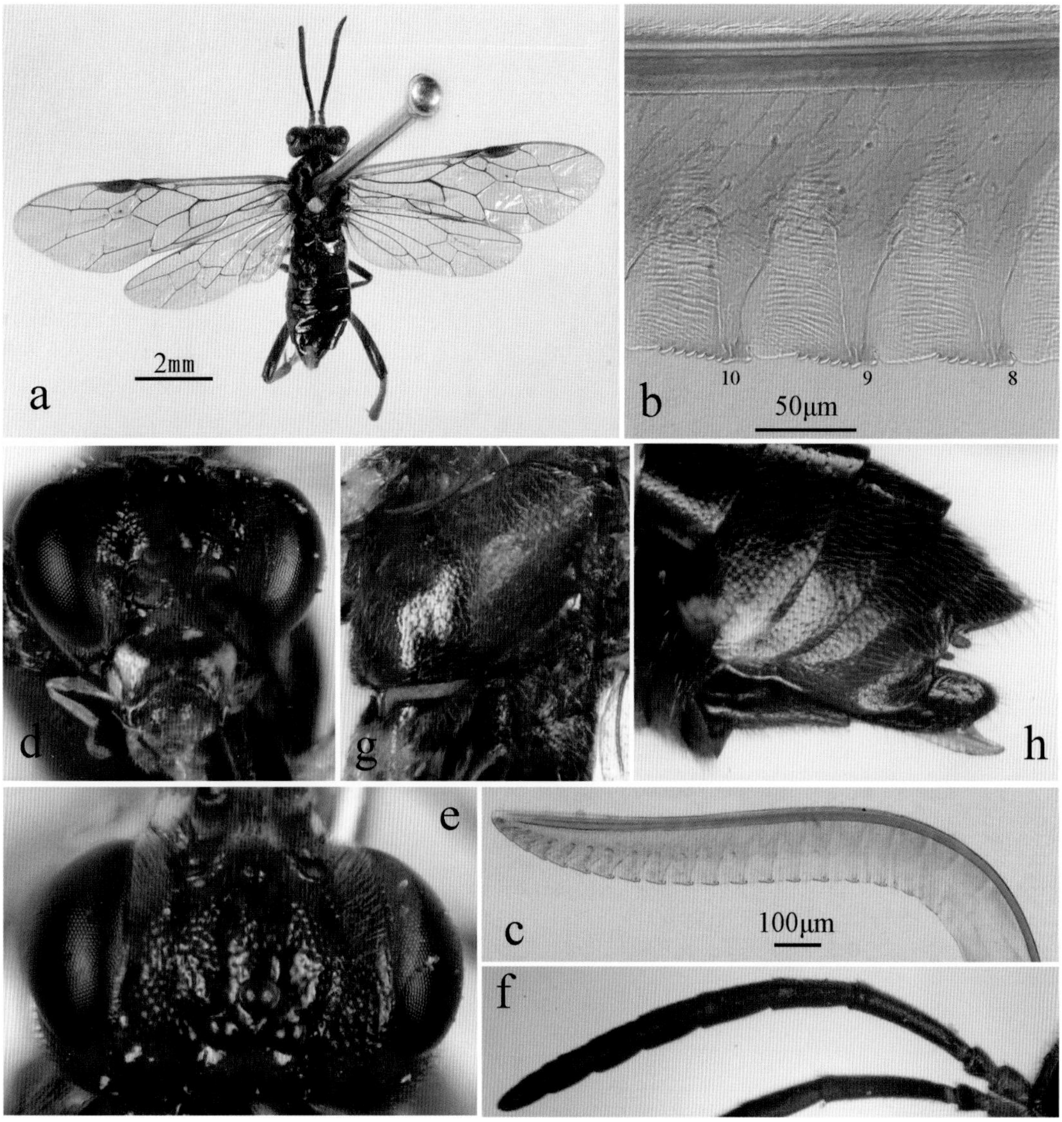

图版 2-112　红唇钩瓣叶蜂 *Macrophya rufoclypeata* Wei, 1998

a. 雌成虫背面观（adult female, dorsal view）; b. 锯腹片第 8~10 锯刃（the 8th-10th serrulae）; c. 锯腹片（lancet）; d. 雌虫头部前面观（head of female, front view）; e. 雌虫头部背面观（head of female, dorsal view）; f. 雌虫触角（antenna of female）; g. 雌虫中胸侧板和后胸侧板（mesopleuron and metapleuron of female）; h. 锯鞘侧面观（ovipositor sheath, lateral view）

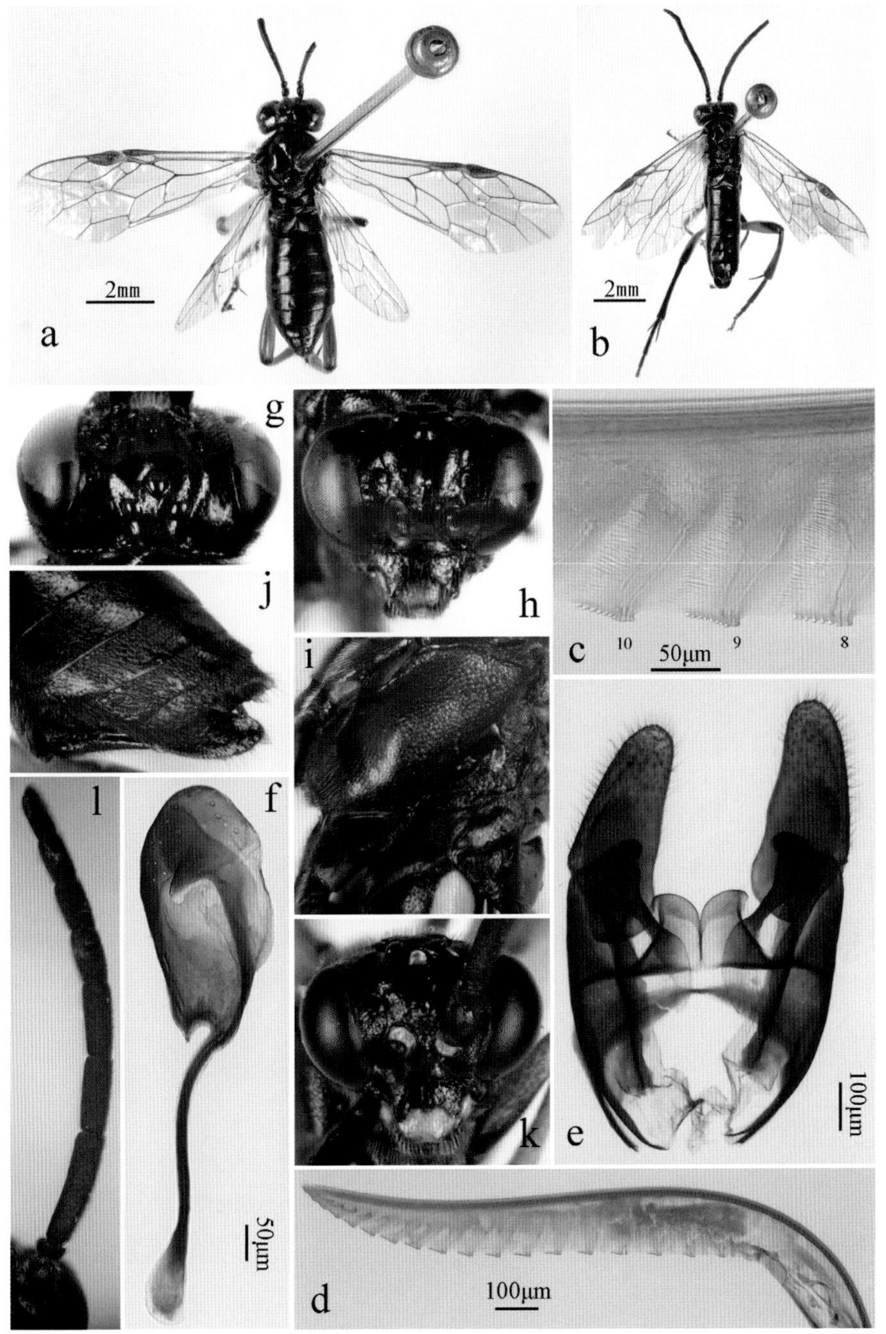

图版 2-113　血红钩瓣叶蜂 *Macrophya sanguinolenta* (Gmelin, 1790)

a. 雌成虫背面观（adult female, dorsal view）; b. 雄成虫背面观（adult male, dorsal view）; c. 锯腹片第 8~10 锯刃（the 8th-10th serrulae）; d. 锯腹片（lancet）; e. 生殖铗（gonoforceps）; f. 阳茎瓣（penis valve）; g. 雌虫头部背面观（head of female, dorsal view）; h. 雌虫头部前面观（head of female, front view）; i. 雌虫中胸侧板和后胸侧板（mesopleuron and metapleuron of female）; j. 雌虫触角（antenna of female）; j. 锯鞘侧面观（ovipositor sheath, lateral view）; k. 雄虫头部前面观（head of male, front view）; l. 雄虫触角（antenna of male）

图版 2-114　神龙钩瓣叶蜂 *Macrophya shennongjiana* Wei & Zhao, 2011

a. 雌成虫背面观（adult female, dorsal view）; b. 锯腹片第 8~10 锯刃（the 8th-10th serrulae）; c. 锯腹片（lancet）; d. 雌虫头部前面观（head of female, front view）; e. 雌虫头部背面观（head of female, dorsal view）; f. 雌虫触角（antenna of female）; g. 雌虫中胸侧板和后胸侧板（mesopleuron and metapleuron of female）; h. 锯鞘侧面观（ovipositor sheath, lateral view）

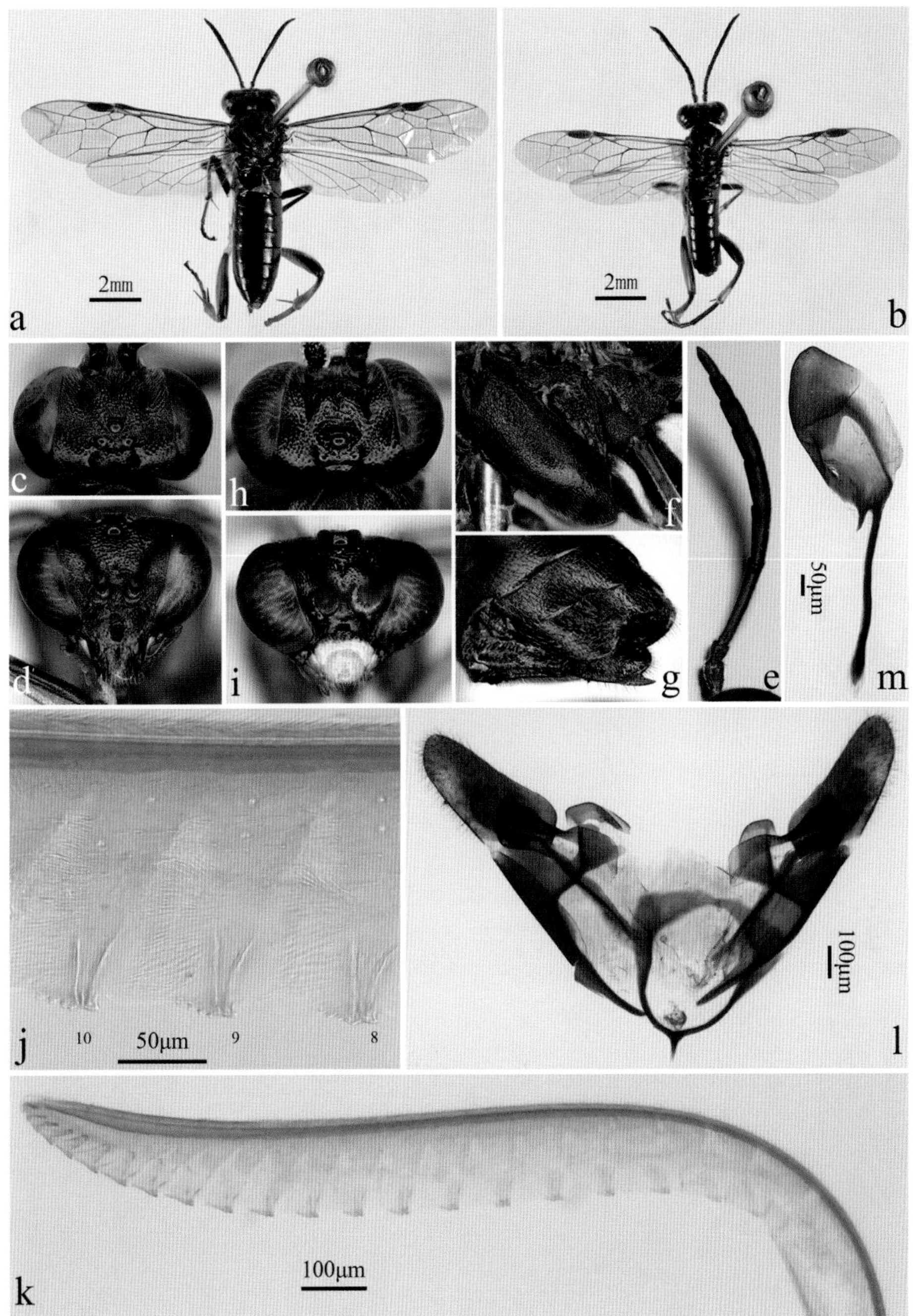

图版 2-115 杨氏钩瓣叶蜂 *Macrophya yangi* Wei & Zhu, 2012

a. 雌成虫背面观（adult female, dorsal view）; b. 雄成虫背面观（adult male, dorsal view）; c. 雌虫头部背面观（head of female, dorsal view）; d. 雌虫头部前面观（head of female, front view）; e. 雌虫触角（antenna of female）; f. 雌虫中胸侧板和后胸侧板（mesopleuron and metapleuron of female）; g. 锯鞘侧面观（ovipositor sheath, lateral view）; h. 雄虫头部背面观（head of male, dorsal view）; i. 雄虫头部前面观（head of male, front view）; j. 锯腹片第 8~10 锯刃（the 8th-10th serrulae）; k. 锯腹片（lancet）; l. 生殖铗（gonoforceps）; m. 阳茎瓣（penis valve）

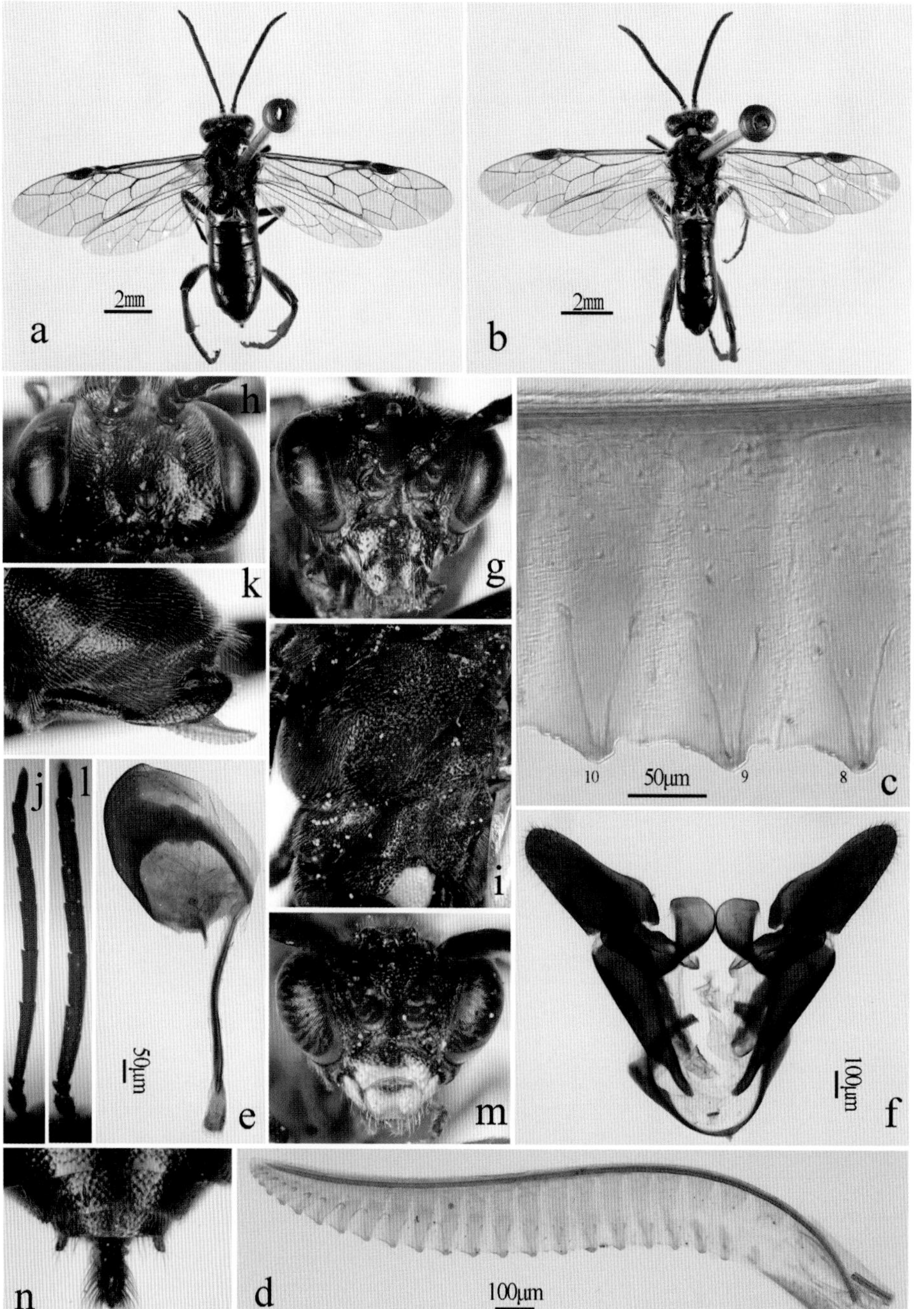

图版 2-116　斑股钩瓣叶蜂 *Macrophya femorata* Marlatt, 1898

a. 雌成虫背面观（adult female, dorsal view）; b. 雄成虫背面观（adult male, dorsal view）; c. 锯腹片第 8~10 锯刃（the 8th-10th serrulae）; d. 锯腹片（lancet）; e. 阳茎瓣（penis valve）; f. 生殖铗（gonoforceps）; g. 雌虫头部前面观（head of female, front view）; h. 雌虫头部背面观（head of female, dorsal view）; i. 雌虫中胸侧板和后胸侧板（mesopleuron and metapleuron of female）; j. 雌虫触角（antenna of female）; k. 锯鞘侧面观（ovipositor sheath, lateral view）; l. 雄虫触角（antenna of male）; m. 雄虫头部前面观（head of male, front view）; n. 锯鞘背面观（ovipositor shrath, dorsal view）

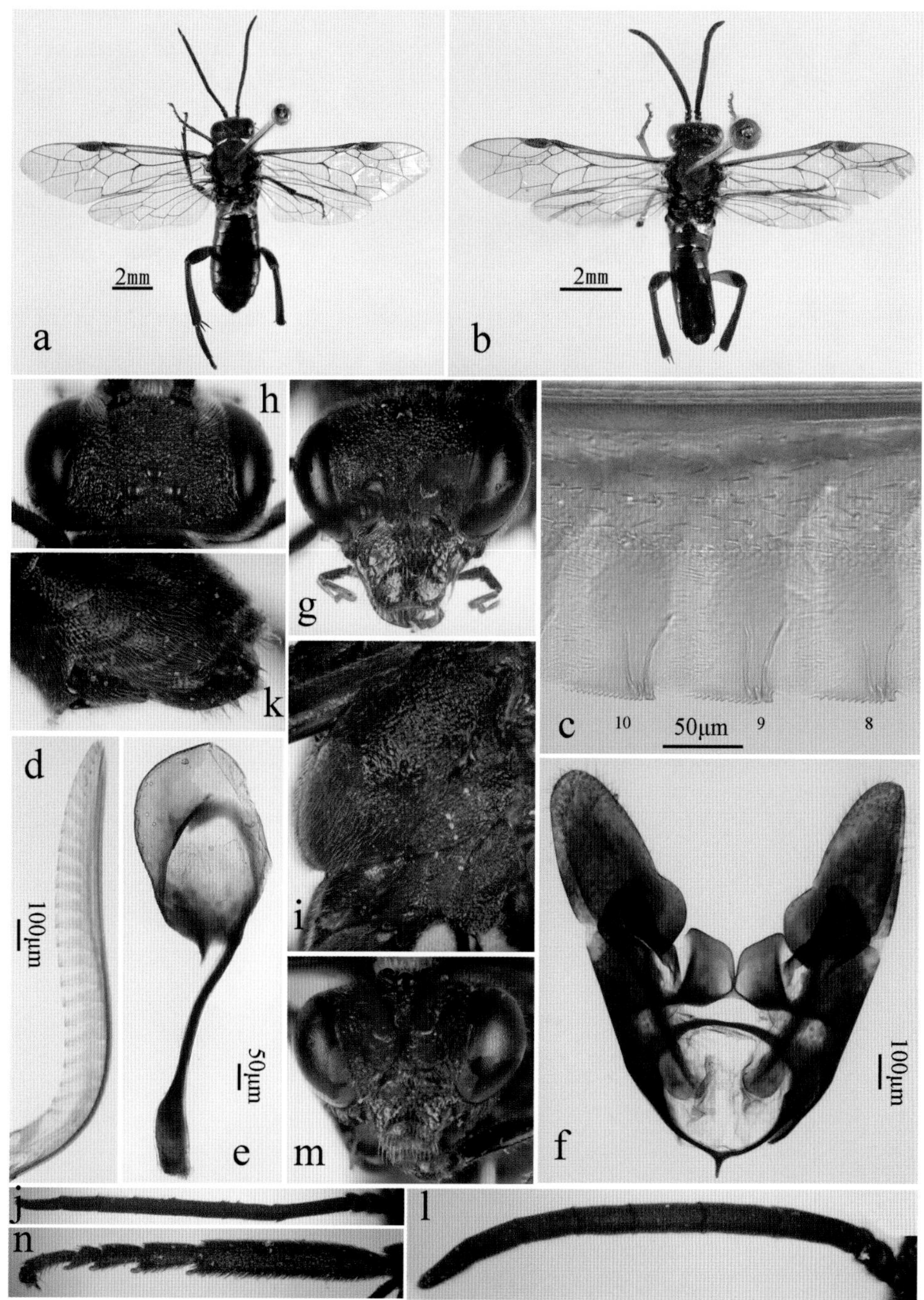

图版 2-117　肿跗钩瓣叶蜂 *Macrophya incrassitarsalia* Wei & Wu, 2012

a. 雌成虫背面观（adult female, dorsal view）; b. 雄成虫背面观（adult male, dorsal view）; c. 锯腹片第8~10 锯刃（the 8th-10th serrulae）; d. 锯腹片（lancet）; e. 阳茎瓣（penis valve）; f. 生殖铗（gonoforceps）; g. 雌虫头部前面观（head of female, front view）; h. 雌虫头部背面观（head of female, dorsal view）; i. 雌虫中胸侧板和后胸侧板（mesopleuron and metapleuron of female）; j. 雌虫触角（antenna of female）; k. 锯鞘侧面观（ovipositor sheath, lateral view）; l. 雄虫触角（antenna of male）; m. 雄虫头部前面观（head of male, front view）; n. 雌虫后足跗节（hind tarsi of female）

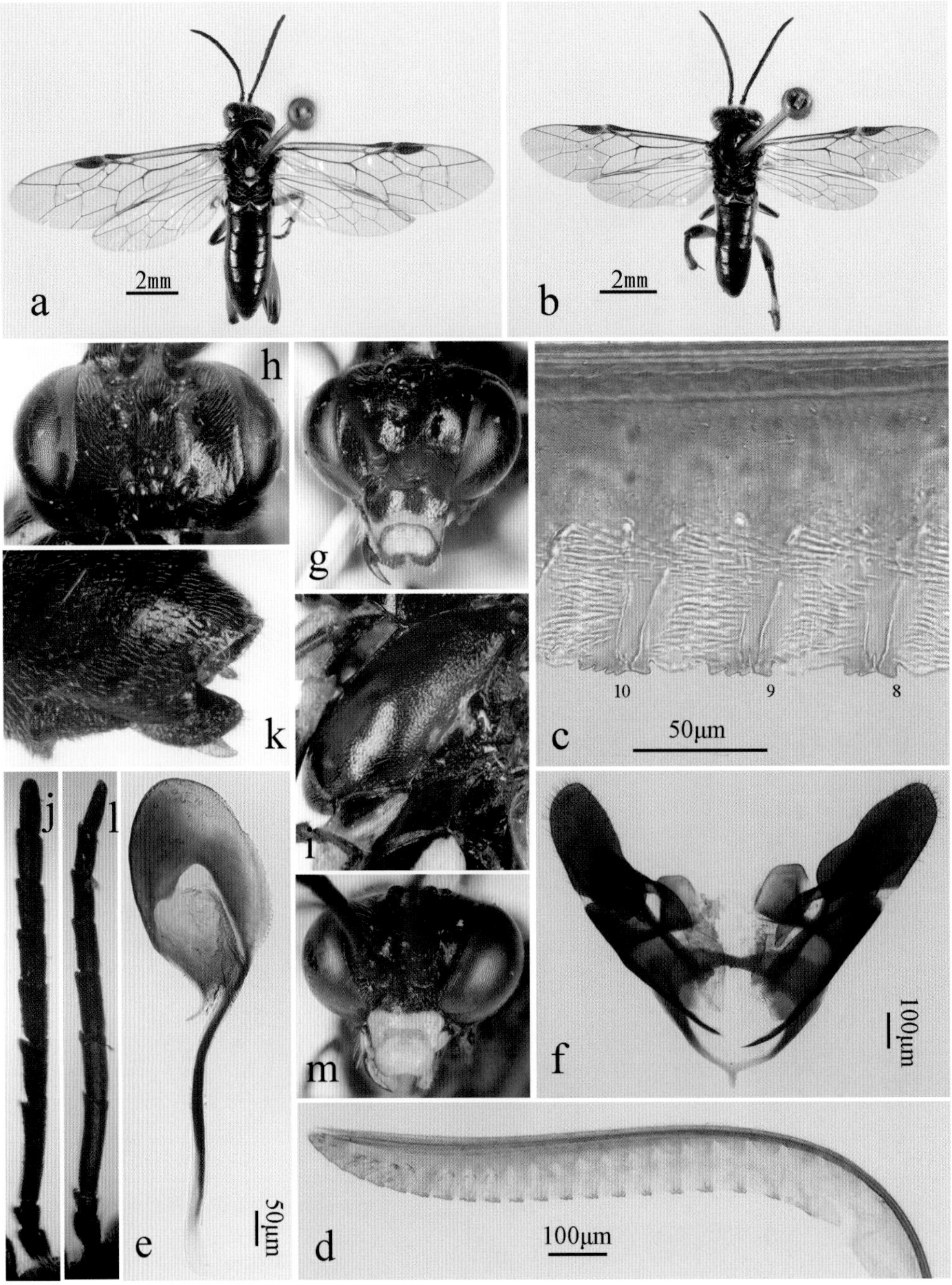

图版 2-118　白转钩瓣叶蜂 *Macrophya leucotrochanterata* Wei & Li, 2012

a. 雌成虫背面观（adult female, dorsal view）; b. 雄成虫背面观（adult male, dorsal view）; c. 锯腹片第8~10锯刃（the 8th-10th serrulae）; d. 锯腹片（lancet）; e. 阳茎瓣（penis valve）; f. 生殖铗（gonoforceps）; g. 雌虫头部前面观（head of female, front view）; h. 雌虫头部背面观（head of female, dorsal view）; i. 雌虫中胸侧板和后胸侧板（mesopleuron and metapleuron of female）; j. 雌虫触角（antenna of female）; k. 锯鞘侧面观（ovipositor sheath, lateral view）; l. 雄虫触角（antenna of male）; m. 雄虫头部前面观（head of male, front view）

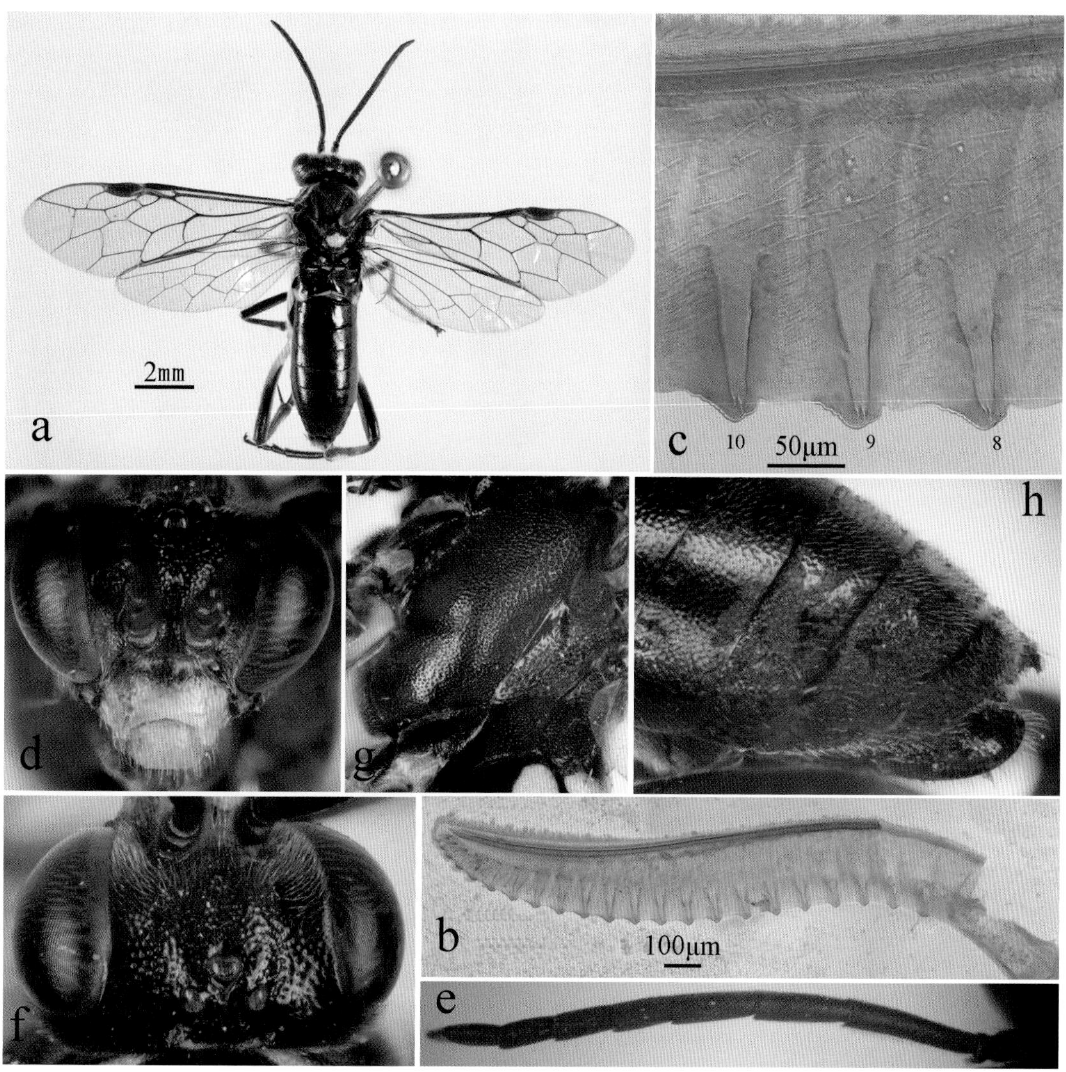

图版 2-119 林氏钩瓣叶蜂 *Macrophya linyangi* Wei, 2005

a. 雌成虫背面观（adult female, dorsal view）; b. 锯腹片（lancet）; c. 锯腹片第 8~10 锯刃（the 8th-10th serrulae）; d. 雌虫头部前面观（head of female, front view）; e. 雌虫触角（antenna of female）; f. 雌虫头部背面观（head of female, dorsal view）; g. 雌虫中胸侧板和后胸侧板（mesopleuron and metapleuron of female）; h. 锯鞘侧面观（ovipositor sheath, lateral view）

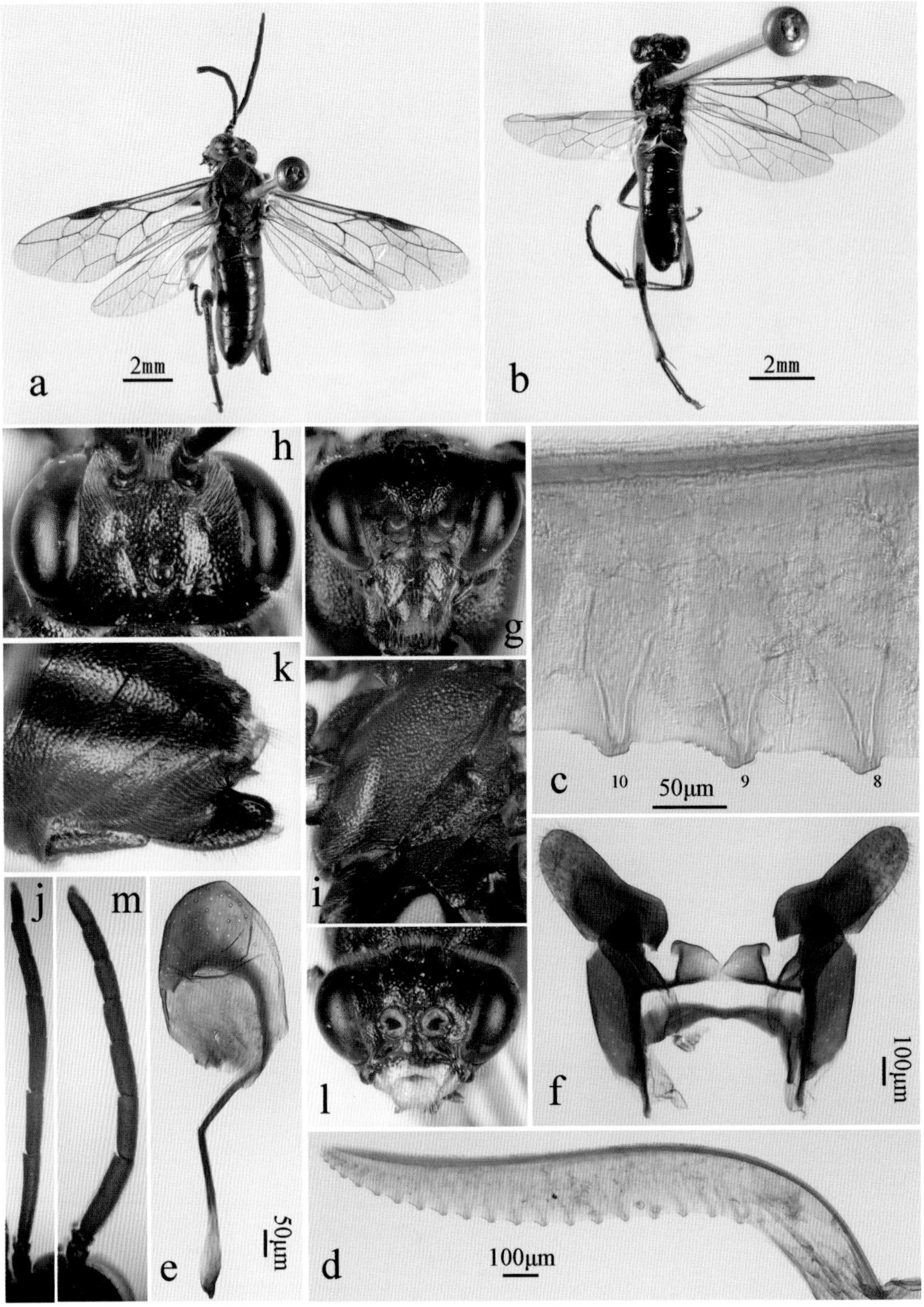

图版 2-120 糙额钩瓣叶蜂 *Macrophya opacifrontalis* Li, Lei & Wei, 2014

a. 雌成虫背面观（adult female, dorsal view）; b. 雄成虫背面观（adult male, dorsal view）; c. 锯腹片第 8~10 锯刃（the 8th-10th serrulae）; d. 锯腹片（lancet）; e. 阳茎瓣（penis valve）; f. 生殖铗（gonoforceps）; g. 雌虫头部前面观（head of female, front view）; h. 雌虫头部背面观（head of female, dorsal view）; i. 雌虫中胸侧板和后胸侧板（mesopleuron and metapleuron of female）; j. 雌虫触角（antenna of female）; k. 锯鞘侧面观（ovipositor sheath, lateral view）; l. 雄虫头部前面观（head of male, front view）; m. 雄虫触角（antenna of male）

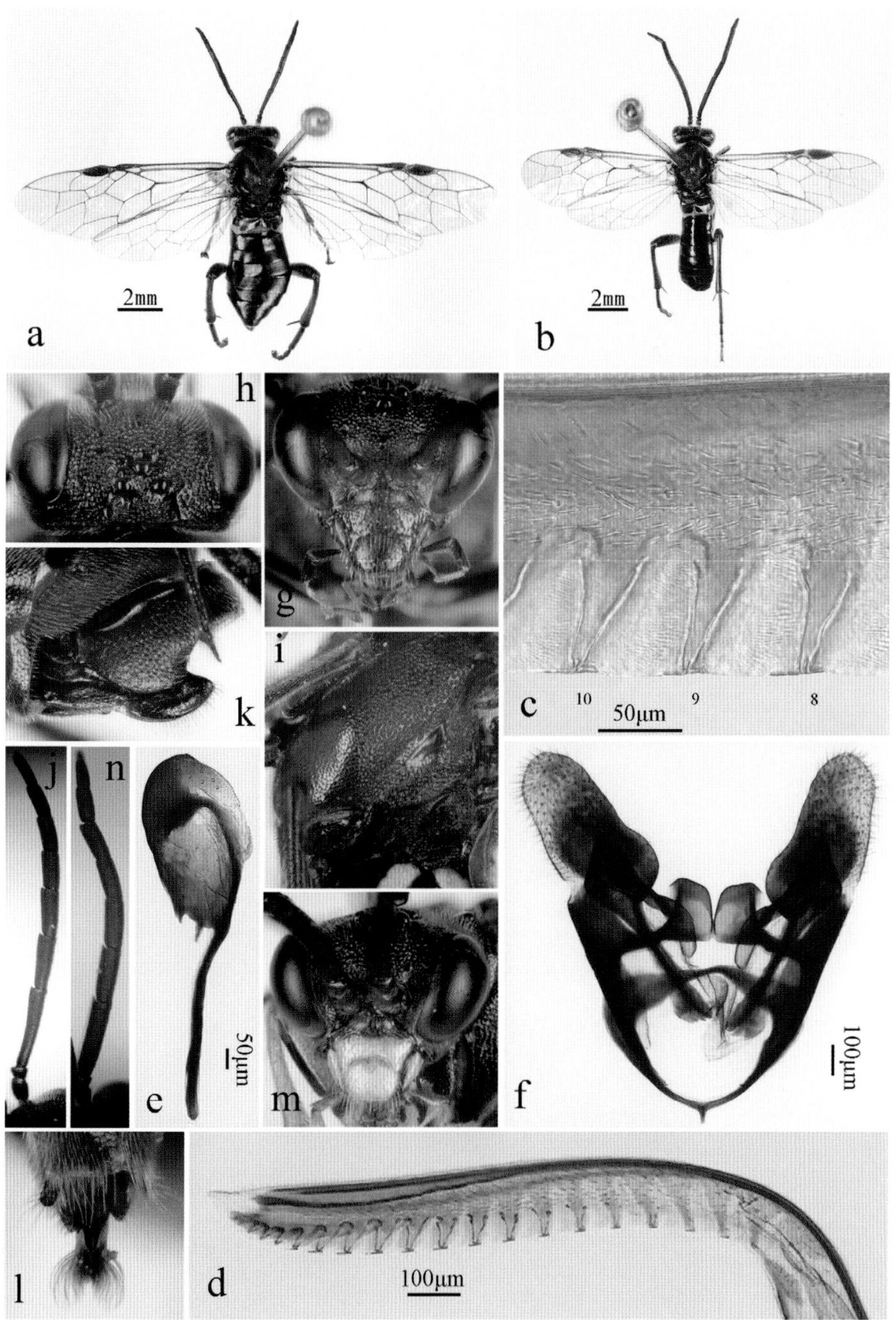

图版 2-121 伪斑股钩瓣叶蜂 *Macrophya pseudofemorata* Li, Wang & Wei, 2014

a. 雌成虫背面观（adult female, dorsal view）; b. 雄成虫背面观（adult male, dorsal view）; c. 锯腹片第 8~10 锯刃（the 8th-10th serrulae）; d. 锯腹片（lancet）; e. 阳茎瓣（penis valve）; f. 生殖铗（gonoforceps）; g. 雌虫头部前面观（head of female, front view）; h. 雌虫头部背面观（head of female, dorsal view）; i. 雌虫中胸侧板和后胸侧板（mesopleuron and metapleuron of female）; j. 雌虫触角（antenna of female）; k. 锯鞘侧面观（ovipositor sheath, lateral view）; l. 锯鞘背面观（ovipositor sheath, dorsal view）; m. 雄虫头部前面观（head of male, front view）; n. 雄虫触角（antenna of male）

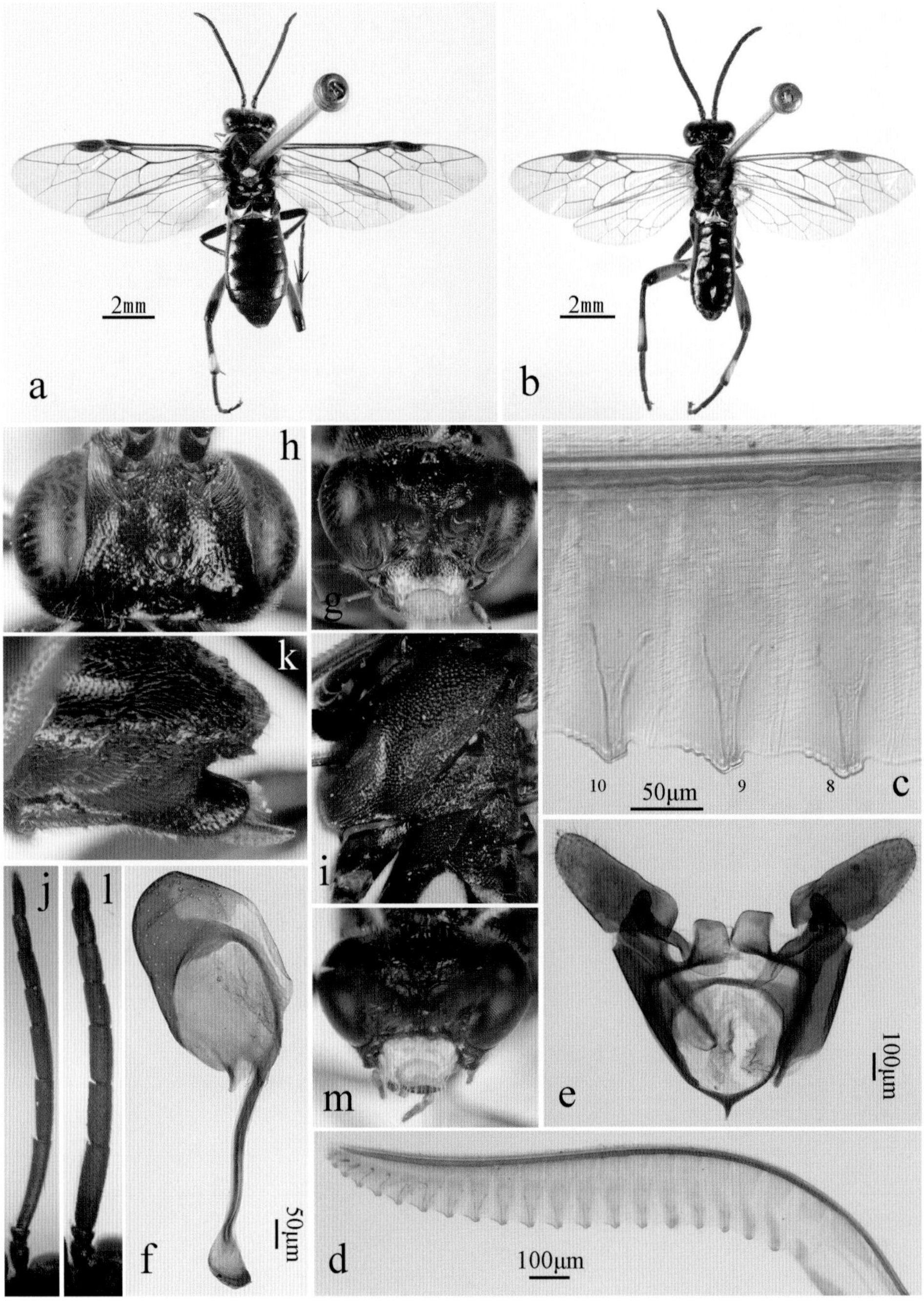

图版 2-122　童氏钩瓣叶蜂 *Macrophya tongi* Wei & Ma, 1997

a. 雌成虫背面观（adult female, dorsal view）; b. 雄成虫背面观（adult male, dorsal view）; c. 锯腹片第 8~10 锯刃（the 8th-10th serrulae）; d. 锯腹片（lancet）; e. 生殖铗（gonoforceps）; f. 阳茎瓣（penis valve）; g. 雌虫头部前面观（head of female, front view）; h. 雌虫头部背面观（head of female, dorsal view）; i. 雌虫中胸侧板和后胸侧板（mesopleuron and metapleuron of female）; j. 雌虫触角（antenna of female）; k. 锯鞘侧面观（ovipositor sheath, lateral view）; l. 雄虫触角（antenna of male）; m. 雄虫头部前面观（head of male, front view）

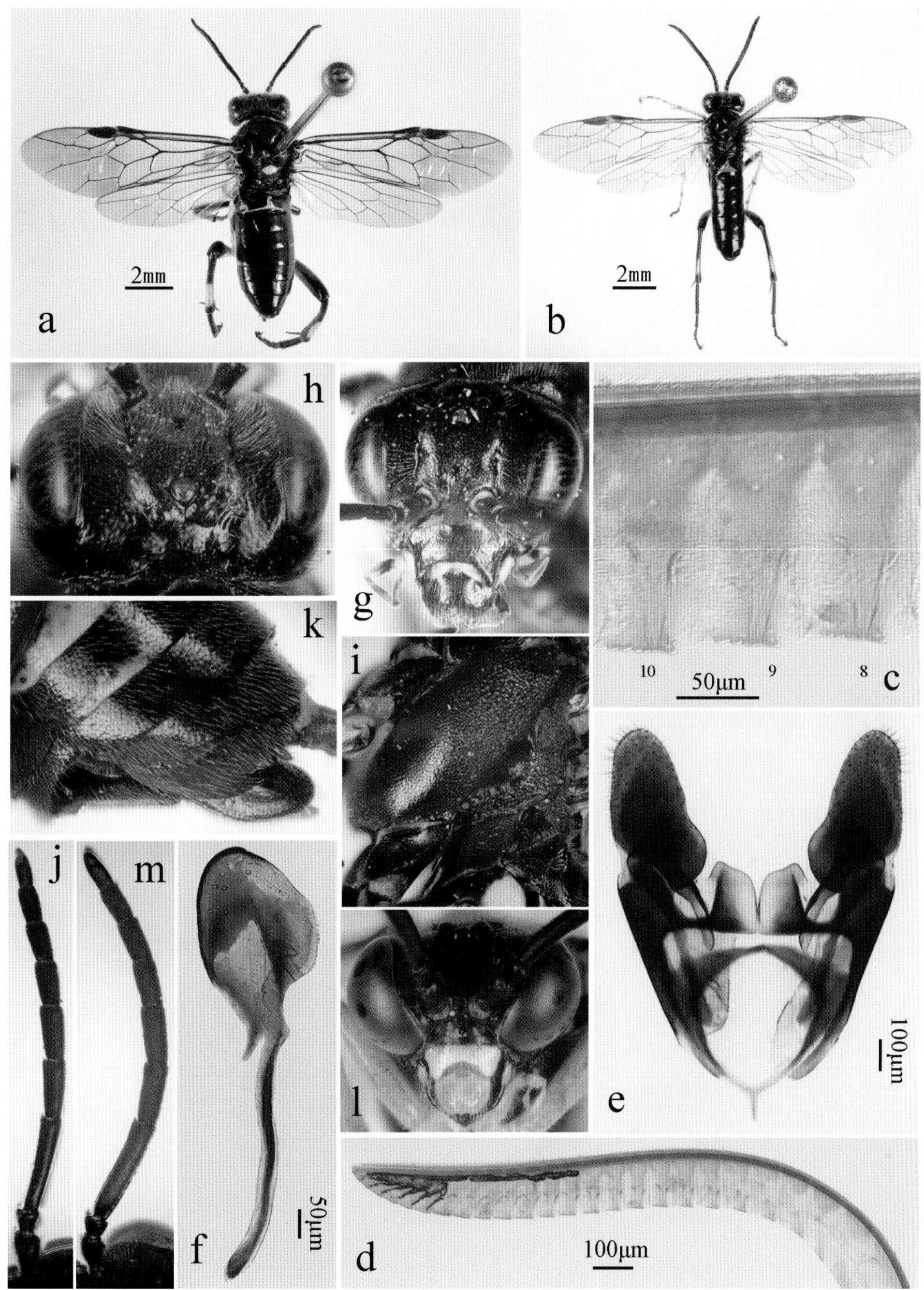

图版 2-123 忍冬钩瓣叶蜂 *Macrophya vacillans* Malaise, 1931

a. 雌成虫背面观（adult female, dorsal view）; b. 雄成虫背面观（adult male, dorsal view）; c. 锯腹片第8~10 锯刃（the 8th-10th serrulae）; d. 锯腹片（lancet）; e. 生殖铗（gonoforceps）; f. 阳茎瓣（penis valve）; g. 雌虫头部前面观（head of female, front view）; h. 雌虫头部背面观（head of female, dorsal view）; i. 雌虫中胸侧板和后胸侧板（mesopleuron and metapleuron of female）; j. 雌虫触角（antenna of female）; k. 锯鞘侧面观（ovipositor sheath, lateral view）; l. 雄虫头部前面观（head of male, front view）; m. 雄虫触角（antenna of male）

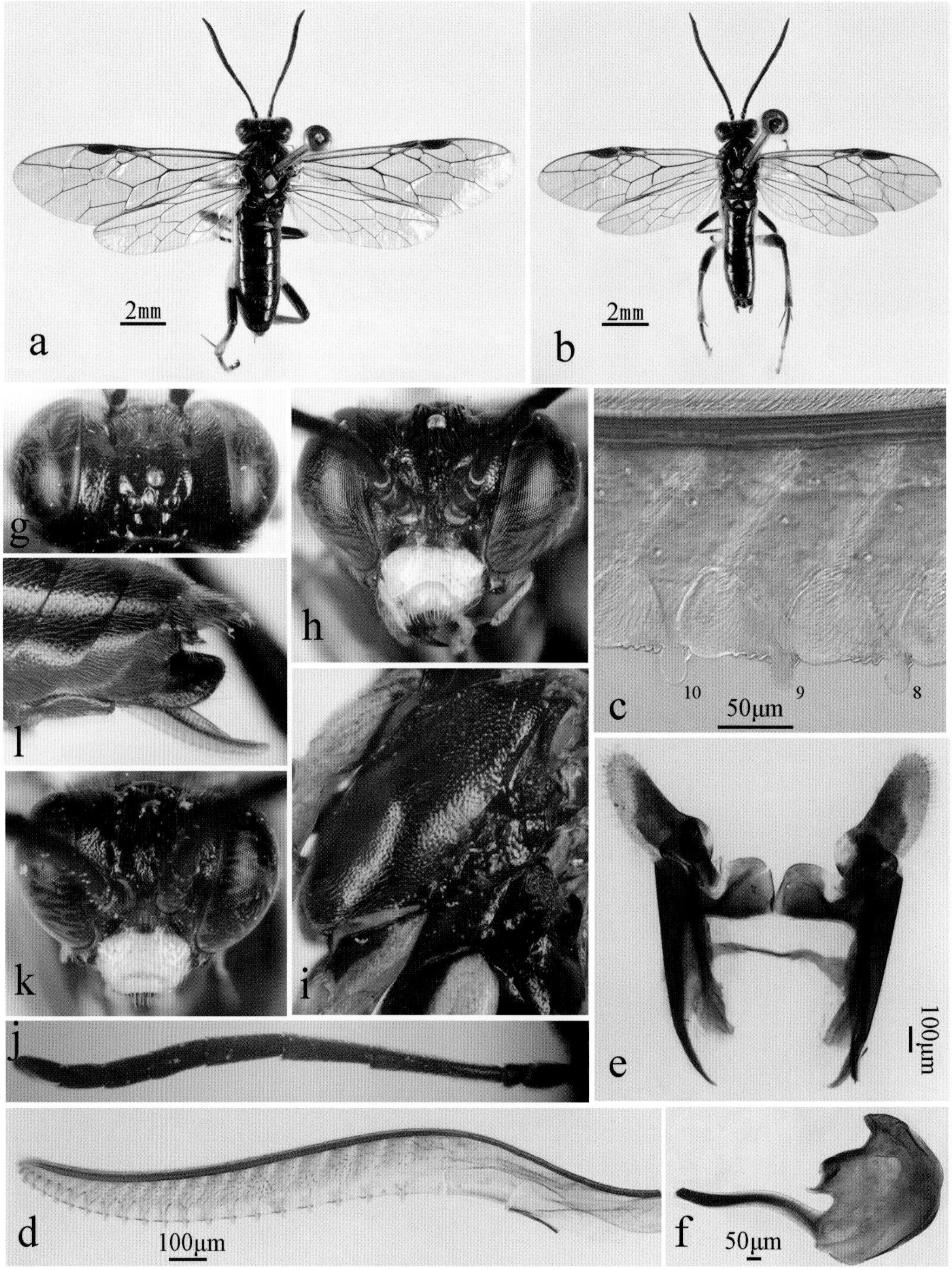

图版 2-124　申氏钩瓣叶蜂 *Macrophya sheni* Wei, 1998

a. 雌成虫背面观（adult female, dorsal view）; b. 雄成虫背面观（adult male, dorsal view）; c. 锯腹片第 8~10 锯刃（the 8th-10th serrulae）; d. 锯腹片（lancet）; e. 生殖铗（gonoforceps）; f. 阳茎瓣（penis valve）; g. 雌虫头部背面观（head of female, dorsal view）; h. 雌虫头部前面观（head of female, front view）; i. 雌虫中胸侧板和后胸侧板（mesopleuron and metapleuron of female）; j. 雌虫触角（antenna of female）; k. 雄虫头部前面观（head of male, front view）; l. 锯鞘侧面观（ovipositor sheath, lateral view）

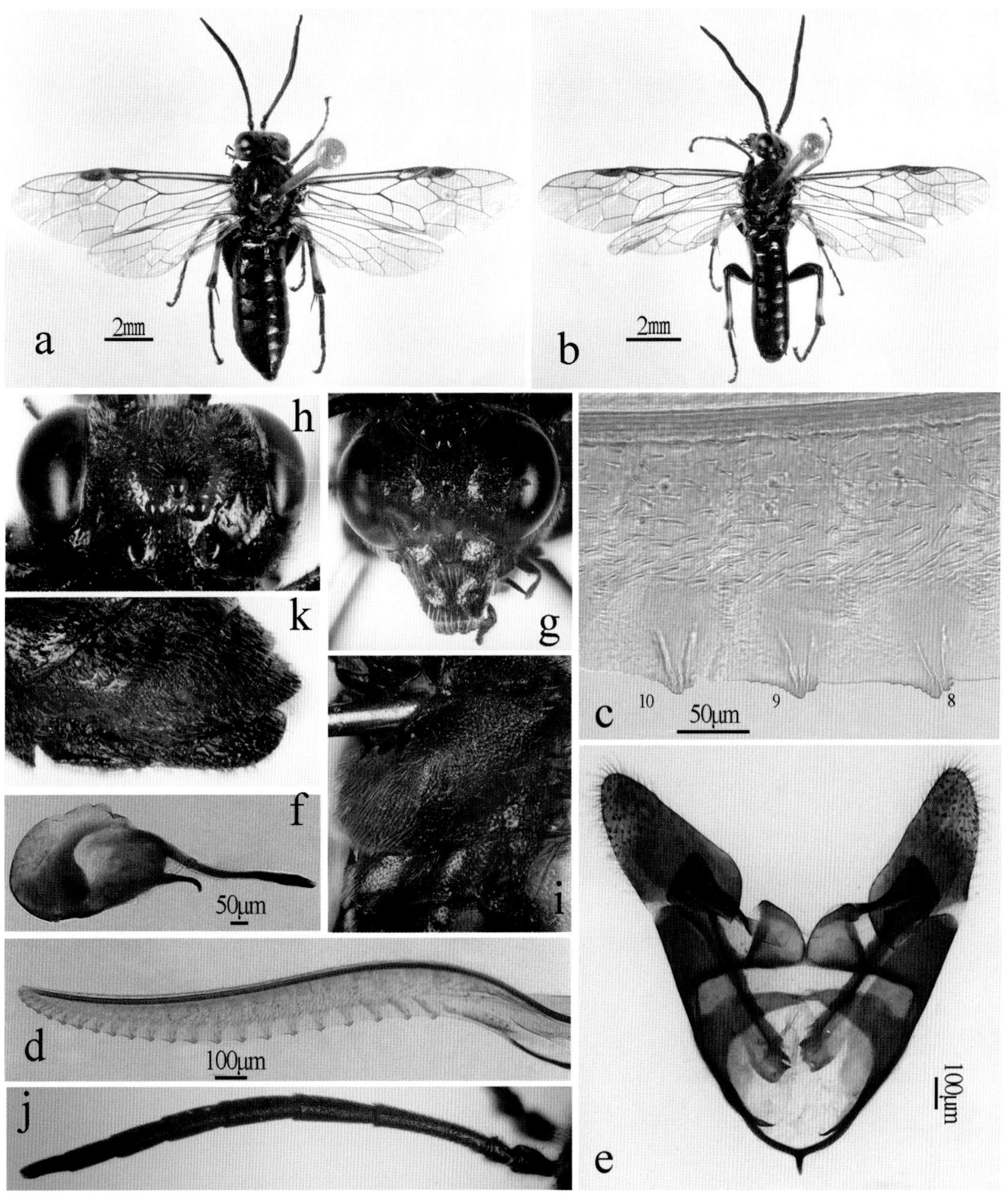

图版 2-125 接骨木钩瓣叶蜂 *Macrophya carbonaria* Smith, 1874

a. 雌成虫背面观（adult female, dorsal view）; b. 雄成虫背面观（adult male, dorsal view）; c. 锯腹片第8~10 锯刃（the 8th-10th serrulae）; d. 锯腹片（lancet）; e. 生殖铗（gonoforceps）; f. 阳茎瓣（penis valve）; g. 雌虫头部前面观（head of female, front view）; h. 雌虫头部背面观（head of female, dorsal view）; i. 雌虫中胸侧板和后胸侧板（mesopleuron and metapleuron of female）; j. 雌虫触角（antenna of female）; k. 锯鞘侧面观（ovipositor sheath, lateral view）

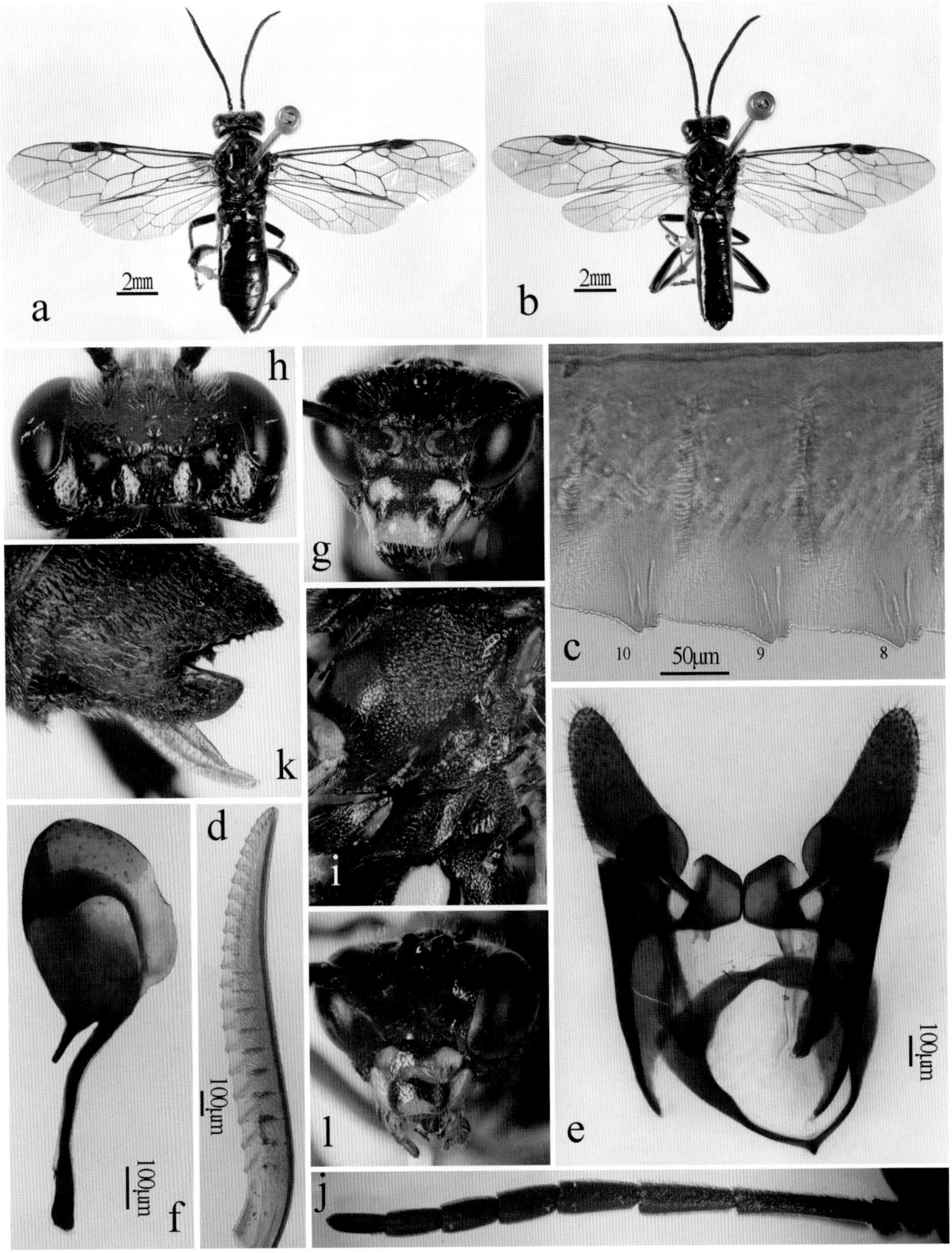

图版 2-126　鼓胸钩瓣叶蜂 *Macrophya convexina* Wei & Li, 2013

a. 雌成虫背面观（adult female, dorsal view）; b. 雄成虫背面观（adult male, dorsal view）; c. 锯腹片第 8~10 锯刃（the 8th-10th serrulae）; d. 锯腹片（lancet）; e. 生殖铗（gonoforceps）; f. 阳茎瓣（penis valve）; g. 雌虫头部前面观（head of female, front view）; h. 雌虫头部背面观（head of female, dorsal view）; i. 雌虫中胸侧板和后胸侧板（mesopleuron and metapleuron of female）; j. 雌虫触角（antenna of female）; k. 锯鞘侧面观（ovipositor sheath, lateral view）; l. 雄虫头部前面观（head of male, front view）

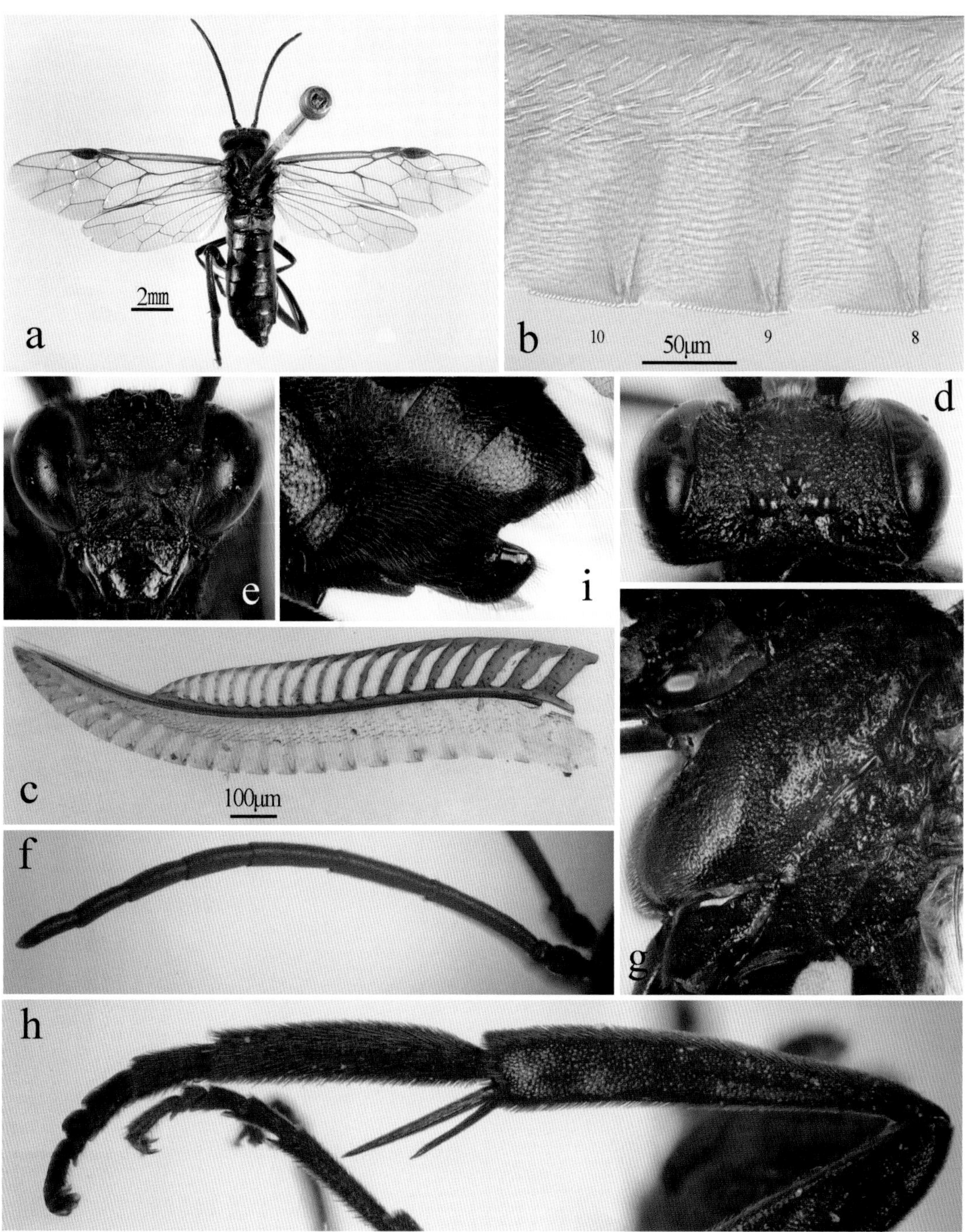

图版 2-127 肿跗钩瓣叶蜂 *Macrophya crassitarsalina* Wei & Chen, 2002

a. 雌成虫背面观（adult female, dorsal view）; b. 锯腹片第 8~10 锯刃（the 8th~10th serrulae）; c. 锯腹片（lancet）; d. 雌虫头部背面观（head of female, dorsal view）; e. 雌虫头部前面观（head of female, front view）; f. 雌虫触角（antenna of female）; g. 雌虫中胸侧板和后胸侧板（mesopleuron and metapleuron of female）; h. 雌虫后足胫跗节（hind tibia and tarsi of female）; i. 锯鞘侧面观（ovipositor sheath, lateral view）

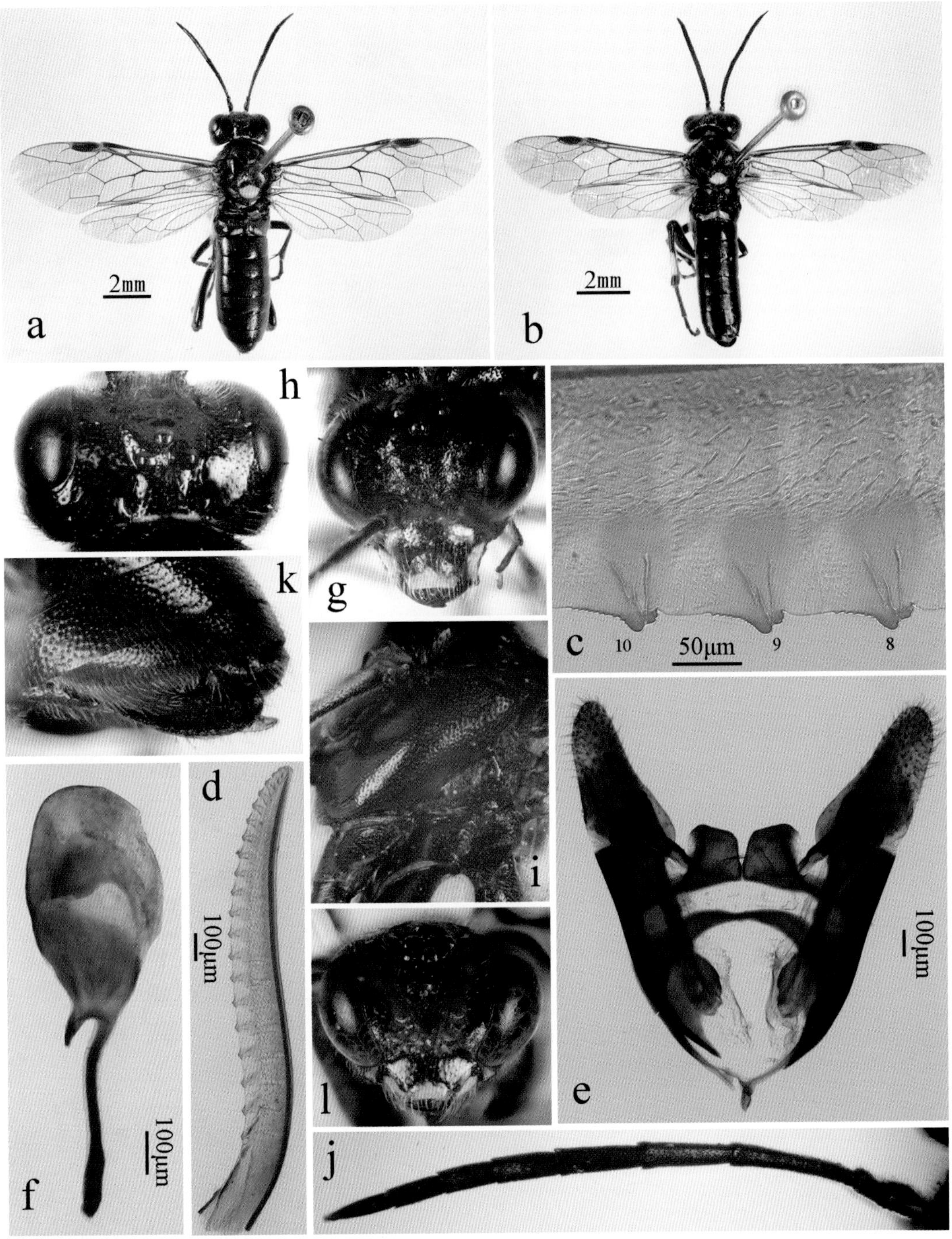

图版 2-128 哈尔滨钩瓣叶蜂 *Macrophya harbina* Li, Liu & Wei, 2016

a. 雌成虫背面观（adult female, dorsal view）; b. 雄成虫背面观（adult male, dorsal view）; c. 锯腹片第 8~10 锯刃（the 8th-10th serrulae）; d. 锯腹片（lancet）; e. 生殖铗（gonoforceps）; f. 阳茎瓣（penis valve）; g. 雌虫头部前面观（head of female, front view）; h. 雌虫头部背面观（head of female, dorsal view）; i. 雌虫中胸侧板和后胸侧板（mesopleuron and metapleuron of female）; j. 雌虫触角（antenna of female）; k. 锯鞘侧面观（ovipositor sheath, lateral view）; l. 雄虫头部前面观（head of male, front view）

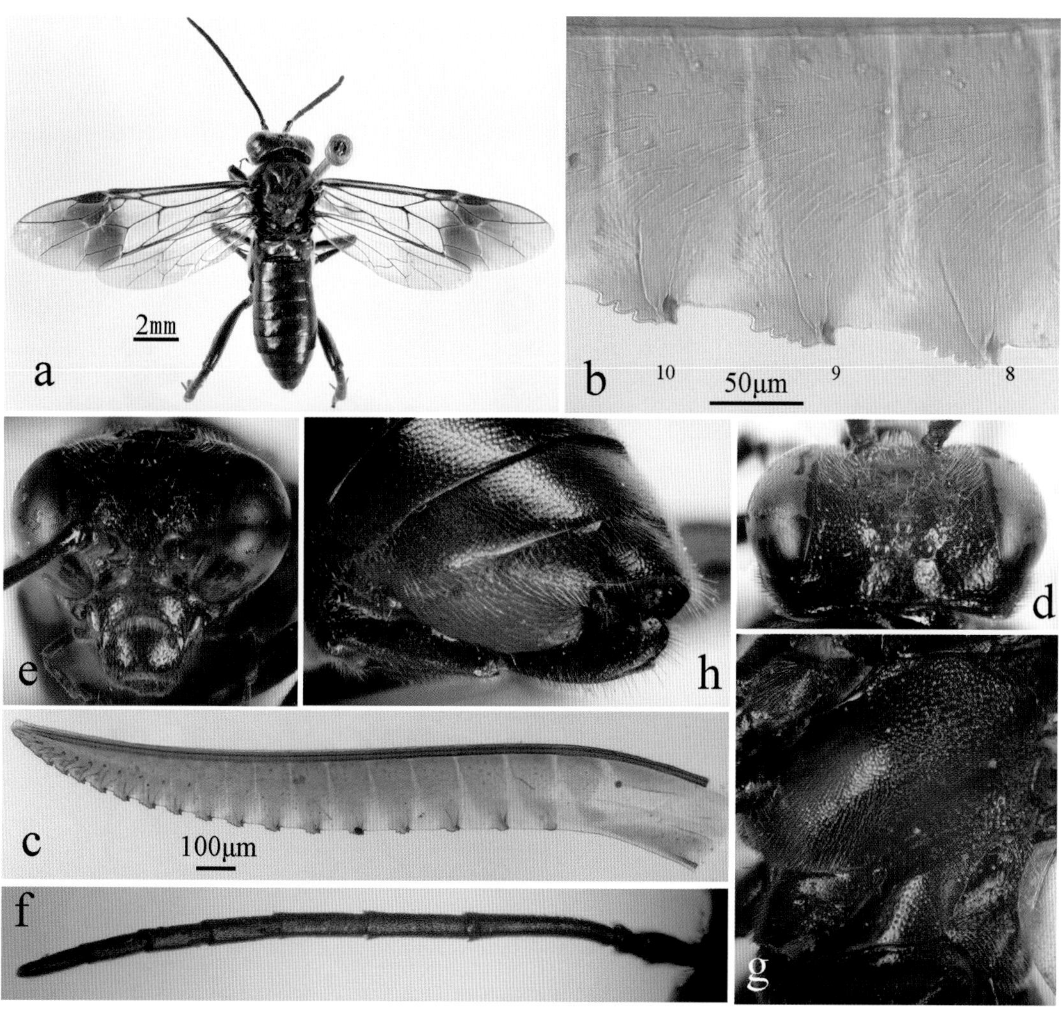

图版 2-129 宽斑钩瓣叶蜂 *Macrophya maculipennis* Wei & Li, 2009

a. 雌成虫背面观（adult female, dorsal view）; b. 锯腹片第 8~10 锯刃（the 8th-10th serrulae）; c. 锯腹片（lancet）; d. 雌虫头部背面观（head of female, dorsal view）; e. 雌虫头部前面观（head of female, front view）; f. 雌虫触角（antenna of female）; g. 雌虫中胸侧板和后胸侧板（mesopleuron and metapleuron of female）; h. 锯鞘侧面观（ovipositor sheath, lateral view）

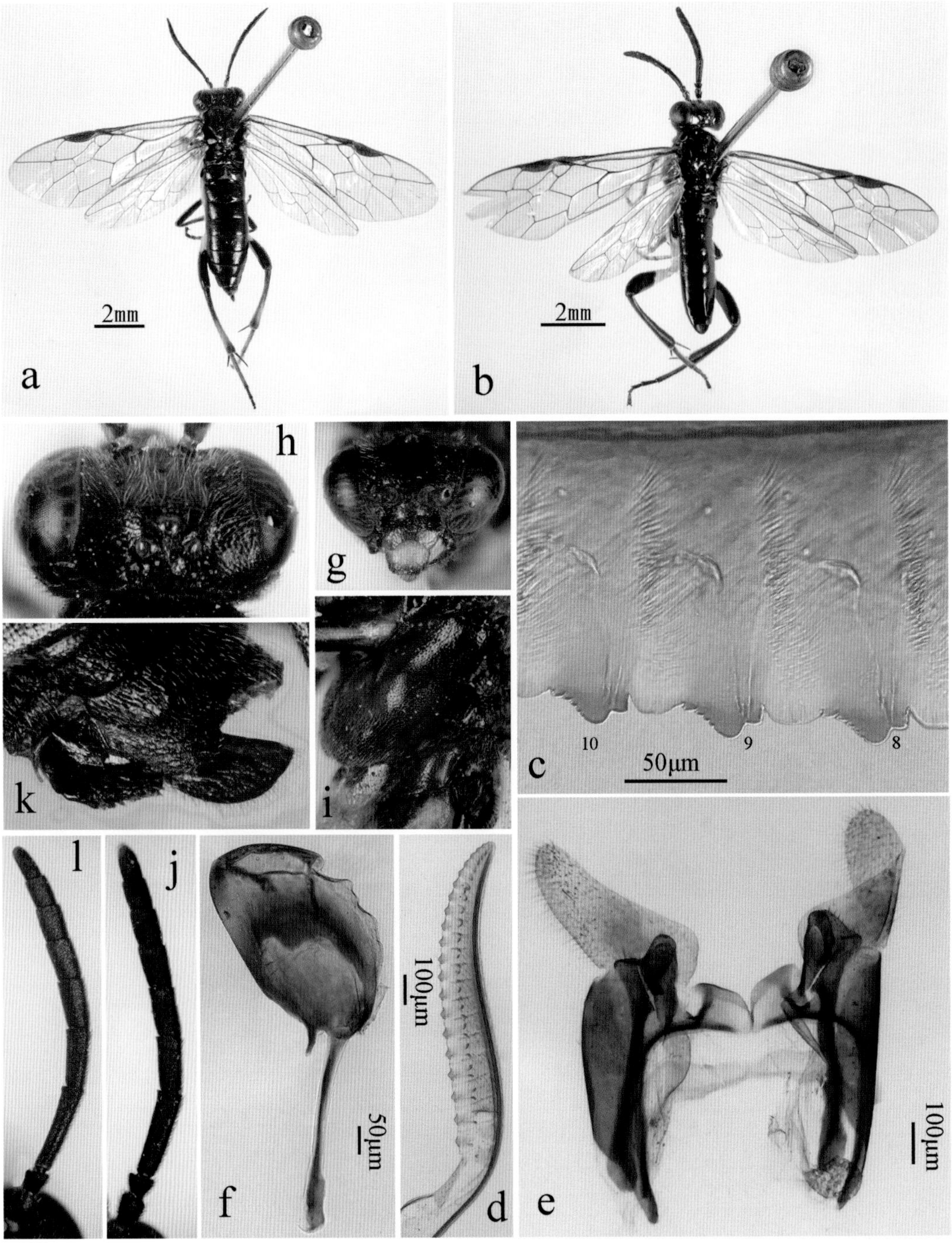

图版 2-130　下斑钩瓣叶蜂 *Macrophya maculoepimera* Wei & Li, 2013

a. 雌成虫背面观（adult female, dorsal view）; b. 雄成虫背面观（adult male, dorsal view）; c. 锯腹片第8~10 锯刃（the 8th-10th serrulae）; d. 锯腹片（lancet）; e. 生殖铗（gonoforceps）; f. 阳茎瓣（penis valve）; g. 雌虫头部前面观（head of female, front view）; h. 雌虫头部背面观（head of female, dorsal view）; i. 雌虫中胸侧板和后胸侧板（mesopleuron and metapleuron of female）; j. 雌虫触角（antenna of female）; k. 锯鞘侧面观（ovipositor sheath, lateral view）; l. 雄虫触角（antenna of male）

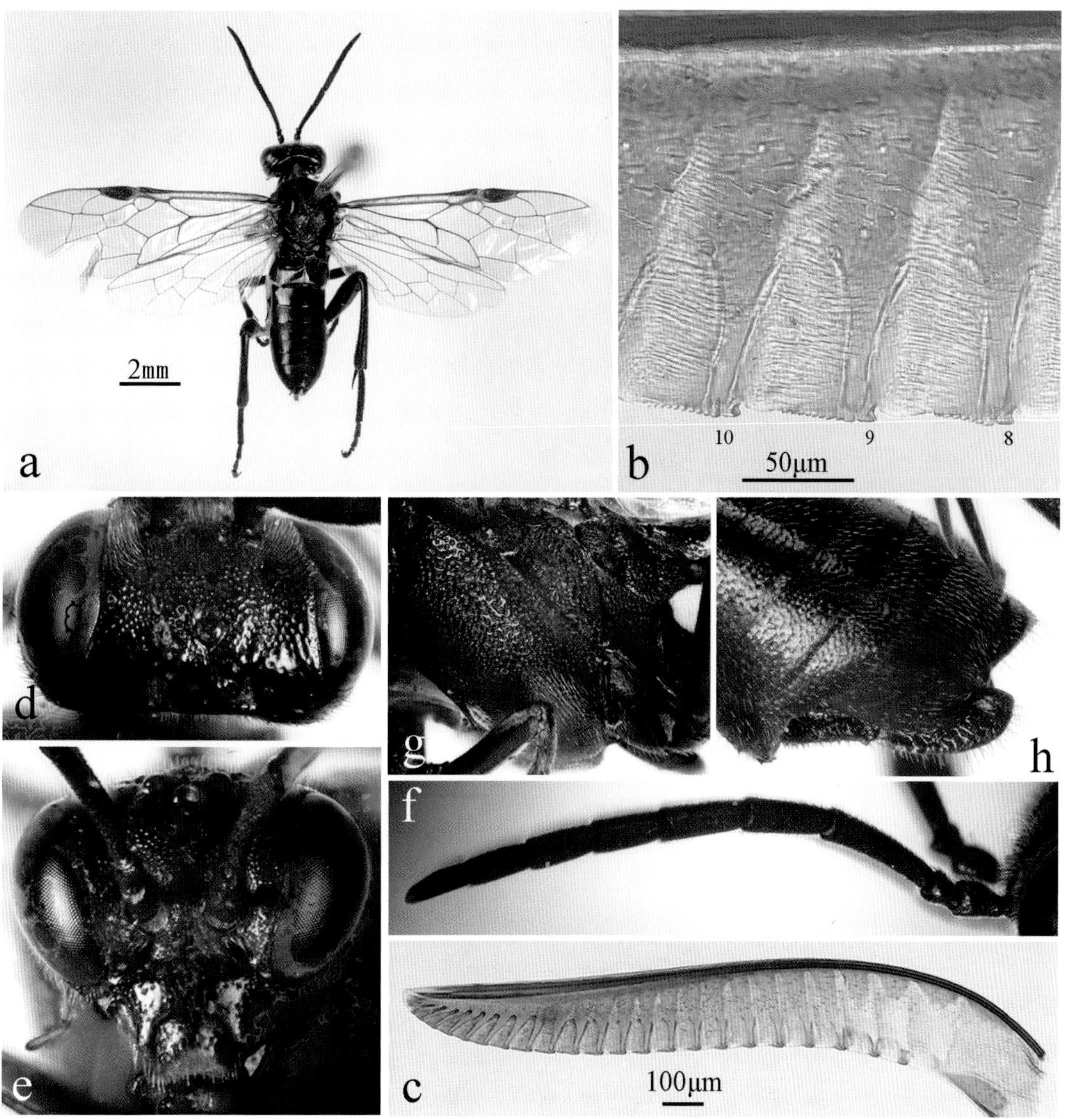

图版 2-131　黑胫钩瓣叶蜂 *Macrophya nigrotibia* Wei & Huang, 2013

a. 雌成虫背面观（adult female, dorsal view）; b. 锯腹片第 8~10 锯刃（the 8th-10th serrulae）; c. 锯腹片（lancet）; d. 雌虫头部背面观（head of female, dorsal view）; e. 雌虫头部前面观（head of female, front view）; f. 雌虫触角（antenna of female）; g. 雌虫中胸侧板和后胸侧板（mesopleuron and metapleuron of female）; h. 锯鞘侧面观（ovipositor sheath, lateral view）

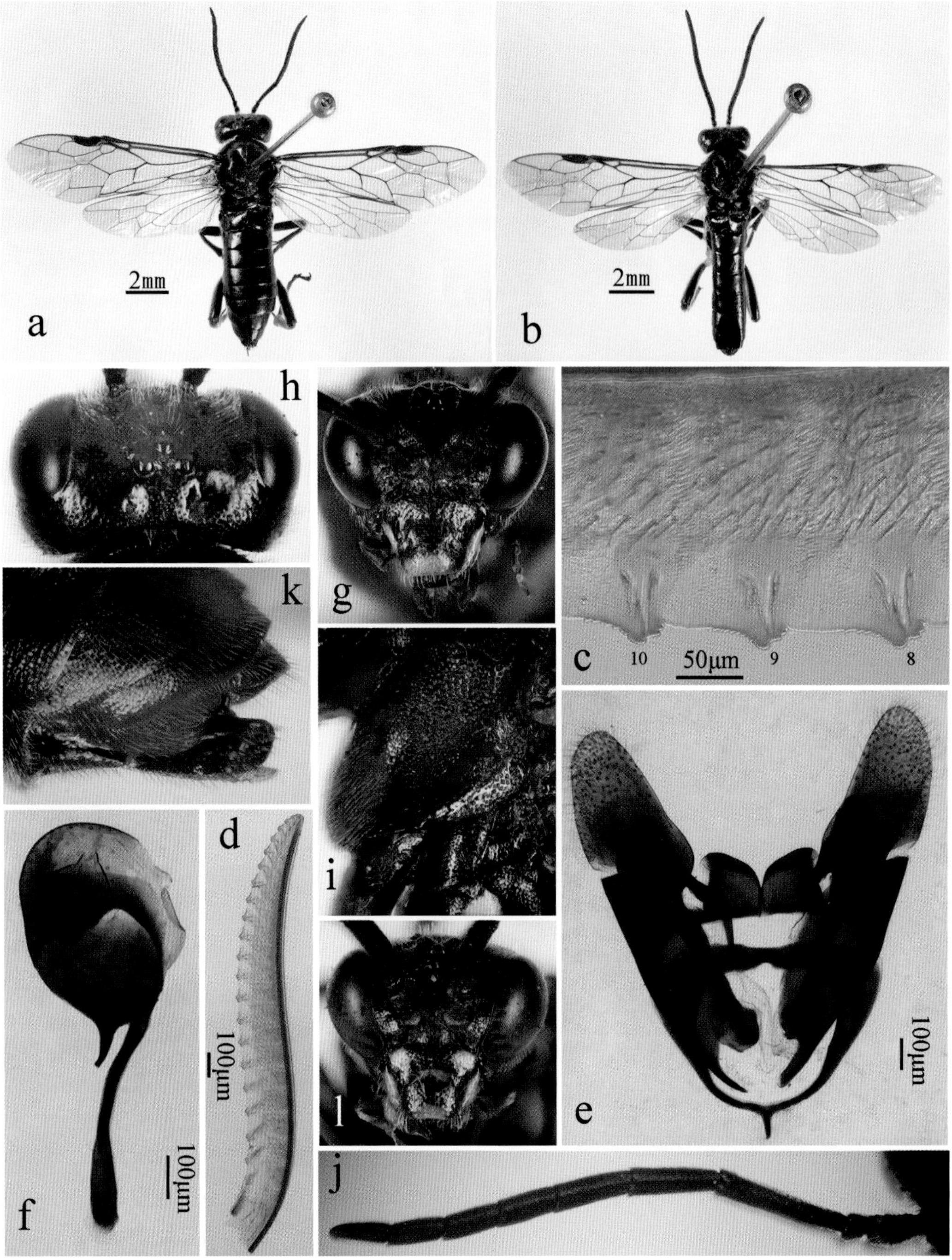

图版 2-132　反刻钩瓣叶蜂 *Macrophya revertana* Wei, 1998

a. 雌成虫背面观（adult female, dorsal view）; b. 雄成虫背面观（adult male, dorsal view）; c. 锯腹片第 8~10 锯刃（the 8th-10th serrulae）; d. 锯腹片（lancet）; e. 生殖铗（gonoforceps）; f. 阳茎瓣（penis valve）; g. 雌虫头部前面观（head of female, front view）; h. 雌虫头部背面观（head of female, dorsal view）; i. 雌虫中胸侧板和后胸侧板（mesopleuron and metapleuron of female）; j. 雌虫触角（antenna of female）; k. 锯鞘侧面观（ovipositor sheath, lateral view）; l. 雄虫头部前面观（head of male, front view）

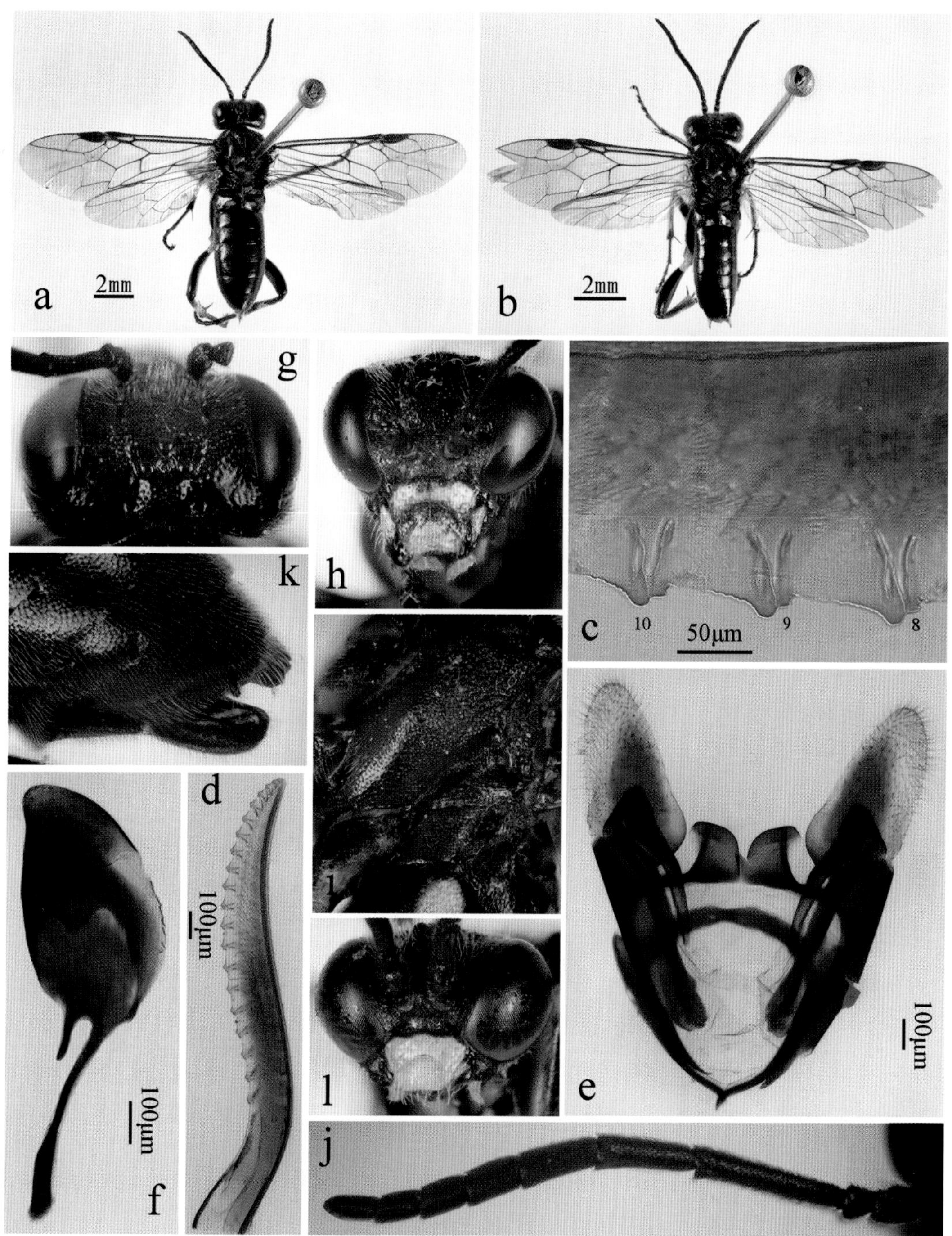

图版 2-133 石氏钩瓣叶蜂 *Macrophya shii* Wei, 2004

a. 雌成虫背面观（adult female, dorsal view）; b. 雄成虫背面观（adult male, dorsal view）; c. 锯腹片第 8~10 锯刃（the 8th-10th serrulae）; d. 锯腹片（lancet）; e. 生殖铗（gonoforceps）; f. 阳茎瓣（penis valve）; g. 雌虫头部背面观（head of female, dorsal view）; h. 雌虫头部前面观（head of female, front view）; i. 雌虫中胸侧板和后胸侧板（mesopleuron and metapleuron of female）; j. 雌虫触角（antenna of female）; k. 锯鞘侧面观（ovipositor sheath, lateral view）; l. 雄虫头部前面观（head of male, front view）

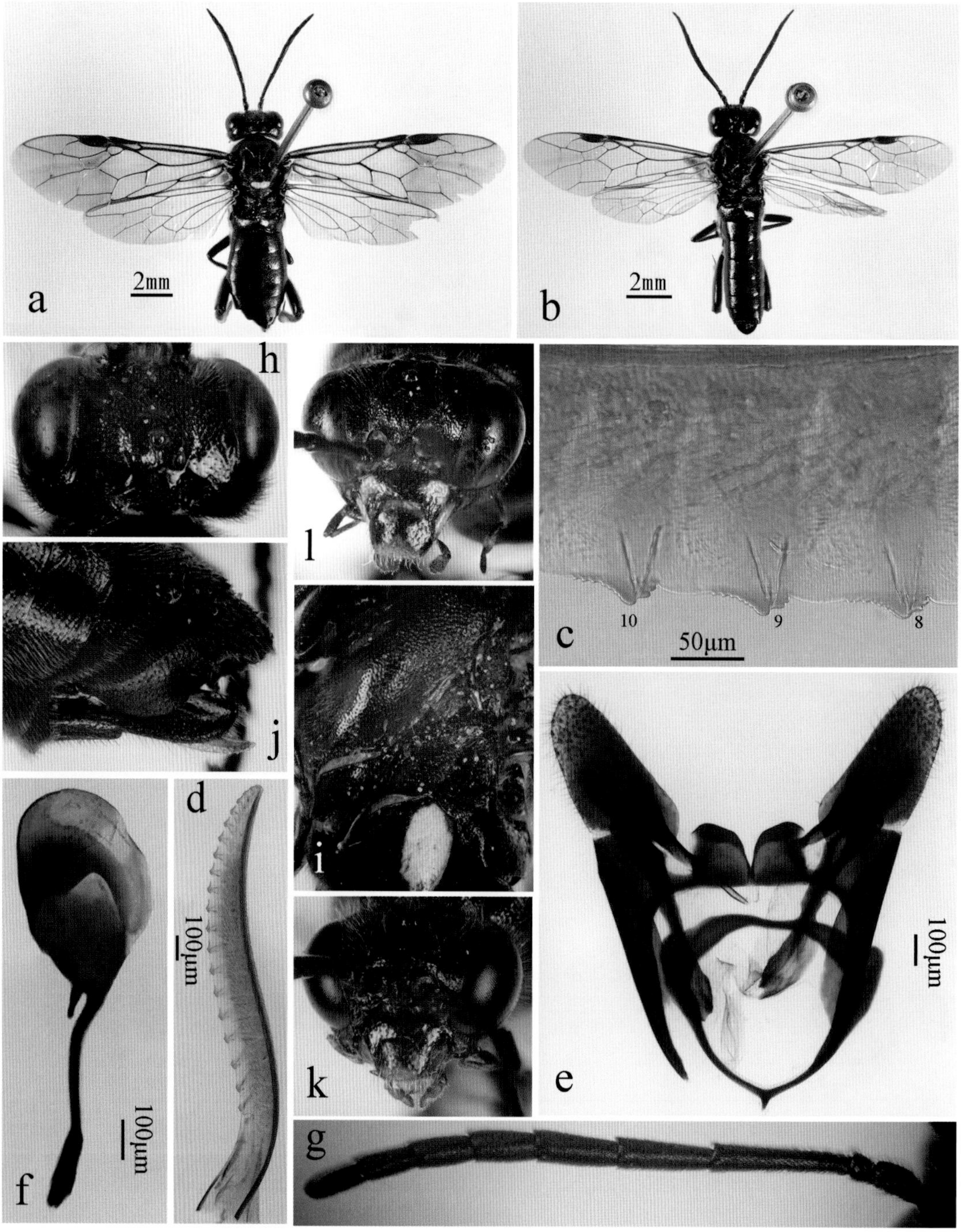

图版 2-134　直脉钩瓣叶蜂 *Macrophya sibirica* Forsius, 1918

a. 雌成虫背面观（adult female, dorsal view）; b. 雄成虫背面观（adult male, dorsal view）; c. 锯腹片第 8~10 锯刃（the 8th-10th serrulae）; d. 锯腹片（lancet）; e. 生殖铗（gonoforceps）; f. 阳茎瓣（penis valve）; g. 雌虫触角（antenna of female）; h. 雌虫头部背面观（head of female, dorsal view）; i. 雌虫中胸侧板和后胸侧板（mesopleuron and metapleuron of female）; j. 锯鞘侧面观（ovipositor sheath, lateral view）; k. 雄虫头部前面观（head of male, front view）; l. 雌虫头部前面观（head of female, front view）

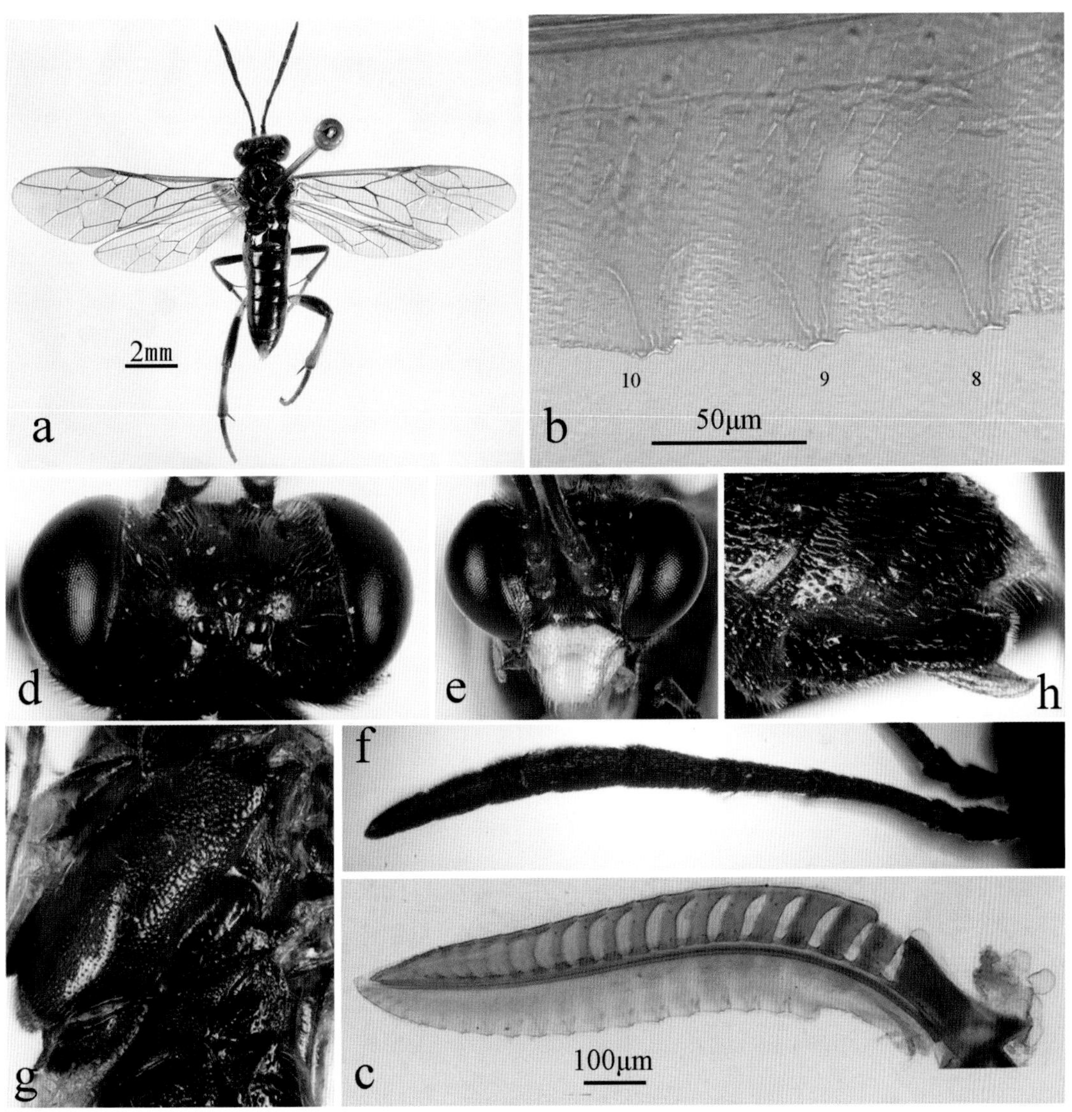

图版 2-135 黄痣钩瓣叶蜂 *Macrophya stigmaticalis* Wei & Nie, 2002

a. 雌成虫背面观（adult female, dorsal view）; b. 锯腹片第 8~10 锯刃（the 8th-10th serrulae）; c. 锯腹片（lancet）; d. 雌虫头部背面观（head of female, dorsal view）; e. 雌虫头部前面观（head of female, front view）; f. 雌虫触角（antenna of female）; g. 雌虫中胸侧板和后胸侧板（mesopleuron and metapleuron of female）; h. 锯鞘侧面观（ovipositor sheath, lateral view）

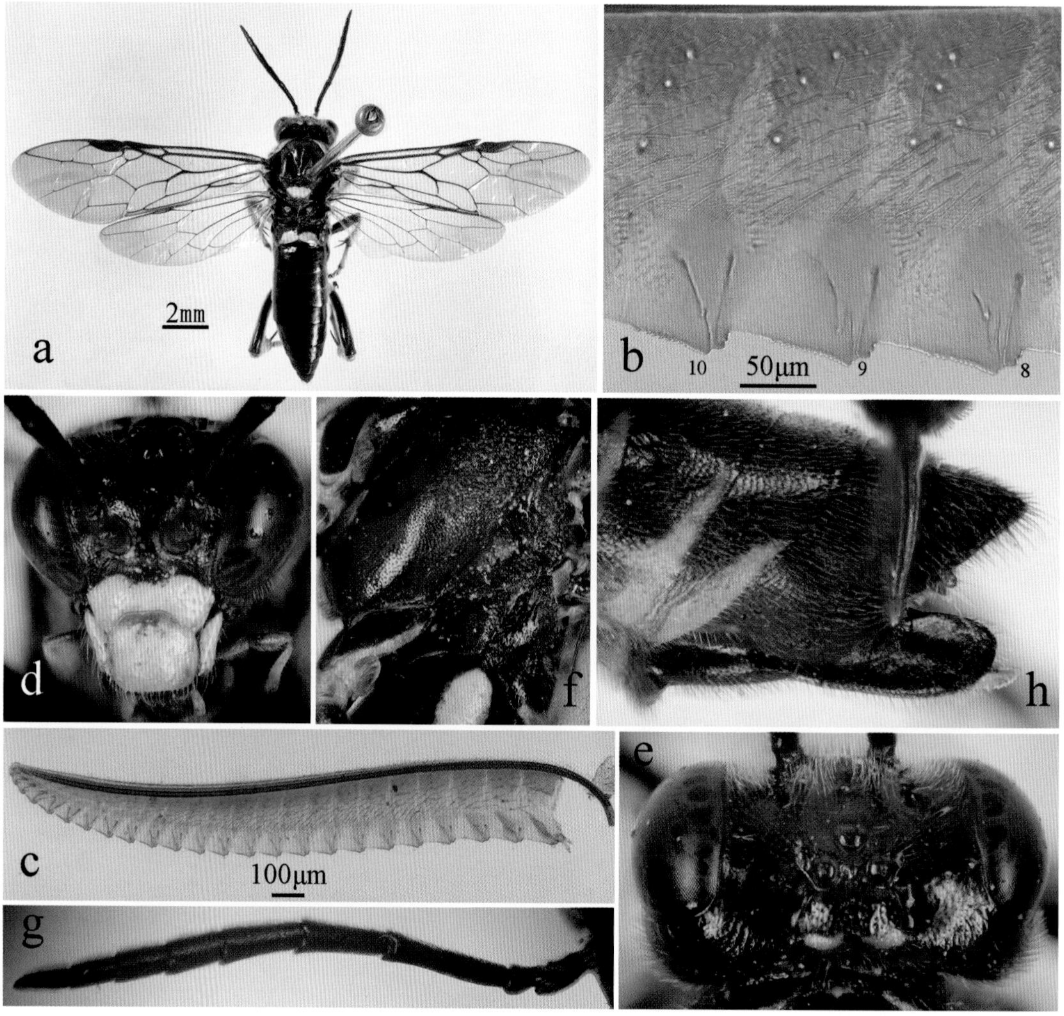

图版 2-136 横脊钩瓣叶蜂 *Macrophya tripidona* Wei & Chen, 2002

a. 雌成虫背面观（adult female, dorsal view）; b. 锯腹片第 8~10 锯刃（the 8th-10th serrulae）; c. 锯腹片（lancet）; d. 雌虫头部前面观（head of female, front view）; e. 雌虫头部背面观（head of female, dorsal view）; f. 雌虫中胸侧板和后胸侧板（mesopleuron and metapleuron of female）; g. 雌虫触角（antenna of female）; h. 锯鞘侧面观（ovipositor sheath, lateral view）

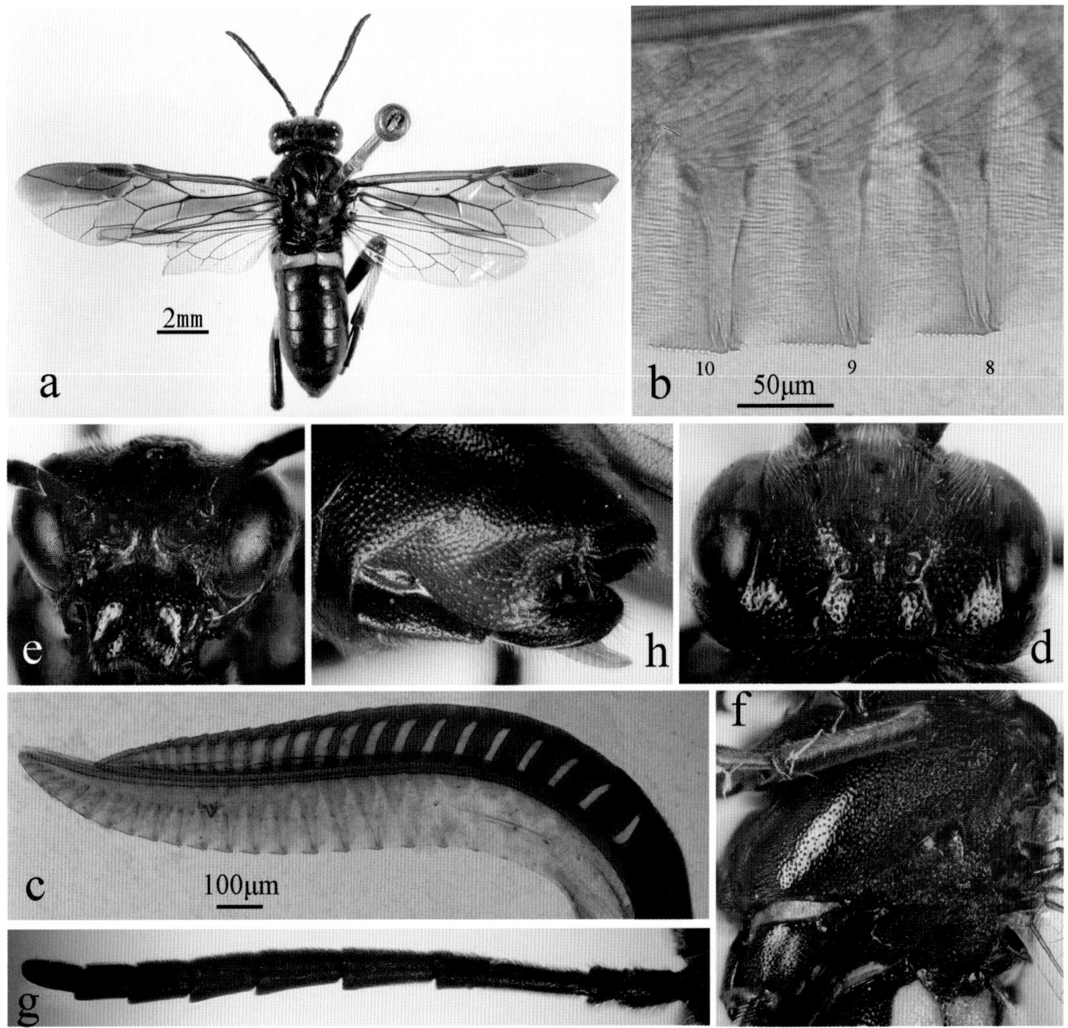

图版 2-137 烟翅钩瓣叶蜂 *Macrophya typhanoptera* Wei & Nie, 1999

a. 雌成虫背面观（adult female, dorsal view）; b. 锯腹片第 8~10 锯刃（the 8th-10th serrulae）; c. 锯腹片（lancet）; d. 雌虫头部前面观（head of female, front view）; e. 雌虫头部背面观（head of female, dorsal view）; f. 雌虫中胸侧板和后胸侧板（mesopleuron and metapleuron of female）; g. 雌虫触角（antenna of female）; h. 锯鞘侧面观（ovipositor sheath, lateral view）

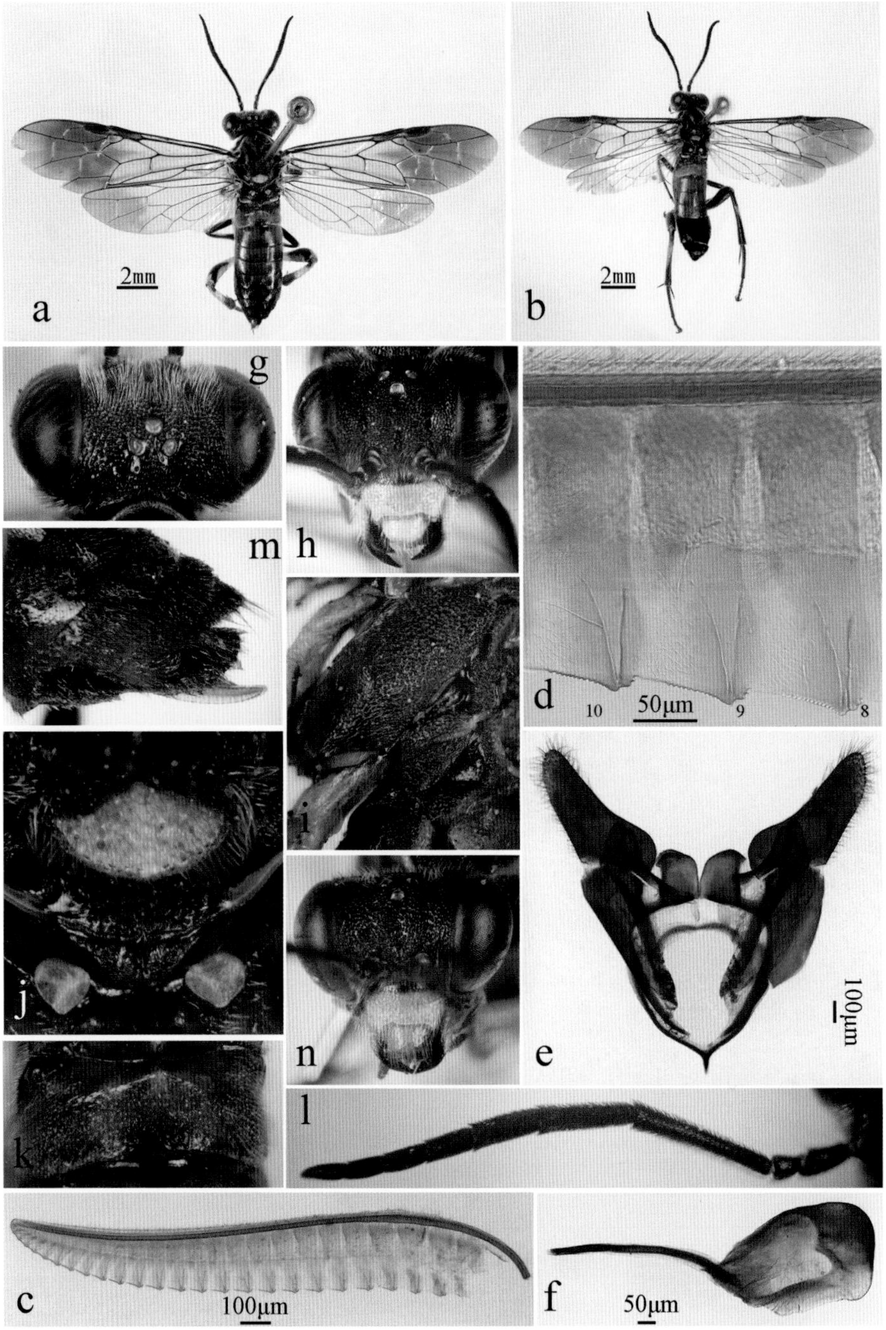

图版 2-138　红腹钩瓣叶蜂 *Macrophya hastulata* Konow, 1898

a. 雌成虫背面观（adult female, dorsal view）; b. 雄成虫背面观（adult male, dorsal view）; c. 锯腹片（lancet）; d. 锯腹片第 8~10 锯刃（the 8th-10th serrulae）; e. 生殖铗（gonoforceps）; f. 阳茎瓣（penis valve）; g. 雌虫头部背面观（head of female, dorsal view）; h. 雌虫头部前面观（head of female, front view）; i. 雌虫中胸侧板和后胸侧板（mesopleuron and metapleuron of female）; j. 雌虫中胸小盾片（mesoscutellum of female）; k. 雌虫腹部第 1 背板（abdominal tergum 1 of female）; l. 雌虫触角（antenna of female）; m. 锯鞘侧面观（ovipositor sheath, lateral view）; n. 雄虫头部前面观（head of male, front view）

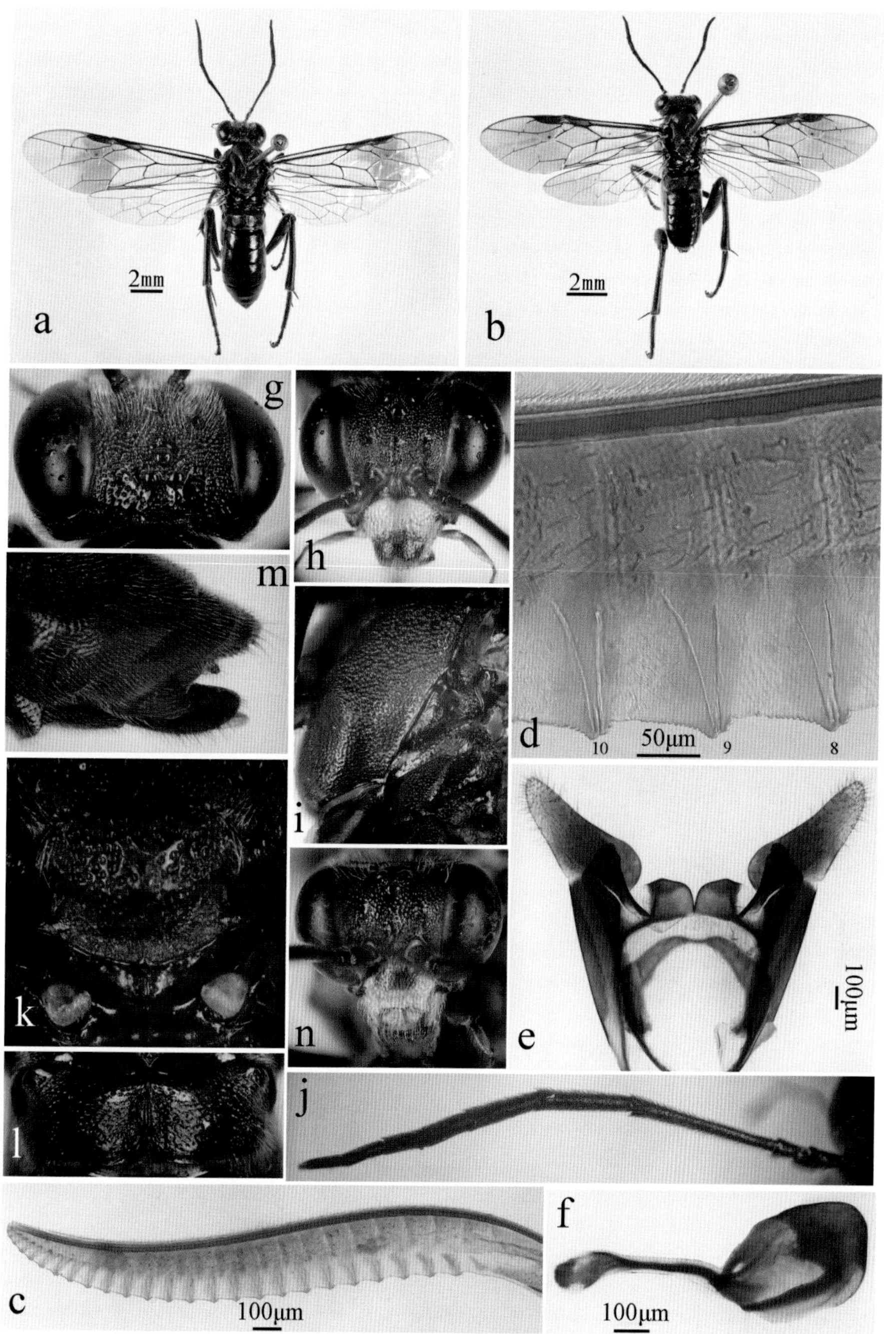

图版 2-139 糙板钩瓣叶蜂 *Macrophya vittata* Mallach, 1936

a. 雌成虫背面观（adult female, dorsal view）; b. 雄成虫背面观（adult male, dorsal view）; c. 锯腹片（lancet）; d. 锯腹片第 8~10 锯刃（the 8th-10th serrulae）; e. 生殖铗（gonoforceps）; f. 阳茎瓣（penis valve）; g. 雌虫头部背面观（head of female, dorsal view）; h. 雌虫头部前面观（head of female, front view）; i. 雌虫中胸侧板和后胸侧板（mesopleuron and metapleuron of female）; j. 雌虫触角（antenna of female）; k. 雌虫中胸小盾片（mesoscutellum of female）; l. 雌虫腹部第 1 背板（abdominal tergum 1 of female）; m. 锯鞘侧面观（ovipositor sheath, lateral view）; n. 雄虫头部前面观（head of male, front view）

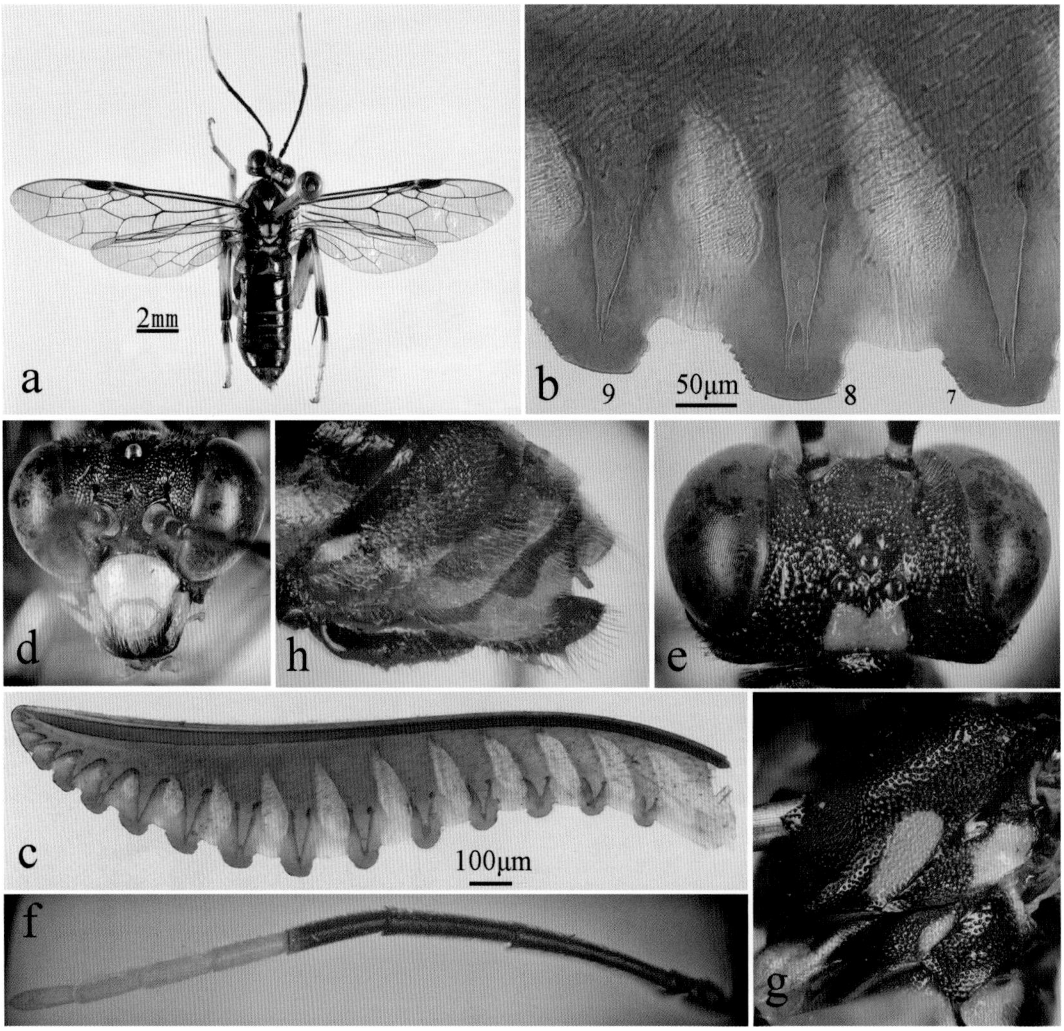

图版 2-140 海南钩瓣叶蜂 *Macrophya hainanensis* Wei & Nie, 2002

a. 雌成虫背面观（adult female, dorsal view）; b. 锯腹片第 7~9 锯刃（the 7th-9th serrulae）; c. 锯腹片（lancet）; d. 雌虫头部前面观（head of female, front view）; e. 雌虫头部背面观（head of female, dorsal view）; f. 雌虫触角（antenna of female）; g. 雌虫中胸侧板和后胸侧板（mesopleuron and metapleuron of female）; h. 锯鞘侧面观（ovipositor sheath, lateral view）

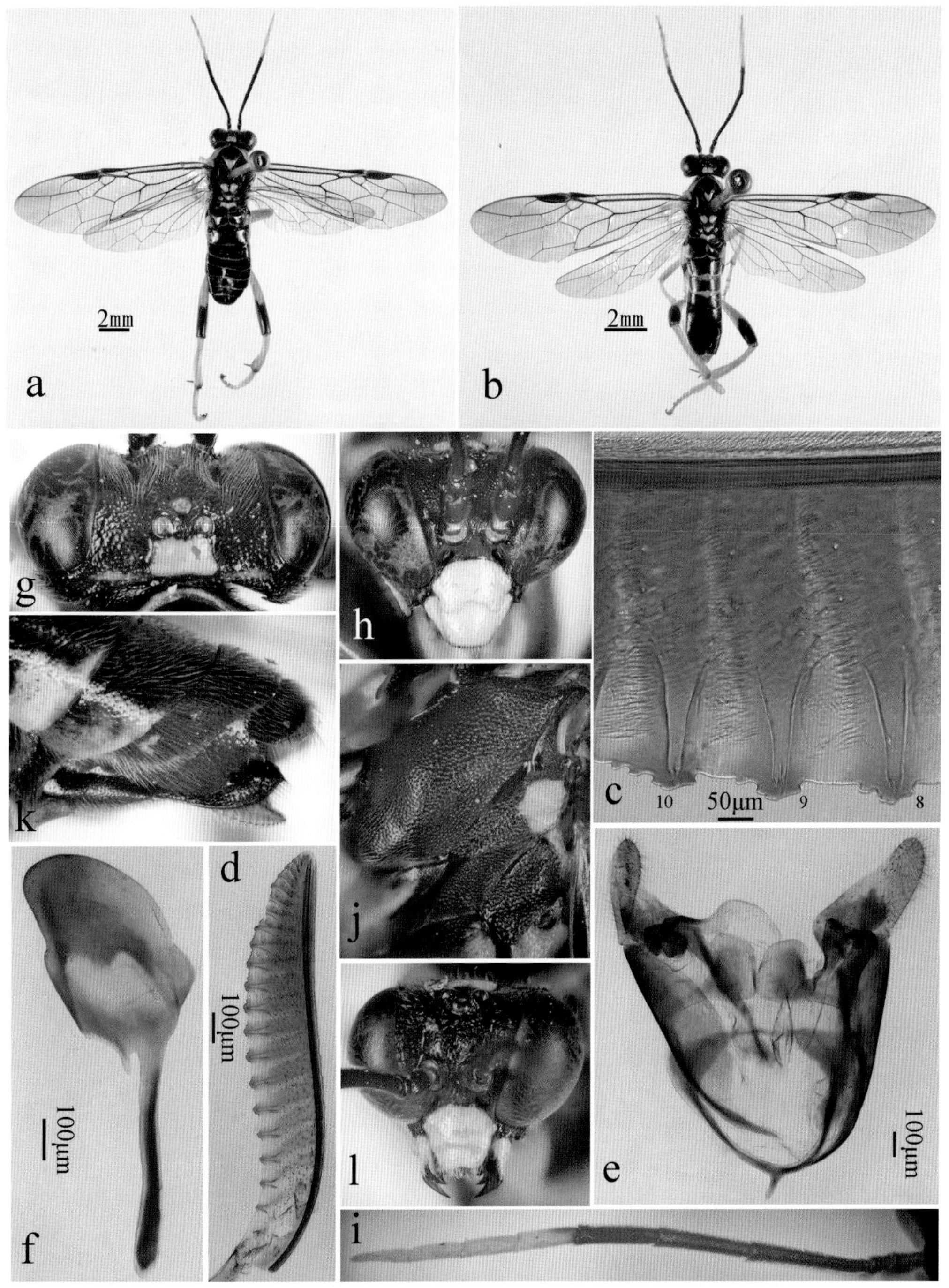

图版 2-141 小鞘钩瓣叶蜂 *Macrophya minutitheca* Wei & Nie, 2002

a. 雌成虫背面观（adult female, dorsal view）; b. 雄成虫背面观（adult male, dorsal view）; c. 锯腹片第 8~10 锯刃（the 8th-10th serrulae）; d. 锯腹片（lancet）; e. 生殖铗（gonoforceps）; f. 阳茎瓣（penis valve）; g. 雌虫头部背面观（head of female, dorsal view）; h. 雌虫头部前面观（head of female, front view）; i. 雌虫触角（antenna of female）; j. 雌虫中胸侧板和后胸侧板（mesopleuron and metapleuron of female）; k. 锯鞘侧面观（ovipositor sheath, lateral view）; l. 雄虫头部前面观（head of male, front view）

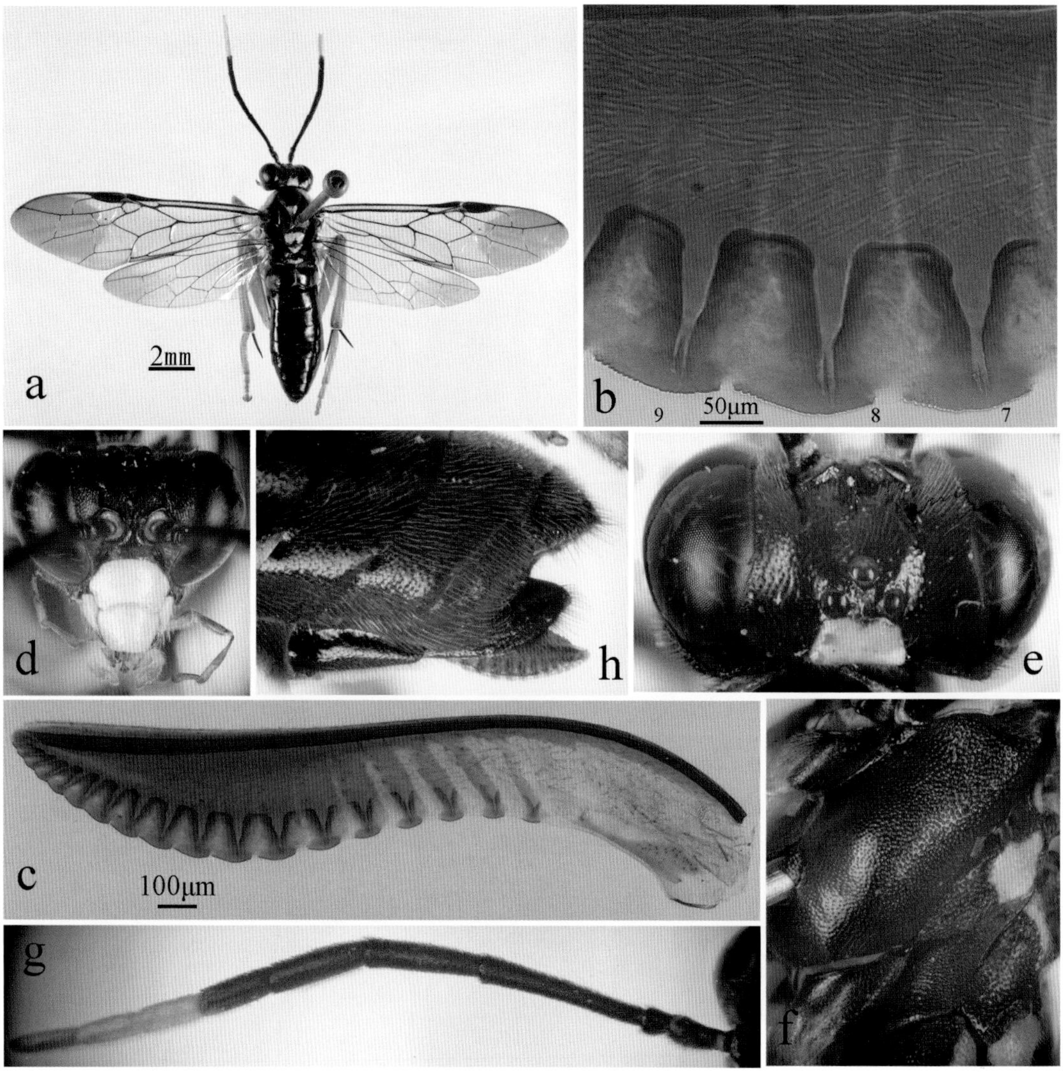

图版 2-142　黑距钩瓣叶蜂 *Macrophya nigrispuralina* Wei, 2005

a. 雌成虫背面观（adult female, dorsal view）; b. 锯腹片第 7~9 锯刃（the 7th-9th serrulae）; c. 锯腹片（lancet）; d. 雌虫头部前面观（head of female, front view）; e. 雌虫头部背面观（head of female, dorsal view）; f. 雌虫中胸侧板和后胸侧板（mesopleuron and metapleuron of female）; g. 雌虫触角（antenna of female）; h. 锯鞘侧面观（ovipositor sheath, lateral view）

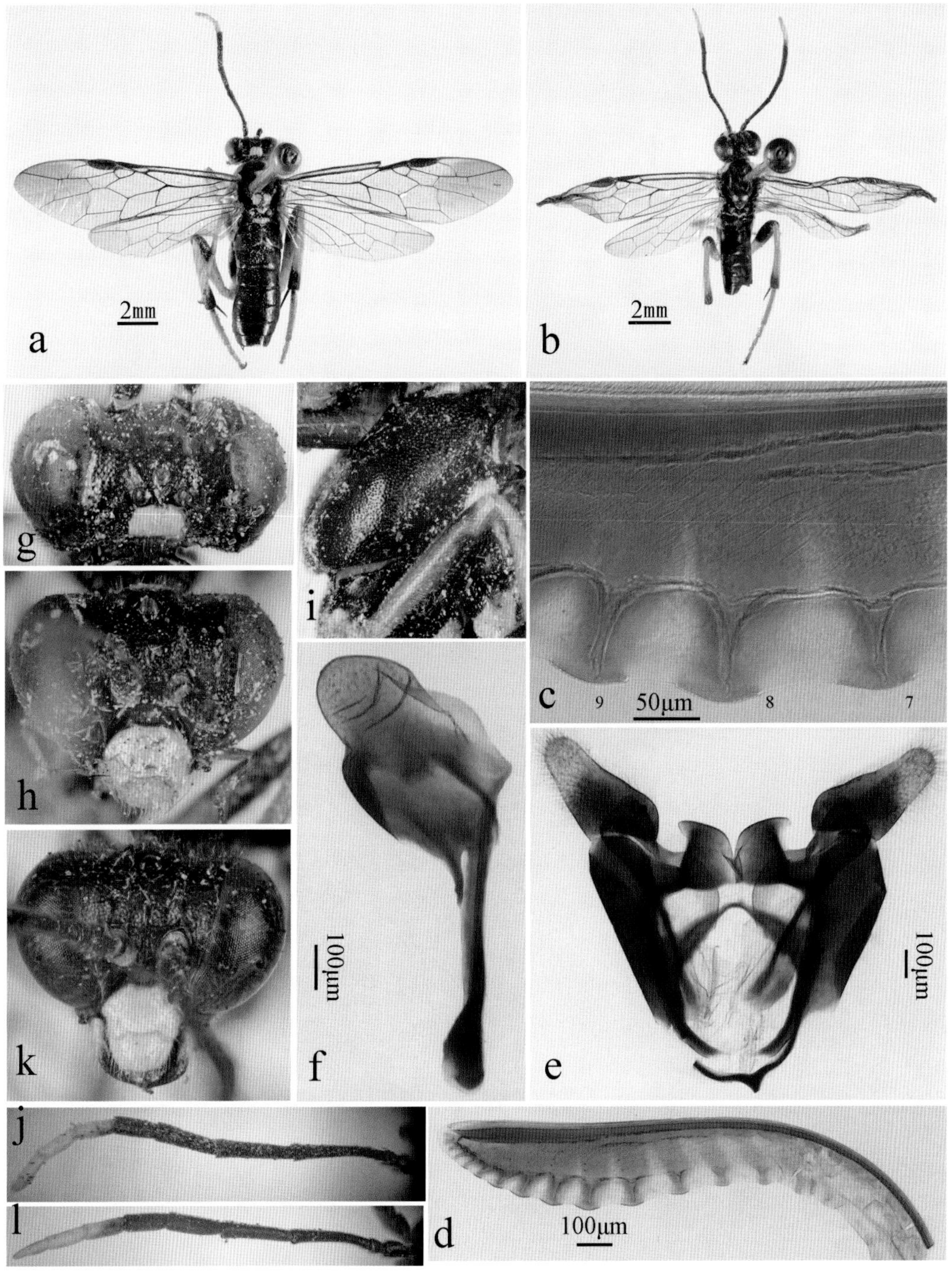

图版 2-143 赵氏钩瓣叶蜂 *Macrophya zhaoae* Wei, 1997

a. 雌成虫背面观（adult female, dorsal view）; b. 雄成虫背面观（adult male, dorsal view）; c. 锯腹片第 7~9 锯刃（the 7th-9th serrulae）; d. 锯腹片（lancet）; e. 生殖铗（gonoforceps）; f. 阳茎瓣（penis valve）; g. 雌虫头部背面观（head of female, dorsal view）; h. 雌虫头部前面观（head of female, front view）; i. 雌虫中胸侧板和后胸侧板（mesopleuron and metapleuron of female）; j. 雌虫触角（antenna of female）; k. 雄虫头部前面观（head of male, front view）; l. 雄虫触角（antenna of male）

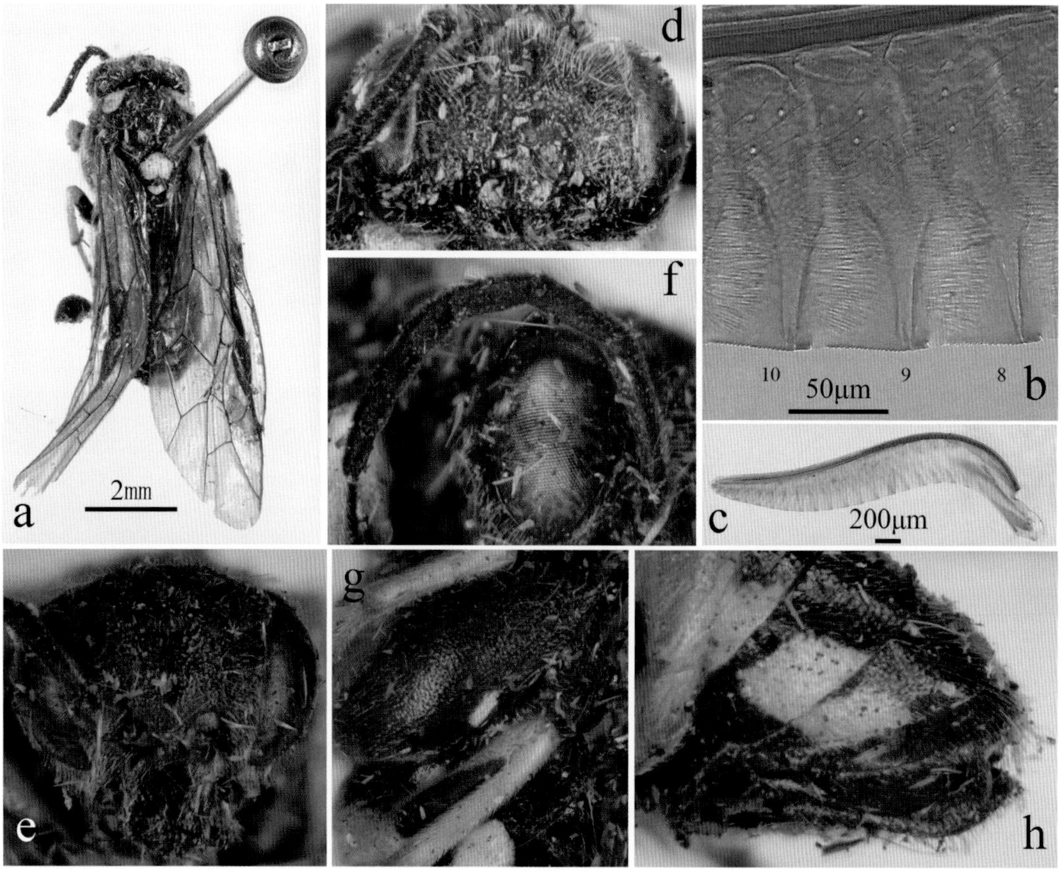

图版 2-144　浅唇钩瓣叶蜂 *Macrophya albitarsis* Mocsáry, 1909

a. 雌成虫背面观（adult female, dorsal view）; b. 锯腹片第 8~10 锯刃（the 8th-10th serrulae）; c. 锯腹片（lancet）; d. 雌虫头部背面观（head of female, dorsal view）; e. 雌虫头部前面观（head of female, front view）; f. 雌虫触角（antenna of female）; g. 雌虫中胸侧板和后胸侧板（mesopleuron and metapleuron of male）; h. 锯鞘侧面观（ovipositor sheath, lateral view）

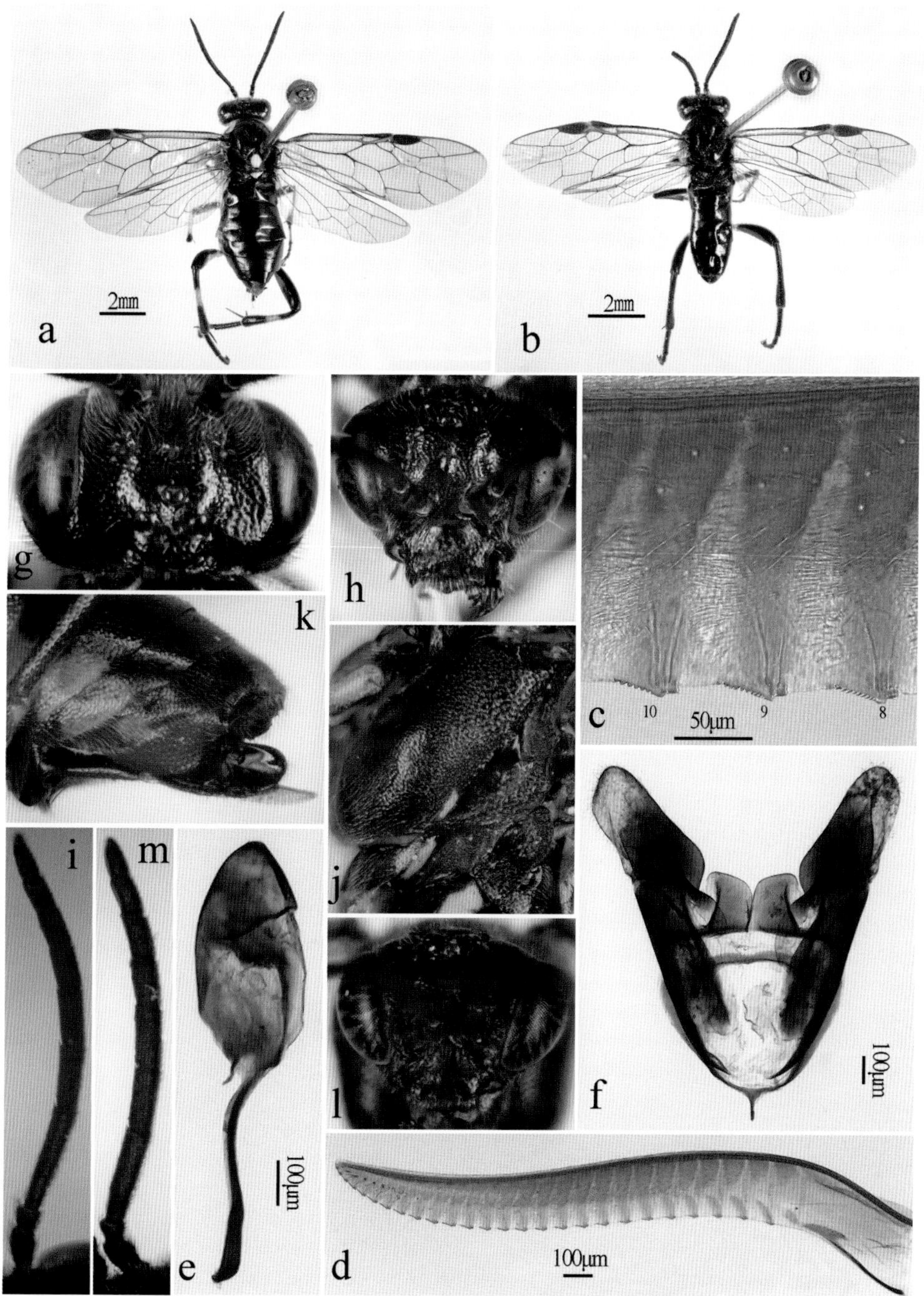

图版 2-145　列斑钩瓣叶蜂 *Macrophya crassuliformis* Forsius, 1925

a. 雌成虫背面观（adult female, dorsal view）; b. 雄成虫背面观（adult male, dorsal view）; c. 锯腹片第8~10 锯刃（the 8th-10th serrulae）; d. 锯腹片（lancet）; e. 阳茎瓣（penis valve）; f. 生殖铗（gonoforceps）; g. 雌虫头部背面观（head of female, dorsal view）; h. 雌虫头部前面观（head of female, front view）; i. 雌虫触角（antenna of female）; j. 雌虫中胸侧板和后胸侧板（mesopleuron and metapleuron of female）; k. 锯鞘侧面观（ovipositor sheath, lateral view）; l. 雄虫头部前面观（head of male, front view）; m. 雄虫触角（antenna of male）

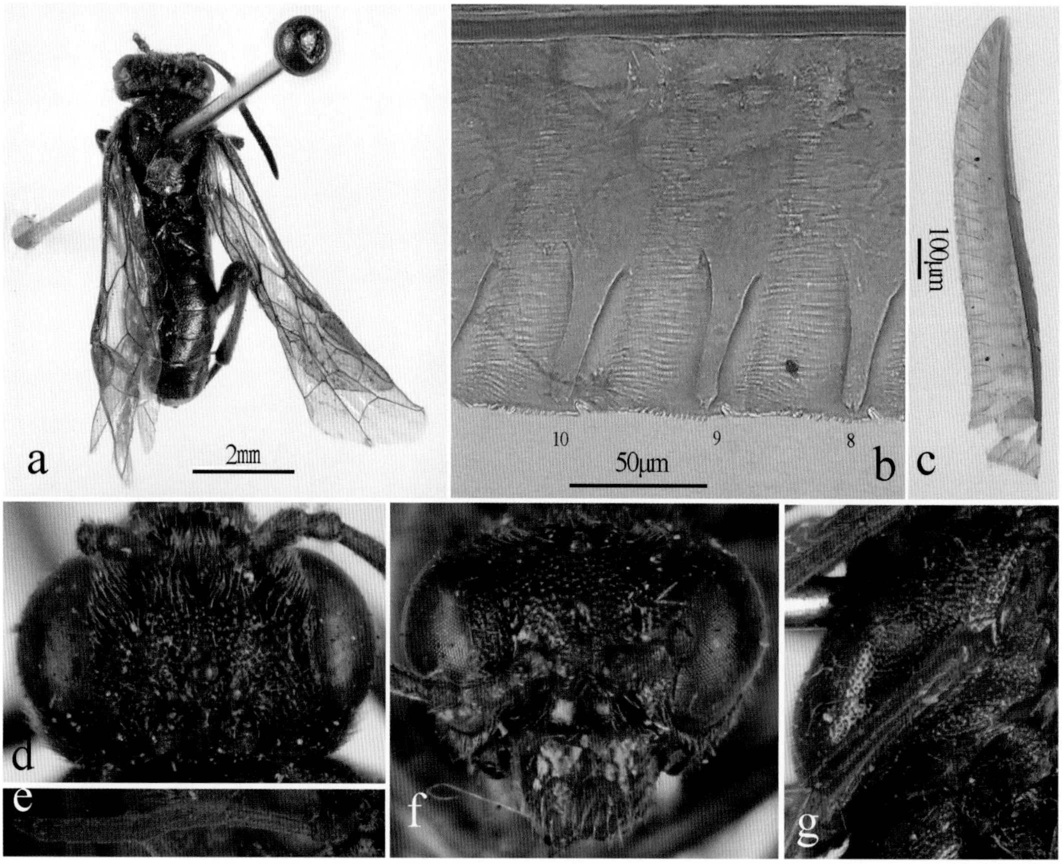

图版 2-146 光唇钩瓣叶蜂 *Macrophya glaboclypea* Wei & Nie, 2003

a. 雌成虫背面观（adult female, dorsal view）; b. 锯腹片第 8~10 锯刃（the 8th-10th serrulae）; c. 锯腹片（lancet）; d. 雌虫头部背面观（head of female, dorsal view）; e. 雌虫触角（antenna of female）; f. 雌虫头部前面观（head of female, front view）; g. 雌虫中胸侧板和后胸侧板（mesopleuron and metapleuron of male）

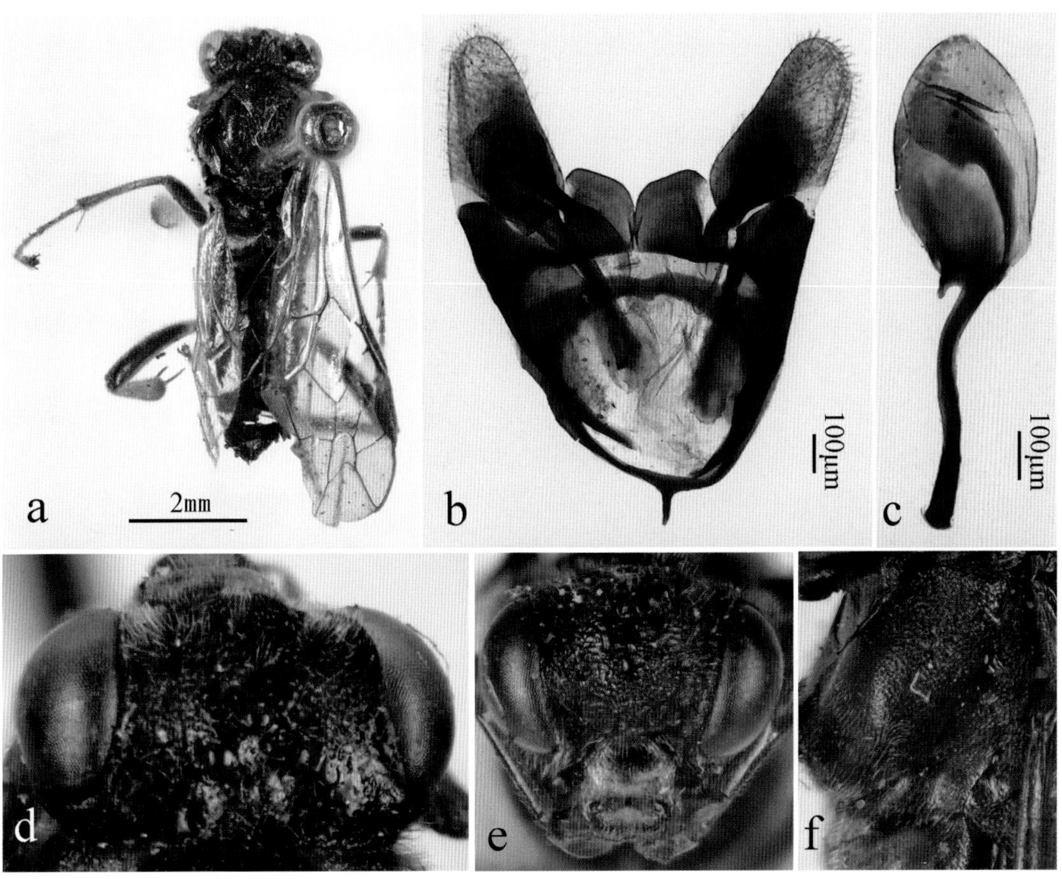

图版 2-147 碎斑钩瓣叶蜂 *Macrophya minutissima* Takeuchi, 1937

a. 雄成虫背面观（adult male, dorsal view）; b. 生殖铗（gonoforceps）; c. 阳茎瓣（penis valve）; d. 雄虫头部背面观（head of male, dorsal view）; e. 雄虫头部前面观（head of male, front view）; f. 雄虫中胸侧板和后胸侧板（mesopleuron and metapleuron of male）

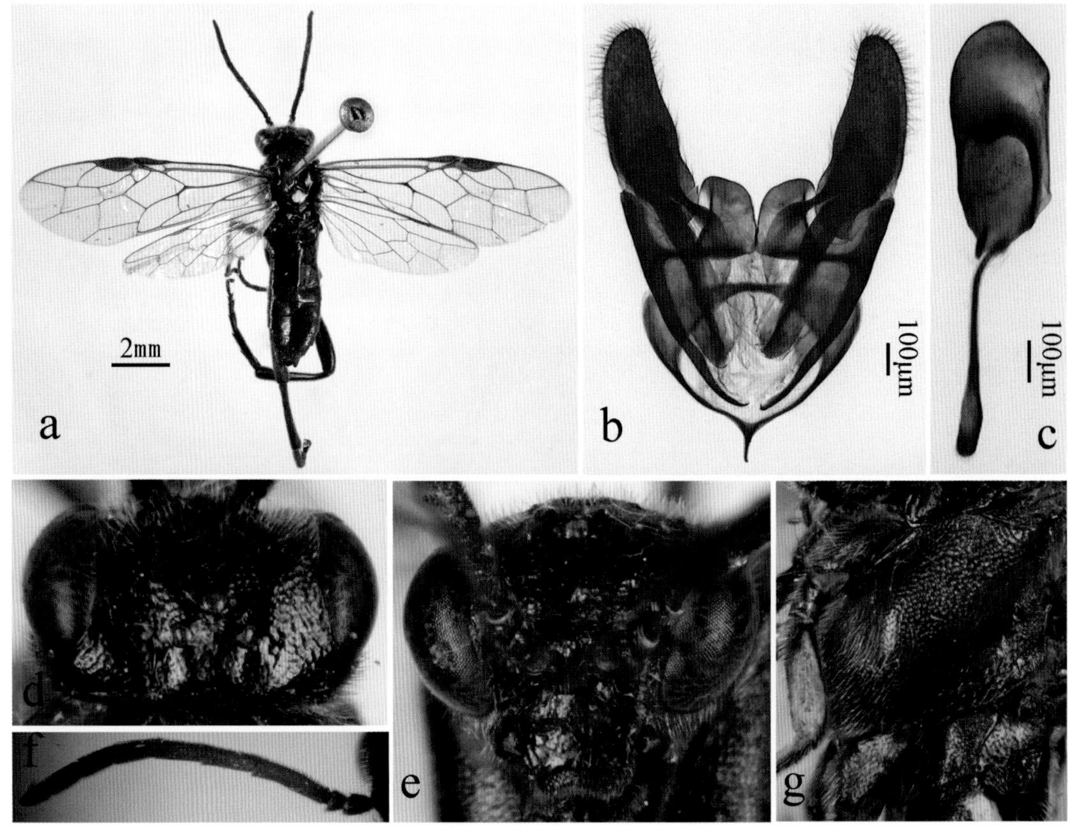

图版 2-148 黑胖钩瓣叶蜂 *Macrophya obesa* Takeuchi, 1933

a. 雄成虫背面观（adult male, dorsal view）; b. 生殖铗（gonoforceps）; c. 阳茎瓣（penis valve）; d. 雄虫头部背面观（head of male, dorsal view）; e. 雄虫头部前面观（head of male, front view）; f. 雄虫触角（antenna of male）; g. 雄虫中胸侧板和后胸侧板（mesopleuron and metapleuron of male）